模具设计与制造技术教育丛书

模具结构设计

模具设计与制造技术教育丛书编委会　编

机 械 工 业 出 版 社

为适应我国模具工业飞速发展需求，中国模具工业协会培训与教育委员会组织编写了“模具设计与制造技术教育丛书”，本书为此丛书之一。

本书内容主要包括：冲压加工工艺与模具设计；冲模零、部件结构设计；冲模结构设计；塑料注射模结构设计；塑料压缩模结构设计；压铸模结构设计；粉末冶金模结构设计；锻模结构设计；橡胶成形模结构设计；模具结构的标准化等。

本书可供职业技术院校模具专业教学和企业职工培训使用，并可供有关专业技术人员参考。

图书在版编目（CIP）数据

模具结构设计/《模具设计与制造技术教育丛书》编委会编.—北京：机械工业出版社，2003.10（2016.1重印）
（模具设计与制造技术教育丛书）
ISBN 978-7-111-13017-8

Ⅰ.模...　Ⅱ.模...　Ⅲ.模具－结构设计　Ⅳ.TG76

中国版本图书馆CIP数据核字（2003）第080284号

机械工业出版社（北京市百万庄大街22号　邮政编码100037）
责任编辑：邓振飞　版式设计：冉晓华　责任校对：张　媛
封面设计：姚　毅　责任印制：李　洋
北京机工印刷厂印刷（三河市南杨庄国丰装订厂装订）
2016年1月第1版·第11次印刷
184mm×260mm·22印张·543千字
标准书号：ISBN 978-7-111-13017-8
定价：32.00元

凡购本书，如有缺页、倒页、脱页，由本社发行部调换

电话服务
社服务中心：（010）88361066
销售一部：（010）68326294
销售二部：（010）88379649
读者购书热线：（010）88379203

网络服务
门户网：http：//www.cmpbook.com
教材网：http：//www.cmpedu.com
封面无防伪标均为盗版

模具设计与制造技术教育丛书编委会

本书主编　袁国定
参　　编　李学军　冯爱新
主　　审　许发樾

前　言

模具是工业生产中使用极为广泛的基础工艺装备。在汽车、电机、仪表、电器、电子、通信、家电和轻工等行业中，60%～80%的零件都要依靠模具成形，并且随着近年来这些行业的迅速发展，对模具的要求越来越迫切，精度要求越来越高，结构要求也越来越复杂。用模具生产制件所表现出来的高精度、高复杂性、高一致性、高生产效率和低消耗，是其他加工制造方法所不能比拟的。模具生产技术的高低，已成为衡量一个国家产品的制造水平的重要标志。

目前，国内外模具工业发展很快，其产值已超过机床工业的产值。我国模具工业作为一个独立的、新型的工业，正处于飞速发展阶段，已成为国民经济的基础工业之一，其发展前景十分广阔。据预测，未来我国将成为世界的制造中心，这更加给模具工业带来前所未有的发展机遇和空间。但由于我国模具工业起步较晚，底子薄，“九五”期间虽有较快发展，但与发达国家相比，差距还相当大，许多模具还需要进口，模具制造高级技能人才也供不应求。为进一步加快我国模具工业的发展，基本任务之一就是加快人才的培养，普及先进的模具设计与制造技术，培养模具专业高级人才。

为满足模具制造业对技术工人的需求，很多职业技能培训学校都开设了模具制造相关专业。而目前我国模具制造工还没有成为独立的专业工种，还没有统一的模具制造专业教学大纲和教材，也没有统一的技能鉴定标准，各学校和企业只能在摸索中自行组织安排，这种状况显然不利于该专业的发展和人才培养的规范性。

为适应这一发展形势，中国模具工业协会培训与教育委员会根据我国模具工业发展现状及企业对模具技能人才的需要，在1993年组织的“模具制造工人技术教材”的基础上，删除了很多过时的内容，充实了大量现代模具设计、制造先进技术内容，并增加很多与模具生产技术紧密结合的实例，重新编写了一套“模具设计与制造技术教育丛书”。丛书包括《模具常用机构设计》、《模具结构设计》、《模具钳工工艺》、《模具制造工艺与装备》四种，以适应培养现代模具生产综合素质和综合生产能力人才的需要，适应现代模具生产技术和生产方式对人才的要求。本套丛书系统、完整，有针对性和实用价值，将对我国模具人才的培养起到积极的推动作用。

本套丛书由中国模具工业协会许发樾担任主编，各本书的主编都是具有丰富实践经验的专家。丛书既可作为模具高级职业技能培训的专业教材，也可作为高职、中职、技校教材，并可作为模具生产人员从事实际生产的专业指导书。

需特别说明的是，本套丛书中选用了部分图书、期刊上的文章，企业提供的培训教材中的图、表和论述等精彩资料，在此向各位作者和企业表示感谢。同时，欢迎各位读者对本书提出批评指正意见。

丛书编委会

编者的话

模具是工业生产的主要工艺装备，模具工业是国民经济的基础工业。在现代工业生产中，产品零件广泛采用冲压、锻压成形、压铸成形、挤压成形、塑料注射或其它成形加工方法，与成形模具相配套，使坯料成形加工成符合产品要求的零件，如汽车覆盖件、发动机曲轴、电视机外壳、洗衣机内桶的制造，都离不开模具。模具已广泛应用于电机电器产品、电子和计算机产品、仪表、家用电器、汽车、军械、通用机械等产品的生产中。用模具生产制件所表现出来的高精度、高复杂程度、高一致性、高生产率和低消耗，是其它加工制造方法所不能比拟的。

许多工业品的发展和技术水平的提高，在很大程度上取决于模具工业的发展水平，国民经济的五大支柱产业——机械、电子、汽车、石化、建筑，都要求模具工业的发展与之相适应。因此，模具对国民经济和社会发展将起到越来越大的作用，模具工业的薄弱将严重影响工业产品造型的变化和新产品的开发。

随着现代化工业和科学技术的发展，人们对工业产品的品种、数量、质量及款式的要求愈来愈高，模具的应用也就愈来愈广泛，其适应性也愈来愈强，已成为工业国家制造工艺水平的标志和独立的基础工业体系。

我国对模具工业的发展十分重视，国务院于 1989 年就将模具技术的发展作为机械行业的首要任务，我国的模具工业也取得了较大的发展，但仍然不能满足国民经济高速发展的需要。

模具的类型较多，按照成形件的材料不同，可分为冲压模具、塑料模具、锻造模具、压铸模具、橡胶模具、粉末冶金模具、玻璃模具和陶瓷模具等，其中应用最广泛的是冲压模具和塑料模具。

编者

目 录

第 1 章　冲压加工工艺与模具设计

1.1　概述

1.1.1　冲压加工工艺及其应用

冲压是指在常温下利用模具在压力机的作用下，对材料施加压力，将材料分离或变形，从而获得一定形状、尺寸和精度零件的一种加工方法，又可称为冷冲压或板料冲压。

(1) 冲压加工与其它机械加工方法相比，具有很多优点：

1）在压力机的简单冲击下，能得到其它加工方法不能或难以得到的形状复杂、精度一致的制件。

2）操作简便，劳动强度低，生产效率高，适合批量生产，便于实现机械化和自动化。

3）尺寸稳定，制件精度高，互换性好。

4）材料利用率高，制件重量轻、刚性好、强度高，在批量生产的条件下成本低。

5）在生产过程中，材料表面不易遭受破坏，制件表面质量好，通过塑性变形后，还可使制件的力学性能有所提高。

由于冲压工艺的这些特点，因此其应用范围极广，从精细的电子元件、仪表指针到汽车的覆盖件和大梁、高压容器封头及航空航天器的蒙皮、机身等，均需冲压加工。目前用冲压工艺所获得的制品，在现代汽车、拖拉机、电机电器、仪器仪表及无线电电子产品和人们日常生活中，都占有十分重要的地位。

当然，冲压工艺和其它加工方法一样，也有其自身的局限性，如：冲模结构比较复杂，制造周期较长，模具价格偏高，在单件小批量、多品种生产时经济上不合算。

(2) 冲压加工的基本工序可分为分离工序和成形工序两大类，见表 1-1。

1）分离工序。板料在冲压力的作用下，其应力超过材料的强度极限，使之发生剪切而分离的加工工序。

2）变形工序。板料在冲压力的作用下，其应力超过材料的屈服强度，而低于抗拉强度，使之发生塑性变形而成为一定形状的制件的加工工序。

表 1-1　主要冲压工序的分类和特征

类别	工序名称	工序简图	特　　点
分离工序	落料	废料　制件	用模具将板料沿封闭轮廓冲切，封闭曲线以内部分为制件
	冲孔	制件　废料	用模具将板料沿封闭轮廓冲切，封闭曲线以外部分为制件

（续）

类别	工序名称	工序简图	特　　点
分离工序	切断	制件	用剪刀或冲模将板料沿敞开轮廓切断
	切边		将成形制件边缘的多余材料冲切下来
	剖切		将冲压成形的半成品切开成为两个或数个制件
	切口		将板料的部分材料沿不封闭曲线冲出缺口，切开部分发生弯曲
变形工序	弯曲		把板材沿直线弯成各种形状
	卷圆		将板材端部卷成接近封闭的圆头
	拉深		将板材毛坯制成各种开口空心制件
	翻孔		在预先冲制好的板材半成品上冲制成竖立的边缘
	翻边		将板材半成品的边缘按曲线或圆弧翻成竖立的边缘

（续）

类别	工序名称	工序简图	特　　点
变形工序	缩口	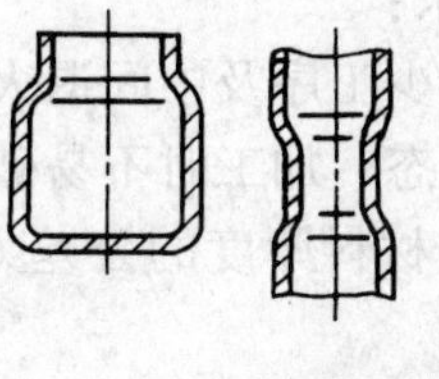	在空心毛坯或管状毛坯的某个部位上，使其径向尺寸减小
	胀形	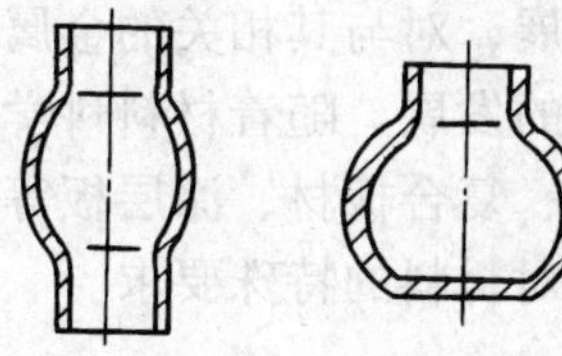	在双向拉应力作用下实现的变形，可以成形各种空间曲面形状的制件
	起伏成形	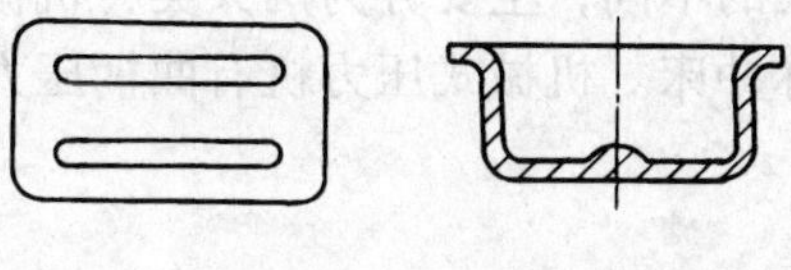	在板材毛坯或制件的表面上，用局部成形的方法制成各种形状的突起与凹陷
	校形	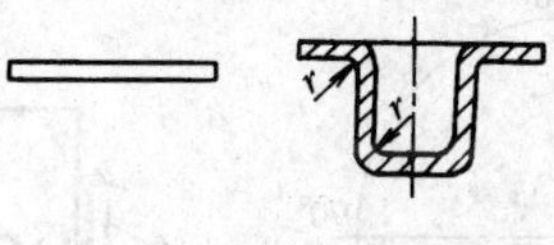	将翘曲制件压平，提高已成形制件精度，或通过压制获得小的圆角半径
	冷挤压	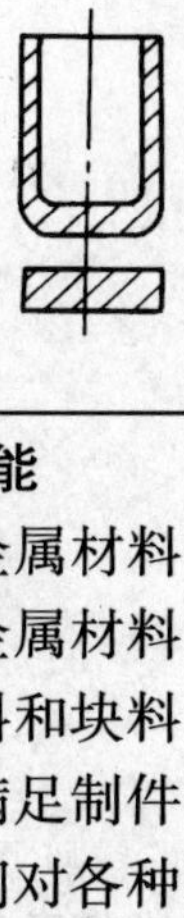	使金属沿凸、凹模间隙或凹模模口流动，从而使原毛坯成为薄壁空心件或横断面小的半成品

1.1.2　冲压所用材料及其性能

冲压所用的材料主要是金属材料，有普通碳素钢、优质碳素钢、不锈钢和黄铜板（带）、铝板（带）等，有时也用非金属材料，如胶木板、塑料板和纤维板等。冲压用材料大部分是各种规格的条料、带料、卷料和块料，有时也对某些型材及管材进行冲压加工。

用于冲压的材料不仅要满足制件的设计要求，还必须满足材料的冲压性能。

材料的冲压性能是指它们对各种冲压加工的适应能力，即具有良好的塑性、便于加工、容易得到高质量和高精度的冲压件，生产效率高、模具损耗低、不易出废品等。

金属材料的冲压性能，是各种材料的力学指数通过比较进行分析的。其力学性能的强度指数主要有材料的屈服强度 σ_s、抗拉强度 σ_b、屈强比 σ_s/σ_b、缩颈应力 σ_j、断裂应力 σ_f、材料的弹性模量 E 与屈服强度的比值 E/σ_s，塑性指数有材料的总伸长率 δ、均匀伸长率 δ_u、断面收缩率 ψ、均匀变形的断面收缩率 ψ_u 等。

一般地说，材料的 σ_s/σ_b 值愈小，成形过程中断裂的危险愈小，E/σ_s 值愈大，材料成形过程中的回弹愈小，材料的 δ 与 ψ 值愈大，材料在破坏前的可塑性愈大，δ_w、ψ_ω、δ_ω/σ、ψ_ω/ψ 的值愈大，材料的稳定变形性能愈好，因而其冲压性能也愈好。

同时，冲压用材料还必须满足其冲压工艺要求：

1）应具有良好的塑性，在变形工序中，可减少工序及中间退火次数。

2）材料应具有光洁平整无缺陷损伤的表面状态，加工时不易破裂，也不易擦伤模具。

3）材料厚度的公差应符合国家规定的标准。材料厚度的公差太大，不仅会影响制件质量，还可能导致产生废品和损坏模具。

4）材料应对机械接合及继续加工（如焊接、电镀、抛光等工序）有良好的适应性能。

随着汽车、电子、家用电器等工业的迅速发展，对与其相关的金属薄板生产及成形技术提出了愈来愈高的要求，也必将有力地促进它们的发展。随着材料科学的进步，很多新型的冲压用板材不断出现，如高强度钢板、双相钢板、复合板材、涂层板等。这些新型材料提高了材料的力学性能，满足了冲压生产中一些产品对材料的特殊要求。

1.1.3 冲床的规格参数

在冲压生产中采用的压力机按传动方式的不同，主要分为两大类：机械压力机和液压压力机。其中机械压力机应用较为普遍，俗称冲床。机械式压力机有曲柄压力机与摩擦压力机等。本节主要介绍曲柄压力机。

1. 曲柄压力机的工作原理

曲柄压力机的冲压动作是通过曲柄连杆机构来实现的，图 1-1 所示是曲柄压力机的传动示意图。电动机通过传动带带动飞轮，飞轮可在曲轴上自由转动，飞轮通过离合器驱动曲轴旋转，曲轴通过连杆使滑块沿着导轨作上下往复运动。滑块的最高位置称为上止点，最低位置称为下止点。当滑块到达上止点时，滑块下平面离压力机工作台的高度称为开启高度；当滑块到达下止点时，滑块下平面距压力机工作台的距离称为闭合高度。压力机的行程指上止点到下止点之间的距离，它等于曲轴半径的两倍。

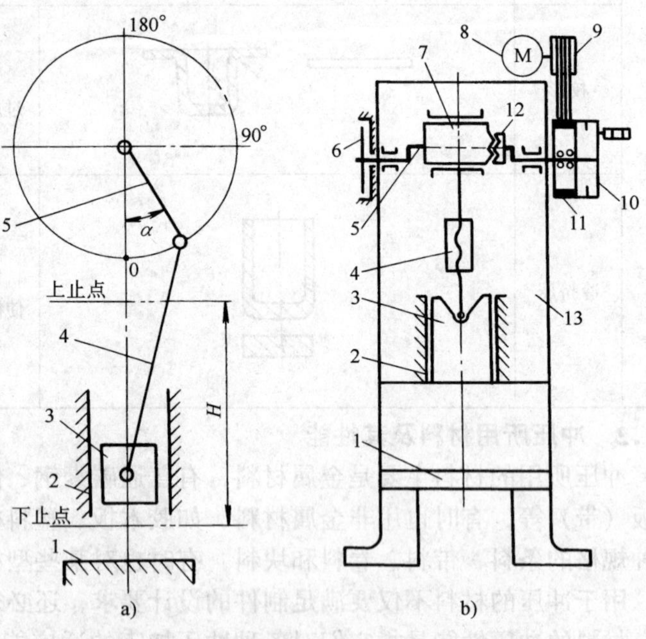

图 1-1 曲柄压力机传动示意图

a）曲柄连杆机构原理图 b）压力机传动原理图

1—工作台 2—导轨 3—滑块 4—连杆 5—曲轴 6—制动器 7—调节行程的偏心衬套 8—电动机 9—带轮 10—单盘摩擦离合器 11—飞轮 12—行程调节机构的棘爪联轴器 13—机身

曲柄连杆机构不只是将旋转运动变成直线往复运动，还能起力的放大作用，即增力作用，使滑块最下位置产生最大的冲压力。

2. 曲柄压力机的分类

（1）按压力机公称压力分类　分为小型曲柄压力机、中型曲柄压力机和大型曲柄压力机。

1）小型曲柄压力机，公称压力小于1MN。

2）中型曲柄压力机，公称压力为1～3MN。

3）大型曲柄压力机，公称压力大于3MN。

（2）按曲柄形式分类　分为偏心压力机和曲轴压力机。

1）偏心压力机。偏心压力机的主轴是偏心轴，当主轴转动时，偏心小轴以主轴中心为圆心，以定值的偏心距为半径作圆周运动，其滑块行程可以改变。对于一些冲压行程较小，在冲压过程中导柱、导套不宜脱开的精密冲模、导板模等，选用偏心压力机最为合适。

2）曲轴压力机。曲轴压力机的主轴是曲轴，其行程是固定不变的。曲轴压力机机床受力负荷较为均匀，能制成大行程、大吨位的重型压力机床，目前我国一般工厂中使用曲轴压力机最多。

（3）按床身结构分类　分为开式压力机和闭式压力机。

1）开式（C形机身）压力机。工作台前方及两侧三面敞开，便于安装模具及操作，由于模具安装部位近，生产效率高，价格便宜，所以被广泛采用。但由于机身形状不对称，受力时床身有微小的变形，影响冲压精度和模具寿命。

开式压力机的工作台分为固定式、可倾式、升降台三种。

2）闭式压力机。床身两侧为封闭状态，只有前后两面敞开。压力机刚性好，受力均匀，大中型压力机采用较多。

（4）按连杆数目分类　分为单连杆压力机和双连杆压力机。

1）单连杆压力机，即单点式压力机。

2）双连杆压力机，即双点式压力机。

（5）按工作方式分类　分为单动压力机、双动压力机和三动压力机。

1）单动压力机。只有一个滑块的压力机。

2）双动压力机。有两个滑块的压力机（内部为成形滑块，外部为制件压紧滑块）。

3）三动压力机。有三个滑块的压力机（外部为制件压紧滑块，内部为成形滑块及另一块作相反方向运动的成形滑块）。

3. 压力机规格参数

压力机的主要技术参数是反映一台压力机的工艺能力、所能加工零件的尺寸范围以及生产率等的指标，也是模具设计中选择冲压设备、确定模具结构的重要依据。

（1）公称压力 PN　指压力机曲柄旋转离下止点前某一特定角度（约为30°）时滑块上所允许的最大工作压力，是压力机规格的主参数。

（2）滑块每分钟冲压次数 n　滑块由上止点到下止点又回到上止点往复一次为一个行程数，即一次冲压。

（3）滑块行程 s　是指滑块从上止点到下止点所经过的距离。其数值一般为曲柄半径的两倍。

（4）闭合高度 H　滑块在下止点时，滑块下底面到工作台上平面之间的距离。

当压力机处于闭合状态时，将连杆调节到最短时的闭合高度为最大闭合高度；反之为最小闭合高度。

(5) 工作台台面尺寸 $L \times B$　其决定了安装模具下模座的尺寸范围，工作台孔径尺寸决定了模具下模漏落制件或废料的允许尺寸及安装弹顶机构的尺寸。

(6) 滑块底面尺寸　滑块底面尺寸决定了安装模具上模座的尺寸范围，滑块中心孔的尺寸和深度尺寸决定了模柄尺寸。

(7) 电动机功率　指压力机主电动机的功率。

1.1.4 冲床的选用要点

选用冲床时应遵循以下一些原则：

1) 压力机的公称压力应等于或大于冲压工序所需的总压力。当进行弯曲或拉深时，应注意所选用的压力机的许可压力曲线，在曲轴全部转角内高于冲压变形力曲线。

2) 压力机行程应满足制件在高度上能获得所需尺寸，并保证冲压后能顺利地从模具上取出来。这对于弯曲、拉深件尤为重要，一般拉深时的行程要取制件高度的2.5倍。

3) 压力机的闭合高度、工作台台面尺寸和滑块尺寸等应能满足模具的正确安装。压力机闭合高度和模具闭合高度的关系应满足下列关系式，即

$$H_{max} - 5mm > H_m > H_{min} + 10mm$$

式中　H_{max}——压力机最大闭合高度（mm）；

H_m——模具闭合高度（mm）；

H_{min}——压力机最小闭合高度（mm）。

4) 滑块每分钟的冲击次数，应符合生产率和材料变形速度的要求。

5) 在一般情况下，可不考虑电动机功率，但在一些特殊冲压时（如斜刃冲裁），将会发生压力足够而功率超载的现象，这时必须使电动机的功率大于冲压时所需的功率。

选择压力机时除考虑以上原则外，还要根据生产批量大小、冲压工序特点、冲压件形状、尺寸、精度等因素综合考虑压力机的种类，然后再选择压力机的规格。

1.2 冲裁

冲裁是利用模具使板料沿一定的轮廓形状产生分离的一种冲压工序，冲裁包括落料、冲孔、切口、切边等工序，其中以落料、冲孔应用最为广泛（见图1-2）。

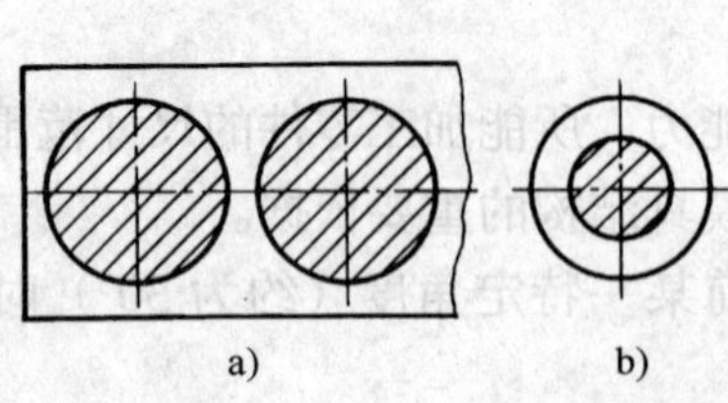

图1-2　落料和冲孔
a）落料　b）冲孔

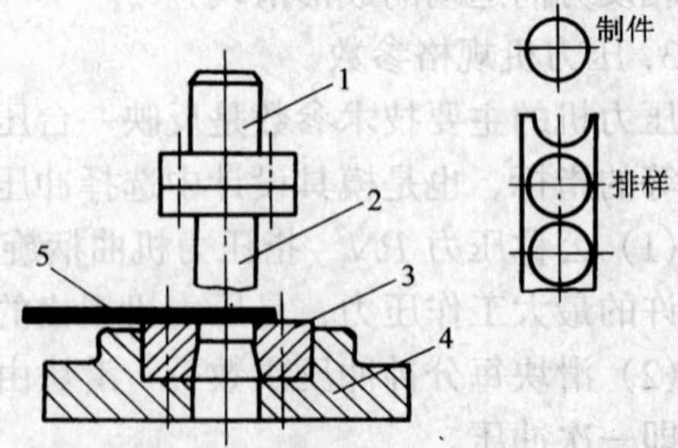

图1-3　简单冲裁模具
1—模柄　2—凸模　3—凹模　4—下模座　5—条料

1.2.1 冲裁过程

图1-3所示是一简单冲裁模，凸模和凹模都具有与制件轮廓一样形状的锋利刃口，凸、凹模之间存在一定的间隙，凸模通过模柄安装在压力机滑块上，凹模通过模座固定在工作台

上。当凸模下降至与板料接触时，板料就受到凸、凹模的作用力，凸模继续下压，板料受剪而互相分离。

板料的分离过程是在瞬间完成的，整个冲裁变形分离过程大致可分为3个阶段，如图1-4所示。

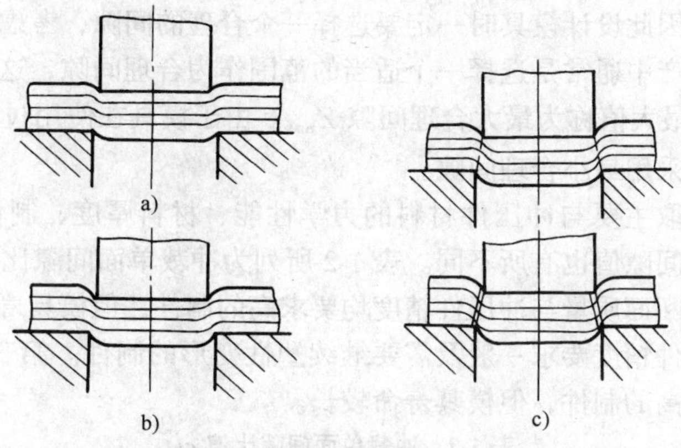

图1-4　冲裁时板料的变形过程

a）弹性变形阶段　b）塑性变形阶段　c）断裂分离阶段

（1）弹性变形阶段　板料在凸模的压力下，产生弹性压缩和弯曲，板料底面相应部分的材料略挤入凹模孔口内。板料与凸、凹模接触处形成很小的圆角。由于凸、凹模之间存在间隙，板料同时受到弯曲和拉伸的作用，凸模下的板料产生弯曲，凹模上的板料开始上翘。

（2）塑性变形阶段　凸模继续下降，压力增加，当材料内部应力达到屈服点时，板料进入塑性变形阶段，凸模开始挤入板料，并将下部材料挤入凹模孔内，板料在凸、凹模刃口附近产生塑性剪切变形，形成光亮的剪切断面。在剪切面的边缘，由于凸、凹模间隙而引起的弯曲和拉伸的作用，形成圆角。随着凸模的继续向下，变形区向板材的深度方向发展、扩大，应力也随之增加，直至凸、凹模刃口处达到极限应力和应变值，材料产生微小裂纹为止。

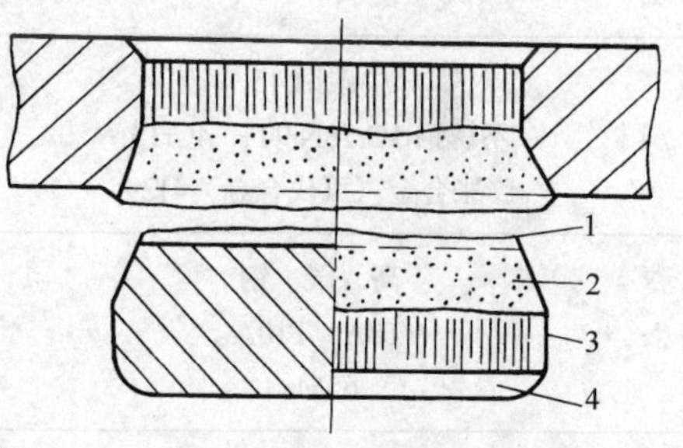

图1-5　冲裁件的断面状况

1—毛刺　2—断裂带　3—光亮带　4—圆角带

（3）断裂分离阶段　随凸模继续压入，凸、凹模刃口附近产生的微裂纹不断向板材内部扩展。若间隙合适，上、下裂纹则相遇重合，板料被拉断分离。由于拉断的结果，断面上形成一个粗糙的区域。当凸模再下行，冲落部分将克服摩擦阻力被从板材中推出，全部挤入凹模洞口，冲裁过程结束。

由于冲裁变形的特点，冲出的制件断面与板材平面并不完全垂直，有一定的斜度，且粗糙而不光滑。冲裁断面可明显地分为4个特征区，即圆角带、光亮带、断裂带和毛刺（见图1-5）。

1.2.2　冲裁间隙

冲裁间隙是指冲裁模的凸模和凹模刃口之间的间隙。单边间隙用C表示，双边间隙用Z表示。

圆形冲裁模双边间隙为　　$Z-D_{\mathrm{d}}-D_{\mathrm{p}}$

式中 D_d——冲裁模凹模直径尺寸（mm）；

D_p——冲裁模凸模直径尺寸（mm）。

1. 合理间隙

冲裁间隙值的大小对冲裁件质量、模具寿命、冲裁力和卸料力的影响很大，是模具设计中的一个重要因素。因此设计模具时一定要选择一个合理的间隙，考虑到模具制造中的偏差及使用中的磨损，生产中通常是选择一个适当的范围作为合理间隙，这个范围的最小值称为最小合理间隙 Z_{min}，最大值称为最大合理间隙 Z_{max}。由于模具在使用过程中会逐步磨损，设计和制造新模具时应采用最小合理间隙。

合理间隙值的选取主要与冲压件材料的力学性能、材料厚度、制件使用要求等因素有关，不同行业的冲裁间隙值也有所不同。表 1-2 所列为冲裁单面间隙比值 c/t，供读者参考。表中第一类适用于对断面质量与冲压件精度均要求高的制件，但模具寿命较低。第二类适用于对断面质量、冲压件精度要求一般及需要继续塑性变形的制件。第三类适用于断面质量、冲压件精度均要求不高的制件，但模具寿命较长。

表 1-2　冲裁单面间隙比值 c/t　（%）

材料 ＼ 类别	Ⅰ	Ⅱ	Ⅲ
低碳钢 08F、10F、10 钢、20 钢、Q235—A	3.0～7.0	7.0～10.0	10.0～12.5
中碳钢 45 不锈钢 1Cr18Ni9Ti、4Cr13 膨胀合金（可伐合金）4J29	3.5～8.0	8.0～11.0	11.0～15.0
高碳钢 T8A、T10A 65Mn	8.0～12.0	12.0～15.0	15.0～18.0
纯铝 1060、1050A、1035、1200 铝合金（软态）3A21 黄铜（软态）H62 纯铜（软态）T1、T2、T3	2.0～4.0	4.5～6.0	6.5～9.0
黄铜（硬态） 铅黄铜 HPb50—1 纯铜（硬态）	3.0～5.0	5.5～8.0	8.5～11.0
铝合金（硬态） 锡磷青铜 铝青铜 铍青铜	3.5～6.0	7.0～10.0	11.0～13.0
镁合金	1.5～2.5	—	—
硅钢	2.5～5.0	5.0～9.0	—

2. 合理间隙的选用原则

1）对于断面垂直度、断面质量和尺寸精度要求高的制件，应选用较小的间隙值，这时冲裁力与模具寿命作为次要因素来考虑。

2）对于断面要求不高的冲裁件，在满足冲裁件要求的前提下，应以提高模具寿命、降低冲裁力为主，采用较大的合理间隙。但间隙过大会使冲裁件产生弯曲变形，此时要采用弹性卸料装置。

1.2.3 冲裁件质量分析

冲裁件质量主要是指尺寸精度、断面质量、形状误差。

1. 冲裁件尺寸精度

冲裁件尺寸精度是指冲裁件实际尺寸与设计要求尺寸相符合的程度。影响冲裁件尺寸精度的因素，主要有冲裁模间隙，模具的制造精度、材料性质和冲裁件的形状等。

（1）冲裁模间隙　当间隙较大时，材料所受拉伸作用增大，冲裁结束后，因材料的弹性恢复，使冲孔件的尺寸增大，落料件的尺寸变小；当间隙较小时，材料受凸、凹模挤压力大，压缩变形大，冲裁完毕后材料的弹性恢复使落料件尺寸增大，而冲孔件的孔径则变小。

（2）模具的制造精度　冲裁模的精度愈高，冲裁件的精度就愈高。冲裁模的精度应高于冲裁件的精度 2～3 级。表 1-3 列出了当冲裁模具有合理的间隙与锋利的刃口时，其制造精度和冲裁件尺寸精度的关系。

（3）材料的性质　材料的性质对该材料在冲裁过程中的弹性变形量有很大的影响。对于比较软的材料，弹性变形量较少，冲裁后的回弹值也少；因此制件精度较高而硬的材料，情况正好相反。

（4）冲裁件的形状　冲裁件的形状越简单，其精度越高。

表 1-3　冲裁件精度

冲模制造精度	材料厚度 t/mm											
	0.5	0.8	1.0	1.5	2	3	4	5	6	8	10	12
IT6～IT7	IT8	IT8	IT9	IT10	IT10	—	—	—	—	—	—	—
IT7～IT8	—	IT9	IT10	IT10	IT12	IT12	IT12	—	—	—	—	—
IT9	—	—	—	IT12	IT12	IT12	IT12	IT12	IT14	IT14	IT14	IT14

2. 冲裁件断面质量

冲裁件断面应平直、光滑、无裂纹、撕裂、夹层和毛刺等缺陷。影响冲裁件断面质量的因素主要有模具间隙、材料力学性能、模具刃口状态等，其中起决定作用的是模具间隙。

（1）模具间隙的影响　模具间隙对冲裁件的断面质量影响很大，当间隙过小时，裂纹成长受到抑制而成为滞留裂纹，在上下裂纹中间将产生二次剪切，这样，在光亮带中部夹有残留的断裂带（见图 1-6a）；当间隙过大时，材料的弯曲和拉伸增大，接近于胀形破裂状态，容易产生裂纹，且材料在凸、凹模刃口处产生的裂纹会错开一段距离而产生二次拉裂，毛刺大而厚，使冲裁件的断面质量下降（见图 1-6c）。

（2）材料力学性能的影响　材料塑性好，冲裁时裂纹出现得较迟，材料被剪切的深度较

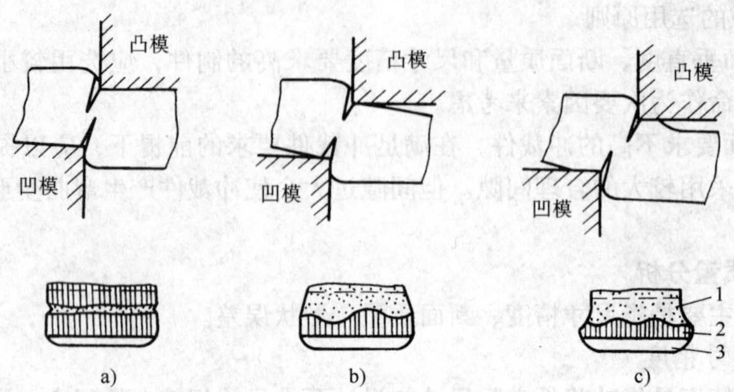

图 1-6 间隙大小对工件断面质量的影响

a）间隙过小 b）间隙合适 c）间隙过大

1—断裂带 2—光亮带 3—圆角带

大，所得断面光亮带所占的比例就大，圆角也大；而塑性差的材料则与之相反，大部分是粗糙的断裂面。

(3) 模具刃口状态的影响 模具刃口越锋利则拉力越集中，毛刺越小。若落料凹模形孔有倒锥，则当落料件从凹模孔通过时，制件边缘被挤出毛刺。

3. 冲裁件毛刺

在正常冲裁时允许的毛刺高度见表 1-4，若冲裁过程不正常，毛刺会明显增大，影响了制件的正常使用，影响毛刺大小的因素主要有模具刃口状态和模具间隙等。

(1) 冲裁模具间隙 间隙过小，部分材料被挤出材料表面，形成高而薄的毛刺；间隙过大，材料易被拉入间隙中，形成拉长的毛刺。

(2) 模具刃口锋利程度 当冲模工作部分由于使用时长期磨损而出现圆角时，就不能起到很好的材料分离作用，整个断面因断裂而不规则，会产生较大的毛刺。当刃口磨损后，压缩力增大，毛刺按照磨损后的刃口形状，成为根部很厚的大毛刺，尤其是在落料时的凸模刃口及冲孔时的凹模刃口不锋利时，所产生的毛刺更为严重。

(3) 凸模与凹模轴线不重合 由于长期受振动冲击，凸模与凹模的中心线发生变化，轴线不重合，则易产生单面毛刺。

表 1-4 毛刺的允许高度 （单位：mm）

料 厚	<0.3	0.3~0.5	0.5~1	1.0~1.5	1.5~2.0
生产时	≤0.05	≤0.08	≤0.10	≤0.13	≤0.15
试模时	≤0.015	≤0.02	≤0.03	≤0.04	≤0.05

1.2.4 冲裁件的工艺性

冲裁件的工艺性，是指冲裁件对冲裁工艺的适应性。在一般情况下，对冲裁件工艺性影响最大的是制件的结构形状、精度要求、形位公差及技术要求等。冲裁件的工艺性合理与否，影响到冲裁件的质量、模具寿命、材料消耗、生产率等，设计中应尽可能提高其工艺性。冲裁件的工艺性应考虑以下几点：

1）冲裁件的形状应尽可能简单、对称，避免形状复杂的曲线。

2）冲裁件各直线或曲线的连接处应尽量避免锐角，严禁尖角，一般应有 $R>0.5t$（t——料厚）以上的圆角。

3）冲裁件凸出悬臂和凹槽宽度 b 不宜过小，一般硬钢为（1.5～2.0）t，黄铜、软钢为（1.0～1.2）t，纯铜、铝为（0.8～0.9）t。

4）冲孔尺寸不宜过小，否则凸模强度不够。冲孔的最小尺寸见表1-5。

5）冲裁件的孔与孔之间、孔与边缘之间的距离 a 不能过小，一般当孔边缘与制件外形边缘不平行时 $a \geqslant t$，平行时 $a \geqslant 1.5t$。

6）在弯曲件或拉深件上冲孔时，孔边与制件直边之间的距离不能小于制件圆角半径与一半料厚之和。

7）用条料少废料冲裁两端带圆弧的制件时，其圆弧半径应大于条料宽度的一半。

8）冲裁件的经济精度不高于IT11级，一般要求落料件精度最好低于IT10级，冲孔件最好低于IT9级。

表1-5　冲孔最小尺寸

材　料	自由凸模冲孔		精密导向凸模冲孔	
	圆　形	矩形短边	圆　形	矩形短边
黄铜、铜、软钢	$1.0t$	$0.7t$	$0.35t$	$0.3t$
铝	$0.8t$	$0.5t$	$0.3t$	$0.28t$
酚醛层压布（纸）板	$0.4t$	$0.35t$	$0.3t$	$0.25t$
硬钢	$1.3t$	$1.0t$	$0.5t$	$0.4t$

注：t 为材料厚度。

1.2.5　排样与搭边

冲裁件在板、条料上的布置方法称为排样。排样的合理与否，不但影响到材料的经济利用率，还会影响到模具结构、生产率、制件质量、生产操作方便与安全等。

1. 材料利用率

排样的目的是为了合理利用原材料。衡量排样经济性、合理性的指标是材料的利用率。材料利用率的计算公式如下：

一个进距内的材料利用率 η 为

$$\eta = \frac{nA}{bh} \times 100\%$$

式中　A——冲裁件面积（包括冲出的小孔在内）（mm^2）；

n——一个进距内冲件数目；

b——条料宽度（mm）；

h——进距（mm）。

一张板料上总的材料利用率 η_Σ 为

$$\eta_\Sigma = \frac{NA}{bL} \times 100\%$$

式中　N——一张板料上冲件总数目；

L——板材长度（mm）。

提高材料利用率主要应从减少工艺废料着手，通过合理的排样方法，使工艺废料减到最少。同样一个制件，可以有几种不同的排样方法，从而得到不同的材料利用率，如图1-7a、b所示，材料的利用率分别为50%、70%。有时在不影响零件使用要求的前提下，对零件结构作些适当改进，可以减少废料，提高材料利用率，图 1-7c 所示为改进后材料利用率达到 80%。

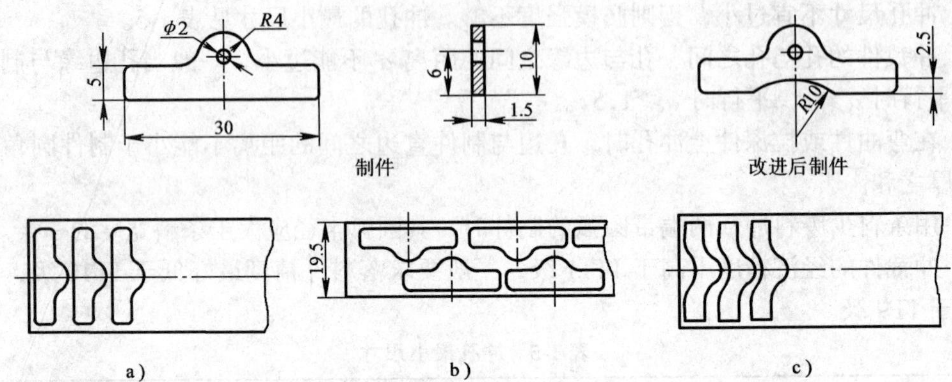

图 1-7　冲件排样方法的比较

a)、b) 制件结构改进前　c) 制件结构改进后

2. 排样方法

根据材料的利用情况，排样的方法可分为三种：有废料排样、少废料排样和无废料排样。

有废料排样为沿制件的全部外形冲裁，制件与制件之间，制件与条料侧边之间都有工艺余料（搭边）存在，冲裁后搭边成为废料，如图 1-8a 所示。

少废料排样为沿制件的部分外形轮廓切断或冲裁，只在制件之间或制件与条料侧边之间有搭边存在，如图 1-8b 所示。

无废料排样为制件与制件之间、制件与条料侧边之间均无搭边存在，条料沿直线或曲线切断而得制件，如图 1-8c 所示。

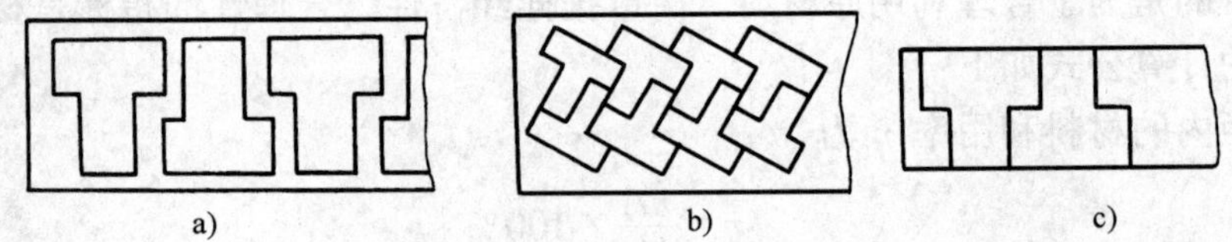

图 1-8　排样方法

a) 有废料排样　b) 少废料排样　c) 无废料排样

3. 搭边

排样中相邻两制件之间的余料或制件与条料边缘间的余料称为搭边。其作用是补偿定位误差和保持条料有一定的强度和刚度，防止由于条料的宽度误差、送进步距误差、送料歪斜等原因而冲裁出残缺的废品，保证送料的顺利进行，从而提高制件质量，凸、凹模刃口可沿整个封闭轮廓线冲裁，受力平衡，提高模具寿命和制件断面质量。

搭边值的大小要合适，过大材料利用率低，过小则不能发挥搭边的作用，在冲裁过程中会被拉断，造成送料困难，使制件产生毛刺，有时还会被拉入凸、凹模之间的间隙，损坏模具的刃口，降低模具的寿命。

影响搭边值大小的因素有材料的力学性能、材料的厚度、制件的形状和尺寸、排样的形式及送料、挡料的方式。表 1-6 列出了普通冲裁低碳钢时的搭边值。

表 1-6　搭边 a 和 a_1 数值（低碳钢）　　　　　　　　（单位：mm）

材料厚度 t	圆件及 $r>2t$ 的圆角		矩形件边长 $L<50$mm		矩形件边长 $L>50$mm 或圆角 $r<2t$	
	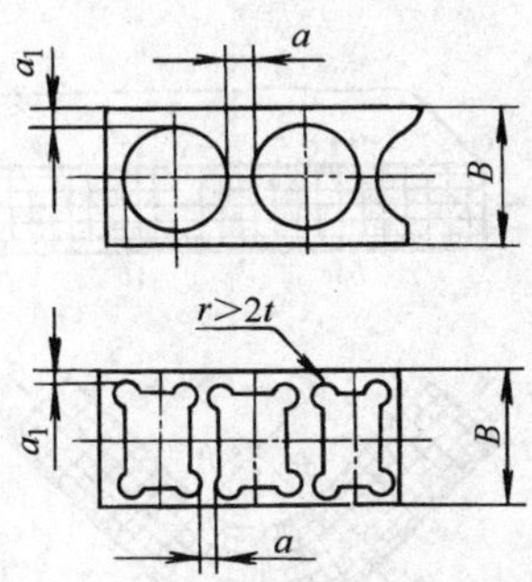		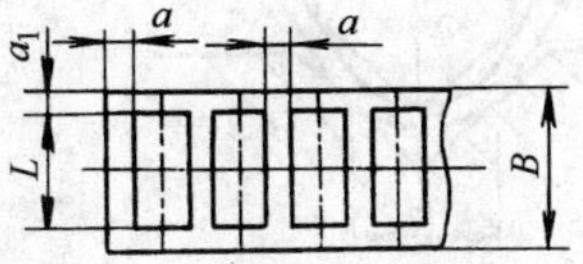		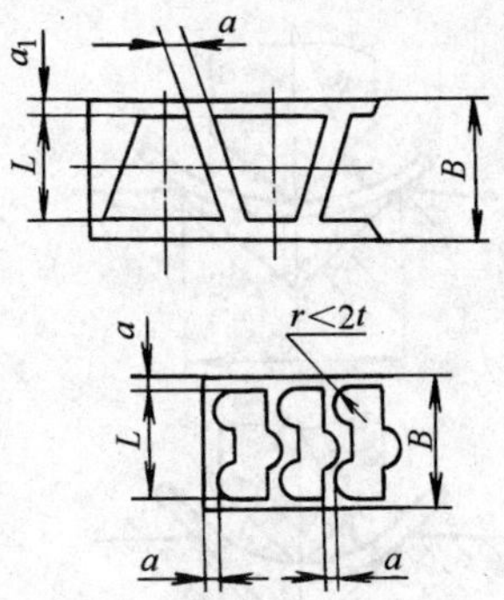	
	制件间 a	侧面 a_1	制件间 a	侧面 a_1	制件间 a	侧面 a_1
0.25 以下	1.8	2.0	2.2	2.5	2.8	3.0
0.25～0.5	1.2	1.5	1.8	2.0	2.2	2.5
0.5～0.8	1.0	1.2	1.5	1.8	1.8	2.0
0.8～1.2	0.8	1.0	1.2	1.5	1.5	1.8
1.2～1.6	1.0	1.2	1.5	1.8	1.8	2.0
1.6～2.0	1.2	1.5	1.8	2.0	2.0	2.2
2.0～2.5	1.5	1.8	2.0	2.2	2.2	2.5
2.5～3.0	1.8	2.2	2.2	2.5	2.5	2.8
3.0～3.5	2.2	2.5	2.5	2.8	2.8	3.2
3.5～4.0	2.5	2.8	2.8	3.2	3.2	3.5
4.0～5.0	3.0	3.5	3.5	4.0	4.0	4.5
5.0～12	$0.6t$	$0.7t$	$0.7t$	$0.8t$	$0.8t$	$0.9t$

注：对于其它材料，应将表中数值乘以下列系数：中碳钢为 0.9，高碳钢为 0.8，硬黄铜为 1～1.1，硬铝为 1～1.2，软黄铜、纯铜为 1.2，铝为 1.3～1.4，非金属（皮革纸、纤维）为 1.5～2。

1.3　弯曲

利用压力将板料、管材、型材等弯曲成一定的曲率或角度，以得到一定形状零件的冲压工序称为弯曲。最常见的弯曲加工是在普通压力机上使用弯曲模压弯，此外还可在折弯机、压弯机、辊弯机等设备上进行弯曲。

1.3.1　弯曲变形分析

（1）弯曲过程　图 1-9 所示为弯曲 V 形件的变形过程，开始为自由弯曲阶段，板材的弯曲半径 r 和弯曲力臂 l 均随凸模下行逐渐减小，到行程终了时，板料与凸、凹模完全贴合。

（2）弯曲变形特点　观察变形后位于弯曲件侧壁的坐标网格及断面的变化（见图 1-10）可看到：

1）变形区主要在弯曲件的圆角部分，此处的正方形网格变成了扇形，靠近圆角处的直边，仅有少量的变形，而远离圆角的两直边的网格没有变化。

2）在变形区内，板料的外区（靠凹模一面）纵向金属纤维受拉而伸长（$\overset{\frown}{bb}>\overline{bb}$），板料的内区（靠凸模一面）纵向金属纤维受压而缩短（$\overset{\frown}{aa}<\overline{aa}$）。由外区向内区过渡时，其间有一层金属，纤维长度既不伸长也不缩短，这一层称为应变中性层。

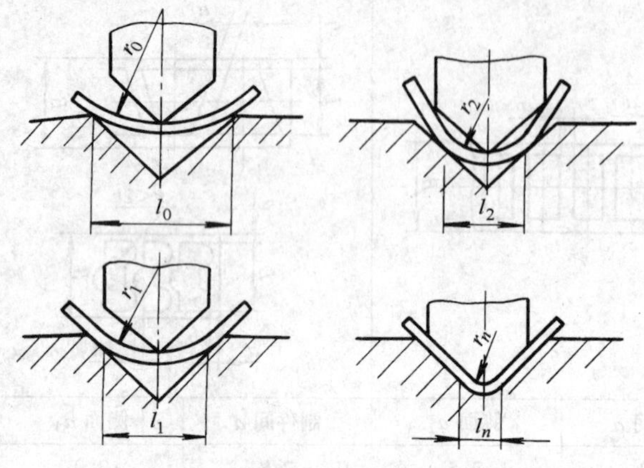

图 1-9　板料在 V 形模内的弯曲过程

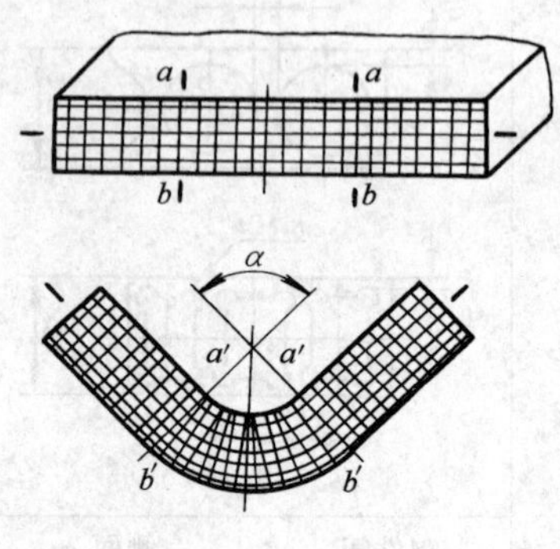

图 1-10　弯曲前后坐标网格的变化

3）在弯曲变形区内，当相对弯曲半径 r/t 较小时，板料厚度由 t 变为t_1，$\eta=t_1/t$ 称为变薄系数，相对弯曲半径 r/t 越小，表明弯曲变形程度越大。

4）当板材弯曲时，分宽板和窄板两种情况：宽板（相对宽度 $b/t>3$）的横截面几乎不变，仍保持矩形截面；窄板（$b/t<3$）的横截面变成扇形。在实际生产中，大部分板料属于宽板弯曲。

1.3.2　弯曲件缺陷与防止

在弯曲过程中容易出现的质量问题为弯裂、回弹、偏移和翘曲等。

1. 弯裂

当弯曲时板料变形区外表面的金属在切向拉伸应力的作用下，产生切向的拉伸变形，并随弯曲变形程度 r/t 的减少而增加，当这一拉伸变形超过材料的极限变形程度时，材料就要破裂，即弯裂。在保证毛坯最外层纤维不发生破裂的前提下，所能获得的弯曲件内表面最小圆角半径与弯曲材料厚度的比值 r_{min}/t 称为最小相对弯曲半径。此时的弯曲半径即为最小弯曲半径 r_{min}，在生产中用它来表示弯曲时的成形极限，各种材料的最小弯曲半径数值见表 1-7。

（1）影响最小弯曲半径的因素　影响最小弯曲半径的因素主要有：

1）材料的力学性能。塑性好的材料，其塑性指标（δ、ψ）越高，最小弯曲半径越小。

2）弯曲线方向。材料沿轧制方向的塑性较好，因此板料的弯曲方向与轧制方向垂直时就能减小最小弯曲半径。当弯曲 r/t 较小的制件时，尽量使折弯线垂直于板料的轧制方向。当方向性明显的材料同时进行两个方向的弯曲时，可将弯曲线与轧制方向成 45°，就能有效防止产生裂纹。

3）板料的宽度和厚度。弯曲宽度越宽，最小弯曲半径就越大，但当 $b/t>10$ 时，影响就很微小。当材料相同而板厚不同，则厚板外表面的拉应力大，易出现裂纹。

4）板料表面和剪切断面的质量。当板料表面有微裂纹、断面有毛刺时，易出现裂纹。

（2）防止弯裂的措施　为防止弯裂，应选用塑性好的材料，如需要时，可对材料进行退火或正火处理。在条件允许时，可采用局部加热弯曲的方法来提高材料的弯曲加工极限。板料表面不得有划伤、裂纹，侧面不得有大的毛刺、裂口等缺陷。对于厚板的弯曲，最好将有冲裁毛刺的一面放在弯曲件内部，以防止弯裂。从模具角度考虑，可以采用附加反压弯曲，或适当增大凸模圆角半径，以改善弯裂现象。

表 1-7　最小弯曲半径

材　　料	退火或正火		冷作硬化	
	弯曲线位置			
	垂直于纤维	平行于纤维	垂直于纤维	平行于纤维
08、10	$0.1t$	$0.4t$	$0.4t$	$0.8t$
15、20	$0.1t$	$0.5t$	$0.5t$	$1t$
25、30	$0.2t$	$0.6t$	$0.6t$	$1.2t$
35、40	$0.3t$	$0.8t$	$0.8t$	$1.5t$
45、50	$0.5t$	$1.0t$	$1.0t$	$1.7t$
55、60	$0.7t$	$1.3t$	$1.3t$	$2t$
65Mn、T7	$1t$	$2t$	$2t$	$3t$
Cr18Ni9	$1t$	$2t$	$3t$	$4t$
软杜拉铝	$1t$	$1.5t$	$1.5t$	$2.5t$
硬杜拉铝	$2t$	$3t$	—	$4t$
磷　铜	—	—	—	$3t$
半硬黄铜	$0.1t$	$0.35t$	—	$1.2t$
软黄铜	$0.1t$	$0.35t$		$0.8t$
纯　铜	$0.1t$	$0.35t$		$2t$
铝	$0.1t$	$0.35t$		$1t$
镁合金	加热到 300～400°C		冷　弯	
MB1	$2t$	$3t$	$6t$	$8t$
MB8	$1.5t$	$2t$	$5t$	$6t$
钛合金 BT1	$1.5t$	$2t$	$3t$	$4t$
BT5	$3t$	$4t$	$5t$	$6t$
铝合金	加热到 400～500°C		冷　弯	
	$2t$	$3t$	$4t$	$5t$

注：表列数据用于弯曲中心角≥90°，断面质量良好的情况。

2. 回弹

板料的塑性弯曲总是伴有弹性变形，制件卸载后弯曲角度和尺寸发生变化，而与模具的相应形状尺寸不一致的现象，称为弯曲件的回弹（又称弹复），如图 1-11 所示。回弹将直接影响弯曲件的质量，通常用角度的回弹值和弯曲半径的回弹值来衡量。其回弹角 $\Delta\alpha$ 为

$$\Delta\alpha = \alpha_0 - \alpha$$

式中　α_0——弯曲后制件的实际角度；

α——弯曲模具的角度。

在弯曲半径较大时（$r \geqslant 10t$），不仅回弹角相当大，而且圆角半径也有较大的变化，称为回弹半径（Δr）。即

$$\Delta r = r_0 - r$$

式中　r_0　—弯曲后制件的实际半径；

r——弯曲模具的圆角半径。

影响回弹的因素很多，有材料的力学性能、板料的厚度、弯曲件形状复杂程度、制件的相对弯曲半径 r/t、弯曲方式、弯曲时校正力的大小、模具间隙等。在设计、制造弯曲模时，如果能够准确地掌握弯曲件的回弹，就能在模具的工作部分及模具的结构上采取措施。但由于影响因素多，要在理论上用精确的计算方法得出回弹值的大小是有困难的。在生产中，一般是根据试验总结的数据表格或图表来选用，经试冲后再对模具工作部分加以修正。

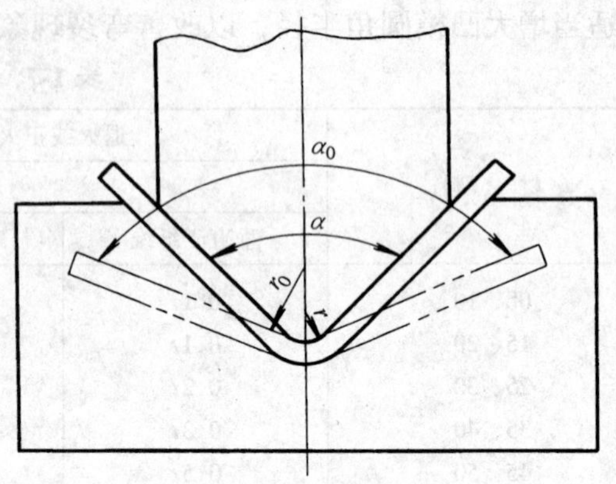

图 1-11　弯曲时的回弹

表 1-8 所列为自由弯曲 V 形件弯曲角为 90°时材料的平均回弹角。当制件的弯曲角 α 不是 90°时，其回弹角 $\Delta\alpha'$ 应作如下修正，即

$$\Delta\alpha' = \frac{\alpha}{90^\circ}\Delta\alpha$$

表 1-8　单角自由弯曲 90°时的平均回弹角 $\Delta\alpha$　　［单位：(°)］

材　料	$\frac{r}{t}$	材料厚度 t/mm		
		<0.8	0.8~2	>2
软钢 $\sigma_b = 3.5\times10^8$Pa 软黄铜 $\sigma_b \leqslant 2.5\times10^8$Pa 铝、锌	<1 1~5 >5	4 5 6	2 3 4	0 1 2
中碳钢 $\sigma_b =$（4~5）$\times10^8$Pa 硬黄铜 $\sigma_b =$（3.5~4）$\times10^8$Pa 硬青铜	<1 1~5 >5	5 6 8	2 3 5	0 1 3
硬钢 $\sigma_b > 5.5\times10^8$Pa	<1 1~5 >5	7 9 12	4 5 7	2 3 6

当弯曲件进行校正弯曲时，回弹角 $\Delta\alpha'$ 还要作如下修正，即

$$\Delta\alpha' = K\Delta\alpha$$

式中 K 为修正系数，其值分别为

$r/t = 3$　　　$K = 0.4\sim0.7$

$r/t = 5$　　　$K = 0.3\sim0.4$

$r/t = 10$　　　$K = 0.15\sim0.2$

$r/t = 15$　　　$K = 0.05\sim0.1$

$r/t = 20$　　　$K = 0\sim0.05$

但要完全消除弯曲件的回弹是不可能的，在生产中常采用一些措施来减少或补偿由于回弹所产生的误差，以提高弯曲件的精度。

（1）改进弯曲件的结构和选用合适的材料　如在弯曲区压制加强筋用以增加弯曲区材料

的刚度和塑性变形程度而减少回弹（见图 1-12）。在许可的条件下选择 σ_s/E 的比值偏小、力学性能稳定的材料进行弯曲。

(2) 补偿法　根据弯曲件的回弹趋势和回弹量的大小，在模具工作部分相应的形状和尺寸中进行修正，给制件的回弹量予以补偿。如在单角弯曲时，根据制件可能产生的回弹量，将凸模圆角半径和角度做小些，对于双角弯曲，可将凸模两侧分别作出等于回弹角的补偿角，或将模具底部做成圆弧形，利用底部向下的回弹作用补偿弯曲件两边的回弹。

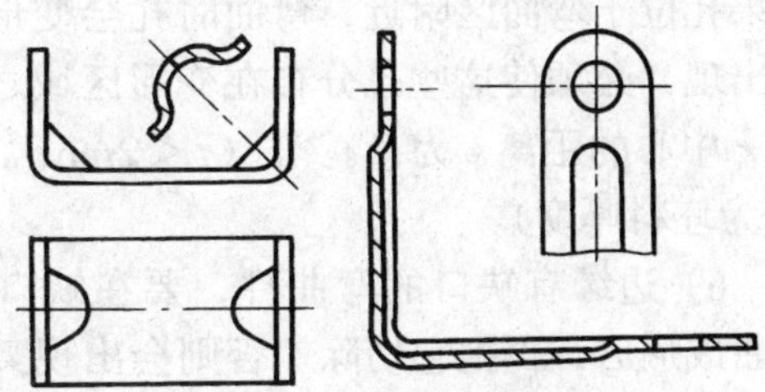

图 1-12　弯曲区压制加强筋减少回弹

一般说来，补偿法是消除弯曲件回弹最简单的方法，在实际生产中得到了广泛应用。

(3) 校正法　板料在弯曲时外侧纤维伸长、内侧纤维缩短，卸载后内外侧的纤维的回弹趋势都是使板料复直，所以回弹量较大，如果在弯曲行程终了时，对板料施加一定的校正压力，并在模具结构上采取措施，使校正力集中于弯角处，迫使弯曲处内层的金属产生切向拉伸应变，以达到克服和减少回弹的目的。

(4) 采用拉弯工艺　当弯曲件的相对弯曲半径很大时，变形区大部分处于弹性变形阶段，产生的回弹最大，制件难以成形，这时可采用拉弯工艺。其特点是将板料先拉伸再弯曲，或先弯曲再拉伸，所加拉伸力大小应使弯曲件内表面的合成力大于材料屈服点，此时制件整个横断面上都处于拉应力作用下，卸载后内外层纤维的回弹趋势互相抵消，因此可以减少回弹。

(5) 其它方法　在允许的情况下，采用加热弯曲，对 U 形件可采用较小的间隙甚至负间隙弯曲。

3. 偏移

板料在弯曲过程中沿凹模圆角滑移时，会受到凹模圆角处摩擦阻力的作用。当制件或模具不对称使制件受到的摩擦阻力不等时，有可能使毛坯在弯曲过程中沿制件的长度方向产生移动，称为偏移。

为防止材料发生偏移，可采取的措施有：①采用压料装置，使毛坯在压紧的状态下逐渐弯曲成形，从而防止毛坯的滑动；②利用毛坯上的孔或设计工艺孔，用定位销插入孔内再弯曲，使毛坯无法移动；③将不对称形状弯曲件组合成对称弯曲件弯曲，然后再切开，使板料弯曲时受力均匀，不容易产生偏移；④模具制造准确，间隙调整对称。

1.3.3　弯曲件的工艺性

弯曲件的工艺性影响到工艺过程的简化、弯曲件精度的提高及原材料的节约。因此，只有在特殊情况下，而且工艺上采取特定的保证措施后，才允许制件设计超出工艺要求。

弯曲件的结构工艺性应满足以下要求：

1) 弯曲件的形状与尺寸应尽量对称，否则不易保证尺寸精度。

2) 弯曲件的最小弯曲半径不得小于表 1-6 所列的数值，否则会使变形区外层材料弯裂。

3) 当弯曲成 90°时，为保证弯边有足够的变形稳度，弯曲件的直边高度不宜过小，其值应为 $H>2t$（见图 1-13）。若 $H<2t$，则需预先压槽或加高直边，弯曲后切掉多余部分。

4) 如弯边在弯曲件内和局部弯边，则应事先在落料制件上加冲工艺孔或工艺槽，以防止弯曲处撕裂。如图 1-14 所示。

5）孔与弯曲部位的最小距离。有孔的毛坯在弯曲时，如果孔位于弯曲区附近，弯曲时孔会变形。为了避免这种缺陷出现，必须使这些孔分布在变形区域之外。孔边到弯曲半径 r 中心的距离 s 为：$s \geqslant t$（$t < 2\text{mm}$），$s \geqslant 2t$（$t \geqslant 2\text{mm}$）（t 为坯料厚度）。

6）边缘有缺口的弯曲件，要在缺口处留出连接带，待弯曲成形后，再把它切除。否则会出现叉口现象，严重时无法弯曲成形（见图 1-15）。

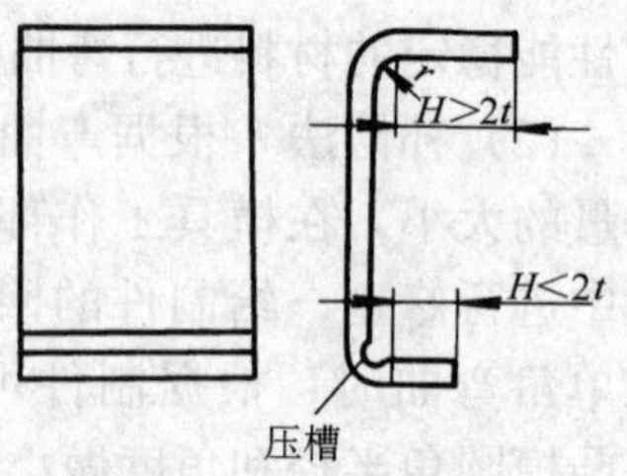

图 1-13　弯曲件直边高度

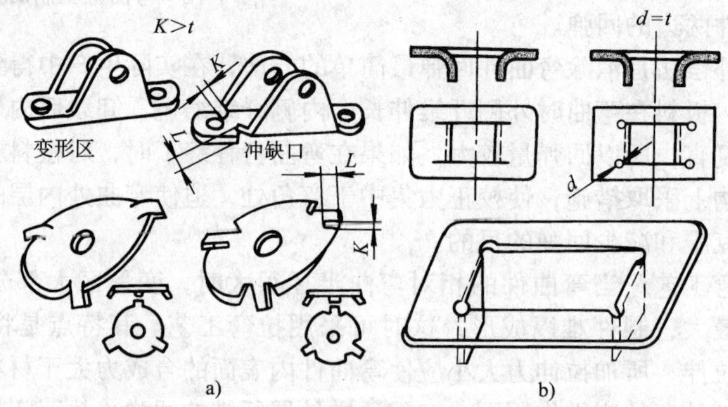

图 1-14　防止弯曲处撕裂的工艺措施

a）加工缺口　b）加冲工艺孔

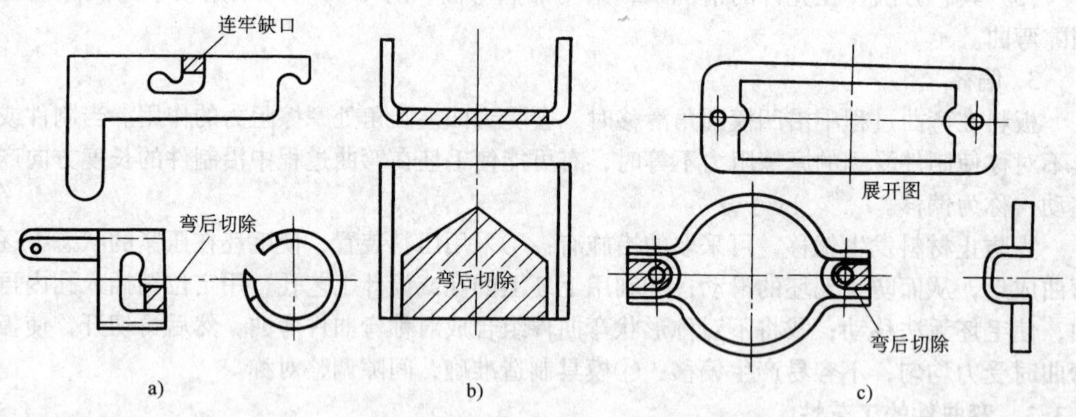

图 1-15　加添连接带

a）弯曲件Ⅰ　b）弯曲件Ⅱ　c）弯曲件Ⅲ

1.4　拉深

拉深是利用模具使平板坯料或开口空心毛坯加工成为开口空心零件的冲压方法。用拉深工艺可以制成筒形、盒形、锥形、阶梯形、球形、抛物面形及其它不规则形状的薄壁零件。

1.4.1　拉深变形分析

拉深过程如图 1-16 所示。凸、凹模没有锋利的刃口，而是有一定的圆角，之间的间隙稍大于板材的厚度。在拉深过程中，随着凸模的下压，在拉深力的作用下，材料进入凹模，以形成制件形状。拉深时的变形主要发生在凸缘部分的材料上，凸模的压力作用于筒底，通过逐渐形成的筒壁将压力传递到凸缘部分，使之逐渐收缩转化为筒壁而最终成形。在拉深过程中，凸缘部分的径向应力为拉应力，切向为压应力。随着拉深的不断进行，材料向开口方向产生了塑性流动，图 1-16b 中阴影部分材料即可看成为“多余三角形”而被挤走转移，使得拉深后制件的高度 $H>1/2$（$D-d$）（见图 1-16c）。图 1-17 所示为拉深时的网格试验图，进一步说明了拉深时金属材料的塑性变形和流动。

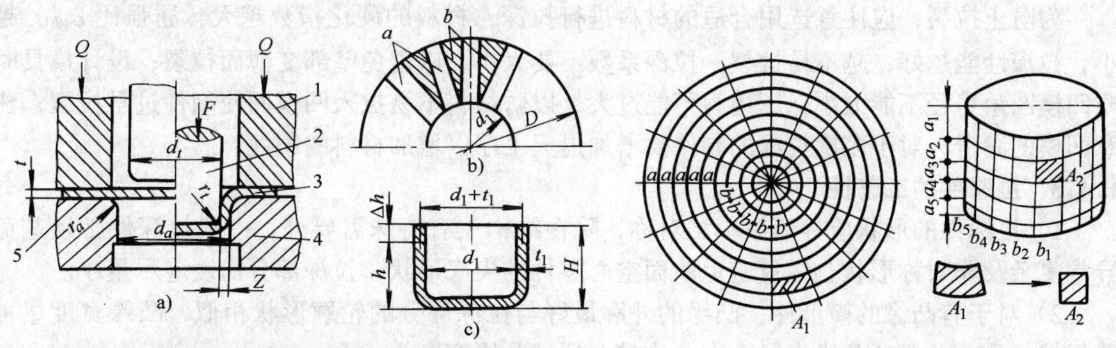

图 1-16　平板毛坯拉深为圆筒形件的变形过程

a）拉深过程　b）拉深毛坯　c）拉深件

1—压边圈　2—凸模　3—拉深件　4—凹模　5—平板毛坯

图 1-17　拉深件的网格试验

1.4.2　拉深件缺陷与防止

1. 起皱

起皱是拉深时容易产生的质量问题之一。拉深时当凸缘变形区的切向压应力较大，而板料又较薄时，凸缘部分材料便会失去稳定而在凸缘的整个周围产生波浪形的连续弯曲（见图 1-18），这就是起皱。

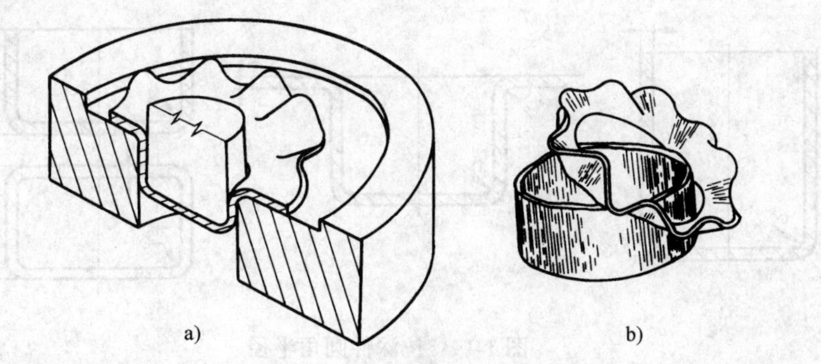

图 1-18　拉深件的起皱

a）拉深中起皱　b）起皱制件

拉深件凸缘区材料轻微的起皱，会在制件的侧壁上留下起皱的痕迹，影响其表面质量，严重时则使材料不能通过凸、凹模间隙而被拉断，造成废品。

常见的防皱措施是采用压边圈，使其产生合适的压边力，把凸缘紧压在凹模表面上，避免该部分在切向应力的作用下起皱，使拉深顺利进行。压边力的大小要合适，过大会增加“危险断面”的拉应力，导致制件严重变薄或拉裂；过小则防皱效果不好。采用拉深筋或拉深槛，同样能有效地增加径向拉应力和减少切向压应力，也是防皱的有效措施。当多道工序拉深时，可采用反拉深防止起皱。

2. 拉裂

拉深后筒形件壁部的厚度与硬度都会发生变化，在筒壁的下部靠近凸模圆角处，加工硬化较低，壁厚变薄，成为筒壁最薄弱的地方，是拉深时最容易破裂的“危险断面”，当材料拉深时承受的径向拉应力超过筒壁（特别是危险断面处）材料的抗拉强度时，拉深件就要破裂，这是拉深时的主要破坏形式。

为防止拉裂，应注意选用合适的材料进行拉深，材料的硬化指数越大，屈强比 σ_b/σ_s 越小，拉深性能越好，越不易拉裂；拉深系数不要太小，以避免壁部变薄而拉裂；设计模具时凸凹模圆角半径不能太小；压边力不能过大，以防材料不易拉入凹模而使制件过早拉裂；注意凹模的润滑；对于多次拉深的制件要增加退火工序以增加材料的塑性。

1.4.3 拉深件的工艺性

1）拉深件的形状应尽量简单、对称，除在结构上有特殊需要外，一般拉深件必须避免异常复杂及非对称形状，尽量避免曲面空心零件的尖底形状，拉深部分深度应尽量小。

2）对于有凸缘的筒形件，凸缘的外廓最好与拉深部分的轮廓形状相似，凸缘宽度尽可能保持一致，并避免凸缘半径太大。比较合适的凸缘宽度为

$$d + 12t \leqslant d_t \leqslant d + 25t$$

式中 d_t——凸缘直径（mm）；

d——制件拉深部分直径（mm）；

t——板料厚度（mm）。

3）拉深件的圆角半径对拉深过程有很大的影响，为了使拉深顺利进行，在设计拉深件时应注意圆角半径不能太小，应满足 $r_1 \geqslant t$，$r_2 \geqslant 2t$，$r_3 \geqslant 3t$（见图 1-19），否则要增加整形工序。

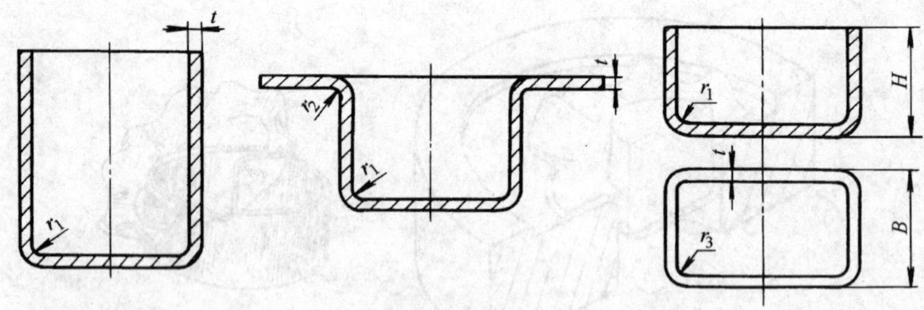

图 1-19 拉深件圆角半径

4）对于半敞开及非对称的空心件，宜采用成对拉深。

5）在拉深件上冲孔时，应注意孔的位置，为保证能将孔顺利冲出，有关尺寸应符合下列关系（见图 1-20）：$h > 2d + t$，$D_1 \geqslant (d_1 + 3t + 2r_2 + d_2)$，$d \leqslant d_1 - 2r_1 - t$。

6）不变薄拉深件的厚度允许有一定量的改变，多次拉深件在其外壁或凸缘表面允许有多次拉深产生的连接印痕。

7）在一般情况下，不要对拉深件的尺寸公差要求过严，一般圆筒形件可达到 IT8～IT10 级，对于异形拉深件一般要低 1～2 级。

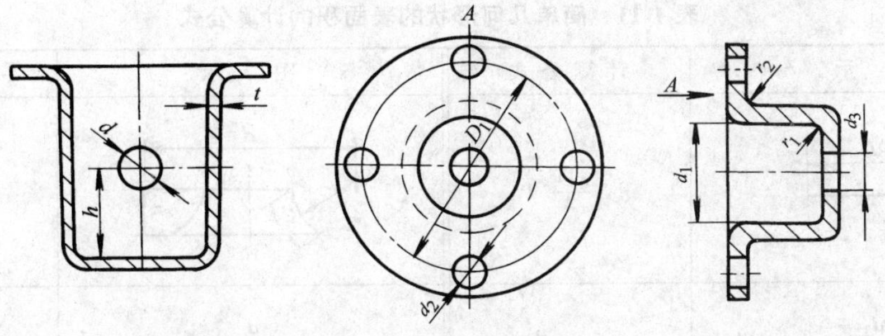

图 1-20　拉深件上孔的位置

1.4.4　拉深件毛坯尺寸的确定

计算拉深件毛坯尺寸的方法很多，常用的是等面积法，一般旋转体零件的拉深毛坯可采用圆形坯料。由于材料的各向异性以及拉深时金属流动条件的差异，为了保证零件的尺寸，在计算毛坯尺寸时必须考虑计入修边余量。修边余量见表 1-9 和表 1-10。

表 1-9　无凸缘零件修边余量 Δ　　(单位：mm)

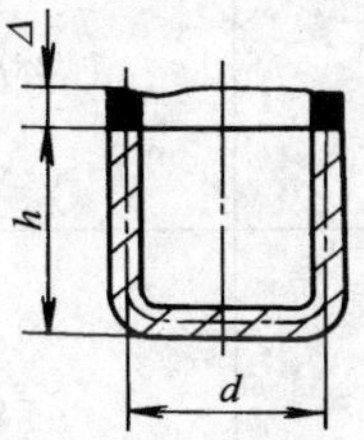

拉深高度 h	拉深相对高度 h/d 或 h/b			
	>0.5～0.8	>0.8～1.6	>1.6～2.5	>2.5～4
≤10	1.0	1.2	1.5	2
>10～20	1.2	1.6	2	2.5
>20～50	2	2.5	3.3	4
>50～100	3	3.8	5	6
>100～150	4	5	6.5	8
>150～200	5	6.3	8	10
>200～250	6	7.5	9	11
>250	7	8.5	10	12

注：1. b 为正方形的边宽或长方形的短边宽度。

2. 对于高拉深件必须规定中间修边工序。

3. 对于材料厚度小于 0.5mm 的薄材料作多次拉深时，应按表值增加 30%。

表 1-10　有凸缘零件修边余量 $\Delta\beta$　　(单位：mm)

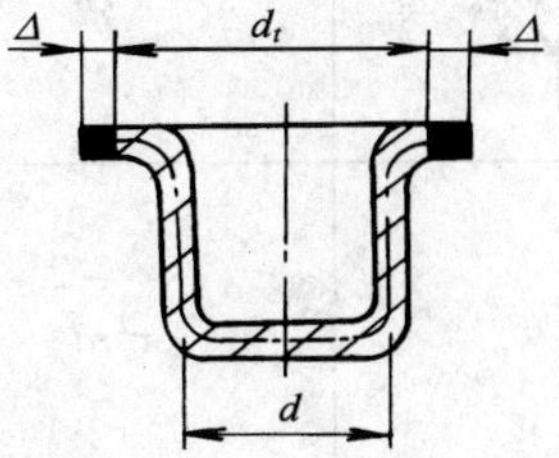

凸缘直径 d_t（或 b_t）	相对凸缘直径 d_t/d 或 b_t/b			
	<1.5	1.5～2	2～2.5	2.5～3
<25	1.8	1.6	1.4	1.2
>25～50	2.5	2.0	1.8	1.6
>50～100	3.5	3.0	2.5	2.2
>100～150	4.3	3.6	3.0	2.5
>150～200	5.0	4.2	3.5	2.7
>200～250	5.5	4.6	3.8	2.8
>250	6.0	5.0	4.0	3.0

注：同表 1-9。

对于简单几何形状的拉深件求其毛坯尺寸时，一般可将制件分解为若干简单几何体，然后求其表面积之和，并算出毛坯直径。为计算方便，简单几何形状的表面积可从表 1-11 中查取。

表 1-11　简单几何形状的表面积的计算公式

图　示	计算公式	图　示	计算公式
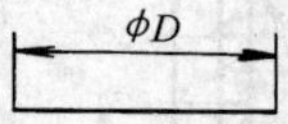 ϕD	$\dfrac{\pi D^2}{4}$	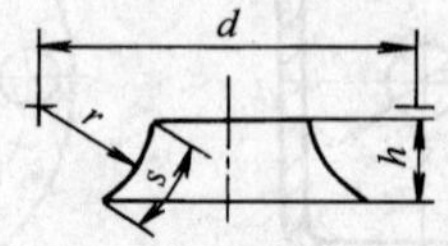 d, r, s, h	$\pi(ds-2hr)$
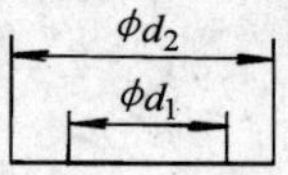 ϕd_2, ϕd_1	$\dfrac{\pi}{4}(d_2^2-d_1^2)$	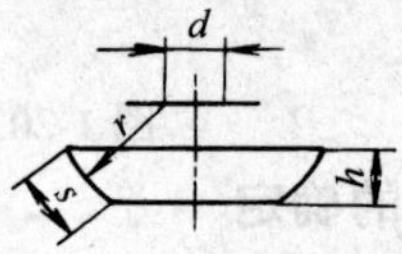 d, r, s, h	$\pi(ds+2hr)$
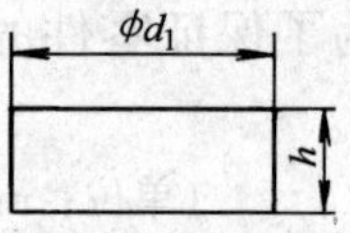 ϕd_1, h	$\pi d_1 h$	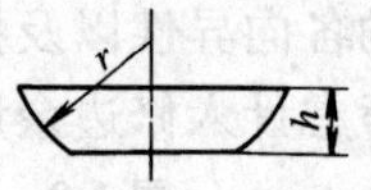 r, h	$2\pi rh$
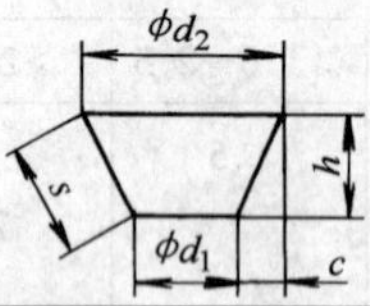 ϕd_2, s, h, ϕd_1, c	$\dfrac{\pi s}{2}(d_1+d_2)$	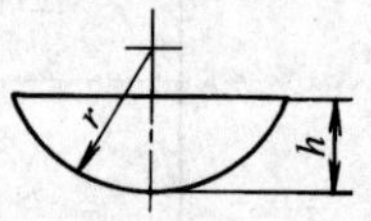 r, h	$2\pi rh$
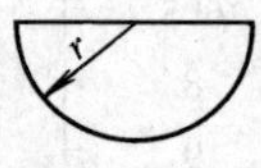 r	$2\pi r^2$	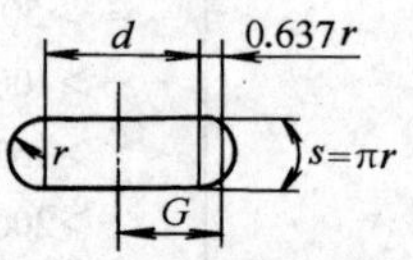 d, $0.637r$, r, $s=\pi r$, G	$2\pi^2 Gr$
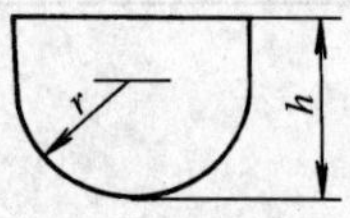 r, h	$2\pi rh$	 d, r, $s=\pi r$, G, 重心	$2\pi^2 Gr$
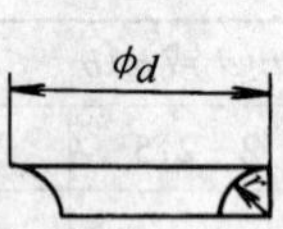 ϕd	$\dfrac{\pi^2 rd}{2}-2\pi r^2$	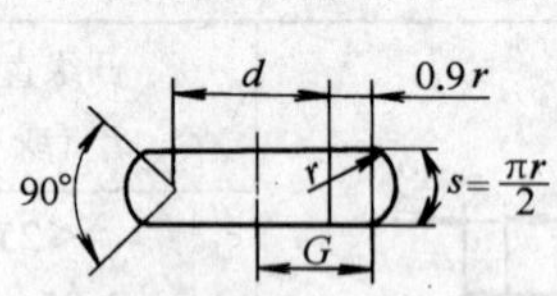 d, $0.9r$, $90°$, r, $s=\dfrac{\pi r}{2}$, G	$\pi^2 Gr$
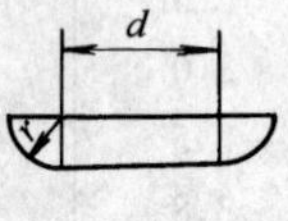 d, r	$\dfrac{\pi^2 rd}{2}+2\pi r^2$	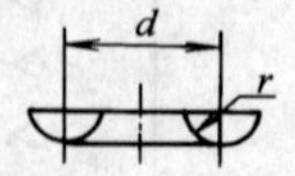 d, r	$\pi^2 rd$

一些规则的旋转体制件的毛坯计算公式可从表 1-12 中查取。

形状复杂的旋转体拉深件的毛坯面积可利用久里金法则，即

旋转体面积　$A=2\pi LX$

毛坯直径　$D=\sqrt{8LX}$

表 1-12　常用旋转体拉深件毛坯直径的计算公式

序号	制件形状	毛坯直径 D
1	d_2, d_1, h_1, h, r	$\sqrt{d_1^2+4d_2h_1+6.28rd_1+8r^2}$ 或 $\sqrt{d_2^2+4d_2h-1.72rd_2-0.56r^2}$
2	d, h, H, $R=\frac{d}{2}$	$1.414\sqrt{d^2+2dh}$ 或 $2\sqrt{dH}$
3	d_2, l, h, d_1	$\sqrt{d_1^2+4h^2+2l(d_1+d_2)}$
4	d_2, l, h, d_1	$\sqrt{d_1^2+4d_1h+2l(d_1+d_2)}$
5	d_4, d_3, r_1, h_1, h, r, d_1, d_2	当 $r\neq r_1$ 时为 $\sqrt{d_1^2+6.28rd_1+8r^2+4d_2h_1+6.28r_1d_2+4.56r_1^2+d_4^2-d_3^2}$ 当 $r=r_1$ 时为 $\sqrt{d_4^2+4d_2h-3.44rd_2}$
6	d_2, r, d_1	$\sqrt{d_1^2+6.28r(d_1+d_2)+12.56r^2}$
7	d_3, l, d_2, h, r, d_1	$\sqrt{d_1^2+6.28rd_1+8r^2+4d_2h+2l(d_2+d_3)}$

（续）

序号	制件形状	毛坯直径 D
8	d_2 d_1 h $R=\frac{d_1}{2}$	$\sqrt{d_1^2+d_2^2+4d_1h}$
9	d_2 d_1 h l	$\sqrt{d_2^2-d_1^2+4d_1\left(h+\frac{l}{2}\right)}$
10	b d h_2 R x h_1 r	$\sqrt{8R\left[x-b\left(\arcsin\frac{x}{R}\right)\right]+4dh_2+8rh}$

式中　L——旋转体母线长度（mm）；

X——母线重心到轴线的距离（mm）。

1.4.5　拉深系数

1. 拉深系数

由于拉深件的高度与直径的比值不同，有的零件可一次拉深制成，而有的则需要经过多次拉深工序才能获得最后的成品，这主要是由于受到变形程度的限制。在生产过程中常用变形程度 $K=D/d$ 的倒数 $m=d/D$ 来控制拉深的变形程度（式中 D 为毛坯或半成品直径，d 为拉深制件的直径），m 即为拉深系数。

拉深系数 m 是小于 1 的小数，其值越小，则说明拉深时的变形程度越大。影响拉深系数的因素主要有材料的力学性能、材料的相对厚度、拉深次数、拉深方式、凹模和凸模圆角半径、润滑条件、拉深速度等。材料的塑性好，屈强比小（即 σ_s/σ_b 值小），则 m 可小些；板料相对厚度 t/D 大则 m 可小；拉深后材料将产生冷作硬化，塑性降低，第一次拉深时 m 最小，以后各次依次增加；在有压边圈时，因不易起皱，m 可小些；凹模圆角半径 r_d 较大，拉深时金属容易流动，摩擦阻力小，m 可小，但 r_d 太大时，压边圈下的材料面积减小，容易起皱；凸模圆角半径较大，m 可小。

2. 圆筒形件拉深次数的确定

在实际生产中，并不是在所有的情况下都采用极限拉深系数，因为过小的、接近极限值的拉深系数，会引起毛坯在凸模圆角处的过分变薄，而且在以后的拉深工序中，这部分变薄严重的缺陷，会转移到成品零件的侧壁上去，而降低零件的质量。在确定拉深系数时，既要使拉深变形量不超过极限变形程度，又要充分利用材料的塑性。

对于一些拉深直径较小而拉深高度较高的制件，往往需要经过多次拉深，先拉成较大直径、较低的高度，逐步缩小直径、增大高度，最后才能拉到需要的尺寸（见图 1-21）。

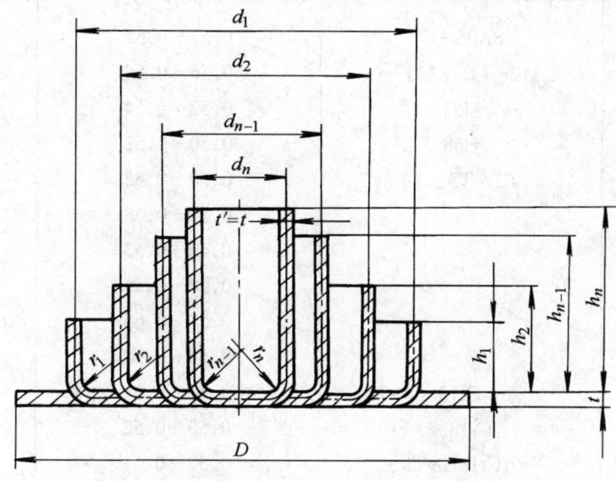

图 1-21　多次拉深时圆筒直径的变化

表 1-13 和表 1-14 给出了无凸缘圆筒形件使用压边圈和不用压边圈时的拉深系数，其它金属材料的拉深系数见表 1-15。

表 1-13　无凸缘圆筒形件用压边圈拉深时的拉深系数

拉深系数	毛坯相对厚度 $t/D\times100$					
	2～1.5	<1.5～1.0	<1.0～0.6	<0.6～0.3	<0.3～0.15	<0.15～0.08
m_1	0.48～0.50	0.50～0.53	0.53～0.55	0.55～0.58	0.58～0.60	0.60～0.63
m_2	0.73～0.75	0.75～0.76	0.76～0.78	0.78～0.79	0.79～0.80	0.80～0.82
m_3	0.76～0.78	0.78～0.79	0.79～0.80	0.80～0.81	0.81～0.82	0.82～0.84
m_4	0.78～0.80	0.80～0.81	0.81～0.82	0.82～0.83	0.83～0.85	0.85～0.88
m_5	0.80～0.82	0.82～0.84	0.84～0.85	0.85～0.86	0.86～0.87	0.87～0.88

注：1. 当凹模圆角半径大时（$r_d=8\sim12t$），拉深系数取小值；当凹模圆角半径小时（$r_d=4\sim8t$），拉深系数取大值。

2. 表中拉深系数适用于 08 钢、10S、15S 钢与软黄铜 H62、H68。当拉深塑性更大的金属时（05 钢、08Z、及 10Z 钢、铝等），应比表中数值减小 1.5%～2%。而当拉深塑性更小的金属时（20 钢、25 钢、Q235、酸析钢、硬铝、硬黄铜等），应比表中数值增大 1.5%～2%（符号 S 为深拉深钢，Z 为最深拉深钢）。

表 1-14　无凸缘圆筒形件不用压边圈拉深时的拉深系数

材料相对厚度	各 次 拉 深 系 数					
$t/D\times100$	m_1	m_2	m_3	m_4	m_5	m_6
0.4	0.90	0.92	—	—	—	—
0.6	0.85	0.90	—	—	—	—
0.8	0.80	0.88	—	—	—	—
1.0	0.75	0.85	0.90	—	—	—
1.5	0.65	0.80	0.84	0.87	0.90	—
2.0	0.60	0.75	0.80	0.84	0.87	0.90
2.5	0.55	0.75	0.80	0.84	0.87	0.90
3.0	0.53	0.75	0.80	0.84	0.87	0.90
3 以上	0.50	0.70	0.75	0.78	0.82	0.85

注：此表适用于 08 钢、10 钢及 15Mn 等材料。

表 1-15　其它金属材料的拉深系数

材料名称	牌号	第一次拉深 m_1	以后各次拉深 m_n
铝和铝合金	8A06—O	0.52～0.55	0.70～0.75
硬铝	2A12—O、2A11—O	0.56～0.58	0.75～0.80
黄铜	H62	0.52～0.54	0.70～0.72
	H68	0.50～0.52	0.68～0.72
纯铜	T2、T3、T4	0.50～0.55	0.72～0.80
无氧铜		0.50～0.58	0.75～0.82
镍、镁镍、硅镍		0.48～0.53	0.70～0.75
康铜（铜镍合金）		0.50～0.56	0.74～0.84
白铁皮		0.58～0.65	0.80～0.85
酸洗钢板		0.54～0.58	0.75～0.78
不锈钢	Cr13	0.52～0.56	0.75～0.78
	Cr18Ni	0.50～0.52	0.70～0.75
	1Cr18Ni9Ti	0.52～0.55	0.78～0.81
	Cr18Ni11Nb、Cr23Ni18	0.52～0.55	0.78～0.80
镍铬合金	Cr20Ni80Ti	0.54～0.59	0.78～0.84
合金结构钢	30CrMnSiA	0.62～0.70	0.80～0.84
可伐合金		0.65～0.67	0.85～0.90
钼铱合金		0.72～0.82	0.91～0.97
钽		0.65～0.67	0.84～0.87
铌		0.65～0.67	0.84～0.87
钛及钛合金	TA2、TA3	0.58～0.60	0.80～0.85
	TA5	0.60～0.65	0.80～0.85
锌		0.65～0.70	0.85～0.90

注：1. 当凹模圆角半径 $r_d<6t$ 时，拉深系数取大值；当凹模圆角半径 $r_d\geqslant(7\sim8)t$ 时，拉深系数取小值。

2. 当材料相对厚度 $t/D\times100\geqslant0.62$ 时拉深系数取小值；当材料相对厚度 $t/D\times100<0.62$ 时，拉深系数取大值。

3. 材料为退火状态。

1.4.6　旋转体拉深件工艺计算

1. 无凸缘圆筒形件拉深的工艺计算

（1）拉深次数与各次拉深半成品直径计算　在确定拉深次数时，首先求出总的拉深系数，查表 1-12～表 1-14，若 $m\geqslant m_1$，则可一次拉深，若 $m<m_1$，则需要的拉深次数 n 为 $m_1m_2\cdots\cdots m_n\leqslant m$（式中 n 即为拉深次数）。各次拉深半成品为

$$d_1=m_1D$$

$$d_2=m_2d_1=m_1m_2D$$

$$\cdots\cdots$$

$$d_n=m_nd_{n-1}=m_1m_2\cdots m_nD=d$$

（2）各次拉深半成品高度计算

$$H_n=0.25\left(\frac{D^2}{d_n}-d_n\right)+0.43\frac{r_n}{d_n}(d_n+0.32r_n)$$

式中　H_n——第 n 次拉深后的高度（mm）；

D——毛坯直径（mm）；

d_n——第 n 次拉深后的平均直径（mm）；

r_n——第 n 次拉深后中心层圆角半径（mm）。

r_n 的取值应根据 $r_d = 0.8\sqrt{(D-d)\ t}$ 和 $r_p =$（0.6～1）r_d 的关系选取，随冲压次数延续逐渐减小。

2．带凸缘圆筒形件拉深的工艺计算

带凸缘圆筒形件拉深件与无凸缘圆筒形件拉深基本相同，其不同之处是带凸缘圆筒形件在首次拉深时，凸缘部位的材料不是全部转入筒壁，首次拉深时凸缘直径就要达到零件要求的凸缘直径，在以后各次拉深中，保持凸缘直径不变，只是逐次减小筒壁直径，而高度逐次增大。

（1）带凸缘圆筒形件拉深件的拉深系数　在拉深带凸缘圆筒形件时，直径为 D 的坯料，在同样的比例关系 $m_1 = d_1/D$ 下，可拉深出不同高度带不同凸缘直径（d_t）的制件，而其实际变形程度是不同的。为此，带凸缘拉深件第一次拉深允许的变形程度，可以用 d_t/d_1 的比值和它的最大相对拉深高度 h_1/d_1 来表示。

带凸缘的筒形件第一次拉深最大允许相对高度 h_1/d_1 值见表 1-16。当相对拉深高度 $h/d > h_1/d_1$ 时，就不能用一道工序拉深出来，当多次拉深时，第一次拉深的最小拉深系数见表 1-17。

表 1-16　带凸缘筒形件第一次拉深的最大相对高度 h_1/d_1

凸缘相对直径 d_t/d_1	毛坯相对厚度 $\frac{t}{D}\times 100$				
	>0.06～0.2	>0.2～0.5	>0.5～1	>1～1.5	>1.5
≤1.1	0.45～0.52	0.50～0.62	0.57～0.70	0.60～0.80	0.75～0.90
>1.1～1.3	0.40～0.47	0.45～0.53	0.50～0.60	0.56～0.72	0.65～0.80
>1.3～1.5	0.35～0.42	0.40～0.48	0.45～0.53	0.50～0.63	0.58～0.70
>1.5～1.8	0.29～0.35	0.34～0.39	0.37～0.44	0.42～0.53	0.48～0.58
>1.8～2.0	0.25～0.30	0.29～0.34	0.32～0.38	0.36～0.46	0.42～0.51
>2.0～2.2	0.22～0.26	0.25～0.29	0.27～0.33	0.31～0.40	0.35～0.45
>2.2～2.5	0.17～0.21	0.20～0.23	0.22～0.27	0.25～0.32	0.28～0.35
>2.5～2.8	0.13～0.16	0.15～0.18	0.17～0.21	0.19～0.24	0.22～0.27
>2.8～3.0	0.10～0.13	0.112～0.15	0.14～0.17	0.16～0.20	0.18～0.22

注：1．适用于 08 钢、10 钢。

2．较大值相应于零件圆角半径较大情况，即 r_d、r_p 为（10～20）t；较小值相应于零件圆角半径较小情况，即 r_d、r_p 为（4～8）t。

（2）带凸缘筒形件的工序计算　带凸缘筒形件一般可分成两种类型，一种是窄凸缘件（$d_t/d = 1.1～1.4$），另一种是宽凸缘件（$d_t/d > 1.4$）。

对于窄凸缘件，可在前几次拉深中不留凸缘，先拉成圆筒件，而在以后的拉深中形成锥形的凸缘，最后将其校正成平面。

对于宽凸缘件，则应在第一次拉深时，就拉成零件所要求的凸缘直径，而在以后各次拉深中凸缘直径保持不变。同时，为了保证以后拉深时凸缘不参加变形，首次拉入凹模的材料应比零件最后拉深部分所需材料多3%～10%，在以后各次拉深中逐次将1.5%～3%的材料挤回到凸缘部分，使凸缘增厚而避免拉裂。以后各次的拉深系数可相应选取表1-13中的第2、第3……次拉深系数，若采用中间退火，则各次拉深系数可减小5%～8%。

表1-17 带凸缘筒形件第一次拉深时的拉深系数 m_1

凸缘相对直径 d_t/d_1	毛坯相对厚度 $\frac{t}{D}\times 100$				
	>0.06～0.2	>0.2～0.5	>0.5～1	>1～1.5	>1.5
≤1.1	0.59	0.57	0.55	0.53	0.50
>1.1～1.3	0.55	0.54	0.53	0.51	0.49
>1.3～1.5	0.52	0.51	0.50	0.49	0.47
>1.5～1.8	0.48	0.48	0.47	0.46	0.45
>1.8～2.0	0.45	0.45	0.44	0.43	0.42
>2.0～2.2	0.42	0.42	0.42	0.41	0.40
>2.2～2.5	0.38	0.38	0.38	0.38	0.37
>2.5～2.8	0.35	0.35	0.34	0.34	0.33
>2.8～3.0	0.33	0.33	0.32	0.32	0.31

注：适用于08、10钢

对于宽凸缘圆筒形件多次拉深工序的安排，在保持凸缘直径不变的情况下常采用两种方法：一种方法是在第一次拉深时拉成肩部与底部圆角半径很大的中间毛坯，在以后各次拉深中，毛坯的高度基本保持不变，仅缩小直筒部分的直径和圆角半径（见图1-22a）。用这种方法所得制件表面光滑平整，而且厚度均匀，不存在圆角部分弯曲与局部变薄的痕迹。但是这种方法只能用于毛坯的相对厚度较大，在第一次拉深成大圆角的曲面形状时不起皱的情况。另一种方法是在多次拉深中逐步地缩小中间圆筒形部分的直径和增大高度（见图1-23b）。这种方法适用于毛坯相对厚度较小，所得制件表面质量较差，在直壁和凸缘边上常残留有弯曲和厚度局部变化的痕迹。

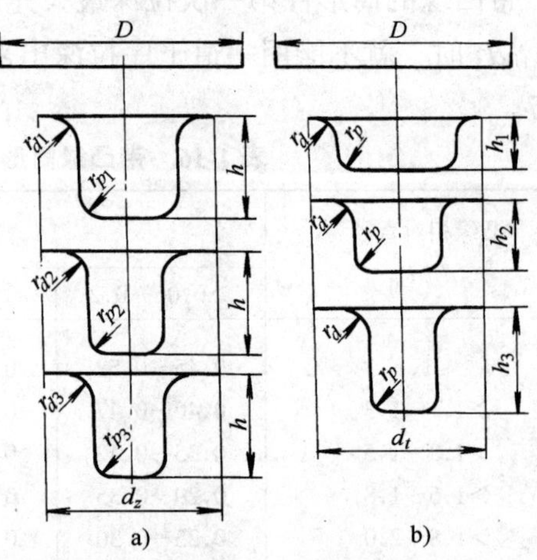

图1-22 宽凸缘件的多次拉深方法
a）高度不变，减少直径和圆角半径
b）圆角半径不变，减少直径增加高度

1.5 其它冲压加工工艺简介

1.5.1 成形

成形是以对材料局部变形的方式改变制件或毛坯形状的冲压方法。包括翻孔、翻边、缩口、起伏、胀形等，它们常和冲裁、弯曲、拉深等工序组合，完成一些复杂形状的零件的冲压加工。

1. 翻孔与翻边

翻孔与翻边（或统称翻边）是指沿曲线或直线，将薄板坯料边部或坯料上预制孔边部窄带区域的材料，弯折成竖边的塑性加工方法。翻边主要用于零件的边部强化，去除切边以及在零件上制成与其它零件装配、连接的部位或具有复杂特异形状、合理空间的立体零件，同时提高零件的刚度。在大型钣金成形时，也可作为控制破裂或折皱的手段。

翻边的种类、形式很多，如图 1-23 所示。根据成形过程中边部材料长度的变化情况，可将翻边分为伸长类翻边和压缩类翻边。根据变形工艺特点，翻边可分为内孔（圆孔或非圆孔）翻边（翻孔）、外缘翻边、变薄翻边等。外缘翻边还可分为外缘内曲翻边（见图 1-23b）和外缘外曲翻边（见图 1-23d）。

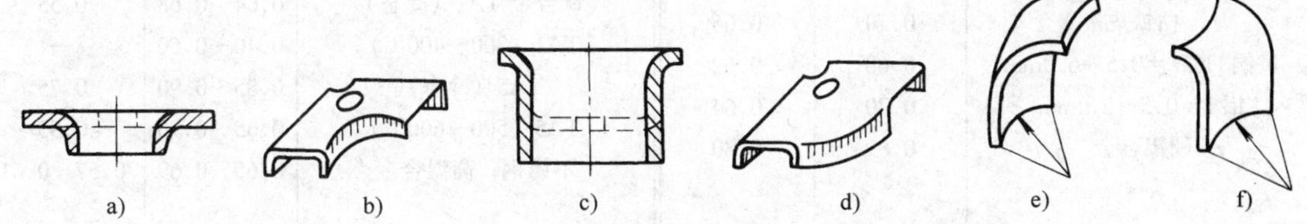

图 1-23　各种翻边件

a）平面圆孔翻边　b）平面外缘内曲翻边　c）立体件上圆孔翻边

d）平面外缘外曲翻边　e）压缩类曲面翻边　f）拉伸类曲面翻边

（1）翻孔　翻孔的过程就是把平板上或空心件上预先制好的孔，扩大成带有竖立边缘的孔（见图 1-24），翻边前毛坯孔的直径为 d_0，在翻边过程中，凸模底部材料在凸模的作用下，孔内径不断扩大，材料逐渐靠近凹模内壁而形成侧壁，直到翻边结束，变形区内径的尺寸等于凸模的直径，即形成了竖直的边缘。

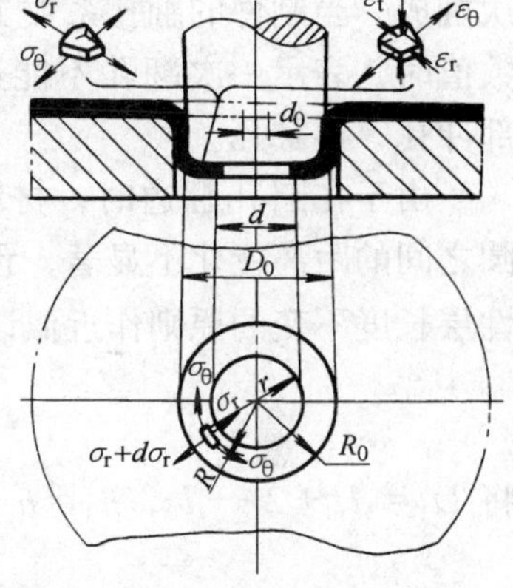

图 1-24　圆孔翻边

1）翻孔变形程度。翻孔时成形的变形程度，用坯料上预制孔的初始直径 d_0 与翻边成形完成后竖边的中径 d_m 比值 K 表示

$$K=\frac{d_0}{d_m}$$

K 称为翻边（孔）系数，K 值愈小，表示翻边时变形程度愈大。

圆孔翻边过程中，孔边缘是成形的变形危险区，其成形极限可根据口部是否发生破裂来确定。在翻孔过程中应保证毛坯孔边缘的金属伸长变形小于材料塑性伸长所允许的极限值。

表 1-18 和表 1-19 分别为低碳钢和其它金属的极限翻边系数，可用它们反映圆孔翻边成形极限，K_l 愈小，成形极限愈大。

表 1-18　低碳钢极限圆孔翻边系数 K_l

凸模形式	孔的加工方法	比值 d_0/t_0										
		100	50	35	20	15	10	8	6.5	5	3	1
球形凸模	钻孔	0.7	0.6	0.52	0.45	0.4	0.36	0.33	0.31	0.3	0.25	0.2
	冲孔	0.75	0.65	0.57	0.52	0.48	0.45	0.44	0.43	0.42	0.42	—
圆柱形凸模	钻孔	0.8	0.7	0.6	0.5	0.45	0.42	0.4	0.37	0.35	0.3	0.25
	冲孔	0.85	0.75	0.65	0.6	0.55	0.52	0.5	0.50	0.48	0.47	—

表 1-19 其它金属极限圆孔翻边系数 K_l

经退火的毛坯材料	极限翻边系数		经退火的毛坯材料	极限翻边系数	
	K_l	$K_{l\min}$		K_l	$K_{l\min}$
			钛合金 TA1（冷态）	0.64～0.68	0.55
白铁皮	0.70	0.65	TA1（300～400℃）	0.40～0.50	—
黄铜 H62 $t=0.5\sim6.0$mm	0.68	0.62	TA5（冷态）	0.85～0.90	0.75
铝 $t=0.5\sim5.0$mm	0.70	0.64	TA5（500～600℃）	0.65～0.70	0.55
硬铝合金	0.89	0.80	不锈钢，高温合金	0.65～0.69	0.57～0.61

注：竖边上允许有不大的裂纹时可用 $K_{l\min}$，而在一般情况下，均采用 K_l。

2）翻孔的工艺计算。翻孔时的工艺计算应根据翻边孔的直径算出预制孔的直径 d_0，并核算其翻孔高度是否能一次翻成。当制件的翻孔系数 K 值小于表 1-18、表 1-19 所列数值时，表示一次翻孔不能达到，这时应先拉深，后在底部冲孔，再翻孔。

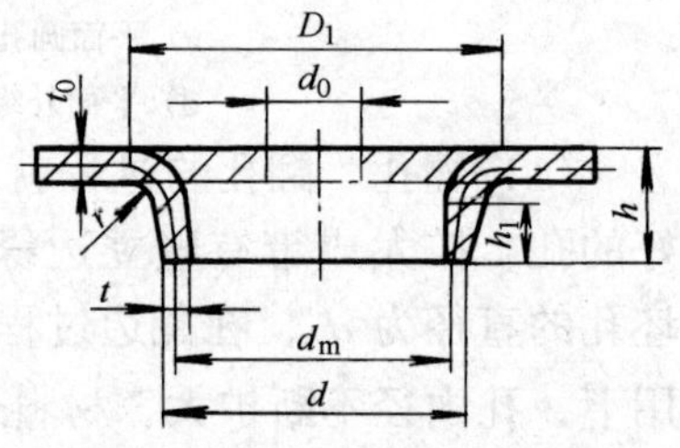

图 1-25 圆孔翻边件的尺寸

由于在圆孔翻边时，材料主要受切向拉伸变形，同心圆之间的距离变化不显著，预制孔直径 d_0 可根据弯曲件中性层长度不变的原则作近似计算（见图 1-25）。

$$d_0 = D_1 - \left[\pi\left(r + \frac{t_0}{2}\right) + 2h_1\right]$$

将 $D_1 = d_m + 2r + t_0$，$h_1 = h - r - t_0$ 代入上式化简后得

$$d_0 = d_m - 2\ (h - 0.43r - 0.72t_0)$$

由此式整理得翻孔高度 h 为

$$h = \frac{d_m}{2}\ (1 - K)\ + 0.43r + 0.72t_0$$

当翻孔系数 K 选定后，h 也就相应确定。$K = K_l$ 时，可得最大翻孔高度 h_{max}。当制件要求的高度大于 h_{max}，就需要先拉深，再冲孔翻边。

拉深后再翻边时，应先决定翻边所能达到的最大高度，然后根据翻边高度及制件的高度来决定拉深件的高度。

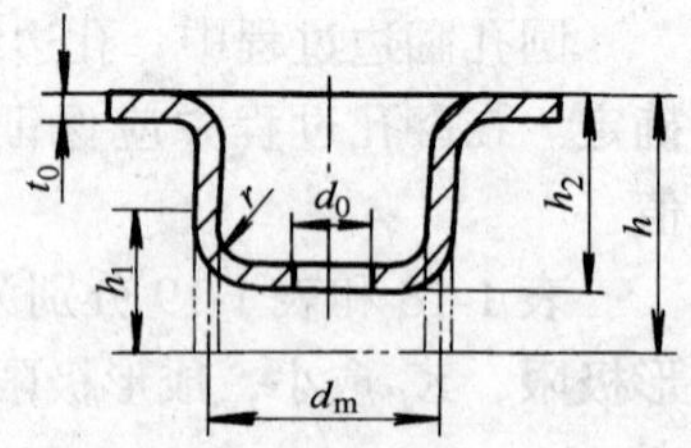

图 1-26 拉深后再翻边

拉深后的翻边高度（见图 1-26）为

$$h_1 = \frac{d_m - d_0}{2} - \left(r + \frac{t_0}{2}\right) + \frac{\pi}{2}\left(r + \frac{t_0}{2}\right)$$

整理得 $h_1 \approx \frac{d_m}{2}\ (1 - k)\ + 0.57r$

取 $K = K_l$，即可得翻孔能达到的最大高度。

预制孔直径 $d_0 = d_m + 1.14r - 2h_1$

翻边前的拉深高度 h_2 为

$$h_2 = h - h_1 + r + t_0$$

$$h_{1\max} = \frac{d_{\mathrm{m}}}{2}(1 - k_l) + 0.57r$$

此时预制孔直径 $d_0 = k_l d_{\mathrm{m}}$

翻孔前拉深高度 $h_2 = h - h_{1\max} + r + t_0$

对于翻孔高度较大的零件，除采用先拉深再翻孔的方法外，也可采用多次翻孔的方法，但工序之间需要退火，且每次所用翻孔系数应比前次增大15%～20%。

(2) 翻边　使坯料平面部分或曲面部分的边缘沿一定曲线翻起竖立直边（见图1-23b、d、e、f）称为翻边。

将毛坯上内凹的边缘翻成竖边称为内曲翻边，将毛坯上外凸的边缘翻成竖边称为外曲翻边。内曲翻边的变形程度用 E_{s} 表示，即

$$E_{\mathrm{s}} = \frac{b}{R - b}$$

式中符号如图1-27所示。

外曲翻边的变形程度用 E_{c} 表示

$$E_{\mathrm{c}} = \frac{b}{R + b}$$

式中符号如图1-28所示。

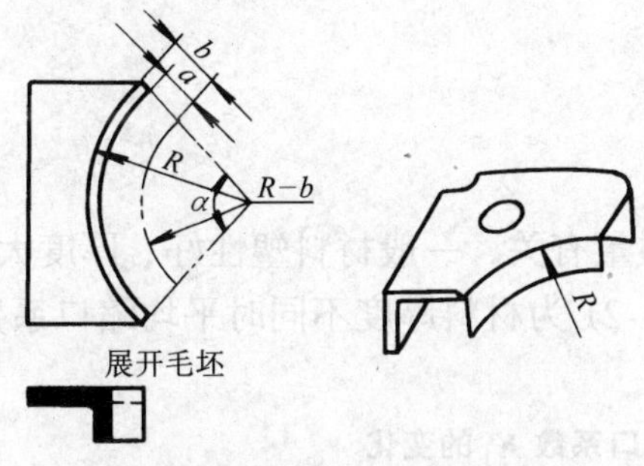

图1-27　内曲翻边

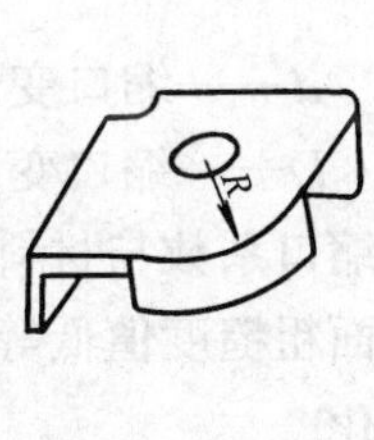

图1-28　外曲翻边

表1-20列出了内曲翻边时竖边不破裂时的极限变形程度 E_{SL} 和外曲翻边时竖边不起皱时的极限变形程度 E_{CL}。

外缘翻边的毛坯计算与毛坯外缘曲线性质有关。对内曲翻边，可参考圆孔翻边毛坯计算方法。对外曲翻边，可参考浅拉深毛坯计算方法。

2. 缩口

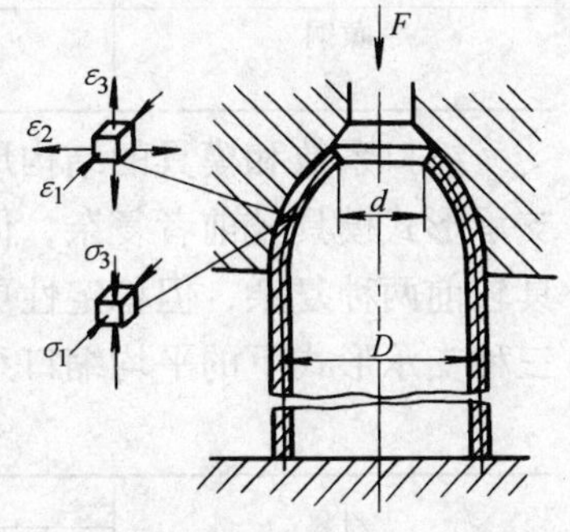

图1-29　缩口

将空心件或管件的口部直径缩小的成形方法称为缩口（见图1-29）。在缩口变形时，变形区的材料主要受切向压应力的作用（同时轴向也受压应力作用），使毛坯口部的直径减小而高度和厚度则增加。因此，缩口在变形过程中的主要问题是失稳和起皱。不仅是变形区的材料在切向压应力的作用下易于失稳和起皱，而且非变形区的筒壁也会因为承受全部缩口压力而易于失去稳定，产生变形。所以缩口时的极限变形程

度主要受失稳条件的限制。

表 1-20　外缘翻边允许的极限变形程度

材料名称及牌号	E_{SL}（%）		E_{CL}（%）		材料名称及牌号	E_{SL}（%）		E_{CL}（%）	
	橡胶成形	模具成形	橡胶成形	模具成形		橡胶成形	模具成形	橡胶成形	模具成形
铝合金					黄铜				
1A30—0	25	30	6	40	H62 软	30	40	8	45
1A30—HX9	5	8	3	12	H62 半硬	10	14	4	16
3A210	23	30	6	40	H68 软	35	45	8	55
3A21—HX9	5	8	3	12	H68 半硬	10	14	4	16
5A02—0	20	25	6	35	钢				
5A03—HX9	5	8	3	12	10	—	38	—	10
2A12—0	14	20	6	30	20	—	22	—	10
2A12—HX8	6	8	0.5	9	1Cr18Ni9 软	—	15	—	10
2A11—0	14	20	4	30	1Cr18Ni9 硬	—	40	—	10
2A11—HX8	5	6	0	0	2Cr18Ni9	—	40	—	10

缩口的变形程度用缩口系数 K 表示，即

$$K=\frac{d}{D}$$

式中　d——缩口变形后制件的直径（mm）；

D——缩口变形前毛坯的直径（mm）。

缩口系数与材料的力学性能、材料厚度及表面质量有关，一般材料塑性好、厚度大、模具表面粗糙度值低等均可得到较小的缩口系数。表 1-21 为材料厚度不同时平均缩口系数 K_j 的变化。

表 1-21　材料厚度不同时平均缩口系数 K_j 的变化

材料	材料厚度/mm		
	~0.5	>0.5~1.0	>1.0
黄铜	0.85	0.80~0.70	0.70~0.65
钢	0.85	0.75	0.70~0.65

缩口系数和模具的结构形式关系极大。无支承形式模具结构简单，但毛坯稳定性差；外支承形式模具较前者复杂，但毛坯稳定性较好，允许的缩口系数可取小些；内外支承形式模具较前两种复杂，但稳定性更好，允许缩口系数可以取得更小。表 1-22 列出了几种材料在三种支承形式下的平均缩口系数。

表 1-22　平均缩口系数 K_j

材料	支承方式		
	无支承	外支承	内外支承
软钢	0.70~0.75	0.55~0.60	0.30~0.35
黄铜 H62、H68	0.65~0.70	0.50~0.55	0.27~0.32
铝、3A21	0.68~0.72	0.53~0.57	0.27~0.32
硬铝（退火）	0.73~0.80	0.60~0.63	0.35~0.40
硬铝（淬火）	0.75~0.80	0.68~0.72	0.40~0.43

当零件的缩口系数小于表 1-20 中所列数值时，则需进行多次缩口，第一道工序可取 $K_1=0.9K_j$，所以各道工序可取 $K_n=$（1.05～101）K_j。在进行了多次缩口时最好在每次工序后进行中间退火。

缩口时的毛坯计算，可根据变形前后体积不变的原则进行。图 1-30 所示为不同的缩口形式及其毛坯计算所用的公式。式中符号如图所示，其中 h 为毛坯压缩部分高度，h_1 为圆柱部分高度。

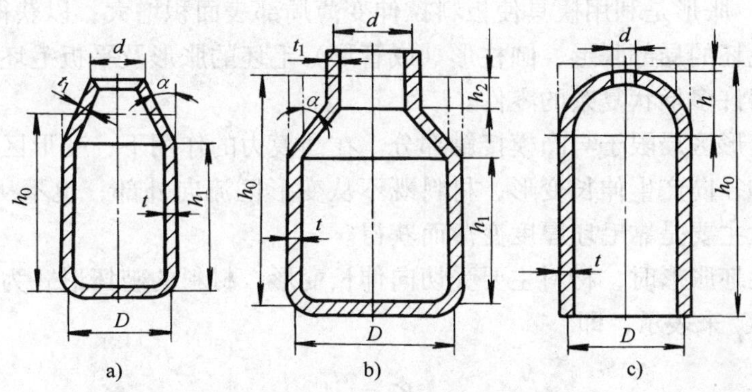

图 1-30　缩口时的毛坯计算

a）$h_0=1.05\left[h_1+\dfrac{D^2-d^2}{8D\sin\alpha}\left(1+\sqrt{\dfrac{D}{d}}\right)\right]$

b）$h_0=1.05\left[h_1+h\sqrt{\dfrac{d}{D}}+\dfrac{D^2-d^2}{8D\sin\alpha}\left(1+\sqrt{\dfrac{D}{d}}\right)\right]$

c）$h_0=h_1+\dfrac{1}{4}\left(1+\sqrt{\dfrac{D}{d}}\right)\sqrt{D^2-d^2}$

3. 起伏与胀形

（1）起伏成形　起伏是一种使材料发生拉伸形成局部的凹进或凸起，借以改变毛坯形状的方法。主要用于加强筋和凸形压制、零件及艺术装饰品的浮雕压制、不对称开口零件的冷压成形。

起伏成形的变形程度主要取决于材料的力学性质，当材料塑性好、硬化指数值大时，变形程度的极限值就高，另外还受零件形状、凸模表面质量、润滑条件等因素的影响。

根据零件形状和材料性质，起伏成形可以由一次或多次工序完成。对于压加强筋等成形，材料一次成形极限用断面变形程度 ε_p 表示，即

$$\varepsilon_p=\frac{l-l_0}{l_0}\leqslant(0.70\sim0.75)\delta$$

式中　l_0——成形前的原始长度（mm）；

l——成形后加强筋的曲线轮廓长度（mm）；

δ——材料伸长率。

如果计算结果不满足上述条件，则应增加工序。

对于压凸包，材料一次成形极限程度用极限胀形深度 h_{max} 表示。当用半圆形凸模对低碳钢、软铝等圆凸成形时，可能达到的极限深度为凸模球直径的 1/3，用平端面凸模成形时，达到的极限深度见表 1-23。

表 1-23　平板局部冲压压凸包的成形极限

简图	材料	许用成形高度 h_{max}/d
	软钢	≤0.15～0.2
	铝	≤0.1～0.15
	黄铜	≤0.15～0.2

(2) 胀形　胀形是利用模具使板料拉伸变薄局部表面积增大，以获得零件的加工方法。主要用于平板毛坯的局部胀形、圆柱形（或管形）毛坯的胀形及平板毛坯的拉张成形等，用这种方法可获得许多形状复杂的零件。

胀形塑性变形区局限于与凸模接触部分。在凸模力的作用下，变形区材料受双向拉应力作用，沿切向和径向产生伸长变形，材料既不从变形区流向外部，也不从外部流入变形区，成形面积的扩大主要是靠毛坯厚度变薄而获得。

圆柱空心毛坯胀形时，材料主要受切向伸长变形，材料的破坏形式为开裂。胀形变形程度用胀形系数 K_p 来表示，即

$$K_p=\frac{d_{max}}{d_0}$$

式中　d_0——圆柱空心毛坯原始直径（mm）；

d_{max}——胀形后制件的最大直径（mm）。

极限胀形系数的影响因素主要是材料的塑性，它和材料切向许用伸长率 $\delta_{\vartheta p}$ 有下列关系，即

$$\delta_{\vartheta p}=\frac{\pi d_{max}-\pi d_0}{\pi d_0}=K_p-1$$

金属材料的极限胀形系数和切向许用伸长率见表 1-24。

表 1-24　极限胀形系数和切向许用伸长率（试验值）

材料	厚度/mm	极限胀形系数 K_p	切向许用伸长率 $\delta_{\vartheta p}$
铝合金 3A21M	0.5	1.25	25%
1070A、1060	1.0	1.28	28%
钝铝 1050A、1035	1.5	1.32	32%
1200	2.0	1.32	32%
黄铜 H62	0.5～1.0	1.35	35%
H68	1.5～2.0	1.40	40%
低碳钢 08F	0.5	1.20	20%
10、20	1.0	1.24	24%
不锈钢	0.5	1.26～1.32	26%～32%
（如 1Cr18Ni9Ti）	1.0	1.28～1.34	28%～34%

若制件胀形的形状有利于变形均匀和补偿材料厚度、轴向施加压力、变形区局部施加压力、变形区局部加热等，均能不同程度地提高变形程度。

空心毛坯的胀形可采用刚模胀形、固体软模胀形或液（气）压胀形等方法。

1.5.2 冷挤压加工

冷挤压是在室温下，在强大的压力和一定的速度作用下，使金属材料在模膛内产生塑性变形，金属从凹模孔或凸、凹模之间的间隙中挤出，从而获得所需形状、尺寸并有较高精度制件的冲压加工方法。加工材料有铝、铜、铝合金和低碳钢等。冷挤压是一种少无切削加工工艺。采用冷挤压法加工可以降低原材料消耗，材料利用率高达 70%～90%，与切削加工相比，生产率可以大幅度提高，生产成本也大为降低。在冷挤压中，金属材料处于三向不等的压应力作用下，可以充分发挥其塑性，获得大变形量。挤压后金属材料的晶粒组织更加细小而密实，金属流线不被切断，且产生加工硬化，使制件的强度大为提高，制品综合质量高。

1．基本分类

冷挤压主要分为正挤压、反挤压、复合挤压三大类。

(1) 正挤压　挤压时金属的流动方向与凸模的运动方向相同。正挤压是最基本的挤压方法，可以制造各种形状的实心件和空心件（见图 1-31）。

(2) 反挤压　挤压时金属的流动方向与凸模的运动方向相反。反挤压可以制造各种断面形状的杯形空心件（见图 1-32）。

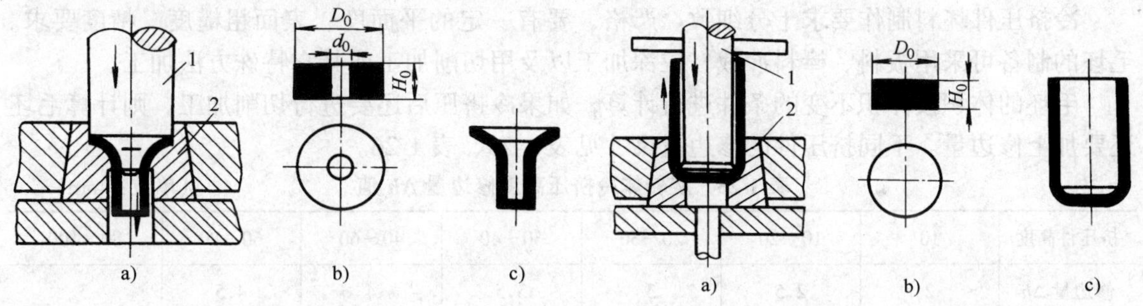

图 1-31　正挤压

a）正挤压示意图　b）毛坯　c）挤压件

1—凸模　2—凹模

图 1-32　反挤压

a）反挤压示意图　b）毛坯　c）挤压件

1—凸模　2—凹模

(3) 复合挤压　挤压时一部分金属的流动方向与凸模的运动方向相同，另一部分金属的流动方向与凸模的运动方向相反（见图 1-33）。复合挤压可以制造各种复杂形状的零件。

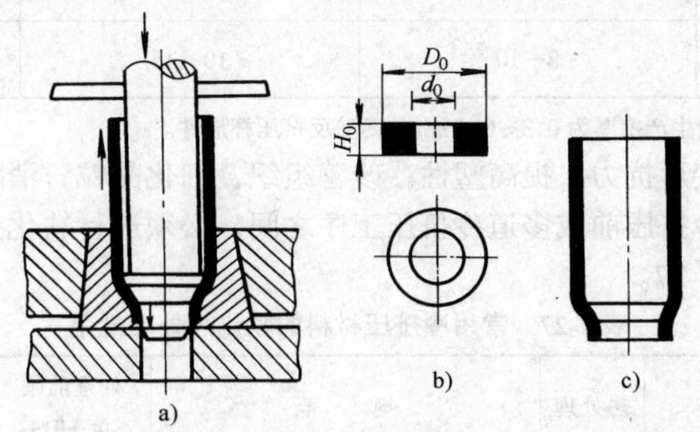

图 1-33　复合挤压

a）复合挤压示意图　b）毛坯　c）挤压件

以上三种挤压方法在冷挤压中应用最广泛，它们的共同特点是金属的流动方向都与凸模的轴线平行，因此又称为轴向冷挤压。

另外还有减径挤压、径向挤压、镦挤复合挤压、静压挤压、连续挤压等。

2. 冷挤压件坯料

冷挤压用钢材应有较低的变形抗力、较高的塑性、均匀的金相组织、良好的表面质量。冷挤压所采用的材料主要有碳钢、合金结构钢、不锈钢、铝、铜、镍、钛及其合金等。

冷挤压用的毛坯形状如图 1-34 所示，毛坯的外形一般为圆形。对于用有色金属板料作为原材料进行冷挤压时，为了提高材料的利用率，可以采用六方或其它不与凹模内腔形状相一致的多边形毛坯。

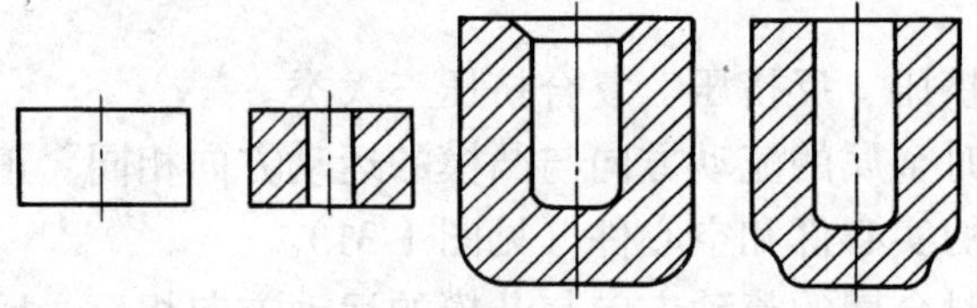

图 1-34　毛坯形状

冷挤压件坯料制作要求十分细致、严格，要有一定的平面度、表面粗糙度、精度要求。毛坯的制备可采用板料、棒料冲裁、拉深加工以及用切削加工或其它特殊方法加工。

毛坯的体积按体积不变的条件进行计算，如果冷挤压后还要进行切削加工，则计算毛坯还要加上修边量。不同挤压件的修边量尺寸见表 1-25、表 1-26。

表 1-25　旋转体冷挤压高度修边量 Δh 值　（单位：mm）

挤压件高度	10	10～20	20～30	30～40	40～60	60～80	80～100
修边量 Δh	2	2.5	3	3.5	4	4.5	5

注：1. 当挤压高度大于 100mm 时，修边量为高度的 5%。
2. 复合挤压件的修边量应适当加大。
3. 矩形挤压件的修边量，按表列数据加倍。

表 1-26　大量生产铝质外壳所用的修边量 Δh 值　（单位：mm）

挤压件高度	15～20	20～50	50～100
修边量 Δh	8～10	10～15	15～20

注：表列数值适用于大量生产壁厚为 0.3～0.4mm 的薄壁反挤压杯形件。

为了降低毛坯的变形抗力，提高塑性，改善组织，细化晶粒，消除内应力，使金属材料易于冷挤压，通常在冷挤压前或多道冷挤压工序之间，必须进行软化处理。冷挤压常用金属材料的软化处理见表 1-27。

表 1-27　常用冷挤压材料的软化热处理规范

序号	冷挤压材料	热处理	规　范	处理前硬度 HBS	处理后硬度 HBS	附注
1	纯铝 1070A、1060、1050A、1035、1200	退火	420℃保温 2～4h 随炉冷却	—	15～19	

（续）

序号	冷挤压材料	热处理	规　　范	处理前硬度 HBS	处理后硬度 HBS	附注
2	铝镁合金 5A02	退火	390～400℃保温 5h 随炉冷却	—	38～39	
3	硬铝 2A12	退火	400～420℃保温 4h 随炉冷却到 150℃	105	55～60	
4	硬铝 2A11	退火	410～420℃保温 4h 随炉冷却到 150℃	—	53～55	
5	锻铝 2A50	退火	410℃±10℃保温 4h 随炉冷却到 150℃	—	50～51	
6	纯铜 T1～T3 无氧铜	退火	710～720℃保温 4h 随炉冷却	110	38～42	也可采用淬火软化
7	锡磷青铜 QSn6.5—0.1	退火	650～750℃保温 4h 随炉冷却到 300℃	—	75～90	
8	黄铜 H62	退火	670～680℃保温 4h 随炉冷却	150	50～55	
9	黄铜 H68	退火	600～670℃保温 4h 随炉冷却	—	45～55	
10	20Cr	退火	420℃保温 4h，以 20℃/h 速度冷却 4h 至 680℃保温 3h，再以 20℃/h 速度冷却 2h，然后随炉冷却到 350℃	—	125～140	
	20CrMnTi				150～165	
	30				135～150	
	45				150～165	
	40Cr				150～165	
11	10	退火	860℃保温 6h，随炉冷却到 350℃	—	100～115	
	15				105～120	
	20				110～125	
	20Cr				120～135	
	30				130～145	
	45				140～155	
12	Q215	长时间退火	920～960℃保温 8h，随炉冷却到 680℃再升温到 960℃保温 4h，随炉冷却到 250℃	—	100～110	
13	纯铁	退火	900℃±10℃保温 3h 随炉冷却	—	60～80	
14	奥氏体不锈钢 1Cr18Ni9Ti	淬火	1150℃保温 5min，用 100℃沸水淬软	—	130	

3. 变形程度

冷挤压变形程度的表示方法有三种：断面收缩率 ε_A、挤压比 G、对数变形程度 ε_e。常用的表示方法为断面收缩率 ε_A，即

$$\varepsilon_A=\frac{A_0-A_1}{A_0}\times 100\%$$

式中 A_0——挤压变形前毛坯的横断面积（mm^2）；

A_1——挤压变形后成形件的横断面积（mm^2）。

各种典型件冷挤压变形程度计算公式见表 1-28。

表 1-28　典型件冷挤压变形程度计算公式

挤压形式	坯料	制件	计算公式
正挤压实心制件	 d_0	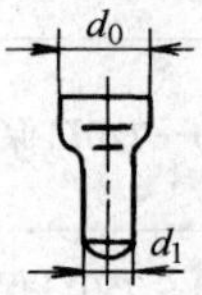 d_0, d_1	$\varepsilon_A=\frac{d_0^2-d_1^2}{d_0^2}\times 100\%$
正挤压空心制件	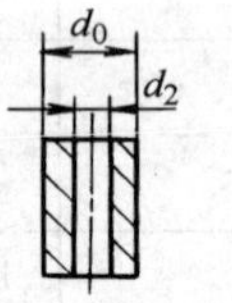 d_0, d_2	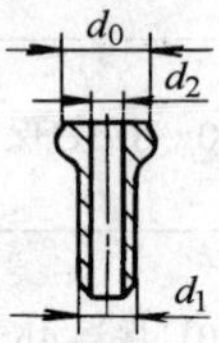 d_0, d_2, d_1	$\varepsilon_A=\frac{d_0^2-d_1^2}{d_0^2-d_2^2}\times 100\%$
反挤压制件	 d_0	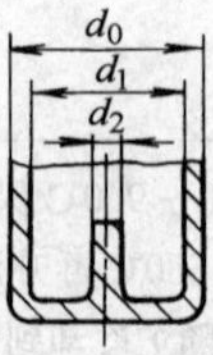 d_0, d_1	$\varepsilon_A=\frac{d_1^2}{d_0^2}\times 100\%$
反挤压带型芯制件	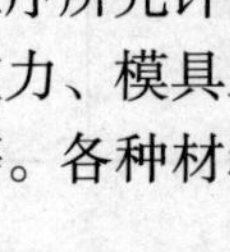 d_0	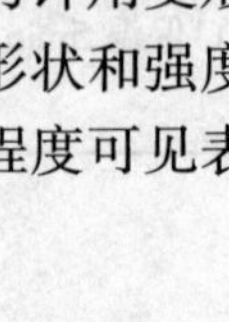 d_0, d_1, d_2	$\varepsilon_A=\frac{d_1^2-d_0^2}{d_0^2}\times 100\%$

每道冷挤压工序所允许的变形程度，称为许用变形程度。影响许用变形程度因素主要有模具材料的许用应力、模具工作部分的结构形状和强度、被挤材料的力学性能、毛坯表面的处理与润滑情况等。各种材料许用挤压变形程度可见表 1-29。

表 1-29　各种材料许用挤压变形程度

材料		正挤压 ε_A（%）	反挤压 ε_A（%）
碳素钢	10	82～87	75～80
	15	80～82	70～73
	35	55～67	50
	45	45～48	40
合金钢	—	53～63	42～50
		50～60	40～45
纯铝		97～99	97～99
铝合金	AlMgSi	95～98	92～98
	AlCuMg	92～95	75～82
黄铜		75～87	75～78

第 2 章　冲模零、部件结构设计

冲压模具零件的分类可按照它们在模具中的作用，分为工艺性零件和结构性零件两大类。工艺性零件包括成形零件（凸模、凹模、凸凹模）、定位零件（定位钉、定位板、挡料销、导正销、侧刃等）和压料、卸料零件（卸料板、压边圈、顶件板和推件板等）；结构性零件包括导向零件（导板、导柱和导套等）、固定零件（模座、模柄、凸、凹模固定板和垫板等）及其它紧固零件。我国冲压模具已制定了国家标准，包括模架、典型组合、零部件技术条件等。在设计时可参照标准选用标准零部件，这对简化模具设计和制造、提高模具寿命、降低成本、缩短制造周期，都有十分重要的意义。

2.1　凸、凹模结构设计

2.1.1　凸模

1. 类型

凸模的类型可从以下几方面分类：

（1）按凸模工作性质分　有冲裁凸模、弯曲凸模、拉深凸模、冷挤凸模等。

（2）按凸模工作断面形状分　有圆形、方形、矩形、异形凸模等。

（3）按凸模的结构分　有整体凸模和拼镶凸模。

（4）按凸模固定方式分　有背台式、叠装式、压块式、插入式、铆接式、护套式、组合式等。

2. 凸模的结构形式

凸模本身按其作用可分为工作部分（即刃口）和固定部分。

凸模结构形式主要分为有固定台阶式和无固定台阶式两种。有固定台阶式的凸模，其中间台阶和凸模固定板以过渡配合相配，而凸模顶端的最大台阶是用其台肩挡住凸模，在卸料时不致于从凸模固定板中拉出。无固定台阶式的凸模，其工作部分和固定部分为等断面形式，故非常适合凸模刃口用线切割或成形磨削成形。

3. 固定方式

凸模在上模的正确固定应该是既要保证凸模工作可靠和良好的稳定性，还要使凸模在更换或修理时拆装方便。常用的固定法有机械固定法、浇注固定法、拼块固定法等。具体固定方法可见表 2-1。

4. 凸模长度

凸模的长度一般根据结构上的需要而确定，如图 2-1 所示。一般常用的长度为 40～65mm，可按计算结果根据凸模国标的长度系列选取。凸模长度 L 的计算公式为

$$L = h_1 + h_2 + h_3 + a$$

式中　h_1——固定板的厚度（mm）；

h_2——固定卸料板的厚度（mm）；

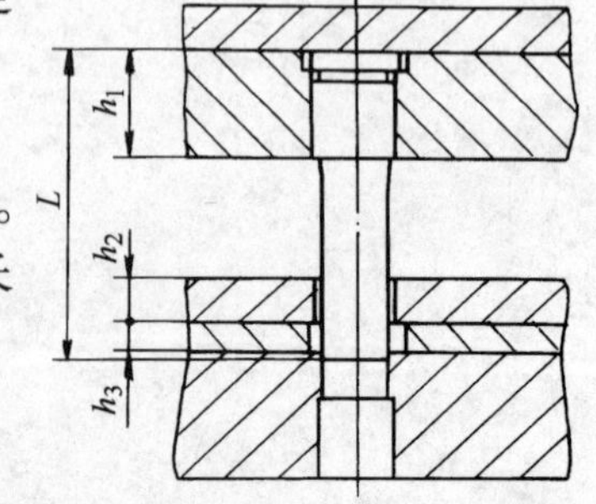

图 2-1　凸模长度尺寸的确定

h_3——导尺厚度（mm）；

a——附加长度，它包括凸模的修磨量、凸模进入凹模的深度及凸模固定板与卸料板的安全距离等，一般可取10～20mm。

表 2-1 常见的凸模固定方式

类型	简图	特点及适用范围
用凸模固定板固定	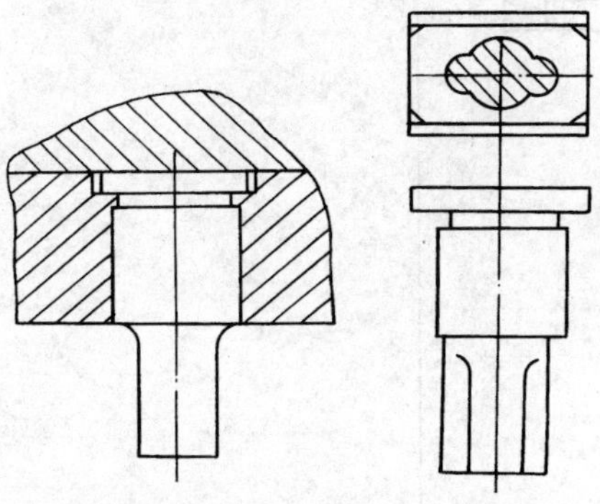 a) b)	凸模安装部分有一凸台，将凸模装入固定板，采用H7/m6配合，用螺钉将固定板和模座连接起来，对于不规则断面形状凸模，若固定部分采用了圆形结构，则要用销钉进行定位，以防转动。此法不宜经常拆卸，多用于冲压力较大，要求稳定性好的凸模的安装，是采用较多的一种安装方式
铆接式固定	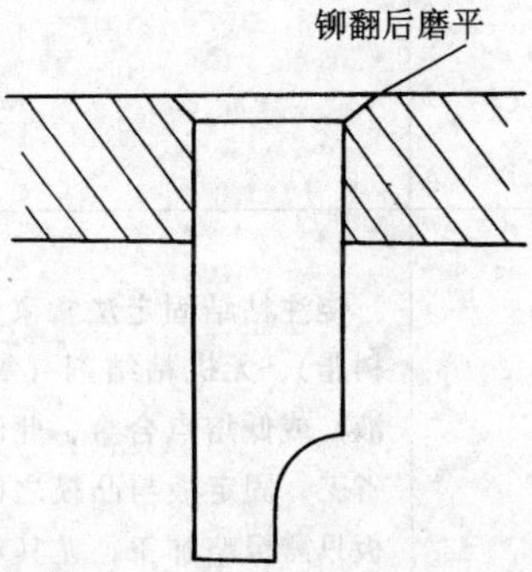 铆翻后磨平	凸模装入固定板后，将凸模上端铆出（1.5～2.5mm）×45°的斜面，以防止凸模脱落，铆接凸模多用于不规则形状断面的凸模安装，凸模可做成直通式，便于加工 该凸模应采取头部局部淬火工艺，以便上端铆接
叠装式固定	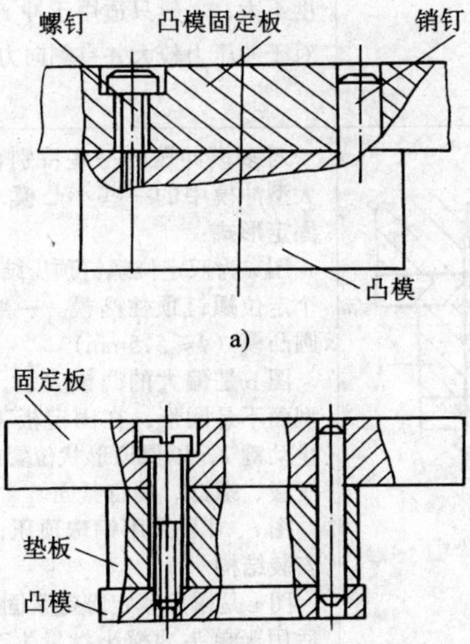 螺钉 凸模固定板 销钉 凸模 a) 固定板 垫板 凸模 b)	对于一些中型或大型凸模，其自身的安装基面较大，一般可采取直接叠加在模座或固定板的平面上，并用螺钉紧固、销钉定位即可。其安装简便，稳定性好 图a为整体凸模叠装形式 图b为节省模具钢，在凸模与固定板之间增加一块由普通钢材制作的垫板 图c为大型圆凸模，中间的垫板与凸模有止口配合，简化装配工艺 图d为中小型凸模，为了增强安装的稳定性，将凸模上端增加法兰盘部分，再叠装入模座或固定板，增强稳定性。适合凸模冲压时有一定侧向力的场合，但是凸模加工工艺性差 图e适用于侧向力较大的剪切、单侧剪切及压弯凸模，采用图示叠装结构，稳定性好，装配简便

(续)

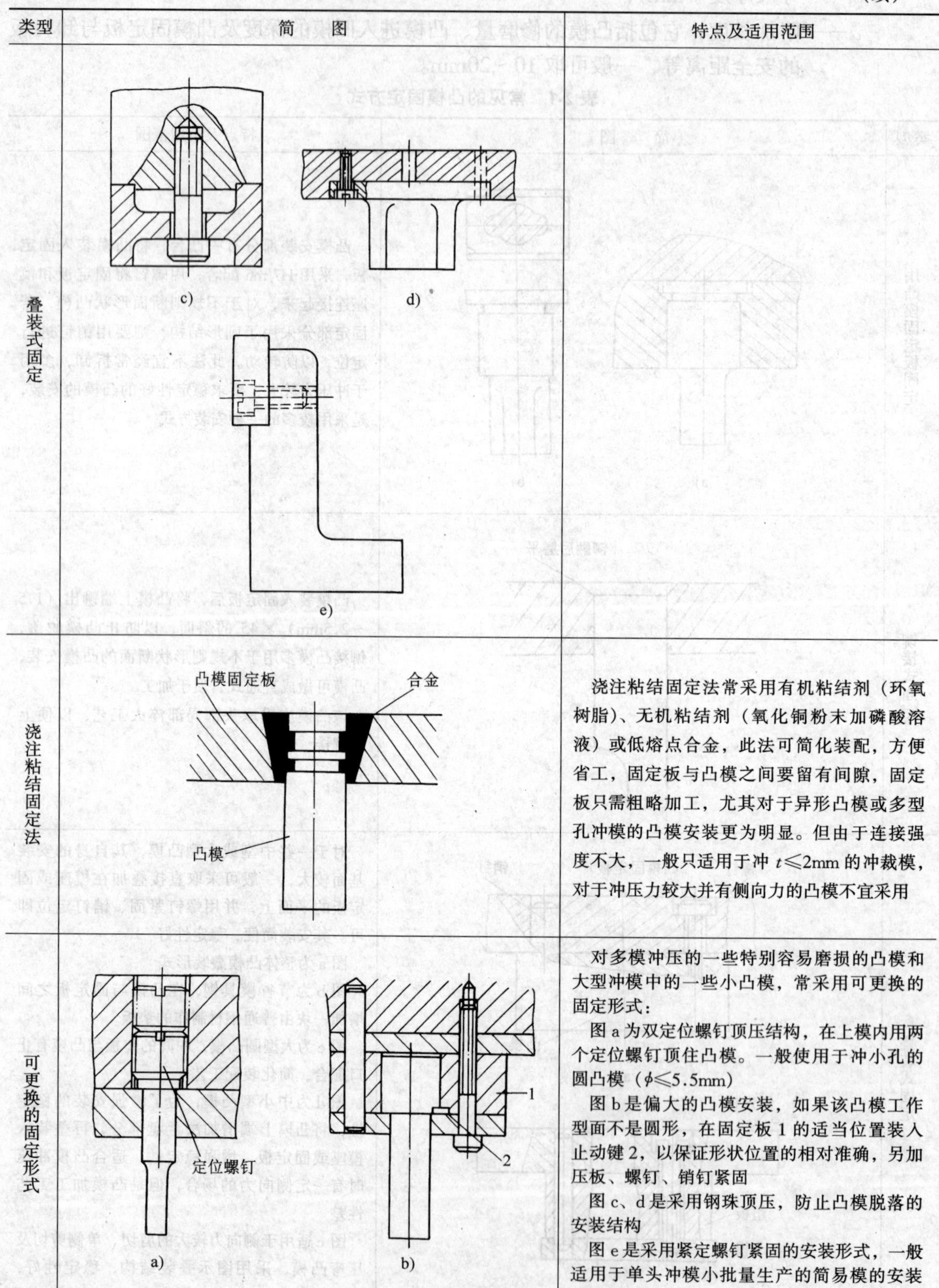

类型	简图	特点及适用范围
叠装式固定	c) d) e)	
浇注粘结固定法		浇注粘结固定法常采用有机粘结剂（环氧树脂）、无机粘结剂（氧化铜粉末加磷酸溶液）或低熔点合金，此法可简化装配，方便省工，固定板与凸模之间要留有间隙，固定板只需粗略加工，尤其对于异形凸模或多型孔冲模的凸模安装更为明显。但由于连接强度不大，一般只适用于冲 $t \leqslant 2$mm 的冲裁模，对于冲压力较大并有侧向力的凸模不宜采用
可更换的固定形式	a) b)	对多模冲压的一些特别容易磨损的凸模和大型冲模中的一些小凸模，常采用可更换的固定形式： 图 a 为双定位螺钉顶压结构，在上模内用两个定位螺钉顶住凸模。一般使用于冲小孔的圆凸模（$\phi \leqslant 5.5$mm） 图 b 是偏大的凸模安装，如果该凸模工作型面不是圆形，在固定板 1 的适当位置装入止动键 2，以保证形状位置的相对准确，另加压板、螺钉、销钉紧固 图 c、d 是采用钢珠顶压，防止凸模脱落的安装结构 图 e 是采用紧定螺钉紧固的安装形式，一般适用于单头冲模小批量生产的简易模的安装形式

（续）

类型	简图	特点及适用范围
可更换的固定形式	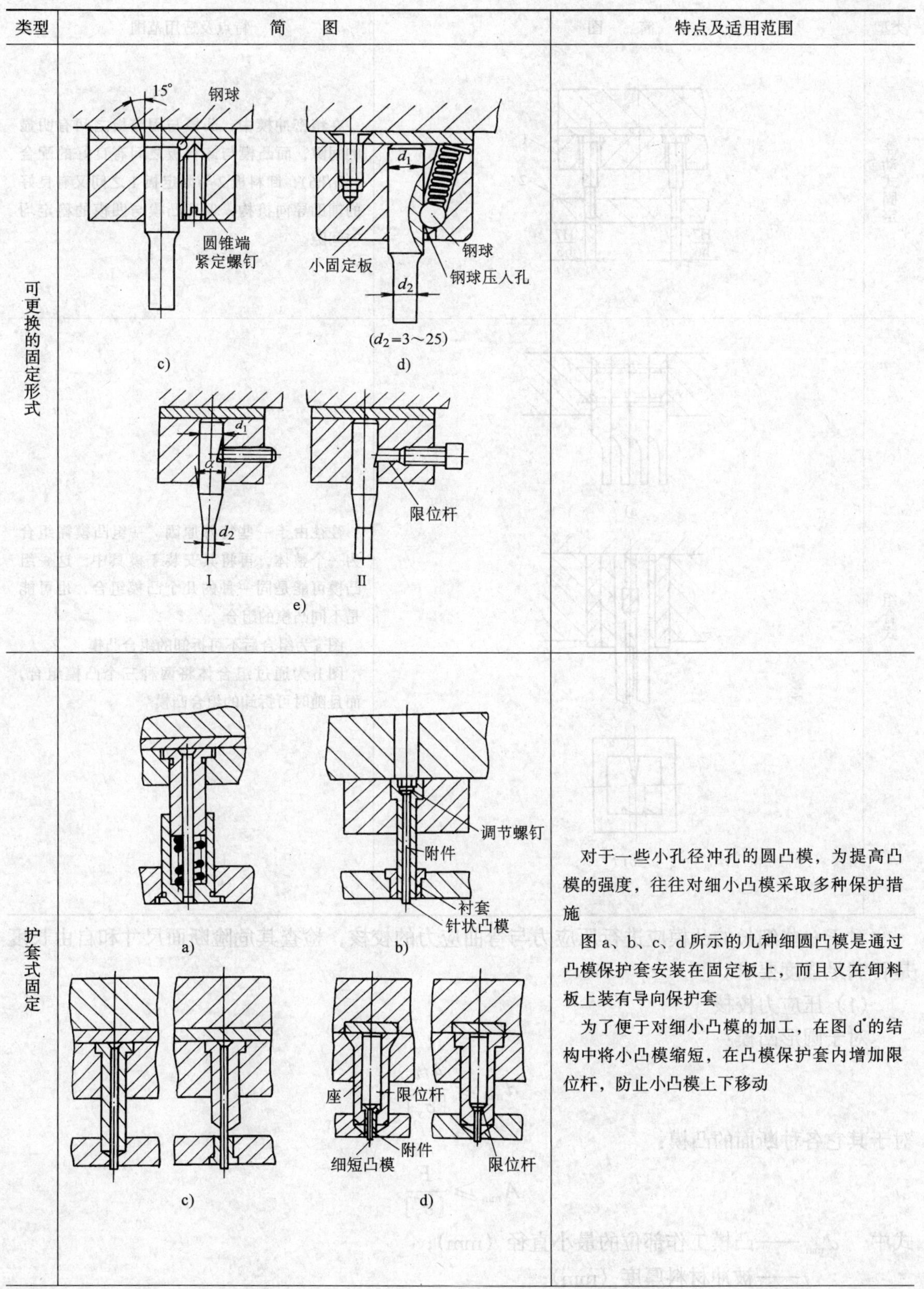	
护套式固定		对于一些小孔径冲孔的圆凸模，为提高凸模的强度，往往对细小凸模采取多种保护措施 图 a、b、c、d 所示的几种细圆凸模是通过凸模保护套安装在固定板上，而且又在卸料板上装有导向保护套 为了便于对细小凸模的加工，在图 d 的结构中将小凸模缩短，在凸模保护套内增加限位杆，防止小凸模上下移动

（续）

类型	简　图	特点及适用范围
浮动式固定	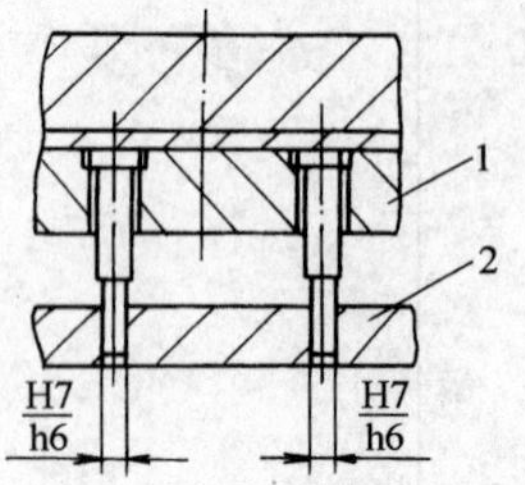 1 2 H7/h6　H7/h6	在精密冲模中，凸模与固定板之间有明显的间隙，而凸模与卸料板之间有良好的配合（H7/h6），卸料板 2 与固定板 1 之间又有良好的辅助导向机构，保证凸模与凹模的稳定均匀间隙
组合式	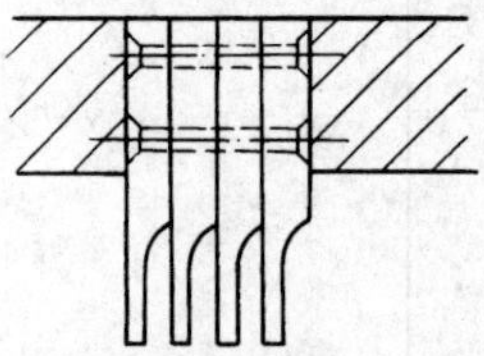 a) 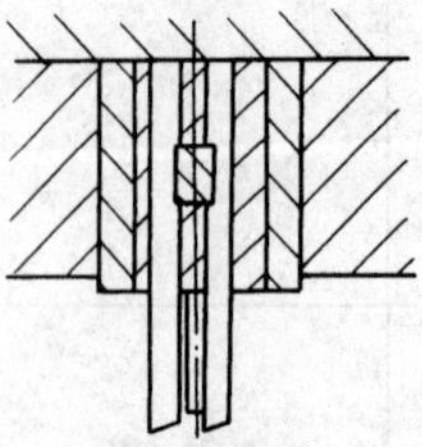 b)	往往由于一些特殊原因，一组凸模需组合为一个整体，再将其安装于模具中，这一组凸模可能是同一种的几个凸模组合，也可能是不同凸模的组合 图 a 为组合后不可拆卸的组合凸模 图 b 为通过组合体将两种三个凸模组合，而且随时可拆卸的组合凸模

对于一些细长的凸模应进行压应力与弯曲应力的校核，检查其危险断面尺寸和自由长度是否满足强度要求。

（1）压应力校核

对于圆形凸模：

$$d_{min} \geqslant \frac{4t\tau}{[\sigma_y]}$$

对于其它各种断面的凸模：

$$A_{min} \geqslant \frac{F}{[\sigma_y]}$$

式中　d_{min}——凸模工作部位的最小直径（mm）；

t——被冲材料厚度（mm）；

τ——被冲材料抗剪强度（MPa）；

A_{min}——凸模工作部位最小断面面积（mm^2）；

F——冲压力（N）；

$[\sigma_y]$——凸模所选用材料的许用压应力（MPa）。

（2）弯曲应力校核

对于圆凸模：

$$l_{max} < K_0 \frac{d^2}{\sqrt{F}}$$

对于其它各种凸模：

$$l_{max} < K\sqrt{\frac{J}{F}}$$

式中 l_{max}——凸模允许的最大自由长度(mm)；

d——凸模最小直径(mm)；

F——冲压力(N)；

J——凸模最小断面的轴惯性矩(mm^2)；

K_0——系数，当凸模无导向时(见图 2-2a) $K_0 =$ 30，有导向时(见图 2-2b) $K_0 = 85$；

K——系数，当凸模无导向时 $K = 38$，有导向时 $K = 135$。

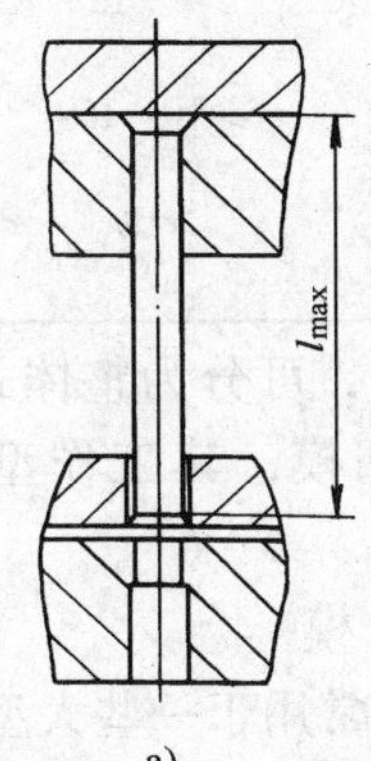

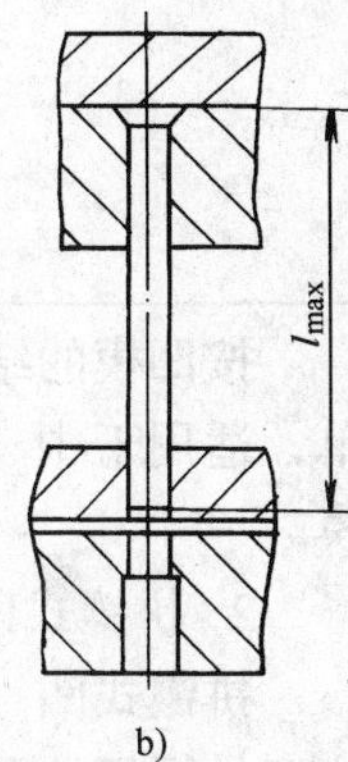

图 2-2　凸模自由长度

a）凸模无导向　b）凸模有导向

2.1.2　凹模

1. 类型

按凹模的刃口孔形区分有以下几种，如图 2-3 所示。

1）圆柱形孔口凹模（见图 2-3a、b）　此种凹模刃口强度高，修磨后孔口尺寸不变，适用于冲裁形状复杂、精度要求较高的制件。但由于是直孔，孔内易积存制件，增加冲裁力和孔壁的磨损，磨损后每次的修磨量较大，凹模的总寿命较低，凹模磨损后孔口可能形成倒锥。

2）锥形孔口凹模（见图 2-3c、d）　此种凹模孔内不易积存制件或废料，孔壁所受的摩擦力及胀形力小，所以凹模的磨损及每次的修磨量小，但刃口强度较低，刃口尺寸在修磨后有所增大，此凹模一般用在精度要求不高、形状简单、材料厚度较薄的制件的冲裁。

凹模的有关参数见表 2-2。

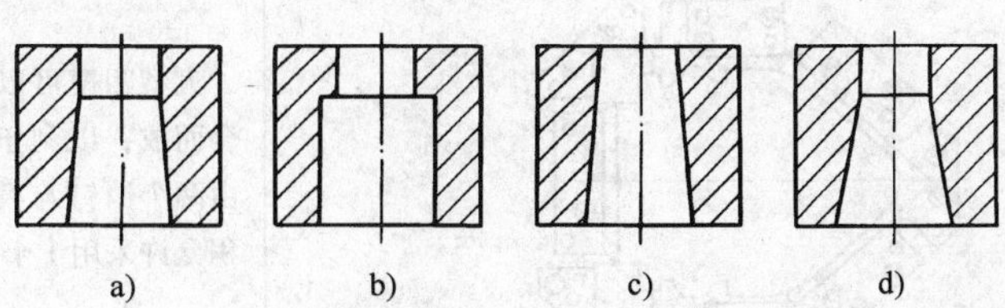

图 2-3　凹模孔口形式

a）、b）圆柱形孔口凹模　c）、d）锥形孔口凹模

表 2-2 凹模有关参数

被冲材料的厚度 t/mm	凹模直刃口高度 h/mm	α	β
≤0.5	≥5~7	15′	1°30′
>0.5~1.5	≥6~9	15′	2°
>1.5~3	≥8~12	20′	2°
>3~6	≥10~16	20′	3°
>6	>12	30′	3°

按凹模的结构区分，可分为整体式凹模和拼镶式凹模两种形式。整体凹模结构比较简单，适用于中、小型凹模，其工作型孔不宜过多；拼镶模除用在凹模中，也可用于凸模。

2. 拼镶式凹（凸）模

拼镶式凹（凸）模常用于一些大型或形状复杂的凹（凸）模，以利于加工，对于个别部位容易损坏的凹（凸）模，常常采用局部拼镶，以便于更换修理，大型凹（凸）模采用拼镶结构，可将形状复杂的凹（凸）模变为形状简单的拼块，对于节省优质模具钢、减少热处理变形都有重要的实用价值，拼块如选择合适，可同时加工，容易保证精度要求，使模具的寿命延长。

设计拼镶式凹（凸）模时，应注意尽量将拼块做成钝角或直角，避免做成锐角；在工作中易磨损处和圆角部分应单独划分一段；在考虑拼镶件时，应尽量将复杂的内形加工变换成为外形加工；当制件有对称线时，应沿对称线分段，以便于加工。

拼镶模的镶拼方法有拼接法和嵌入法两种。拼镶模的固定，一般多在拼块外面加一紧固框，以确定各拼块的相互位置，然后用螺钉将各拼块紧固。大型的拼镶模，直接用定位销及螺钉固定，小的嵌件则用过盈配合压入，大的嵌件也可用螺钉固定。

常用的拼镶凹模可见表 2-3。

表 2-3 常用的拼镶凹模

类型	简　图	特点及适用范围
大型孔多块独立拼合式		大型凹模可以将凹模分解为若干块拼合而成，以利于加工。每独立拼块均应由两个销钉与模座定位，并根据模块面积允许采用 1 个至几个螺钉紧固

（续）

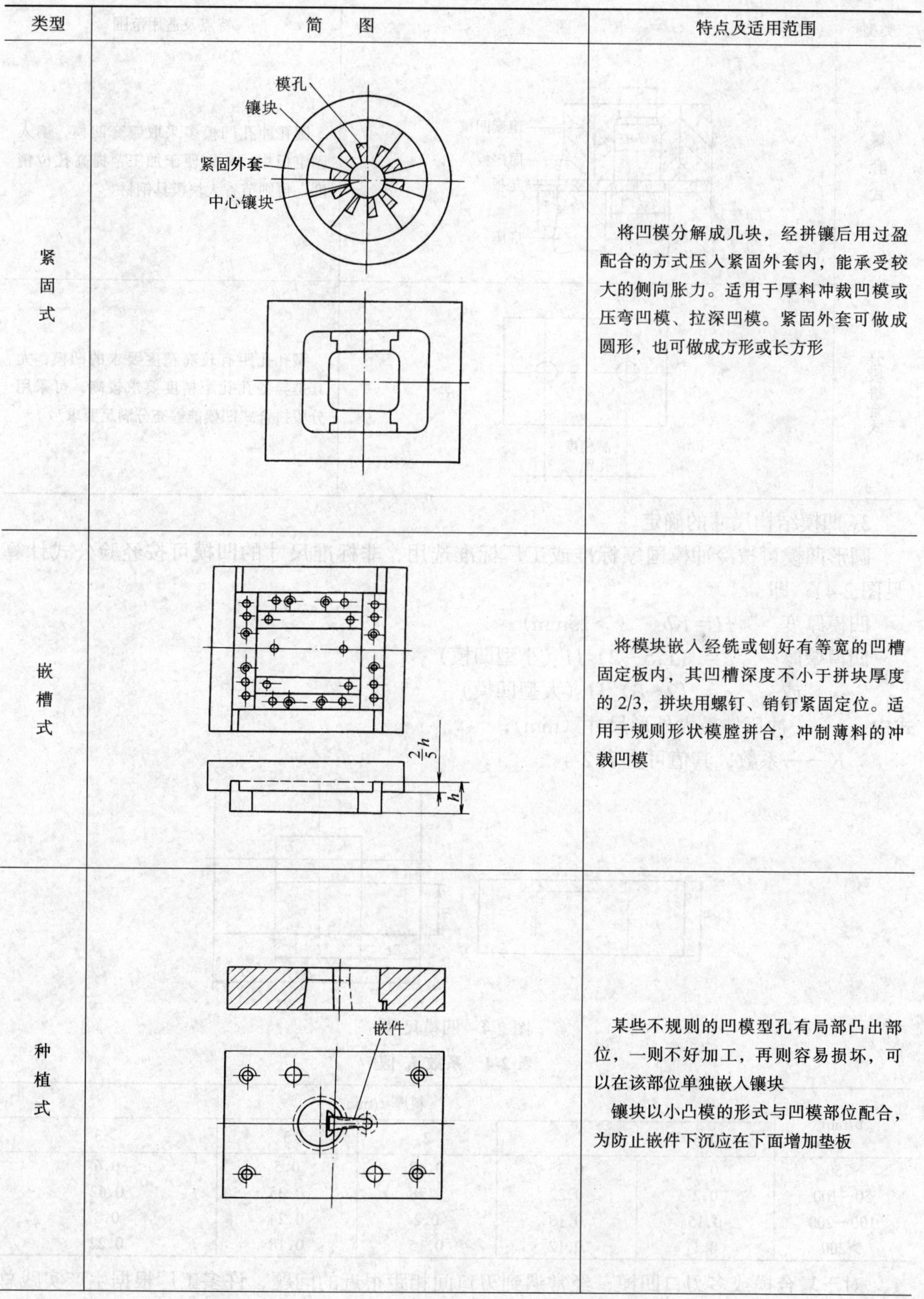

类型	简　图	特点及适用范围
紧固式		将凹模分解成几块，经拼镶后用过盈配合的方式压入紧固外套内，能承受较大的侧向胀力。适用于厚料冲裁凹模或压弯凹模、拉深凹模。紧固外套可做成圆形，也可做成方形或长方形
嵌槽式		将模块嵌入经铣或刨好有等宽的凹槽固定板内，其凹槽深度不小于拼块厚度的2/3，拼块用螺钉、销钉紧固定位。适用于规则形状模腔拼合，冲制薄料的冲裁凹模
种植式		某些不规则的凹模型孔有局部凸出部位，一则不好加工，再则容易损坏，可以在该部位单独嵌入镶块 镶块以小凸模的形式与凹模部位配合，为防止嵌件下沉应在下面增加垫板

（续）

类型	简　图	特点及适用范围
镶套式	ϕd $\phi d+2$ 镶套凹模 固定板 垫板 $\phi d+4$ 4～6 $\phi d+6$ 底座	圆孔冲孔凹模多采取镶套凹模，镶入固定板中，一则便于加工，提高孔位精度，再则节省大块模具钢材
分段拼合式	高精度孔距离	型孔孔距有较高精度要求的凹模，尤其是异型孔孔距精度要求较高，可采用分段拼合式凹模能够充分满足要求

3．凹模结构尺寸的确定

圆形凹模可按冷冲模国家标准或工厂标准选用，非标准尺寸的凹模可按经验公式计算（见图 2-4）；即

凹模厚度　　$H=Kb$　（>15mm）

凹模壁厚　　$c=(1.5\sim2)H$（小型凹模）

　　或　　$c=(2\sim3)H$（大型凹模）

式中　b——冲压件最大外形尺寸（mm）；

　　K——系数，其值可查表 2-4。

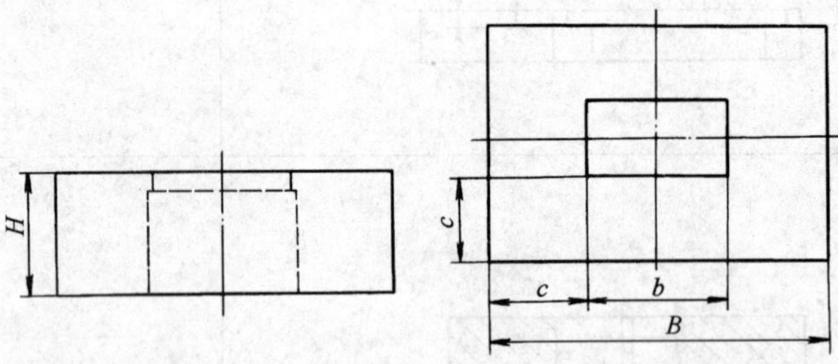

图 2-4　凹模尺寸

表 2-4　系数 *K* 值

b/mm	料厚 t/mm				
	0.5	1	2	3	>3
<50	0.3	0.35	0.42	0.5	0.6
50～100	0.2	0.22	0.28	0.35	0.42
100～200	0.15	0.18	0.2	0.24	0.3
>200	0.1	0.12	0.15	0.18	0.22

对于复合模或多刃口凹模，经常遇到刃口间相距很近的问题，许多工厂根据生产实践总

结了一些模壁最小厚度的经验数据，其值可查有关冲压手册。

弯曲工序、拉深工序、冷挤工序等凹模的高度，还应考虑制件的成形高度、顶出器的活动量，进行综合考虑确定，其外形尺寸还要考虑制件形状、受力状态、定位设置等因素来确定。

2.1.3 凸、凹模工作尺寸计算

1. 冲裁模刃口尺寸计算

在冲裁过程中，冲孔件尺寸决定于凸模刃口尺寸，落料件尺寸决定于凹模尺寸。因此，确定冲裁模刃口尺寸时应遵循以下原则：①落料模先确定凹模刃口尺寸，其公称尺寸应取接近或等于制件的最小极限尺寸，凸模刃口公称尺寸比凹模小一个最小合理间隙；②冲孔模先确定凸模刃口尺寸，其公称尺寸应取接近或等于制件的最大极限尺寸，凹模刃口公称尺寸比凸模大一个最小合理间隙；③在选择模具刃口制造公差时，要考虑制件精度与模具精度的关系，既要保证制件的精度要求，又要保证有合理的间隙值，一般冲模精度较制件精度高2～3级（见表2-5）。

表 2-5 规则形状（圆形、方形件）冲裁凸模、凹模的制造公差 （单位：mm）

基本尺寸	凸模偏差 δ_p	凹模偏差 δ_d	基本尺寸	凸模偏差 δ_p	凹模偏差 δ_d
≤18	0.020	0.020	>180～260	0.030	0.045
>18～30	0.020	0.025	>260～360	0.035	0.050
>30～80	0.020	0.030	>360～500	0.040	0.060
>80～120	0.025	0.035	>500	0.050	0.070
>120～180	0.030	0.040			

当凸模和凹模分开加工时，其刃口尺寸为：

（1）落料

$$D_d = (D - x\Delta)_0^{+\delta_d}$$

$$D_p = (D_d - Z_{min})_{-\delta_p}^0 = (D - x\Delta - Z_{min})_{-\delta_p}^0$$

（2）冲孔

$$d_p = (d + x\Delta)_{-\delta_p}^0$$

$$d_d = (d_p + Z_{min})_0^{+\delta_d} = (d + x\Delta + Z_{min})_0^{+\delta_d}$$

式中 D_d、D_p——分别为落料凹、凸模刃口公称尺寸（mm）；

d_d、d_p——分别为冲孔凹、凸模刃口公称尺寸（mm）；

D——落料件公称尺寸（mm）；

d——冲孔件公称尺寸（mm）；

Δ——制件制造公差（mm）；

Z_{min}——凸、凹模最小合理间隙；

x——磨损系数，具体数值见表2-6。

表 2-6 磨损系数

材料厚度 t/mm	非圆形			圆形	
	1	0.75	0.5	0.75	0.5
	制件公差 Δ/mm				
<1	≤0.18	0.17～0.35	≥0.36	<0.16	≥0.16
1～2	≤0.20	0.21～0.41	≥0.42	<0.20	≥0.20
2～4	≤0.24	0.25～0.49	≥0.50	<0.24	≥0.24
>4	≤0.30	0.31～0.59	≥0.60	<0.30	≥0.30

2. 弯曲模工作部分尺寸计算

(1) 凸、凹模间隙　在弯曲 V 形件时，凸、凹模间隙是靠调整压力机的闭合高度来控制的，不需要在设计和制造模具时确定间隙，但设计时必须考虑在合模时使毛坯完全压靠；对于 U 形件的弯曲，则必须选择适当的间隙，间隙过大，则回弹也大，弯曲件尺寸和形状不易保证，间隙过小，会使零件边部壁厚减薄，降低模具寿命，且弯曲力大。生产中常按材料性能和厚度选取：当弯曲钢板时，凸、凹模单边间隙 $C=(1.05\sim1.15)t$；当弯曲有色金属时 $C=(1.0\sim1.1)t$（t 为弯曲坯料厚度）。

(2) 凸凹模的圆角半径　凸模圆角半径 r_p 一般取等于或略小于制件内侧的圆角半径，如制件结构上所需圆角半径小于最小弯曲半径，则应取凸模圆角半径大于最小弯曲半径，然后增加校正工序，使校正凸模的圆角半径等于制件内侧圆角半径。

凹模圆角半径 r_d 也不能过小，否则弯矩的力臂减小，坯料沿凹模圆角滑进时的阻力增大，从而增加弯曲力，并使坯料表面擦伤。可按材料厚度决定凹模圆角半径，当 $t<2$mm 时，取 $r_d=(3\sim6)t$；当 $t=2\sim4$mm 时，取 $r_d=(2\sim3)t$；当 $t>4$mm 时，取 $r_d=2t$。凹模两边的圆角半径应一致，否则弯曲时坯料会发生偏移。

(3) 凹模深度　凹模深度要适当，过小使制件两端的自由部分太多，造成弯曲件回弹大、不平直。过大则多消耗模具钢材，且需较长的压力机行程。对于一般要求的弯曲件，凹模深度可取弯曲件边长的 1/3。

(4) 模具宽度尺寸　当弯曲件宽度尺寸标注在外侧时（见图 2-5a），应以凹模为基准，先确定凹模尺寸 B_d

$$B_d=(B-0.75\Delta)_0^{+\delta_d}$$

凸模尺寸按凹模配制，保证单边间隙 C，即 $B_p=B_d-2C$

当弯曲件宽度尺寸标注在内侧时（见图 2-5b），则应以凸模为基准，先计算凸模尺寸 B_p

$$B_p=(B+0.25\Delta)_{-\delta_p}^{0}$$

凹模尺寸按凸模配制，保证单边间隙 C，即 $B_d=B_p+2C$

上述各式中　B——弯曲件基本尺寸；

Δ——弯曲件制造公差；

δ_p、δ_d——凸、凹模制造公差，按 IT6～8 级公差选取。

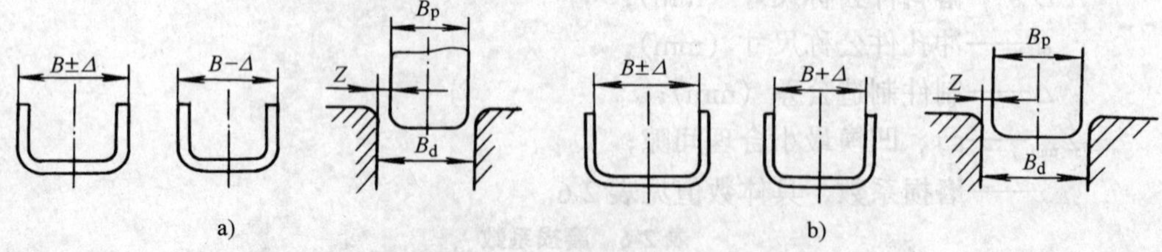

图 2-5　弯曲件的尺寸标注

a）宽度尺寸标注在外侧　b）宽度尺寸标注在内侧

3. 拉深模工作部分尺寸计算

(1) 凸、凹模间隙　拉深模的单边间隙为拉深凹模和凸模尺寸差值的一半；$Z=1/2(D_d-D_p)$。间隙不合适，会降低制件质量。间隙过大，制件容易起皱，且对拉深件直壁的校直作用减小，制件易出现口大底小的锥形；间隙过小，会使制件拉断或变薄特别严重，同时间隙越小，拉深力越大，模具也易磨损。

模具间隙可按下式计算

$$Z = t_{max} + Ct$$

式中　t_{max}——材料的最大厚度，即考虑板料正偏差的厚度；

C——增大系数，考虑材料的增厚以减小摩擦，其值见表 2-7。

在生产实际中不用压边圈时，考虑到起皱的可能性，间隙值可取材料厚度上限值的 1～1.1 倍，较大的间隙用于中间拉深或不太精密的拉深件，较小的间隙用于末次拉深或用于精密拉深件，此时有时甚至可取负间隙。在有压边圈的拉深时，间隙按表 2-7 选取。

表 2-7　增大系数 *C* 值和有压边圈拉深时的间隙值

拉深工序数		材料厚度/mm			单边间隙 Z
		0.5～2	2～4	4～8	
1	第一次	0.2/0	0.1/0	0.1/0	(1～1.1) t
2	第一次	0.3	0.25	0.2	$1.1t$
	第二次	0.1	0.1	0.1	(1～1.05) t
3	第一次	0.5	0.4	0.35	$1.2t$
	第二次	0.3	0.25	0.2	$1.1t$
	第三次	0.1/0	0.1/0	0.1/0	(1～1.05) t
4	第一、二次	0.5	0.4	0.35	$1.2t$
	第三次	0.3	0.25	0.2	$1.1t$
	第四次	0.1/0	0.1/0	0.1/0	(1～1.05) t
5	第一、二次	0.5	0.4	0.35	$1.2t$
	第三次	0.5	0.4	0.35	$1.2t$
	第四次	0.3	0.25	0.2	$1.1t$
	第五次	0.1/0	0.1/0	0.1/0	(1～1.05) t

注：1. 表中数值适用于一般精度制件的拉深工艺。具有分数的地方，分母的数值适用于精密制件（IT10～IT12）的拉深。

2. t 为材料厚度，取材料允许偏差的中间值。

3. 当拉深精密件时，最末一次拉深间隙取 $Z = t$。

(2) 拉深模工作尺寸计算

1) 凸、凹模圆角半径：

① 凹模圆角半径。凹模圆角半径过小，则板材在经过凹模圆角部分时的变形阻力及在间隙内的阻力都要增大，必然会引起总的拉深力增大和模具寿命的降低；过大则会使毛坯容易起皱。首次拉深时的凹模圆角半径 r_{d1} 可由下式确定

$$r_{d1} = 0.8\sqrt{(D - D_d)t}$$

式中　D——毛坯直径 (mm)；

D_d——凹模内径 (mm)；

t——材料厚度 (mm)。

以后各次拉深的凹模圆角半径 r_{dn}可逐渐缩小，一般可取 $r_{dn}=(0.6\sim0.8)r_{d(n-1)}$，不应小于 $2t$。

② 凸模圆角半径。除最后一次应取与制件底部圆角半径相等的数值外，其余各次可以取与 r_d相等或略小一些，并且各道拉深凸模圆角半径 r_p 应逐次减小。即：$r_p=(0.7\sim1.0)r_d$。

若制件的圆角半径要求小于 t，则最后一次拉深凸模圆角半径仍应取 t，然后增加一道整形工序来获得制件要求的圆角半径。

2）凸、凹模工作部分尺寸及其公差：对最后一道工序的拉深模，其凸模、凹模的尺寸及其公差应按零件的要求来确定（见图 2-6）。

当零件要求外形尺寸时（见图 2-6a），凹模尺寸 $D_d=(D-0.75\Delta)_0^{+\delta_d}$

凹模尺寸 $D_p=(D-0.75\Delta-2Z)_{-\delta_p}^0$

当零件要求内形尺寸时，凸模尺寸 $D_p=(d+0.4\Delta)_{-\delta_p}^0$

凹模尺寸 $D_d=(D+0.4\Delta+2Z)_0^{+\delta_d}$

对于多次拉深时的中间过渡拉深，半成品的尺寸公差没有必要予以严格限制，这时模具的尺寸只要取半成品的过渡尺寸即可。若以凹模为准，则凹模尺寸：$D_d=D_0^{+\delta_d}$；凸模尺寸：$D_p=(D-2Z)_{-\delta_p}^0$。

δ_p、δ_d 分别为凸模、凹模的制造公差，一般按公差等级 IT6～IT8（GB/T1800.4—1999）选取。

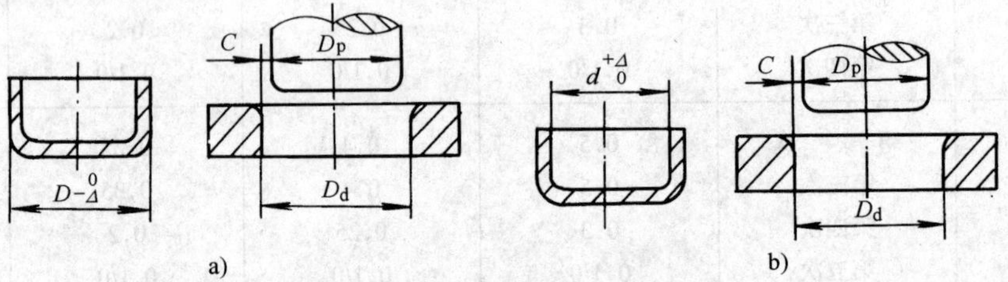

图 2-6　拉深零件尺寸与模具尺寸

a）外形有要求时　b）内形有要求时

4. 冷挤压凸、凹模工作部分尺寸计算

冷挤压凸模、凹模工作部分尺寸计算可按拉深模的有关原则来考虑。当挤压件要求外形尺寸时，凸、凹模尺寸计算公式为

$$D_d=\left(D-\frac{3}{4}\Delta\right)_0^{+\delta_d}$$

$$d_p=\left(D-\frac{3}{4}\Delta-2t\right)_{-\delta_p}^0$$

当挤压件要求内形尺寸时，凸、凹模尺寸计算公式为

$$d_p=\left(D+\frac{1}{2}\Delta\right)_{-\delta_p}^0$$

$$D_d=\left(D+\frac{1}{2}\Delta+2t\right)_0^{+\delta_d}$$

式中　D 或 d——挤压件基本尺寸；

D_d、D_p——凹模、凸模尺寸；

Δ——挤压件公差；

t——挤压件壁部厚度；

δ_d、δ_p——凹模、凸模制造公差，一般取 $\delta_d=\delta_p=\left(\frac{1}{5}\sim\frac{1}{10}\right)\Delta$

2.2　定位形式与结构设计

2.2.1　设计原则

（1）定位支承点和支承面　定位至少有三个支承点（通常采用支承面）、两个导向点（有时可采用导向面）及一个定程点（有时可采用定程面），定位的支承点及导向点之间应有足够的距离，以保证坯料及条料的定位精度和稳定。

（2）定位的方向与位置选择　定位的方向与位置应使操作方便，送料方向从右至左或从前至后较为合适，前者导向点最好设计在后侧，后者导向点设计在左侧较为合适。在校平及整形时，最好先采用以外形初定位，再以导正销定位的方法。

（3）处理好粗定位与精定位的关系　多工位级进模等在多工序联合冲压时，往往设有初始定位（粗定位）和最终定位（精定位）所构成的复合型定位机构，上、下工序的定位形式应力求一致，粗定位要服从精定位，以防止相互矛盾。

（4）某些非对称外形的制件定位　其定位方向应固定，以免冲反而影响制件的质量。

（5）多工序冲压各工序冲压基准　冲压件的全部工序应保证定位基准统一的原则，否则容易增大定位误差。多道工序分别冲压时，上、下工序的定位形式应力求一致。

（6）应保证定位的可靠和冲压的安全　定位机构必须远离产生细小废料或切屑的地方，否则这些废料和切屑的混入，常会影响定位工作或定位尺寸精度。同时还要注意定位机构不应被废料堵塞或卡住，以保证冲压的安全和可靠性。

2.2.2　定位零件结构与应用

模具上定位零件的作用是使毛坯或半成品在模具上能够正确定位，根据毛坯形状、尺寸及模具的结构形式，可以选用不同的定位方式，常见的定位零件有挡料销、定位板、导正销和侧刃等。

1. 挡料销

挡料销的作用是给予条料或带料在送料时以确定的送进距离。主要有固定挡料销、活动挡料销、自动挡料销、始用挡料销和定距侧刃等。

（1）固定挡料销　其结构简单，常用的为圆头形式（见图 2-7a），一般装在凹模上，适用于带固定卸料板和弹性卸料板的冲模中。当挡料销孔离凹模刃口太近时，可采用钩形挡料销（见图 2-7b），但此种挡料销由于形状不对称，需要另加定向装置，适用于冲制较大较厚材料

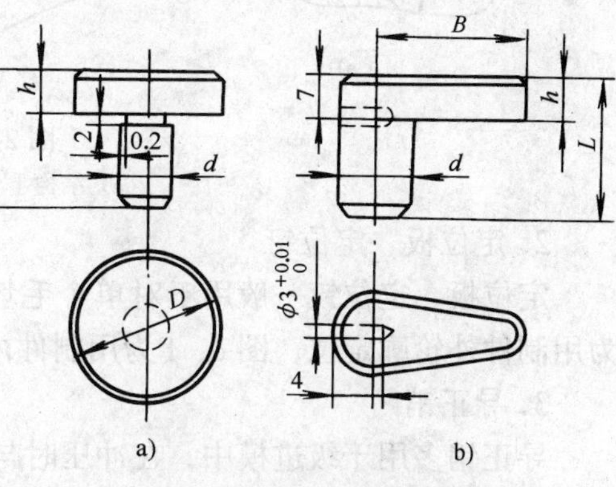

图 2-7　固定挡料销

a）圆头形　b）钩形

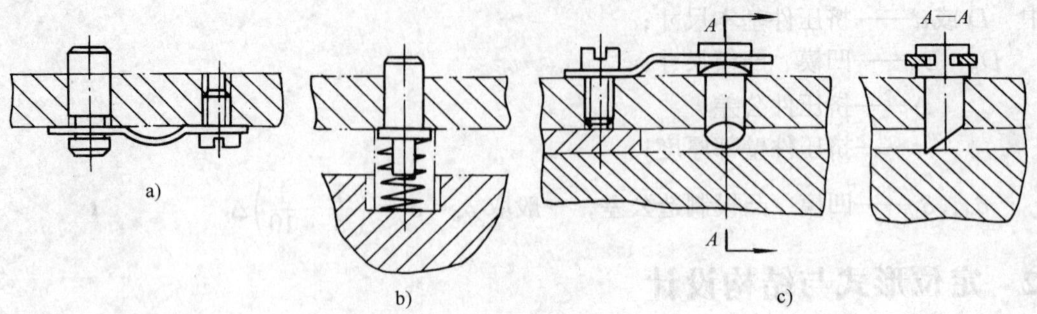

图 2-8　活动挡料销

a)、b) 伸缩式　c) 回带式

的制件。

(2) 活动挡料销　图 2-8 所示的挡料销能自由活动，其中图 a、图 b 常用在带有活动下卸料板的敞开式冲模上，挡料销后端带有弹簧或弹簧片，冲压时随凹模下行而压入孔内，图 c 所示又叫回带式活动挡料销，是靠销了的后端面挡料的，送料较固定挡料销稍为方便，不必将条料在挡料销上套进套出，但定位时需将条料前后移动，因此生产率低，适用于冲裁窄形制件（6～20mm）和一般制件。

(3) 自动挡料销　当采用这种挡料销时，无需将料抬起或后拉，只要冲裁后将料往前推，便能自动挡料，故能连续送料冲压（见图 2-9）。

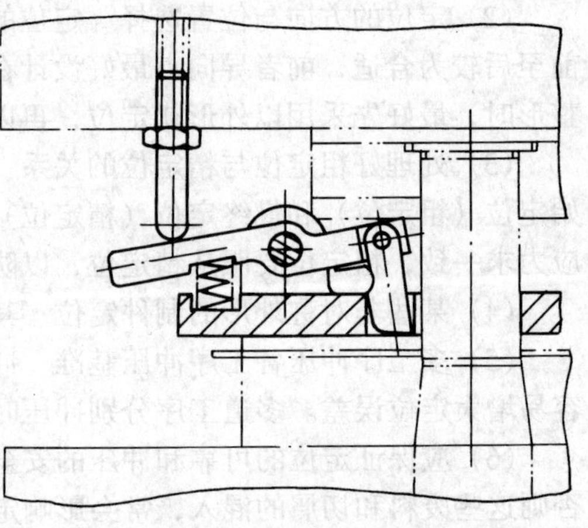

图 2-9　自动挡料销

(4) 始用挡料销　又称临时挡料销，一般用在级进模上，当开始冲裁时，作确定条料的准确位置用（见图 2-10），用时将挡料销向里压紧。

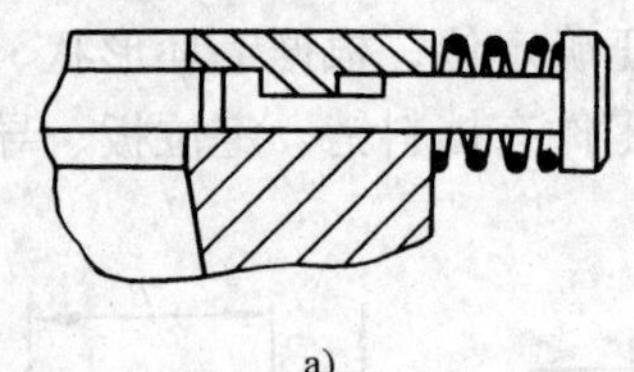

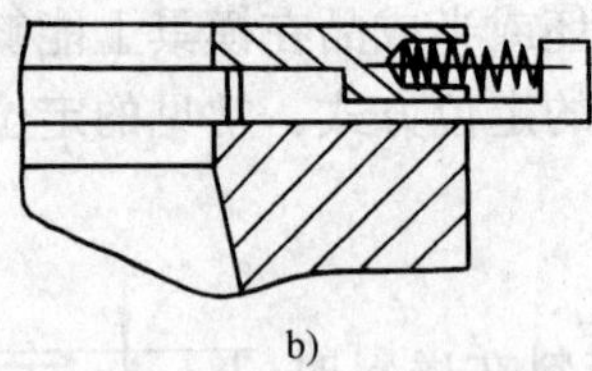

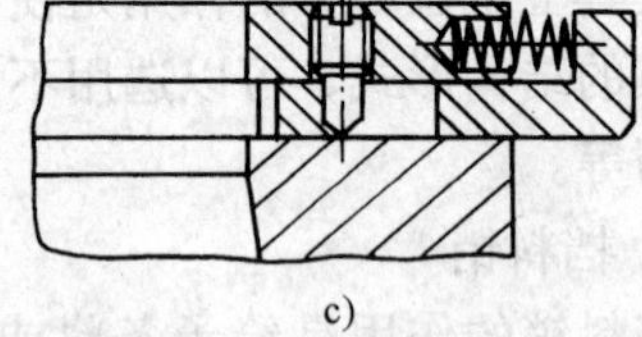

图 2-10　始用挡料销

a) 结构Ⅰ　b) 结构Ⅱ　c) 结构Ⅲ

2. 定位板、定位钉

定位板、定位钉一般用于对单个毛坯的定位，主要形式如图 2-11 所示，图 a、b、c、d 为用制件外轮廓定位，图 e、f 为用制件内孔定位。

3. 导正销

导正销多用于级进模中，在冲压时与其它定距元件相配合，插入前工位已冲好的孔中进行精确定位，导正销装配在第二工位以后的凸模上，导正销的形式及适用情况如图 2-12 所示。导正销的头部分直线与圆弧两部分，直线部分 h 不宜太大，一般取 $h=(0.5\sim1)\ t$。

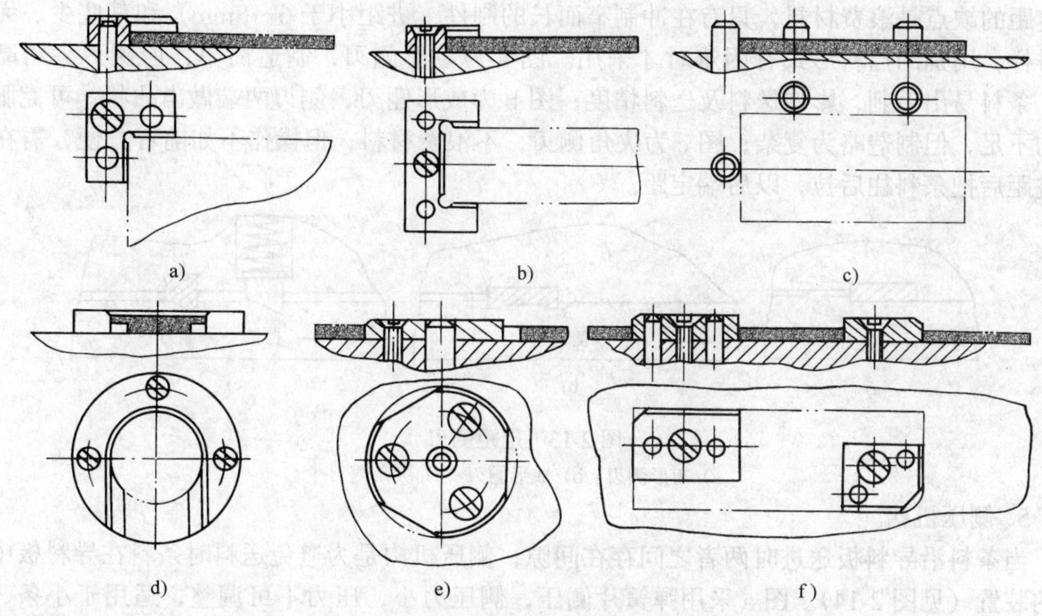

图 2-11　定位形式

a)、b)、c)、d) 用制件外轮廓定位　e)、f) 用制件内孔定位

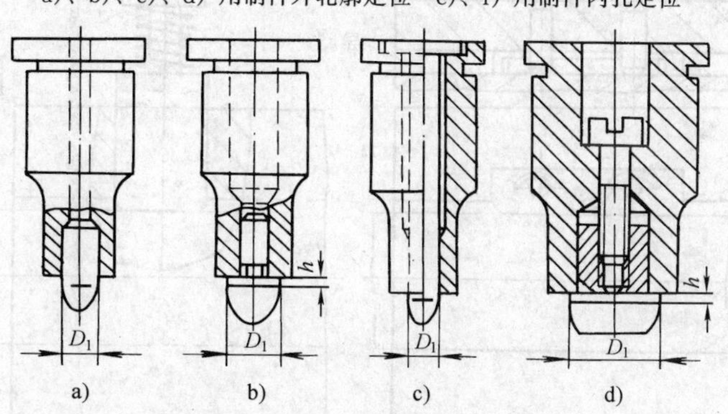

图 2-12　导正销

a) $d<5$mm　b) $d>5$mm　c) $d<12$mm　d) $d>12$mm

导正销 D_1 与导正销孔之间有一定的间隙，其关系是

$$D_1 = d - 2a$$

式中　d——冲孔凸模直径（mm）；

$2a$——导正销与冲孔孔径两边间隙，见表 2-8。

表 2-8　导正销和孔两边间隙 2*a*　　（单位：mm）

材料厚度 t	冲孔凸模直径 d						
	≥1.5～6	>6～10	>10～16	>16～24	>24～32	>32～42	>42～50
≤1.5	0.04	0.06	0.06	0.08	0.09	0.10	0.12
>1.5～3.0	0.05	0.07	0.08	0.10	0.12	0.14	0.16
>3.0～5.0	0.06	0.08	0.10	0.12	0.16	0.18	0.20

4．侧刃

侧刃是以切去条料旁侧少量材料来达到控制条料送料距离的目的（见图 2-13），采用侧刃定距的缺点是浪费材料，只有在冲制窄而长的制件（进距小于 6～8mm）和某些少、无废料排样，用别的挡料形式有困难时才采用。图 a 为矩形侧刃，制造简单，但侧刃尖角磨钝后，条料易出毛刺，影响送料及送料精度；图 b 为成形侧刃，侧刃两端做出凸状，可克服前者的不足，但制造略为复杂；图 c 为尖角侧刃，不浪费材料，但操作不如前者方便，需在每一进距后把条料往后拉，以后端定距。

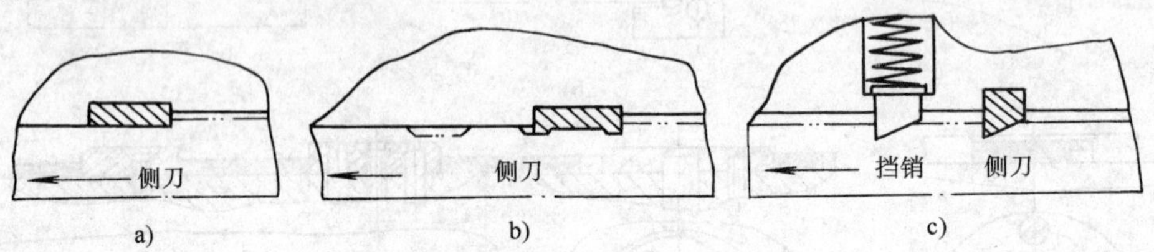

图 2-13　定距侧刃

a）矩形侧刃　b）成形侧刃　c）尖角侧刃

5. 侧压机构

当条料沿导料板送进时两者之间存在间隙，侧压机构是为避免送料时条料在导料板中摆动的装置（见图 2-14）。图 a 采用弹簧片侧压，侧压力小，压力不可调整，适用于小条、薄

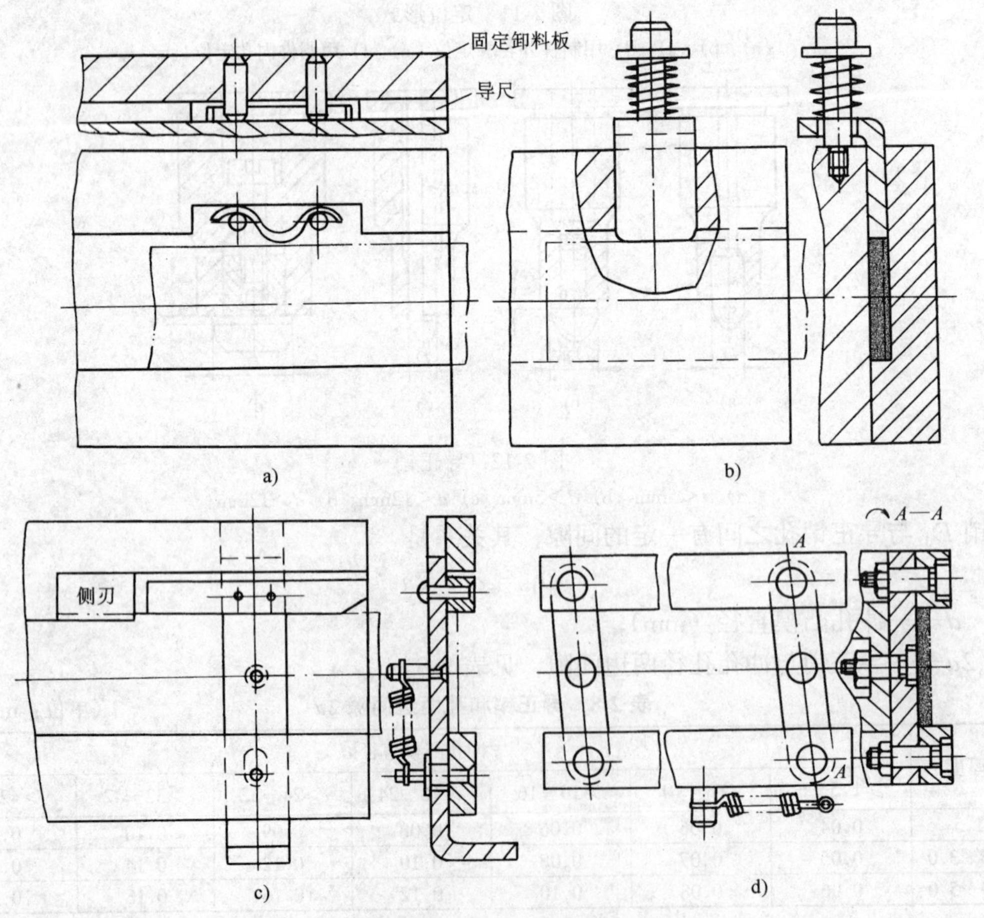

图 2-14　侧压板的形式

a）簧片式　b）弹簧压块式　c）压板式　d）对中式

料（料厚 $t<1$mm）。图 b 所示侧压板侧压力较大，压力可调，适用于宽条、厚料。图 c 中的侧压力较大而且均匀，一般只限用在进料口，其结构复杂。图 d 中的侧压装置能保证中心位置不变，不受条料宽度误差的影响，常用于无废料排样上，但此结构较为复杂。

2.3 卸料结构设计

2.3.1 卸料、推料和顶料结构

1. 卸料结构

卸料结构是用于将条料、废料从凸模上卸下的装置，分刚性（固定卸料板）和弹性两种（见图 2-15）。固定卸料板（见图 c）固定在凹模上面，卸料力大，但无压料作用，多用于厚料冲裁模，凸模与卸料板单面有 0.2～0.5mm 的间隙。弹性卸料板（见图 a）是利用弹簧或橡胶的弹压力进行卸料，除卸料外，还对毛坯有压料作用，适用于薄料冲裁，卸料板形孔与凸模的单面间隙一般为 0.05～0.1mm。对于卸料力要求较大，卸料板与凹模间又要求有较大的空间位置时，可采用刚弹性相结合的卸料装置（见图 b）。

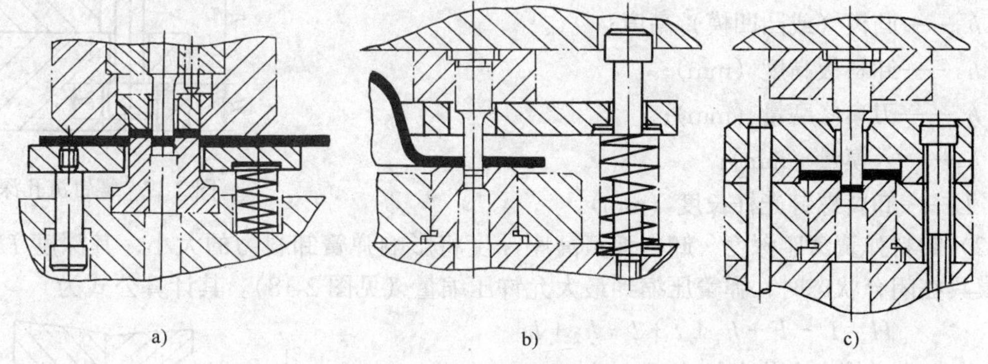

图 2-15 卸料板的形式

a）弹性卸料板 b）刚弹性卸料板 c）刚性卸料板

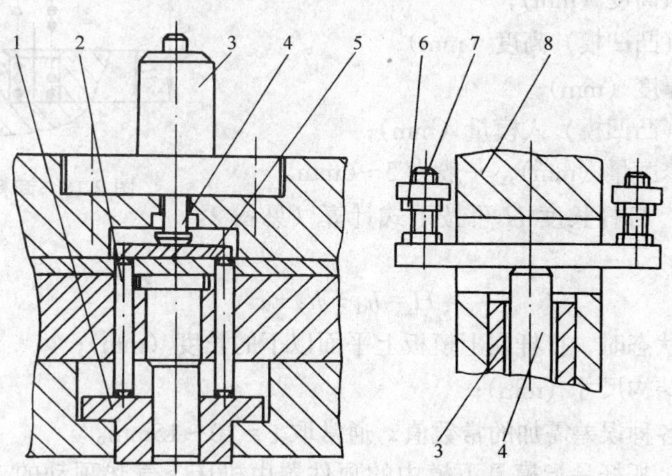

图 2-16 刚性推件装置

1—推件器 2—打料销 3—模柄 4—打料杆 5—打料板

6—螺母 7—螺栓 8—滑块

废料切刀也是卸料的一种形式，它是利用冲裁时凹模下压废料于切刀刃口上，将废料切断，从而达到卸料的目的。

2．推（顶）件结构

推（顶）件结构是用于将制件或废料从凹模型腔中推（顶）出的装置，也分刚性和弹性两种。图 2-16 所示为刚性推件装置，推件力是靠压力机的横梁作用，冲裁结束，当上模随滑块一起上升时，装在模柄孔内的打料杆 4 在横梁的阻挡下下落，并通过打料板 5、打料销 2，推下推件器 1 将制件从凹模中推出。

2.3.2 卸料结构关系尺寸计算

（1）卸料板螺钉沉孔深度（见图 2-17） 螺钉沉孔深度 H 可按下式计算

当 $h+h_4+h_5+(3\sim5)<H$ 时，则

$$H=h_1+h_2+0.5-h_3-L$$

式中 h——螺栓头部高度（mm）；

h_1——模座高度（mm）；

h_2——凸模（或凸凹模）高度；

h_3——卸料板高度（mm）；

h_4——刃口修磨量（mm）；

h_5——入模量（mm）；

L——卸料螺钉光杆长度（mm）。

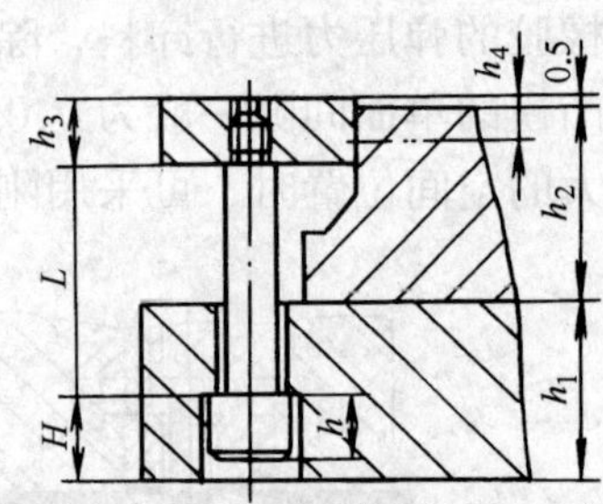

图 2-17 螺钉沉孔深度

（2）卸料弹簧窝座深度 卸料弹簧窝座深度将影响弹簧卸料力的大小，其深度 H 应能满足模具在闭合状态时，弹簧压缩到最大允许压缩量（见图 2-18）。其计算公式为

$$H=L-F+h_1+t+l-h_2+h_3$$

式中 L——弹簧自由状态长度（mm）；

F——弹簧最大压缩量（mm）；

h_1——卸料板高度（mm）；

h_2——凸模（凸凹模）高度（mm）；

t——材料厚度（mm）；

l——凸模（凸凹模）入模量（mm）；

h_3——刃口修磨量（mm），一般为 5～6mm。

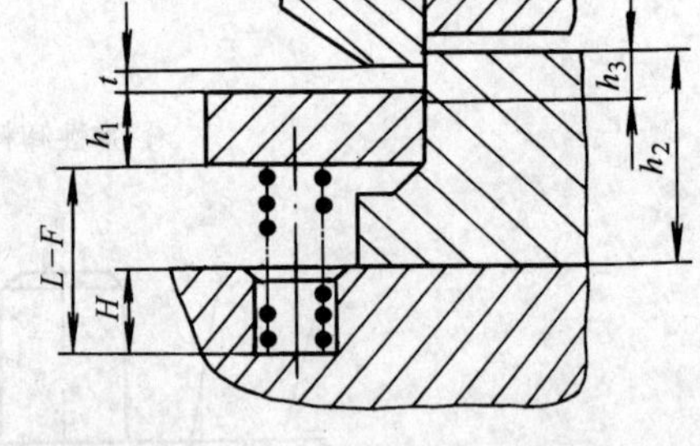

图 2-18 卸料弹簧窝座深度

（3）打杆长度 打杆长度 H 可按下式计算（见图 2-19）

$$H=h_1+h_2+c$$

式中 h_1——顶出状态时，打杆在上模板上平面以下的长度（mm）；

h_2——压机结构尺寸（mm）；

c——考虑各种误差需加的常数值，通常取 $c=10\sim15$mm。

（4）托杆长度 托杆是指模具下模中的顶件器由机床下气垫顶动的支承杆，如图 2-20 所示。

托杆的长度 L 按下式计算

$$L=H_1+H_2+H_3$$

式中　H_1——气垫在下止点时，托杆在冲模中的长度（mm）；

H_2——压机工作台的厚度（mm）；

H_3——气垫上平面与工作台下平面之间的空隙（mm）。

为了安全，气垫处于下止点时，要求托杆不脱离冲模，应满足下式

$$L > l + H_3$$

式中　l——气垫行程长度（mm）。

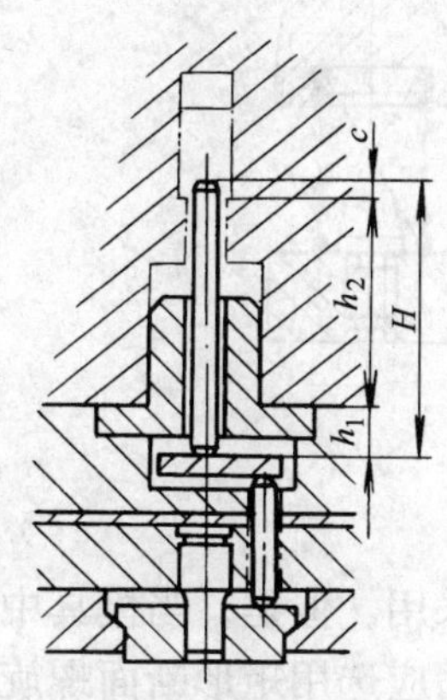

图 2-19　打杆长度

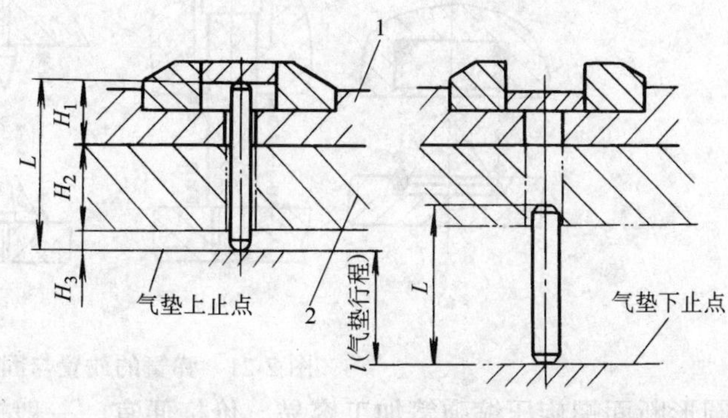

图 2-20　托杆的长度

2.3.3　弹簧和橡胶的选用与计算

为了保证有足够的卸料力，以便使制件和废料能顺利地从凸、凹模上卸下来，在设计冲模时，必须恰当地选用弹簧和橡胶的尺寸。

1. 圆柱螺旋压缩弹簧

弹性卸料装置中的弹簧，选择时应满足以下要求：

（1）所选弹簧必须满足工艺要求　弹簧所产生的许可最大负荷必须大于工作时所需要的工艺力，同时弹簧所产生的许可最大压缩量必须大于工作时所要求的压缩量

$$F_y \geqslant F_{xi}$$

式中　F_y——弹簧的预压力；

F_{xi}——卸料力。

弹簧的压缩量要求：

$$h_1 \geqslant h_2 = h_y + h_z + h_{xm}$$

式中　h_1——弹簧允许的最大压缩量；

h_2——卸料板工作行程；

h_y——弹簧的预压缩量；

h_z——弹簧需要的总压缩量；

h_{xm}——凸模的总修磨量。

（2）所选用的弹簧必须满足冲模结构空间的要求　选择弹簧的步骤大致如下：

1）按模具结构尺寸的空间大小，合理选定弹簧数目。

2）按每个弹簧分担的卸料力和模具结构，选定弹簧规格（丝径、中径、外径和自由高度)。

3）根据弹簧特性曲线，查出对应于 F_y 的预压缩量 h_y。

4）检查弹簧允许的最大压缩量 h_1 是否满足要求，即 $h_1 \geqslant h_z$，否则要重选弹簧。

弹簧的放置与固定如图 2-21 所示。

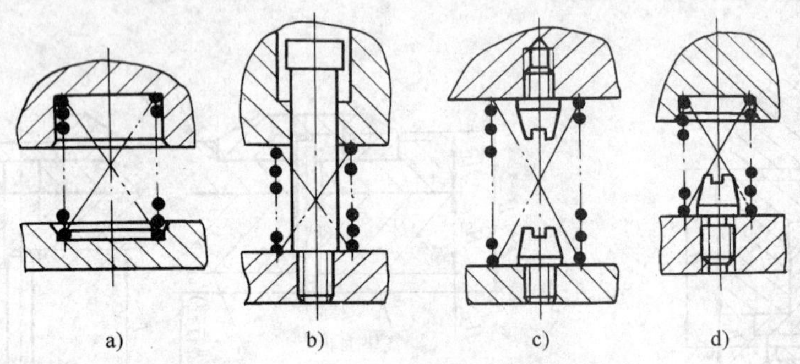

图 2-21　弹簧的放置与固定

圆形断面螺旋压缩弹簧加工容易，价格便宜，一般模具较多采用。但是，当模具中安装弹簧的空间较小，又需要较大的弹性力时，就不能满足设计要求而应选用矩形断面螺旋压缩弹簧（强力弹簧)。强力弹簧刚度大，一般承载能力会提高 45％左右。但强力弹簧加工较困难，价格贵，故多用于大批量生产的模具中。

2．碟形弹簧

当卸料力或推件力要求很大时，可采用碟形弹簧，使结构更紧凑；但碟形弹簧的压缩量小，当需要大的压缩量时不宜采用。模具用的碟形弹簧组装方法如图 2-22 所示。图 a 为单片组装的碟形弹簧，它由碟形片与中心杆等零件组成；图 b 为多片组装的。多片组装的碟形弹簧压力比单片的要大得多，但是弹簧压缩量较小。

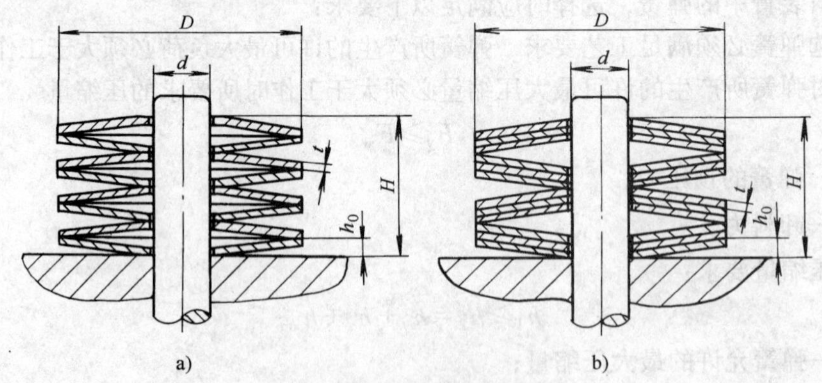

图 2-22　碟形弹簧的组装方法

a）单片组装　b）多片组装

碟形弹簧在模具上的装置方式如图 2-23 所示。

碟形弹簧的压力和压缩量也呈线性关系，因此，它的选用方法与螺旋弹簧相同，可根据卸料力和要求的压缩量，按表 2-9 选用，并进行校核。

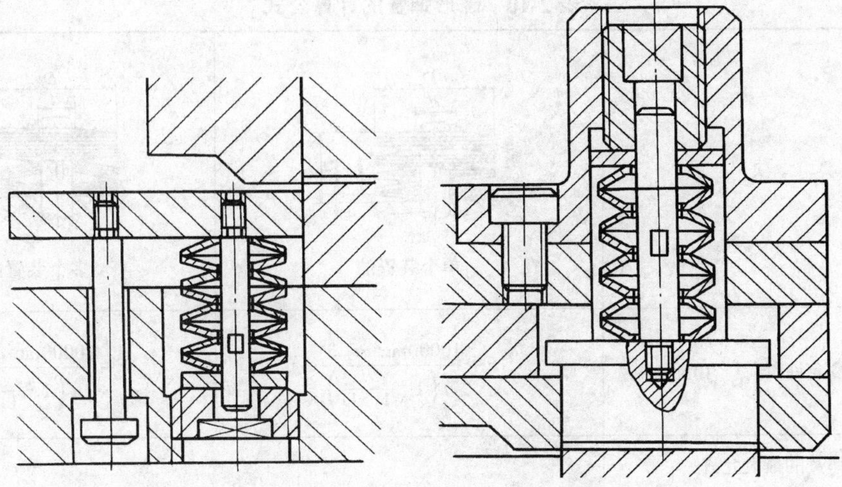

图 2-23　碟形弹簧在模具上的装置方式

表 2-9　常用碟形弹簧规格

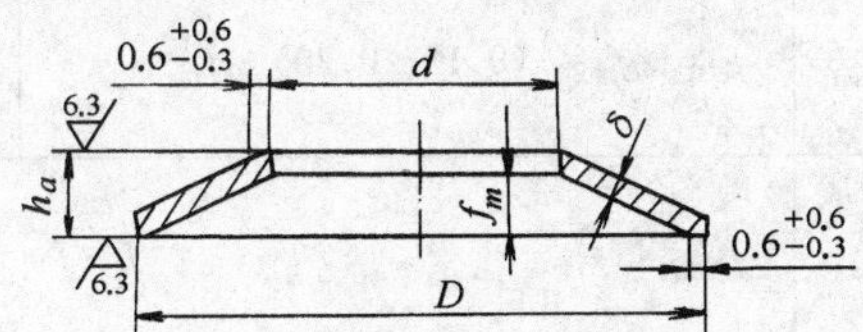

序号	D		d		δ		f_m		h_a		许可挠度 $0.65f_m$		负荷 $F/\times10N$	
	名义尺寸	公差	名义尺寸	公差	名义尺寸	公差	名义尺寸	公差	名义尺寸	公差	名义尺寸	公差	名义尺寸	公差
1	28	0 −0.62	12	+0.43 0	1.5	±0.11	0.8	+0.4 −0.2	2.3	+0.26 −0.13	0.52		350	±0.29
2	30		15		1.0	±0.11	1.0		2.0		0.65		140	
3			15		2.0	±0.13	0.6		2.6		0.39		550	
4	32		10		2.0	±0.13	0.9		2.9		0.58		610	
5	35		15		1.5	±0.11	1.0		2.5		0.65		280	
6	40		20	+0.52 0	2.0	±0.13	0.8		2.8		0.52		600	
7			20		1.0	±0.11	1.5		2.5		0.97		130	
8			20		2.0	±0.13	1.0		3.0		0.65		520	
9			25		2.5	±0.13	0.8		3.3		0.52		990	
10	45		25		1.5	±0.11	1.5		3.0		0.97		320	
11			25		2.5	±0.13	1.0		3.5		0.65		840	
12			25		3.0	±0.16	1.0		4.0		0.65		1450	
13	50		25		1.5	±0.11	1.5		3.0		0.97		240	
14			20		2.0	±0.13	1.5		3.5		0.97		460	
15			30		3.0	±0.16	1.0		4.0		0.65		1250	

表 2-10 碟形弹簧的计算公式

计　算　项　目	单个装置的	多个装置的
整个弹簧允许负荷/×10N	$F=\dfrac{10000\tan^2\alpha f_m\delta^2}{n\left(1-\dfrac{d}{1.5D}\right)}$	$F=\dfrac{10000\tan^2\alpha Z f_m\delta^2}{n\left(1-\dfrac{d}{1.5D}\right)}$
一个弹簧的最大允许压缩量/mm	$0.65f_m$	
整个弹簧的最大允许压缩量/mm	$f_1=0.65nf_m$	$f_1=0.65\dfrac{n}{Z}f_m$
整个弹簧的预压缩量/mm	$f_y=(0.15\sim0.20)\ nf_m$	$f_y=(0.15\sim0.20)\ \dfrac{n}{Z}f_m$
弹簧的工作行程/mm	$f=f_1-f_y$	
保证规定行程的弹簧个数	$n=\dfrac{f}{0.5f_m}$	$n=\dfrac{fZ}{0.5f_m}$
弹簧自由高度/mm	nh	$\dfrac{n}{Z}\left[h+\delta\ (Z-1)\right]$

注：表中，F——一个弹簧在压缩量等于$0.65f_m$时的最大允许负荷，按表 2-9 数据选用；

f_m——弹簧内锥高度；

n——装置中弹簧总数；

Z——多个装置时每叠的弹簧数；

h——一个弹簧的高度；

δ——弹簧板的高度，$\tan\alpha=2(h-\delta)/(D-d)$。

3．橡胶

在选用橡胶卸料或顶件时，与弹簧选用方法相似，也应根据卸料力和要求的压缩量校核橡胶的工作压力和许可的压缩量，看能否满足冲压工艺的需要。

橡胶板的压缩量不能过大，否则会影响其压力和寿命，最大压缩量不能超过其厚度的45%，预压缩量约为其厚度的（10～15)%。橡胶高度 H 可按下式来计算

$$H=\frac{L}{0.25\sim0.30}$$

式中　L——所需的工作行程（压缩量）(mm)。

在选择橡胶时，必须根据橡胶的特性曲线进行计算，橡胶的特性曲线如图 2-24 所示。

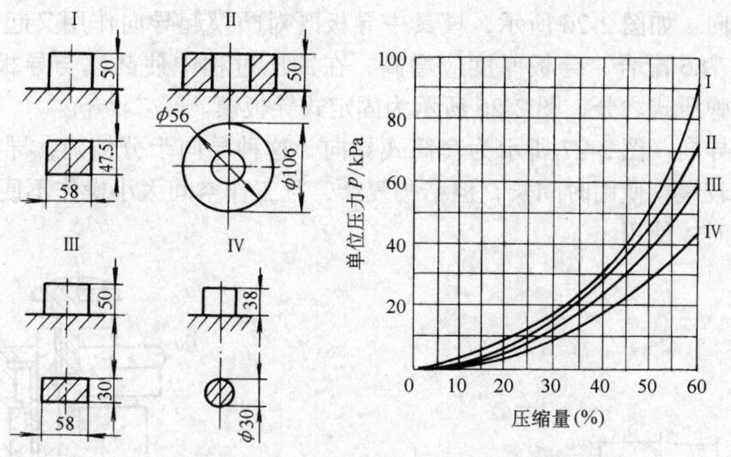

图 2-24 常用橡胶形状及特性曲线

2.4 冲模导向、安装和有关零、部件

2.4.1 导向

在大批量生产中为了便于装模，或在精度要求较高的情况下，模具都采用导向装置，以保证精确的定位，提高冲件质量及模具寿命。

1. 上、下模导向的基本形式

（1）导柱和导套导向 在上、下模座上分别设置两对或四对导柱、导套对凸、凹模进行导向。导柱、导套都是圆柱形，加工方便，容易装配，是模具行业应用最广泛的导向装置。图 2-25 所示为最常用的导柱、导套结构形式。

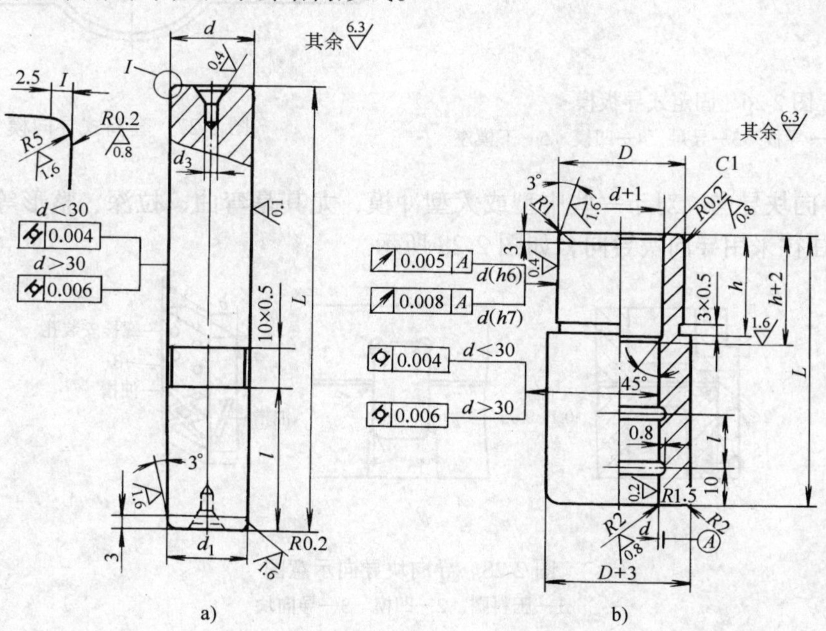

图 2-25 导柱、导套结构形式

a）导柱 b）导套

（2）导板导向　如图 2-26 所示，模具中导板既对凸模起导向作用又起卸料板作用，导板与凸模采用 H7/h6 配合，导板厚度应增高，在冲压过程中使凸模与导板始终保持配合。导板有固定式与弹压式之分，图 2-26 所示为固定式导板模。

（3）套筒式导向　图 2-27 所示为套筒式导向，这种导向十分精确，导柱和套筒有很大的接触面，磨损较慢，使用时间长，但结构复杂，且工作空间太小操作不便，只有在冲制钟表等精密小零件时才使用。

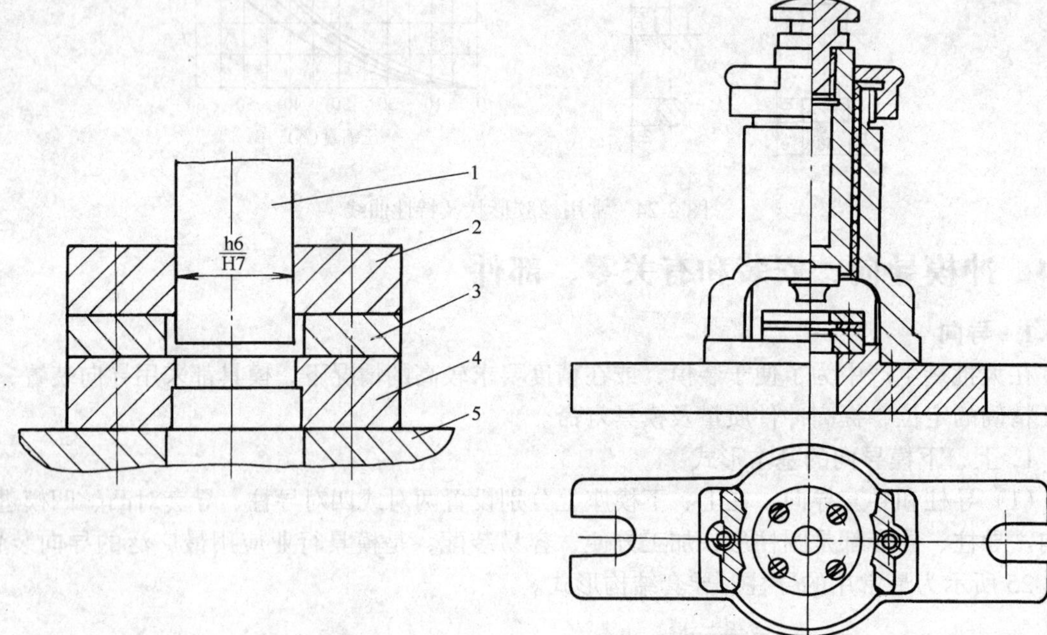

图 2-26　固定式导板模

1—凸模　2—导板　3—导尺　4—凹模　5—下模座

图 2-27　套筒式导向模

（4）导向块导向　对于一些中型或大型冲模，尤其是弯曲、拉深、整形等有较大侧向力的模具，往往采用导向块导向，如图 2-28 所示。

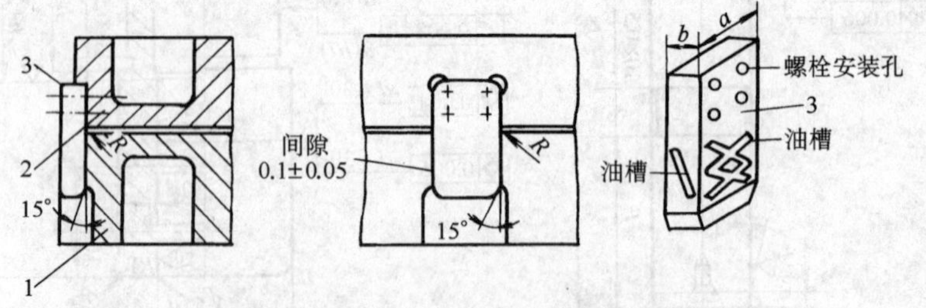

图 2-28　导向块导向示意图

1—压料圈　2—凹模　3—导向块

2. 模架

模架由模座、导柱、导套及模柄等零件组成。模架已纳入冷冲模国家标准。

（1）模架的种类和应用

1）滑动导向模架　滑动导向模架的导柱导套为间隙配合，其配合种类有 H7/h6、H6/h5 两种。滑动导向模架按导柱导套的多少及布置形式可分为如图 2-29 所示的几种。

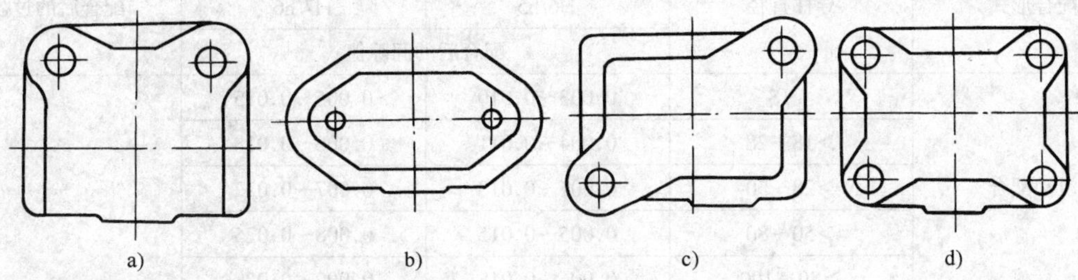

图 2-29　导柱和导套的布置形式

a）后侧导柱导套模架　b）中间导柱导套模架

c）对角导柱导套模架　d）四导柱导套模架

图 2-29a、b、c 为两导柱导套模架。其中图 a 为后侧导柱导套模架，导向情况较差，但能从三个方向送料，操作方便，适用于导向要求不太严格且偏移力不大的情况。图 b 为中间导柱导套模架。图 c 为对角导柱导套模架，这两种形式的导柱中心都通过压力中心，导向情况较后侧布置较好，但操作不如后侧布置方便。图 d 为四导柱导套模架，四对导柱导套分布在模座的四个角部，导向效果好，精度高，但结构复杂，只有导向要求高、偏移力大和大型冲模才采用。

2）滚动导向模架　滚动导向是在导套导柱之间通过一组滚珠，使之进行滚动导向（见图 2-30）。滚珠装在保持架内，排列对称，分布均匀，与中心线成 α 角，使每个滚珠在上下运动时都有各自的滚道，以减少磨损。滚珠应选同一直径，公差不超过 0.003mm。滚珠与导柱、导套之间不但没有间隙，反而有 0.012～0.02mm 的过盈，从而提高了导向精度。因此滚动导向的精度高、寿命较长，适于高速冲裁模、精密冲裁模、硬质合金模以及其它精密模具的冲压工作。

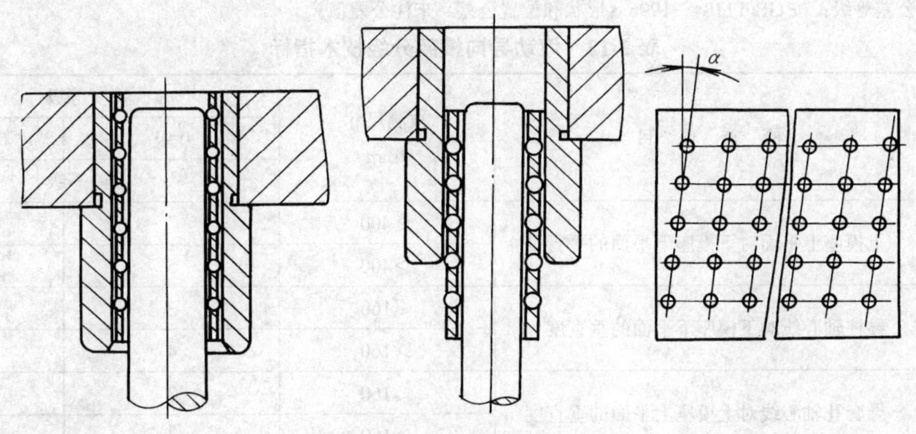

图 2-30　滚珠导柱导向

（2）模架的技术条件

1）装入模架的导柱、导套的配合要求应满足表 2-11 规定。

表 2-11 导柱导套的配合要求 （单位：mm）

配合形式	导柱直径	配合精度		配合后的过盈
		H6/h5	H7/h6	
		配合后的间隙值		
滑动配合	≤18	0.003～0.010	0.005～0.015	—
	＞18～28	0.004～0.011	0.006～0.018	
	＞28～50	0.005～0.013	0.007～0.022	
	＞50～80	0.005～0.015	0.008～0.025	
	＞80～100	0.006～0.018	0.009～0.028	
滚动配合	＞18～35	—	—	0.015～0.02

2）滑动导向模架按表 2-12 分级，滚动导向模架按表 2-13 分级。

表 2-12 滑动导向模架分级技术指标

被测尺寸项	检 查 项 目	被测尺寸/mm	精度等级		
			Ⅰ级	Ⅱ级	Ⅲ级
			公差等级		
A	上模座上平面对下模座下平面的平行度	≤400	6	7	8
		＞400	7	8	9
B	导柱轴心线对下模座下平面的垂直度	≤160	4	5	6
		＞160	5	6	7
C	导套孔轴心线对上模座上平面的垂直度	≤160	4	5	6
		＞160	5	6	7

注：1. 被测尺寸是指：A. 上模座的最大长度尺寸或最大宽度尺寸；
B. 下模座上平面的导柱高度；
C. 导套孔延长芯棒的高度。
2. 公差等级：按 GB/T1184—1996《形状和位置公差 未注公差值》

表 2-13 滚动导向模架分级技术指标

被测尺寸项	检 查 项 目	被测尺寸/mm	精度等级	
			0级	0Ⅰ级
			公差等级	
A	上模座上平面对下模座下平面的平行度	≤400		5
		＞400	5	6
B	导柱轴心线对下模座下平面的垂直度	≤160	3	4
		＞160	4	5
C	导套孔轴心线对上模座上平面的垂直度	≤160	3	4
		＞160	4	5

注：1. 被测尺寸是指：A. 上模座的最大长度尺寸或最大宽度尺寸；
B. 下模座上平面的导柱高度；
C. 导套孔延长芯棒的高度。
2. 公差等级：按 GB/T1184—1996《形状和位置公差 未注公差值》

国标还对各种零件表面的技术要求、选用的材料及热处理等均作了明确的规定，设计时可参照执行。

2.4.2　结构件与安装

1. 上、下模座（板）

模座分上模座和下模座，整个模具的各个零件都直接或间接地固定在上、下模座上，因此它是整个模具的基础。上模座通过模柄安装在冲床滑块上，下模座用压板和螺栓固定在工作台上。模座分为带导柱（套）和不带导柱（套）两种。

带导柱（套）模座与导柱导套构成模架，国标规定模座的规格由凹模周界即 $L\times B$ 或 D 来确定（见国标）。不带导柱（套）的模座一般用在敞开模中，国标也有规定，但一般工厂多为自行设计确定。

滑动导向模座一般由铸铁制作，滚动导向模座一般由铸钢或锻件制作，不带导柱（套）的模座有铸铁与锻件两种。选择模座的尺寸一般应符合以下要求：

圆形模座其外形凡是带导柱（套）的，模座按凹模周界尺寸 D 进行对应选定，其模座各有关尺寸的国标中均有规定。不带导柱（套）的尺寸可原则上按下式确定

$$D_{mz}=D+（30\sim70）$$

式中　D_{mz}——圆形模座直径；

D——圆形凹模直径。

如果要把模座设计成矩形，可参照确定矩形模座外形尺寸的公式确定。

矩形模座外形带导柱（套）模座按凹模周界尺寸 $L\times B$ 对应确定，而不带导柱（套）模座的外形尺寸 L_{mz}，其矩形长度尺寸为

$$L_{mz}=L+（40\sim100）$$

式中　L_{mz}——矩形模座尺寸；

L——矩形凹模尺寸。

矩形模座的宽度 B 应稍大于凹模宽度。

另外，在设计冲模时必须注意使下模座的尺寸比工作台漏料孔的尺寸每边大 40～50mm 以上。外形每边至少应超过冲座台面孔边 50mm 以上。

模座的厚度尺寸确定如下：

普通冲模：$H_{mz}\geqslant（1.4\sim1.6）H_d$

高速冲模：$H_{mz}\geqslant（2.6\sim3.8）H_d$

式中　H_{mz}——模座厚度；

H_d——凹模厚度。

2. 垫板与固定板

垫板的作用主要是承受凸模或凹模压力，防止过大的冲压力在上、下模板上压出凹坑，而影响模具的正常工作。垫板已纳入国标，其外形尺寸与凹模周界尺寸一致，其厚度尺寸可参照周界尺寸按国标确定，一般为 3～10mm。当材料为 45 钢时，热处理后硬度为 40～45HRC；当材料为 T7 时，淬火硬度为 52～56HRC。

固定板主要用于小型凸、凹模等工作零件的固定。固定板的外形与凹模轮廓尺寸基本是一致的，厚度可按经验公式（0.6～0.8）H_d 选取，H_d 为凹模厚度。材料一般选用 Q235。

在必须进行凸模固定板的设计时，其平面尺寸除应保证凸模的安装外，应有足够的尺寸来安放螺钉和销钉。

3. 模柄

模柄是连接上模与压力机的零件，1000kN 以下压力机的模具安装一般均选用模柄连接，对于大型模具可用螺钉、压板直接将上模座固定在滑块上。常用的模柄有压入式模柄、凸缘式模柄、槽形模柄、通用模柄、活动模柄、浮动式模柄等。若采用浮动模柄，冲床滑块的运动误差不会影响上、下模的导向，但导柱与导套不能脱离。

在设计冲模时，除按模具结构特点选用不同模柄种类外，还必须根据选定的压力机确定模柄的安装直径和高度。

2.4.3 紧固件选用

在冷冲模各种零件之间，尤其是上、下模各类零件与模座的结合部分，多采用螺钉紧固、销钉定位。在螺钉的选用中多采用内六角螺钉，也有时用外方角螺钉。对于一些辅助件的紧固也有用开口螺钉、沉头螺钉等。销钉均选用圆柱销。具体在模具中选用的螺钉、销钉的规格、数量，可参考国标中冷冲模典型组合。

第 3 章　冲模结构设计

3.1　概述

3.1.1　冲模结构类型和应用

1. 结构形式分类

冲压件的品种、式样繁多，因此冲压模的种类很多。冲模一般按下列方法进行分类：

(1) 按冲压工序性质　可分为落料模、冲孔模、切断模、切口模、剖切模、整修模、切边模、精冲模、压弯模、卷圆模、扭曲模、拉深模、翻边模、胀形模、缩口模、冷挤模等。

(2) 按工序组合程度　可分为单工序模（简单模)、复合模、级进模等。

1) 单工序模：在冲床的一次行程内只能完成一个冲压工序。

2) 复合模：在一次冲压行程内，在模具的同一位置上完成两个或两个以上的冲压工序。

3) 级进模：又称级进模、跳步模。是指在冲床的一次行程中，在模具的不同位置同时完成两个或两个以上的冲压工序。

(3) 按导向形式　可分为无导向模（敞开模)、导板模、导柱模、导筒模等。

此外还可按送料方式、出料方式与排除废料方式等进行分类。

2. 各种结构形式的应用

各类不同的模具结构均有不同的优缺点及适用范围，表 3-1 为单工序模、复合模、级进模的选用比较；表 3-2 为敞开模、导板模、导柱模的选用比较。

表 3-1　单工序模、复合模、级进模选用比较

比较项目	单工序冲模	复合模	级进模
冲压精度	较低	较高	一般或较高
生产率	低。一次冲压只完成一道冲压工序	较高，一次冲压能完成两道以上冲压工序，但工序数不宜过多	高，一次冲压可完成多道冲压工序，其工序数不限
实现自动化可能性	较容易，尤其适合在多工位压力机上实现自动化	难，因制件或废料排除复杂，一般只能在单机上实现部分机械化操作	容易，尤其适合单机全自动化作业，也容易适应高速冲床自动化作业
生产通用性	通用性好，适合中小批量及大型冲压零件冲制	通用性差，仅适合大、中批量生产	通用性极差，仅适合中小型零件大批量生产，尤其适合小型冲压零件大批量生产
模具制造复杂性	模具结构简单，制造周期短	模具结构复杂，模具制造精度高	模具结构复杂，随着工位的增多模具复杂程度更大
模具成本	价格低	价格较高	价格较高或很高
工作的安全性	在无自动送料机构条件下，需采取安全技术措施	在无自动送料机构条件下，需采取安全技术措施	安全性好

表 3-2　敞开模、导板模、导柱模的选用比较

比较项目	敞开模	导板模	导柱模
导向精度	取决于压力机导轨导向精度	IT6～7级	IT6～7级
安装与调整	安装与调整困难，制件质量不稳定，模具寿命低	安装调整方便，制件质量稳定	安装调整方便，制件质量稳定
操作	定位可见，变化较灵活，操作方便	定位不可见，操作不方便，凸模自始至终与导板不脱开，安全性好	定位可见，变化受到导柱限制，操作较方便
应用范围	用于弯曲拉深、成形等单工序冲模，小批量精度不高的冲裁模	适用精度较高的级进模及单工序模	适合大批量生产精度要求较高的各种冲模

3.1.2　冲模设计程序与要点

1. 确定冲压工艺方案和模具结构形式

工艺方案的制定是冲压生产中非常重要的一项工作，对于产品质量、劳动生产率、制件成本、减轻劳动强度和保证安全生产都有重要影响。制定工艺方案时，应以产品图样、现有生产条件为出发点，尽量采用国内外先进技术，并对各种可能采用的加工方案进行分析、比较，以制定出最合理的工艺方案。制定工艺方案的内容和步骤如下：

(1) 分析制件的冲压工艺性　在确定工艺方案前，应根据产品图样，对冲压件的形状特点、尺寸大小、技术要求、所用材料等是否符合冲压工艺要求进行分析，必要时可对产品设计提出合理的修改意见。

(2) 分析比较和确定工艺方案　根据制件的结构形状，按各工序的变形性质和应用范围确定工序的性质。在一般情况下，可以从零件图上直接看出所需工序的性质，有时还需通过计算才能确定。在此基础上充分考虑各类工序有无合并的可能性，以确定工序的数目，并据材料的变形规律、制件的精度及定位要求合理安排工序的顺序，要注意前后工序不应互相妨碍，以保证制件的质量要求。

(3) 确定冲模类型及结构形式　根据确定的工艺方案及生产批量、生产条件、制件的形状特点等确定模具的类型及结构形式。

(4) 选择冲压设备　根据制件的工艺性质和采用的方案，选择冲压设备的类型，并按照冲压加工所需的总冲压力和零件尺寸，选定冲压设备的吨位。

2. 工艺计算

在确定工艺方案的过程中，应对毛坯展开尺寸、排样方法、材料利用率、各种冲压力、模具压力中心、凸、凹模的工作部分尺寸等进行计算，以合理确定模具的结构形式，并对某些模具进行必要的特殊工艺计算。

3. 模具总体设计

在完成上述计算的基础上，进行模具结构的总体设计。在设计时应考虑到凸、凹模的结构形式、制件的定位方式、送料方式、卸料及顶件机构结构，模具的导向方式等，并结合确定冲压设备、模具的闭合高度和模具的安装方式。

综合上述设计结果绘制出模具总装图。总装图应有足够说明模具构造的投影图及必要的

剖面图、剖视图。主要包括：

（1）主视图　绘制模具在工作位置（也可在开起状态）的剖视图，表达各零件间的相互关系。

（2）俯视图　一般是绘制下模部分的俯视投影视图，也可以一半绘制上模从上到下（包括下模）的投影视图，另一半只绘制下模投影视图。

（3）侧视图、仰视图、局部剖视图　这些视图只有在主、俯视图未表达清楚时才绘制。

（4）制件图　在绘制模具总装图时，一般在其右上角绘制制件图（或本工序的工序图），应标明尺寸、公差、材料、厚度及要求，以便试模时检查制件。

（5）排样图　对于落料模、尤其是级进模应绘制排样图。排样图一般绘制在制件图旁或下面。

在模具装配图中必须注明必要的尺寸，如模具闭合高度、轮廓尺寸、压力中心及靠装配保证的有关尺寸和精度、模具间隙等，说明所选用的冲压设备型号，填写详细的零件明细表和技术要求。

4．非标准零件设计

在模具总体方案确定以后，就要进行有关非标准零件的设计。主要有凸模、凹模的设计，卸料弹簧（橡胶）的选择，推杆长度、卸料螺钉长度和卸料螺钉窝的尺寸确定，垫板、凸模固定板等零件的尺寸计算等。在确定这些尺寸时，要注意使模具的闭合高度与所选的压力机的闭合高度相符。其中有些零件的计算方法和原则，在前面的有关章节中已分别讨论过，在设计时可查阅各相关章节。

5．冲模标准模架和零件

1）模架已有国家标准，一般不用自行设计，只要选用即可（见 2.4.1）。

2）模柄虽有国家标准，但在实际中选用的却不够多，一般需自行设计。

3.1.3　冲压力计算与压力中心的确定

模具完成冲压加工所需的冲压力是选择压力机压力的主要依据，也是设计模具必不可少的数据。在选择压力机吨位时，除冲压加工的冲压力外，随着不同冲压工序还有一些相应的力，如卸料力、顶件力等需要一并计算。

1．冲裁力计算

冲裁力的大小主要与材料的性质、厚度和制件的展开长度有关。

1）当用平刃冲裁模冲裁时，冲裁力 F（N）按下式计算：

$$F = KLt\tau$$

式中　L——冲裁件的周边长度（mm）；

K——系数，是考虑到模具刃口磨损，间隙不均匀，材料力学性能及厚度的波动等实际因素而给出的修正量，一般取 $K=1.3$；

t——材料厚度（mm）；

τ——抗剪强度（MPa）。

有时为了计算方便，也可用下式计算冲裁力

$$F = Lt\sigma_b$$

式中　σ_b——材料的抗拉强度（MPa）。

其余符号同上。

2）当用斜刃冲裁模冲裁时，冲裁力 F（N）可按下式计算

$$F = K\tau Lt$$

式中 K——降低冲裁力系数（其与斜刃高度 H 有关，当 $H=t$ 时，$K=0.4\sim0.6$；当 $H=2t$ 时，$K=0.2\sim0.4$）；

L——冲裁件的周边长度（mm）；

t——材料厚度（mm）；

τ——抗剪强度（MPa）。

在冲裁过程中除冲裁力外，还有卸料力、推件力和顶件力，通常均以经验公式计算：

卸料力 $F_{xi}=K_{xi}F$

推件力 $F_t=K_tFn$

顶件力 $F_d=K_dF$

式中 F——计算冲裁力（N）

F_{xi}、F_t、F_d——分别为卸料力、推件力、顶件力

K_{xi}、K_t、K_d——分别为卸料力系数、推件力系数、顶件力系数，可查表 3-3；

n——同时卡在凹模洞口内的制件数。

表 3-3 K_{xi}、K_t、K_d 值

材料及厚度/mm		K_{xi}	K_t	K_d
钢	≤0.1	0.065～0.075	0.1	0.14
	>0.1～0.5	0.045～0.055	0.063	0.08
	>0.5～2.5	0.04～0.05	0.055	0.06
	>2.5～6.5	0.03～0.04	0.045	0.05
	>6.5	0.02～0.03	0.025	0.03
铝、铝合金		0.028～0.08	0.03～0.07	
纯铜、黄铜		0.02～0.09	0.03～0.09	

注：K_{xi}在冲多孔、大搭边和轮廓较复杂的制件时取上限值。

2. 弯曲力计算

(1) 自由弯曲弯曲力的计算

V形件自由弯曲力：
$$F_z=\frac{0.6kbt^2\sigma_b}{r+t}$$

U形件自由弯曲力：
$$F_z=\frac{0.7kbt^2\sigma_b}{r+t}$$

式中 F_z——自由弯曲在冲压行程结束时的弯曲力（N）；

k——安全系数，一般取 $k=1.3$；

b——弯曲件宽度（mm）；

r——弯曲件的内半径（mm）；

t——材料厚度（mm）；

σ_b——材料的抗拉强度（MPa）。

(2) 校正弯曲的弯曲力计算

校正弯曲力：
$$F_j=Ap$$

式中　F_j——校正弯曲的弯曲力（N）；

A——校正部分的投影面积（mm^2）；

p——单位面积上的校正力（MPa）。

在弯曲过程中的顶件力和压料力可近似取弯曲力的30%～80%。

3. 拉深力计算

1）筒形件无压边圈时：

第一次拉深：　$F_1 = 1.25\pi t\sigma_b (D - d_1)$

以后各次拉深：　$F_n = 1.3\pi t\sigma_b (d_{n-1} - d_n)$

2）筒形件有压边圈时：

第一次拉深：　$F_1 = \pi d_1 t\sigma_b K_1$

以后各次拉深：　$F_n = \pi d_n t\sigma_b K_2$

式中　$F_1 \cdots\cdots F_n$——各次拉深力（N）；

$d_1 \cdots\cdots d_n$——各次拉深直径（mm）；

D——坯料直径（mm）；

t——材料厚度（mm）；

σ_b——材料强度极限（MPa）；

K_1、K_2——修正系数（查表3-4）。

表3-4　修正系数 K_1、K_2 值

m_1	0.55	0.57	0.60	0.62	0.65	0.67	0.70	0.72	0.75	0.77	0.80
K_1	1.00	0.93	0.86	0.79	0.72	0.66	0.60	0.55	0.50	0.45	0.40
m_2	0.70	0.72	0.75	0.77	0.80	0.85	0.90	0.95	—	—	—
K_2	1.00	0.95	0.90	0.85	0.80	0.75	0.60	0.55	—	—	—

为了防止拉深时起皱，需采用压边圈。压边力的大小，根据制件不起皱又不拉裂的原则来确定。其计算公式如下

$$F = Aq$$

筒形件第一次拉深的压边力：$F = \dfrac{\pi}{4}[D^2 - (d_1 + 2r_d)^2]q$

筒形件以后各次拉深的压边力：$F = \dfrac{\pi}{4}[d_{n-1}^2 - (d_n + 2r_d)^2]q$

式中　A——在压边圈下的坯料面积（mm^2）；

q——单位压边力（MPa）（表3-5）；

$d_1 \cdots\cdots d_n$——各次拉深直径（mm）；

r_d——凹模口的圆角半径（mm）。

表3-5　单位压边力 q 值　　（单位：MPa）

材料	软钢 $t<0.5$mm	软钢 >0.5mm	黄铜	纯铜、硬铝（已退火）	铝	镀锡钢板	耐热钢（软化状态）
单位压力 q	2.5～3.0	2.0～2.5	1.5～2.0	1.2～1.8	0.8～1.2	2.5～3.0	2.8～3.5

4. 其它成形加工的压力计算

1）冲压加强筋的变形力按下式计算

$$F = KLt\sigma_b$$

式中　F——变形力（N）；

K——系数，可取为0.7～1，当加强筋形状窄而深时取大值，宽而浅时取小值；

L——加强筋周长（mm）；

t——毛坯厚度（mm）；

σ_b——材料强度极限（MPa）。

2）冲压凸包时，冲压力可按下式计算

$$F = KAt^2$$

式中　F——冲压力（N）；

K——系数，对钢为200～300N/mm^4，对铜为50～200N/mm^4；

A——局部胀形面积（mm^2）；

t——板材厚度（mm）。

3）圆孔翻边力计算。当采用圆柱形平底凸模时，圆孔翻边力可用下式计算：

$$F = 1.1\pi(d_m - d_0)t_0\sigma_s$$

式中　F——翻边力（N）；

d_m——翻边后竖边的中径（mm）；

d_0——圆孔的初始直径（预制孔）（mm）；

t_0——毛坯厚度（mm）；

σ_s——材料屈服点（MPa）。

平底凸模底部圆角半径 r_p 对翻边力有一定影响，增大 r_p 可降低翻边力。

采用球底凸模或锥形凸模时，翻边力可降低约30％。

5. 压力中心计算与确定

模具压力中心为冲裁力合力的作用点或多工序模各工序冲压力的合力作用点。设计时，模具压力中心应与压力机滑块中心一致，否则会在冲压时产生偏载，导致模具以及压力机滑块与导轨的急剧磨损，降低模具和压力机的使用寿命。

求模具压力中心的方法如下：

1）形状对称件的压力中心即位于零件图形的几何中心。

2）形状复杂的冲裁件或需多凸模且要任意分布的冲裁件，可利用平行力系合力作用点的解析方法，确定压力中心。如图3-1所示制件，在求压力中心时，可将坐标轴设在 l_6 和 l_1 上，据力学定理及冲裁力计算公式（$F = lt\sigma_b$），则有

$$x_c = \frac{l_1x_1 + l_2x_2 + \cdots + l_nx_n}{l_1 + l_2 + \cdots + l_n} = \frac{\sum_{i=1}^{n} l_i x_i}{\sum_{i=1}^{n} l_i}$$

$$y_c = \frac{l_1y_1 + l_2y_2 + \cdots + l_ny_n}{l_1 + l_2 + \cdots + l_n} = \frac{\sum_{i=1}^{n} l_i y_i}{\sum_{i=1}^{n} l_i}$$

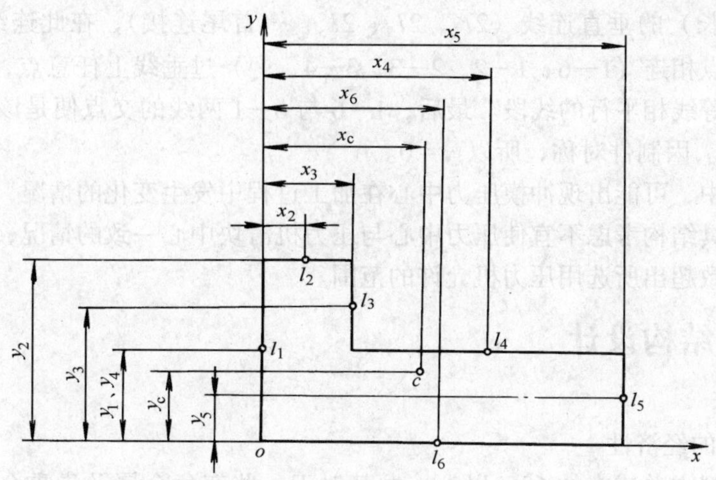

图 3-1 用解析法求压力中心

式中 x_1、x_2、…、x_n——各图形冲裁力的 x 轴坐标（mm）；

y_1、y_2、…、y_n——各图形冲裁力的 y 轴坐标（mm）；

l_1、l_2、…、l_n——各图形冲裁周边长度（mm）。

3）作图法。作图法和解析法的原理是一样的。它是利用索多边形法求出一个平面内的任何几个力的合力及其方向。用作图法求压力中心比较简单，特别对形状复杂或多凸模的情况尤其显著。但是作图法受作图误差影响较大，因而误差也较大。

作图法具体过程如下：如冲制图 3-2 所示制件，将制件中心线作为 x 轴，做每一个凸模

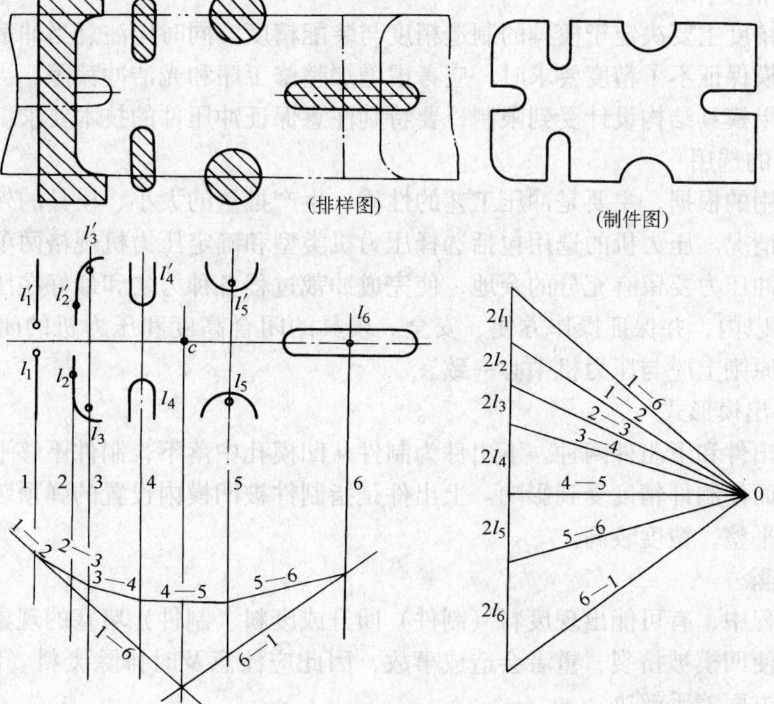

图 3-2 用作图法求压力中心

压力（所切的边长）的垂直连线（$2l_1$、$2l_2$、$2l_3$、…首尾连接），在此连线外任取一点 0，过 0 与连线的各点相连（1—6、1—2、2—3、3—4、…）过垂线上任意点，连续做与 1—6、1—2、2—3、…等线相平行的线段。最后，1—6 与 6—1 两线的交点便是该级进模的压力中心在 x 轴的位置。因制件对称，所以 $y=0$。

在实际生产中，可能出现冲模压力中心在加工过程中发生变化的情况，或者由于制件的形状特殊，从模具结构考虑不宜使压力中心与压力机滑块中心一致的情况，这时应注意使压力中心的偏差不致超出所选用压力机允许的范围。

3.2 冲裁模结构设计

3.2.1 设计要素

1. 冲压材料的经济性

冲压件的材料占总成本的 60% 以上，尤其对于一些有色金属及贵重金属制件，更应考虑材料的经济性。

(1) 确定供料形式　冲压件供料可为条料、带料或单个坯料等。确定供料形式应根据模具结构、制件形状、大小、生产批量、供料条件等因素，使材料的利用率最高。

(2) 合理选择排样形式　排样形式的选择正确与否，直接影响材料的利用率，应认真考虑确定。

(3) 注意材料的纤维方向　要确保冲压件在多种变形条件下的质量。

(4) 考虑模具冲压时的送料方式　送料方式不同，搭边值的选用也不同，从而影响了材料的利用率。

2. 冲压件精度保证

冲压件的精度主要决定于模具的制造精度与装配精度。同时应注意当冲裁的精度要求过高，普通冲裁模保证不了精度要求时，应考虑增加整修工序和光洁冲裁等。当制件毛刺有方向要求时，如果模具结构设计受到限制，要特别注意保证冲压件的技术要求。

3. 压力机的选用

压力机选用的根据，主要是冲压工艺的性质、生产批量的大小、模具的外形尺寸以及工厂现有设备等情况。压力机的选用包括选择压力机类型和确定压力机规格两项内容。

压力机的冲压力要留有充分的余地，使完成冲裁过程各种力之和最好在压力机额定能力的 70%～80% 以内，并保证操作方便、安全。模具的闭合高度和压力机的闭合高度要相适应，压力中心原则上应与压力机中心一致。

4. 冲压件出模形式

一般有上出件和下出件两种。下出件为制件从凹模孔中落下，制件不够平整且由于弹性变形程度大，而使制件精度受到影响。上出件是指制件被凹模内设置的弹顶装置推出凹模洞口，制件较为平整，精度较高。

5. 废料排除

在冲裁过程中，有可能出现废料（制件）回升或废料（制件）堵塞的现象，这种现象的产生，轻者会使凹模被挤裂，重者会造成事故，因此应注意及时排除废料（制件）。在生产中可从以下几方面着手解决：

1) 加大漏料孔的直径，使废料（制件）排除通畅无阻。

2）加装顶料机构，顶料机构的刚性要好，并且尽量使其作用在废料或制件的中心位置。

3）应避免制件与废料混合在一起，防止不必要的清理工作。

4）采用连续冲压时应考虑废料的集存。

6．凸、凹模结构设计

凸、凹模是模具的重要构件，应避免出现薄弱环节，确保其有足够的强度。应注意便于刃磨与维修，细小凸模应注意采用辅助导向加以保护。凸、凹模的尺寸设计原则和计算参照2.1。

7．定位

坯料在模具中的定位设计，以保证坯料在冲裁和成形前具有正确的位置，是模具设计的重要内容之一。定位机构必须精确、有效，便于操作，不仅要考虑坯料的静态定位，必要时还要考虑冲压过程中的动态定位。单个工序件的坯料定位主要有定位板、定位销等，条料的定位常用挡料销、导料板（导尺）、侧压板（块）和侧刃等。在级进模中，为了满足较高精度的定位，常在粗定位的基础上，再采用导正销实现精定位。

8．导向

模具导向应当合理，尤其是冲薄料的小间隙冲模、生产批量很大的冲裁模，其导向机构尤其重要，是提高模具寿命的关键。

3.2.2 单工序冲裁模

1．敞开式冲裁模

模具本身无导向机构，其导向是以冲床导轨精度来保证的。模具结构简单，易于制造和维修。在冲床上安装时，调整间隙的均匀度困难，凸模和凹模的相对正确位置只能靠冲床导轨与滑块的配合精度来保证，因此模具的导向精度低，使用安全性差，不适于薄板料的冲裁。此种模具一般适合对一些形状简单、制件精度不高、生产批量不大及试制产品制件的冲裁，一些条件较差的小企业采用较多。

图3-3所示为常见的敞开式冲裁模，这种模具没有正规的卸料机构，将橡胶套在凸模上即可卸料。

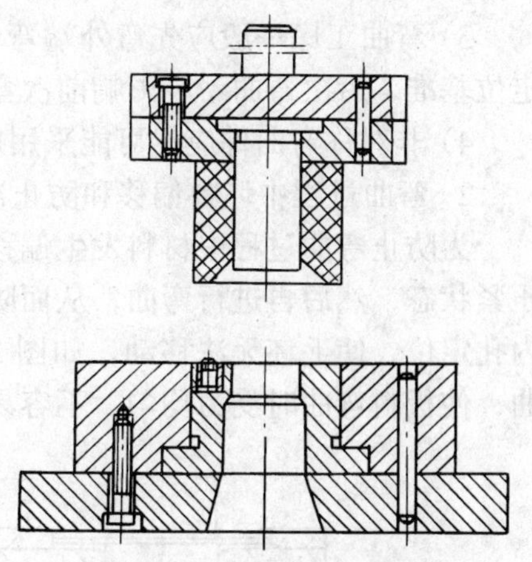

图3-3 敞开式冲裁模

2．导板式冲裁模

导板式冲裁模是以导板上的导向孔对凸模进行导向，如图3-4所示。导向孔与凸模工作端采用H7/h6间隙配合，这种模具多安装在偏心冲床上使用，为安全起见，工作时凸模的工作端要始终不脱离导板上的导向孔，由于其导向精度高，因而圆形和简单规则形状冲裁件的冲裁模多采用此结构。导板在模具中除对凸模导向外，还起卸料作用，导板较厚，内型孔表面粗糙度通常为 $R_a0.8\mu m$，并要求淬火，所以导板应选用较好材料制作。

3．模架导向冲裁模

模架导向冲裁模是靠分别安装在上、下模板（座）内的导套、导柱二者的良好配合，实现对凸模的导向，模具精度高，寿命长，一般工厂均已广泛使用。对于冲裁间隙较小、生产批量大的冲裁模，尤其要考虑选用模架导向。图3-5所示为常见的模架导向冲模。

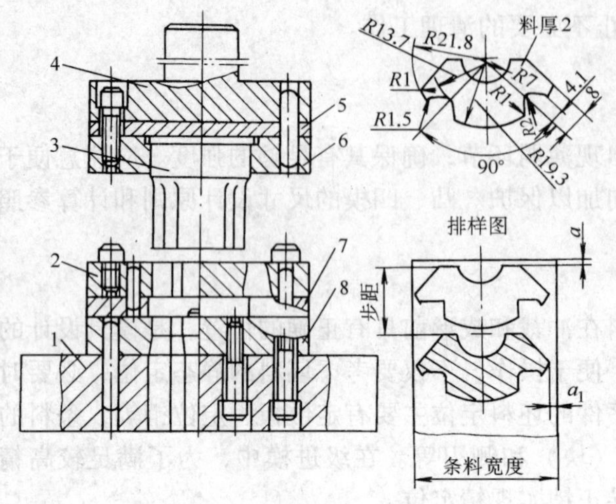

图 3-4　导板式冲裁模

1—底座　2—导板　3—凸模　4—上托

5—垫板　6—固定板　7—导尺　8—凹模

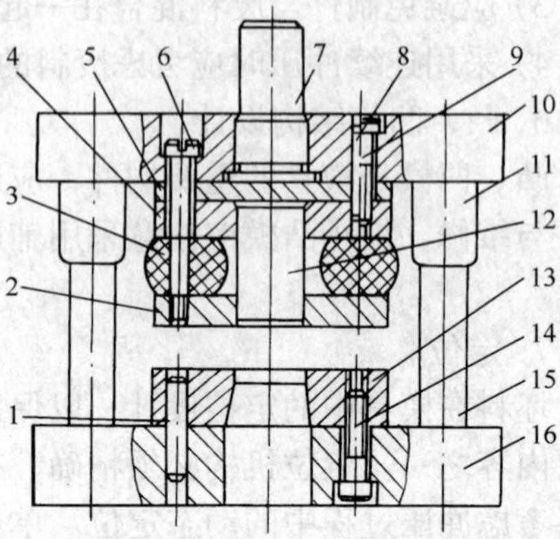

图 3-5　模架导向冲裁模

1、8—销钉　2—卸料板　3—橡胶　4—固定板

5—垫板　6—卸料钉　7—模柄　9、14—螺钉

10—上模座　11—导套　12—凸模　13—凹模

15—导柱　16—下模座

3.3　弯曲模结构设计

3.3.1　设计要点

1. 坯料和工序安排

1）弯曲坯料应使弯曲工序的弯曲线与材料纤维方向垂直，或成一定的夹角。

2）在弯曲时，应使坯料的冲裁断裂带处于弯曲件的内侧。

3）弯曲工序一般应先弯外端弯角，后弯内角，且前次弯曲必须为后次弯曲留有可靠的定位基准，后次弯曲不应影响前次弯曲的精度。

4）非对称弯曲件应尽可能采用成对弯曲。

2. 弯曲过程中坯料偏移和防止冲件变形的措施

为防止弯曲过程中材料发生偏移，可采取以下措施：①弯曲前坯料应有一部分处于弹性压紧状态，然后再进行弯曲，从而防止毛坯的滑动，如图 3-6 所示；②弯曲过程中尽量采用内孔定位，使毛坯无法移动，如图 3-7 所示；③将不对称形状弯曲件组合成对称弯曲件弯曲，使板料弯曲时受力均匀，不容易产生偏移。

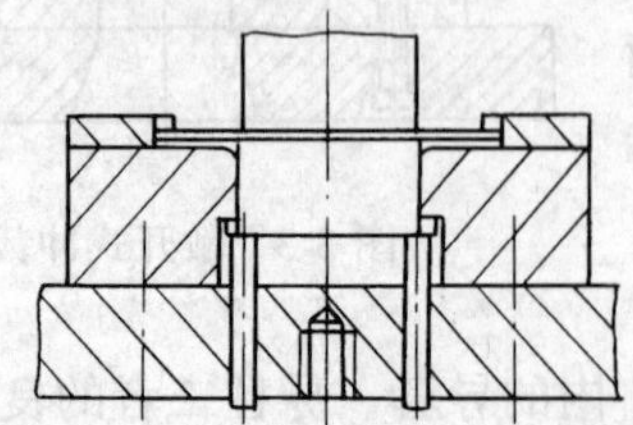

图 3-6　防止弯曲坯料偏移的措施

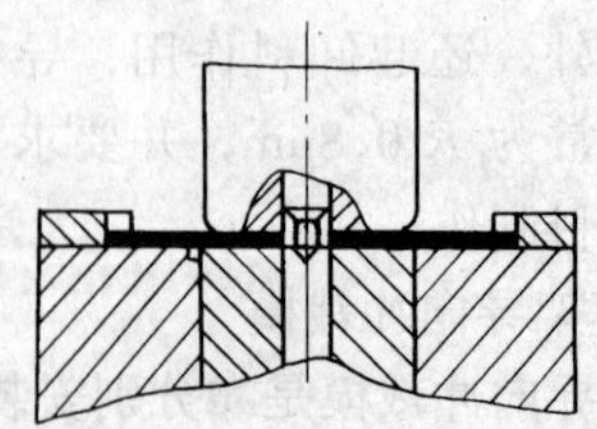

图 3-7　以制件内孔定位防止偏移

为防止制件在弯曲过程中的变形，在模具结构设计时应防止出现局部较明显的变薄与划伤，尤其是在多角同时弯曲时会出现上述问题，模具设计则应力求使多角弯曲不在同时进行，分别有一定的时间差；当模具弯曲到下止点时，应尽量有校正弯曲的效果；模具结构设计应充分考虑到制造与修理中能够消除制件回弹的可能，并采取一定的措施抵消该侧向力。

弯曲模应充分考虑模具具有足够的自身刚性，增强模具有关零件的刚度，以合理的模具结构保证制件精度，是提高模具寿命的重要环节。

3.3.2 常用弯曲模

1.V 形件用弯曲模

V 形件形状简单，能一次弯曲成形。V 形件的弯曲方法有两种，一种是沿弯曲件的角平分线方向弯曲，称为 V 形弯曲，一种是垂直于一直边方向的弯曲，称为 L 形弯曲。

图 3-8 所示为 V 形件弯曲模的基本结构，该模具结构简单，在冲床上安装及调整方便，对材料厚度的公差要求不严，工件在冲程末端得到不同程度的校正，回弹较小，工件的平面度较好，因而得到广泛的应用。

图 3-9 所示为 V 形件的精密弯曲模，是以活动凹模带动制件一起折弯，弯曲过程中毛坯与凹模始终保持大面积接触，毛坯相对于活动凹模没有滑移和偏移，所以弯曲件的精度高，适用于弯曲毛坯没有足够的定位支承面、窄长及形状复杂、坯料在凹模上不易放平稳的制件弯曲，这种模具结构复杂，制作较困难。

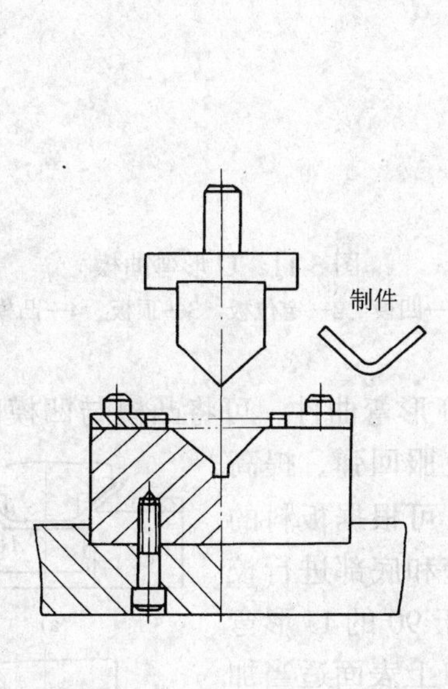

图 3-8 普通 V 形弯曲模

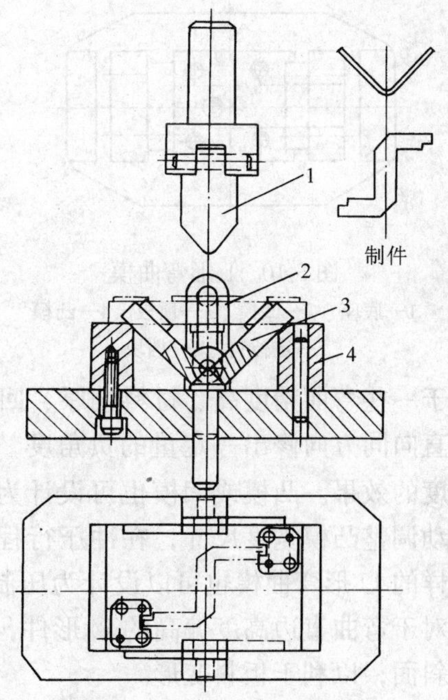

图 3-9 V 形精弯模

1—凸模 2—支架 3—活动凹模 4—靠板

图 3-10 所示是 L 形弯曲模，用于弯曲两直边长度相差较大的单角弯曲件，以弯曲件较大面的一边夹紧在凸模和顶板之间，而另一边沿凹模圆角向上滑动弯起到下止点，可进行校正弯曲，该种模具弯曲时将产生一定的侧向分力，模具中的挡板起到抵消侧向力的作用。挡

板的高度应略高于凹模，并嵌入底座。L形弯曲模中也有将凹模和压料板倾斜一定的角度，这样竖直边能得到一定的校正，弯曲后制件的回弹较小，倾角一般取5°～10°。

2. U形件用弯曲模

U形弯曲件是常见的冲压弯曲件，图3-11所示为普通U形弯曲模，一次同时弯成两个弯角，如果制件左右圆角半径相等，可避免或减少弯曲过程中坯料的偏移，通常较多采用。在冲压时，毛坯被压在凸模和顶板之间逐渐下降，两端未被压住的材料沿凹模圆角滑动并弯曲，进入凸、凹模的间隙。凸模回升时，顶板将制件顶出，由于材料的弹性，制件一般不会包在凸模上。U形弯曲模结构简单，定位方便、可靠。

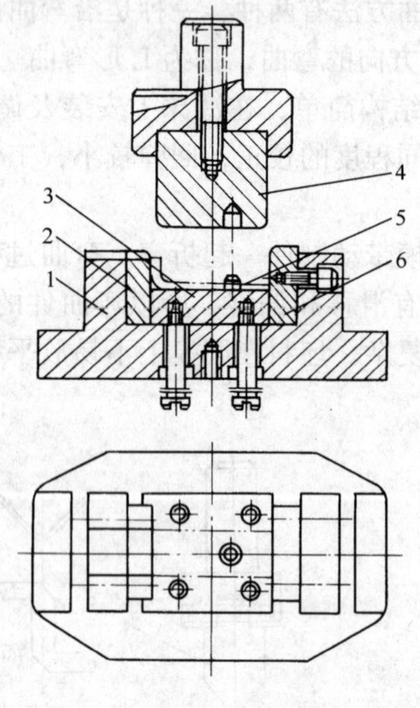

图3-10　L形弯曲模

1—底座　2—凹模　3—顶板　4—凸模　5—定位钉　6—挡块

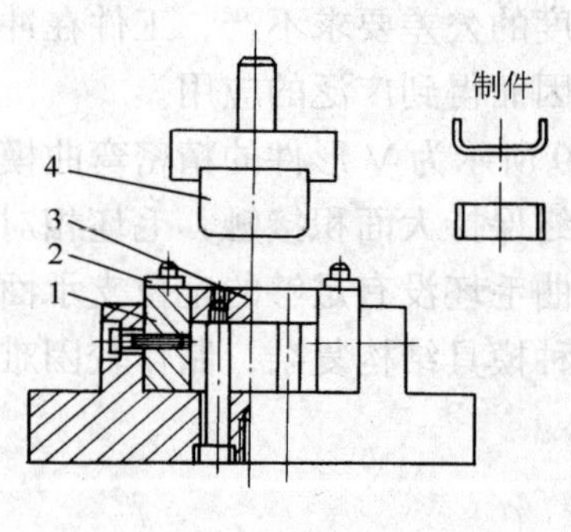

图3-11　U形弯曲模

1—凹模　2—定位板　3—顶板　4—凸模

对于一些弯曲精度高、材料偏厚、回弹较大的U形弯曲件，可将凸模与凹模的垂直工作面垂直向同方向修出一定量的负角度，从而达到克服回弹、提高弯曲精度的效果。凸模或凹模也可设计为活动结构，可根据板料的厚度自动调整凸模宽度尺寸，在冲压行程最后对侧壁和底部进行校正。这样的U形弯曲模也可以设计为压制弯曲角小于90的U形弯曲件，对于弯曲直边高度偏高的U形件，可将凹模口上表面适当加工一段斜面，以利于板料变形。

3. ⊔⊔形件用弯曲模（四角件弯曲模）

一般⊔⊔形弯曲件上有四个弯曲角需要弯曲，可采用一次弯曲成形，也可以两次弯曲成形。如果采用两次弯曲成形，则第一次先将毛坯弯成U形件，然后再将U形件毛坯反放在弯曲模中弯成⊔⊔形件。两次弯曲需两套普通的U形弯曲模，生产效率降低，且增大了定位误差。普通的一次弯曲成形模如图3-12所示，该模具在一次

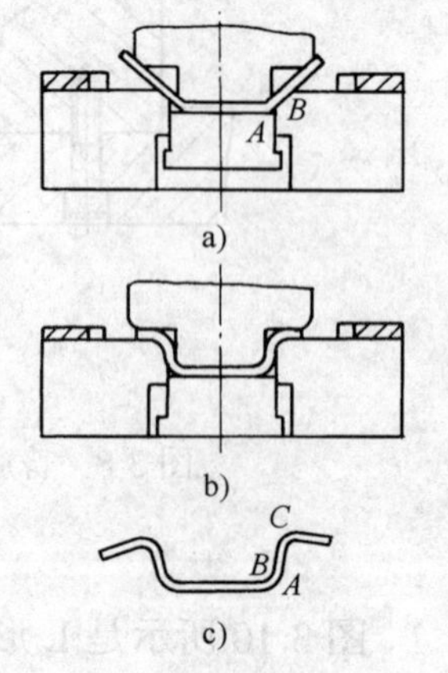

图3-12　四角弯曲一次成形模

弯曲过程中，坯料受凹模圆角的阻力，材料有被拉长的现象，展开尺寸出现较大误差，而且毛坯与凹模圆角接触处弯曲线的位置在弯曲过程中是变化的，使弯曲件的外角形状不准及竖直边变薄，往往得不到满意的形状。较为理想的一次弯曲成形的方案如图 3-13 所示，它是对制件的两次对称弯角分先后分别进行弯曲，其下模由活动凸模 3 通过底座并保持间隙配合，活动摆块 2 通过小轴与件 3 连接，上模由连体凹模 4 构成，内装有弹压打板 5，当连体凹模下压坯料时，由于下模弹顶力 F_2 远远大于上模弹顶力 F_1，而且 F 超过材料的弯曲力，这样首先对制件两内角进行弯曲，当活动凸模 3 完全进入连体凹模 4，并将制件底面及上模打板 5 压牢后，上模仍在继续下降，冲压力迫使下模弹顶力 F_2 后缩，此时活动摆块 2 向两侧转动，使制件下端随着向外弯曲，直到活动摆块向两侧旋转 90°，与下模垫板 1 压紧，而完成全部弯曲过程。这样的弯曲模完全克服了图 3-12 所产生的缺点，提高了产品质量，提高了冲压效率。

以上几种 ⊔ 形件弯曲模都有一缺点，即毛坯表面与模具之间有相对摩擦滑动，使制件展开尺寸误差较大，且表面擦伤严重。图 3-14 所示的 ⊔ 形件精弯模就克服了这些缺点。

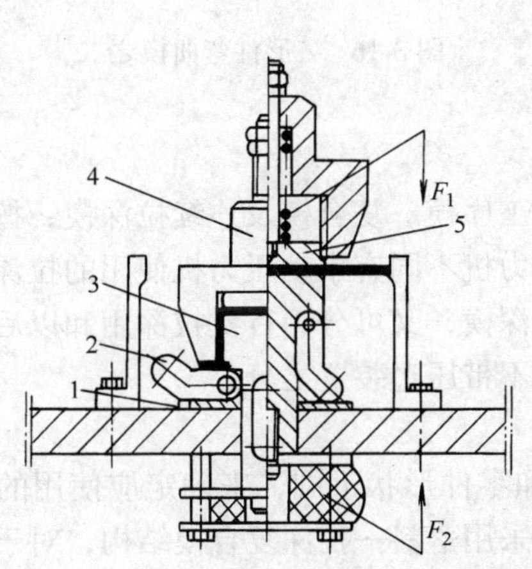

图 3-13　带摆块的 ⊔ 形件弯曲模

1—垫板　2—活动摆块　3—活动凸模

4—连体凹模　5—弹压打板

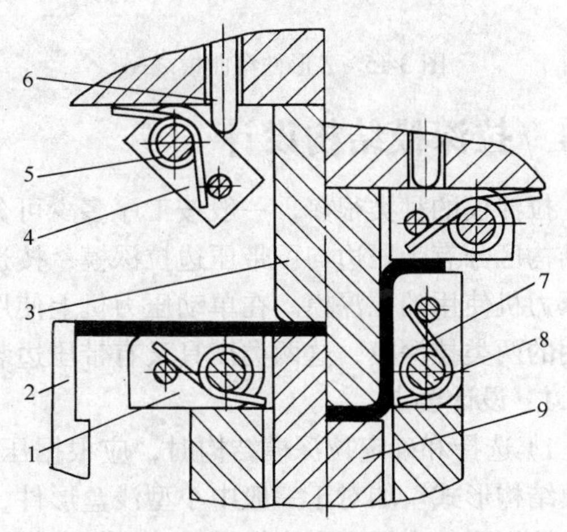

图 3-14　⊔ 形件精弯模

在这副模具中，坯料放在下摆块 1 上，由定位挡板 2 定位。在冲压时，凸模 3 下压坯料使左右下摆块 1 绕轴销 8 同时向中间转动，将坯料紧贴凸模 3 的圆角弯曲，使坯料压向上摆块 4，左右上摆块 4 绕轴销 5 同时向中间转动，坯料紧贴下摆块 1 的圆角弯曲。凸模继续下压，迫使上下摆动在关联转动的同时，毛坯被弯曲成形。当压力机滑块上升时，上摆块 4、下摆块 1 和顶板 9 分别在顶芯 6、弹簧 7 和弹顶器的作用下复至原位，制件从凸模上取下。在整个弯曲过程中，坯料与模具间始终不产生任何滑移，所以，获得的制件精度较高。

4．Z 形件用弯曲模

Z 形件是由两个弯曲直边的折弯方向相反所构成的弯曲件，所以模具应使制件分别沿反方向弯曲，其模具结构也往往随制件尺寸大小等不同而异。图 3-15、图 3-16 所示为常见的 Z 形弯曲模。

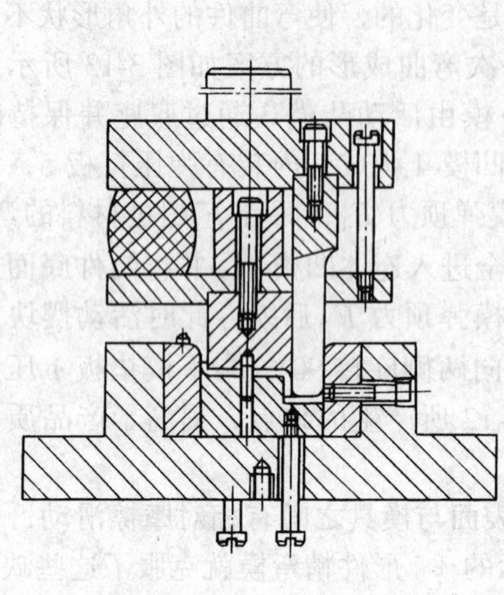

图 3-15　Z 形件弯曲模之一

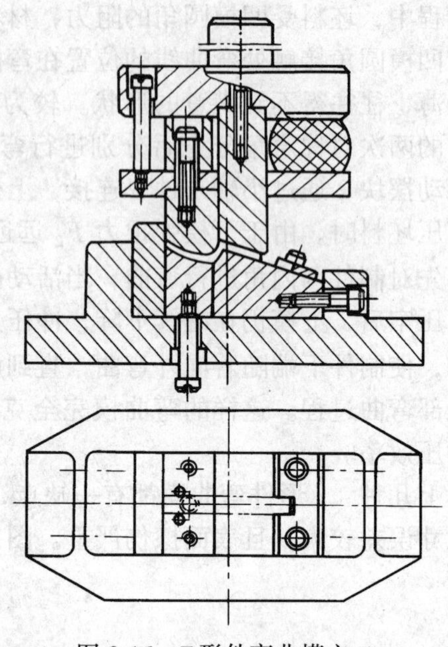

图 3-16　Z 形件弯曲模之二

3.4　拉深模结构设计

拉深模的种类很多，一般按工序多少可分为单工序模、复合模及连续拉深模；按模具自身结构区分有带压边与不带压边拉深模；按选用压力机不同有单动压力机使用的拉深模及双动压力机使用的拉深模。在单动压力机上使用的拉深模，又可分为首次拉深用和以后各次拉深用的两类拉深模，这两类模具又有带压边装置与不带压边装置之分。

3.4.1　设计要点

1）选择和确定拉深模结构时，应根据压力机和零件形状不同，来确定应使用的不同拉深模结构形式。如对于一般中小型浅盒形件，可以采用落料—拉深复合模结构，对于小型筒形件及矩形件在需要多次拉深时，一般应设计连续拉深模结构。

2）拉深工艺计算要准确，尤其是多次拉成的制件，拉深次数、各次拉深的确切尺寸应满足拉深变形工艺的要求，否则模具加工得再好也难以拉深成形。

3）为使制件不紧贴在凸模上而难于取下，拉深凸模要设计有通气孔，便于制件在拉深后从凸模上退下，通气孔的直径应大于 3mm。

4）对于多次拉深的凸模，其高度往往较大，对于凸模的安装稳定性、垂直度均应有更高的要求，这对于保证顺利地进行拉深及获得高品质的拉深件是十分重要的。

5）拉深工序是材料进行塑性变形的加工，为此对凸、凹模、压边圈要求有足够的硬度、耐磨性外，还要有更细的表面粗糙度，其表面应当光滑，圆角部位应有良好的圆滑过渡，为了不损坏工作表面，凹模及压边圈螺孔均不得钻透。凹模一般最好不采用销钉定位（凹模与模座多采用止口配合）。

6）对于带凸缘的拉深件，在设计拉深模时，其制件的高度取决于上模的行程，为便于模具调整，最好在模具中设置限位器。

7）在设计落料拉深复合模时，落料凹模的高度应高出拉深凸模的上平面，一般约为 2～

5mm，以利于冲裁与拉深工序分别进行，也使冲裁刃口有足够的刃磨余量，提高模具寿命。

8）拉深模对压力机的行程有较高的要求，尤其对于拉深较高的制件，其压力机行程必须大于2倍拉深件的高度，否则制件无法从模具中取出。

9）在设计拉深模时，要合理地选择压边装置。压边圈设计的好坏对拉深成败关系甚大，一般第一次拉深多采用平面压边圈，如图3-17所示。当第一次拉深的相对坯料厚度（$t/D\times100$）小于0.3mm，而且制件为小凸缘，凹模圆角半径 R 较大时，可采用带圆弧的压边圈，以增加压边效果，使拉深能自始至终地顺利进行，如图3-18所示。

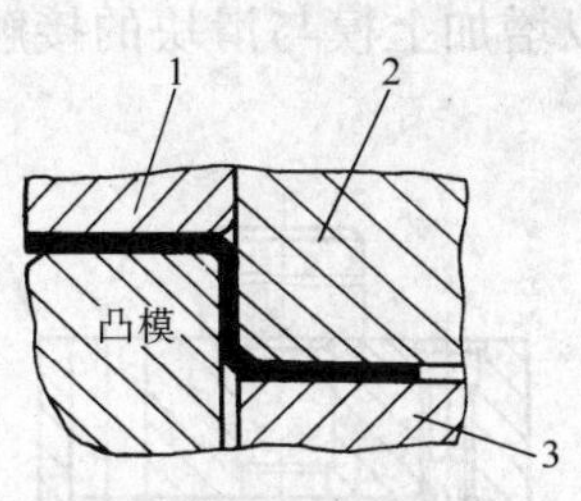

图3-17 平面压边圈
1—顶板 2—凹模 3—压边圈

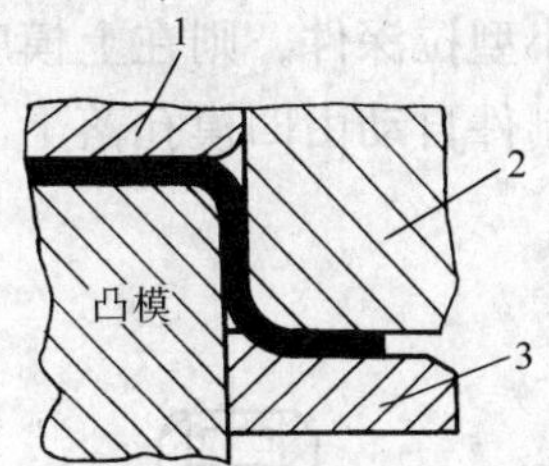

图3-18 带圆弧的压边圈
1—顶板 2—凹模 3—压边圈

在拉深一些宽凸缘的制件时，压边圈与坯料的接触面积应当减小，否则会给拉深带来过大的阻力，使拉深件无法拉入凹模，为此往往对压边圈的型面作必要的改进，如图3-19所示。

对于一些拉深高度较高的制件，为保持在拉深全过程中有较均衡的压边力，压边圈还要再设计限位装置，如图3-20所示。

在双动压力机上拉深时，其压边力是利用压力机外滑块实现的，这种压边力的特点是，在拉深过程中压边力不变，其拉深效果好，模具结构简单。

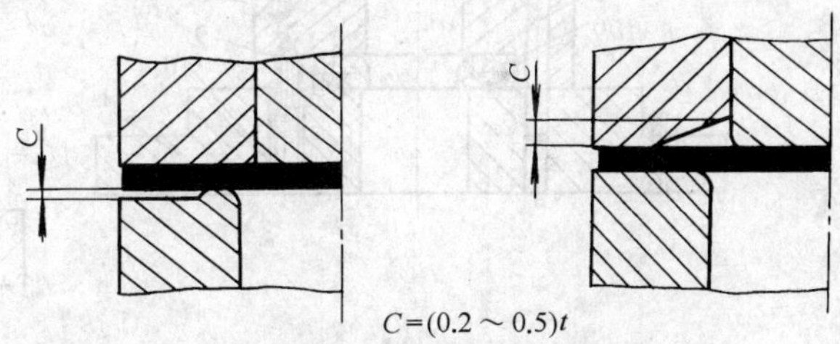

图3-19 宽凸缘拉深件压边圈的形式

10）在多次拉深时，以后各次拉深的压边圈与成形压边圈，它的外形与前次拉深凸模一样，而内形与本次凸模为间隙配合，它除了具有压边功能外，又是本次拉深的定位元件，为

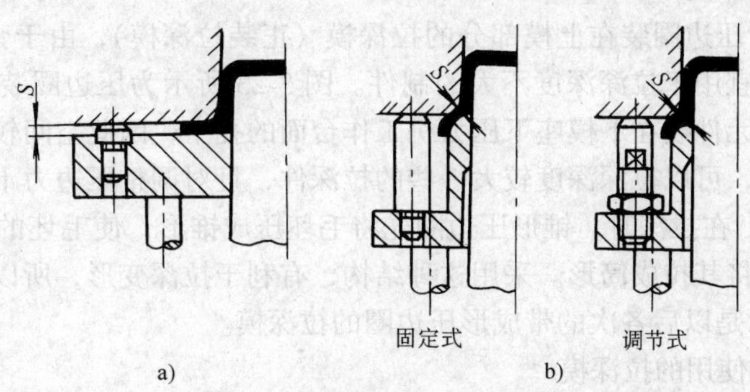

图3-20 带限位装置的压边圈
a）首次拉深 b）续次拉深

此，对其内外的位置精度要有足够的要求。

3.4.2 常用拉深模

1. 无压边圈拉深模（见图 3-21）

无压边圈拉深模结构简单，上模往往是整体的。凹模洞口可设计为圆角形，也可设计为圆锥形（锥面通常为 30°）或椭圆形等，以利于材料变形。为防止轻微起皱，模具应取使板料稍微变薄的间隙为好，凹模直壁高度 L 不宜过高，一般为 9～13mm。通常适用于一些相对坯料厚度（$t/D\times100>2$）较大、拉深系数较大（一般为 $m_1>0.6$ 或 $m_n>0.8$）的拉深件。如果是小型拉深件，则在上模座 12 上增设模柄，以增加上模与滑块的接触面积。该模具拉深后，制件自动由凹模孔落下。

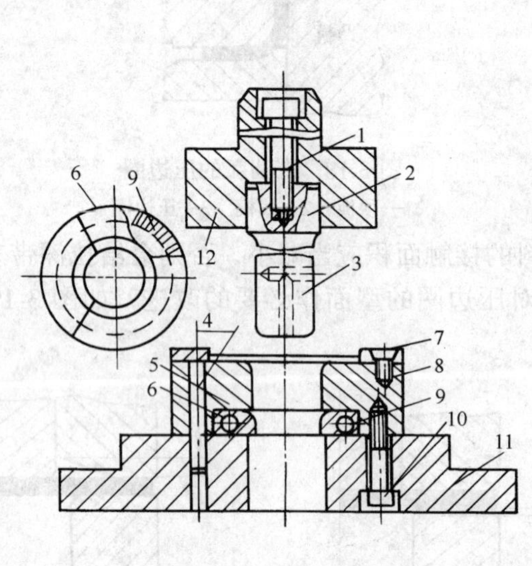

图 3-21 无压边圈拉深模

1、8、10—螺钉 2—模柄 3—凸模 4—销钉 5—凹模底座 6—刮件环 7—定位板 9—拉簧 11—下模座 12—上模座

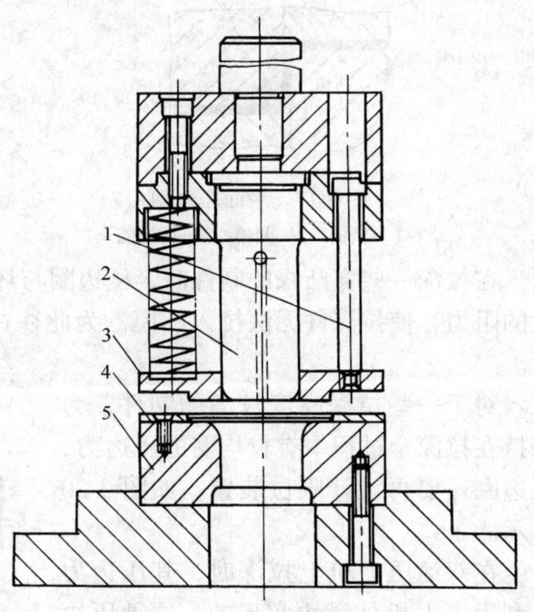

图 3-22 有压边装置的正装拉深模

1—压边圈螺钉 2—凸模 3—压边圈 4—定位板 5—凹模

2. 带压边圈拉深模

图 3-22 所示为压边圈装在上模部分的拉深模（正装拉深模），由于弹性元件装在上模，因此凸模较长，适宜用于拉深深度不大的制件。图 3-23 所示为压边圈装在下模部分的倒装拉深模。由于弹性元件装在下模座下压力机工作台面的孔中，因此空间较大，允许弹性元件有较大的压缩行程，可以拉深深度较大一些的拉深件，且对调整压边力十分方便。此模具采用了锥形压边圈 6。在拉深时，锥形压边圈先将毛坯压成锥形，使毛坯的外径已经产生一定量的收缩，然后再将其拉成筒形。采用这种结构，有利于拉深变形，所以可以减小极限拉深系数。图 3-24 所示是以后各次的带成形压边圈的拉深模。

3. 双动压力机使用的拉深模

双动压力机最适合拉深工序的冲压。双动压力机上有内、外（或上、下）两个滑块，凸模装在内滑块上，压边圈装在外滑块上，下模装在工作台上。其在工作时利用压力机的外滑块先下行带动压边圈进行刚性压边，然后内滑块带动凸模对制件进行拉深。其压边力的最大特点是稳定不变，且拉深行程大，适合中小型拉深件的拉深。双动拉深模结构简单，仅由几个零件构成，但压边圈的刚性必须足够，通常是由压边圈基体（用铸铁、铸钢制作）和钢制压边圈两件组成。拉深凸模较长，要通过压边圈再进入凹模。图 3-25 与图 3-26 所示分别为双动首次及续次拉深模。

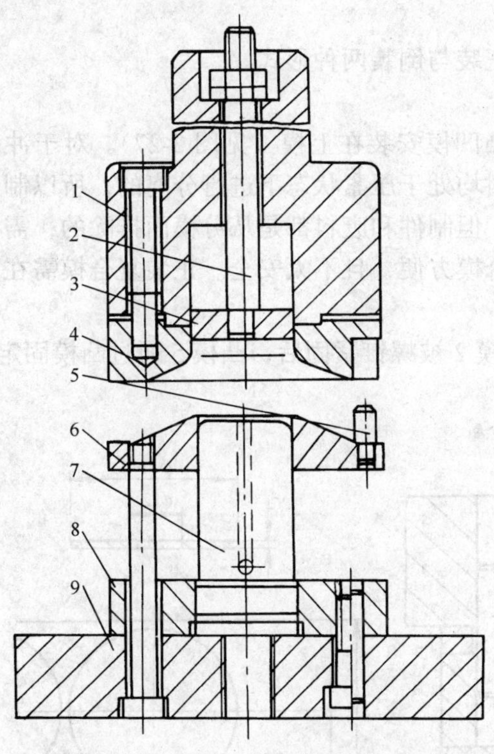

图 3-23　有压边装置的倒装拉深模

1—上模座　2—推杆　3—推件板　4—凹模　5—限位柱　6—压边圈　7—凸模　8—固定板　9—下模座

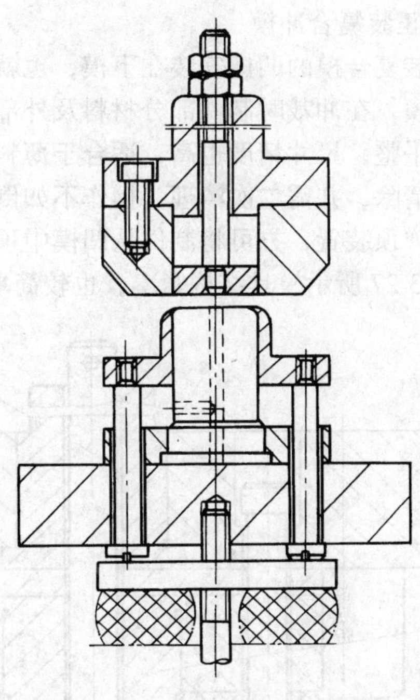

图 3-24　装有活动成形压边圈的后续拉深模

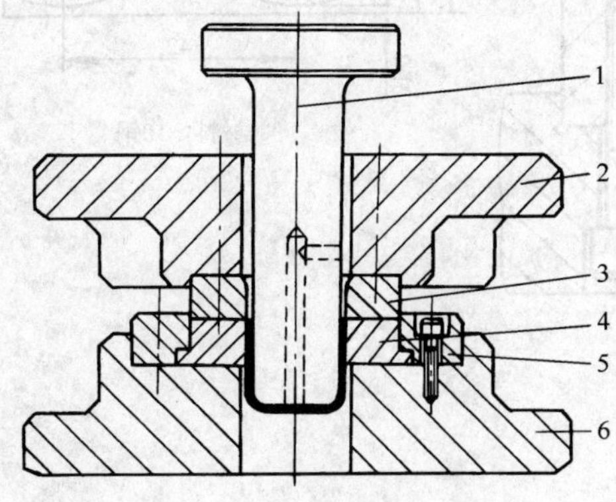

图 3-25　首次双动拉深模

1—凸模　2—压边圈基座　3—压边圈　4—凹模　5—凹模固定板　6—底座

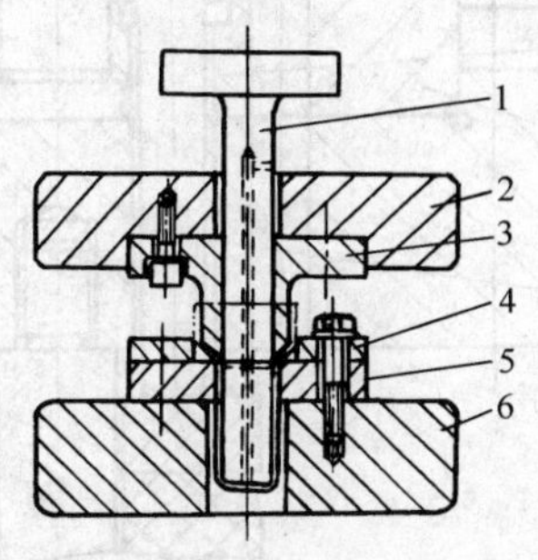

图 3-26　后续双动拉深模

1—凸模　2—压边圈基座　3—成形压边圈　4—定位板　5—凹模　6—底座

3.5 复合冲模结构设计

复合模是在压力机的一次行程中，在同一工位上完成两道或两道以上的冲压工序。复合模结构紧凑，冲出的制件精度较高，生产率也高，适合大批量生产，特别是孔与制件的外形的同心度容易保证，但模具结构复杂，制造较困难。

3.5.1 结构类型

按照落料凹模安装的位置，复合模可分为正装与倒装两种形式。

1. 正装复合冲模

正装复合模的凹模安装在下模，也就是说凸凹模安装在上模（见图 3-27）。对于冲裁正装复合模，在冲裁时制件部分材料及外部的余料均处于压紧状态下进行分离的，所以制件冲出来更平整，尺寸精度也高，适合于薄料冲裁。但制件和废料都是从分模面排除的，需要及时进行清除，并需二次清理。操作不如倒装复合模方便，且不太安全。正装复合模需在底座下增设弹顶装置，方可将制件从凹模中顶出。

图 3-27 所示模具结构紧凑，也较简单。凹模 2 被螺钉紧固后，凸模 5 通过凸模固定板 3

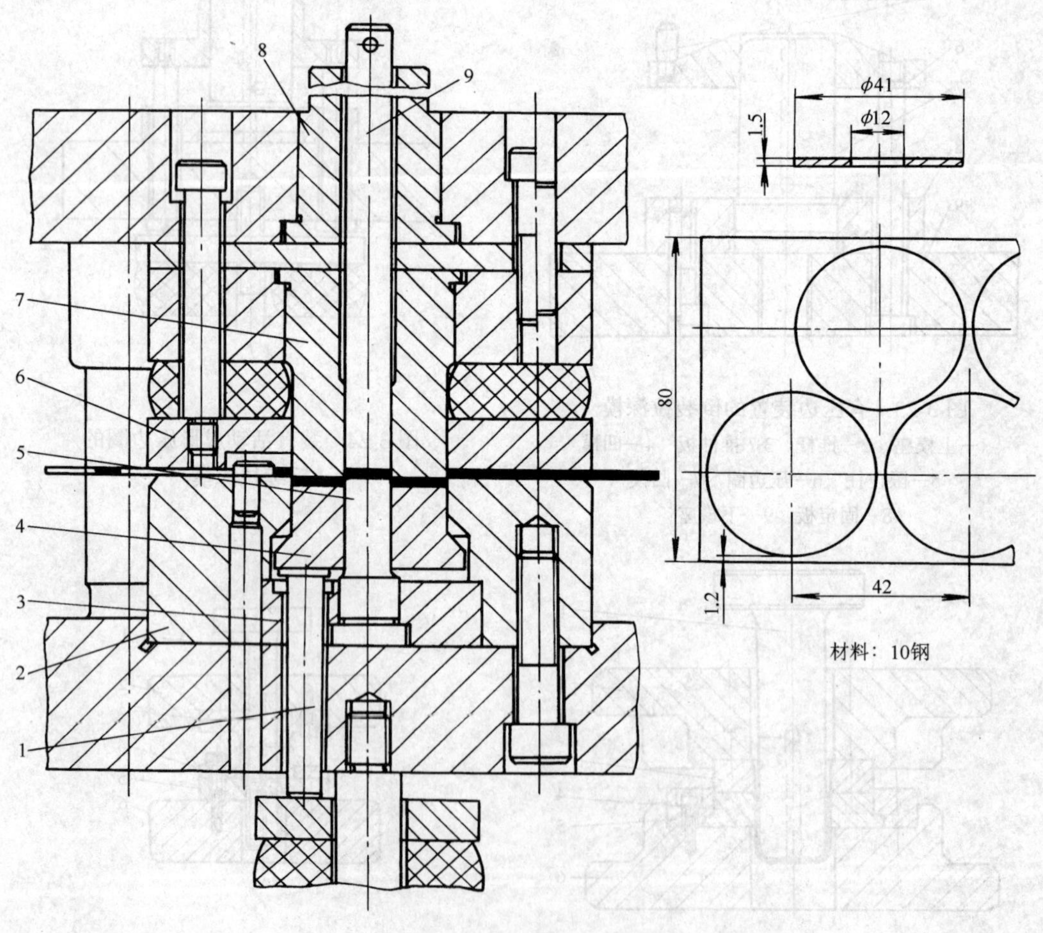

图 3-27 正装复合模

1—顶件杆 2—落料凹模 3—冲孔凸模固定板 4—推件块
5—冲孔凸模 6—卸料板 7—凸凹模 8—推件杆 9—模柄

也被紧固，这样易保证同轴度。靠弹性卸料板6卸料。冲孔废料由推杆8推出，上模通过模柄9固定在压力机滑块上。

2. 倒装复合冲模

倒装复合模的凹模是装在上模，其凸凹模安装在模具下模座上（见图3-28），倒装复合模冲孔的废料由下模部分直接漏下，而制件是从上模的凹模内由顶出器推出，使两者自然分开，无需二次清理，比较简便，因此操作方便安全。倒装复合模易于安装送料装置，生产效率较高，一般企业多采用倒装复合模结构。由于在冲裁时制件部分材料无压紧力，制件的平整度略不如正装复合模。对于一些薄料冲裁件有更为平整要求的情况下，在设计倒装复合模

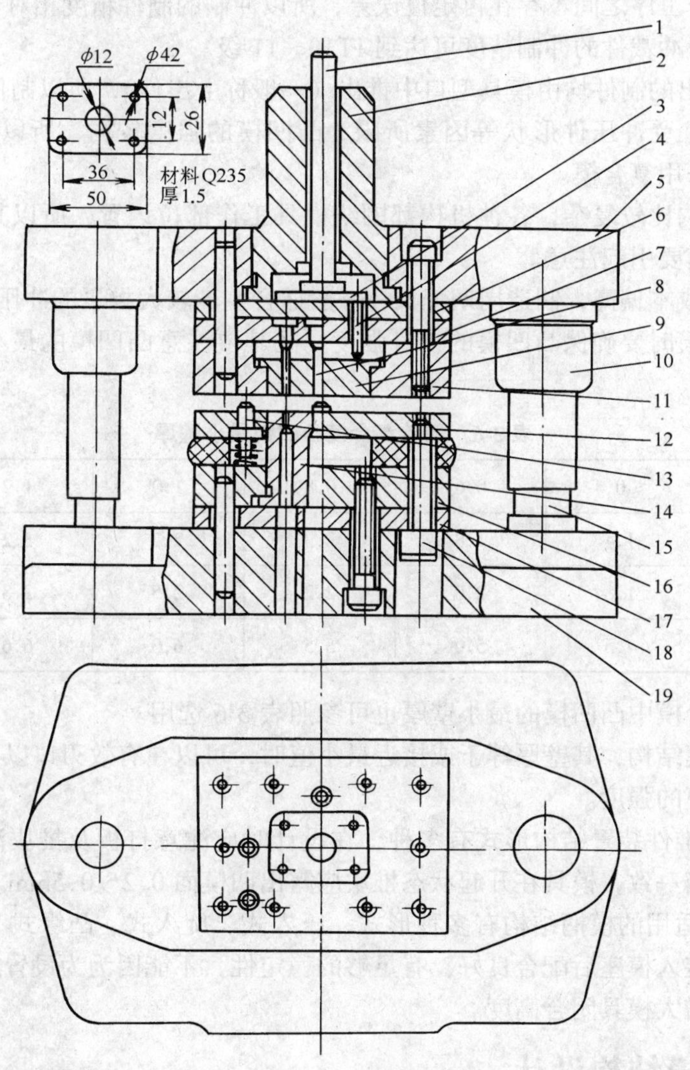

图3-28 冲孔落料倒装复合模

1、4—推杆 2—模柄 3—推板 5—上模座 6、17—垫板 7—凸模固定板 8—冲孔凸模 9—推件板 10—导套 11—落料凹模 12—卸料板 13—活动挡料销 14—凸凹模 15—导柱 16—凸凹模固定板 18—卸料螺钉 19—下模座

时，可在上模内增设足够的弹压力，如碟形弹簧等，均可达到满意的效果。

图 3-28 所示是一副典型的倒装复合模。冲裁时，弹性卸料板 12 先压住条料起校平作用。继续下行时，落料凹模将弹性卸料板压下，套入落料凸模中，冲孔凸模也进入冲孔凹模孔中，于是同时完成冲孔与落料。当上模回程时，弹性卸料板在橡胶作用下将条料从凸凹模上卸下，而推杆 1 受到冲床的顶件横杆的推动，通过推板 3、推杆 4 与推件板 9 将冲件从落料凹模自上而下推出，冲孔废料则直接由凸凹模孔中漏到压力机台面下去了。

3.5.2 复合冲模特点和结构设计要点

1) 复合模中必定有一个（或几个）凸凹模，凸凹模是复合模的核心零件。当采用复合模冲压时，其复合工序之间不存在再定位误差，所以冲制的制件精度相对于单工序模具冲出的精度要高，一般冲裁件的冲制精度可达到 IT10～11 级。

2) 复合模冲出的制件均由模具型口中推出（一般称上出件），所以制件比较平整。

3) 复合模往往受冲压件形状等因素所限，凸凹模的强度较弱，所以它适合薄料冲制，过厚的材料不宜采用复合模。

4) 复合模结构比较复杂，各种机构都围绕模具工作部位设置，所以其闭合高度往往偏高，在设计时尤其要引起注意。

5) 复合模的成本偏高，制造周期偏长，一般适合生产较大批量的冲压件。

6) 设计复合模时要确保凸凹模的自身强度，尤其要注意凸凹模的最小壁厚，可参考表 3-6。

表 3-6 倒装复合模凸凹模最小壁厚 （单位：mm）

材料厚度	≤0.4	0.6	0.8	1.0	1.2	1.5
凸凹模最小壁厚	1.4	1.8	2.3	2.7	3.2	3.8
材料厚度	1.8	2.0	2.2	2.5	2.8	3.0
凸凹模最小壁厚	4.5	5.0	5.5	6.0	6.6	7.4

对于正装复合模中凸凹模的最小壁厚也可参照表 3-6 选用。

当设计凸凹模结构，其壁厚等于或接近最小值时，可以在有效刃口以下部位适当加大尺寸，以增强凸凹模的强度。

7) 复合模的推件装置结构形式有多种，在设计时应注意打板及推块活动量足够，而且两者的活动量应当一致，模具在开起状态推块应露出凹模面 0.2～0.5mm。

8) 复合模中适用的模柄结构有多种形式，压入式、旋入式、凸缘式、浮动式等均可选用，应保证模柄装入模座后配合良好，有足够的稳定性，不能因为为设置退料机构而降低模柄强度，或过多增大模具闭合高度。

3.6 级进冲模结构设计

连续冲压是指在压力机的一次行程中，在一副模具的不同工位同时完成多种工序的冲压。所采用的模具称为级进模，又称为连续模、跳步模。在连续冲压中，不同的冲压工序分别按一定的次序排列，坯料按步距间隙移动，在等距离的不同工位上完成不同的冲压工序，经逐个工位冲制后，便得到一个完整的制件或半成品（见图 3-29）。连续冲压生产率高、操

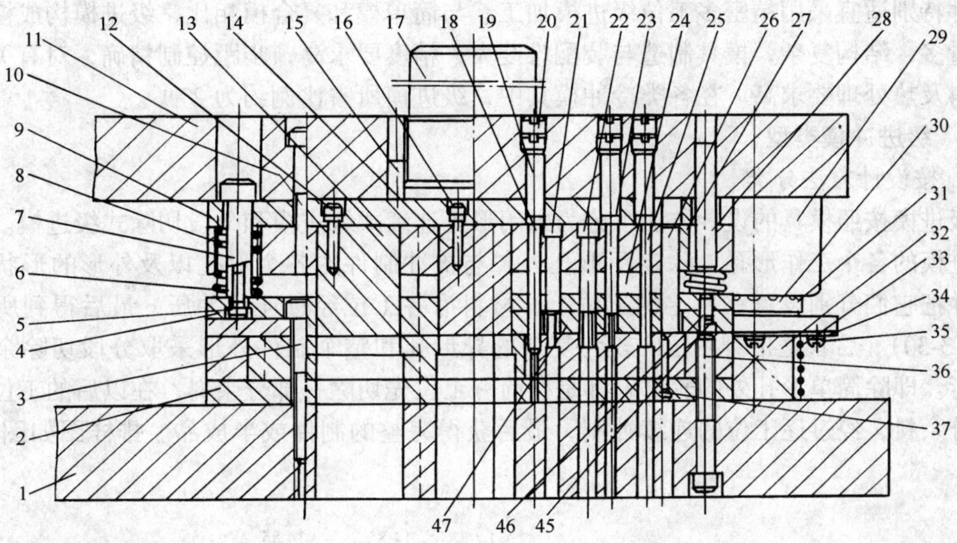

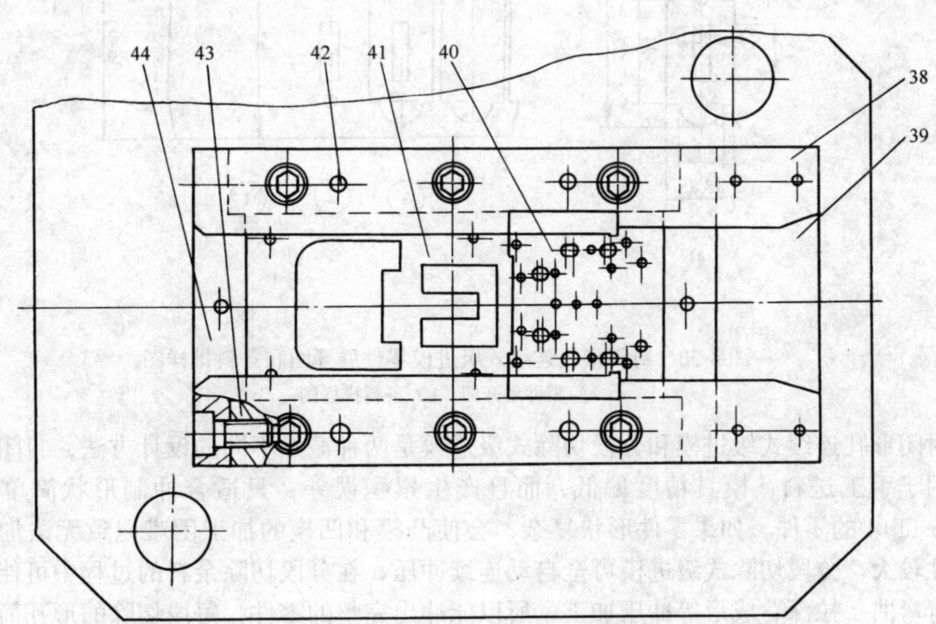

图 3-29 铁芯片多工位连续模装配图

1—下模座 2—下垫板 3、5、10、12、16、35、36、37、45—螺钉 4—卸料板 6、33—弹簧 7—卸料钉 8—固定板 9—上垫板 11—上模座 13—山字落料凸模 14—门字落料凸模 15、28、42、46—销钉 17—模柄 18—导正销 19—垫柱 20—丝堵 21—长方小凸模 22—长圆凸模 23—小圆凸模 24—侧刃凸模 25—导正销凸模 26—小导柱 27—小导套 29—导套 30—滚珠保持架 31—滚珠 32—导柱 34—垫圈 38—导料板 39—承料板 40—冲孔凹模 41—落料凹模 43—围框板Ⅰ 44—围框板Ⅱ 47—卸料板镶件作安全、易于自动化，可实现高速冲压，模具寿命长，对于批量非常大厚度较薄的中、小型冲压件特别适宜采用精密多工位级进模加工。与简单模和复合模相比，级进模构成模具的零件数量多，结构复杂，模具制造与装配难度大，精度要求高，步距控制精确，对有关模具零件材料及热处理要求高。在各类冷冲模具中，级进模所占比例约为27%。

3.6.1 级进冲模类型

1. 按设计方法分类

级进模按照模具的设计方法可分为封闭形孔连续式级进模和分段切除式级进模。前者是指级进模的各个工作形孔（除定距形孔外）与被冲制件的各个形孔以及外形的形状完全一样，并把它们分别设置在一定的工位上，材料沿各工位经过连续冲压，最后得到所需制件（见图3-30）。后者是指对冲压件较为复杂的异形孔和整个制件外形采取分段切除余料的方式进行。即除简单形孔外的轮廓，都是在前一工位先切除一部分余料，在以后的工位再切除一部分余料，经过逐工位的连续冲制，最后获得完整的制件或半成品。排样图如图3-31所示。

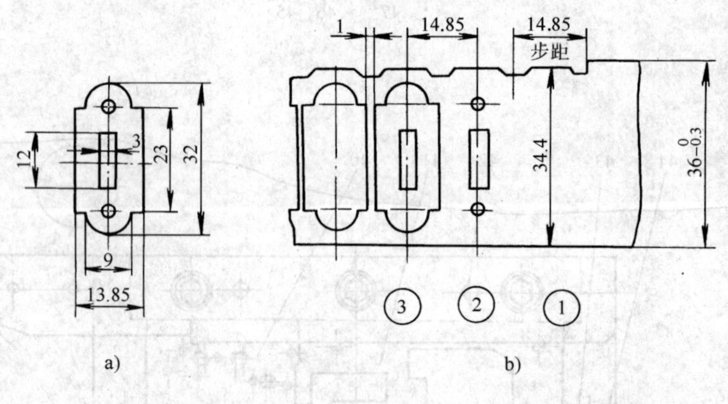

图3-30 封闭形孔连续式级进模零件展开图和条料排样图
a）零件展开图 b）条料排样图

封闭形孔连续式级进模和分段切除式级进模是两种截然不同的设计方法，封闭形孔级进模适用于手工送料，模具精度偏低，而且产生累积误差，只适合冲制形状简单、精度在IT12～IT14的零件。如果零件形状复杂，会使凸模和凹模的加工困难以致无法加工，所以局限性较大。分段切除式级进模可全自动连续冲压，在分段切除余料的过程中可伴随着对零件进行弯曲、拉深、成形等冲压加工，所以能冲出完整的零件，每段切除的形孔简单，给模具设计和制造创造了有利条件。但有时也可以把两者结合起来考虑，以解决生产中的实际问题。

2. 按冲压工序性质分类（可参见图3-32）

1）冲裁级进模。

2）冲裁弯曲多工位级进模，冲裁拉深多工位级进模，冲裁成形多工位级进模。

3）冲裁弯曲拉深多工位级进模，冲裁弯曲成形多工位级进模，冲裁拉深成形多工位级进模。

4）冲裁弯曲拉深成形多工位级进模。

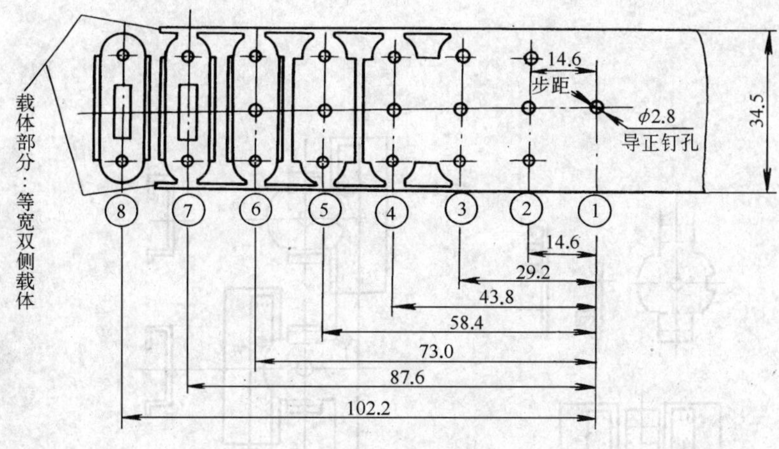

图 3-31　分段切除式级进模条料排样图

第①工位：冲导正钉孔；第②工位：冲 2 个 φ1.8 圆孔；第③工位：空位；第④工位：冲切两端局部余料；第⑤工位：冲两工件之间的分断槽余料；第⑥工位：弯曲加工；第⑦工位：冲中部长方孔；第⑧工位：载体切断（即将制件从条料上切断）。

3.6.2　设计要点

1. 排样图设计

在级进模设计中，要确定从毛坯板料到产品制件的转化过程，即级进模各工位所要进行的加工工序内容，这一设计过程就是条料排样。条料排样的主要内容是在冲切刃口外形设计的基础上，将各工序内容进行优化组合形成一系列工序组，对工序组排序，确定工位数和每一个工位的加工工序；确定载体形式与毛坯定位方式；设计导正孔直径与导正销数量；绘制工序排样图。图 3-33 所示为排样示意图。

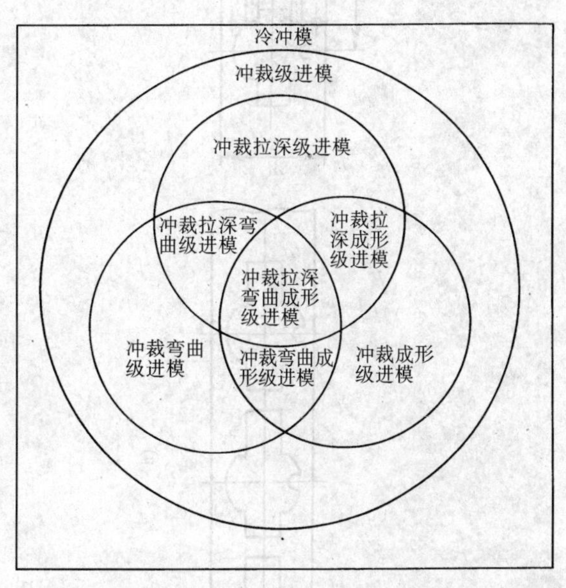

图 3-32　多工位级进模按冲压工序分类简图

条料排样图的设计是多工位级进模设计的重要依据，是决定级进模优劣的主要因素之一。条料排样图设计的好坏，直接影响了模具设计的质量。条料排样图确定了，则制件的冲制顺序、模具的工位数及各工位内容、材料的利用率、模具步距的基本尺寸和定距方式、条料载体形式、条料宽度、模具结构、导料方式等都得到了确定。在设计条料排样图时，必须认真分析，综合考虑，进行合理组合和排序，拿出多种方案，加以比较、归纳，以确定最佳方案。只要排样图设计合理，工序安排考虑周到，就能设计出比较成功的多工位级进模。

在排样设计分析时要考虑到以下原则：

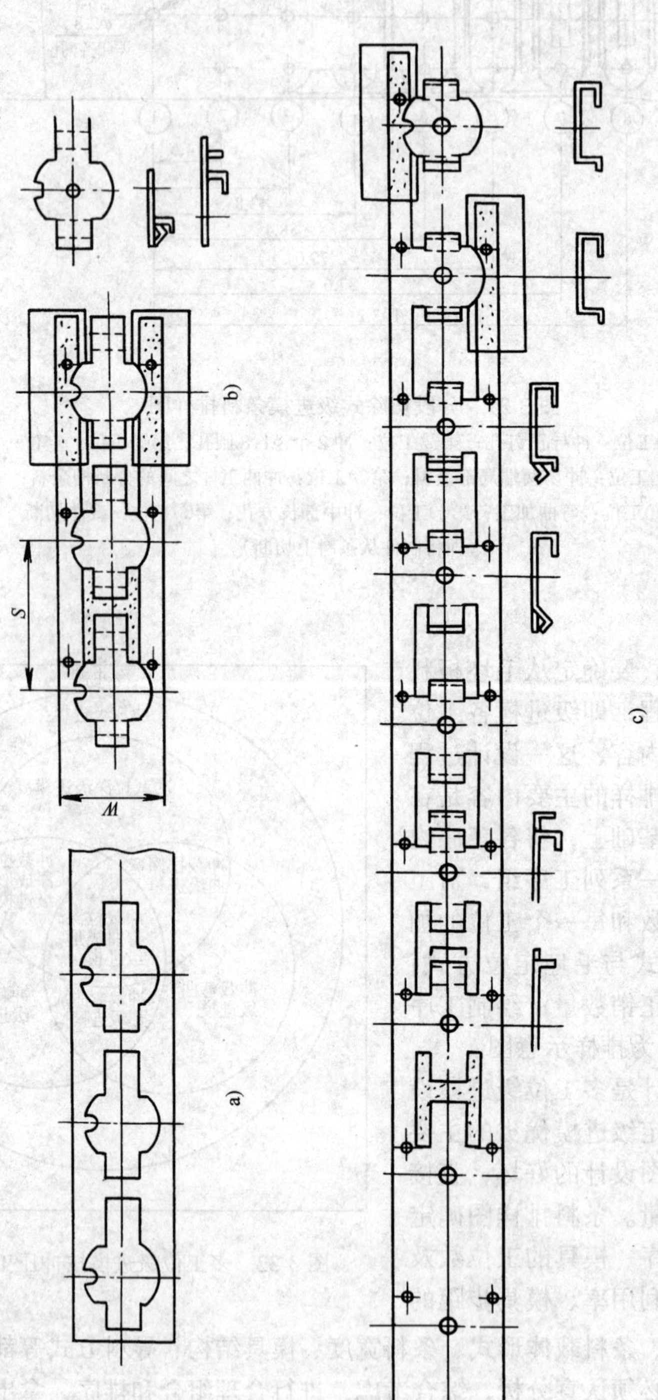

图 3-33 排样示意图

a)毛坯排样 b)冲切刃口设计 c)工序排样

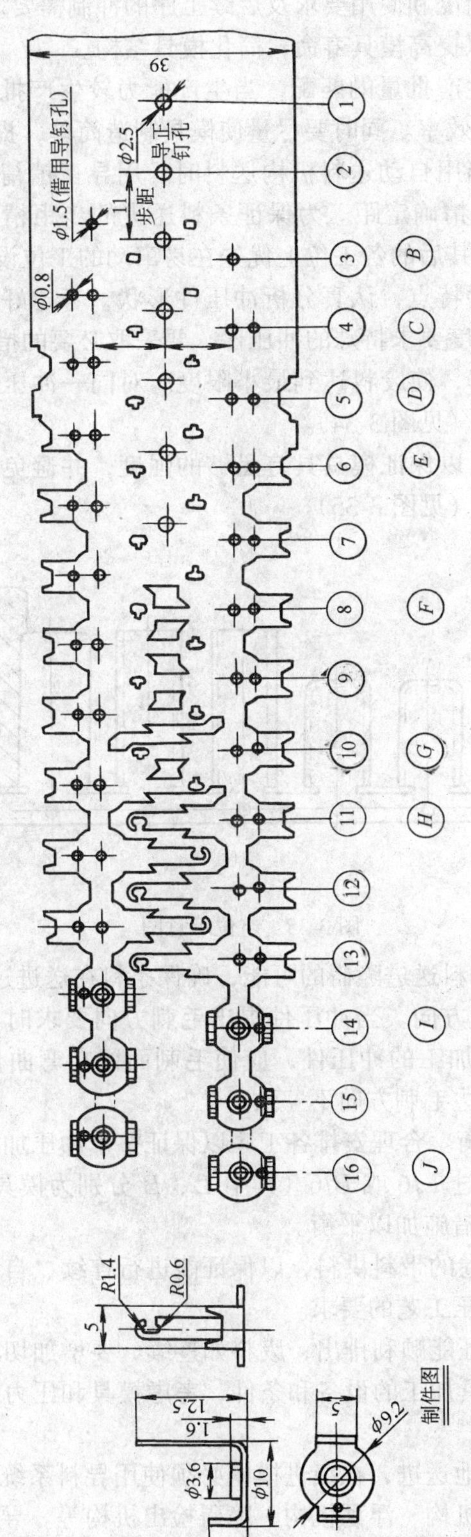

图 3-34 双排样提高材料利用率示意图

1）要保证产品制件的精度和使用要求及后续工序的冲制需要。

2）工序应尽量分散，以提高模具寿命，简化模具结构。

3）要考虑生产能力和生产批量的匹配，当生产能力较生产批量低时，则力求采用双排或多排，使之在模具上提高效率。同时要尽量使模具制造简单，提高模具使用寿命。

4）高速冲压的级进模当用自动送料机构送料时，用导正销精确定距；当手工送料时则多用侧刃粗定位，用导正销精确定距。为保证条料送进的步距精度，第一工位安排冲导正孔，第二工位设导正销，在其后的各工位上优先在易窜动的工位设置导正销。

5）要抓住冲压件的主要特点，认真分析冲压件形状，考虑好各工位之间的关系，确保顺利冲压，对形状复杂、精度要求特殊的冲压件，要采取必要的措施保证。

6）尽量提高材料利用率，使废料达到最小限度。对同一冲压件利用多行排列或双行穿插排列，以提高材料利用率（见图 3-34）。

7）适当设置空位工位，以保证模具具有足够的强度，并避免凸模安装时相互干涉，同时也便于试模调整工序时用（见图 3-35）。

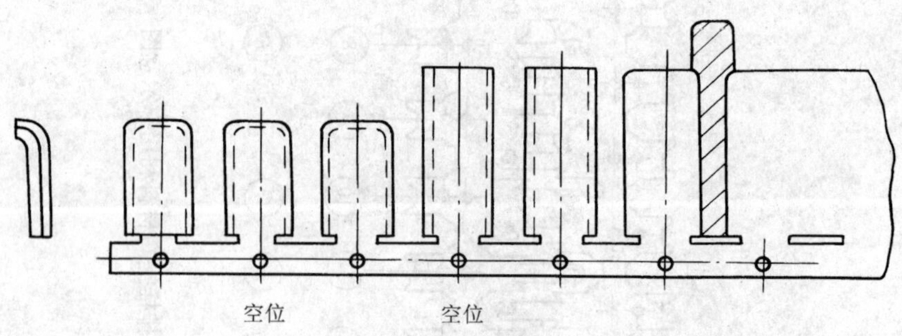

图 3-35　空位示意图

8）必须注意各种产生条料送进障碍的可能，确保条料在送进过程中通畅无阻。

9）要注意冲压件的毛刺方向。当冲压件提出毛刺方向要求时，应保证冲出的冲压件毛刺方向一致；对于带有弯曲加工的冲压件，应使毛刺面留在弯曲件内侧；在分段切除余料时，不允许一个冲压件的周边毛刺方向不一致。

10）要注意冲压力的平衡。合理安排各工序以保证整个冲压加工的压力中心与模具中心一致，其最大偏移量不能超过 $L/6$ 或 $B/6$（其中 L、B 分别为模具的长度和宽度），对冲压过程出现的侧向力，要采取措施加以平衡。

11）级进模最适宜以成卷的带料供料，以保证能进行连续、自动、高速冲压。被加工材料的力学性能要充分满足冲压工艺的要求。

12）冲压件和废料应保证能顺利排出，废料如连续，要增加切断工序。

13）排样方案要考虑模具加工的设备和条件，考虑模具和压力机工作台的匹配性。

2. 导料结构设计

为了使条料通畅、准确地送进，在级进模中必须使用导料系统。导料系统一般包括左右导料板、承料板、条料侧压机构、浮顶机构、障碍检出机构等。导料系统直接影响模具冲压的效率和精度。选用导料系统应考虑到冲压件的特点、排样图上各工位的安排、压力机速度、送料形式、模具结构特点等因素，并结合卸料装置进行考虑。

导料板一般沿条料送进方向，安装在凹模形孔的两侧，对条料进行导向。

侧压装置的作用是提供适当的侧压力，使条料沿着主导板的导向基面直线送进。

对于包含弯曲、拉深等成形工序的级进模，在冲压过程中，卸料时制件会落在凹模面之下的模腔内，因此在导料中还需设计有浮顶器，其作用就是将条料提升到一定高度，以保证连续冲压时，条料顺畅送进。浮顶器的提升高度取决于制件的最大成形高度。

3. 卸料结构设计

卸料装置除起卸料作用外，对于不同冲压工序还有不同的作用。在冲裁工序中，可起压料作用；在弯曲工序中，可起到局部成形的作用；在拉深工序中同时起到压边圈的作用。卸料装置对各凸模还可起到导向和保护作用。

卸料装置可分为固定卸料和弹性卸料两种。在多工位级进模中，多数采用弹性卸料装置。只有当工位数较少及料厚大于 1.5mm 的制件，或是在某些特定条件下才采用固定卸料装置。

在级进模中使用弹性卸料装置时，一般要在卸料板与固定板之间安装小导柱、导套进行导向，如图 3-36 所示。

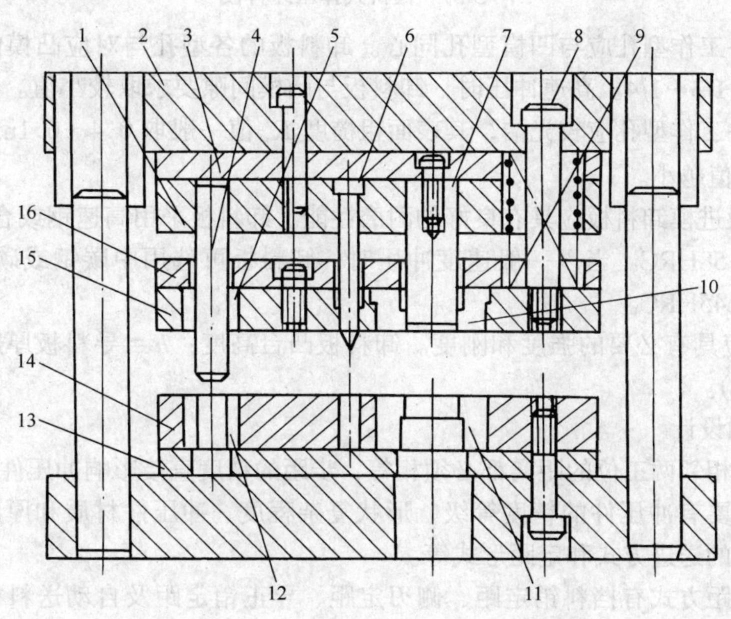

图 3-36 弹性卸料结构

1—固定板 2—上模座 3、13、16—垫板 4—小导柱 5、12—小导套 6—导正销 7—凸模 8—卸料螺钉 9—弹簧 10—衬套 11—凹模 14—凹模座 15—卸料板

在设计多工位级进模卸料装置时，要注意以下原则：

1）在多工位级进模中，卸料板极少采用整体结构而采用镶拼结构（见图 3-37）。这有利于保证型孔精度、孔距精度、配合间隙、热处理等要求，它的镶拼原则基本上与凹模相同。在图 3-37 中，在卸料板基体上加工一个通槽，各拼块对此通槽按基孔制配合加工，所以基准性好。

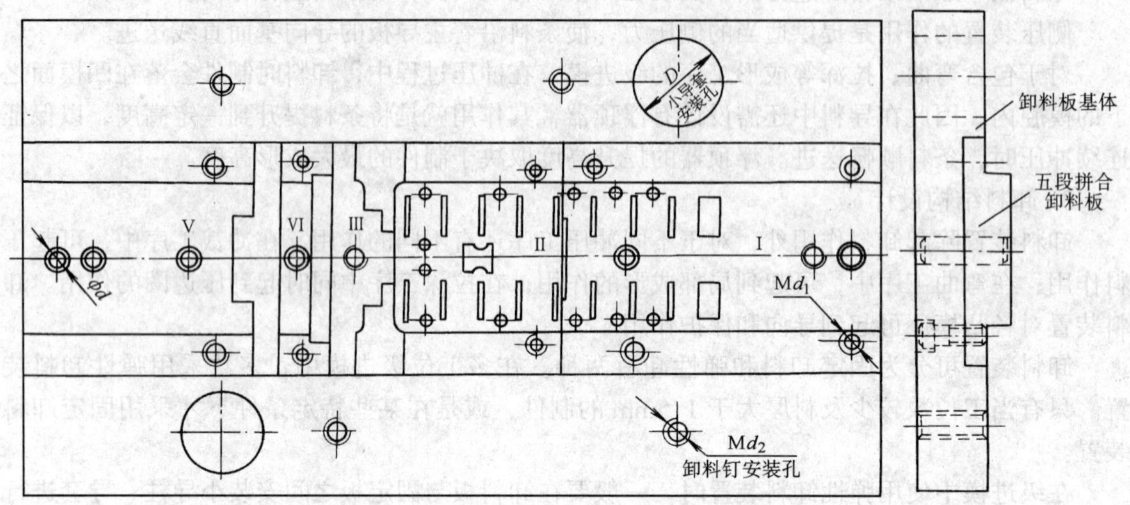

图 3-37 镶拼式弹压卸料板

2）卸料板各工作型孔应与凹模型孔同心。卸料板的各型孔与对应凸模的配合间隙只有凸凹模冲裁间隙 1/3～1/4。高速冲压时，卸料板与凸模间隙要求取较小值。

3）卸料板各工作型孔应较光洁，其表面粗糙度 R_a 值一般取 0.4～0.1mm。冲压速度越高，表面粗糙度值越小。

4）多工位级进模卸料板应具有良好的耐磨性能。卸料板采用高速钢或合金工具钢制造，淬火硬度为 56～58HRC。当以一般速度冲压时，卸料板可选用中碳钢或碳素工具钢制造，淬火硬度为 40～45HRC。

5）卸料板应具有必要的强度和刚度。卸料板凸台高度：h = 导料板厚度 − 板料厚度 + (0.30～0.50mm)。

4. 定距结构设计

级进模任何相邻两工位的距离都必须相等，步距的精度直接影响冲压件的精度。影响步距精度的因素主要有冲压件的精度等级、形状复杂程度、冲压件材质和厚度、模具的工位数、冲制时条料的送进方式和定距形式等。

级进模的定距方式有挡料销定距、侧刃定距、导正销定距及自动送料机构定距四种类型。为了提高定位精度；可以将两种或两种以上定距方式联合使用。很多级进模采用自动送料机构或侧刃作粗定距，导正销作精定距的组合定位方式，但必须保证粗、精定距互不干涉，粗定距机构要服从精定距机构，否则就会形成过定位。

挡料销多适用于产品制件精度要求低、尺寸较大、板料厚度较大（大于 1.2mm）、产量少的手工送料的普通连续模，有时还要借助其它机构才能有效定位，模具的设计和制造均较简单。根据在连续模中的用途、使用场合、使用要求不同，又可分为固定挡料销、活动挡料销、临时挡料销等，详细内容可参见第 2 章 2.2.2。

侧刃定距是在条料的一侧或两侧冲切定距槽，定距槽的长度等于步距长度。其定距精度比挡料销定距高。在多工位级进模中，通常以侧刃作粗定位，以导正销作精定位，可获得良好的定距效果。

侧刃定距既适合于手工送料、也适合于自动或半自动送料。

导正销是级进模中应用最为普遍的定距方式。采用此方式需要与其它辅助定距方式配合使用，如采用导正销与侧刃或自动送料机构联合定距。

自动送料机构是专用的送料机构，配合压力机冲程运动，使条料作定时定量地送进。多工位连续模一般不能单独靠自动送料机构定距，只有在单独拉深的多工位连续模才可单独采用。

第 4 章　塑料注射模结构设计

4.1　塑料成型工艺与模具设计

根据成型工艺性能不同，塑料可分为热塑性塑料和热固性塑料两类。塑料的工艺性能直接影响成型方法、工艺参数的选择和模具的结构。

4.1.1　热塑性塑料成型工艺特性

1. 塑料的吸湿性

具有吸湿或粘附水分倾向的塑料，尤其是尼龙、有机玻璃、聚碳酸酯、ABS 等，若在成型前其水分含量超过限度，则在料筒内加热时，水分将挥发成气体，使塑件有气泡，影响塑件的强度及美观。为此，需将塑料在烤箱内进行烘烤干燥处理。通常水分控制在 0.4%以下，ABS 应控制在 0.2%以下。

2. 塑料的状态与温度的关系

图 4-1 所示为结晶形塑料（曲线 2）和无定形塑料（曲线 1）三态与温度之间的关系。温度小于 t_g 时塑料是玻璃态，温度在 $t_g \sim t_f$ 之间是高弹态，温度在 $t_f \sim t_d$ 之间是粘流态（即塑性良好的状态）。温度大于 t_d 时塑料降解而变稀，这时模内分型面处易溢料。塑料在玻璃态时呈坚硬的固态，可进行机械加工；高弹态时呈高弹性固态，可进行热冲压弯曲、热锻及真空成型和薄膜（或纤维）拉伸。粘流态也称熔融态，该状态下的聚合物易流动变形。可注射、模压、吹塑、挤出成型等。

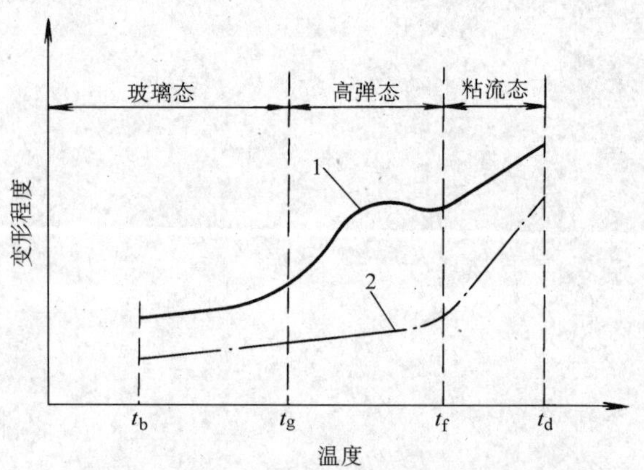

图 4-1　塑料形变曲线

t_g—玻璃化温度　t_f—熔融温度

t_d—分解温度　t_b—脆化温度

3. 塑料的流变性与流动性

(1) 流变性　塑料在成型过程中的流动与形变的特性，与塑料熔体的粘度有关。塑料的粘度受压力和温度的影响，粘度降低可增加塑料的流动性，有利于塑件成型；但粘度过小，易引起溢料，而降低塑件的质量。在塑料成型操作中，通常控制熔融塑料的粘度范围为 $10 \sim 10^2$Pa·s，分散体的粘度范围为 1Pa·s 左右。

(2) 流动性　在一定的压力和温度下，塑料在流道及型腔内流动并充满的性能。不同品种的塑料具有不同的流动性，塑料的流动性必须与塑件要求、成型工艺及模具结构相适应。例如，流动性差的塑料要增大浇口尺寸，或采用多点浇口，并需要较大的压力。

4. 塑料的结晶性与相溶性

(1) 结晶性　部分塑料如聚氯乙烯、聚丙烯、聚酰胺（尼龙），从加热熔融到流动成型、冷却凝固的整个过程中，高分子聚合物由无次序的杂乱状态变为有次序的正规模型，此部分塑料为结晶性塑料。结晶性塑料具有较大的收缩率及收缩变动范围，因此不宜作精度高的塑料制品。

(2) 相溶性　两种以上的塑料，分子结构相似，在溶融状态下具有相互混溶的性质，并可提高其综合性能。如苯乙烯与丁二烯共聚可得丁苯橡胶 PBS，苯乙烯、丁二烯、丙烯腈三元共聚可得性能良好的 ABS 塑料。

5. 塑料的热敏性

塑料过热时降聚分解变色，具有对高温敏感的性质。因此要求模具浇注系统、冷却系统设计合理，以防止塑件某处料温过高。因排气不良，气体集中在塑件某处，在高压状态下亦可能使该料温升高而变色。

6. 塑料的毒性、刺激性、腐蚀性

某些塑料加热到分解温度时降解产生毒气，如聚氯乙烯可产生氯化氢毒气，聚四氟乙烯可产生氟化氢毒气。聚氯乙烯塑料对模具表面有腐蚀作用，可考虑电镀等表面处理。

4.1.2　热固性塑料成型工艺特性

1. 比体积与压缩率

比体积是单位重量的塑料粉所占的体积，以 cm^3/g 计；压缩率是塑料的体积与塑件体积之比，其值恒大于 1，它们用以确定模具加料室的容积。

2. 流动性

熔融塑料在一定压力下充满型腔的性能，其值可用拉西格试验值来表征。模具设计时应根据流动性来考虑浇注系统、分型面及进料方向等。带有纤维性填料的塑料流动性较差，需增大压力。

3. 预热性

在烤箱中预热压塑粉，以挥发水分，提高塑件的物理电气性能。但预热温度过高时可影响塑件的绝缘性能。

4. 颗粒度和均匀性

颗粒度是指颗粒大小，由筛子分出颗粒粗细等级。颗粒度及颗粒均匀性会影响比体积的大小。

5. 硬化速度

热固性塑料在成型过程中交联反应（即树脂分子由线型结构变为体型结构）的过程称为硬化，硬化速度通常以塑料试样硬化 1mm 厚度所需的秒数表示。硬化速度慢的塑料，会造成成型周期长、生产率降低，硬化速度快的塑料不宜成型大型复杂的塑件。

4.1.3　塑料的收缩特性

塑件自模具中取出冷却到室温后，发生尺寸收缩的特性称为收缩特性。

1. 计算收缩率

由资料提供的收缩率波动范围，它是通过对试验样块进行实验得出的。收缩率 Q 用公式 (4-1) 计算

$$Q = \frac{B - B_1}{B} \times 100\% \tag{4-1}$$

式中　B——试验样块模的型腔尺寸；

B_1——成型冷却后的样块尺寸。

2. 实际收缩率

收缩率 Q'用公式（4-2）计算

$$Q' = \frac{L - L_1}{L} \times 100\% \tag{4-2}$$

式中　L——模具型腔或型芯尺寸；

L_1——塑件成型冷却后的实际尺寸。

由于 Q 与 Q'数值相差甚小，在设计模具时，常以 Q 为设计参数来计算型腔和型芯等尺寸。

3. 影响塑件收缩率的因素

(1) 塑料品种　各种塑料都具有各自的收缩率。结晶性塑料收缩率大，收缩率变动范围亦大；加入玻璃纤维填料后收缩率减小。压塑粉加酒精挥发物后收缩率增大。

(2) 塑件结构　塑件的形状、尺寸、壁厚、有无嵌件及其数量和布局，对收缩率均有较大的影响。例如：塑件形状复杂、有两个以上型芯或嵌件时收缩率减小，塑件壁厚增厚时收缩率增大。

(3) 模具结构　模具的分型面及加压方向，浇注系统的形式、布局及尺寸，对收缩率大小及其方向性影响较大，此外，模具冷却水道的布置及脱模时间等对收缩率也有影响。通常脱模后的塑件需经过 10～24h 冷却，收缩才能停止。

(4) 成型工艺　注射、挤出成型一般收缩率较大，方向明显。预热情况、成型温度、成型压力、保持时间等对收缩率及方向性都有影响。例如，料温高、则收缩大，但方向性小；压力高、时间长的收缩小，但方向性大。

4.1.4　热塑性塑料注射成型工艺原理

塑料注射成型机分为柱塞式和螺杆式两种。注射最大容量在 60cm³ 以下时，可使用柱塞式注射机，大注射量均采用螺杆式注射机，以使塑料充分混料。其成型工艺原理分为下述三个阶段。

1. 注射阶段

当料筒内的塑料已被加热到熔融状态时，注射液压缸中的活塞推动料筒内的螺杆，将熔融塑料通过喷嘴及模内流道、浇口高速注入型腔。

2. 保压阶段

塑料充满后尚需保持一段时间的注射压力，以对塑料收缩进行补料，并使型腔内保持有足够的压力，使塑件密实；同时，塑件在模内冷却定型。

3. 预塑阶段

卸去注射压力后，螺杆转动并后退。此时，料斗中的颗粒状塑料，通过计量装置落入料筒内，转动的螺杆使塑料充分混合，并加热塑化。当螺杆后退到限位处时即停止转动，在此同时，动模开模后，机床上的推杆将塑件推出模具。

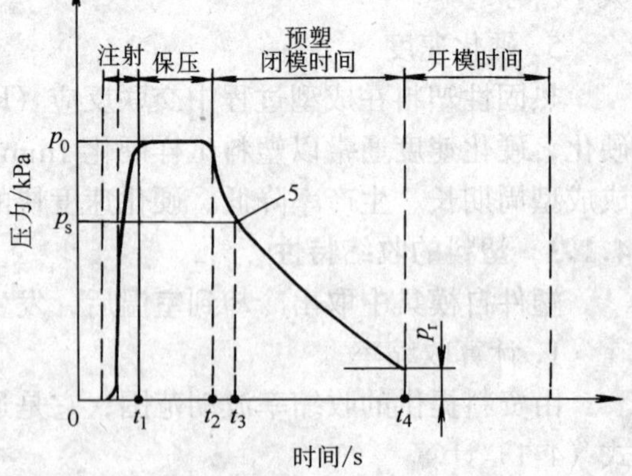

图 4-2　模具压力周期图

p_0—型腔内最大压力　p_s—浇口冻结时压力　p_r—脱模时残余压力　t—时间

在一个注射周期中，三个阶段的型腔压力变化，可在图 4-2 所示的模具压力周期图上看到：$0 \sim t_1$ 为注射阶段，$t_1 \sim t_2$ 为保压阶段，

$t_2 \sim t_4$ 为预塑阶段，其中 t_3 为浇口尚未凝结时可能发生的塑料倒流现象；$t_2 \sim t_4$ 期间也是塑件在模内冷却定型的时间，t_4 以后是开模推出塑件。

4.2 结构设计

4.2.1 设计要点、程序和标准

1. 设计要点

(1) 了解塑料熔体的流动状态，确定塑料在流道和型腔各处流动阻力、流动速率，并校验最大流动长度。根据塑料在模内充模顺序，考虑塑料在模内重新熔合和型腔内空气排出问题。

(2) 考虑冷却过程中塑料收缩及补缩问题。

(3) 确定控制塑件在模内结晶、取向和改善塑件内应力的措施。

(4) 进浇点和分型面的选择。确定塑件的横向分型、抽芯及推出方式与结构，考虑模具的冷却和加热系统设计。

(5) 进行模具与注射机相关工艺参数的校核，包括与注射机的最大注射量、锁模力、装模部分尺寸关系等。

(6) 模具的总体结构和零件形状需简单合理，并具有合适的精度、表面粗糙度、强度和刚度，应易于制造和装配。

2. 设计程序

(1) 分析塑件工艺性和工艺条件　首先了解塑件的用途、使用情况及工作要求，对于塑件图上提出的塑件形状、尺寸精度、表面粗糙度等进行工艺分析，即从成形工艺、塑件的设计原则、模具结构合理性等方面进行综合分析

(2) 确定塑件成型工艺及设备

1) 确定成型工艺条件，包括注射温度、模具和冷却介质的温度、注射压力、注射速度和注射循环周期等。

2) 根据塑料形状尺寸，估算塑件体积和重量。确定型腔数。

3) 初步选择设备型号规格，并校核与模具有关的技术参数，包括额定注射量、注射压力、锁模力、最大、最小模厚、开模行程、推出装置及装模部分的尺寸（模板尺寸、拉杆空间、定位孔直径、喷嘴定位半径等)。

(3) 确定模具总体结构方案

1) 选择成型位置、确定分型面、脱模方式、侧孔、侧凹的成型方法、浇注系统形式、浇口开设位置等。

2) 选择合适的标准模架，确定模具成型零件的材料及加工方法。

3) 通常需构思几种模具结构方案，采用容易制造、便于操作、确保成型塑件质量的模具结构。

(4) 绘制模具装配图

1) 首先画出模具中心线及模具主视及侧视图外形线。确定动模与定模的分型面，确保塑件留在动模一侧。画出塑件位置及定模、动模型芯。画出流道及浇口。

2) 在动模投影平面图上画出塑件位置、动模型芯、流道、冷却水道，布置导向孔、复位杆孔、固定螺钉孔、推杆孔等各孔位置，并在主视图上表示各零件之间的装配关系。

3) 画出所有零件的引线，并顺序标出件号。画出所有标准件的引线，并标明序号。

4）填写标题栏、明细表内容，包括件号、名称、材料、件数及标准件规格、数量等。

5）编写技术要求，包括装配要求及试模要求。注明注射机规格及标准模架代号。

(5) 对模具各部分进行受力分析　对模具进行必要的强度及刚度计算，对于薄弱部分在结构上进行加强。

(6) 成型零件成型尺寸的计算

(7) 加工零件工作图的绘制及其加工工艺　按装配图测绘成型零件及所有需加工零件的工作图，同时考虑零件的加工工艺。注意选择合理的三面投影图、断面、剖视图，标注尺寸公差及表面粗糙度、材料及热处理要求等，并编写零件的技术要求。

(8) 完成设计、制图、校对或审核签字后进行复制

3. 标准模架和零件

(1) 注射模模架标准

1）中小型标准模架的组成及组合形式　中小型标准模架组成零件的名称及位置如图 4-3 所示。模架组合形式按模具所采用的浇口形式，制件脱模方式和定模、动模组成数分为基本型和派生型两类，具体的组合形式及尺寸参照（GB/T125561—1990）标准选用。

2）大型标准模架

① 模架的组成。大型标准模架组成零件的名称及位置，如图 4-4 所示。

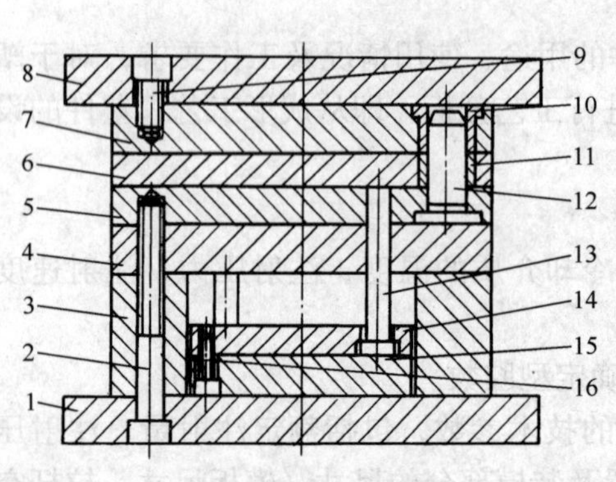

图 4-3　中小型模架的组成

1—动模座板　2、9、16—螺钉　3—垫块　4—支承板　5—动模板　6—推件板　7—定模板　8—定模座板　10—带头导套　11—直导套　12—带头导柱　13—复位杆　14—推杆固定板　15—推板

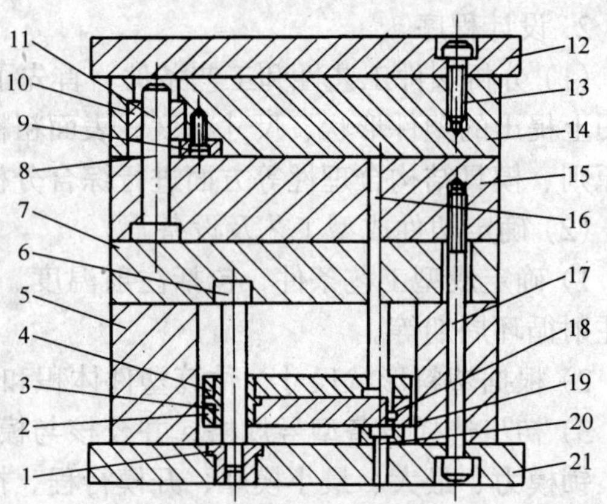

图 4-4　大型模架的组成

1—衬套　2—推板　3—推板导管　4—推板固定板　5—垫块　6—推板导柱　7—支承板　8、13、17、18、20—螺钉　9—限位块　10—导套　11—导柱　12—定模座板　14—定模板　15—动模板　16—复位杆　19—限位块　21—动模座板

② 模架的组合形式。大型模架组合形式按模具所采用的浇口形式，塑件的脱模方法和定模、动模组成数分为基本型和派生型两类，其组合形式及尺寸参照标准（GB/T12555.1—1990）选用。

(2) 零件标准

推杆	GB/T 4169.1—1981	直导套	GB/T 4169.2—1981	带头导套	GB/T 4169.3—1981
带头导柱	GB/T 4169.4—1981	有肩导柱	GB/T 4169.5—1984	垫块	GB/T 4169.6—1984
推板	GB/T 4169.7—1984	模板	GB/T 4169.8—1984	限位钉	GB/T 4169.9—1984
支承柱	GB/T 4169.10—1984	圆锥定位柱	GB/T 4169.11—1984	零件技术要求	GB/T 4170—1984

4.2.2 注射模基本构造和类型

1. 基本构造

注射模构造如图 4-5 所示。

典型注射模一般由下列部件组成（见图 4-5）：

1）成型零部件。通常由凸模 1、凹模 8（又称型芯）、镶块等组成，合模时构成型腔，它决定了塑件的形状和尺寸。

2）浇注系统。将熔融塑料由注射机喷嘴引入型腔的流动通道称浇注系统，见图 4-5 中件 3。

3）导向机构。通常由导柱 6 和导套 7 或导向孔组成，用于确定动模和定模合模时的相对位置。有时推出脱模机构也设导向机构，以防止推出过程中推出板歪斜。

4）脱模机构。用于开模时将制件从模具中推出的机构，见图 4-5 中件 9、13、14、15。

5）侧向分型或侧向抽芯机构。见图 4-6 中件 1、2、3，用于带有侧孔或侧凹的制件成型，在开模推出制件前进行侧向抽芯或侧向分型。

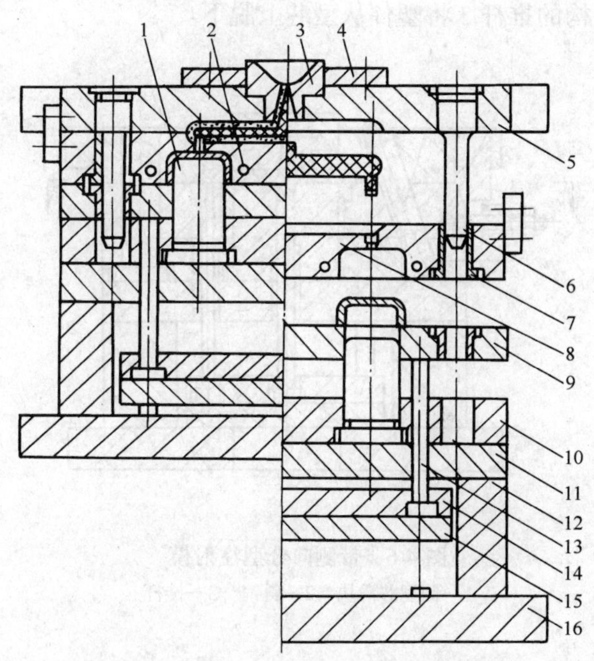

图 4-5 注射模结构

1—凸模 2—调温系统 3—浇口套 4—定位圈 5—定模座板 6—导柱 7—导套 8—凹模板 9—推件板 10—型芯固定板 11—动模垫板 12—垫块 13—推杆 14—推杆固定板 15—推板 16—动模座板

6）温度调节系统。根据注射成型工艺要求设置冷却系统或加热系统。冷却系统一般为在型腔周围开设冷却管道，如图 4-5 件 2 所示。加热装置则在模具内部或周围安装加热组件。

7）支承零部件。它包括各种支承块（垫块）、支承板（垫板）以及动模座板、定模座板等（见图 4-5 中的 5、10、11、12、16 等）。它们与导向机构组装成模架。

2. 基本类型

注射模结构型式多样，分类方法很多，按注射成型工艺特点可分为热塑性塑料注射模、热固性塑料注射模、低发泡塑料注射模和精密注射模等。按所使用的注射机类型不同可分为卧式注射模（见图 4-5）、立式注射模和角式注射模。若按注射模具总体结构特征可分为下列几种：

（1）单分型面注射模　开模时，动模与定模分开，从而取出塑件，称单分型面模具，又称双板式模具，如图 4-6 所示。

（2）双分型面注射模　图 4-7 所示为双分型面注射模。为了取出浇注系统凝料增设了一活动浇口板 2，开模时除动、定模板分开取塑件外，活动浇口板与定模板作定距分离，以便取出浇注系统凝料，故双分型面模具又称三板注射模。

(3) 带有侧向分型与抽芯机构的注射模　当塑件有侧孔或侧凹时，需采用可侧向移动的型芯或滑块成型。图 4-6 所示为利用斜销进行侧向抽芯的注射模。注射成型后动模首先向下移动一段距离，然后固定于定模板上的斜销 2 的倾斜段迫使滑块 1 向外移动，然后由脱模机构的推杆 3 将塑件从型芯上脱下。

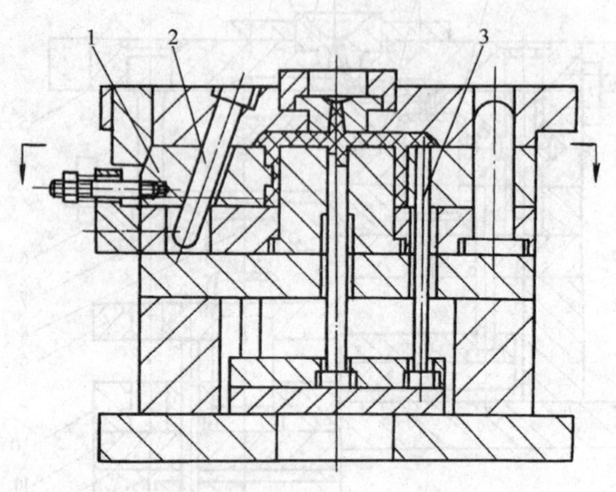

图 4-6　带侧向分型注射模

1—侧型芯滑块　2—斜销　3—推杆

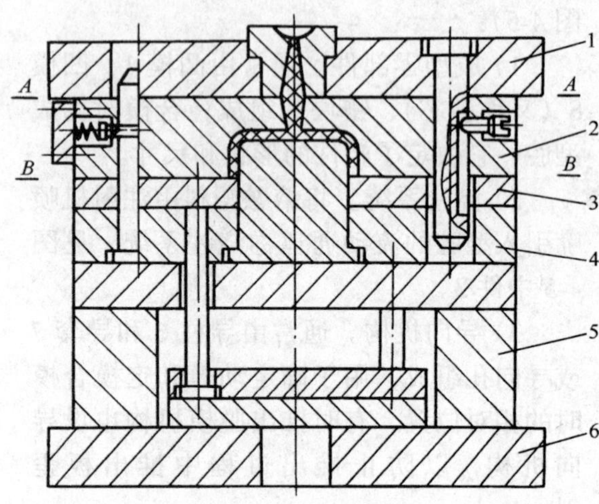

图 4-7　双分型注射模

1—定模座板　2—活动浇口板　3—推件板　4—型芯固定板　5—垫块　6—动模座板

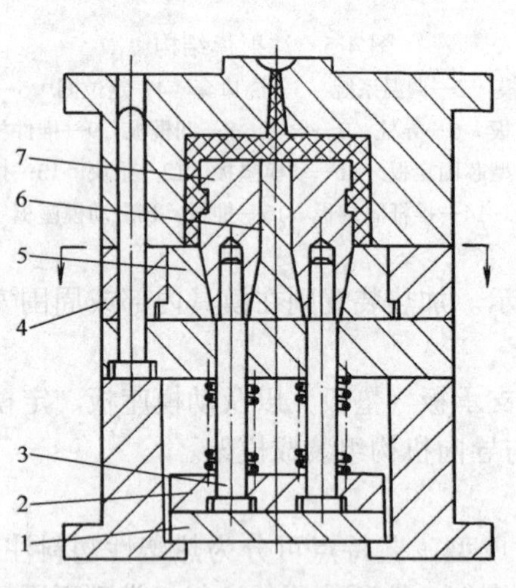

图 4-8　带有活动镶块的注射模

1—推板　2—推杆固定板　3—推杆　4—动模板　5—凸模滑套　6—导向楔块　7—活动镶块

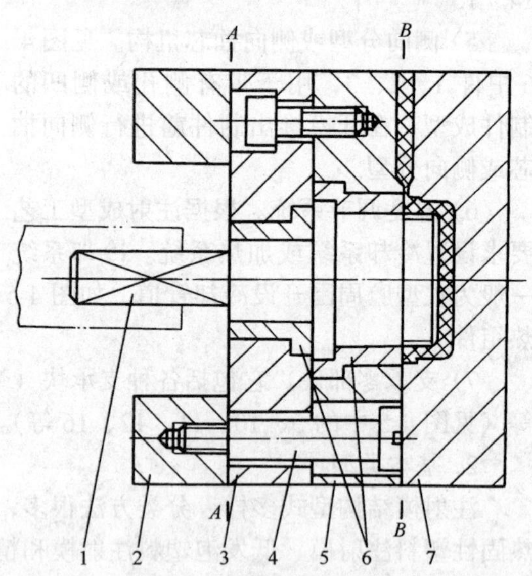

图 4-9　自动卸螺纹注射模

1—螺纹型芯　2—垫块　3—动模垫板　4—定距螺钉　5—动模板　6—衬套　7—定模板

(4) 带有活动成型零部件的注射模　由于塑件的某些特殊结构，要求注射模设置可活动的成型零部件，如活动凸模、活动凹模、活动镶块、活动螺纹型芯或型环等，在脱模时可与塑件一起移出模外，然后与塑件分离。图 4-8 所示为带有活动镶块的注射模（立式），其中件 7 为两块活动镶块。

(5) 自动卸螺纹注射模　对带有螺纹的塑件，当要求自动脱模时，可在模具上设置能够转动的螺纹型芯或螺纹型环，利用开模动作或注射机的旋转机构，或设置专门的传动装置，带动螺纹型芯或螺纹型环转动，从而脱出塑件。图 4-9 为用于角式注射机的自动卸螺纹模具，由注射机开合螺母丝杠带动螺纹型芯 1 转动。

(6) 无流道注射模　无流道注射模是指采用对流道进行绝热或加热的方法，保持从注射机喷嘴到型腔之间的塑料呈熔融状态，使开模取塑件时无浇注系统凝料。前者称绝热流道注射模，后者称热流道注射模。图 4-10 所示为热流道注射模。

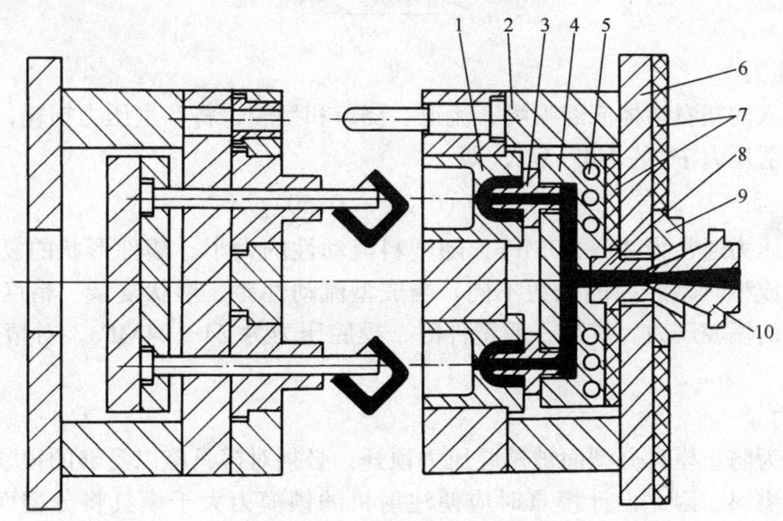

图 4-10　热流道注射模

1—凹模　2—支架　3—喷嘴　4—热流道板　5—加热器孔道　6—定模座板

7—绝热层　8—浇口套　9—定位环　10—注射机喷嘴

4.3　注射工艺参数计算

4.3.1　注射量

注射机标称注射量有两种表示方法，一是用容量（cm^3）表示，一是用质量（g）表示。国产的标准注射机的注射量均以容量表示。

设计模具时，必须使在一个注射成型周期内所需注射的塑料熔体的容量或质量，在注射机额定注射量的 80%以内。

在一个注射成型周期内，需注射入模具内塑料熔体的容量或质量，应为制件和浇注系统两部分容量或质量之和，即

$$\left.\begin{aligned} V &= nV_z + V_j \\ m &= nm_z + m_j \end{aligned}\right\} \tag{4-3}$$

式中　$V(m)$——一个成型周期内所需注射的塑料容积或质量（cm^3 或 g）；

n——型腔数目；

$V_z(m_z)$——单个塑件的容量或质量（cm^3 或 g）；

$V_j(m_j)$——浇注系统凝料和飞边所需的塑料容量或质量（cm^3 或 g）。

故应使

$$\left.\begin{aligned} nV_z + V_j \leqslant 0.8V_g \\ nm_z + m_j \leqslant 0.8m_g \end{aligned}\right\} \tag{4-4}$$

式中　V_g（m_g）——注射机额定注射量（cm^3 或 g）。

由式（4-4）推出计算型腔数公式

$$\left.\begin{aligned} n \leqslant \frac{0.8V_g - V_j}{V_z} \\ n \leqslant \frac{0.8m_g - m_j}{m_z} \end{aligned}\right\} \tag{4-5}$$

4.3.2　型腔压力

注射机注入的塑料熔体流经喷嘴、流道、浇口和型腔，将产生压力损耗，一般型腔内平均压力仅为注射压力 P_0 的 1/4～1/2，即

$$p_m = (0.25 \sim 0.50)p_0 \tag{4-6}$$

模腔平均压力通常为 20～40MPa，随塑料流动性的大小、塑件形状的复杂程度与精度要求的不同，成型时型腔内的压力不同。当成型流动性差、形状复杂、精度要求高的塑件时，应取较高的模腔压力。成型一般塑件时，模腔压力为 24～34MPa，对精密塑件则为 39～44MPa。

4.3.3　锁模力

注射时，为防止模具分型面被模腔压力顶开，必须对模具施以足够的锁紧力，否则在分型面处将产生溢料。因此设计模具时应使注射机的锁模力大于模具将分型面胀开的力 F_f，则

$$F \geqslant p_m(nA_z + A_j) = F_f \tag{4-7}$$

式中　F——锁模力（N）；

p_m——塑料熔体在型腔内的平均压力（MPa）。

注射机可用的安全锁模力应取注射机额定锁模力的 80%，即

$$F = 0.8F_e \geqslant F_f \tag{4-8}$$

式中　F_e——注射机额定锁模力。

A_z、A_j——分别为塑件和浇注系统在分型面上的垂直投影面积（mm^2）。

4.4　零部件结构与功能系统设计

4.4.1　成型零件设计

成型零件由型腔及型芯组成，型腔较难加工。成型塑件外形的型腔，一般设在定模一边。型腔若在定模板上直接加工称整体式型腔，适于形状简单的塑件。但大多数采用镶嵌式型腔，即在定模芯上用铣或电脉冲加工出型腔，再将定模芯固定到定模板的孔中。

1. 镶嵌式型腔

型腔的镶嵌形式如图 4-11 所示。

图 4-11a 所示为最常用的形式，模板加工成通孔，背台加工成台肩状，嵌件压入后牢固可靠。图 4-11b 所示为模板加工成不通孔，模板强度好，适于大型塑件，嵌件与模板的配合

加工、装卸均较困难。图 4-11c 所示为深型腔的塑件，仅底部作成局部嵌入，便于加工。图 4-11d 所示为型腔底部形状较复杂，又不允许作成通孔时的局部嵌入结构。图 4-11e 为型腔四壁由 4 个拼块组合压入模板组成的型腔，可用一般的金属切削机床加工。图 4-11f 所示为型腔底部四周有圆角的型腔拼接形式。图 4-11g 所示为瓣合式，常用于垂直分型面模具。

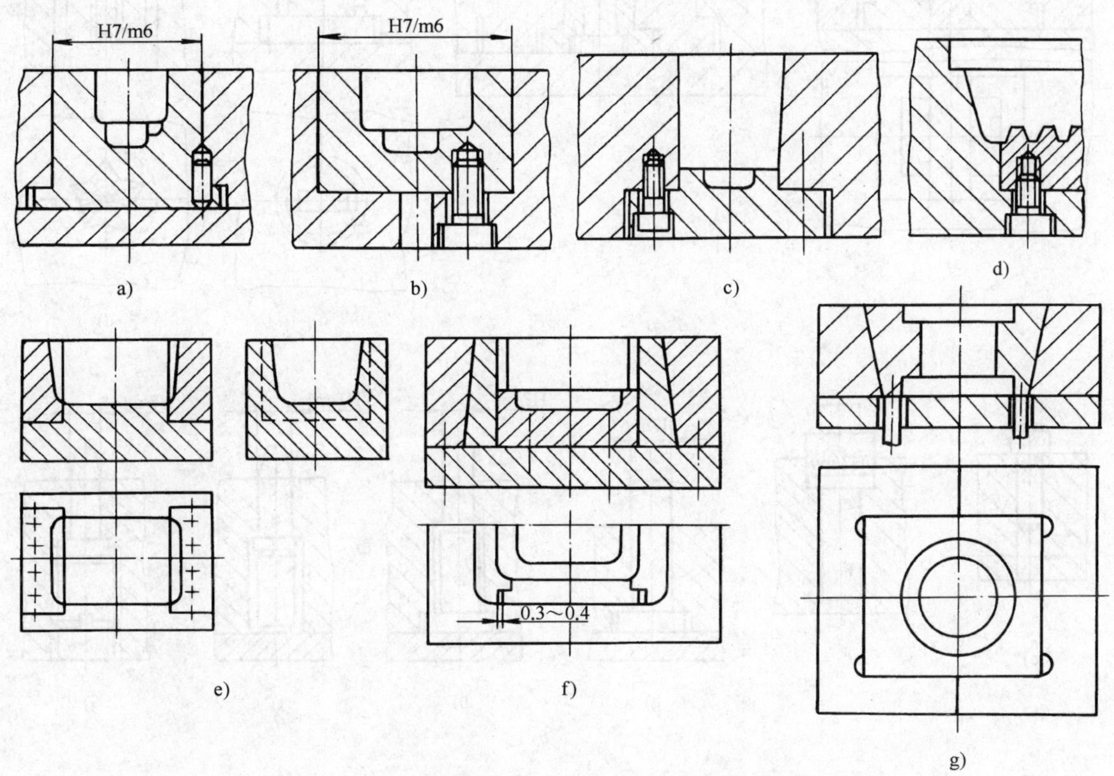

图 4-11　型腔镶嵌形式

a)、b) 整体嵌入式　c)、d) 局部嵌入式　e)、f) 拼块嵌入式　g) 瓣合式

2. 镶嵌式型芯

型芯的镶嵌形式如图 4-12 所示。

图 4-12a 所示为拼块组合镶嵌形式，便于机械加工和钳工修配。图 4-12b 所示为小圆芯嵌入型芯中。图 4-12c 所示为成形长方形孔的型芯嵌入形式。图 4-12d 所示为成形异形孔的型芯嵌入形式，模板上的孔仅加工为圆孔。图 4-12e 所示为型芯没有背紧装置，故采用过盈配合 S6，以防止型芯被拔出。图 4-12f 所示为型芯背面采用铆接方法。图 4-12g 所示为最常用的背台固定方法。图 4-12h 所示为减少型芯与模板孔的配合长度，而将孔局部扩大 0.5mm。图 4-12i 所示为型芯用垫板固定，更换调整方便。图 4-12j 所示为型芯背面用螺纹背紧的方法，更换方便。

3. 螺纹型芯与螺纹型环

(1) 螺纹型芯　用于成型塑件内螺纹或用于模内固定带有内螺纹的金属嵌件，其结构形式及在模内的安装方式如图 4-13 所示。其中图 4-13a～d 为无锁紧装置的型式，图 e～h 为带

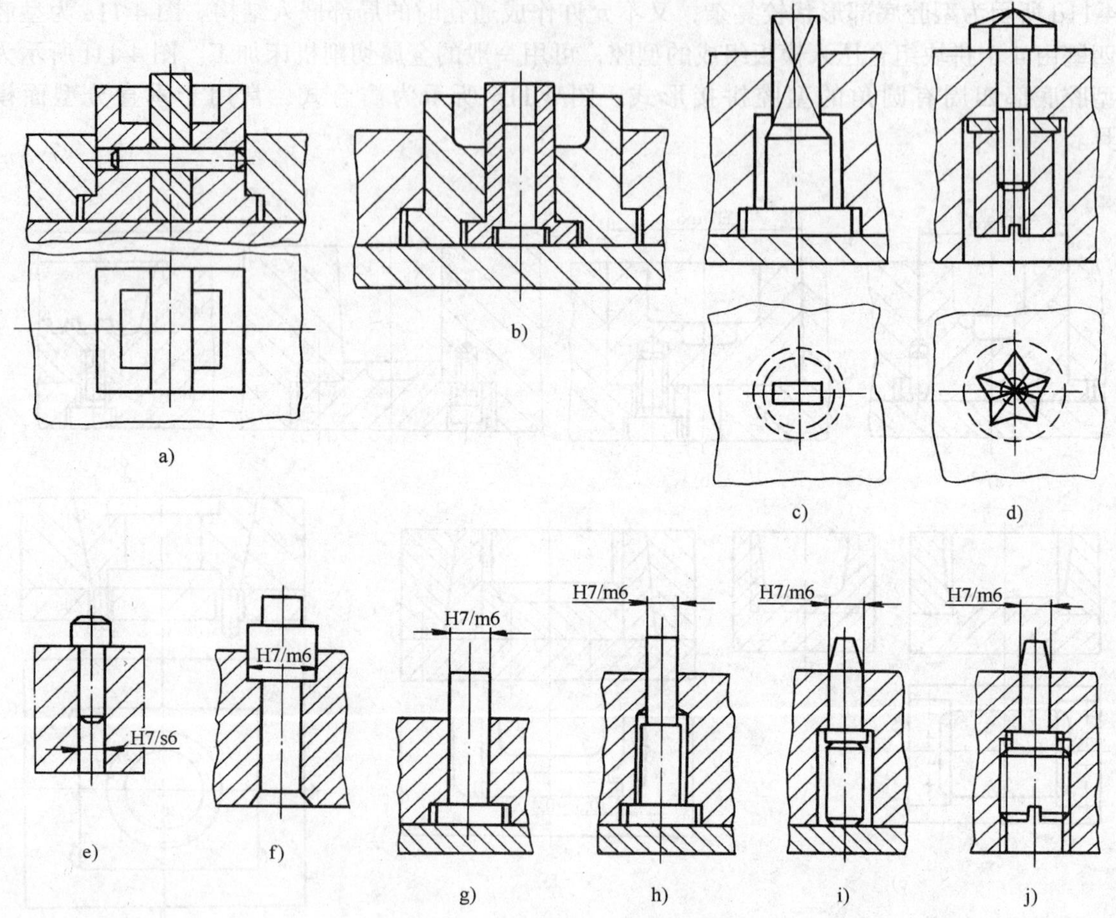

图 4-12 型芯的镶嵌形式

a)、b) 镶拼组合式 c)、d) 异形型芯组合式 e) ~j) 小型芯的结构形式

弹性锁紧装置的型式。

(2) 螺纹型环 用于成型塑件外螺纹或固定带有外螺纹的金属嵌件。其结构也有整体式和瓣合式两类，其中图 4-13i 为整体式，图 j 为瓣合式。

成型零部件承受着成型温度与压力作用，并受塑料熔体的冲击与摩擦，这就要求成型零件除有足够的强度与刚度外，还要有好的耐磨性和较小的表面粗糙度，通常其表面硬度应大于 40HRC，表面粗糙度应小于 $R_a0.4 \sim R_a0.8\mu m$，使塑件表面光洁美观，易于脱模。当成型产生腐蚀性气体的塑料如聚氯乙烯等时，应选择耐腐蚀材料或进行镀铬等表面处理。

4. 成型尺寸计算

成型尺寸包括凹模（型腔）与凸模（型芯）径向尺寸、型腔深度或型芯高度等，确定工作尺寸除根据塑件尺寸及精度要求外，还必须考虑下列影响塑件尺寸精度的因素。

(1) 影响塑件尺寸精度的因素

1) 成型零件的制造公差 δ_z 一般取塑件公差 Δ 的 1/3~1/6，对中小型塑件取 $\delta_z = \frac{1}{3}\Delta$；

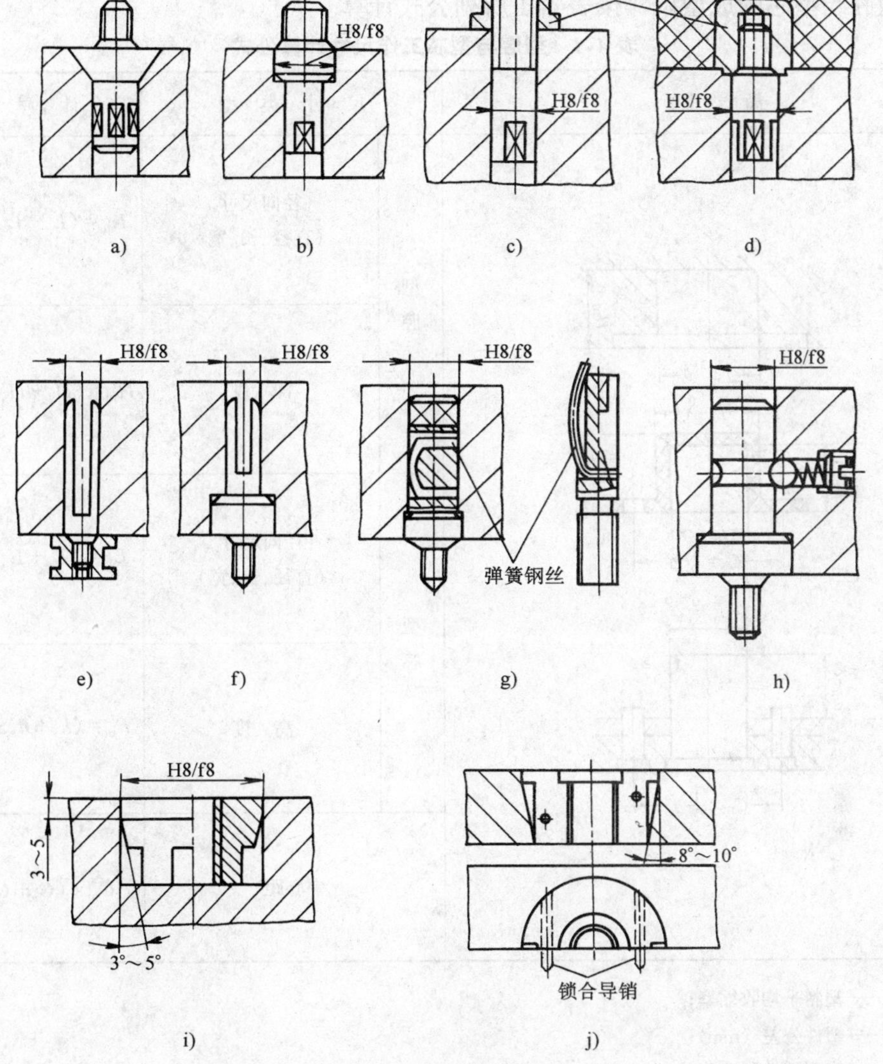

图 4-13　螺纹型芯与型环的结构及安装

a）～d）螺纹型芯无锁紧装置的形式　e）～h）带弹性锁紧装置的形式

i）整体式　j）瓣合式

对大型塑件取 $\delta_z < \frac{1}{3}\Delta$。

2）成型零件的磨损量 δ_c　成型零件的最大磨损量对中小型塑件模具取 $\delta_c = \frac{1}{6}\Delta$；对大型塑件模具取 $\delta_c < \frac{1}{6}\Delta$。

3）成型收缩率 S　成型收缩率随塑件结构与形状，如塑件壁厚、有无嵌件等的影响而变化。一般计算收缩率取收缩范围的平均值，即

$$S_{cp} = \frac{S_{max} + S_{min}}{2}$$

(2) 成型尺寸计算

1) 型腔与型芯的成型尺寸按表 4-1 所列公式计算。

表 4-1 型腔与型芯工作尺寸计算公式

简 图	尺寸类型		计算公式
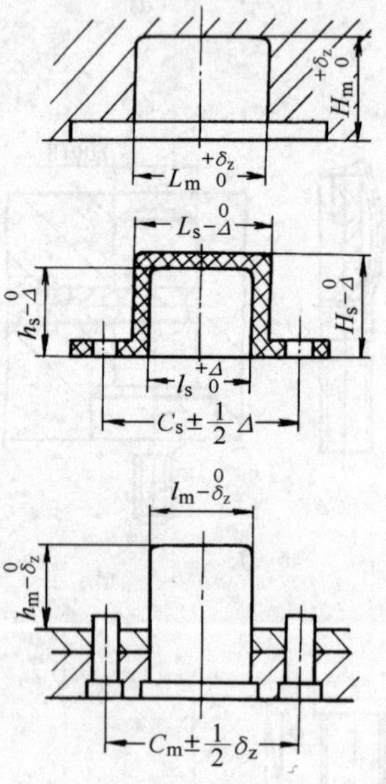	型腔	径向尺寸（直径、长、宽）	$L_m=(L_s+L_sS_{cp}-x\Delta)_0^{+\delta_z}$
	型腔	深 度	$H_m=(H_s+H_sS_{cp}-x'\Delta)_0^{+\delta_z}$
	型芯	径向尺寸（直径、长、宽）	$L_m=(L_s+L_sS_{cp}+x\Delta)^0_{-\delta_z}$
	型芯	高 度	$h_m=(h_s+h_sS_{cp}+x'\Delta)^0_{-\delta_z}$
	中心距		$C_m=(C_s+C_sS_{cp})\pm\frac{\delta_z}{2}$

注：S_{cp}——塑料平均收缩率；

Δ——塑件公差（mm）；

Δ_z——成型零件制造公差（mm）；

x——修正系数，一般为 1/2～3/4，公差值大取小值，对中小型塑件一般取 3/4；

x'——修正系数，一般为 1/2～2/3，当制品尺寸较大、精度比较低时取小值，反之取大值；

L_m——型腔径向尺寸（mm）；

H_m——型腔深度（mm）；

L_s——塑件外形基本尺寸（mm）；

H_s——塑件高度基本尺寸（mm）；

L_m——型芯径向尺寸（mm）；

l_s——塑件内形基本尺寸（mm）；

h_m——型芯高度（mm）；

h_s——塑件孔深基本尺寸（mm）；

C_m——型芯与型腔中心距（mm）；

C_s——塑件上孔或凸台中心距（mm）；

2) 螺纹型芯与螺纹型环成型尺寸，按表 4-2 所列公式计算。

表 4-2　螺纹型芯与螺纹型环成型尺寸计算公式

	简　　图	尺寸类型	计　算　公　式
螺纹型芯		大径	$d_{md}=(d_{sd}+d_{sd}S_{cp}+\Delta_z)^{0}_{-\delta_d}$
		中径	$d_{mz}=(d_{sz}+d_{sz}S_{cp}+\Delta_z)^{0}_{-\delta_z}$
		小径	$d_{ms}=(d_{ss}+d_{ss}S_{cp}+\Delta_z)^{0}_{-\delta_s}$
		螺距	$P_m=(p+PS_{cp})\pm\delta_p$
螺纹型环		大径	$D_{md}=(D_{sd}+D_{sd}S_{cp}-\Delta_z)_{0}^{+\delta_d}$
		中径	$D_{mz}=(D_{sz}+D_{sz}S_{cp}-\Delta_z)_{0}^{+\delta_z}$
		小径	$D_{ms}=(D_{ss}+D_{ss}S_{cp}-\Delta_s)_{0}^{+\delta_s}$
		螺距	$P_m=(p+PS_{cp})\pm\delta_p$

注：式中 d_{md}、d_{mz}、d_{ms}——分别为螺纹型芯大径、中径和小径（mm）；

d_{sd}、d_{sz}、d_{ss}——分别为塑件内螺纹的大径、中径和小径的基本尺寸（mm）；

D_{ma}、D_{mz}、D_{ms}——分别为螺纹型环大径、中径和小径（mm）；

D_{sa}、D_{sz}、D_{ss}——分别为塑件外螺纹的大径、中径和小径的基本尺寸（mm）；

S_{cp}——塑料平均收缩率；

Δ_z——塑件螺纹中径公差；

p_m、P_m——分别为螺纹型芯和螺纹型环的螺距（mm）；

p、P——塑件外螺纹和内螺纹螺距基本尺寸（mm）；

δ_d、δ_z、δ_s、δ_p——螺纹型芯与螺纹型环大径、中径、小径和螺距的制造公差。

4.4.2　浇注系统设计

浇注系统是指模具中由注射机喷嘴到型腔之间的进料通道。其作用是将塑料熔体充满型腔，并将注射压力传递到模腔的各个部位，以获得组织致密、外形清晰、表面光洁和尺寸精确的塑件。浇注系统设计好坏对塑件性能、外观和成型难易程度影响颇大。浇注系统可分为普通浇注系统和热流道浇注系统两大类型。

1. 浇注系统的组成及设计原则

(1) 普通浇注系统的组成　如图 4-14 所示，其中图 a 适用于卧式和立式注射机；图 b 适用于直角式注射机。浇注系统通常由主流道 1、分流道 2、浇口 3 和冷料穴 5 等几部分所组成。

(2) 设计原则

1）流程要短。减少压力和热量损失及塑料消耗量，同时缩短了充模时间。

2）排气良好。使料流平稳顺利充满型腔。

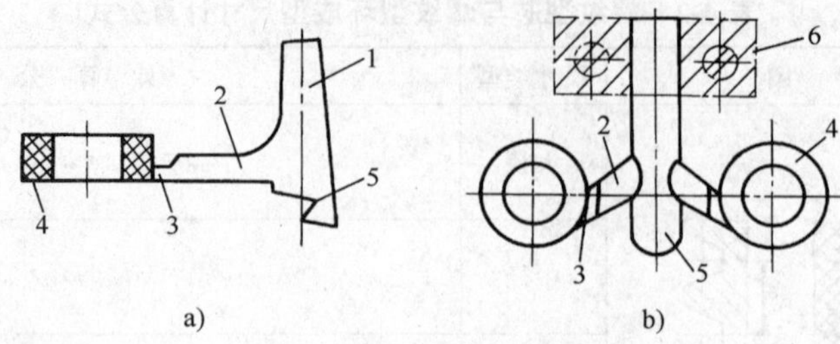

图 4-14　浇注系统的组成

a) 直浇口式　b) 横浇口式

1—主流道　2—分流道　3—浇口　4—塑件　5—冷料穴　6—镶块

3) 防止型芯变形和嵌件位移。应避免料流直冲较小的型芯和嵌件。

4) 防止塑件翘曲变形和表面形成冷疤，冷斑等缺陷。应减轻浇口附近应力集中。

5) 合理选择冷料穴。

2. 主流道的设计

主流道是指连接注射机喷嘴与分流道或型腔（单腔模）的进料通道。负责将塑料熔体从喷嘴引入模具，其形状、大小直接影响塑料的流速及填充时间。在卧式或立式注射机用的模具中，主流道垂直于分型面，通常作在淬硬浇口套内，如图 4-15a 所示。为了使塑料凝料能从主流道中顺利拔出，需将主流道设计成圆锥形，具有 $\alpha = 2° \sim 6°$的锥角，内壁为 $R_a 0.8\mu m$ 以下的表面粗糙度，小端直径应大于喷嘴直径约 0.5～1mm，凹坑半径 R 也应比喷嘴头半径大 1～2mm，以便凝料顺利拔出。浇口套大端高出定模端面 $H = 5 \sim 10mm$，起定位作用，与注射机定模板的定位孔呈间隙配合。为了拆卸更换方便，模具的定位圈常与浇口套分开设计，如图 4-15b 所示。

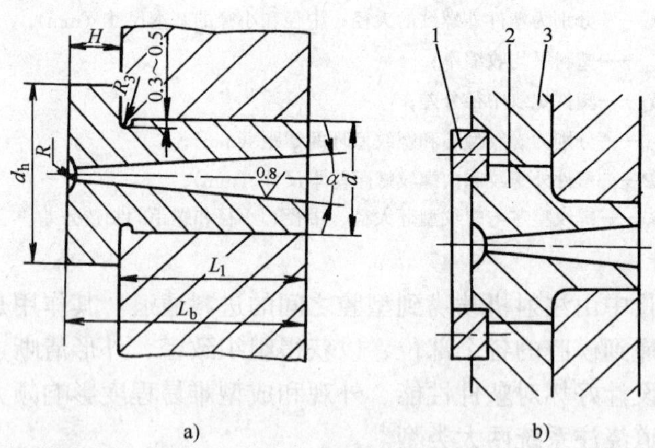

图 4-15　浇口套形式

a) 整体式　b) 分开式

1—定位圈　2—浇口套　3—定模板

3. 分流道及其平衡布置

(1) 分流道　主流道和浇口之间的进料通道。其作用是通过流道截面及方向变化使熔料平稳地转换流向，并均衡分配给各个型腔（多型腔模）。常见分流道的截面形状有圆形、梯形、U 形、半圆形及矩形等几种形式，如图 4-16a 所示。其中圆形截面分流道的比表面积最小，但需开设在分型面两侧，且对应两部分须吻合，加工不方便；梯形及U形截面分流道加工较容易，且热量损失和流动阻力均不大，为最常用形式；半圆形和矩形截面的分流道则因比表面积较大不常采用。

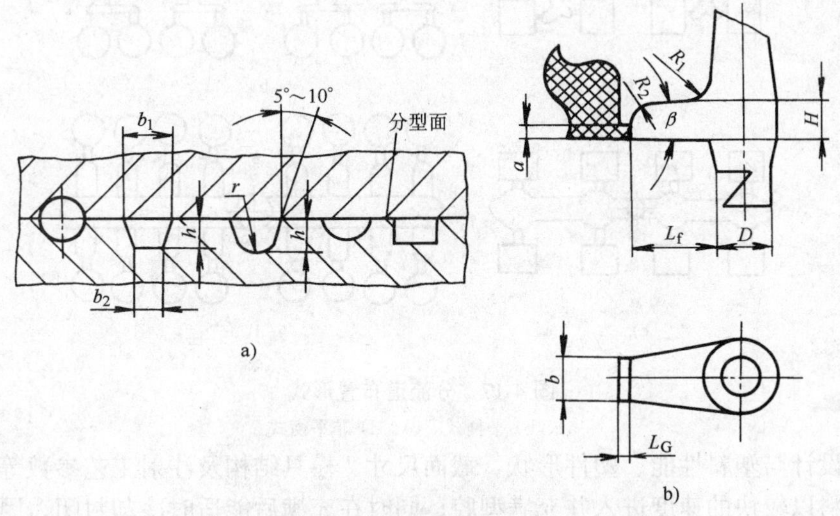

图 4-16　分流道截面形状及尺寸

a）截面形状　b）分流道尺寸

$H=2/3D$　$L_f=$（1～2.5）D　$R_1=2\sim5$mm　$R_2=1\sim3$mm　$\beta=2°\sim3°$

分流道截面尺寸视塑件尺寸、塑料品种、注射速率以及分流道长度而定。要求分流道截面尺寸应满足良好的压力传递和保证合理的填充时间。通常圆形截面分流道的直径为2～12mm；对流动性较好的聚丙烯、尼龙等塑料，在分流道长度很短时，直径可小到2mm；对流动性较差的聚碳酸酯、聚砜等可大至12mm；而对多数塑料，常取5～6mm。梯形截面分流道尺寸可按以下比例选取，$h=$（2/3）b_1，$b_2=$（3/4）b_1（见图4-16a），其中b_1根据成型条件和模具结构确定，一般$b_1=5\sim10$mm。U形截面分流道深度$h=2r$（r为圆弧半径），斜角$\alpha=5°\sim10°$。分流道长度L_f通常为主流道大端直径的1～2.5倍，一般取8～30mm。具体结构按图4-16b设计。分流道表面不要求太光洁，表面粗糙度通常取$R_a1.25\sim R_a2.5\mu$m。

（2）分流道的平衡布置　多型腔模具应尽量均衡布置型腔，使熔融塑料几乎同时到达每个型腔的进料口，这样，塑料到每个型腔的压力和温度是相同的，塑件的品质理应相同，如图4-17a、b所示。如果各个型腔的分流道长短不同，则远端型腔处的压力与温度较低，塑件可能形成较明显的熔接痕，甚至塑料可能填充不足。分流道非平衡布置如图4-17c、d所示。当分流道采用平衡式布置有困难时，可使远端型腔的进料口比近型腔的进料口稍大，即加大进料口的宽度或深度，以求各塑件品质接近。对于流动性差的塑料，要避免采用非平衡式分流道。

4．浇口的设计

（1）浇口　又称进料口，是分流道与型腔之间的狭窄部分，也是浇注系统中最短小的部分，它使塑料熔体的流速产生加速度，以利于迅速充满型腔，同时还起封闭型腔防止熔体倒流的作用，并在成型后使浇口凝料与塑件易于分离。

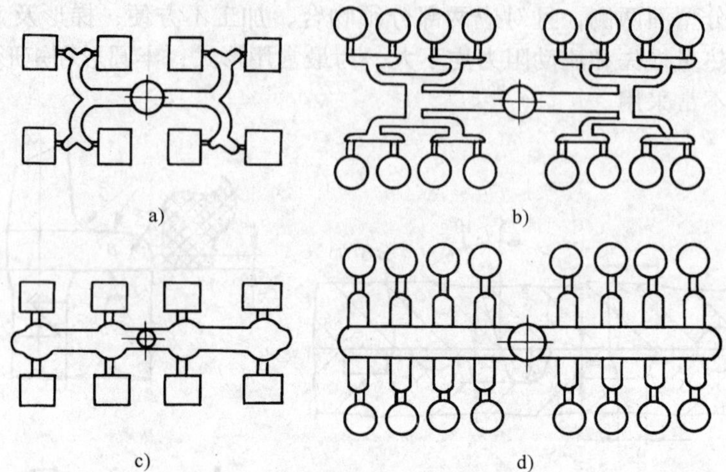

图 4-17　分流道布置形式

a)、b) 平衡式　c)、d) 非平衡式

浇口的设计与塑料性能、塑件形状、截面尺寸、模具结构及注射工艺参数等有关。总的要求是使熔料以较快的速度进入并充满型腔，同时在充满后能适时冷却封闭，因此浇口的截面要小、长度要短，这样可增大料流速度，快速冷却封闭，且便于塑件与浇口凝料分离，不留明显的浇口痕迹，保证塑件外观质量。对于多型腔模具，浇口能用来平衡进料，对于多浇口单型腔模具，浇口既能用来平衡进料又能用以控制熔合纹在塑件中的位置。

浇口的理想尺寸很难计算，一般可根据经验估算，浇口断面积约为分流道断面积的 3%～9%，断面形状常为矩形或圆形，浇口的长度约为 1～1.5mm。在设计浇口时往往先取较小的尺寸值，以便在试模后逐步加以修正。

(2) 浇口的形式　浇口的形式很多，常见有以下几种。

1) 侧浇口　侧浇口常设在多型腔模具上。其优点是进口可随意选择进料位置，浇口的深度及宽度在试模以后根据需要可加深或加宽。其缺点是在塑件一端侧壁处进料，流程较中心浇口长一倍左右，料流末端易产生深接痕，深型腔底部易生气孔，影响塑件质量。如图 4-18a 所示，分流道与浇口连接处用圆角连接，或修成斜面，其斜角 $\alpha_2 = 30° \sim 45°$，浇口与型腔连接处可倒角 $\alpha_1 = 0.5 \times 45°$，以保证切除浇口时塑件不会缺损。浇口的长度 $l = 0.7 \sim 2$mm；浇口厚度 $a = 0.5 \sim 2$mm（或取塑件壁厚的 1/3～3/2；浇口宽度 $b = 1.5 \sim 5$mm。

2) 点浇口　点浇口是一种截面尺寸很小的浇口，俗称小浇口，适于成形深型腔盒形塑件。

① 点浇口的优点是：进料口设在型腔底部，排气顺畅，成形良好。大型塑件可设多点浇口；小型塑件可一模多型腔，一型腔一个点浇口，使各个塑件质量一致。进料口直径很小，点浇口拉断后，仅在塑件上留下很小痕迹，不影响塑件的外观质量。

② 点浇口的缺点是：不适于热敏性塑料及流动性差的塑料；进料口直径受限制，加工较困难。需定模分型，取出浇口，模具应设有自动脱落浇口的机构。模具必须是三板式，结构较复杂。

图 4-18b 所示为常用的点浇口形式。图 4-18c 所示为在型芯顶部设窝，可改善流动性，减少剪切应力。

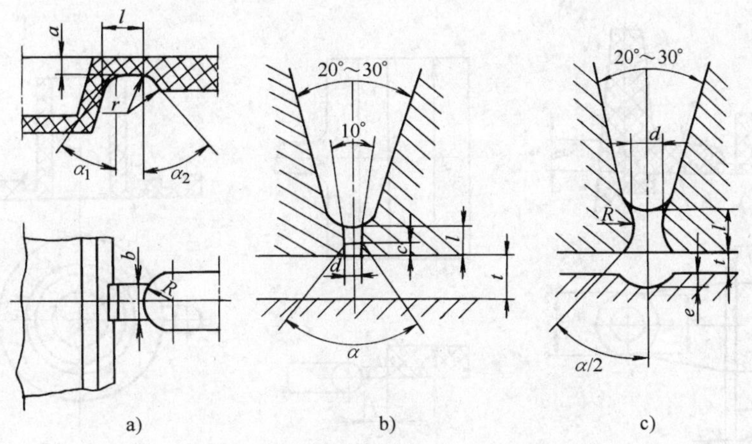

图 4-18　侧浇口与点浇口

a) 侧浇口　b)、c) 点浇口

3) 潜伏浇口　又称隧道浇口、自切浇口，如图 4-19a、b 所示，其中图 4-19a 为推切式潜伏浇口，图 4-19b 为拉切式潜伏浇口。

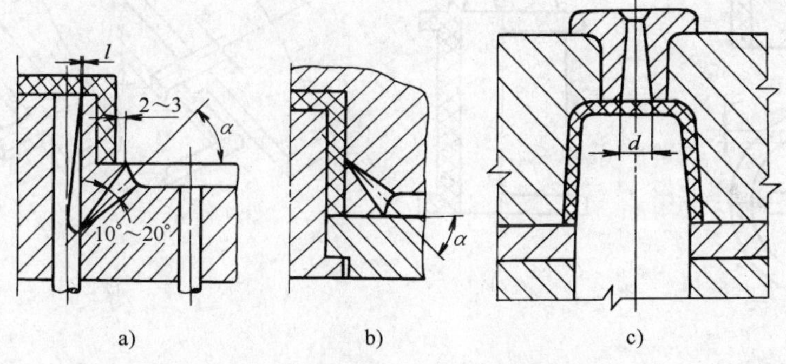

图 4-19　潜伏式浇口与直接浇口

a)、b) 潜伏式浇口　c) 直接浇口

① 潜伏浇口的优点是：进料口设在塑件内侧时，塑件外表面没有点浇口切断痕迹。脱模时，推杆将流道与塑件分别推出的同时，推杆切断进料口，可实行注射机的全自动操作，避免了点浇口流道所需要的定模定距分型机构，模具结构简单。

② 潜伏浇口的缺点是：隧道斜孔的加工较困难。为了将斜的点浇口推出，必须是柔韧性好的塑料，并且要严格掌握塑件在模内的冷却时间，在流道末凝固前及时推出潜伏浇口。

4) 直接浇口　如图 4-19c 所示。从主流道流入型腔顶部，流程最短，成型容易，排气顺畅，流量大，适于成型深型腔大型塑件。但去除浇口费工，塑件上留有较大痕迹，影响外观。

5) 除以上几种形式的浇口外，浇口形式还有扇形浇口（见图 4-20a)、平缝式浇口（见图 4-20b)、环形浇口（见图 4-20c)、轮辐式浇口（见图 4-20d)、爪形浇口（见图 4-20e）及护耳式浇口（见图 4-20f)。

5. 冷料穴设计

冷料穴的作用是贮存因两次注射间隔而产生的冷料头以及熔体流动的前锋冷料，以防止

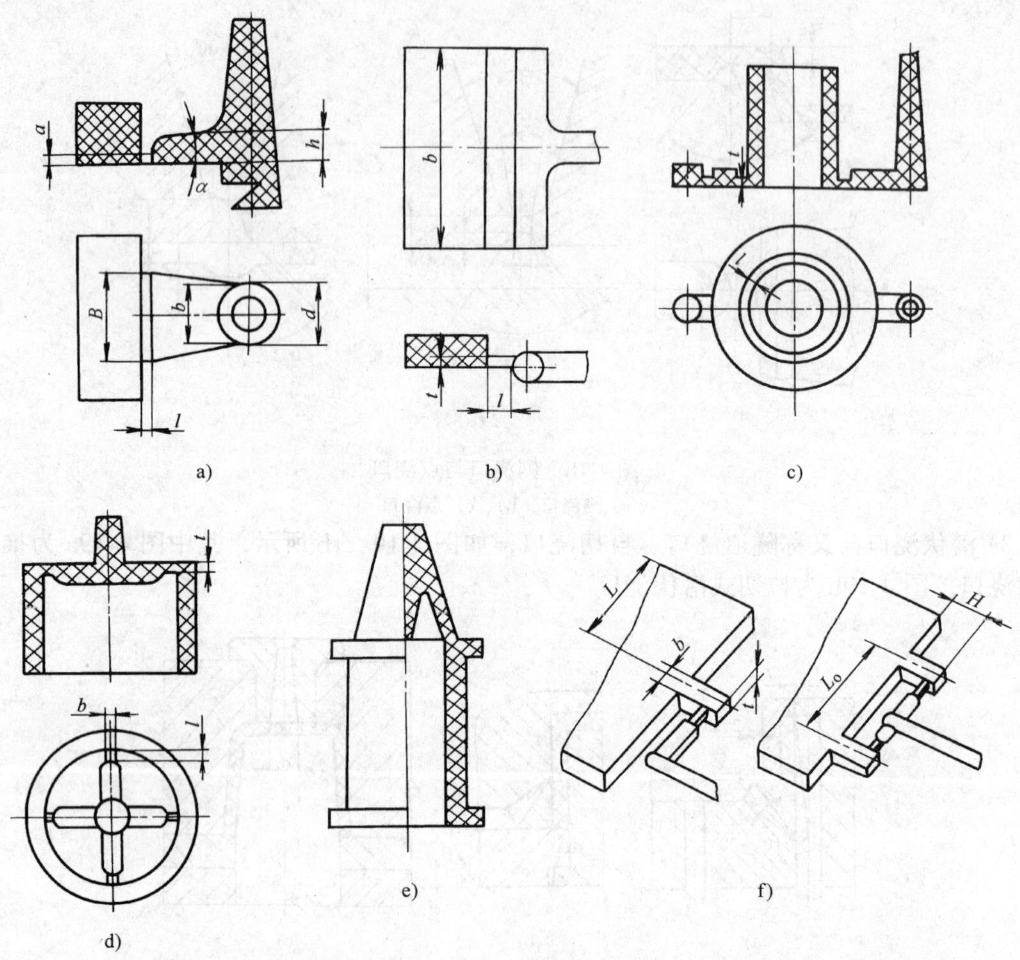

图 4-20　各种浇口形式

a) 扇形浇口　b) 平缝式浇口　c) 环形浇口　d) 轮辐式浇口　e) 爪形浇口　f) 护耳式浇口

熔体冷料进入型腔。冷料穴一般设在主流道的末端，冷料穴底部常作成曲折的钩形或下陷的凹槽，使冷料穴兼有分模时将主流道凝料从主流道衬套中拉出，并滞留在动模一侧的作用。常见的冷料穴有以下两种结构。

(1) 带 Z 形头拉料杆的冷料穴　在冷料穴底部有一根 Z 形头的拉料杆，这是最常用的冷料形式。如图 4-21a 所示，拉料杆头部的侧凹能将主流道凝料钩住，开模时滞留在动模一侧。拉料杆是固定在推板上的，故凝料与拉料杆一道被推出机构从模具中推出。开模后稍许将制品作侧向移动，即可将制品连同凝料一道从料杆上取下。

同类型的还有带推杆的倒锥形冷料穴（见图 4-21b）和圆环槽形冷料穴（见图 4-21c）。在开模时靠冷料穴的倒锥或侧凹起拉料作用，使凝料脱出主流道衬套并滞留在动模一侧，然后通过推出机构强制推出凝料。这两种形式宜用于弹性较好的塑料制品。

(2) 带球形头拉料杆的冷料穴　这种拉料杆专用于借助推板将制品脱模的模具中。前锋冷料进入冷料穴后，紧包在拉料杆的球形头上，开模时便可将主流道凝料从主流道中拉出。球头拉料杆固定在动模一侧的型芯固定板上，并不随推出机构移动，所以当推件板从型芯上

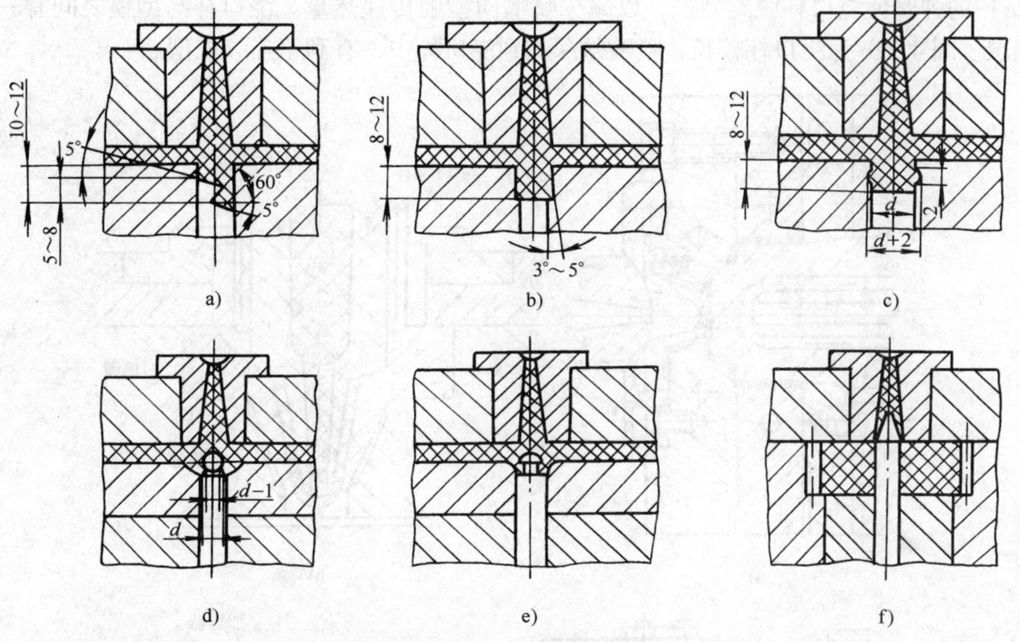

图 4-21　冷料穴与拉料杆

a) Z形　b) 倒锥形　c) 环槽形　d) 球形头　e) 蘑菇形　f) 锥形

推出制品时，也就将主流道凝料从球头拉料杆上硬刮下来，如图 4-21d 所示。蘑菇形拉料杆（见图 4-21e）和锥形拉料杆（见图 4-21f）均是球形头拉料杆的变异形式。其中锥形拉料杆无储存冷料的作用，它依靠塑料收缩的包紧力将主流道凝料拉出，故可靠性较差，但尖锥的分流作用好，常用在成型带中心孔的塑件上，如塑料齿轮等。

6. 热流道设计

热流道浇注系统是注射模浇注系统的重要发展方向，它与普通浇注系统的主要区别在于：在连续注射成型作业中，采用适当的温度控制，使流道内的塑料保持熔融状态，不与模腔内的塑料熔体一起冷却，从而避免产生浇注系统凝料赘物。在国外热流道模已标准化，特别在生产罩、盖、外壳及容器等塑件的模具中，已得到广泛应用。

热流道与普通浇注系统相比较具有许多优点：省略了修剪浇口和回收浇料等工序，节省了塑料和人力，缩短了成型周期；有利于压力传递，克服塑料因补料不足而产生缩孔和凹坑等缺陷，提高了塑件质量，同时有利于自动成型。缺点是模具结构复杂，维修困难，对模具的设计、制造和维修等要求较高。热流道的结构形式很多，根据不同的加热和绝热措施，热流道可分为绝热流道、热流道等形式。

(1) 绝热流道　其特点是流道截面尺寸设计得相当大，利用靠近流道表壁的塑料熔体固化层起绝热作用。其形式有单型腔井式喷嘴和多型腔绝热浇道。

1) 井式喷嘴。又称绝热主流道。流道做成贮料坑式，采用点浇口。在注射时，贮料井中心的塑料保持熔融状态，外层冷却形成绝热层。成型过程中，喷嘴不离开模具，可连续成型，适用于单型腔模，其结构形式见图 4-22a、b 所示。在注射机喷嘴与进料口之间有一杯状空腔，成型时杯壁四周形成塑料凝固绝热层 2~4mm，中间始终保持熔融状态。井式喷嘴仅适用于模塑周期每分钟 3 次以上的模具及成型温度范围宽的塑料，如聚氯乙烯、聚丙烯、聚苯乙烯。图

4-22a 中的弹簧使浇口杯脱离型模，以减少喷嘴向型腔传递热量。浇口杯与型模之间有一空气绝热层。图 4-22b 为浇口杯较长，喷嘴须深入到浇口杯中，有利于连续成型。

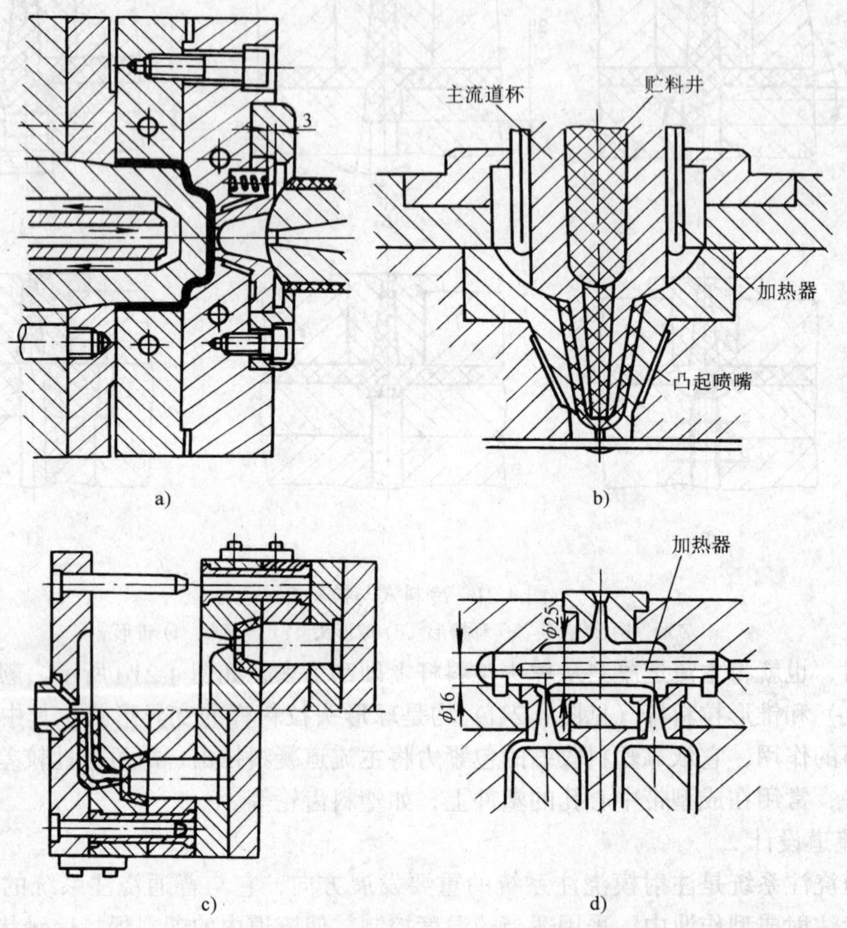

图 4-22　井式喷嘴与绝热流道

a)、b) 井式喷嘴　c)、d) 多型腔绝热流道

2）多型腔绝热流道。又称绝热分流道，有全绝热和半绝热两种。全绝热浇道是利用塑料导热比金属差的特性，外层塑料接触冷模后形成固化层（约 2～4mm），内层塑料保持熔融状态，它适用于多型腔模连续成型。半绝热流道是将流道喷嘴加热，防止浇口凝固。

设计绝热流道时，分流道中心线需设在分型面上，以使停机后再次操作时能取出流道及浇口凝料。流道所有转角处，都应用圆弧过渡，其结构形式如图 4-22c、d 所示。图 4-22c 所示为点浇口全绝热流道，脱模时，塑件从浇口处断开，不必修整，但浇口处易冻结，适于成型周期少于 1min 的大型多型腔模。图 4-22d 所示为带加热器和半绝热流道，流道的内加热器专门用于停机后再开机时加热流道内固化的塑料，平时只用绝热流道。

(2) 热流道　热流道的特点是利用设置在流道内或浇口附近的加热器加热，使浇道内的塑料始终处于熔融状态，可连续进行注射。热流道形式有单型腔延伸喷嘴和多型腔热流道。

1）延伸喷嘴。其特点是将喷嘴延长到直接与型腔接触，延长部分相当于点浇口，为使喷嘴内塑料保持熔融状态，并防止喷嘴前端冷凝而堵塞，必须安装外加热器，并采用有效的绝热措施（如塑料或空气绝热），防止喷嘴的热量过多地传给低温型腔。其结构形式如图 4-23a、b 所示。图 4-23a 所示为延伸式喷嘴端面构成型腔的一部分。采用空气绝热，喷嘴不易凝固堵塞，塑件残留痕迹小，但喷嘴前端活动部分易产生飞边和痕迹，通用性差。图 4-23b 所示为改进的延伸式喷嘴，加热喷嘴与模具设计成一体，采用空气绝热和喷嘴外加热器，结构简单可靠。

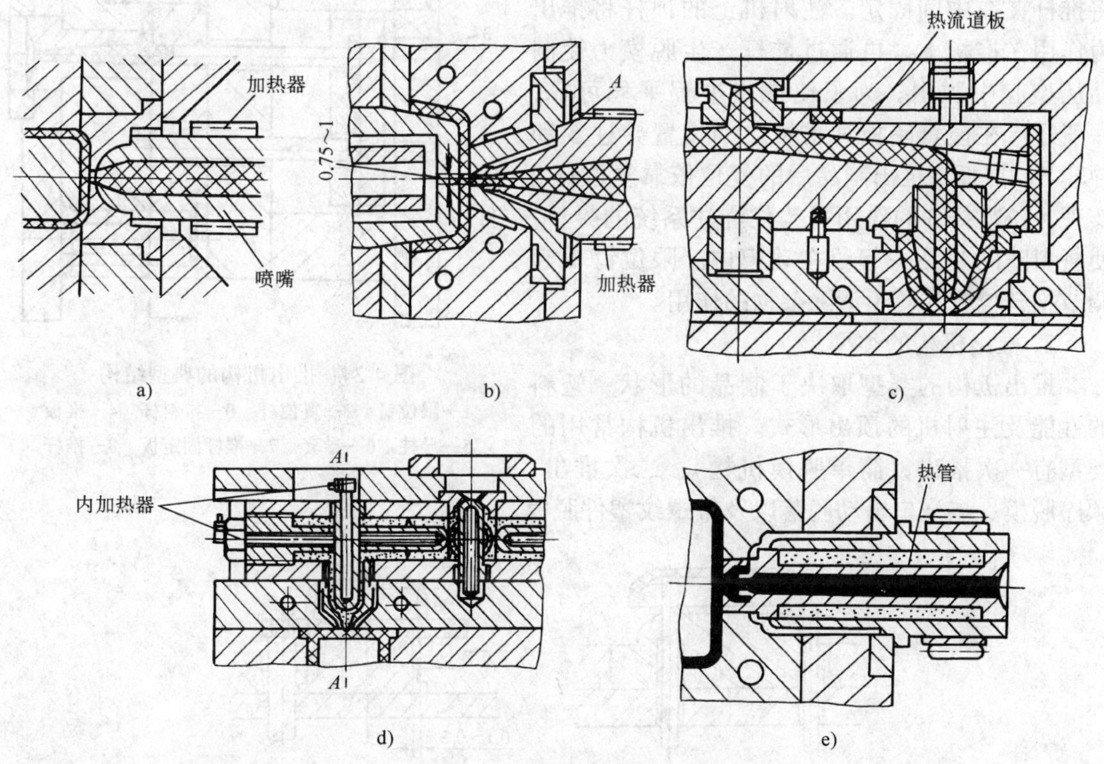

图 4-23　延伸式喷嘴与热流道

a)、b) 延伸喷嘴　c)、d)、e) 热流道

2）多型腔热流道。其特点是在定模固定板与型腔板之间设有加热流道板，用加热器加热，并利用绝热材料（石棉水泥板等）或空气间隙与其它部分隔热。主流道和分流道均设在流道板内，且需严格控制喷嘴与浇口附近的温度以及热流道板升温后的膨胀，如图 4-23 所示。图 4-23c 为全热式喷嘴热流道结构，将分流道内的塑料全部加热到熔融状态，喷嘴前端与活动环之间用塑料绝热，适用于小型塑件。图 4-23d 为内加热式热流道，其特点是在喷嘴与整个流道中均设有内加热器，热量损失小，热效率高。图 4-23e 为热管加热式，用热管加热主流道衬套，热管作成夹套形式围绕在主流道周围，塑料沿中心流动，热管将热量传给喷嘴头部，流道中温差可控制在 1.5～2 ℃以下，保持极理想的成型温度，它具有塑料流动阻力小，流道易清理，使用寿命长等优点。

4.4.3　塑件与点浇口推出机构设计

从模具中推出塑件及其浇注系统凝料的机构称为推出机构，注射成型后，必须顺利推出塑件及浇道凝料。推出机构应有足够的强度与刚度，推出动作应灵活可靠，推出位置应选择在不影响塑件外观的地方。为了克服塑件收缩引起的包紧力及塑件与模芯的粘附力，必须仔细考虑推出力的分布状况,相应地确定推杆的大小和位置，以保证推出塑出时塑件不变形。

1．推出机构的典型结构

如图 4-24 所示。图中，由推杆 8 将制品从型腔中推出，并用推出推杆固定板 7 和推板 4 将推杆夹在中间固定。注射机上的顶杆将推出力作用在推板上，再通过推杆产生脱模力使制品从型腔中脱出。为了使推出过程平稳可靠，一般还应在模具座板和推板之间设置导柱 5 和导套 6。推板在推出制品后的复位依靠复位杆 2 实现。拉料杆 3 的作用是钩住浇注系统的凝料，使凝料随同制品一起留在动模内。限位钉 1 起调节推杆位置和便于清除杂物的作用。

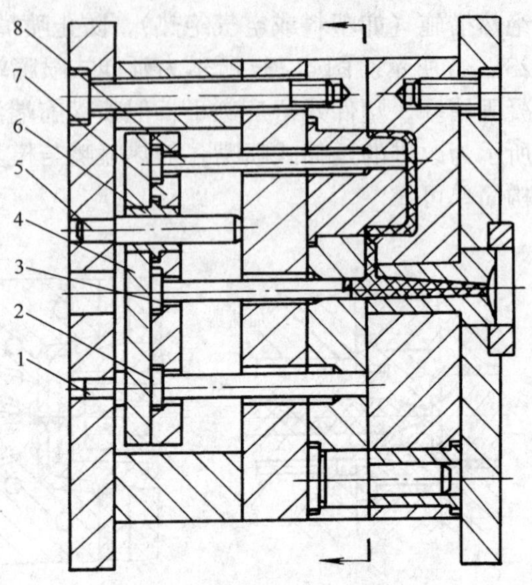

图 4-24　推出机构的典型结构

1—限位钉　2—复位杆　3—拉料杆　4—推板　5—导柱　6—导套　7—推杆固定板　8—推杆

2．推出机构的类型

推出机构的类型取决于制品的形状、塑料的性能及注射机的顶出形式。推出机构常用的类型有一次推出（简单脱模机构)、二次推出、顺序脱模、点浇口自动脱落以及带螺纹塑件脱模

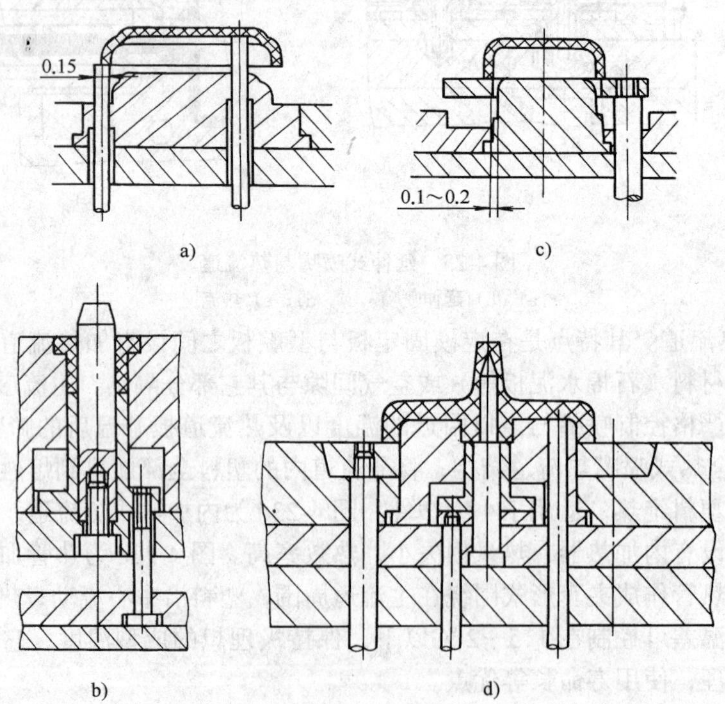

图 4-25　一次推出机构常用形式

a）推杆推出　b）推管推出　c）推件板推出　d）联合推出

等不同类型。

(1) 塑件的一次推出机构　常采用推杆、推板或推管推出塑件，有的塑件需要推杆、推管与推件板的联合推出，以保证塑件变形最小。图 4-25 所示为一次推出机构的常用形式；图 a 为推杆推出机构，这种机构广泛地应用于推出各类塑件；图 b 为推管推出机构，主要用于推出中心带孔的圆形制品或圆形凸台塑件；图 c 为推件板推出机构，这种机构适用于薄壁容器、壳形塑件及外表面不允许留有推出痕迹的塑件；图 d 为联合推出机构，这种机构采用以推件板为主，推杆及推管为辅的推出方式，适用于型芯内部阻力大、仅用推件板或推杆易使塑件变形或损坏的场合。

(2) 塑件二次推出机构　当塑件形状特殊或生产自动化需要，在一次脱模动作后，塑件仍难于从型腔中取出或不能自动脱落时，必须增加一次脱模动作，才能使塑件脱模，有时为避免一次脱模使塑件受力过大，也采用二次脱模，以保证塑件质量，这类脱模机构称为二次推出机构。

图 4-26a 所示为弹簧式二次推出机构，开模后利用弹簧力 2 实现第一次推出，然后由推杆 1 完成二次推出。该方法结构简单，模具结构紧凑，但弹簧易失效，需及时更换。图 4-26b 所示为棘爪式二次推出机构。开模时，注射机顶杆 1 推动二次推板 7，由于弹簧 2 拉住棘爪 3 使一次推板 8 也随之运动，推件板 5 使制品脱离型芯，完成第一次推出。二次推出板 7 再继续运动时，棘爪 3 接触到动模固定板 4 的斜面 A，迫使棘爪转动而脱离二次推板，因此一次推板停止运动，塑件在推杆 6 的作用下脱离推件板 5，完成二次推出。

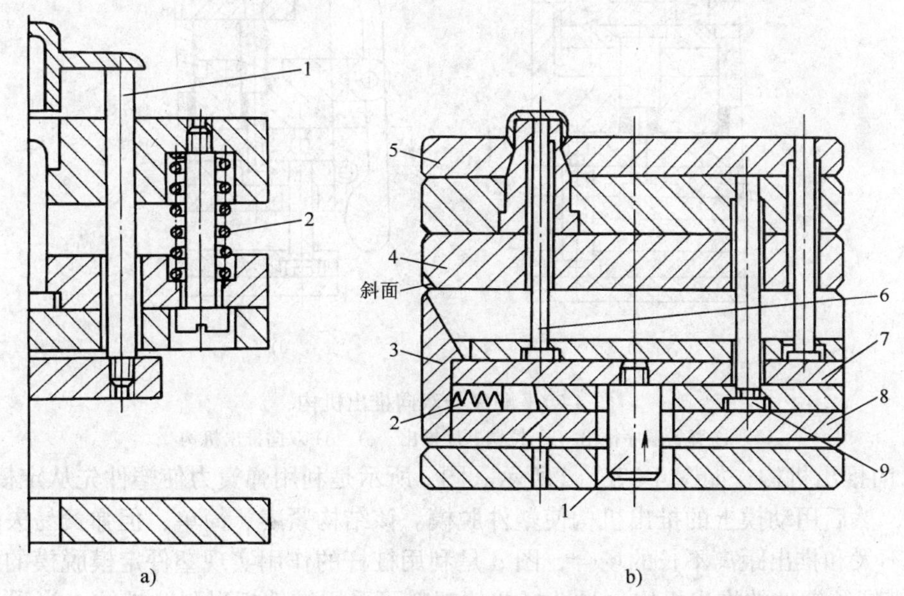

图 4-26　二次推出机构

a) 弹簧式二次推出机构　b) 棘爪式二次推出机构

1—推杆　2—弹簧　3—棘爪　4—动模固定板　5—推件板　7、8—推板　6、9—推杆

(3) 塑件的顺序推出机构和动定模双向推出机构　一般的模具设计都尽可能使塑件留在动模一侧，但有时由于塑件形状特殊而不一定留于动模，或因某种特殊需要，模具在分型时需先使定模分型，然后再使动、定模分型，这两种情况均需考虑在定模上设置推出机构，称

之顺序推出机构或双向推出机构。

1）顺序推出机构，如图 4-27a、b 所示。图 4-27a 所示为弹簧顺序推出机构，合模时弹簧受压缩，开模过程中，首先在弹簧力作用下，使 A 分型面分型，分开至一定距离，限位螺杆限止中间板的移动，模具从 B 分型面分型脱模。图 4-27b 所示是拉钩顺序脱模的形式。开模时先从 A 分型面分型，开模一定距离，拉钩在压板作用下摆动而脱钩，中间板受拉板 4 限制而停止运动，于是从 B 面分型脱模。

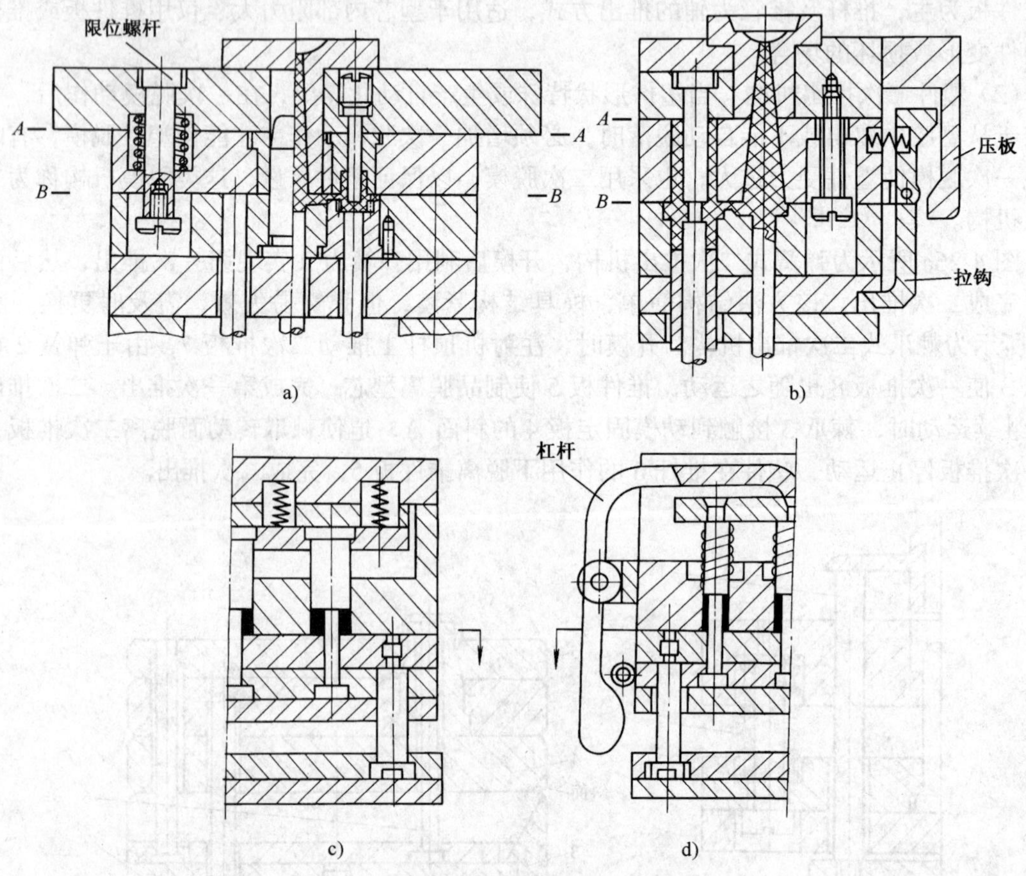

图 4-27 顺序与双向推出机构

a）弹簧顺序推出 b）拉钩顺序推出 c）、d）双向推出机构

2）双向推出机构 如图 4-27c、d 所示。图 c 所示是利用弹簧力使塑件先从定模中脱出，留于动模，然后用动模上的推出机构使塑件脱模。该结构紧凑、简单，但弹簧易失效，用于脱模阻力不大和推出距离不长的场合，图 d 是利用杠杆的作用实现塑件定模脱模的结构。

（4）带螺纹塑件的推出机构 弹性好的软塑料可采用推件板强制脱螺纹，当采用螺纹型芯或螺纹型环成型塑件的内、外螺纹时，大批量生产应采用机内机动脱螺纹机构，而小批量生产可采用机外脱卸螺纹的方法

机动脱螺纹通常是将开合模的往复运动转变成旋转运动，从而使塑件上的螺纹脱出，或是在注射机上设置专用的开合模丝杠，常用结构型式有下列几种：

1）齿轮齿条脱螺纹结构 如图 4-28 所示，开模时，齿条导柱 2 带动螺纹型芯 1 旋转并沿套筒螺母 3 作轴向移动，脱离塑件，该机构中螺纹型芯 1 两端的螺距应一致，否则无法脱

螺纹。

2）锥齿轮脱螺纹结构　如图 4-29 所示，开模时齿条导柱 9 带动齿轮轴 10 上的齿轮旋转，通过锥齿轮副 1、2 带动圆柱齿轮副 3、4 和螺纹型芯 5、螺纹拉料杆 8 旋转，使塑件与边旋转边移动的螺纹型芯 5 脱开。该结构中因齿轮 3 和 4 旋向相反，故拉料杆 8 上的螺纹旋向和螺纹型芯 5 的旋向相反。

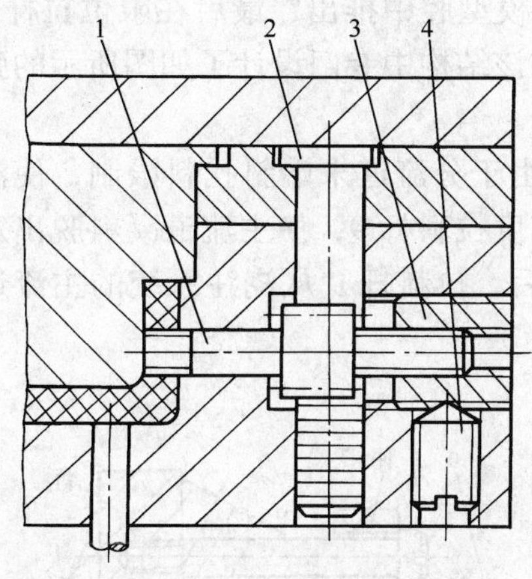

图 4-28　齿轮齿条脱螺纹机构

1—螺纹型芯　2—齿条导柱
3—套筒螺母　4—紧定螺钉

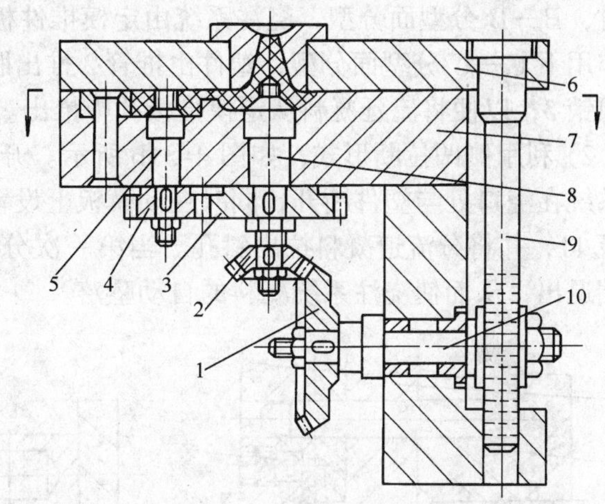

图 4-29　锥齿轮脱螺纹结构

1、2—锥齿轮　3、4—圆柱齿轮　5—螺纹型芯
6—定模底板　7—动模板　8—螺纹拉料杆
9—齿条导柱　10—齿轮轴

3）角式注射模的自动脱螺纹结构　角式注射机脱螺纹机构是以注射机的开合模丝杠驱动的，其螺纹旋出机构如图 4-30 所示。开模时，开合模丝杠 1 带动模具上的主动齿轮轴 2 旋转（轴的端部为方轴，插入丝杠的方孔内），通过与之啮合的齿轮 3 脱卸螺纹型芯。而定模型腔部分在弹簧作用下，随塑件移动一定距离后停止移动（型腔板由定距螺钉 6 限位），此时螺纹型芯 4 边旋转边将塑件从定模型腔中拉出。

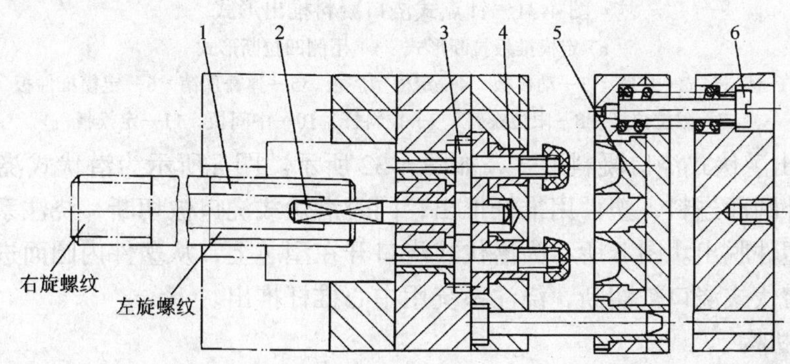

图 4-30　角式注射模多腔螺纹旋出机构

1—开合模丝杠　2—主动齿轮轴　3—齿轮　4—螺纹型芯　5—凹模型腔　6—定距螺钉

（5）点浇口流道的推出机构　当塑模的浇注系统采用点浇口和潜伏式浇口时，由于浇口与塑件的连接面积较小，在开模时易在浇口处拉断，而使浇口与塑件分离，则浇注系统的凝料必须单独从模具中脱出，这时必须考虑点浇口流道的推出机构，其结构形式有如下几种。

1）定模推板拉断形式，如图 4-31a 所示。开模时，*A—A* 分型面先分型，主流道凝料从定模拉出，当限位螺钉 8 与定模推件板 6 接触时，浇注系统凝料与塑件在浇口处拉断，与此同时，*B—B* 分型面分型，浇注系统由定模推件板 6 从凹模型腔中推出，最后在限位拉杆 7 的作用下 *C—C* 分型面分型，塑件由推管 2 推出脱模。在该结构中专门设计了如图所示的弹簧顶销 5，以便将流延凝料从定模推板孔中推出。

2）利用侧凹拉断形式，如图 4-31b 所示。开模时，由于分流道末端斜孔料限制，使浇注系统在浇口处与塑件断开，同时在动模板上设置了反锥度拉料杆 9，使主流道凝料脱出定模板 11，并将分流道凝料拉出斜孔。当第一次分型结束后，拉料杆 9 从浇注系统的主流道末端退出，从而使浇注系统凝料的自动坠落。

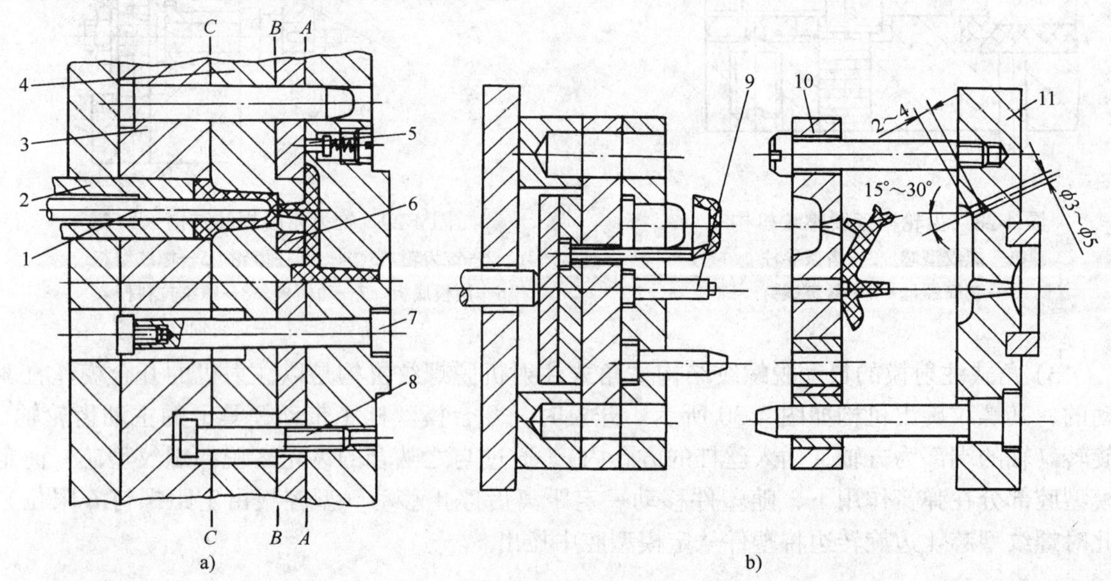

图 4-31　针点式浇口凝料推出形式

a）定模推板拉断形式　b）用侧凹拉断形式

1—型芯　2—推管　3—动模板　4—定模型腔板　5—弹簧顶销　6—定模推件板　7—限位拉杆　8—限位螺钉　9—拉料杆　10—中间板　11—定模板

3）推杆推出潜伏式浇口凝料形式，如图 4-32 所示。图 a 所示为潜伏式浇口开在型腔侧壁上，从塑件外圆面进料，塑件用推杆推出，同时潜伏式浇口被切断，浇注系统凝料用推杆推出并滞后于塑件脱出。图 b 所示为潜伏式浇口开在型芯上，从塑件内圆面进料，塑件用推杆推出，同时潜伏式浇口被切断，浇注系统用中心推杆推出。

4.4.4　侧抽芯机构

当塑件有侧孔或侧凹时，模具必须设有侧向分型与抽芯机构，在塑件被推出之前，必须先抽出侧型芯。除了使用气动或液压抽芯之外，一般都用开模动作带动抽芯机构动作，并通过传动件实现传动方向的变换，从而完成机动抽芯。其结构有斜销式、弯销式、斜导杆式、斜导槽式、斜滑块式和齿轮齿条式等多种不同形式。

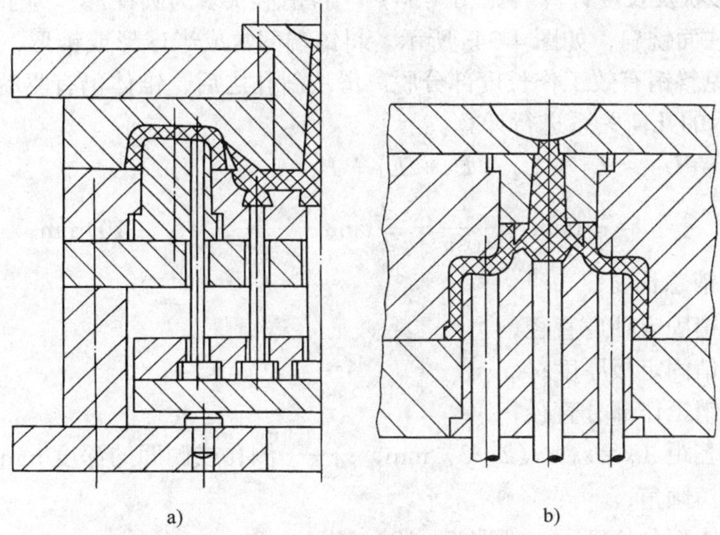

图 4-32 潜伏式浇口凝料推出形式

a) 潜伏式浇口开在型腔侧壁 b) 潜伏式浇口开在型芯上

1. 斜销抽芯机构

(1) 基本结构 如图 4-33 所示，具有结构简单、制造方便、工作可靠等特点，是侧抽芯机构中最常用的一种。其工作过程如下：

斜销 6 固定在定模板 5 上，侧型芯 8 由销钉 7 固定在滑块 11 上，开模时，开模力通过斜销迫使滑块在动模板 10 的导滑槽内向左移动，完成抽芯动作。为了保证合模时斜销能进入滑块斜孔中，带动滑块复位，机构上设有定位装置。此外，机构上还设有锁紧楔 4，以保持滑块的成型位置。塑件靠推管 9 推出型腔。

(2) 滑块的定位装置 开模后，滑块必须停留在一定位置上，否则合模时斜销不能准确地进入滑块，致使模具损坏，为此必须设置滑块定位装置。在图 4-33 中，当滑块脱离斜销时，滑块 11 在压缩弹簧 2 的作用下紧靠在限位挡块 1 的侧面上，合模时斜销能准确进入滑块的斜孔内，使滑块复位。

(3) 滑块的锁紧 通常采用锁紧楔 4 在模具闭合后锁紧滑块，承受成型时塑料熔体对滑块的推力，以免斜销弯曲变形。合模时，锁紧楔的斜面紧压滑块斜面，其楔角 α' 应大于斜销的倾角 α，即一般取 $\alpha'=\alpha+(2°\sim3°)$。锁紧楔必须牢固固定，当侧向型腔压力很大时锁紧楔必须在结构上加固。

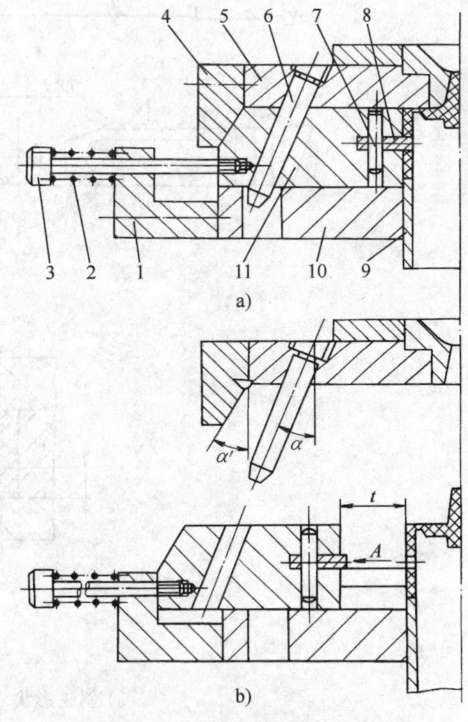

图 4-33 斜销抽芯机构工作原理

a) 闭模状态 b) 开模状态

1—限位挡块 2—压紧弹簧 3—螺钉 4—锁紧楔 5—定模板 6—斜销 7—销钉 8—侧型芯 9—推管 10—动模板 11—滑块

(4) 斜销的形状及长度计算（见图 4-34） 斜销形状多为圆柱形，为了减小其与滑块的摩擦，可将其圆柱面铣扁，如图 4-34a 所示。斜销端部常成半球形或锥形，锥体角应大于斜销的倾角，以避免斜销有效工作长度部分脱离滑块斜孔之后，锥体仍有驱动作用。斜销长度可按图 4-34b 所示的几何关系进行计算。

$$
\begin{aligned}
L_{总} &= L_1 + L_2 + L_3 + L_4 + L_5 \\
&= \frac{D}{2}\tan\alpha + \frac{t}{\cos\alpha} + \frac{d}{2}\tan\alpha + \frac{s}{\sin\alpha} + (5 \sim 10)\text{mm}
\end{aligned}
\tag{4-9}
$$

式中 $L_{总}$——斜销总长度；

D——斜销固定轴肩直径；

t——斜销固定板厚度；

d——斜销工作部分直径；

s——抽芯距（$s = s_0 +$ （2～3）mm，s_0——侧孔或侧凹的深度 mm）；

α——斜销倾角；

L_5——锥体部分长度，一般取 5～10mm。

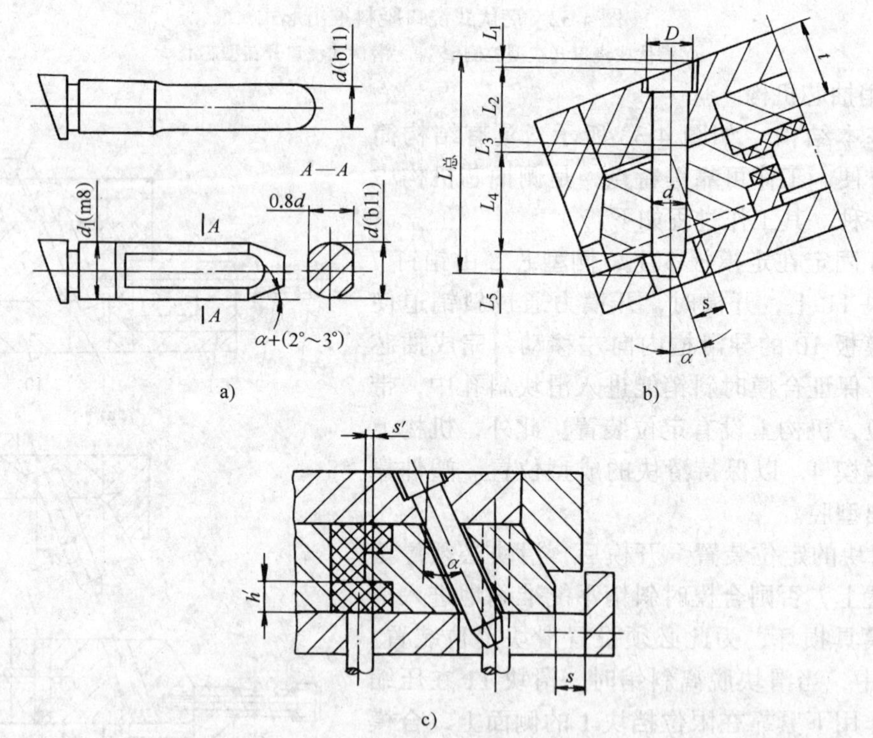

图 4-34 斜销

a) 斜销形状 b) 斜销长度计算 c) 干涉现象

(5) 斜销抽芯机构的组合形式 因安装位置不同，斜销抽芯机构有下列几种组合形式。

1) 斜销在定模、滑块在动模 如图 4-33 所示。这种形式结构简单，装配方便，使用最广泛。由于滑块在动模上，这种结构形式必须注意复位时滑块与推杆不发生干涉现象。

滑块与推杆不干涉的条件如图 4-34c 所示，当侧型芯与推杆在垂直于开模方向的投影出现重合部位 s'，而滑块复位先于推杆复位，致使活动型芯与推杆相撞而损坏。满足侧型芯

与推杆不发生干涉的条件是

$$h'\tan\alpha \geqslant s' \tag{4-10}$$

式中　h'——合模时，推杆端部到侧型芯的最短距离；

　　　s'——在垂直于开模方向的平面内，侧型芯与推杆的重合长度。

一般，$h'\tan\alpha$ 只要比 s' 大 0.5mm 即可避免干涉。可见，适当加大斜导柱的倾角 α 对避免干涉是有利的。如果适当增加 α 角仍不能满足式（4-10）的条件，则应采用推杆先行复位机构。

2）斜销在动模，滑块在定模　如图 4-35a 所示。开模时，A—A 面先分型，型芯 1 不动，动模板 6 移动，滑块 3 在斜销 2 带动下抽芯；当动模板与型芯 1 的台肩相碰时，B—B 面分型，型芯与塑件一起与定模脱开；由推件板 5 推出塑件。这种形式适用于有侧凹或侧孔的薄壁深罩形塑件，且适用于抽拔力不大，抽芯距较小的场合。

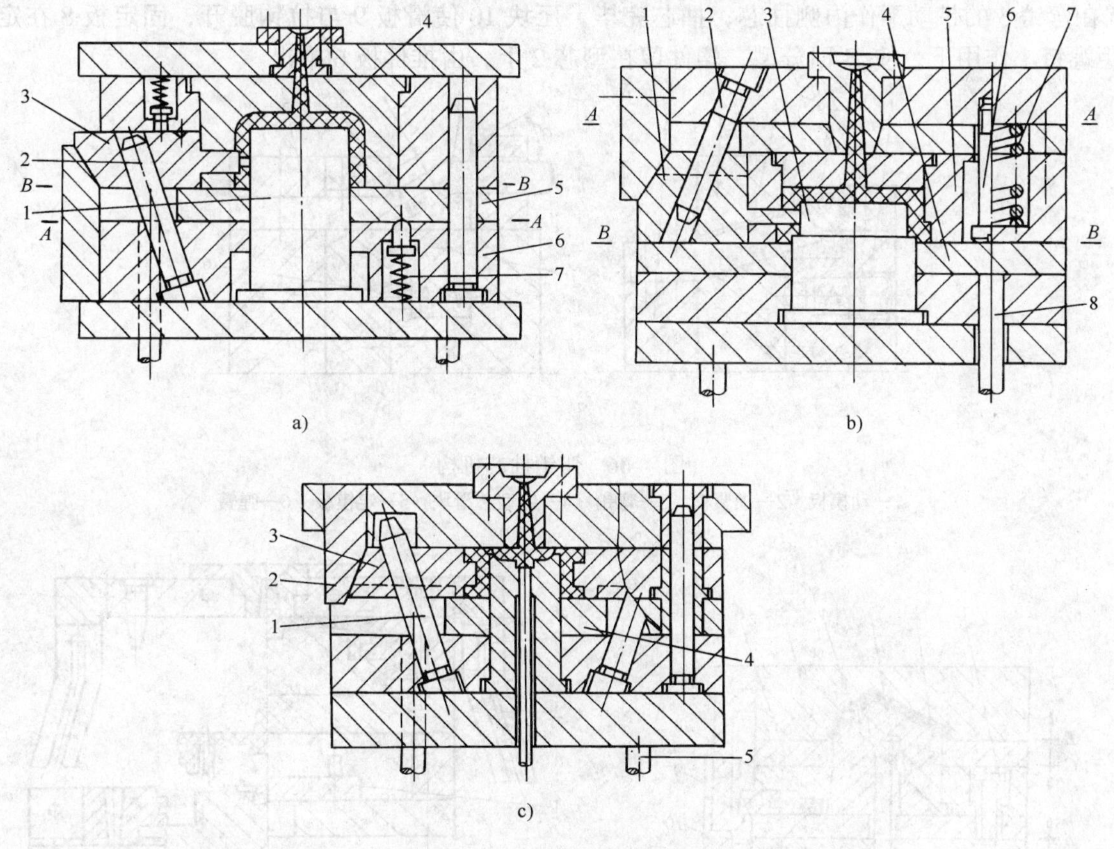

图 4-35　斜销抽芯机构的形式

a）斜销在动模、滑块在定模　b）斜销与滑块均在定模　c）斜销与滑块均在动模

3）斜销和滑块同在定模　如图 4-35b 所示，开模时，A—A 面先分型，滑块 1 在斜销 2 的作用下抽芯；抽芯结束，定模型腔板 5 被定距螺钉 6 拉住，B—B 面分型，塑件留在动模型芯 3 上，当动模移动一定距离后，推杆推动推件板 4 推出塑件。斜销与滑块同时安装在定模上的结构，两者之间必须有相对运动，否则就无法实现侧向分型与抽芯动作。通常在定模部分需增加一个分型面，并设置顺序分型机构。

4）斜销和滑块同在动模　如图 4-35c 所示。开模时，滑块 3 与斜销 1 一起随动模下移和定模分开，推杆 5 推动推件板 4 使塑件脱模，同时滑块在斜销作用下，沿推件板的导滑槽向两侧移动而侧向分型抽芯。合模时，锁紧楔 2 使滑块 3 先复位。该结构模具，侧型芯滑块始终不脱离斜销，所以不需设置滑块定位装置，但局限于抽拔力不大，抽芯距较小的场合。

2. 弯销抽芯机构

它是斜销抽芯机构的一种变型，其工作原理与斜销抽芯机构相同，其区别在于用弯销代替斜销。弯销常为矩形截面，抗弯强度较高，可采用较大的倾斜角，在开模距离相同的条件下，可获得较斜销大的抽芯距。必要时，弯销还可由不同斜角的几段组成，以小的斜角段获得较大的抽芯力，而以大的斜角段获得较大的抽芯距。

图 4-36 所示是弯销抽芯的典型结构。开模时，侧型芯滑块 4 在弯销 3 的带动下沿动模板 1 的导滑槽侧向移动抽芯，抽芯结束后，侧型芯滑块由弹簧 6、顶销装置定位。

图 4-37 所示是弯销内侧抽芯的结构。开模时，在拉钩 7 的作用下，A 面先分型，滑块 4 在弯销 3 的带动下作内侧抽芯；抽芯完毕，压块 10 使滑板 9 与拉钩脱开，固定板 8 在定距螺钉 1 作用下，使 B 面分型，塑件留在型芯 2 上，由推件板 6 推出。

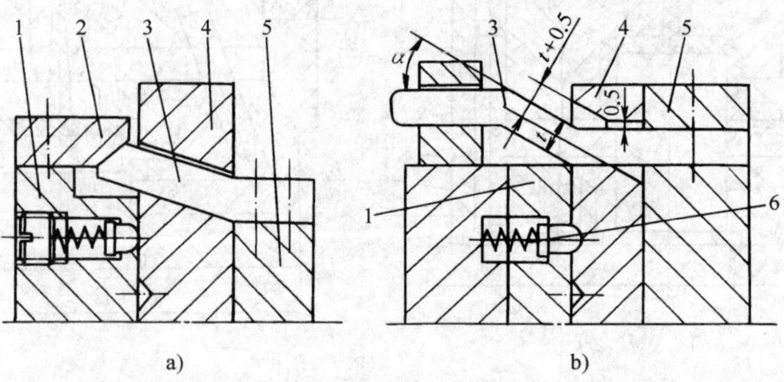

图 4-36 弯销抽芯机构

1—动模板 2—锁紧楔 3—弯销 4—侧型芯滑块 5—定模板 6—弹簧

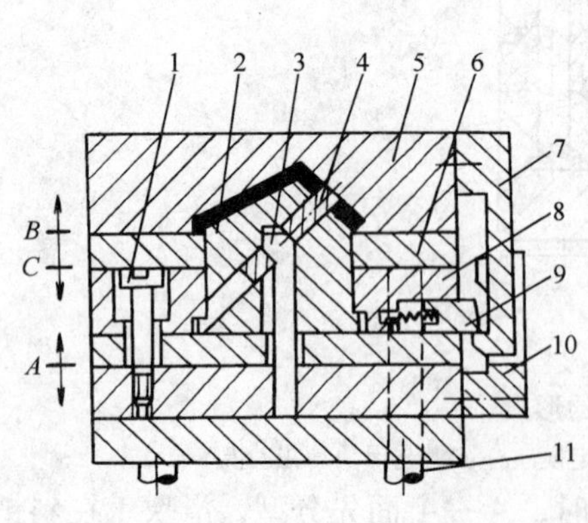

图 4-37 弯销内侧抽芯

1—定距螺钉 2—型芯 3—弯销 4—滑块 5—型腔板 6—推件板 7—拉钩 8—固定板 9—滑板 10—压块 11—推杆

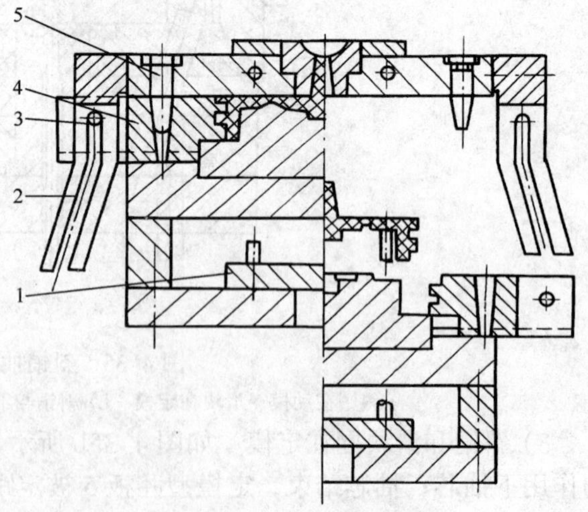

图 4-38 斜导槽抽芯机构

1—推板 2—导滑槽板 3—销 4—滑块 5—止动销

3. 斜导槽抽芯机构

斜导槽抽芯机构如图 4-38 所示。左边为模具闭合状态，图右边为开模后，推出塑件状态。装在滑块上的止动销 5 先在导滑槽板 2 的导滑槽的直线段内移动，待止动销 5 完全离开滑块 4 后，滑块 4 在斜导槽作用下向模外移动，完成抽芯动作。斜导槽板在模外固定、安装方便。斜导槽可作成两段，第一段倾角应小于 25°，第二段不大于 40°。因此，斜导槽抽芯机构可有较大的抽芯距离。

4. 斜滑块抽芯机构

斜滑块机构适用于塑件侧孔或侧凹较浅、所需抽芯距不大，但成型面积较大的场合。斜滑块抽芯机构的模具结构紧凑，动作可靠，锁模紧密，塑件质量好。斜滑块抽芯机构可分为滑块导滑和斜滑杆导滑两种形式。

(1) 滑块导滑的斜滑块的抽芯机构　图 4-39 所示为线圈骨架的斜滑块外侧抽芯典型模具。图 4-39a 为闭模状态；图 4-39b 为开模后顶出状态。斜滑块 1 两侧的凸耳在模套 5 的斜导滑槽内滑动。斜滑块向模外斜向移动时，一边抽出侧凹，一边使塑件从动模芯上拔出。限位螺钉 7 防止斜滑块脱落，止动钉 8 在压簧 9 的作用下，在开模时迫使斜滑块跟动模一起移动。这种模具结构抽芯距离受到塑件高度的限制。抽芯距的计算如图 4-39c 所示，在直角三角形内。理论抽芯距 $A'=\sqrt{(D/2)^2-(d/2)^2}$，为安全起见，实际抽芯距 $A=A'+2\text{mm}$。

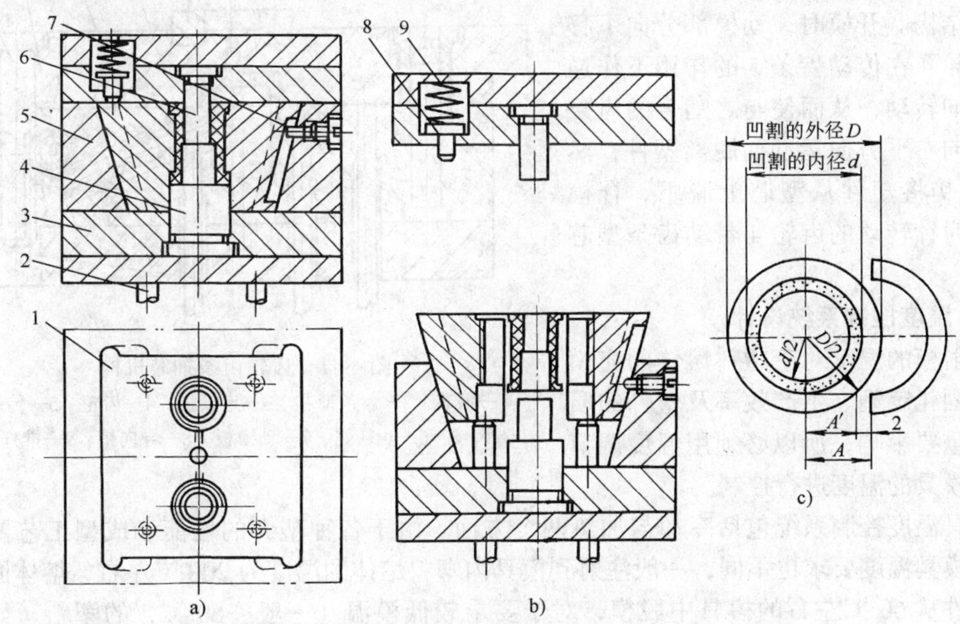

图 4-39　斜滑块外侧抽芯机构

a) 闭模状态　b) 开模后顶出状态　c) 圆环形塑件抽芯距计算

1—斜滑块　2—推杆　3—固定板　4、6—型芯　5—模套　7—限位螺钉　8—止动钉　9—压簧

(2) 斜滑杆导滑的斜滑块抽芯机构　如图 4-40a 所示，利用斜滑杆 3 带动斜滑块 1、沿模套 2 的锥面方向运动来完成分型抽芯动作。斜滑杆 3 是在推板 5 的驱动下工作的，滚轮 4 是为了减小摩擦。图 4-40b 所示为利用斜滑杆导滑的斜滑块内侧分型与抽芯机构，斜滑杆 3 头部即为成型滑块，凸模 6 上开有斜孔，在推出板 5 的作用下，斜滑杆沿斜孔运动，使塑件一面抽心，一面脱模。该机构常用于抽芯力较小的场合。

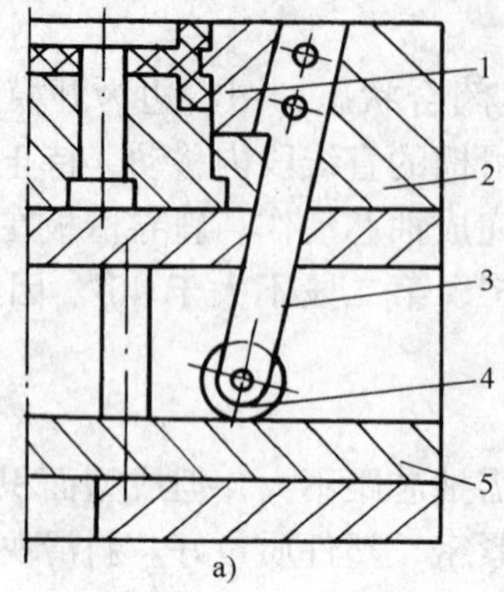

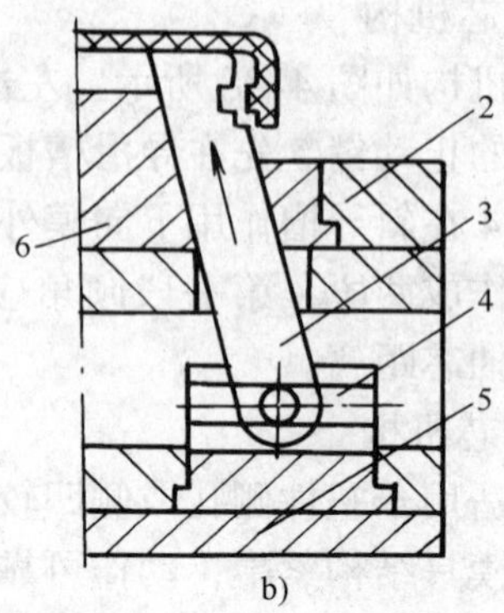

图 4-40　斜滑杆抽芯机构

a）斜滑杆外抽芯　b）斜滑杆内抽芯

1—斜滑块　2—模套　3—斜滑杆　4—滑轮或滑座（b 图）　5—推板　6—凸模

5. 齿轮副抽芯机构

这种机构的侧抽芯可获得较大的抽拔力和抽拔距，且能抽拔与分型面成一定角度的型芯，模具结构较复杂，适用于简便结构无法抽芯的场合。

图 4-41 所示为传动齿条固定在定模一侧的结构。开模时，动模部分向下移动，齿轮 4 在传动齿条 5 的作用下作逆时针方向转动，从而使与之啮合的齿条型芯 2 向右下方向运动而脱离塑件，然后推杆 9 将塑件从型芯上脱下，合模时，顺时针转动的齿轮 4 带动齿条型芯 2 复位。

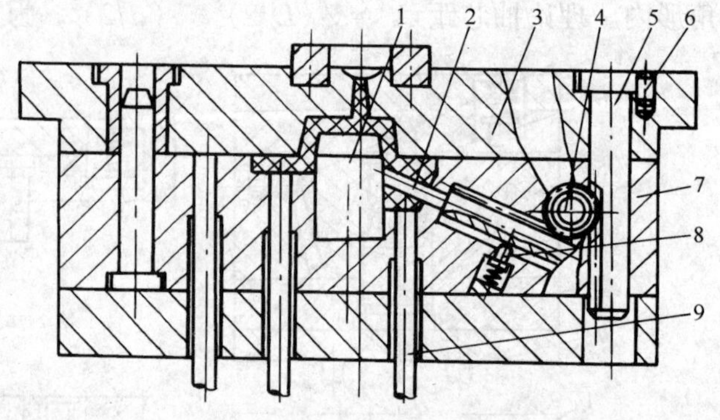

图 4-41　齿轮齿条抽芯机构

1—型芯　2—齿条型芯　3—定模板　4—齿轮　5—传动齿条　6—止转销　7—动模板　8—导向销　9—推杆

4.4.5　温度控制系统设计

注射模的温度对于塑料熔体的充模流动、固化定型、生产效率及塑件的质量都有重要影响，所以必须用温度调节系统对模具的温度进行控制。

模具温度控制系统包括冷却与加热两个方面。由于各种塑料的性能和成型工艺要求不同，对模具温度要求也不同，一般注射到模具内塑料熔体的温度为 200 ℃左右，熔体固化成型后塑件从 60 ℃左右的模具中脱模，对于要求较低模温（一般＜80 ℃）的塑料，如聚乙烯、聚丙烯、聚苯乙烯、ABS 等，仅需设置冷却系统，即在模具内通入冷却水将热量带走，并通过调节水的流量来调节模温。而对于要求模温较高（80～120 ℃）的塑料，如聚碳酸脂，聚砜、聚苯醚等，且模具较大时，需设置加热系统。一般热塑性塑料注射成型时只需考虑冷却装置。

1. 温度控制作用与实例

(1) 温度控制作用

1）缩短成型周期提高生产效率　据统计模具的冷却时间约占整个注射循环周期的 2/3，因此缩短成型周期中的冷却时间是提高生产率的关键。

2）改善成型性能　模具必须保持合适的温度，使塑料熔体具有良好的流动性，以改善成型性能。

3）减少塑件变形、提高塑件的精度　合适的冷却系统，使模具各部分温度保持均匀，使塑件各处冷却速度一致，减少塑件的变形，同时温度恒定能减少塑件成型收缩率的波动，从而提高了塑件的尺寸和形状精度。

4）改善塑件表面质量　模温过低会使塑件轮廓不清晰，产生明显的熔合纹。提高模温可改善塑件表面状态，降低塑件表面粗糙度值。

(2) 模具的冷却实例　模具冷却方式一般是在型芯、型腔等部分合理地设置冷却管道，并通过调节冷却水流量及流速来控制模温。

1）型腔冷却回路实例　图 4-42a 所示为简单直流式冷却回路，这种单层的冷却回路只用于较浅的型腔；为避免外部设置接头，冷却管道之间可采用内部钻孔沟通，非进出口均用螺塞堵住，如图 4-42b 所示；图 4-42c 为圆形塑件型腔冷却回路，圆形型腔通常是以镶块形式镶入模板中，对于圆形镶块，一般可在圆形镶块的外圆上开设环形冷却水沟槽；图 4-42d 所示为采用左、右两组对称冷却回路，并用堵头或隔板使冷却水沿规定的回路流动形式，由于两组回路的入口均靠近浇口处，可保证型腔表面温度分布均匀，此形式可用于大面积的浅型腔。

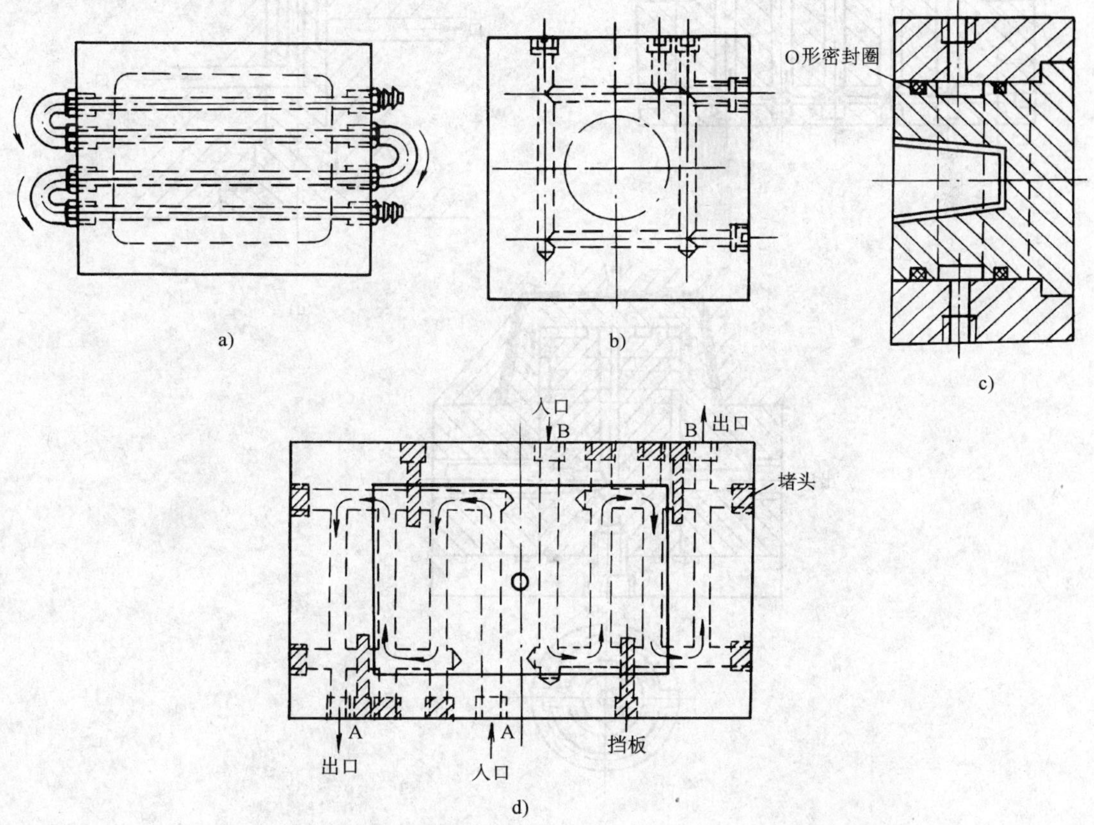

图 4-42　型腔冷却回路形式

a)、b) 直流循环式　c) 左右对称式　d) 冷却沟槽式

2）型芯冷却回路实例　当型芯较浅时，可将单层冷却回路开设在型芯下部，如图 4-43a 所示。而对于较深的型芯，为使型芯表面迅速冷却，应设法使冷却水在型芯内循环流动，其形式有如下几种：

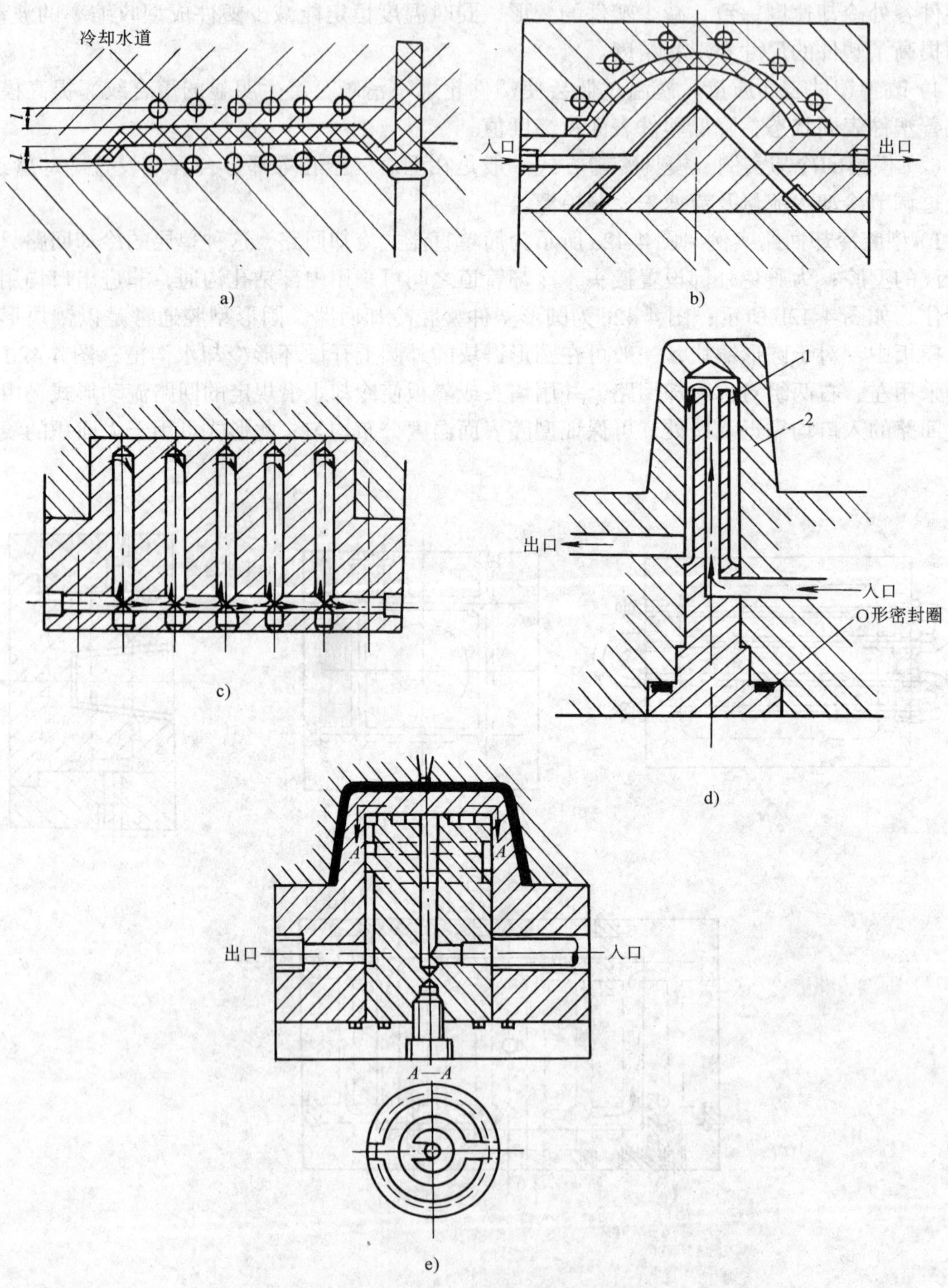

图 4-43　型芯冷却回路形式

a）浅型芯冷却形式　b）斜交叉式　c）直孔隔板式　d）喷流式　e）衬套式

① 斜交叉式管道冷却回路。图 4-43b 所示的形式主要适用于小直径深形型芯的冷却。

② 直孔隔板式冷却回路。图 4-43c 所示为直孔隔板式冷却回路，平行于型芯轴线的管道与底部横向管道形成了冷却回路，为使冷却水沿回路流动，在直管道中设置有隔板。

③ 对于深度较大的型芯，可采用喷流式及衬套式冷却回路，图 4-43d 所示为在型芯中间装一喷水管，冷却水从喷水管中喷出，分流后向四周流动冷却型芯侧壁，喷流式适用于长型芯单型腔模。图 4-43e 所示为衬套式冷却回路，冷却水从型芯中间衬套的水道喷出，首先冷却型芯顶部，然后向侧壁的环形沟槽流动，冷却型芯周边，最后沿型芯底部流出。该形式冷却效果好，但模具结构复杂，只适用于大直径圆筒形型芯的冷却。

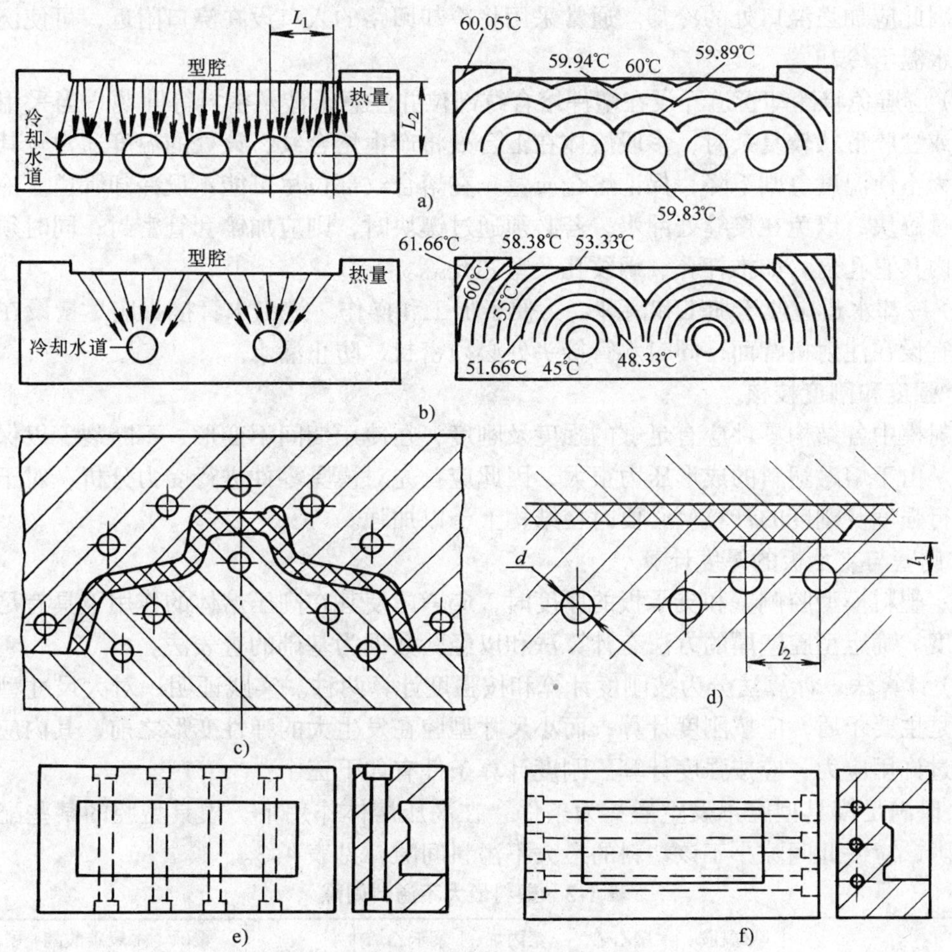

图 4-44 冷却系统设计

a)、b) 型腔表面温度变化 c)、d) 冷却管道的布置 e)、f) 冷却管道的排列

2. 冷却系统设计要点

(1) 合理确定冷却管道的直径、中心距以及与型腔壁的距离 冷却管道的直径与间距直接影响模温分布，如图 4-44 所示。图 a 中布置的冷却管道可保证型腔表面温度分布均匀。而图 b 所示，因开设的冷却管道直径太小，且间距又大，所以型腔表面的温度变化很大（从 53.33～61.66 ℃），造成塑件各部分不均匀收缩。根据经验，一般冷却管道中心线与型腔壁的距离 l_1 应为冷却管道直径的 1～2 倍（常为 12～15mm）；冷却管道的中心距 l_2 约为管道

直径的 3～5 倍。管道直径常取 8～15mm，并尽可能使管道孔分别到各处型腔表面的距离相等，如图 4-44c 所示。但当塑个壁厚不均匀时，应在厚壁处开设间距较小的冷却管道，如图 4-44d 所示。

(2) 降低进水与出水的温度差　冷却系统两端进、出水温度差小，则有利于型腔表面温度均匀分布。通常可通过改变冷却管道的排列形式来降低进、出水的温差，同时可减小冷却回路的长度。如图 4-44e、f 所示的大型注射模，采用图 e 的排列形式比采用图 f 所示形式的冷却效果要好。

(3) 浇口处应加强冷却　在塑料熔体充模时，浇口附近的温度最高，而离浇口越远温度越低，因此应加强浇口处的冷却。通常采用将冷却回路的入口设在浇口附近，可使浇口附近在较低水温下冷却。

(4) 应避免将冷却管道开设在塑件熔合纹部位并注意干涉及密封等问题　当采用多点浇口进料或型腔形状较复杂时，多股熔体在汇合处将产生熔合纹，该处的温度通常较其它部位要低，为不使温度急剧下降，保证熔合质量，在熔合纹部位尽可能不设冷却管道。冷却管道不应穿过镶块，以免在接缝处漏水，若必须通过镶块时，则应加镶套管密封；同时须考虑避开模具内其它孔道，如推杆孔、螺纹孔及型芯孔等。

(5) 冷却水道应便于加工和清理　为便于加工和操作，进出水管接头应尽量设在模具同一侧，宜设在注射机背面，同时水管接头处必须密封，防止漏水。

4.4.6　强度和刚度校核

注射模中各结构零件应有足够的强度及刚度，在使用期间不变形、不断裂，以保证模具的寿命。由于熔融塑料的成形压力很大，因此应首先对模具零件进行受力分析，对于某些零件应进行强度及刚度的计算。必要时在结构上予以加强。

1. 侧壁与支承板的厚度计算

确定塑料模型腔侧壁和支承板的厚度时，应考虑使其在高压熔体的作用下具有足够的强度与刚度。确定型腔壁厚的方法有计算法和以经验数据为基础的查表法。

(1) 计算法　计算法分为按刚度计算和按强度计算两种。实践证明，对大尺寸型腔，刚度不足是主要矛盾，应按刚度计算；而小尺寸型腔在发生大的弹性变形之前，其内应力往往就已超过许用应力，应按强度计算。刚度计算条件有如下三个：

1) 以满足模具型腔不发生溢料为条件　在高压熔体作用下，模具型腔的某些配合面会产生间隙，应使此间隙小于该塑料的最大不溢料间隙，见表 4-3。

表 4-3　塑料最大不溢料间隙

塑料	聚酰胺 PA	聚乙烯 PE	聚丙烯 PP	聚苯乙烯 PS	ABS	聚砜 PSU	聚碳酸酯 PC	硬聚氯乙烯 HPVC
最大不溢料间隙值/mm	0.025～0.04			0.05		0.06～0.08		

2) 以保证塑件精度为条件　应使型腔壁最大弹性变形量小于塑件公差的 1/5 左右。

3) 以保证塑件顺利脱模为条件　若塑料熔体的压力使型腔壁产生的变形量大于塑件的热收缩值，塑件周边将被型腔紧紧包住而难脱出，因此型腔壁允许的弹性变形值应小于塑件收缩值。

在一般情况下，塑件成型收缩率较大，因此当满足前两项刚度条件，第三项刚度条件就可同时满足。

型腔壁厚的强度与刚度计算公式见表 4-4。

表 4-4　型腔壁厚的强度与刚度计算

类型		简图	部位	强度计算公式	刚度计算公式
圆形型腔	整体式		侧壁	$t_c = r\left(\sqrt{\frac{[\sigma]}{[\sigma]-2p}}-1\right)$	$t_c = r\left(\sqrt{\frac{\frac{E}{rp}-(\mu-1)}{\frac{E}{rp}-(\mu+1)}}-1\right)$
			底部	$t_d = \sqrt{\frac{3pr^2}{4[\sigma]}}$	$t_d = \sqrt[3]{0.175\frac{pr^4}{E\delta}}$
	镶拼组合式		侧壁	$t_c = r\left(\sqrt{\frac{[\sigma]}{[\sigma]-2p}}-1\right)$	$t_c = r\left(\sqrt{\frac{\frac{E}{rp}-(\mu-1)}{\frac{E}{rp}-(\mu+1)}}-1\right)$
			底板	$t_d = \sqrt{\frac{1.22pr^2}{[\sigma]}}$	$t_d = \sqrt[3]{\frac{0.74pr^4}{E\delta}}$
矩形型腔	整体式		侧壁	$t_c = h\sqrt{\frac{\alpha p}{[\sigma]}}$	$t_c = \sqrt[3]{\frac{cph^4}{E\delta}}$
			底部	$t_d = b\sqrt{\frac{\alpha' p}{[\sigma]}}$	$t_d = \sqrt[3]{\frac{c'ph^2}{E\delta}}$
	镶拼组合式		侧壁	$t_c = l\sqrt{\frac{ph}{2H[\sigma]}}$	$t_c = \sqrt[3]{\frac{phl^4}{32EH\delta}}$
			底板	$t_d = l\sqrt{\frac{phl^2}{4B[\sigma]}}$	$t_d = \sqrt[3]{\frac{5phl^4}{32EB\delta}}$

注：r——凹模型腔内半径或型芯外半径（mm）；

t_c——凹模侧壁厚度（mm）；

t_d——凹模底板厚度（mm）；

p——模腔压力（MPa）；

$[\sigma]$——材料的许用应力（MPa）；

δ——成型零件的许用变形量（mm）；

E——弹性模量（MPa）；

μ——泊松比；

h——型腔深度（mm）；

H——凹模外侧高度（mm）；

L——凹模内壁长边长度（mm）；

b——凹模内壁短边长度（mm）；

B——凹模底板外侧宽度（mm）；

L——垫板间距（mm）。

表 4-4 计算公式中的系数 c，c'，a，a'参见表 4-5～表 4-8。

表 4-5　系数 c 值

l/h	c	l/h	c
0.50	0.002	1.43	0.177
0.67	0.006	1.66	0.188
0.83	0.015	2.00	0.330
1.00	0.031	2.50	0.570
1.10	0.045	3.33	0.930
1.25	0.073		

表 4-6　系数 c′值

l/b	c'	l/b	c'
1.0	0.0138	1.6	0.0251
1.1	0.0164	1.7	0.0260
1.2	0.0188	1.8	0.0267
1.3	0.0209	1.9	0.0272
1.4	0.0226	2.0	0.0277
1.5	0.0240		

表 4-7　系数 α

l/b	0.25	0.5	0.75	1.0	1.5	2.0	3.0
α	0.02	0.081	0.173	0.321	0.727	1.226	2.105

表 4-8　系数 α′

l/b	1.0	1.2	1.4	1.6	1.8	2.0	∞
α'	0.3078	0.3834	0.4356	0.4680	0.4872	0.4974	0.5000

矩形组合式型腔当跨度 L_1 较大时，计算出的垫板厚度大。在这种情况下，可在垫板下面增加 1～2 个支承块，则可使垫板厚度大大减薄。表 4-9 列出增加支承块后，在相同的许用应力和许用变形量下，按强度和刚度计算垫板厚度减薄的情况。

(2) 查表法　由于上述型腔壁厚计算公式比较复杂，在生产实际中常采用一些经验公式和经验数据，由查图或表确定壁厚，但对大型模具应进行强度和刚度校核。图 4-45a 和图 4-45b 所示分别为圆形凹模及模套最小壁厚经验曲线。表 4-10 为镶拼组合式凹模及模套最小壁厚。

表 4-9　矩形组合式型腔增加中间支承后垫板厚度减薄情况

	无中间支承	加一中间支承	加二中间支承
支承情况	p L_1	p $L_1/2$	p l 1 2 l L_1
	板厚与无中间支承时板厚的比值		
强度计算板厚	1	1/2.7	1/4.3
风刚度计算板厚	1	1/3.4	1/6.8

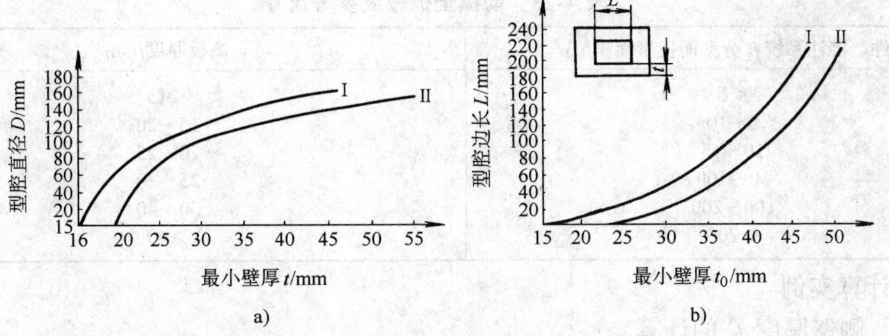

图 4-45 圆形、矩形凹模及模套最小壁厚曲线

a) 圆形凹模及模套 b) 矩形凹模及模套

Ⅰ—成形压力＜30MPa Ⅱ—成形压力＜45MPa

（已考虑导柱位置，导柱应设在截面最大处）

表 4-10 镶拼组合式凹模及模套最小壁厚

类 型	圆 形		矩 形	
	（图：d、t_1、t_2）		（图：b、t_1、t_2）	
型腔内尺寸	圆形凹模内径 d		矩形凹模内壁短边 b	
	40～100	＞100～200	40～100	＞100～200
t_1	5～10	＞10～15	5～10	＞10～15
t_2	取图 4-45 曲线对应值的 70%～80%		取图 4-45 曲线对应值的 70%～85%	

注：1. 表中数据适用于淬硬钢材，未淬硬钢材则应乘以系数 1.2～1.5，对矩形镶拼组合式凹模，如长边大于 2 倍短边时，则壁厚值应乘以系数 1.2～1.5。

2. 为安全起见，大型模具需用计算法校核其强度和刚度。

表 4-11 为型腔侧壁厚度经验公式，表 4-12 和表 4-13 为动模垫板厚度经验数据，可供设计参考。

表 4-11 为型腔侧壁厚度

型腔压力/MPa	侧壁厚度	备注
＜49 （注射成形）	$0.2l+0.17$	当型腔为整体式 l＞100 时需乘以 0.85～0.9
＜49 （压缩成形）	$0.16l+0.15$	
＜29 （压缩成形）	$0.14l+0.12$	

表 4-12 动模垫板厚度

b	$b=L$	$b=1.5L$	$b=2L$
＜102	0.12～0.13b	0.10～0.11b	0.08b
＞102～300	0.13～0.15b	0.11～0.12b	0.08～0.09b
＞300～300	0.15～0.17b	0.12～0.13b	0.09～0.10b

注：当型腔压力 p＜29MPa，L≥1.5b 时，需乘以 1.25～1.35；

当型腔压力 p＜49MPa，L≥1.5b 时，需乘以 1.5～1.6。

表 4-13　动模垫板厚度参考尺寸

塑件、浇注系统在分型面投影面积/cm^2	垫板厚度/mm
<5	<15
5～10	15～20
10～15	20～25
50～100	25～30
100～200	30～40
>200	>40

(3) 计算实例

例 1　侧壁厚度 t_c 的计算。

以镶拼组合式矩形型腔为例（见表 4-4）。

已知：$p=50$MPa，$l=200$mm，$h=100$mm，$H=150$mm，$\delta=0.08$mm，$E=2.1\times10^5$MPa

求 t_c：

代入表 4-4 公式 $t_c=\sqrt[3]{\dfrac{phl^4}{32EH\delta}}$中，则

$$t_c=\sqrt[3]{\frac{phl^4}{32EH\delta}}=\sqrt[3]{\frac{50\times100\times200^4}{32\times2.1\times10^5\times150\times0.08}}\text{mm}=\sqrt[3]{\frac{10^6}{10.08}}\text{mm}=46.4\text{mm}$$

例 2　支承板厚度 t_d 的计算。

已知：$b=50$mm，$B=300$mm，$l=200$mm

代入表 4-4 公式 $t_d=\sqrt[3]{\dfrac{5phl^4}{32EB\delta}}$中，则

$$t_d=\sqrt[3]{\frac{5phl^4}{32EB\delta}}=\sqrt[3]{\frac{50\times150\times200^4}{32\times2.1\times10^5\times300\times0.08}}\text{mm}$$

$$=\sqrt[3]{\frac{25\times10^6}{32\times2.1}}\text{mm}=0.719\times10^2\text{mm}=71.9\approx72\text{mm}$$

2．拉杆直径计算

注射成型中常使用拉杆或拉板驱动模板，拉杆或拉板的截面积由式（4-11）计算

$$A=\frac{F}{[\sigma]} \tag{4-11}$$

式中　F——拉杆或拉板所受拉力（N）；

$[\sigma]$——材料的抗拉许用应力（MPa）；

A——截面积，对于拉杆 $A=\dfrac{1}{4}\pi d^2$ 代入式（4-12）

得
$$\frac{\pi d^2}{4}=\frac{F}{[\sigma]};\ d^2=\frac{4F}{\pi[\sigma]};\ d=\sqrt{\frac{4F}{\pi[\sigma]}} \tag{4-12}$$

式中　d——拉杆直径（mm）。

3．支承柱直径计算

支承柱直径较小，当支承板受压力较大时，可能在支承板上压出凹坑，而使模具损坏。须对支承板的压应力进行核算，不得超过材料的屈服点。

压应力的计算见式（4-13）。

$$[\sigma] = \frac{F}{A} \tag{4-13}$$

式中　F——支承柱或支承板所受压力（N）；

$[\sigma]$——材料许用应力（MPa）；

A——支承柱截面积，对圆形支承柱 $A=\frac{1}{4}\pi d^2$，代入式（4-13）中，

得

$$d=\sqrt{\frac{4F}{\pi[\sigma]}} \tag{4-14}$$

式中　d——支承柱直径（mm）。

4. 推杆长度计算

细长推杆受到压缩可能因弯曲而损坏。引起弯曲的临界力，可根据材料力学压杆稳定问题分析，由欧拉方程求得

由

$$F_0=\frac{[\sigma]AR^2}{Q} \quad 得 \quad A=\frac{[\sigma]AR^2}{F_0} \tag{4-15}$$

又

$$Q=\frac{[\sigma]l^2}{2\pi^2 E} \quad 得 \quad l=\sqrt{\frac{2\pi^2 EQ}{[\sigma]}} \tag{4-16}$$

将（4-15）代入（4-16）中得

$$l=\sqrt{\frac{2\pi^2 EQ}{[\sigma]}}=\sqrt{\frac{2\pi^2 E[\sigma]AR^2}{[\sigma]P_0}}=\sqrt{\frac{2\pi^2 EAR^2}{F_0}} \tag{4-17}$$

式中　F_0——临界力（N），其值可由注射机顶出力除以推杆数求得；

$[\sigma]$——材料许用应力（MPa）；

A——推杆头部截面积（mm^2）；

R——回转半径（mm）；

L——推杆推出段长度（mm）。

由于零件标准化，目前细推杆常用弹簧钢制造，可不再计算。

4.4.7　设计实例

下面以线夹（ABS）塑件如图 4-46 所示，在卧式注射机上用的注射模设计为例，介绍注射模结构设计程序及步骤。

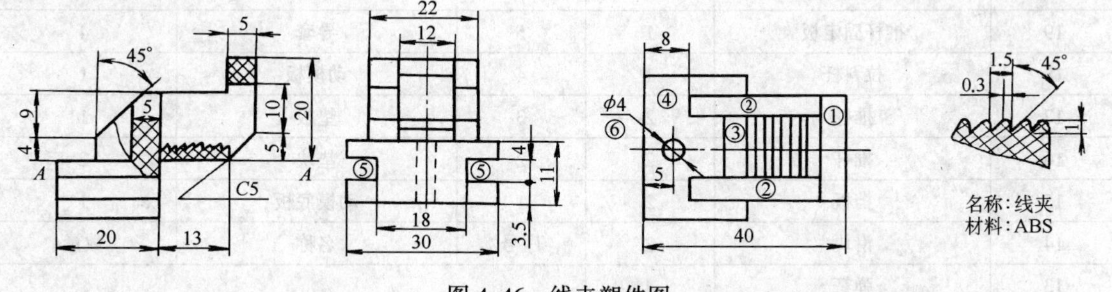

图 4-46　线夹塑件图

1. 方案与装配结构图

该模具的结构如图 4-47 所示。其结构特征：选用标准模架，斜销锁紧楔均在定模一侧，

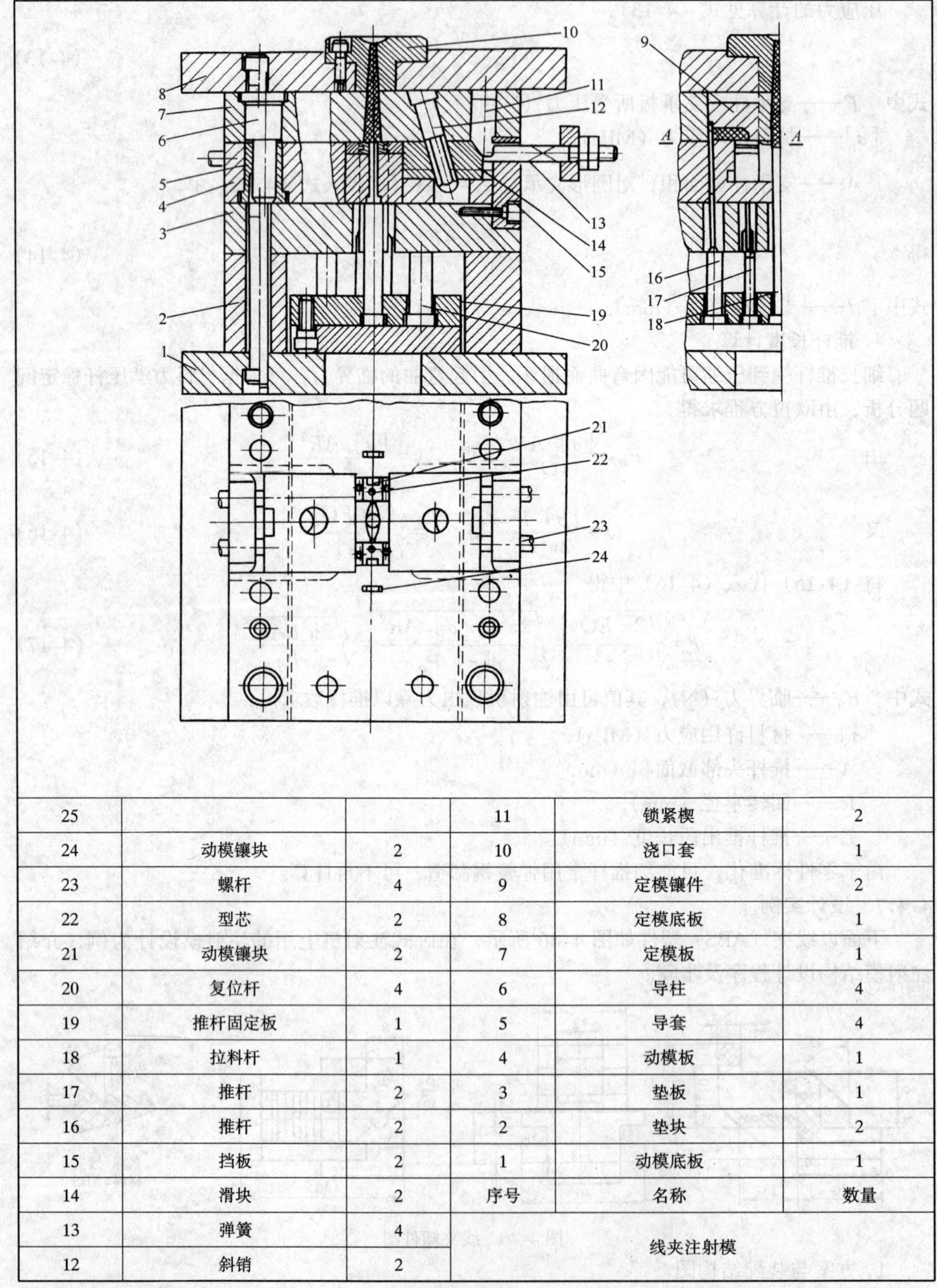

25			11	锁紧楔	2
24	动模镶块	2	10	浇口套	1
23	螺杆	4	9	定模镶件	2
22	型芯	2	8	定模底板	1
21	动模镶块	2	7	定模板	1
20	复位杆	4	6	导柱	4
19	推杆固定板	1	5	导套	4
18	拉料杆	1	4	动模板	1
17	推杆	2	3	垫板	1
16	推杆	2	2	垫块	2
15	挡板	2	1	动模底板	1
14	滑块	2	序号	名称	数量
13	弹簧	4		线夹注射模	
12	斜销	2			

图 4-47　线夹注射模

而两滑块与测型芯在动模一侧，便于操作。主要成型零件采用镶拼结构，利于加工。

开模后，塑件由推杆推出，推杆直径较细，设计成组合式，以增加推杆刚度，推杆用复位杆复位。

2. 塑件工艺分析、选择注射机、确定型腔数

(1) 对塑件进行工艺分析

1) 分析塑件使用材料的种类及工艺特性　该塑件材料为 ABS，属通用性热塑性塑料，其成型性能较好，流动性好；成型收缩率较小（通常为 0.3～0.8）；比热容较低，在料筒中塑化效率高，在模具中凝固较快，成型周期短；但吸水性较大，成型前必须充分干燥，可在柱塞式或螺杆式卧式注射机上成型。ABS 的容重 $\nu=1.03\sim1.07\text{g/cm}^3$。

2) 分析塑件的结构工艺性　塑件尺寸不大，外部结构形状较复杂，除了外形不规则外，塑件上有侧凹及 13mm 长的齿形段，必须安排两侧向抽芯机构，其它结构特征符合塑件的设计要求。

(2) 选择注射机确定型腔数

1) 根据塑件的形状估算其体积和重量（如有样件可实测）。塑件体积的计算可用形状分割成 6 部分（见图 4-46），设其体积分别为 $V_1\sim V_6$。

则：

$$V_1=(2.2\times0.5\times0.5)\text{cm}^3=0.55\text{cm}^3;$$

$$V_2=(2.7\times0.5\times2.0)\text{cm}^3\times2=5.4\text{cm}^3;$$

$$V_3=(1.3\times1.2\times0.5)\text{cm}^3=0.78\text{cm}^3;$$

$$V_4=(3.0\times2.0\times1.1)\text{cm}^3=6.6\text{cm}^3;$$

$$V_5=(0.4\times0.6\times2.0)\text{cm}^3\times2=0.96\text{cm}^3;$$

$$V_6=\frac{\pi d^2}{4}\times1.1=\frac{\pi(0.4)^2}{4}\text{cm}^2\times1.1\text{cm}=0.138\text{cm}^3$$

塑件总体积

$$\begin{aligned}V&=V_1+V_2+V_3+V_4-V_5-V_6\\&=(0.55+5.4+0.78+6.6-0.96-0.138)\text{cm}^3\\&=12.232\text{cm}^3\approx12.2\text{cm}^3\end{aligned}$$

塑件重量 $W_g=V\cdot\gamma=12.2\times1.07=13\text{g}$，式中 γ 为塑料容重（取 ABS 的容重 $\gamma=1.07\text{g/cm}^3$）。

2) 根据塑件的计算重量或体积，选择设备型号规格，确定型腔数。

当未限定设备时，须考虑以下因素：

① 注射机额定注射量 m_g，每次注射量不超过最大注射量的 80%，即

$$n=\frac{0.8m_g-m_j}{m_z}$$

式中　n——型腔数；

m_j——浇注系统重量（g）；

m_z——塑件重量（g）；

m_g——注射机额定注射量（g）。

估算浇注系统的体积 V_j，根据浇注系统初步设计方案（见图 4-48）进行估算 $V_j=10\text{cm}^3$ 则浇注系统塑料重量 $m_j=V_j\gamma=10\times1.07\approx10\text{g}$

设 $n=2$，则得

$$m_g = \frac{m_z + m_j}{0.8} = \frac{2\times 13 + 10}{0.8}\text{g} = 45\text{g}$$

从计算结果，并根据塑料注射机技术规格，选用 XS—2Y—60 型注射机。

② 根据塑件精度，由于该塑件精度一般，故采用多型腔即 $n=2$。

③ 生产批量 试制或小批量生产宜取单腔，大批大量生产宜取多腔，该塑件为大批大量生产，故宜取多型腔。当限定在某一设备上成型时（可根据工厂现有设备），则可根据塑件的体积或重量来确定型腔数，例如本塑件注射成型时，首先明确在 60g 注射机上成型，则利用式（4-5），计算型腔数。得

$$n = \frac{0.8m_g - m_j}{m_z} = \frac{0.8\times 60 - 10}{12.96}\text{g} = 2.92\text{g}$$

则取一模二腔。

3. 确定成型方案及成型零部件结构

（1）确定成型方案 即确定模具总体结构形式。其内容包括：确定成型位置；确定分型面；侧孔或侧凹的成型方法；脱模方式；浇注系统形式；进浇点位置；排气方式；成型温度和模具温度调节以及确定成型零部件结构形式等。

1）确定成型位置 由于塑件两外侧有侧凹，需将侧抽芯位置安排在垂直分型面上，故塑件成型位置选择如图 4-47 所示。

2）确定分型面 考虑塑件的外观质量，同时为使侧型芯处于动模部分，将分型面设在塑件的 $A—A$ 面，见图 4-47，模具总图 $A—A$ 面上。

3）侧凹的成型方法 该塑件的侧凹深度不大，采用斜销抽芯机构，同时将一侧的两侧型芯固定在同一滑块上，用一根斜销抽芯，使模具结构简单。

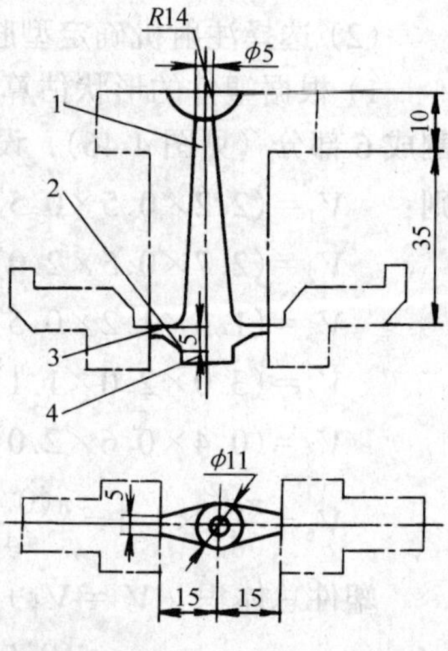

4）脱模方式 从塑件结构形状分析，宜采用推杆脱模机构，用 3 根推杆分别推在每一个塑件的不同部位，推杆固定在模具的推杆固定板与推板之间，由注射机顶出油缸推动，使推杆运动实现脱模动作，并用复位杆复位。

图 4-48 浇注系统初步估算示意图

1—主流道 2—主流道 3—浇口 4—冷料穴

5）浇注系统形式 采用普通浇注系统，由于是多型腔模，必须设置分浇道，用侧浇口从零件分型面处进料，并利用分型面间隙以及推杆与孔配合间隙处排气。

6）冷却与加热系统考虑 由于 ABS 塑料成型时要求模温在 40～60°C，故模具不考虑设置冷却与加热系统。

（2）确定成型零部件的结构形式 由于塑件局部结构较特殊，故对主要成型零件采用镶拼结构，例如图 4-47 中件 9、21、24，这样便于加工。

4. 绘制结构方案草图、校核注射机有关工艺参数

（1）绘制结构方案草图。进行模具结构设计并初步绘出模具完整的结构，校验所需注射机的能力。

在绘图前必须对设备充分了解：包括额定注射量、注射压力、锁模力、开模行程和顶出

装置及装模部分尺寸（包括模板尺寸、拉杆空间、喷嘴与定位圈尺寸、安装螺孔位置及尺寸），注射机最大与最小闭合高度等。注射机规格及尺寸见有关手册。

(2) 校核注射机有关工艺参数

① 注射量的校核 由前面计算得塑件重量为 13g，浇注系统重量为 10g，则每次注射所需塑料量为（按一模两腔）

$$2\times13\text{g}+10\text{g}=36\text{g}$$

注射机的最大注射量 60g×0.8＝48g＞36g，能满足要求。

② 锁模力与注射压力的校核 锁模力可按式（4-9）校核。

$$F\geqslant p_m\ (nA_z+A_j)$$

式中 p_m——注射压力查手册知 $p_m=60\sim100\text{MPa}$；由于多腔注射，取 $p_m=100\text{MPa}$；

A_z——塑件在分型面上的投影面积（cm^2）；

A_j——浇注系在分型面上的投影面积（cm^2）；

F——注射机额定锁模力，XS—ZY—60 型注射机额定锁模力为 500kN。

投影面积计算：$A_z=S_1+S_2=(2.0\times3.0+2.0\times2.2)\ \text{cm}^2=10.4\text{cm}^2$

$$A_j=\frac{\pi}{4}\times\ (1.1)^2\text{cm}^2+2\ (1.5\times1.0)\ \text{cm}^2=0.95\text{cm}^2+3\text{cm}^2=3.95\text{cm}^2$$

代入式（4-9）

$$p_m=\ (nA_z+A_j)\ =100\ (2\times10.4+3.95)\ \text{kN}=247.5\text{kN}$$

由于 $F=500\text{kN}$ 故满足 $F\geqslant p_m\ (nA_z+A_j)$，同时 XS—2Y—60 的额定注射压力为 122MPa 故也能满足 ABS 塑料成型的注射压力的要求。

③ 模具厚度 H 与注射机闭合高度的校核 $H_{min}<H<H_{max}$

式中 H_{min}——注射机允许最小模厚（130mm）；

H_{max}——注射机允许最大模厚（280mm）；

预选模架 2530，则模具的闭合高度为 $H=231\text{mm}$。

因为 280＞231＞130；∴能满足要求。

④ 注射机开模行程的校核 注射机开模行程应大于模具开模时取出塑件（包括浇注系统）所需的开模距，即满足下式：

$$s_k\geqslant H_1+H_2+\ (5\sim10)\ \text{mm}$$

式中 s_k——注射机行程（$s_k=180\text{mm}$）；

H_1——脱模距离（顶出距离），$H_1=11\text{mm}$；

H_2——塑件高度＋浇注系统高度。

$$H_2=31+62=93\text{mm}$$

则 $$H_1+H_2+10\text{mm}=11\text{mm}+93\text{mm}+10\text{mm}=114\text{mm}<180\text{mm}$$

∴能满足要求。

5. 计算

(1) 成型零部件工作尺寸的计算 成型零部件工作尺寸计算可按表 4-1 所列公式进行。这里仅以塑件尺寸 22 为例计算其型腔的尺寸和公差。

从有关手册中查到该塑件为 4 级精度，按该精度等级查到尺寸 22 的公差为 0.22mm，

则该尺寸标注为 $22^{0}_{-0.22}$mm。

按表 4-1 中型腔尺寸计算式如下：取 $x=3/4$

$$L_{m}=\left[L_{s}+L_{s}S_{cp}-\frac{3}{4}\Delta\right]_{0}^{+\delta_{z}}$$

计算型腔尺寸及公差（按平均收缩率 $S_{cp}=0.6\%$ 计算）

$$L_{m}=\left[22+22\times\frac{0.6}{100}-\frac{3}{4}\times0.22\right]_{0}^{+\left(\frac{1}{4}\times0.22\right)}\text{mm}$$

$$=[22+0.132-0.165]_{0}^{+0.055}\text{mm}$$

$$=21.967_{0}^{+0.055}\text{mm}$$

$$\approx 22_{0}^{+0.055}\text{mm}$$

(2) 进行关键零件的强度和刚度校核　下面以本零件上 20mm×30mm 部分型腔壁厚计算为例：

该部分型腔形状为组合式矩形型腔，型腔侧壁厚度的计算按表 4-4。

$$t_{c}=\sqrt[3]{\frac{phl^{4}}{32EH\delta}}$$

式中　t_c——侧壁厚（mm）；

l——侧壁某边长，此处 $l=120$mm；

h——承受塑料压力部分侧壁高度 $h=20$mm；

δ——许用变形量，$\delta=0.05$mm；

H——侧壁全高 $H=70$mm；

p——型腔内压力，取 $p=5000\text{N/cm}^2$；

E——弹性模量，$E=2.1\times10^{7}\text{N/cm}^{2}$。

$$t_{c}=\sqrt[3]{\frac{5\times10^{3}\times20\times(120)^{4}}{32\times2.1\times10^{7}\times70\times0.05}}\text{mm}$$

$$=\sqrt[3]{8.8\times10^{3}}\text{mm}\approx20\text{mm}$$

该模具型腔壁厚可取＞20mm。

(3) 抽芯矩与斜销长度的计算

1) 抽芯距　$s=s_{o}+$（2～3）mm；该件侧凹深 $s_{o}=6$mm。

则 $s=6+2=8$mm。

2) 斜销长度的计算　根据式（4-11）计算，设斜销直径 $d=12$mm，大端直径 $D=16$mm，倾角 $\alpha=20°$，固定板厚 $h=25$mm，代入下式

$$l=\frac{D}{2}\tan\alpha+\frac{h}{\cos\alpha}+\frac{h}{2}\tan\alpha+\frac{s}{\sin\alpha}+(5\sim10)\text{mm}$$

$$=\left(\frac{16}{2}\tan20°+\frac{25}{\cos20°}+\frac{12}{2}\tan20°+\frac{8}{\sin20°}\right)\text{mm}+5\text{mm}$$

$$=(2.91+26.60+2.16+23.39)\text{mm}+5\text{mm}$$

$$=60.06\text{mm}$$

取整 $l=60$mm

6. 模具结构总装图和零件工作图的绘制

模具总装图的绘制必须符合机械制图国家标准，为更清楚地表达模具中成型塑件的形状，浇口位置等，在画俯视图时，可将定模部分拿掉，只画动模部分。模具总图应包括必要的尺寸，如模具外形尺寸，特征尺寸（如定位圈尺寸），装配尺寸（如安装螺孔位置等），极限尺寸（如开模行程等）及技术要求和编写明细表。

模具零件的工作图绘制也应符合国标，同时由于模具主要零件加工周期长，加工精度高，因此需首先认真绘制，其余零件应尽量采用模具标准件。

4.5 热固性塑料注射模结构设计

4.5.1 结构特点及设计要求

热固性塑料注射模结构（见图 4-49）和设计原理与热塑性塑料注射模基本相似，此处仅就其差别和若干注意之点阐述如下：

1. 浇注系统

热固性塑料注射模浇注系统的组成、类型和普通热塑性塑料注射模基本相同。但由于热固性塑料成形时，熔体从注射到充模的整个过程要求逐渐升温，以加速其在型腔的固化速度。为加快升温速度，主流道、分流道均要求截面积小一些、比表面积大一些，以增大塑料熔体流动时产生的摩擦热和有利于加热器向塑料熔体传热，这样不仅节省材料且缩短固化时间。推荐浇注系统尺寸如图 4-50a、b 所示。其中，$R-R_0=0\sim2$，$\alpha=3\sim6°$，$D-D_0=0.5\sim1$，$r=5\sim6$，$b=4\sim6$，$R_f=2\sim4$，$h=2/3b$。

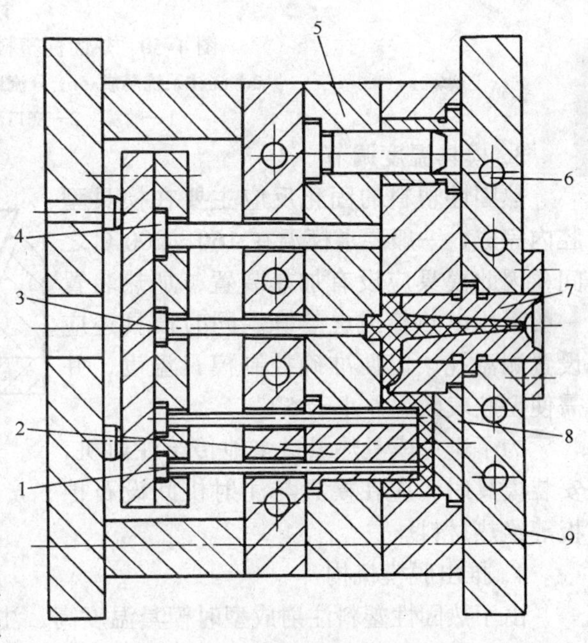

图 4-49 热固性塑料注射模

1—推杆 2—型芯 3—拉料杆 4—复位杆 5—动模板 6—加热器安装孔 7—浇口套 8—定模镶块 9—定模板

热固性塑料注射模浇口形式与热塑性塑料注射模相同，但由于其性脆，易去除浇口，故可稍取厚些。根据经验，浇口厚度 B 一般为 0.5mm。对于纤维状塑料取 0.8～1mm。浇口宽度，对于中、小制件为 2～4mm；对于较大的制件为 4～8mm。浇口长度一般为 2mm。

若使用点浇口，其直径为 0.4～1.5mm。塑件较大时，可采用多点进料。

2. 排气系统

热固性塑料注射成型过程中，除型腔内原来存留的气体外，还有化学反应所产生的气体必须及时排出；而且热固性塑料流动性很好，注射时极易将型腔中所有缝隙堵死，因此利用分型面排气和利用配合间隙排气均不能满足排气要求，需要开设专门的排气槽（见图 4-50c)。排气槽的深度通常为 0.03～0.05mm，必要时可深至 0.1～0.3mm，宽度为 5～10mm，为了防止塑料堵塞排气槽，又在上述深度的排气槽向外延伸 6mm 以外加深到 0.8mm。

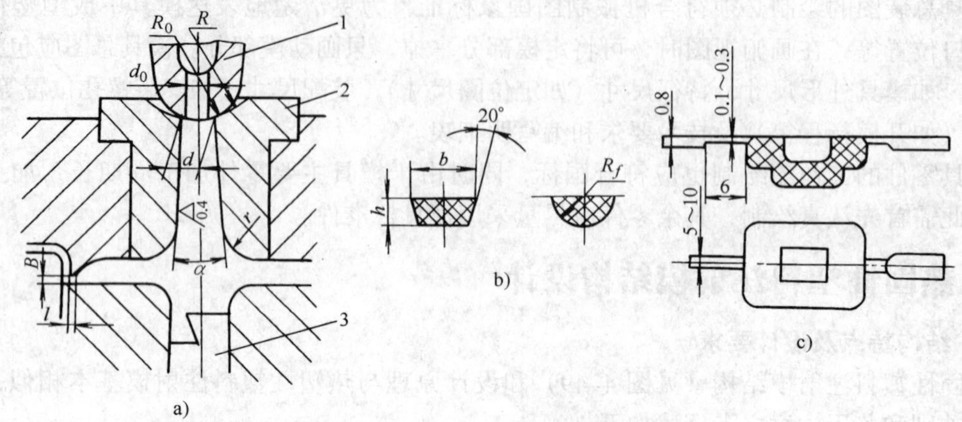

图 4-50 热固性塑料注射模浇注系统

a) 浇注系统总成 b) 分流道截面 c) 排气槽尺寸

1—喷嘴 2—浇口套 3—拉料杆

3．模具温度调节

热固性塑料的固化反应主要在模具型腔内完成，一般要求模温在 160～200°C 之间，因此模具应设有加热装置，加热装置一般采用电热棒或电热套。同时模具还应设置测温孔，以便准确控制模具温度，并需使型腔表面温差小于 5°C。

为了避免模具热量过多地传给注射机，安装模具时，应在模具与注射机间设石棉板等绝热材料。

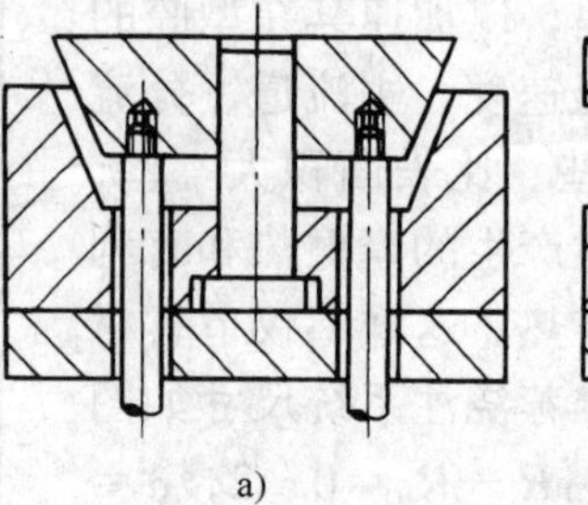

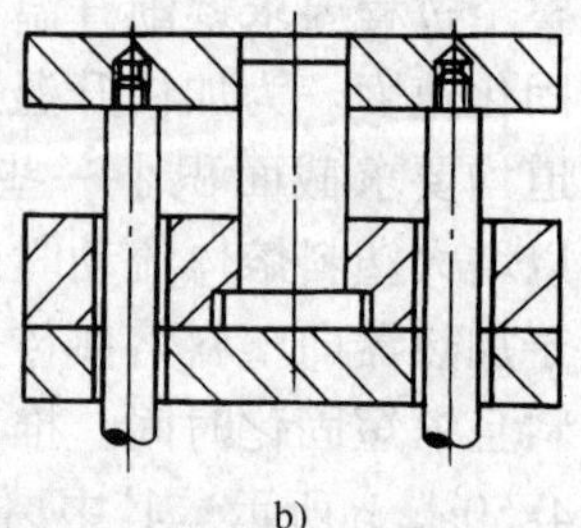

图 4-51 推板脱模机构

a) 封闭式 b) 敞开式

4．推出脱模机构

由于热固性塑料注射成型时模具温度高，注射压力大，熔体流动性好，容易挤入推出机构的滑动配合间隙，设计时应考虑到防止飞边或便于清理飞边，保证在高温下推出机构滑动灵活。因此热固性塑料注射模都采用圆形推杆推出塑件。对于无法使用推杆，必须采用推板，推块或推管脱模时，必须注意，零件配合处采用较小间隙，通常为 0.01～0.03mm。此外，对于推板机构尽量采用敞开式（见图 4-51b），而不宜采用封闭式（见图 4-51a），而且应增大推出行程，以便清理间隙中的废物料。

5．分型面

热固性塑料注射成型时容易出现溢料，因此除必须保证足够的锁模力外，还应尽量减小动、定模分型面间的接触面积，提高接触精度，保证分型面之间紧密贴合。同时应尽量使溢料方向垂直于分型面，且分型面上应减少凹坑和孔穴，以便清理粘附在分型面上的废料。

4.5.2 热固性塑料冷流道注射模

又称温流道注射模，其原理是利用冷水或温水把浇注系统的温度控制在 100～110°C，不让浇注系统中已经塑化的塑料固化，使其始终保持熔融状态，可以进行连续注射，成型时只有与塑料连接的一小部分浇道固化，从而大大节省原材料损失。

冷流道注射模结构如图 4-52 所示。这种模具的特点是型腔部分加热和浇注系统部分冷却，两者之间采用绝热层隔热。模具和注射机动、定模固定板也要用隔热板隔热。

关键的问题是将浇注系统的温度控制在交联硬化温度之下的一个合理范围，使既能保证浇注系统的熔体不会发生硬化和凝固，又具有良好的流动性，以便于顺利充模；而对于型腔部分则必须利用加热装置，使其保证熔体充满型腔后能够迅速硬化定型。

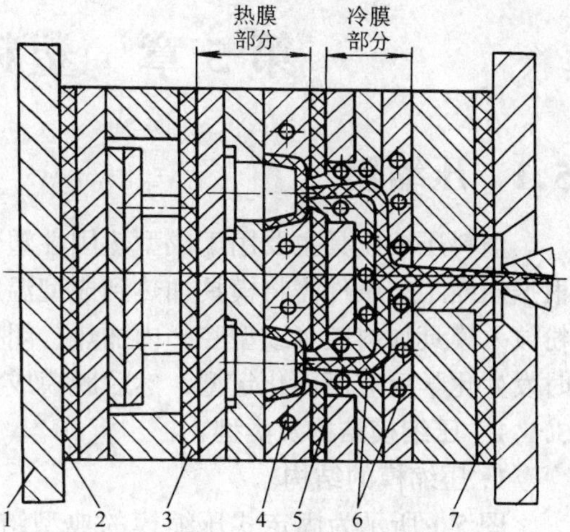

热膜部分　冷膜部分

1　2　3　4　5　6　7

图 4-52　冷流道注射模

1—动模板　2、3、5、7—绝热板

4—加热器安装孔　6—冷却水孔

4.5.3　典型实例

图 4-53 所示为成型薄壁管状塑件的热固性塑料注射模，其特点为：

1）一模 6 腔；分流道平衡式布置，采用侧浇口进料；Z 形拉料杆。

2）采用推管式推出脱模机构。

3）分型面平面在型腔外围下凹 0.5～1mm，以减小接触面积，增大单位面积接触压力，以改善溢料边。

4）在各浇口对面设置排气槽 C。

5）在定模座板设置加热器安装孔，组成加热板，用于模温控制，保证交联固化顺利进行。

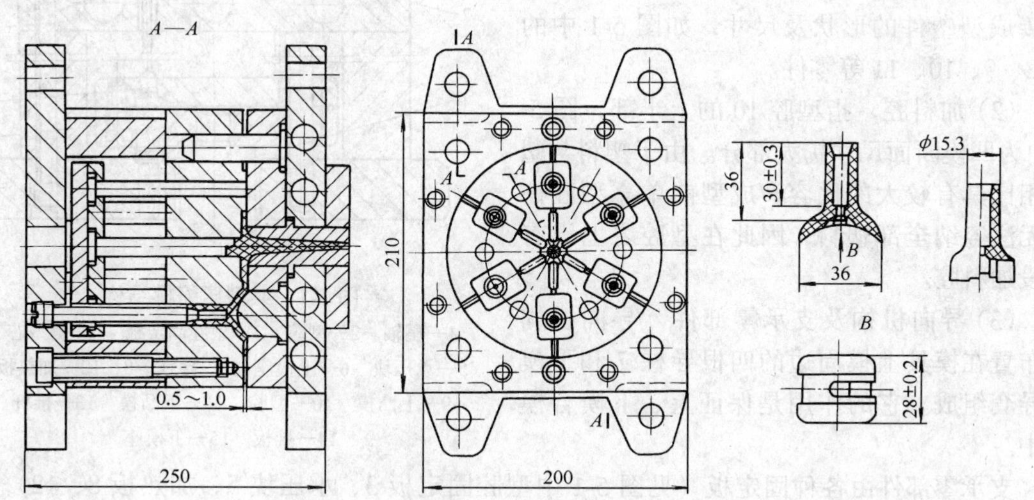

图 4-53　薄壁管状塑件热固性塑料注射模

第 5 章　塑料压缩模结构设计

5.1　压缩模

塑料压缩模具主要用于成型热固性塑件。某些热塑性塑料也可用压缩模成型。成型前，根据压缩工艺条件需将模具加热到成型温度（一般为 130～180°C）。然后，将混制好的塑料粉放入模具加料腔（或型腔）内加热、闭模、加压。塑料在热和压力的作用下充满型腔，同时发生化学反应而固化定型，然后脱模成为塑料制品。

5.1.1　压缩模结构及类型

1. 压缩模的结构

图 5-1 所示为固定式压缩模的典型结构。模具的上模和下模分别装在压力机的上、下压板上。压机顶部的液压缸使上工作台上下移动，下工作台中间有通孔，内设推顶装置。机床顶出杆与模具推板用尾轴连接，以使推出机构复位。压缩模主要由以下几部分组成：

(1) 成型零部件　包括凸、凹模及各种型芯、型环、成型镶块及瓣合模块等，它们直接成型塑件的形状及尺寸，如图 5-1 中的件 2、9、10、11 等零件。

(2) 加料腔　指型腔 10 的上半部，图 5-1 中为凹模断面尺寸扩大部分。由于塑料与塑件相比具有较大的比容，成型前单靠型腔往往无法容纳全部塑料，因此在型腔之上设有一段加料腔。

(3) 导向机构及支承零部件　导向机构由布置在模具上模周边的四根导柱 7 和下模的导套组成。它的作用是保证上、下模合模对中。

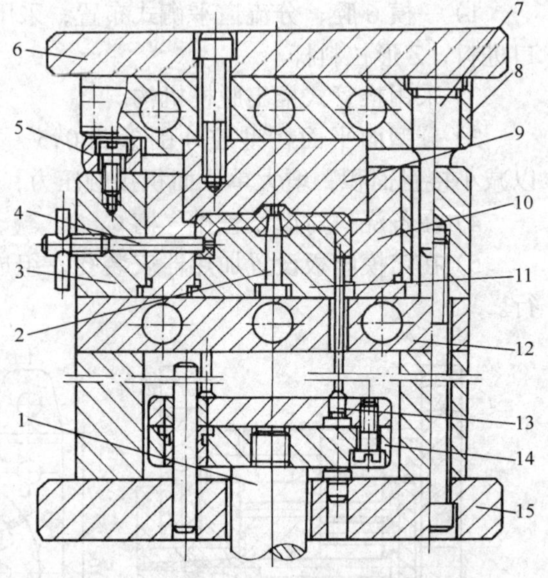

图 5-1　典型压缩模结构

1—尾轴　2—型芯　3—型腔固定板　4—侧型芯　5—承压块　6—上模座　7—导柱　8、12—加热板　9—上凸模　10—型腔　11—下凸模　13—推杆　14—推板　15—下模座

支承零部件由各种固定板（见图 5-1 中型腔固定板 3、承压块 5、加热板 8、12）以及上、下模座 6、15 等组成，它们的作用是支承和固定模中各种零部件并传递压力。导向机构与支承部件组装构成压缩模模架。

(4) 推出脱模机构　固定式压缩模必须设置脱模机构，如图 5-1 中的推杆 13 和推板 14，常用的推出零件有推杆、推管、推板、推块及凹模型腔板等。移动式压模通常在成型后，将模具移出压机，用专用卸模工具（如卸模架）使塑件脱模。

(5) 侧向分型抽芯机构　当压缩塑件带有侧孔、侧凹时，模具必须设有各种侧向分型与抽芯机构，塑件方能脱出。图 5-1 中塑件带有侧孔，在推出塑件前必须用手动丝杆抽出侧型芯 4。

(6) 温度调节系统　压缩模的温度必须高于塑料的交联温度，所以模具中必须设置温度调节系统。热固性塑料压缩模常见的加热方式有：电加热、蒸汽加热、煤气或天然气加热等。图 5-1 中加热板 8、12 分别对上凸模、下凸模和型腔加热。加热板圆孔中插入电加热棒。

2. 压缩模类型

压缩模分类方法很多，可按在压机上固定方式分类，也可按上下模配合特征分类。

(1) 按在压力机上固定方式分类

1) 移动式压缩模　模具不固定在压力机上，压缩成型前，打开模具把塑料加入型腔，然后将上下模合拢，送入压力机工作台上对塑料进行加压加热，使其成型固化。成型完毕后将模具移出压力机，开模在专用 U 形支架上撞击上下模板，使模具分开脱出塑件，如图 5-2a 所示，图 5-2b 所示模具在压力机外用卸模架开模，模具分开后用推杆推出塑件。

这种模具结构简单，但劳动强度大，生产率低，易磨损。适用于压缩批量不大的中、小型塑件。

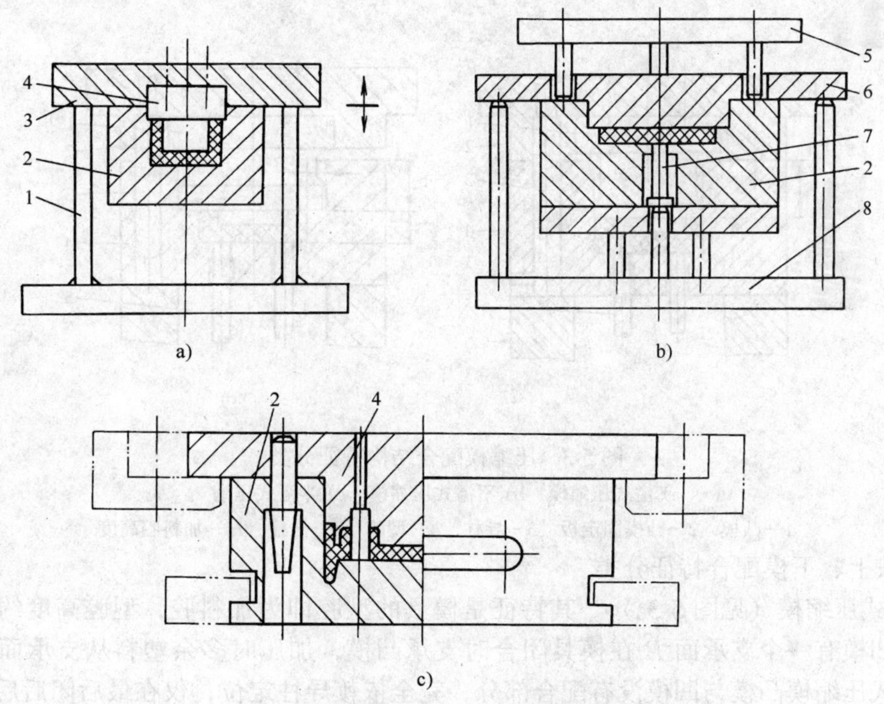

图 5-2　移动式与半固定式压缩模

a)、b) 移动式　c) 半固定式

1—U 形支架　2—凹模　3—凸模固定板　4—凸模　5—上卸模架　6—凸模板　7—推杆　8—下卸模架

2) 半固定式压缩模　半固定式压缩模如图 5-2c 所示。一般上模与压力机上滑块固定联接，下模可通过导轨移动，在压力机外进行加料和在专用的卸模架上脱出塑件，开合模在机内进行，合模由导向机构保证上下模对中。这种模具结构也比较简单，由于上模不移出机外，从而减轻了劳动强度。

3）固定式压缩模　固定式压缩模如图 5-1 所示。它的上下模分别固定在压力机的上下压板上。开模时，上模部分向上移动，当上下模分开一定距离后，先用手动丝杆抽出侧型芯 4，然后，压机的下顶出液压缸开始工作，液压缸活塞经尾轴推动推板 14，使推杆 13 将塑件从型腔 10 中推出。由于开模、闭模、推出等工序均在压机内进行，该模具生产率高，操作简单，劳动强度小，模具寿命长。但模具结构复杂，嵌件安装不便，适用于成型批量大，尺寸大，且尺寸精度要求高的塑件。

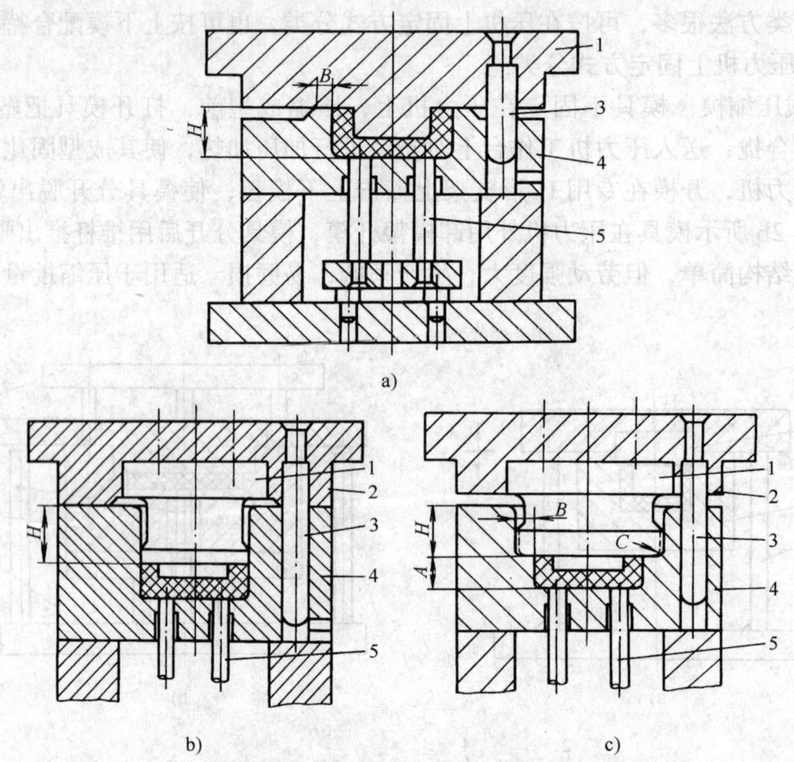

图 5-3　压缩模配合结构特征分类

a）溢式压缩模　b）不溢式压缩模　c）半溢式压缩

1—凸模　2—凸模固定板　3—导柱　4—型腔　5—推杆　H—加料腔高度

（2）按上、下模配合特征分类

1）溢式压缩模（见图 5-3a）　其特征是模具的型腔即为加料腔，型腔高度约等于塑件的高度，凹模有一个支承面 B 在模具闭合时支承凸模，加压时多余塑料从支承面溢出形成飞边。溢式压缩模凸模与凹模没有配合部分，完全依赖导柱定位，仅在最后闭后后凸模与凹模才能完全吻合。压机的压力不能完全传给塑料，所成型的塑件密度低，强度不高。但模具结构简单、造价低，成型过程中气体易排出。

2）不溢式压缩模（见图 5-3b）　该模具在型腔上方延续部分，增加了一个截面相同的加料腔，凸模与加料腔呈间隙较小的配合，压塑时多余的塑料从间隙中溢出，形成很薄的垂直方向的飞边。压力机的压力几乎全部传递给塑料，所以成型的塑件密度大，强度较高。但加入模具的塑料量必须准确，否则会影响塑件高度尺寸。不溢式压缩模一般不设计成多腔模，以免因各腔加料不均而引起一些塑件的欠压。

不溢式压模的主要缺点是凸模与加料腔侧壁摩擦，将导致加料腔侧壁和塑件表面在脱模时受损伤，且脱模较为困难，故一般设有推出装置。

3) 半溢式压缩模　半溢式压缩模如图 5-3c 所示。这种模具型腔上部设有加料腔，其断面尺寸大于型腔断面尺寸，两者交界处形成一个挤压环 B，其宽度约为 5mm，挤压环起限制凸模行程的作用，故易于保证塑件高度方向的尺寸精度（如图中尺寸 A）。凸模在四周开有纵向溢料槽（C 处），使多余的塑料溢出，故加料量可不必严格控制。

用这类模具压缩成型的塑件兼有溢式和不溢式的优点，既有较高的壁厚尺寸精度，又有较高的高度尺寸精度，而且致密度较高。模具使用寿命长，塑件脱模容易。它适用于压缩流动性较好的塑料以及形状较复杂的塑件。

5.1.2　压缩成型工艺原理

1. 压缩成型工艺及特点

(1) 热固性塑料压缩成型工艺原理　其分为准备阶段、施压阶段和推出塑件阶段三个阶段。

1) 准备阶段　将压缩粉放入烤箱中预热后，用天平称量压塑粉，倒入已加热的模腔内受热熔融。

2) 施压阶段　开动液压机，上工作台向下移动，上凸模进入下模型腔，当模具闭合后，在压力作用下，塑料流动充满型腔，经过一段时间的保压，发生物理、化学变化，交联成立体型网状分子结构，硬化定型。在模具闭合之后，有时还需卸压将凸模松动少许时间，进行排气。

3) 推出塑件阶段　开模后，辅助液压缸工作，液压机顶杆带动模具的推出机构将塑件推出，且使推出机构复位。

(2) 压缩成型特点　压缩成型与注射成型相比，其优点是无需设浇注系统，使用的设备和模具比较简单，适用于流动性差的塑料，易于成型大型塑件；成型后塑件的收缩率较小，变形小，各向性能比较均匀。缺点是生产周期长，不易实现自动化；塑件常带有溢料飞边，精度难于控制；难于成型厚壁、带有深孔、形状复杂的塑件，模具容易磨损，使用寿命较短。

2. 施压方向的确定

所谓施压方向，是指压力机滑块或凸模向模腔内塑料传递压力的方向，施压方向对塑件的质量、模具的结构和脱模的难易都有较大的影响。施压方向的确定原则如下：

(1) 利于加料　图 5-4 所示为同一塑件的两种加压方法。图 a 的加料腔较窄，不利于加料；图 b 的加料腔大而浅，利于加料。

(2) 有利于压力传递　施压方向应使压力传递距离尽量短，以减少压力损失，并使塑件组织均匀。如图 5-4c 所示，沿塑件轴线方向加压，由于塑件过长，压力损失太大，成型压力不易均匀地作用在全长范围，若从上端加下造成塑件底部压力小，使底部质地疏松密度小，若采用上、下凸模同时加压则塑件中部出现疏松现象。因此应采用图 d 所示横向加压的形式，可克服上述缺陷，但塑件外表面可能产生分型痕迹或飞边而影响外观。

(3) 保证凸模强度　对于从正反面都可以加压成型的塑件，加压方向选择使凸模形状尽量简单，强度好。而复杂型面一般宜放在下模。如图 5-4f 所示的结构比图 5-4e 所示的结构凸模强度高。

(4) 便于安放和固定嵌件　带有金属嵌件塑件，应尽可能将嵌件安放在下模，如图 5-4g

所示。这样不但操作方便，还可利用嵌件推出塑件而不留下推出痕迹。

（5）保证重要尺寸的精度　沿加压方向的塑件高度尺寸不仅与加料量多少有关，而且还受飞边厚度变化影响。故对塑件精度要求高的尺寸不宜放在加压方向上。

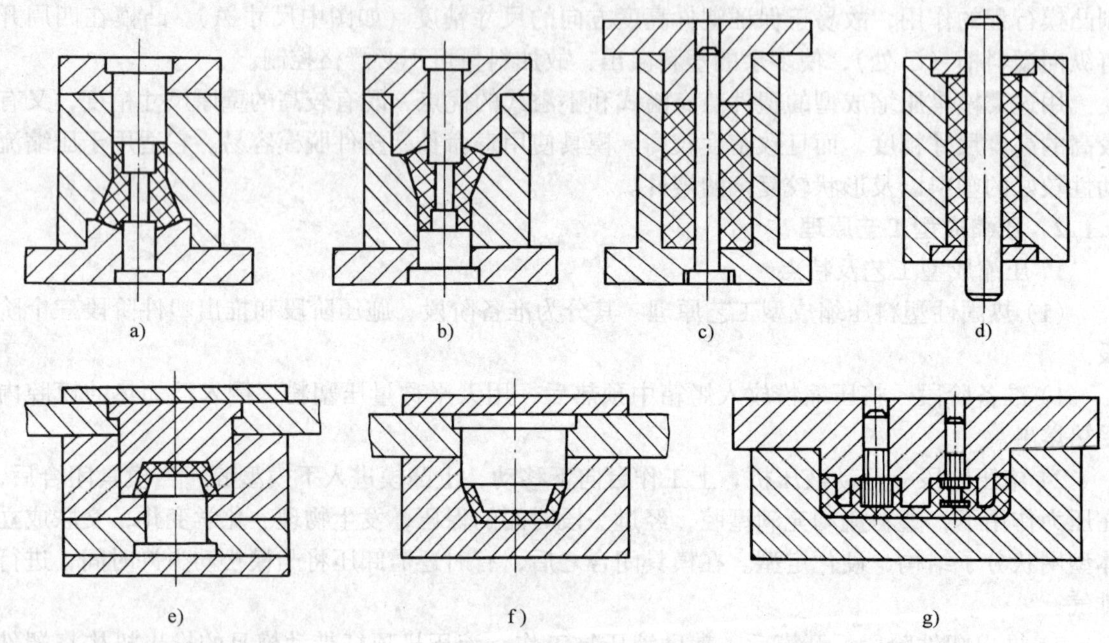

图 5-4　压缩模施压方向的确定

a）、b）加料方式　c）、d）压力传递方向　e）、f）加强凸模强度　g）嵌件安放

5.1.3　结构设计及工艺计算

1. 凸凹模的结构设计

（1）凸凹模各组成部分参数设计及作用　如图 5-5 所示。

1）引导环　是引导凸模进入凹模的部分 L_1，除加料腔较浅（高度＜10mm）的凹模外，一般均设有引导环。引导环有一斜度为 α 的锥面，并设有圆角 R，其作用是使凸模顺利进入凹模，减少凸、凹模之间的摩擦，避免在推出塑件时擦伤表面，增大模具使用寿命，减少开模阻力，并可进行排气。在一般情况下，R 可取 1～2mm。移动式压缩模引导环斜角取 $\alpha=20'\sim1°30'$；固定式取 $\alpha=20'\sim1°$。有上、下凸模时，为加工方便，α 可取 4°～5°。引导环长度 L_1 一般取 5～10mm；当加料室高度 $H\geqslant$ 30mm 时，L_1 取 10～20mm。引导环长度值 L_1 应保证物料熔融时，凸模已进入配合环。

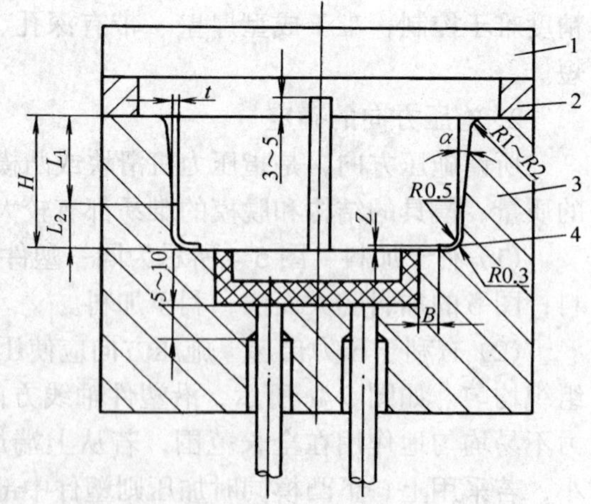

图 5-5　压缩模凸凹模各组成部分结构

1—凸模　2—承压块　3—凹模　4—排气槽

2）配合环　是凸模与凹模的配合部分 L_2。它的作用是保证凸模定位准确，防止塑料溢

出并能通畅地向外排气。

凸、凹模的配合间隙，以不发生溢料和双方侧壁不擦伤为原则，通常可采用 H8/f7、H8/f8 间隙配合或取单边间隙 $t=0.025\sim0.075$mm。一般来讲，对于移动式模具间隙取小些，固定式模具间隙可取大些。

凸、凹模配合环的长度 L_2 应按凸、凹模的间隙而定，间隙小则长度取短些。一般移动式压缩模 L_2 取 4～6mm。固定式压缩模当加料控高度 $H\geqslant30$mm 时，L_2 可取 8～10mm。

3）挤压环的作用是限制凸模下行位置，并保证最薄的水平飞边。挤压环宽度 B 的值按塑件大小及模具材料用钢而定。一般中小型模具取 $B=2\sim4$mm；大型模具可取 $B=3\sim5$mm。挤压环主要用于溢式和半溢式压缩模。

4）储料槽。储料槽的作用供压缩时排出余料，使余料不容易通过间隙进入型腔中去，并减少凸模与凹模的直接摩擦，且利于塑件脱模。因此在凸模与加料腔之间形成环形小空间 Z 即为储料槽，它的尺寸常取 $Z=0.5\sim1$mm，储料槽主要用于半溢式和不溢式压缩模，且储料槽不能设计成连续的环形槽，否则余料包紧在凸模上难以清理。

5）排气溢料槽。为了减少飞边，保证塑件精度和质量，压缩成型时必须将产生的气体和余料排出，一般可通过压缩成型过程中排气操作或利用凸凹模配合间隙来实现，但压缩形状复杂塑件、及流动性较差的纤维填料的塑料时，则应设排气溢料槽。

排气溢料槽的大小应视成型压力和溢料量大小而定，凡是成型压力大的深形塑件应开设较小排气溢料槽，其形式如图 5-6 所示。图 a 为圆形凸模上开设四条 0.2～0.3mm 凹槽，凹槽与凹模间形成溢料槽；图 b 为圆形凸模上磨出 0.2～0.3mm 三方平面进行排气和溢料。图 c 和图 d 是矩形截面凸模上开设排气溢料槽的结构。排气溢料槽应开到凸模的上端，以便使余料排出模外。必须注意无论用何种形式排出余料都不要使之连成一片或包住凸模，以防造成清理困难。

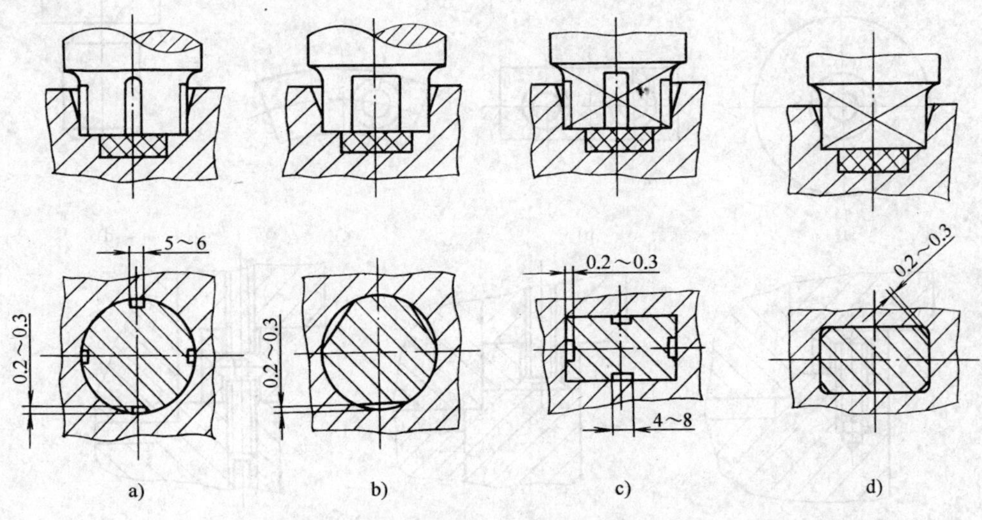

图 5-6　排气溢料槽的形式

6）承压面。承压面的作用是减轻挤压环的载荷，延长模具使用寿命。模具承压面结构形式不同，将影响对模具的使用寿命及塑件质量。如图 5-7 所示，图 a 用挤压环作承压面，模具容易损坏，但飞边较薄；图 b 是由凸模台肩与凹模上的端面作承压面，凸模与凹模之间留有 0.03～0.05mm 的间隙，可防止挤压部分变形损坏，延长模具寿命，但飞边较厚；对于固定式压缩模，常采用如图 c 所示承压块的形式，通过调节承压块的厚度来控制凸模进入凹模的深度，减少了飞边厚度，有时还可调节塑件的高度。

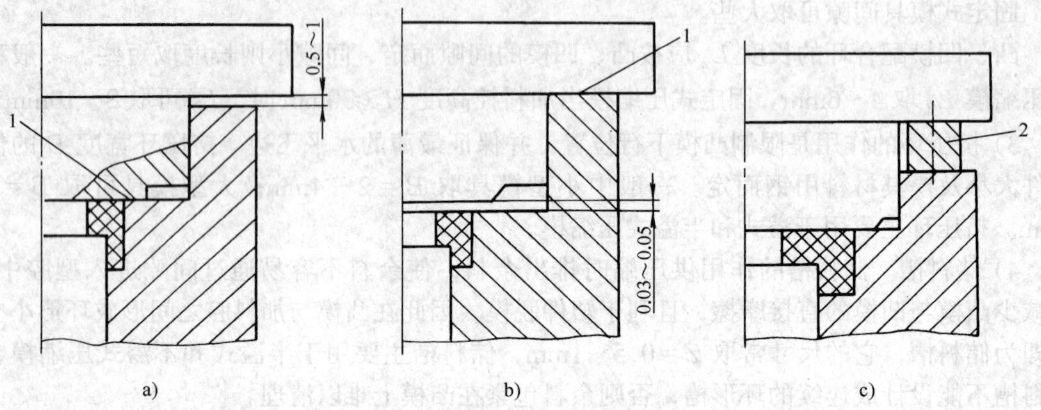

图 5-7　压缩模承压面的结构形式

1—承压面　2—承压块

承压块的形式有圆形、矩形、圆弧形和圆柱形，如图 5-8 所示。其中圆形（图 a）和圆柱形（图 d）用于小型模具，矩形（图 b）用于长条形模具，圆弧形（图 c）用于圆形模具。它们的厚度通常为 8～10mm。安装固定有单面安装（图 5-8e、f）和双面安装（图 5-8g）形式，组装后承压块的厚度应一致。

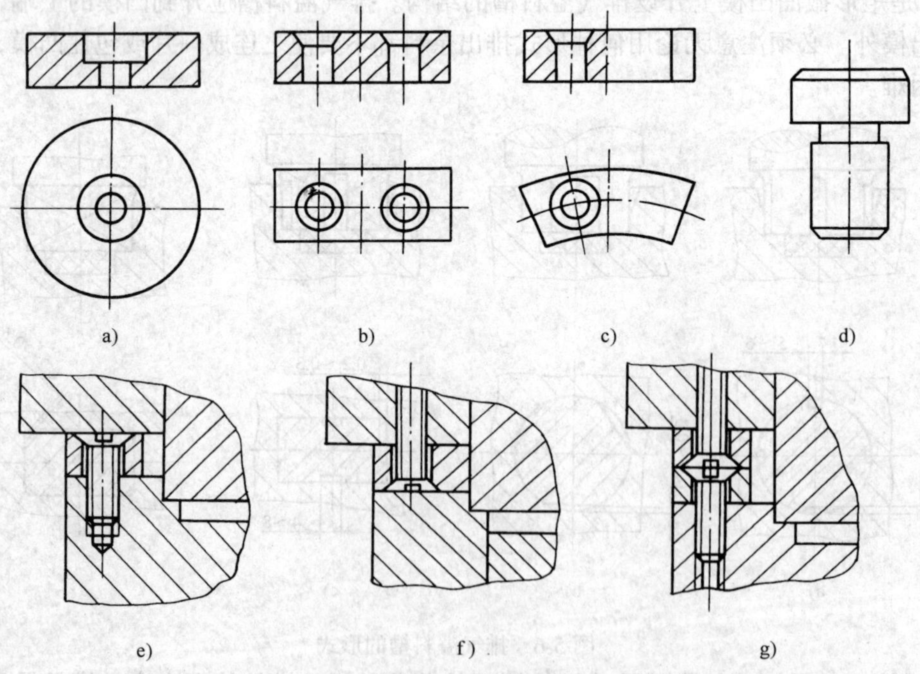

图 5-8　承压块的结构与安装形式

(2) 凸凹模配合的结构形式

1) 溢式压缩模的凸、凹模配合形式如图 5-9 所示，它没有单独的加料腔，凸模与凹模无配合部分，而是依靠导柱和导套进行定位和导向。凸、凹模接触既是分型面，又是承压面。为了减小飞边的厚度，接触面积不宜太大，单边宽度为3～5mm的环形面，如图5-9a所示。为了提高承压面积，在溢料面外开溢料槽 e_1，还可在溢料槽外面增设承压面 e_2，如图5-9b所示。

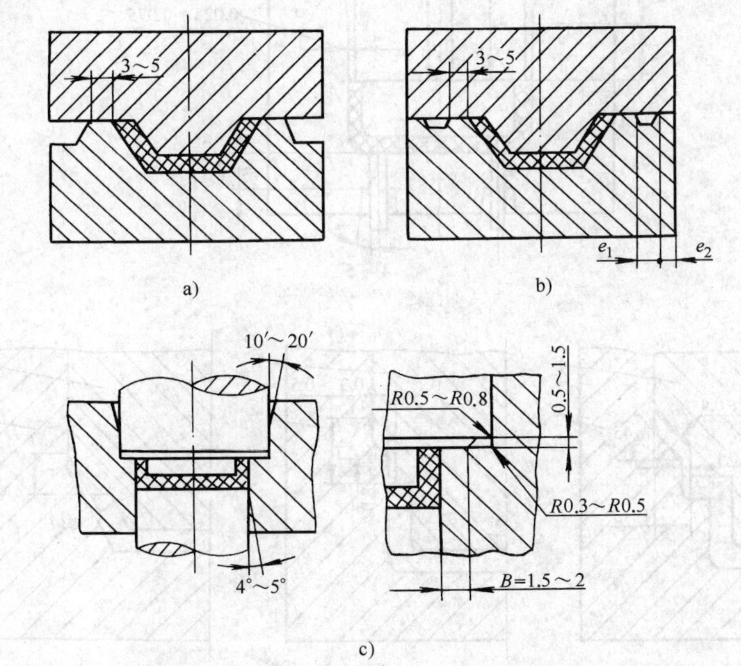

图5-9　溢式和半溢式压缩模凸凹模配合形式

a)、b）溢式　c）半溢式

2）半溢式压缩模的凸、凹模配合形式如图5-9c所示，它的特点是带有水平的环形挤压面，称挤压环，同时凸模与加料腔间的配合间隙（单边为0.025～0.075mm）或溢料槽，起排气和溢料作用。

为便于凸模进入加料室，除设计有引导段外，凸模前端应制成圆角或45°倒角，加料室对应的转角也应呈圆弧过渡，以增加模具强度且便于清理废料，其圆弧半径应小于凸模圆角（通常 $R=0.3\sim0.5$mm）。

3）不溢式压缩模的凸、凹模配合形式　不溢式压缩模的加料腔是型腔的延伸部分，两者截面尺寸相同，基本上无挤压边（见图5-10a）但两者之间有引导段 L_1 和配合段 L_2，配合段的配合为H8/f7，或留单边间隙为0.025～0.075mm，使凸、凹模准确对合。

引导段带有锥度（或斜度），起着引导凸模并减少凹、凸模间的摩擦和塑件脱模时表面擦伤的作用，有利于提高模具寿命。

为了改善不溢式压缩模脱模时塑件与加料腔之间的摩擦大、脱模困难、塑件表面易被毛糙的加料室擦伤等缺点，可采用改进形式。图5-10b所示是加料腔扩大，倾斜角度一般取45°，这样增加了加料腔的面积，使型腔形状复杂且深度又较高的凹模，加工较方便，同时易于脱模。图5-10c所示是把凹模型腔延长0.8mm后，每边向外扩大0.3～0.5mm，减少了塑件推出时的摩擦。同时凸模与凹模间形成空间，供排除余料用。当压缩流动性差的塑料时，凸模上仍需开设相应的溢料槽。同时为顺利脱模，模具需设有脱模机构。

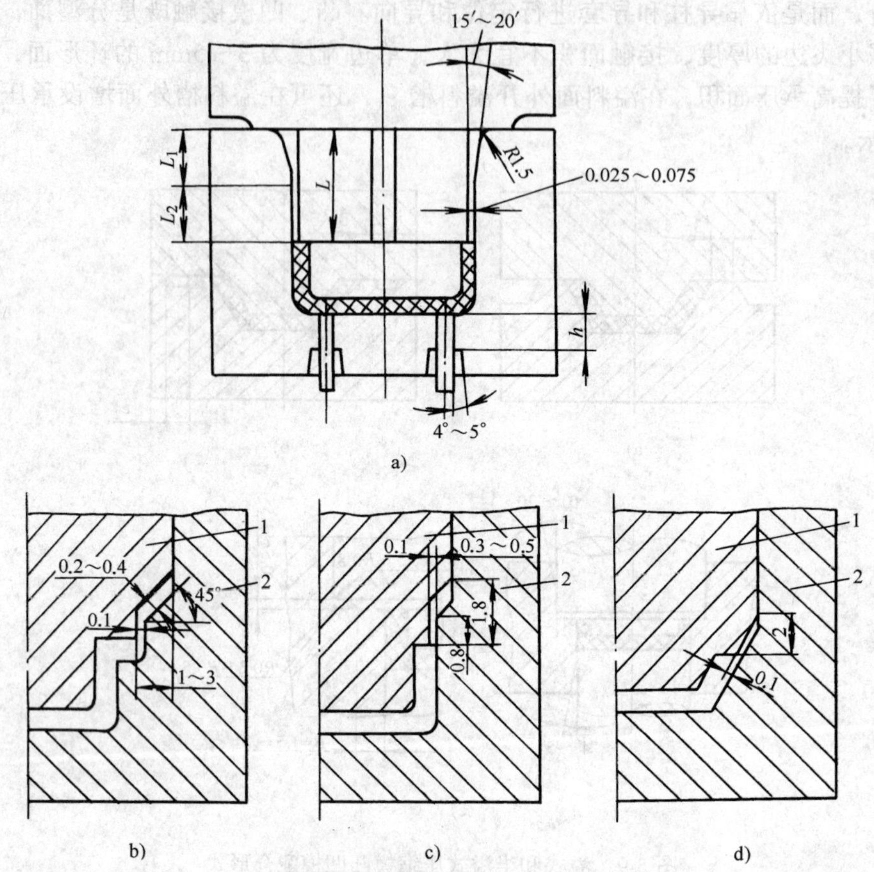

图 5-10 不溢式压缩模凸、凹模配合形式

a) 常用式 b)、c)、d) 改进式

1—凸模 2—凹模

2. 加料腔的设计与计算

加料腔体积应等于塑料原料体积减去型腔体积。

(1) 塑料原料体积计算

1) 塑件体积 根据塑件品种及塑件重量，则可求出塑件体积。采用式（5-1）进行计算。

$$V_s = \frac{G_z}{\rho} = \frac{(1+k)\ G_s}{\rho} \tag{5-1}$$

式中 V_s——每模成型塑件的体积（cm^3）；

G_z——塑件重量（G_s），加上溢料和毛边重量（按塑件净重的5%～10%计算）；

ρ——塑件的密度（g/cm^3）见表 5-1；

k——重量系数（$k=0.05\sim0.10$）。

2) 塑件所需原料的体积

$$V_y = (1+K)\ fV_s \tag{5-2}$$

式中 V_y——塑件所需原料体积（cm^3）；

f——塑料的压缩比，见表 5-1。

表 5-1　常用热固性塑料的密度和压缩比

塑　　料	填　　料	密度 ρ/（g/cm^3）	压缩比 f
酚醛塑料	木粉填充	1.34～1.45	1.0～1.5
	石棉填充	1.45～2.00	1.0～1.5
	云母填充	1.65～1.92	2.1～2.7
	碎布填充	1.36～1.43	3.5～18.0
脲醛塑料	纸浆填充	1.47～1.52	2.2～3.0
三聚氰胺甲醛塑料	纸浆填充	1.45～1.52	2.2～2.5
	石棉填充	1.7～2.0	2.1～2.5
	碎布填充	1.55	5.0～10.0
	棉短绒填充	1.5～1.55	4.0～7.0

（2）加料腔高度的计算　加料腔断面尺寸可根据模具类型确定。典型的不溢式压缩模，其加料腔断面尺寸与型腔断面尺寸相等。半溢式压缩模的加料腔由于有挤压面，所以加料腔断面尺寸应等于型腔断面加上挤压面，挤压边宽度为2～5mm。当计算出加料腔容积和断面积后即可决定加料腔高度。下面以半溢式压缩模为例进行计算。

当加料腔体积确定后，可根据下面几种不同情况进行计算加料腔高度。

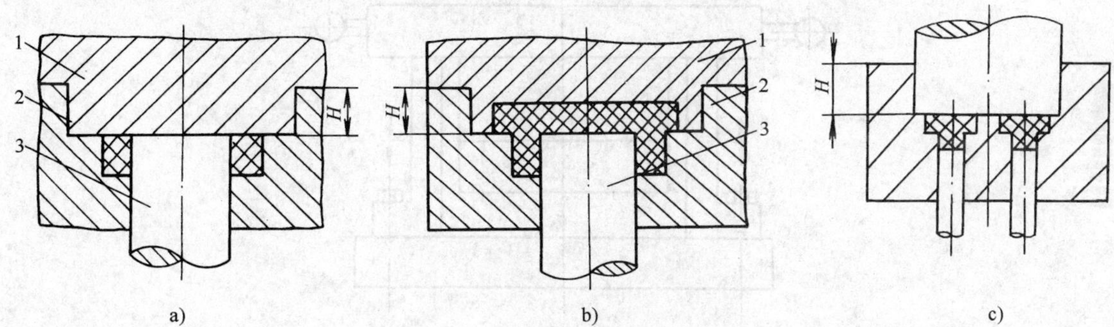

图 5-11　半溢式压缩模加料腔高度

a)、b）单型腔　c）多型腔

1—凸模　2—凹模　3—型芯

1）型芯使加料室外体积相对减小，如图 5-11a 所示。加料腔高度的计算用式（5-3）。

$$H_j=\frac{V_y+V_x-V_q}{A_j}+\text{（5～10）mm} \tag{5-3}$$

式中　H_j——加料腔高度（mm）；

V_y——塑料原料所需体积（mm^3）；

V_x——型芯工作部分体积（mm^3）；

A_j——加料腔水平投影面积（mm^3）；

V_q——挤压边以下型腔体积（mm^3）。

2）塑件有一部分在凸模内成型，如图 5-11b 所示。其计算用式（5-4）。

$$H_j=\frac{V_y+V_x-V_q-V_t}{At}+\text{（5～10）mm} \tag{5-4}$$

式中　V_t——塑件在凸模内凹入部分的体积（mm^3）。

（3）多型腔模。当共用加料腔时，如图 5-11c 所示。其计算用式（5-5）。

$$H_j = \frac{V_y - nV_d}{At} + （5\sim10）mm \quad (5\text{-}5)$$

式中　n——型腔数目；

V_d——单个型腔的容积（mm^3）。

3. 移动式压缩模的脱模机构

移动式压缩模与压力机工作台不固定联接，塑件压缩成型后，整个压缩模被移出压力机外，塑件利用卸模装置进行脱模。移动式压缩模脱模分为撞击架脱模和卸模架脱模两种形式。

（1）撞击架脱模　是将压缩模从压力机取出后放置在特制的撞击架上，如图 5-12a 所示，利用人工撞击力将模具顺序开启，然后用手工将塑件从模中取出。这种方法脱模，模具结构简单，成本低，可用几副模具轮流操作，缩短成型周期，但劳动强度大，振动大，且撞击力也容易使模具变形和磨损，适用于成型小型塑件。

供撞用的支架有固定式（见图 5-12b）和可调节式（见图 5-12c）两种形式，以适应不同尺寸的模具。

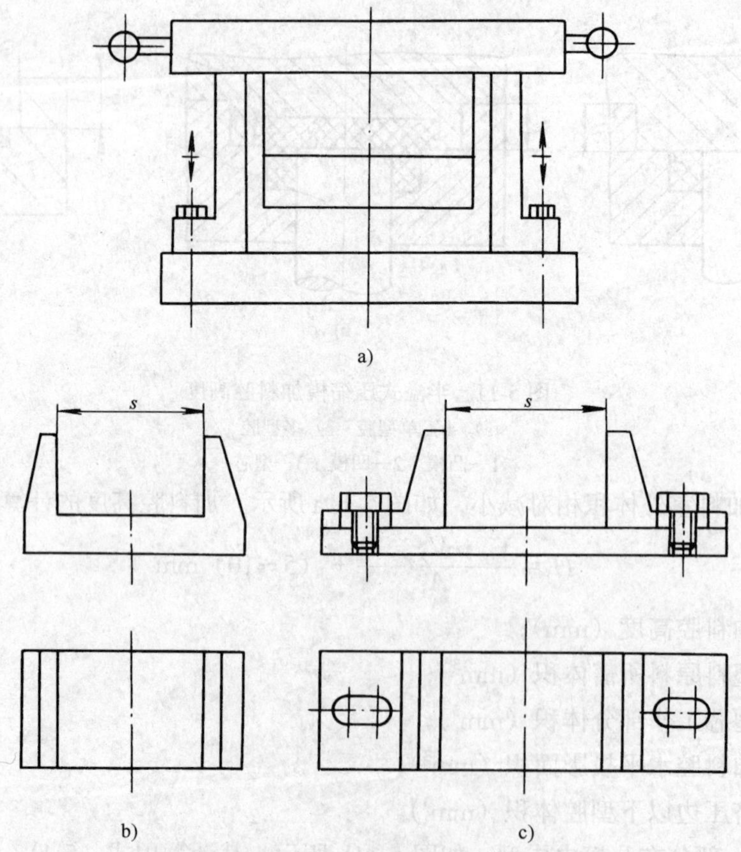

图 5-12　撞击架及支架

a）撞击架　b）固定式支架　c）可调式支架

（2）卸模架卸模　压缩成型后，可将压缩模放在特制的卸模架上，利用压力机压力将上下模开启并脱出塑件。这种方式开模动作平稳，模具不易变形和磨损，减轻劳动强度；但生产效率不高。下面简介常用卸模架的形式。

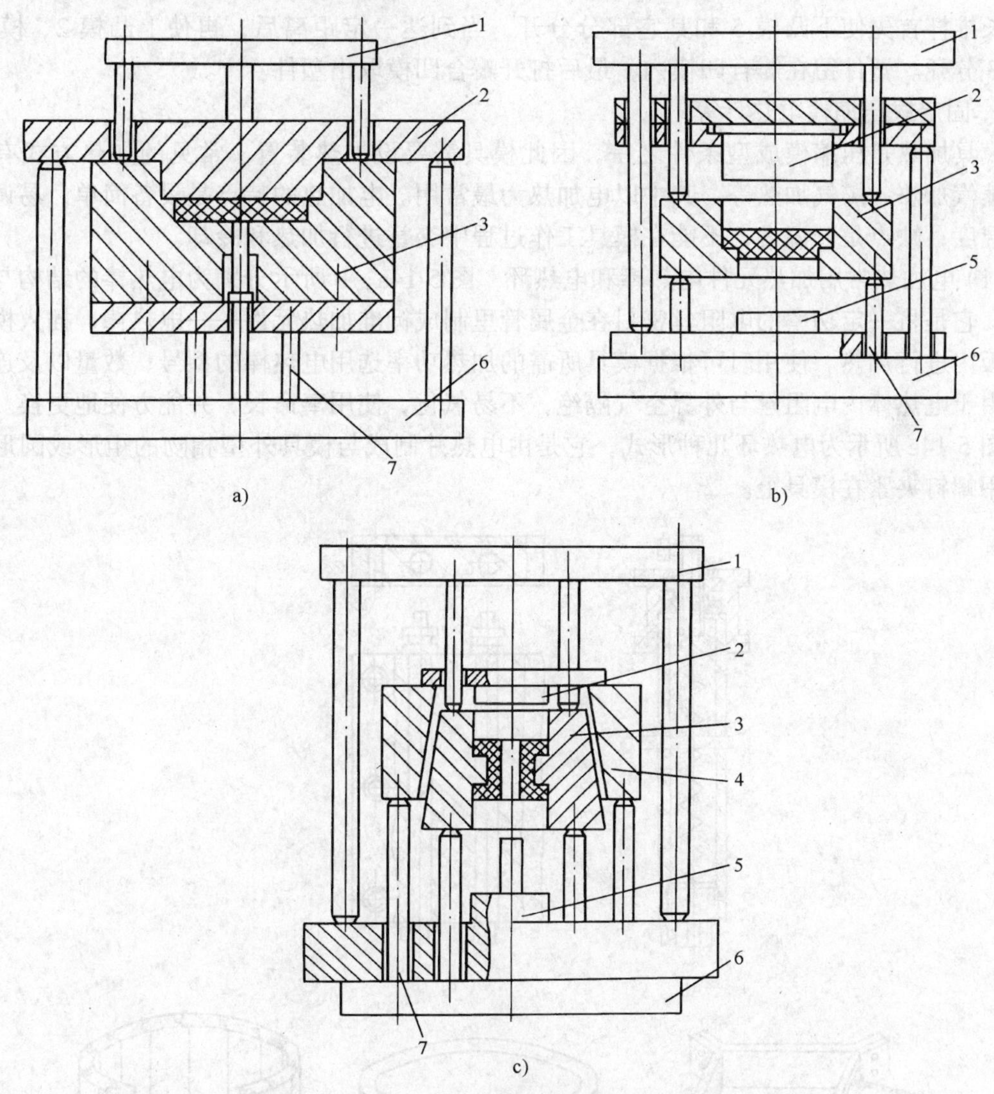

图 5-13　压缩模卸模架

a）单分型面卸模架　b）双分型面卸模架　c）垂直分型卸模架

1—上卸模架　2—上凸模　3—凹模　4—模套　5—下凸模　6—下卸模架　7—推杆

1）单分型面压缩模卸模架卸模　如图 5-13a 所示。卸模时先将上卸模架 1、下卸模架 6 插入模具相应孔内。放在压力机内，当压力机的活动横梁压到上卸模架或下卸模架时，压力机的压力通过上、下卸模架传递给模具，使得凸模 2、凹模 3 分开，同时下卸模架推动推杆 7，从而推出塑件。

2）双分型面压缩模卸模架卸模　如图 5-13b 所示。卸模时先将上卸模架 1、下卸模架 6 的推杆插入模具的相应孔内。压机的活动横梁压到上卸模架或下卸模架上，上、下卸模架上的长推杆使上凸模 2、下凸模 5，凹模 3 三者分开。开模后凹模留在上下卸模架的短推杆之间，最后从凹模中取出塑件。

3）垂直分型面压缩模卸模架卸模　如图 5-13c 所示。卸模时先将上卸模架 1、下卸模架 6 的推杆插入模具的相应孔内，压力机的活动横梁压到上卸模架或下卸模架上。上、下卸模架的长推杆首先使下凸模 5 和其它部分分开，当到达一定距离后，再使上凸模 2、模套 4、凹模 3 分开。塑件留在瓣合凹模内，最后打开瓣合凹模取出塑件。

4．固定式压缩模电热计算

模具加热是压缩模成型条件之一，因此模具需要设加热装置。常见的加热方式有电加热、蒸汽加热、煤气加热等，其中以电加热为最常用。电加热的特点是设备简单，易调节和控制温度；缺点是升温慢，不能在模具工作过程中交替进行加热和冷却。

（1）电加热常用加热元件电热棒和电热环　图 5-14a、b 所示分别为电热棒的结构与安装形式。它是将一定功率的电阻丝密封在金属管里制成标准加热元件——电热棒，插入模具的加热板内进行加热。使用时可根据模具所需的加热功率选用电热棒的型号、数量以及连接方式。由于电热棒内电阻丝与外界空气隔绝，不易氧化，使用奉命长，并能方便地更换。

图 5-14c 所示为电热环几种形式，它是由电热片制成与模具外型相吻的矩形或圆形的环套，用螺钉夹紧在模具上。

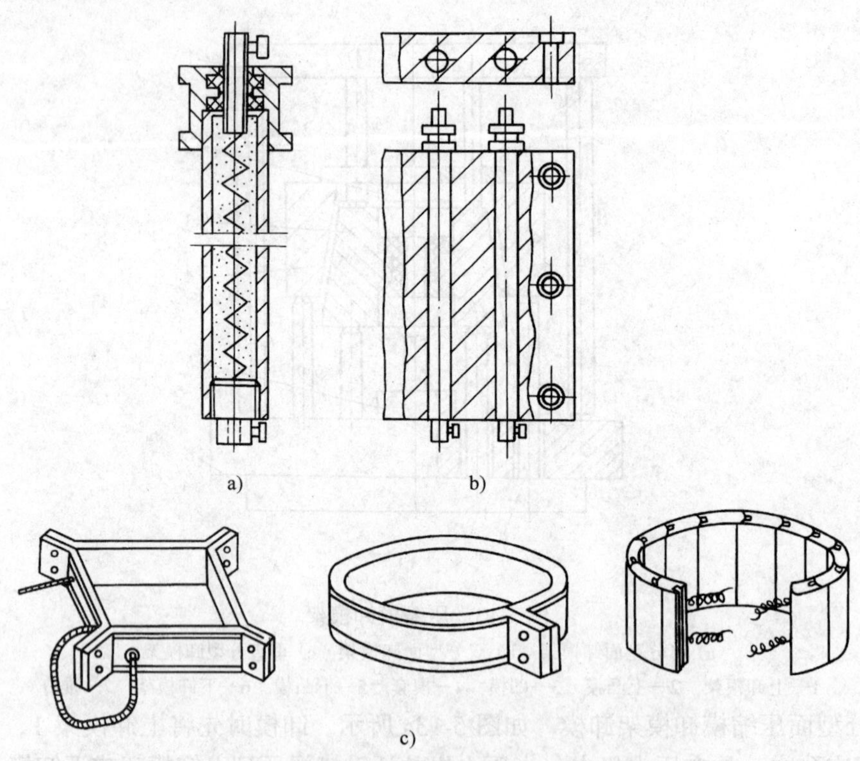

图 5-14　电热棒与电热环

a）电热棒结构　b）电热棒安装形式　c）电热环形式

（2）压缩模电加热计算　设计压缩模加热系统时，必须进行电加热计算。最常用的方法是根据压缩模的重量或体积进行经验计算。

模具加热所需的总功率 P_z（W），可按经验公式（5-6）计算。

$$P_z = 0.24M\ (t_1 - t_2)\ = \eta M \tag{5-6}$$

式中　M——模具重量（kg）；

t_1、t_2——分别为模具室温与成型时所需模温（℃）；

η——每公斤重的模具维持成型温度所需的电功率（W/kg）。对于酚醛塑料，η 可按表 5-2 中的经验数据选取。

表 5-2　电功率 η 的数值

模具＼加热元件	用电热环	用电热棒
大型模具	60	20～25
中型模具	50	30
小型模具	40	35

当计算出总功率后，即可选择电热棒的型号，确定其数量及长度。

选择电热棒时，首先根据加热板的尺寸确定电热棒的数量，然后计算每根电热棒的功率。也可反之，先确定电热棒的功率再计算电热棒的数量。设电热棒并联，则有

$$P_i = \frac{P_z}{n} \tag{5-7}$$

式中　P_i——每根电热棒的功率（W）；

n——电热棒的数目。

对于固定式压缩模，其所需电功率按上、下模两部分重量分别进行计算，一般上模温度比下模温度高 5℃左右。

5.2　压注模

压注模又称传递模或挤塑模，主要用于成型热固性塑料制品。

压注成型吸收了注射和压缩的特点，因此压注模既有与压缩模相似之处，又有与注射模相似之处。例如压注模具有单独的外加料腔，物料塑化是在加料腔内进行，因此模具需设加热装置；同时压注模和注射模一样，具有浇注系统，物料在加料腔内预热熔融，在压柱的作用下经过浇注系统，以高速挤入型腔，在型腔内受热受压，最后硬化成型。

5.2.1　压注模的结构

如图 5-15 所示，压注模由以下几部分组成：

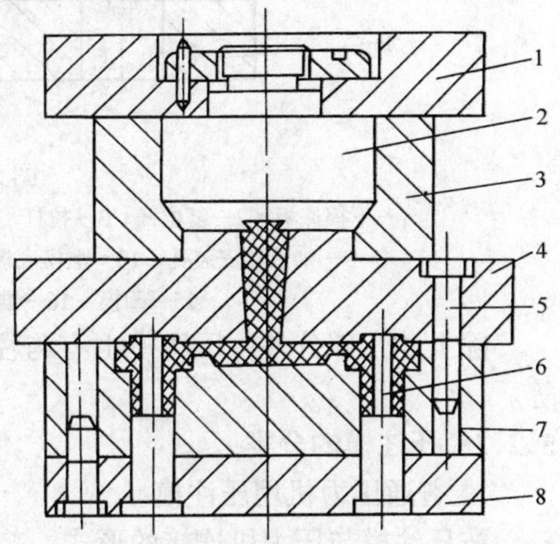

图 5-15　压注模结构

1—上模板　2—压柱　3—加料腔　4—浇口板　5—导柱　6—型芯　7—凹模　8—型芯固定板

1. 加料腔

包括加料腔和压柱，图 5-15 中由压柱 2、加料腔 3 等组成。移动式压注模的加料腔在开模时，要从模具上取下来。

2. 成型零部件

包括凸模、凹模、型芯和侧向型芯等。图 5-15 中的型腔由浇口板 4、型芯 6 和凹模 7 等组成。

3. 浇注系统

包括主流道、分流道和浇口。图 5-15 中由浇口板 4、凹模 7 等组成。

4. 导向机构

一般由导柱和导套组成，有时也可省去导套，直接由导柱和模板上的导向孔导向。在压柱和加料腔之间、在型腔和各部分型面之间及推出机构中，均应设导向机构。图 5-15 中由导柱 5 等组成。

5. 加热系统

在固定式压注模中，如图 5-16 所示，对压柱、加料腔和上下模部分应分别加热，一般用电加热或蒸气加热。

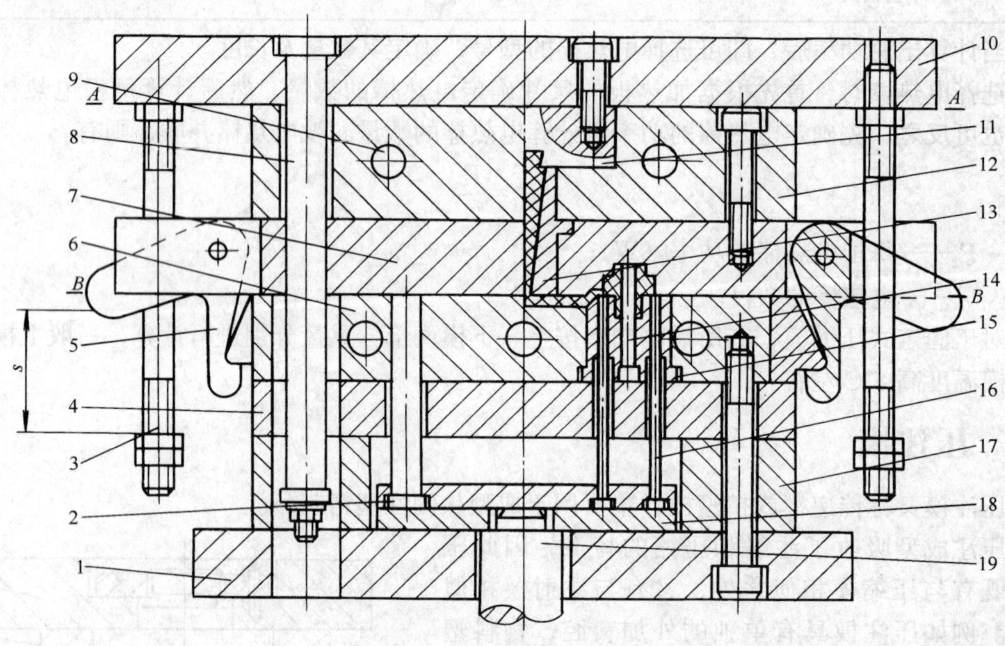

图 5-16 固定式压注模

1—下模底板 2—复位杆 3—拉杆 4—支撑板 5—拉钩 6—下模 7—上模 8—定距拉杆 9—加热器安装孔 10—上模底板 11—压柱 12—加料腔 13—浇口套 14—型芯 15—凹模 16—推杆 17—垫板 18—推板 19—尾杆

除上述几部分外，压注模也有与注射模、压缩模类似的脱模机构和侧向分型抽芯机构等。

5.2.2 压注模的分类

1. 普通压力机用压注模

按压注模与压力机连接的形式，普通压力机用压注模又可分为移动式压注模和固定式压注模两类。

(1) 移动式压注模　如图 5-15 所示，模具的加料腔 3 与模具本体是分离的。开模时模具移出压机外，用专用卸模架将上模板 1 顶出，固定在上模板上的压柱 2 带动主流道凝料在主流道下端与分流道处拉断。取下加料腔 3，然后再分离取出塑件。

(2) 固定式压注模　如图 5-16 所示。

开模时，压力机带动上模底板 10 上升，使压柱 11 带着主流道凝料离开加料腔。当上模底板打开一定距离 s 后，拉杆 3 上的螺母与固定在上模 7 上可以绕轴转动的拉钩 5 接触，由于拉杆的继续上升，使拉钩与下模 6 脱开；由于定距拉杆 8 的定距作用，拉动上模 7 使模具分型，推板 18 在尾杆 19 的作用下，通过推杆 16 将塑件从凹模 15 中推出。同时在上模底板 10 和加料腔 12 之间的空隙中，从压柱 11 上取出主流道凝料。

合模时，压力机带动上模底板 10 下降，拉钩 5 通过斜面并依靠其重力将下模 6 和上模 7 锁紧。与此同时，上模 7 的下底面推动复位杆 2 使推出机构复位，定距拉杆亦同时复位。

这种模具设计时，应注意运动件工作时无阻滞现象，各弹簧力应一致。定距拉杆开模距离，应保证主流道凝料及塑件能顺利取出。

2. 专用液压机用压注模（柱塞式）

专用液压机上使用的固定式压注模，一般不设主流道，主流道已扩大为圆柱形的加料腔。专用液压机具有两个液压缸，即主缸和辅助缸。主缸的作用是锁模，辅助缸的作用是供压注成型使用。辅助缸活塞杆与压柱活塞相联，故又称柱塞式压注模，主缸的压力比辅助缸的压力大得多，以防止合模力不足而引起溢料现象。由于没有主流道的加热作用，故最好采用经预热过的原料进行压注，以减少所需的压力。同时，由于没有主流道，熔融塑料可直接进入型腔或只需通过分流道进入型腔，因此可压注流动性很差的塑料。与普通压机上的固定式压注模相比，柱塞式压注模少一个分型面，压注成型后塑件和流道中的凝料是作为一个整体从模具脱出。故生产率较高。此外由于是用专用主缸的锁紧力锁模，合模可靠，溢料边较薄。

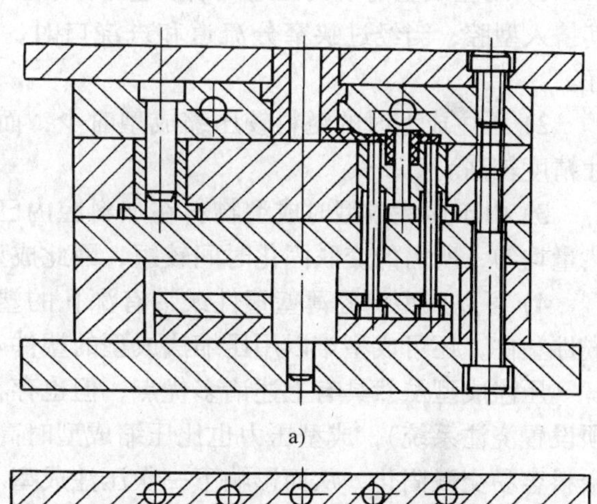

a)

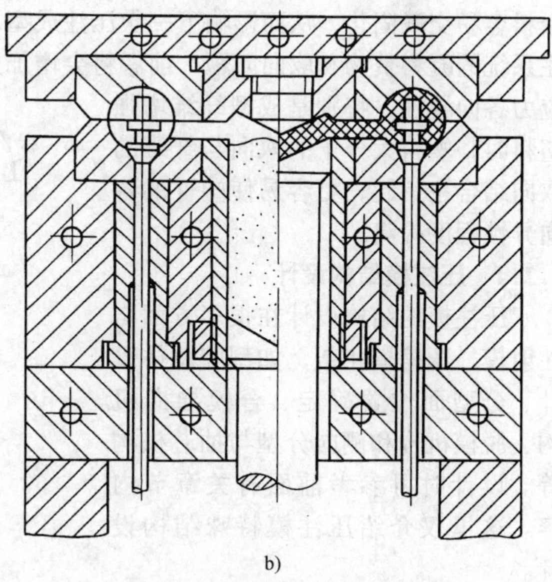

b)

图 5-17　柱塞式压注模
a) 上加料腔式　b) 下加料腔式

图 5-17a 所示为上加料腔柱塞式压注模，柱塞和加料腔在模具上部，因此辅助缸应安装在压力机的上方，自上而下进行压注。主缸位于压力机下方，自下而上进行闭模动作。它的工作过程是先闭模，再加料，然后压注成型，最后推出塑件。

图 5-17b 所示是下加料腔压注模。将推杆柱塞设计在模具的下方，因此辅助缸应安装在压力机下方，主缸则设置在压力机上方，自上而下完成闭模动作。它的工作过程是先加料，后闭模，然后压注成型，最后推

出塑件。

5.2.3 热固性塑料压注成型工艺原理

压注成型工艺原理及其特点如下：

(1) 成型工艺原理　压注成型又称为传递成型，模具带有加料腔，并通过浇注系统与闭合的模腔相连，工作时需要先将固态的塑料原料（包括经过预压的坯料）添加到加料腔内进行加热，使其转变为粘流态，然后利用柱塞在压力机滑块作用下，对加料腔内塑料熔体进行加压，使熔体通过模内的浇注系统，进入闭合模腔并进行流动充模，当熔体充满整个型腔后，经适当时间保压和固化，最后开启模具，取出塑件。

(2) 压注成型特点　压注成型工艺特点介于注射和压缩成型之间，压注成型是在克服压缩成型的缺点，吸收注射成型优点的基础上发展起来的。它的主要优点如下：

1) 压注成型前模具已经闭合，塑料在加料腔内加热和熔融，在压力机通过压注柱塞将其挤入型腔，当经过狭窄分流道和进浇口时，由于摩擦发热，塑料能很快均匀密实，质量好。

2) 压注成型时的溢料较压缩成型时少，而且飞边厚度薄，容易去除，因此，塑件的尺寸精度较高。

3) 由于压注成型时成型物料在加料腔内已经受热熔融，因此，进入模腔时，料温及吸热量均匀，所需的交联固化时间较短，因此成型周期较短，生产效率高。

4) 可以成型深腔薄壁塑件或带有深孔的塑件，也可成型形状较复杂以及带精细或易碎嵌件塑件，还可成型难以用压缩法成型的塑件。

压注成型虽然具有上述诸多优点，但也存在如下缺点：压注模比压缩模结构复杂（如必须设置浇注系统），成型压力也比压缩成型时高，而且成型后加料腔内留有余料，在高温下余料容易交联固化，从而影响下一次压注成型。另外，与注射成型相似，压注成型也存在浇注系统的凝料赘物和取向问题，前者将会增加生产中原材料消耗，后者容易使塑料产生取向应力各向异性，特别是成型纤维增强塑料时，塑料大分子的取向与纤维的取向结合在一起，更容易使塑件的各向异性程度提高。

5.2.4 压注模结构设计

压注模的结构设计在很多方面与注射模、压缩模相似，如型腔总体设计、分型面位置确定、合模导向机构、脱模机构和侧向分型与抽芯机构等。设计时可参考前面有关章节内容。这里仅介绍压注模特殊结构设计。

1. 加料腔结构设计

加料腔因压注模类型不同而有不同的形式。

(1) 移动式压注模的加料腔　这

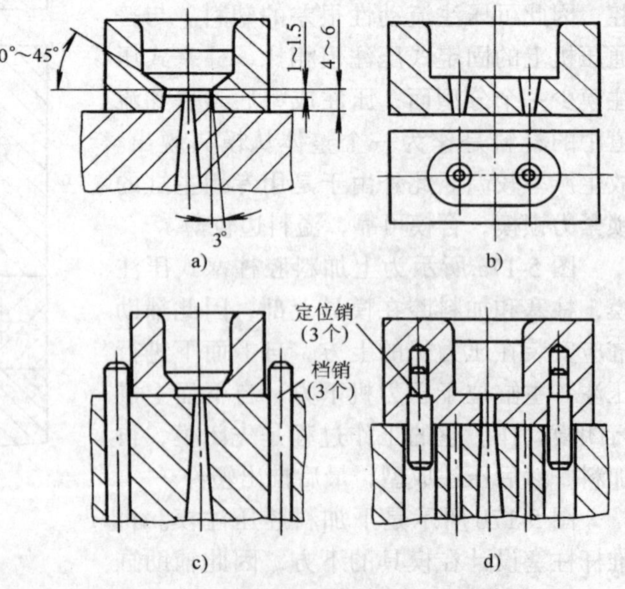

图 5-18　移动式压注模的加料腔

类加料腔的特点是它可以与模具本体分离，能从模具上单独取下，最常见的为底部呈台阶的加料腔，如图 5-18 所示。图 5-18a 所示为单腔模用的结构，其截面是圆形的，通常在加料腔底部设计有 40°～45°斜角的台阶，当加料腔内的塑料受压时，压力也作用在台阶的环形投影面上，加料腔便能紧压在模具的上模板上，避免塑料从加料腔底部与上模板结合面间溢出。为防止压注时压力的传递及防止接缝处溢料，接合面应磨平。

图 5-18b 所示为加料腔截面呈长圆形，它适用于加料腔底部有两个或多个主流道的压注模，当加料腔与上模板之间需精确定位时，可以采用挡销（或定位销）定位。图 5-18c 所示为采用挡销定位的结构，挡销紧固在上模板上，挡在加料腔的外圆面的四周。图 5-18d 所示为采用定位销定位的结构，定位销固定在加料腔上，与上模板的导向孔呈间隙配合。这类形式适用于普通压力机压注模。

(2) 固定式压注模加料腔　这类加料腔与上模板连接为一体，在加料腔底部开设一个或几个流道与型腔沟通，如图 5-19 所示。其中图 5-19a 所示为垂直分型压注模加料腔结构，加料腔做在瓣合模块上，通过主流道与型腔相连，并一起装入模套中，瓣合模块与模套以锥面定位。图 5-19b 所示为两个以下主流道的加料腔结构，以上两种形式用于普通压力机的压注模上。专用压力机压柱模的加料腔结构，如图 5-19c、d、e 所示，这类加料腔的特点是浇注系统与加料腔合为一体，不设主流道，它们在模具上的固定方式不同。图 5-19c 所示为螺母锁紧固定式，图 5-19d 所示为轴肩压板固定式，图 5-19c 所示为对剖半环固定式。

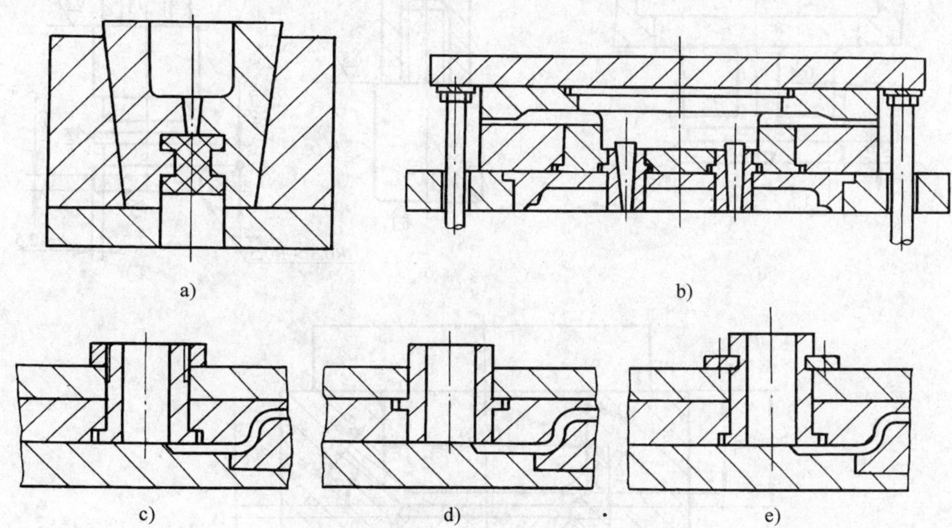

图 5-19　固定式压注模的加料腔

a)、b) 普通压力机压注模加料腔　c)、d)、e) 专用压力机压注模加料腔

(3) 加料腔　加料腔的位置应尽量布置于型腔中心位置上，这样受力均匀，以防止产生溢料飞边。加料腔的材料一般选用 T10A、CrWMn、9MnV 等。热处理要求 52～56HRC。加料腔内腔最好镀铬且抛光至 $R_a 0.4\mu m$。

2. 压柱的结构设计

压注模的压料柱塞简称压柱，其作用是将加料腔内的塑料经浇注系统压入型腔，其典型结构如图 5-20 所示。图 a 为不带凸缘，用于移动式压注模。图 b 为底部带凸缘，其承压面积大，工作平衡，可用于移动式或固定式压注模。图 c 为组合式结构，用于固定式压注模。

图 d 为在压柱上开环形槽，在压注时环型槽中充满了溢料并在其中固化，继续使用时起到活塞环的作用，可以阻止塑料从间隙中溢出。图 e、f 为柱塞式压注模压柱的结构，其一端带有螺纹，直接拧在液压缸的活塞杆上，如图 e 所示。也可在压柱加工出环形沟槽，以使溢出料固化其中起活塞环的作用，如图 f 所示，图中头部的球形凹面有使料流集中，减少向侧面溢料的作用。

加料腔与压柱的配合关系，如图 5-20g 所示。压柱高度 H_1 应比加料腔高度 H 小 0.5～1mm，底部转角处应留 0.3～0.5mm 的储料间隙。

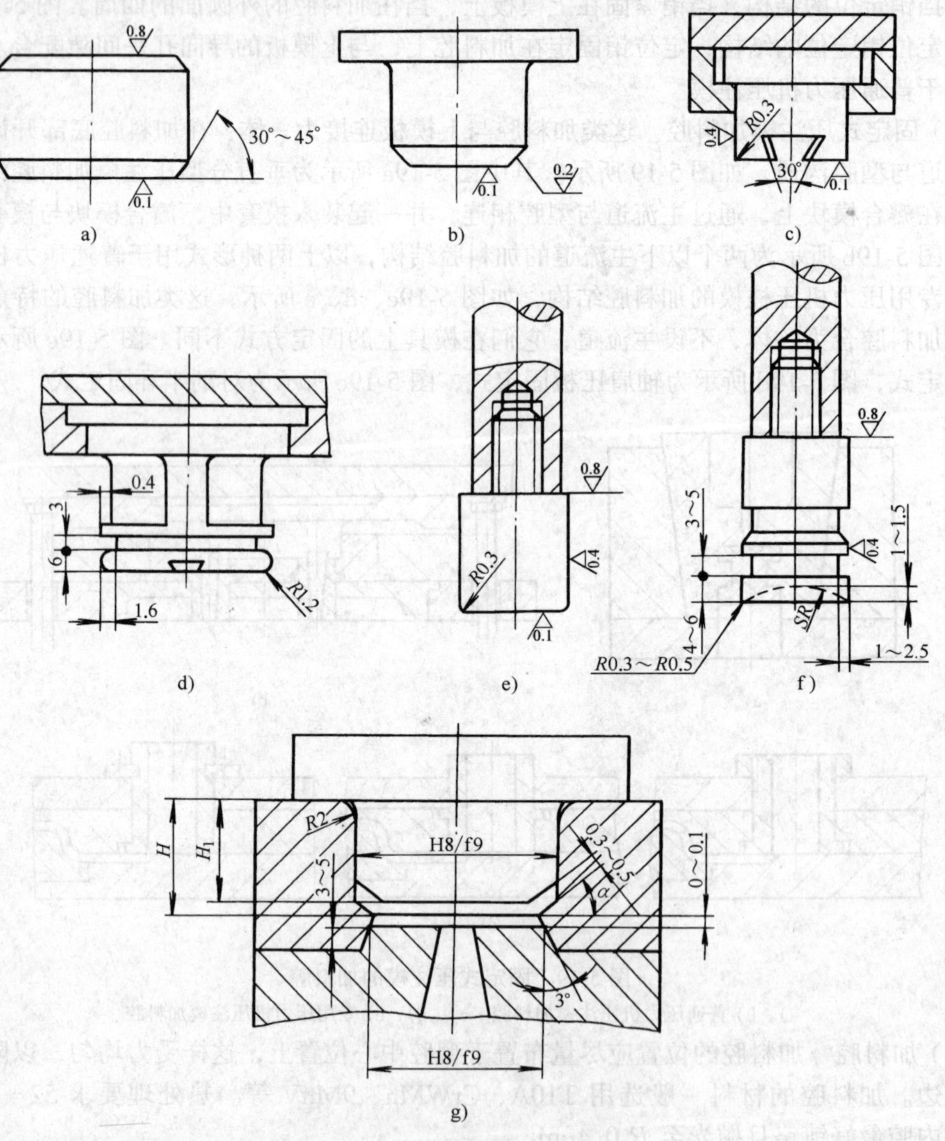

图 5-20　压柱结构及与加料腔的配合

a)、b)、c)、d) 通用压注模压柱结构　e)、f) 柱塞式压注模压柱结构　g) 压柱与加料腔的配合

3. 压注模浇注系统设计

压注模浇注系统的形状与注射浇注系统相类似，但两者的要求有所不同。注射模要求塑

料熔体在流道中流动时，压力损失小，温度变化小，以尽量减少熔体与流道壁的热传递；而压注模除要求塑料熔体流动时压力损失小外，还要求塑料熔体在浇注系统中流动时进一步塑化和提高温度，并以最佳的流动状态进入型腔，因此有时还需用要在流道中安置加热器。压注模浇注系统如图 5-21a 所示。

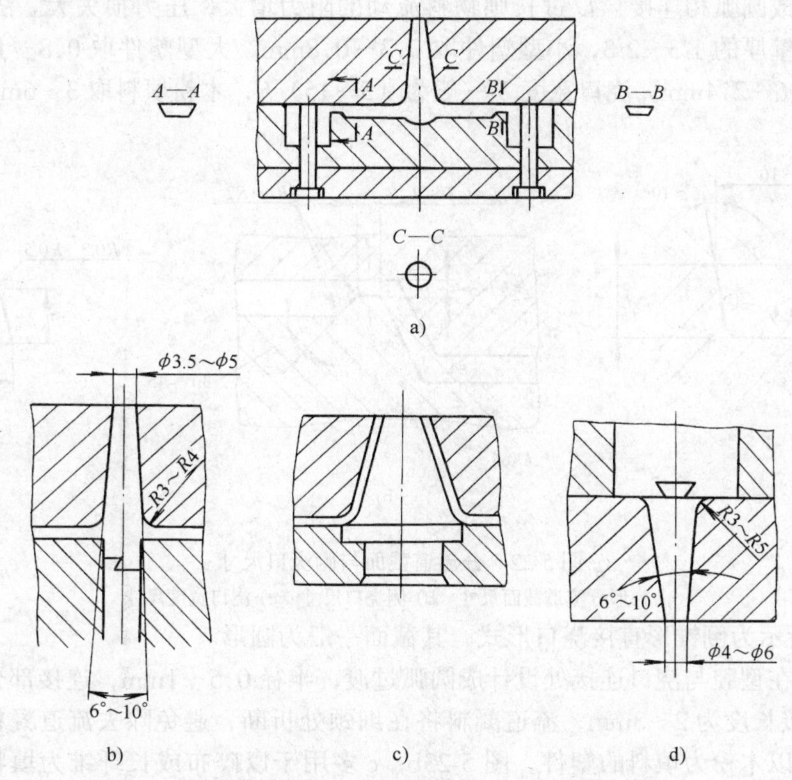

图 5-21　压柱模浇注系统及主流道结构

a) 压注模浇注系统　b)、c)、d) 压柱模主流道

(1) 主流道　压注模常见的主流道有正圆锥形、倒圆锥形和分流锥形三类。如图 5-21b、c、d 所示。图 b 所示为正圆锥主流道，主要用于多腔模，其末端具有与拉料杆共同构成的顶拉腔，用来收集前锋冷料及脱取主流道凝料。图 c 所示为倒圆锥形主流道，常用于单型腔或多点浇口的结构，开模时主流道凝料与塑件在浇口处拉断，并分别从不同的分型面脱出；开模时这种流道阻力小，适用于碎布、长纤维等填充的塑料成型。图 d 所示为分流锥形主流道，通过分流锥的作用保证物料流动性能。分流锥的形状和尺寸，需要按塑件的尺寸和模腔布置情况而定。当型腔沿圆周排列时，分流器和主流道均设计成圆锥形；当型腔呈两排并列时，分流器和主流道则设计成矩形截锥形；当型腔之间距离较大时，应采用大尺寸分流器或增加分流器的锥度；当正圆锥或倒圆锥主流道需要穿过多块模板时，最好采用浇口套。

(2) 分流道　由于热固性塑料流动性差，要求塑料在流动中压力损失小，并能进一步塑化和提高温度以最佳流动状态进入型腔，因此压注模的分流道要设计的浅而宽，以达到较好的传热效果。常用的是梯形截面的分流道，其尺寸如图 5-22a 所示。分流道最好设计在下模的分型面上。其截面积可取浇口的 1.5 倍，分流道长度可取主流道的 1/3～1/2，若选用半圆形分流道，则半径可取 3～4mm。分流道的布置形式与注射模类似，多型腔压注模尽可能采用平衡布置，即主流道至每个型腔的距离及各腔流道的形状尺寸尽量相同。

（3）浇口　压注模的浇口与注射模浇口相似，也有侧浇口、直接浇口、扇形浇口、环形浇口等多种形式，可根据塑件的形状及模具结构选用。

压注模常采用梯形截面的侧浇口，其尺寸如图 5-22b 所示。浇口的长度 $L=0.7\sim2$mm，并且应有倒角或圆弧相连接，L 过长则物料流动的阻力增大，压力损失大。浇口深度 h 一般为该处塑件壁厚的 1/3～2/3，小型塑件取 0.3～0.8mm，大型塑件取 0.8～1.5mm，纤维填充塑件取 1.6～2.4mm。浇口宽度 b 一般为（5～15）h，木粉填料取 3～6mm，纤维填料取 4～10mm。

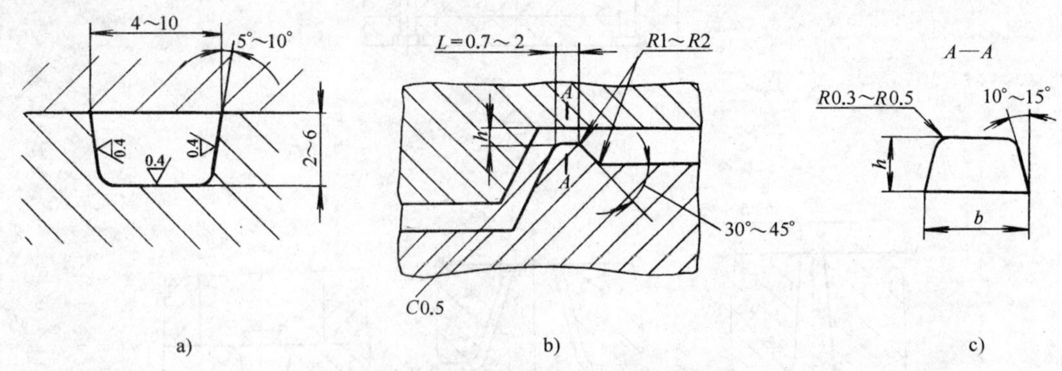

图 5-22　分流道截面与侧浇口尺寸

a）梯形分流道截面尺寸　b）侧浇口尺寸　c）浇口宽度尺寸

图 5-23 所示为倒锥形直接浇口形式，其截面一般为圆形。

这种浇口在型腔与浇口连接处设计成圆弧过渡，半径 0.5～1mm，连接部分最小直径为 2～4mm，连接长度为 2～3mm，流道凝料将在细颈处折断，避免除去流道凝料时损伤塑件表面，适用于以木粉为填料的塑件。图 5-23b、c 多用于以碎布或长纤维为填料的塑件，由于流动阻力大，应放大浇口尺寸。为了克服易拉伤塑件表面的缺点，在浇口附近增加一个凸台，成型后去除。

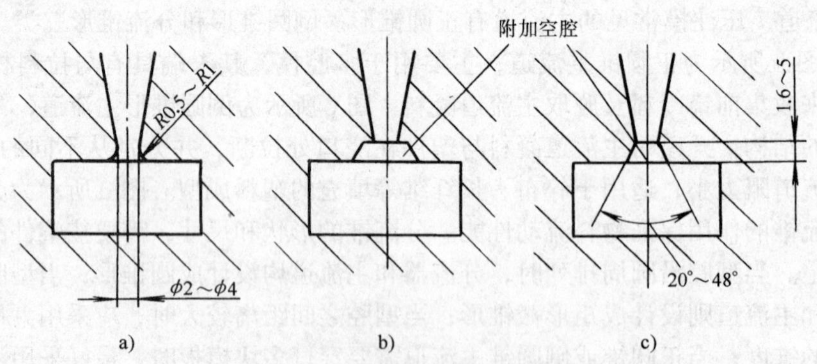

图 5-23　倒锥形直接浇口形式

（4）排气槽　压注成型时，为排除型腔内原有空气及成型过程中产生的低分子气体，需在模具中设置排气槽。从排气槽溢出少量前锋冷料，有利于提高塑料熔接强度。从分型面排气槽溢出的少量塑料与塑件连接在一起，可在成型后去除。排气槽截面尺寸与塑件体积和排气槽数量有关。对于中小型塑件，分型面上排气槽尺寸深为 0.04～0.15mm，宽为 3～6mm。

除使用排气槽排气外，也可利用模腔上的某些间隙排气（如推杆，拉料杆的配合间隙等）。排气槽截面积可按式（5-8）计算

$$A = \frac{0.05V_s}{N} \tag{5-8}$$

式中　A——排气槽截面积（mm^2）；

V_s——塑件体积（mm^3）；

N——模型内排气槽数量。

排气槽截面的推荐尺寸见表 5-3。

表 5-3　排气槽截面的推荐尺寸

排气槽截面积 A/mm^2	槽宽/mm	槽深/mm
<0.2	5	0.04
>0.2~0.4	5	0.08
>0.4~0.6	6	0.10
>0.6~0.8	8	0.10
>0.8~1.0	10	0.10
>1.0~1.5	10	0.15
>1.5~2.0	10	0.20

排气槽位置的选择可遵循以下原则：

1）排气槽应尽量开设在分型面上，这样可避免因排气槽的溢料影响制件脱模。

2）排气槽应设置在气体的最终聚集处，如熔体流动的末端。

3）排气槽应设在嵌件附近或塑件壁厚最薄处，因为该处易形成熔接缝，可利用排气槽溢出前锋冷料，以提高熔接缝强度。

4）可利用模具上的活动型芯或推杆与模板的间隙排气。

最后必须指出，压注模采用排气槽排气时，每次成型后须清除排气槽中的废料，以保持排气畅通。

第 6 章　压铸模结构设计

6.1　压铸成形工艺与压铸件

6.1.1　压力铸造

1. 成型原理

压力铸造简称压铸，是指将液态或半液态金属在高速、高压条件下填充到模具型腔中，并在高压下快速凝固成型的一种铸造方法。通常压铸模型腔中金属的压力为几兆帕到几十兆帕，有时甚至高达 500MPa；一般在 0.01～0.2s 内完成填充，最短只有千分之几秒；填充速度为每秒几米到几十米，最高可达 120m/s。

2. 工艺过程

压力铸造的工艺过程因不同形式的压铸机而有差异，一般压铸的工艺过程为：合模→液态或半液态的金属进入压室→压射填充模具型腔→保压→冷却→开模→顶出铸件→清理、检验。有些压铸机是在金属进入压室之后合模。

3. 压力铸造的特点

1) 压铸件组织致密、晶粒细小、硬度和强度较高，其抗拉强度比砂型铸造铸件高 25%～30%，但伸长率有所下降。

2) 由于压铸过程的高压和高速性，因此可生产出薄壁、复杂形状的铸件，铸件上的文字、线条、图案符号以及螺纹等可直接压铸形成。通常压铸件的壁厚是 1～6mm，对锌合金，壁厚可薄到 0.6mm。

3) 压力铸造生产的铸件尺寸精度高（一般为 IT11～13，最高可达 IT9），表面质量好（表面粗糙度值一般为 $R_a3.2\mu m$，最高达 $R_a0.4\mu m$），装配互换性和尺寸稳定性较好，加工余量小。

4) 当采用压力铸造工艺时，可生产带嵌件的铸件，简化了铸件的制造和装配工艺。

5) 压铸机可连续大批量生产，平均每小时可以压铸 50～150 次，且通过设计多型腔模具，可成倍提高产量，因此压力铸造的生产效率高。

6) 由于压铸过程快，型腔中的气体不易排出，有可能使铸件内部存在气孔，因此，应采取有效的工艺措施。

7) 压铸高熔点合金时，模具的寿命较低，模具制造成本较高。

8) 压力铸造的设备成本较高，模具制造、维修要求高，费用大，往往适用于批量较大的生产。

6.1.2　压铸机

压铸机是压力铸造的设备，其与压铸金属、压铸模构成了压铸生产的三要素。压铸模设计与压铸机的选用有密切关系，除了要考虑安装尺寸和锁模力外，还要考虑它们之间的能量供需关系（PQ^2 特性图）。

按其压室压铸机有热室和冷室两大类型，冷室压铸机分为立式、卧式和全立式。按其动力不同压铸机有机械式、气压式和液压式三种，液压式压铸机目前较常用。各种压铸机的安装尺寸、锁模力和 PQ^2 特性图可查阅相关资料。

1. 热压室压铸机

热压室压铸机的结构和组成如图 6-1 所示，常用于压铸铅、锡、锌、镁等低熔点或熔点不太高的合金。其特点如下：

1) 压室埋入坩埚内与金属液相通，工作过程自动化，不需单独供料，操作程序简单，生产率高。

2) 金属液由坩埚中的压室直接进入型腔，温度波动小，浇注系统金属材料消耗少。

3) 金属液由液面下进入压室，氧化少，杂质不易带入。

4) 压射比压小。

5) 压射充头和压室长期浸在金属液中，易被浸蚀，寿命短，并会增加金属中的 Fe 含量。

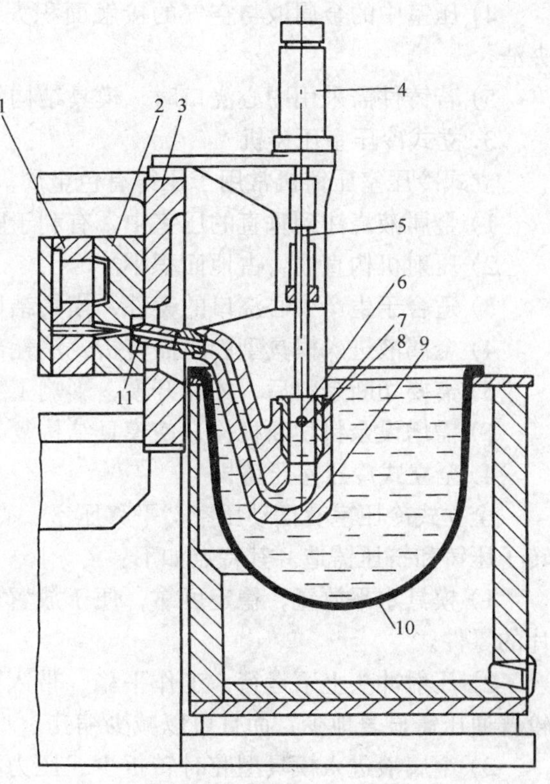

图 6-1 热室压铸机的组成（压铸部分）
1—动模 2—定模 3—定模固定板 4—液压缸 5—冲头杆 6—冲头 7—压室 8—充填孔 9—鹅颈 10—坩埚 11—喷嘴

2. 卧式冷压室压铸机

卧式冷压室压铸机的结构和组成如图 6-2 所示，常用于压铸铝、铜、镁等有色金属和黑色金属。其特点如下：

1) 金属液进入模具型腔时转折少，压力损耗小，有利于发挥增压机构的作用，压铸比压大。

2) 一般设置中心和偏心两个浇注位置，有的压铸机可以任意调整偏心位置，供模具设计时选用。

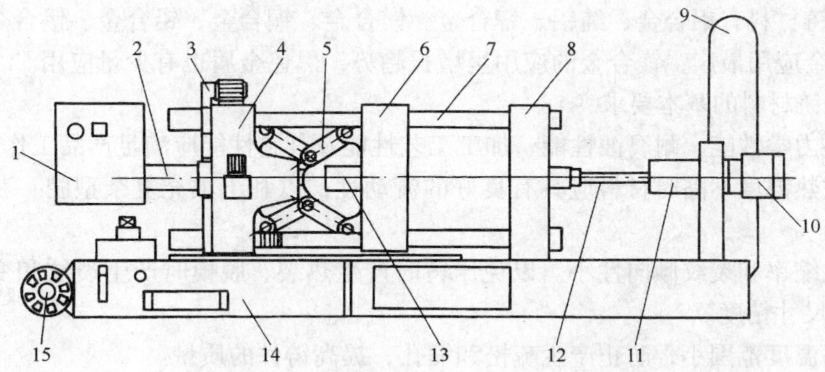

图 6-2 卧式冷室压铸机的组成（压铸部分）
1—控制柜 2—合模缸 3—模具高度调节机构 4—曲肘支承座板 5—曲肘机构 6—动模座板 7—拉杆 8—定模座板 9—蓄能器 10—增压器 11—压射缸 12—压室与冲头 13—顶出缸 14—底座与传动液箱 15—泵与电动机

3）结构简单，操作维修方便，生产率高，便于实现自动化生产。

4）压室中的金属液与空气的接触面积大，压射时如果速度选择不当，容易卷入气体和夹渣。

5）若铸件需采用中心浇口时，模具结构较复杂。

3. 立式冷压室压铸机

立式冷压室压铸机常用于压铸有色金属。其特点如下：

1）金属液浇注到垂直的压室中，有利于防止杂质进入模具型腔。

2）压射机构直立，占地面积小。

3）适合于生产中心浇口的铸件，模具结构简单。

4）金属液进入模具型腔时需转折，消耗部分压射压力。

5）需要切断余料后，才能开模，影响了生产率。

6）需增设余料切断机构，使模具结构复杂化，维修不便。

4. 全立式冷压室压铸机

全立式冷压室有摆动压室、平移压室、真空吸入、电磁泵给料等多种结构形式，常用于转子压铸和挤压铸造。其特点如下：

1）模具水平放置，稳定可靠，便于放置嵌件，主要用于压铸电机转子类零件和带硅钢片的零件。

2）压射冲头上下运行，工作平稳，带入模具型腔中的空气较少，生产出的铸件的气孔较普通压铸显著地少，而且可以减少缩孔。

3）金属液进入模具型腔时转折少，压力损耗小，金属液的热量集中在靠近浇道的压室中，热量损失少。

4）生产出的铸件可以进行焊接、热处理。

5）既可以生产厚壁铸件，又可以挤压铸造薄壁铸件。

6）占地面积小，但设备较高。

7）设备不很稳定，铸件推出后常要手工取出，不易组织自动化生产。

6.1.3 压铸材料

常用压铸材料有铝合金、纯铝、锌合金、镁合金、铜合金、铅合金、锡合金等，其中镁合金、锌合金应用最广，镁合金的应用呈增长趋势，黑色金属也有少量应用。

1. 对压铸材料的基本要求

1）材料力学性能、耐腐蚀性能、加工工艺性能及其它性能应满足产品工作条件要求。

2）在过热温度不高时材料应具有良好的流动性，以利于填充复杂型腔，获得表面质量良好的铸件。

3）线收缩率和裂纹倾向性小。以免压铸时产生热裂、脱模时产生裂纹和变形，并有助于保证铸件尺寸精度。

4）结晶温度范围小，防止产生疏松和缩孔，提高铸件的质量。

5）具有一定的高温强度，防止从模具型腔中推出铸件时产生变形和碎裂。常温下具有较高的强度，以满足生产大型复杂压铸件的要求。

6）与型腔材料之间的物理化学作用的倾向性小，以减少粘模和相互合金化。

7）熔点较低，以利于延长模具使用寿命。

2. 常用压铸材料

(1) 锌合金　锌合金铸造性能良好，易压铸复杂零件；熔点低，能延长模具使用寿命；熔融及压铸过程中不吸铁，不易粘模；容易进行表面处理尤其是电镀 Cr、Ni、Cu。但是，其密度大，易老化，抗蚀性差，在载荷作用下，当温度大于 50°C 时，其强度因材料蠕变而降低，产生显著的铸件变形。

锌合金采用高速热压式压铸机压铸，金属比压小于 30MPa，锁模力从几千牛到几十千牛。常用压铸锌合金的化学成分、力学性能见表 6-1。

表 6-1　压铸锌合金的化学成分、力学性能

牌　号	代号	化学成分(质量分数,%)									力学性能(不低于)			
		主要成分				杂质成分(不大于)					σ_b /MPa	δ_5 (%)	HBS (5/250/30)	A_K/ J
		Al	Cu	Mg	Zn	Fe	Pb	Sn	Cd	Cu				
ZZnAl4Y	YX040	3.5～4.3	—	0.02～0.06	其余	0.1	0.005	0.003	0.004	0.25	250	1	80	35
ZZnAl4Cu1Y	YX041	3.5～4.3	0.75～1.25	0.03～0.08		0.1	0.005	0.003	0.004	—	270	2	90	39
ZZnAl4Cu3Y	YX043	3.5～4.3	2.5～3.0	0.02～0.06		0.1	0.005	0.003	0.004	—	320	2	95	42

(2) 铝合金　铝合金铸造性能良好，易压铸复杂零件，结晶温度间隔较小，易成型，线收缩率小，热裂倾向小，比强度较高，高温、低温力学性能较好，经氧化处理后具有良好的化学稳定性，具有很好的导电、导热性能，切削性能良好。但铝合金体积收缩较大，与铁有很强的亲和力，压铸时容易粘模。

铝合金应在冷压式压铸机上压铸，金属比压大于等于 100MPa，合模力为 1000～35000kN。常用压铸铝合金的化学成分、力学性能见表 6-2。

表 6-2　压铸铝合金的化学成分、力学性能

牌　号	代号	化学成分(质量分数,%)						
		Si	Cu	Mn	Mg	Fe	Ni	Ti
YZAlSi12	YL102	10～13.0	≤0.6	≤0.6	≤0.05	≤1.2	—	—
YZAlSi10Mg	YL104	8.0～10.5	≤0.3	0.2～0.5	0.17～0.3	≤1.0	—	—
YZAlSi12Cu2Mg1	YL108	11～13.0	1.0～2.0	0.3～0.9	0.4～1.0	≤1.0	≤0.05	—
YZAlSi9Cu4	YL112	7.5～9.5	3.0～4.0	≤0.5	≤0.3	≤1.2	≤0.5	—
YZAlSi11Cu3	YL113	9.6～12.0	1.5～3.5	≤0.5	≤0.3	≤1.2	≤0.5	—
YZAlSi17Cu5Mg	YL117	16～18.0	4.1～5.0	≤0.5	0.45～0.65	≤1.2	≤0.1	≤0.1
YZAlMg5Si1	YL303	0.8～1.3	≤0.1	0.1～0.4	4.5～5.5	≤12	—	≤0.2

(续)

牌　号	代号	化学成分(质量分数,%)				力学性能(≥)		
		Zn	Pb	Sn	Al	σ_b/MPa	δ(%)	HBS
YZAlSi12	YL102	≤0.3	—	—	其余	220	2	60
YZAlSi10Mg	YL104	≤0.3	≤0.05	≤0.01		220	2	70
YZAlSi12Cu2Mg1	YL108	≤1.0	≤0.05	≤0.01		240	1	90
YZAlSi9Cu4	YL112	≤1.2	≤0.1	≤0.1		240	1	85
YZAlSi11Cu3	YL113	≤1.0	≤0.1	≤0.1		230	1	80
YZAlSi17Cu5Mg	YL117	≤1.2	—	—		220	<1	—
YZAlMg5Si1	YL303	1.2	—	—		220	1	70

(3) 镁合金　镁合金密度小，一般仅为铸铁的25%、铝合金的65%，机械强度高，力学性能较好（在－196℃时仍具有良好的力学性能）；压铸时与铁的亲和力小，粘模现象少，模具寿命较长；切削性能良好。但镁合金的抗蚀性能较差，铸件表面需氧化处理和油漆保护，压铸时，金属液面必须用气体保护（一般用惰性气体保护，常用 SO_2 保护）。

镁合金在热室或冷压式压铸机上均可压铸，金属比压大于等于100MPa，合模力为600～8000kN。常用压铸镁合金的化学成分、力学性能见表6-3。

表6-3　压铸镁合金的化学成分、力学性能

牌号	代号	化学成分(质量分数,%)									力学性能(不低于)		
		主要成分				杂质成分(不大于)					σ_b/MPa	δ(%)	HBS(5/250/30)
		Al	Zn	Mn	Mg	Fe	Cu	Si	Ni	总和			
YZMgAl9Zn	YM5	7.5～9.0	0.2～0.8	0.15～0.5	其余	0.08	0.1	0.25	0.01	0.5	200	1	65

(4) 铜合金　铜合金机械强度高，密度大，具有良好的抗腐蚀性、耐磨性、导热性、导电性及抗磁性能。但铜合金的熔点高，模具寿命低，并且价格比较昂贵。

铜合金使用冷压式压铸机压铸，金属比压大于等于30MPa，合模力为600～48000kN。常用压铸铜合金的化学成分、力学性能见表6-4。

表6-4　压铸铜合金的化学成分、力学性能

牌号	代号	化学成分(质量分数,%)										力学性能(不低于)		
		Cu	Pb	Al	Si	Mn	Fe	Ni	Sn	Sb	Zn	σ_b/MPa	δ_5(%)	HBS(5/250/30)
YZCuZn40Pb	YT40—1	58.0～63.0	0.5～1.5	0.2～0.5	≤0.05	≤0.5	≤0.8	—	—	≤1.0	其余	300	6	85
YZCuZn16Si4	YT16—4	79.0～61.0	≤0.5	≤0.1	2.5～4.5	≤0.5	≤0.6	—	≤0.3	≤0.1		345	25	85
YZCuZn30Al3	YT30—3	66.0～68.0	≤1.0	2.0～3.0	—	≤0.5	≤0.8	—	≤1.0	—		400	15	110
YZCuZn35Al2Mn2Fe	YT3—2—2—1	57.0～65.0	≤0.5	0.5～2.5	≤0.1	0.1～3.0	0.5～2.0	≤3.0	≤1.0	≤0.4		475	3	130

6.1.4 压铸件结构工艺性

压铸件的结构工艺性是否合理，直接关系到能否生产出符合设计要求的产品。

1. 壁厚

压铸件的力学性能随壁厚的增加而明显下降。薄壁是压铸件优越于其它铸造方法的特点之一，壁厚小抗拉强度高，气密性好。但太薄的壁厚会使金属熔结不良，易产生缺陷。可见，在保证铸件的刚度、强度和工艺要求的前提下，其壁厚应设计成薄壁和均匀壁厚。最大、最小壁厚之比应不大于3:1。压铸件的壁厚通常由其面积而定。压铸件的正常壁厚见表6-5。

表 6-5 压铸件的壁厚

壁厚处面积/cm^2	壁厚/mm							
	锌合金		铝合金		镁合金		铜合金	
	最小	正常	最小	正常	最小	正常	最小	正常
~25	0.5	1.5	0.8	2	0.8	2	0.8	1.5
>25~100	1.0	1.8	1.2	2.5	1.2	2.5	1.5	2.0
>100~500	1.5	2.2	1.8	3.0	1.8	3	2.0	2.5
>500	2.0	2.5	2.5	3.5	2.5	4	2.5	3.0

2. 肋条

如上所述，由于厚壁压铸件的内部易产生气孔、缩孔等缺陷，其抗拉强度反而会较薄壁降低。因此，增加压铸件刚度和强度应优先采用设置加强肋的设计方案，另外，设置加强肋还有利于改善金属的流动性，消除因金属过分集中而产生气孔、缩孔、裂纹等缺陷。

肋的设计要点如下：

1) 加强肋应布置在铸件受力较大的地方，以减少其壁厚，改善其强度；

2) 加强肋应对称布置，使铸件壁厚均匀，以减少金属过分集中，避免产生气孔、缩孔、裂纹等缺陷。

3) 加强肋的方向应与料流方向一致，以避免搅乱金属流，产生内部缺陷。

4) 避免在加强肋上设置任何零部件。

3. 铸造圆角

压铸件上除了预设的分型面或滑块接合处之外，所有截面发生急剧变化的部位，例如壁与壁的结合处、厚薄交接处、粗细交接处等，都应设计成圆角。铸造圆角可以使金属液流动通畅，减少涡流，避免因应力集中而开裂，延长模具寿命。铸造圆角不宜过大或过小，圆角过大，会使铸件产生疏松或缩孔，一般为铸件壁厚的1/3~1/2。

4. 铸孔

压铸成型的优点之一就是能铸出深而细的小孔。但在填充过程中金属液的冲击和凝固时，材料的收缩会对成型的型芯产生冲击力、热应力、收缩包紧力，从而使型芯弯曲或损坏，因此过小过深的孔不宜直接压铸，同时还要考虑孔径与孔距及脱模斜度的关系。表6-6为各种压铸材料可以铸出的孔径与孔深。

5. 起模斜度

为了防止铸件从压铸模中取出时受阻及划伤表面，减少模具的磨损和推杆的损伤，减少涂料消耗，降低生产成本，提高压铸件质量，铸件上所有脱模方向的孔壁和外壁都要有起模斜度。起模斜度的大小与压铸材料、几何形状、高度与深度、壁厚、型腔或型芯的表面粗糙度有关；一般在满足压铸件使用要求的前提下，起模斜度应尽可能大些；通常外壁的起模斜度取内壁的一半。

表 6-6　铸孔的最小孔径及孔径与孔深的关系

压铸材料	最小孔径 d/mm		孔深(孔径 d 的倍数)			
	经济上合理的最小孔径	技术上可能的最小孔径	不通孔		通孔	
			$d>5$	$d<5$	$d>5$	$d<5$
锌合金	1.5	0.8	$6d$	$4d$	$12d$	$8d$
铝合金	2.5	2.0	$4d$	$3d$	$8d$	$6d$
镁合金	2.0	1.5	$5d$	$4d$	$10d$	$8d$
铜合金	4.0	2.5	$3d$	$2d$	$5d$	$3d$

6. 压铸螺纹、齿轮

当压铸外螺纹时，因铸件和模具结构的要求而采用两半分型的螺纹型环时，应考虑留有0.2～0.3mm的加工余量，内螺纹虽然可以直接铸出，但需螺纹型芯旋出装置，这使模具结构复杂，一般先铸出螺纹底孔，再经机械加工成螺纹。压铸出的螺纹的牙型，应为平头或圆头。表6-7为可压铸的螺纹尺寸。

表 6-7　可压铸的螺纹尺寸

压铸材料	最小螺距 P/mm	最小螺纹外径/mm		最大螺纹长度(螺距 P 的倍数)	
		外螺纹	内螺纹	外螺纹	内螺纹
锌合金	0.75	6	10	$8P$	$5P$
铝合金	1.0	10	20	$6P$	$4P$
镁合金	1.0	6	14	$6P$	$4P$
铜合金	1.5	12	不宜铸出	$6P$	不宜铸出

压铸齿轮的最小模数 m：锌合金为0.3mm；铝合金、镁合金为0.5mm；铜合金为1.5mm。对精度要求高的齿轮，齿面需留有0.2～0.3mm的机械加工余量。

7. 压铸凸纹、凸台和文字

在压铸凸纹和直纹时，其纹路应与脱模方向平行，并有一定的起模斜度，凸纹形状应为半圆形。网纹主要用于面积较大的平板状零件或其它形状零件上，以减少或消除流痕、花斑等缺陷，网纹的造型要以有利于压铸件脱模和模具制造为原则。

设计压铸件上的凸台应不影响铸件脱模，高度不宜太高。需机加工时，为使刀具不致切削到铸件壁上，凸台应有足够的高度，以便留下切削余量，凸台的最小高度为2.5mm。

压铸件上文字、图案和符号应是凸起的，避免尖角，便于模具制造，延长模具寿命。文字应大于5号字，凸起高度应大于0.3mm，一般为0.5mm；笔划最小宽度一般为凸起高度的5倍，通常取0.8mm。图案和符号设计力求简单，美观大方，线条最小宽度应不小于0.3mm。文字、图案和符号的起模斜度为10°～15°。

8. 嵌件

压铸件中，常常嵌入各种材料的镶嵌件，使铸件局部具有强度、硬度、耐磨性、耐腐蚀性、导磁性、绝缘性、导电性、焊接性等特殊性能，扩大铸件的应用范围；改善压铸件的工艺性，消除局部热节、细长孔、侧凹、曲折腔道等阻碍铸件抽芯或脱模的部位；将压铸件本身作为嵌件，使复杂铸件转化为简单铸件，并代替部分装配工序。嵌件的设计要点如下：

(1) 连接稳定　为确保嵌件在压铸件中镶嵌的稳固，防止嵌件轴向、径向的移动或转动，可采取在嵌件的端面或表面滚花、开槽、打孔、打弯钩、设凸缘等措施。

(2) 定位牢固　应保证嵌件在金属液的冲击下不偏移、不脱落。同一铸件中嵌件不宜过多，以免因安放嵌件而降低生产率，降低铸件质量。

(3) 无尖角和有足够的金属包层厚度　嵌件应有倒角、圆角以利于其在模具中安装，以免尖角处因应力集中而开裂。同时，嵌件周围应有足够的金属层（一般应大于1.5mm），以提高铸件对嵌件的包紧力，防止铸件裂纹。

(4) 防蚀保护与热处理　带嵌件的铸件应避免热处理和表面处理，以免嵌件在铸件中的松动和产生腐蚀。最好在压铸前在嵌件表面镀上防腐蚀保护层，以防止嵌件与压铸金属间发生电化学腐蚀。

6.2　压铸模的基本结构与要点

6.2.1　基本结构与构造

1. 基本结构

如图6-3所示，压铸模由动模和定模两部分组成，动模固定在压铸机的动模安装板上，并随之做开模、合模运动；定模固定在压铸机的定模安装板上，定模通过直浇道与压室或压铸机的喷嘴联接。动模与定模在合模时闭合浇注系统和型腔，金属液在高压下充满型腔；动模与定模在开模时分开，借助设在动模上的脱模机构顶出铸件。

2. 构成及其构件

根据压铸模的基本结构，压铸模由模架和工作部分构成，模架包括模体、导柱导套和推出复位机构等，工作部分由成型部分、浇注系统、抽芯机构、排溢系统和冷却系统等组成。

(1) 模体　模体是压铸模的基础部分，包括动、定模座板，动、定模套板，支承板，定位件和紧固件等。如图6-3所示，定模座板19是固定定模在压铸机定模安装板上的板件，定模套板18是固定定模镶块、型芯、导柱或导套，并增加镶块刚度和强度的板件；动模座板8是固定动模在压铸机动模安装板上的板件；动模套板12是固定动模镶块、型芯、导套或导柱，并增加镶块刚度和强度的板件；支承板11是防止动模镶块、型芯、导柱或导套等零件轴向移动，承受成形压力的板件。

(2) 导柱导套　导柱和导套的作用是确定定模、动模的相对位置，保证运动导向精度。导柱和导套分别安装在动、定模套板上。

(3) 推出复位机构　推出复位机构包括推杆、推管、复位杆、推杆固定板、推板、推件板、垫块、限位钉、推板导柱、导套等。其作用是推出铸件，并借助模具的闭合动作使推出机构恢复到下一压铸循环的工作位置。推杆固定板是用于固定推出零件和复位零件，夹紧固定推板导套的板件；推板的作用是支承推出零件和复位零件，传递机床推出力；推件板、推杆、推管的作用是直接间接推出铸件；垫块用于调节模具闭合高度，并形成推出机构所需的空间位置，限位钉用于支承和限定推出机构复位的位置，推出机构的导向由推板、导柱、导套完成。

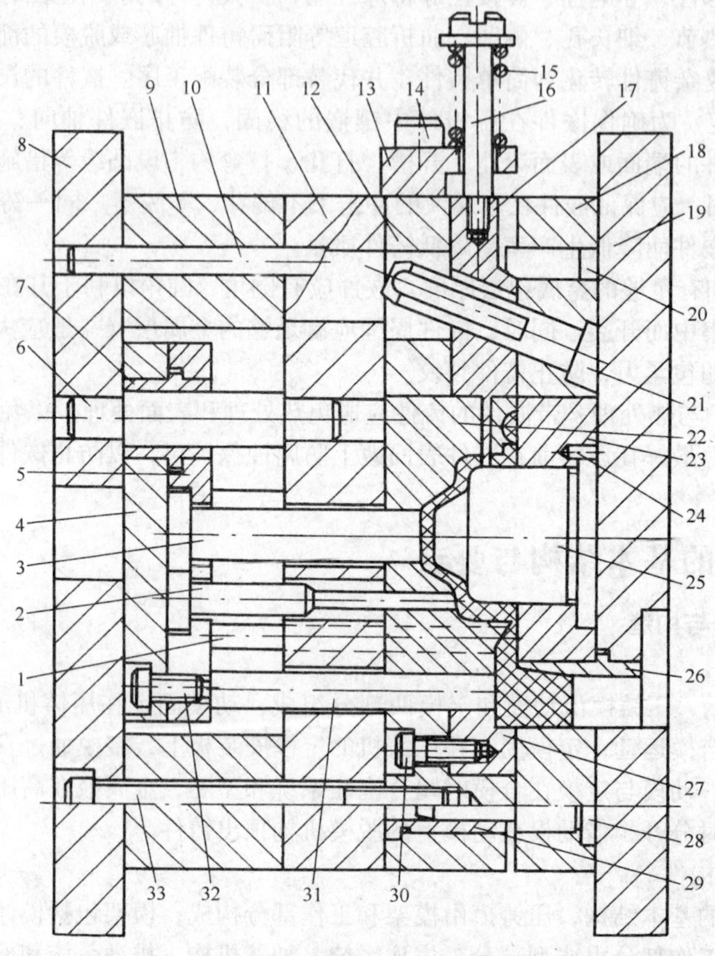

图 6-3 压铸模的基本结构

1—复位杆 2、3—推杆 4—推板 5—推杆固定板 6—推板导柱 7—推板导套 8—动模座板 9—垫块 10—销钉 11—支承板 12—动模套板 13—挡块 14、30、32、33—螺钉 15—弹簧 16—螺杆 17—成形滑块 18—定模套板 19—定模座板 20—锲紧块 21—斜销 22—动模镶块 23—定模镶块 24—定位销 25—型芯 26—浇口套 27—浇道镶块 28—导柱 29—导套 31—镶块

(4) 成型部分 成型部分由决定压铸件内外轮廓几何形状和尺寸精度的零件组成，包括镶块和型芯，镶块是组成模具型腔的主体零件，型腔形成铸件外表面，动、定模镶块分别固定在动、定模套板中，型芯是成型内表面的凸状零件。

(5) 浇注系统 浇注系统是金属液从压铸机压室进入压铸模型腔的通道，直接影响了金属液进入模具型腔的速度、压力、排气和溢流等情况。浇注系统由浇口套、分流锥、导流块、直浇道、横浇道和内浇口等组成。直浇道是从模具浇注系统的入口到横浇道的一段通道，横浇道是从直浇道的末端到内浇道的一段通道，内浇口是金属液进入模具型腔的通道与入口，浇口套是形成直浇道的圆套零件，分流锥正对直浇道，其作用是分流金属液，使之能平稳改变流向，导流块的作用是使浇注系统中的金属液能平稳地改变流向。

(6) 抽芯机构 铸件侧面有凸台或孔时，需要用侧向型芯成型，在铸件脱模之前，要用抽芯机构从铸件中抽拔出侧向型芯。图 6-3 中抽芯机构由斜销（或弯销）21、滑块 17、限位块、锲紧块 20 和挡块 13 等组成。斜销倾斜于分型面装配，其使滑块在模具开合时在模具中产生相对运动，滑块沿导向结构滑动时带动型芯或镶块完成抽芯、复位动作，限位块限制了滑块抽芯后的最终位置，锲紧块的斜锲角在合模时锲紧滑块，弯销使滑块在模具开合时作抽芯、复位动作。

(7) 排溢系统　排溢系统是为了排除型腔中的气体、涂料残渣、冷污金属液等而设计的排气槽和溢料槽。溢料槽一般置于成型零件上，位于最新流入型腔的金属流的末端，排气槽的凹槽一般开设在分型面上，亦可通过通孔的型芯头或推杆间隙等进行排气。

(8) 冷却系统　为了适应压铸工艺的需要，平衡模具温度，防止型腔温度急剧变化而影响铸件质量，模具上常需设置冷却系统，通常在模具上开设冷却水道，采用水冷却。

6.2.2 设计要点

1. 基本要求

1) 铸件应符合压铸毛坯图所规定的精度要求及各项技术要求，尤其是高精度、高质量部位的要求。

2) 技术经济性合理，符合压铸生产工艺要求。

3) 模具结构简单、先进、合理，动作准确可靠，构件刚性良好，易损件装拆方便，便于修模。

4) 模具选材适当，技术要求合理，满足模具制造工艺和热加工工艺要求。

5) 掌握压铸机的技术特性，充分发挥设备性能，模具安装方便、准确、可靠。

6) 模具零部件选用与设计时尽可能标准化、通用化和系列化。

2. 基本内容

1) 分析压铸模结构，布置分型面、型腔位置，布置浇注系统和排溢系统。

2) 确定型芯的分割位置、尺寸、固定方式及动作方式。

3) 确定成型部分的分割、镶块的拼镶方案、尺寸和固定方式。

4) 确定抽芯方式，计算抽芯力，确定抽芯机构及其主要零件的尺寸。

5) 确定推出复位机构，确定推杆、复位杆的位置及尺寸。校核推出行程和预复位机构的尺寸。

6) 参照国标，确定动、定模镶块，动、定模套板的外形尺寸，确定导柱、导套的形式、位置和尺寸。

7) 确定加热、冷却系统的方案，布置加热管道和冷却管道的位置，确定其尺寸。

8) 确定嵌件的装夹固定方式。

9) 计算模具的总厚度，校核压铸机的闭合高度。

10) 按模具外形轮廓尺寸，校核压铸机拉杆间距和最大开档时的拉杆间距空间。

11) 根据压射比压，计算模具分型面的涨型力，校核压铸机的锁模力。

12) 根据动、定模板尺寸，校核压铸机压室位置和安装槽（孔）的位置。

13) 按标准选用模块、标准模架、模座、模套等及其它相关零部件。

6.3 分型面、浇注与排溢系统

6.3.1 分型面

分型面是从模具中取出铸件和凝料的动、定模接触面或瓣合模的瓣合面。分型面的类型、形状和位置不仅关系到模具结构及其复杂程度，而且影响到铸件质量和生产操作。

1. 分型面的类型

(1) 按分型面与型腔的相对位置分类　按分型面与型腔的相对位置来分，分型面可分为4种基本类型。如图 6-4 所示。

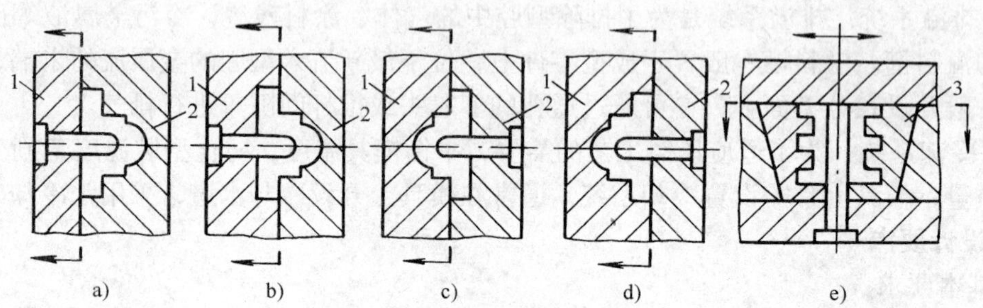

图 6-4　分型面的基本类型

a) 类型Ⅰ　b)、c) 类型Ⅱ　d) 类型Ⅲ　e) 类型Ⅳ

1—动模　2—定模　3—瓣合模块

第Ⅰ类分型面如图 6-4a 所示，压铸件形状的型腔全部位于定模内，以铸件的外端面作为分型面；图 b、c 所示为第Ⅱ类分型面，构成压铸件形状的型腔分别位于动、定模内，一般以铸件中间部位的一个端面作为分型面；第Ⅲ类分型面是指铸件形状的型腔全部位于动模内，亦以铸件的外端面作为分型面，如图 d 所示；第Ⅳ类分型面也称垂直分型面，如图 e 所示，是指压铸件在多个（两个或两个以上）瓣合模块中成型。

(2) 按分型面的形状分类　按其形状，分型面可分为平直分型面、倾斜分型面、阶梯分型面和曲面分型面。如图 6-5 所示。

平直分型的分型面是一个平面，如图 6-5a 所示；倾斜分型的分型面是一个斜面，由于铸件上下两端面不平行，倾斜一角度，为便于型腔加工，采用斜面作分型面，如图 b 所示；阶梯分型的分型面是阶梯面，如图 c 所示；曲面分型的分型面是一个曲面，如图 d 所示。

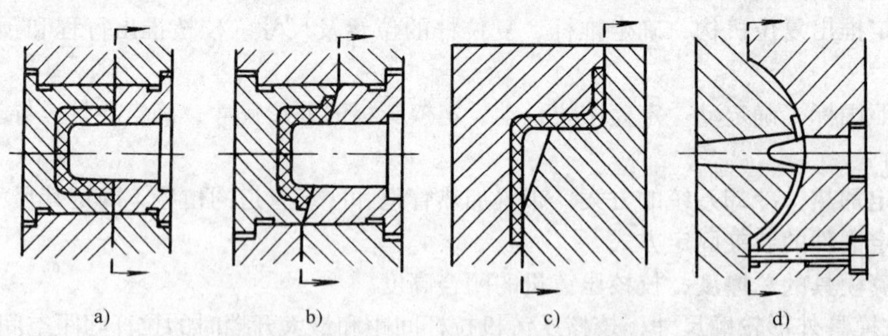

图 6-5　分型面的形状

a) 平直分型面　b) 倾斜分型面　c) 阶梯分型面　d) 曲面分型面

(3) 按分型面的数量分类　按其数量，分型面可分为单分型面、双分型面、三分型面、组合分型面。如图 6-6 所示。

上述介绍的都是单分型面；双分型面如图 6-6a、b 所示，分型面由一个主分型面Ⅰ-Ⅰ和一个辅助分型面Ⅰ′-Ⅰ′构成；三分型面如图 c 所示，分型面由一个主分型面Ⅰ-Ⅰ和两个辅助分型面Ⅱ-Ⅱ和Ⅲ-Ⅲ构成；组合分型面如图 d 所示，分型面由一个主分型面Ⅰ-Ⅰ和一个

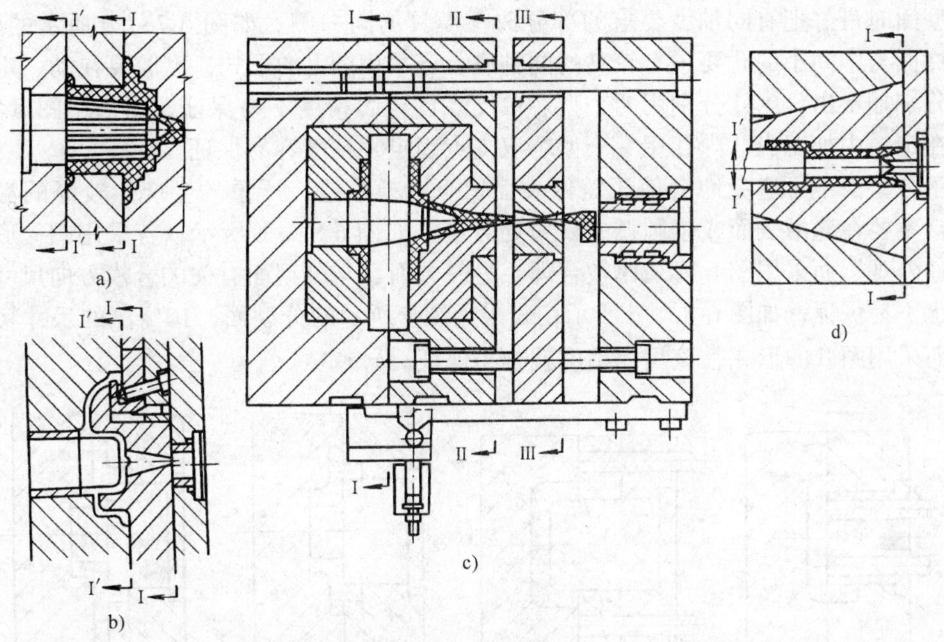

图 6-6　分型面的分类

a）、b）双分型面　c）三分型面　d）组合分型面

或数个辅助分型面Ⅰ′-Ⅰ′等构成，或由上述几种分型面中的两种类型所构成。

2. 选择分型面的要点

分型面的选择对压铸模结构和压铸件质量，可产生多方面的影响，因此必须根据具体情况合理选择。一般来说，选择分型面的要点如下：

1）应选在压铸件外形轮廓尺寸的最大断面处，使压铸件顺利从模具型腔中取出。

2）应使开模后压铸件留在动模，开模后使压铸件随着动模移动而在动模的顶出装置作用下脱出动模，设计时应考虑动模部分被压铸件包住的成型表面多于定模部分。图 6-7a 所示分型面，由于压铸件凝固冷却后，包住定模型芯的力大于包住动模型芯的力，分型时压铸件会留于定模而无法脱出；若改用图 6-7b 所示的分型面，就能满足脱出定模型腔的要求。

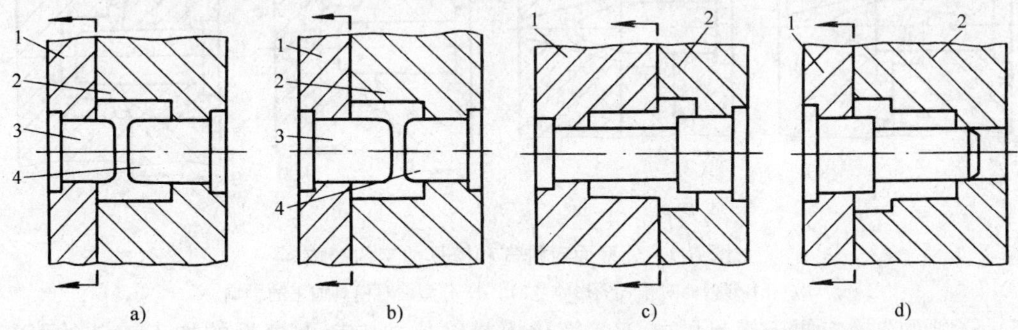

图 6-7　分型面对脱模和同轴度的影响

a)、b) 分型面对脱模的影响　c)、d) 分型面对同轴度的影响

1—动模　2—定模　3—动模型芯　4—定模型芯

3）应保证压铸件的表面质量外观要求及尺寸和形位精度。例如同轴度要求高的压铸件，

选择分型面时最好把有同轴度要求的部分放在模具的同一侧。如图 6-7c、d 所示的压铸件，两外圆柱面与中间小的孔要求有较高的同轴度，若采用图 c 的形式，型腔要在动、定模两块模板上分别加工出，内孔分别用两个型芯单支点固定，精度不易保证；而采用图 d 的形式，型腔同在定模内加工出，内孔用一个型芯双支点固定，精度容易保证。

由于分型面不可避免地会使压铸件表面留下合模痕迹，严重的会产生较厚的溢边，因此，通常不要在光滑表面或带圆弧的转角处分型。如图 6-8a、b 所示，若采用图 a 形式会影响压铸件外观，而采用图 b 形式比较合理。另一方面，与分型面有关的合模方向尺寸，其尺寸精度也不易保证；如图 6-8c、d 所示，若采用图 c 所示的分型面，$10^{0}_{-0.039}$的尺寸精度难以达到，而采用图 d 的形式，该尺寸精度就容易保证。

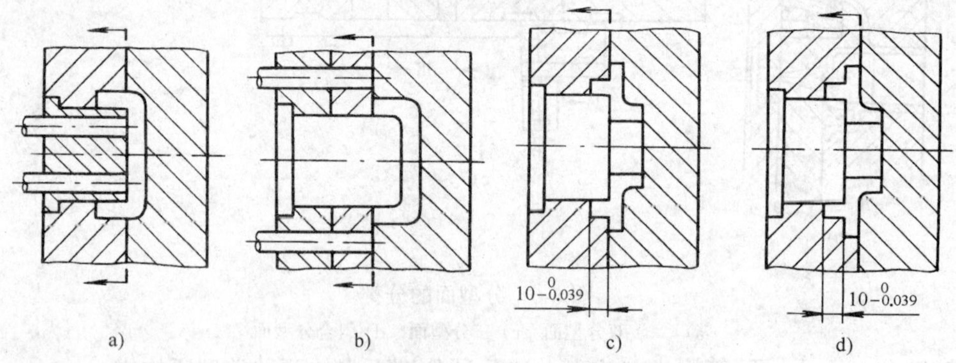

图 6-8 分型面对外观质量和尺寸精度的影响

a)、b) 分型面对外观质量的影响 c)、d) 分型面对尺寸精度的影响

4) 分型面应尽量设置在金属液流动方向的末端，确定分型面应与浇注系统的设计同时进行。为使型腔有良好的排气和溢流条件，分型面应尽可能设置在金属流动方向的末端。如图 6-9a、b 所示，若采用图 a 的形式，金属液从中心浇口流入，首先封住分型面，型腔深处的气体就不易排出；而采用图 b 的形式，分型面处最后充填，造成了良好的排气条件。

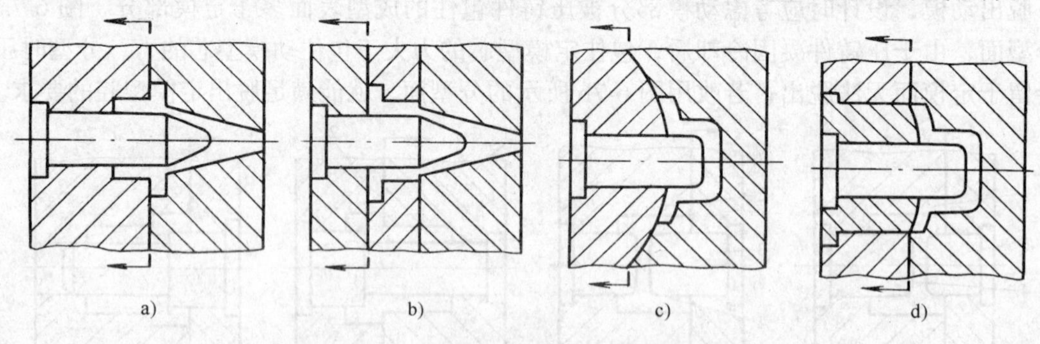

图 6-9 分型面对排气和模具加工的影响

a)、b) 分型面对排气的影响 c)、d) 分型面对模具加工的影响

5) 分型面选择应便于模具的加工、简化模具结构，应考虑模具的加工工艺的可行性、可靠性及方便性，特别在确定曲面分型时，更应慎重考虑。如图 6-9c、d 所示的压铸件，底部端面是球面，若采用图 c 所示曲面分型，动、定模板的加工十分困难，而采用图 d 所示的平直分型面形式，只需在动模镶块上制出球面，动、定模板的加工非常简单方便。

6) 应尽量减小压铸件在分型面上的投影面积，以避免其与压铸机最大许用压铸面积接近时可能产生的溢料现象。在有侧向分型与抽芯机构时，应选择抽芯距短、投影面积小的型芯作侧向型芯，以减少金属液对侧向型芯的压力，并能有效地采用简单的斜销侧向抽芯机构。

选择分型面时还应考虑到金属液的流程不宜太长、便于放置嵌件等。

3．铸件在模具内分型面的选择

同一压铸件，可以选取不同的分型面，不同的分型面的效果不同。下面以图 6-10 所示的一带侧孔和方凸缘的铝合金压铸件为例，说明分型面选择的方法和思路。

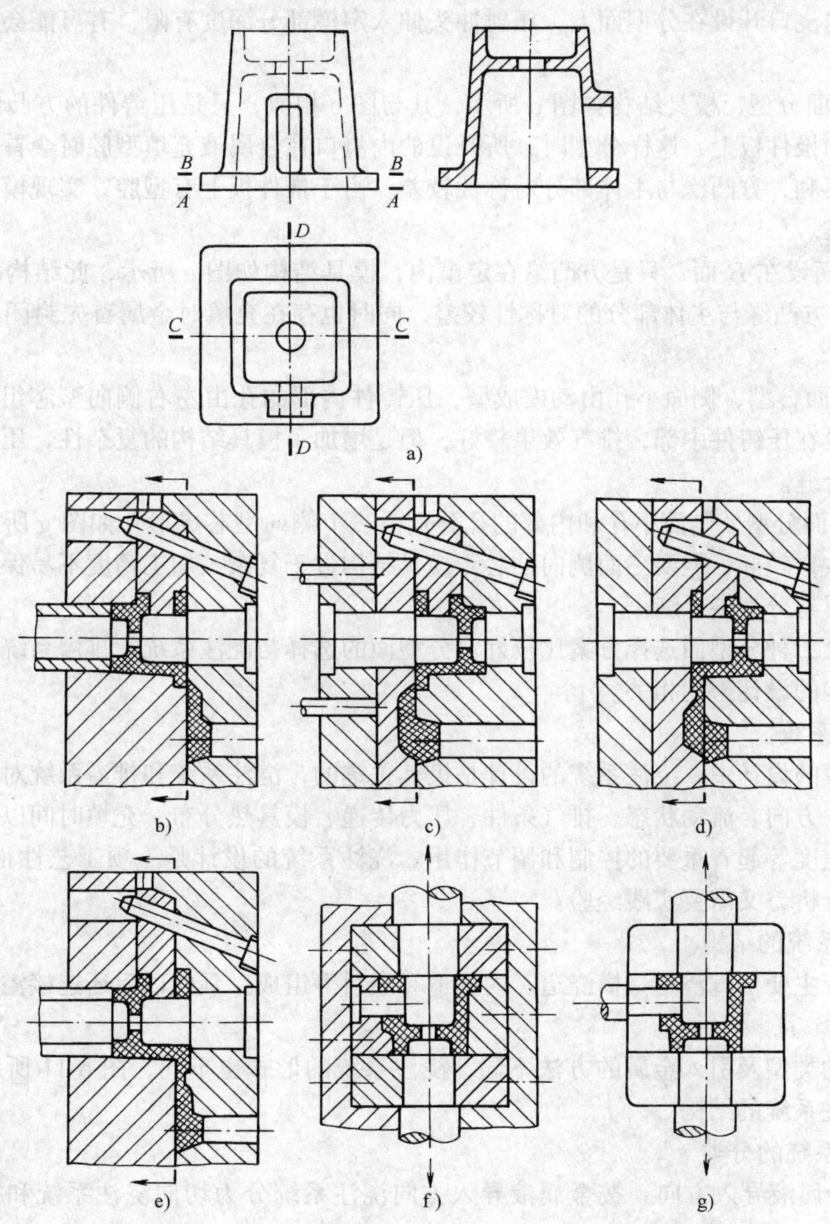

图 6-10　带侧孔和方凸缘的铝合金压铸件的分型面选择

a) 铝合金压铸件　b)、c)、d)、e)、f)、g) 分型面选择

1）在 A 面分型，型腔全部在动模内，模具结构如图 b 所示，铸件对固定于动模的小型芯的包紧力小于固定于定模的大型芯的包紧力，分型时必须依靠动模上的侧型芯拉住，才能使压铸件留在动模上，此时应使斜销侧抽芯动作滞后于分型动作，否则不能保证压铸件留在动模上。该结构采用推管脱模，在推出压铸件后，推管包围住动模型芯，使喷涂料发生困难。

2）在 A 面分型，型腔全部在定模内，模具结构如图 c 所示，这样，压铸件对动模型芯的包紧力大，能保证压铸件留在动模上，压铸件用推件板脱模，动作可靠。但这种结构定模部分较厚，内浇口开设在分型面上，压射冲头伸入定模部分深度有限，有可能会使直浇余料太厚。

3）在 B 面分型，模具结构如图 d 所示，其与图 c 相似，只是压铸件的方凸缘部分设计在动模部分的推件板上，这样分型时，所开设的内浇口在金属液充填型腔时会首先封闭分型面，对排气不利，方凸缘与主体部分对称性较差。由于推件板上有型腔，实现模具的自动化脱模就有困难。

4）分型面设在 B 面，只是方凸缘在定模内，模具结构如图 e 所示，此结构基本上与图 b 相同，只是方凸缘与主体部分的对称性较差，同时也存在充填时金属首先封闭分型面的现象。

5）在 C 面分型，侧面小孔由动模成型，压铸件内部的孔由左右侧向型芯组成。图 f 所示。内浇口设在压铸件中部，排气效果较好，但是增加了模具结构的复杂性，压铸件的外表面有分型接合缝。

6）在 D 面分型，侧面小孔和内部的孔分别由三个侧向型芯成形，如图 g 所示。这种形式虽然排气效果较好，但要三面侧向抽芯，模具结构过于复杂，加工精度不易保证，且同样在压铸件上留有分型接合缝。

可见，第二种分型面选择方案比较好。分型面的选择与浇注系统、排溢系统、侧抽芯机构及推出机构的设计密切相关。

6.3.2 浇注系统

在压铸模的设计中，浇注系统的设计是极其关键的，浇注系统和排溢系统对金属液进入型腔的部位、方向、流动状态、排气条件、压力传递、模具热分布、充填时间以及金属液通过内浇口的速度等起着重要的控制和调节作用。浇注系统的设计是一项工艺性很强的工作，既需要理论分析，又需要实践经验。

1. 浇注系统的结构

浇注系统主要由直浇道、横浇道、内浇道和余料等组成，延伸以后还连接溢流槽与排气槽。

压铸机的类型及引入金属的方法不同，浇注系统的形式也不同，图 6-11 所示为各压铸机所常用浇注系统的结构。

2. 浇注系统的分类

(1) 按金属液导入方向　按金属液导入方向浇注系统分为切向浇注系统和径向浇注系统。

1）切向浇注系统适用于中小型环形铸件，其浇口为铸件的内外圆的切向。切向浇口浇注系统的特点是金属液流入型腔的部位适应性强，对型芯及型腔的冲击得到减轻，应用广

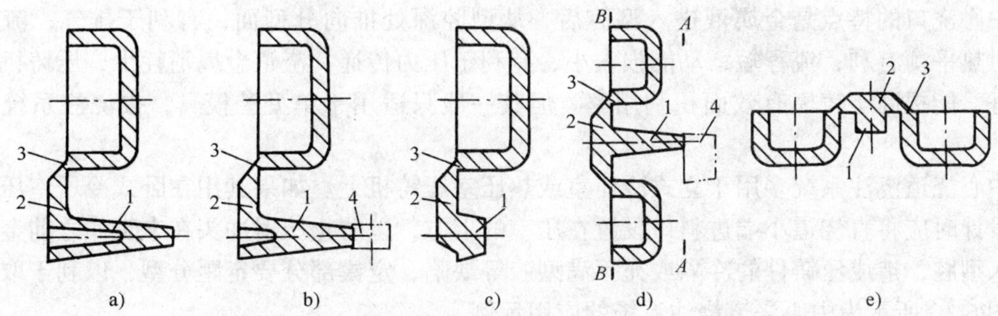

图 6-11 浇注系统的结构

a) 热压室压铸机用浇注系统 b) 立式冷压室压铸机用浇注系统 c) 卧式冷压室压铸机用的普通浇注系统 d) 卧式冷压室压铸机用的中心浇道浇注系统 e) 全立式冷压室压铸机用的浇注系统

1—直浇道 2—横浇道 3—内浇道 4—余料

泛；但浇注系统需用机械的方法去除。

在设计切向浇注系统时，图 6-12a 所示的内边 n 线与型芯相切会导致金属液冲击型芯。可采用图 b 的方法，使内边 n 线、外边 w 线离内圆（型芯）、外圆（型腔）一定距离，离铸件一定距离，并在端部用圆弧与铸件外圆相连，使金属液沿型腔填充，减轻其对型腔的冲刷。当环形铸件高度较大时，将内浇口搭在铸件端面，如图 c 所示。如果环形铸件的直径较大，内浇道开设在铸件内部，并采用切线形式，成为内切线浇注系统，如图 d 所示。

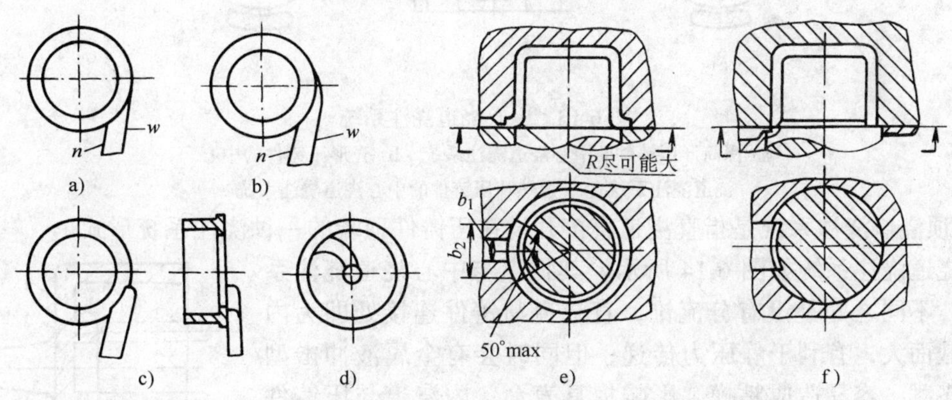

图 6-12 切向和径向浇注系统

a) ～d) 切向浇注系统 e) ～f) 径向浇注系统

2) 径向浇注系统适用于不宜开设点浇道或顶浇道的杯形铸件。图 6-12e 所示为带法兰边铸件浇注系统的开设方法，杯边的半径 R 应尽可能大一些，以减轻金属对型芯的冲击，内浇道的宽度不宜过大，否则杯形底部的气体不易排出；图 6-12f 所示为不带法兰边压铸件浇注系统的布置方式。

(2) 按浇道位置 浇注系统分为中心浇道浇注系统、顶浇道浇注系统和侧浇道浇注系统。

1) 中心浇口浇注系统是指对于有底筒类或壳类等压铸件，若其中心或接近中心部位带有通孔时，内浇口就开设在孔口处，同时中心设置分流锥的浇注系统。

中心浇口的特点是金属液进入型腔后，从型腔深处推向分型面，有利于排气；流程均匀，对热平衡有利；流程短，动能损失小，有利于压力传递；浇道金属消耗少，压铸机受力状况好，能提高压铸模有效面积利用率。但其一般只适用于单型腔模具，去浇注系统较困难。

中心浇道浇注系统多用于立式冷压室或热压室压铸机上。如果其用在卧式冷压室压铸机上，设计时应将直浇道小端进料口设置在压室的上方，以防止压射冲头在未工作之前金属液就流入型腔，造成压铸件的冷隔或充不满型腔等缺陷，定模部分要定距分型，以利于取出余料。图 6-13 所示为中心浇道浇注系统的应用示例。

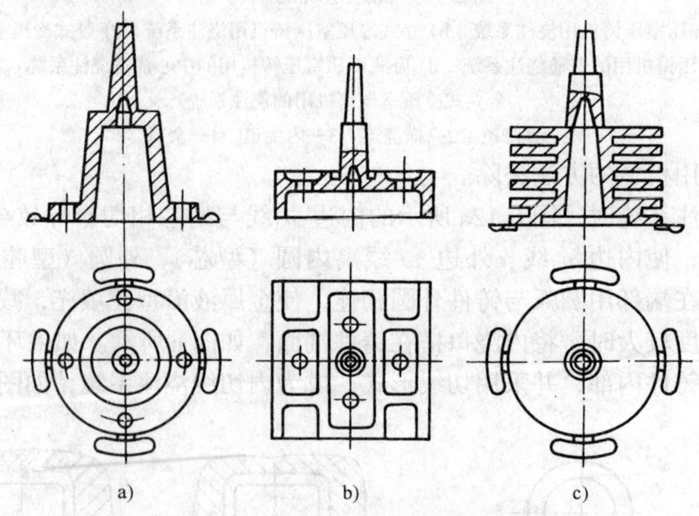

图 6-13　中心浇道浇注系统

a）深筒形压铸件的中心浇道浇注系统　b）壳形压铸件的中心浇道浇注系统　c）散热片压铸件的中心浇道浇注系统

2）顶浇口浇注系统是指直浇道直接开设在压铸件顶端的一种浇注系统形式。

顶浇道浇注系统如图 6-14 所示。其特点与中心浇道浇注系统相似，不同之处是没有分流锥，直浇道与铸件连接处即为内浇道，截面大，有利于静压力传递；但同时会有金属液冲击型芯产生飞溅，容易造成粘模，影响模具寿命；内浇道与压铸件连接处的热节易造成缩孔缺陷；当铸件顶部面积大壁较薄时易引起铸件变形，去浇注系统困难。

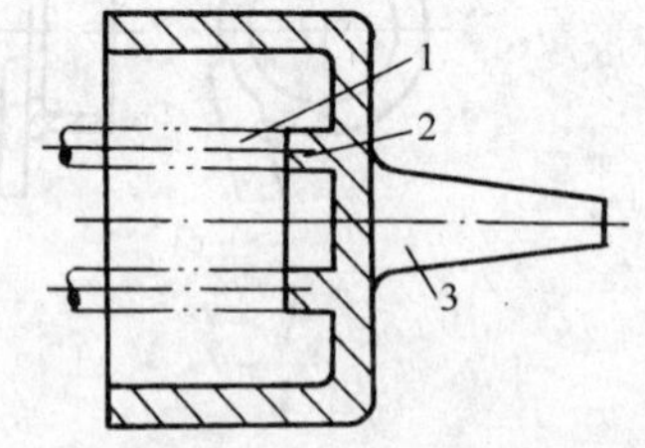

图 6-14　顶浇道浇注系统

1—推杆　2—环状凸肩　3—直浇道

3）侧浇道一般开设在分型面上，内浇道设置在压铸件最大轮廓处的内侧或外侧。

侧浇道浇注系统的特点是金属液流入型腔部位的适应性强，可灵活利用铸件的形状特点选择位置；适于板类压铸件及盘盖类、型腔不太深的壳体类压铸件，不仅适于单型腔模，也适于多型腔模，去浇口方便，可以设计成切线方式以改善流动条件。

图 6-15 所示为侧浇道的几种形式，其中图 a 是外侧单支侧浇道，这是应用最广泛的一种形式；图 b 是外侧双支侧浇道；图 c 是内侧多支侧浇道。

（3）按浇道形状　浇注系统分为环形浇道浇注系统、缝隙浇道浇注系统和点浇道浇注系统。

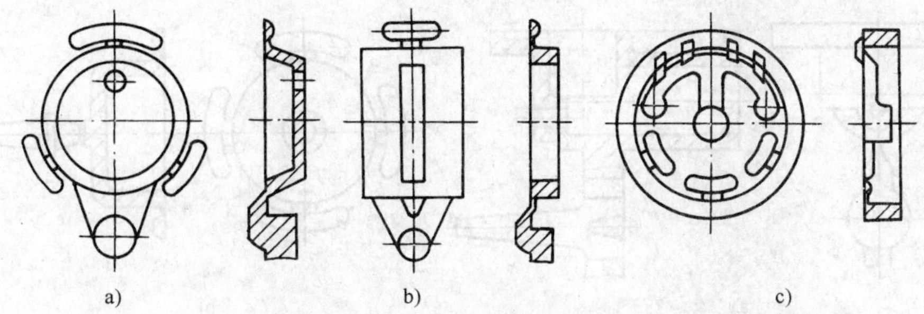

图 6-15　侧浇道浇注系统
a）外侧单支侧浇道　b）外侧双支侧浇道　c）内侧多支侧浇道

1）环形浇道浇注系统主要用于圆筒形或中间带孔的压铸件。

环形浇道浇注系统的特点是金属液在充满环形浇道后，再沿整个环形断面自压铸件的一端向另一端沿型壁填充型腔，具有十分理想的充填状态；流路顺畅，排气条件好；往往在铸件的另一端开设环形的溢流槽，在环形浇道和溢流槽处，可设推杆，使压铸件上不留推杆的痕迹，有利铸件外观。但这种浇注系统金属消耗多，去浇注系统困难。

图 6-16 所示为环形浇道浇注系统的举例。

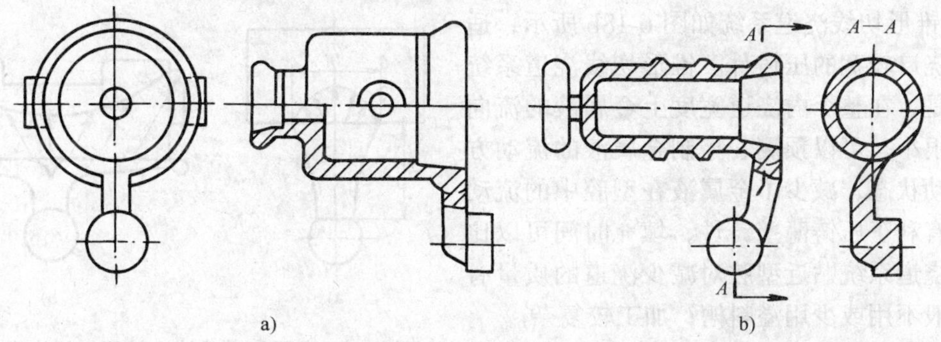

图 6-16　环形浇道浇注系统
a）环形浇道示例一　b）环形浇道示例二

2）缝隙浇道浇注系统如图 6-17a 所示，金属液流入型腔的形式与侧浇道浇注系统相类似。

缝隙浇道浇注系统的特点是，其内浇道的深度方向尺寸大大超过宽度方向尺寸，内浇道从型腔的深处引入金属液，形成长条缝隙顺序充填，排气条件较好，且有利于压力的传递，若在其内浇道的型腔对面开设缝隙式的溢流槽，则充填效果更佳。缝隙浇道浇注系统适用于型腔比较深的模具，为了便于加工，常常在型腔部分垂直分型，但浇注系统需要切除。

3）点浇道浇注系统适于压铸外形基本对称、壁厚均匀、高度不大、顶部无孔的壳类压铸件，尤其适于圆柱形压铸件。如图 6-17b 所示。

点浇道浇注系统的特点是，克服了顶浇道浇注系统的压铸件与浇注系统连接部位截面大，以及浇道处易产生缩孔缺陷，使压铸件表面光洁，内部结晶致密。金属液从顶部填充型腔，流程短且均匀，能改善压铸机的受力状况，提高压铸模有效面积利用率，内浇道的直径一般为 3～4mm，便于在顺序分型开模时自动被拉断，但浇口截面积小，流速大，金属液直接冲击型芯，容易产生飞溅现象，在内浇道附近容易产生粘模，为了取出浇注系统凝料，在

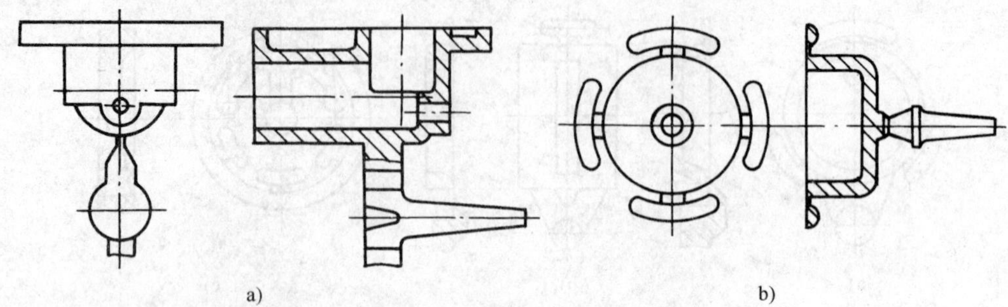

图 6-17　缝隙浇道浇注系统和点浇道浇注系统

a) 缝隙浇道浇注系统　b) 点浇道浇注系统

定模部分必须设计顺序分型机构，模具制造复杂。在实际生产中，点浇道浇注系统的应用受到一定的限制。

(4) 按浇道过渡区形状　浇注系统分为扇形浇道系统和锥形切线浇道系统。

1) 扇形浇道系统如图 6-18a 所示，适用于要求内浇道较窄的压铸件。浇道中心部位的流量较大，充型时形成由中心到外侧 0°～45°变化的流向角，浇道宽度 W 不宜大于扇形浇道长度 L。

2) 锥形切线浇道系统如图 6-18b 所示，适用于内浇口较宽的压铸件。锥形切线浇道系统的特点是，在整个内浇道宽度上金属液的流向角变化很小，可以预测、控制金属液的流动方向和流动状态，减少了金属液在型腔中的流动距离，有利于压铸薄壁铸件，填充时间可以比较长，浇道系统贴近型腔对减少浇道的质量有利，一般不用或少用溢料槽，加工较复杂。

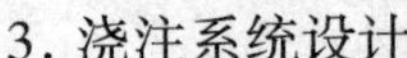

图 6-18　扇形浇道系统和锥形切线浇道系统

a) 扇形浇道系统　b) 锥形切线浇道系统

3. 浇注系统设计

(1) 浇注系统设计内容

1) 对压铸件的结构特点、尺寸精度和形位精度、表面和内部质量要求、承受负荷情况、耐压要求、加工基准面等进行分析。

2) 根据压铸件的外形尺寸、复杂程度、合金种类、铸件重量和在分型面的投影面积等，确定所采用的压铸机型号，并选用适当的压室和冲头。对立式压铸机或热压室压铸机还要考虑喷嘴截面积与浇注系统相适应，选用适当的喷嘴。

3) 确定金属液进入型腔的方向、位置和流动状态。

4) 确定浇注系统的总体结构和各组成部分的尺寸。

(2) 浇注系统设计原则

1) 合理选择分型面。注意熔融合金导入的方向与位置，避免正面冲击型芯与型腔，防止产生粘模。

2) 在满足排气条件下，应减少弯、折，选用最短流程。

3) 熔融合金进入型腔应先到达型腔的深处，然后逐步推向分型面处，筒形铸件浇注系统设在顶端面最好。

4）薄壁框形铸件，浇道开设在内孔时，要防止产生铸件变形。

5）横浇道设在滑块的二半壁上时，其切线浇注系统的设计要防止其阻碍脱模。

6）填充时，要保证有良好的排气条件，不要产生涡流、紊流、喷雾，防止包住空气。

7）填充时，要注意首先进入的金属液不应先封闭排气槽。

8）避免金属液进入型腔因受阻停滞而产生回流。

9）为便于压力传递，减少或避免铸件产生缩孔，应选择铸件厚壁处开设浇口。

10）有时为便于填充成形，改善模具热平衡条件，应开设盲浇道。

（3）直浇道设计　直浇道是金属液流入型腔首先经过的通道，是传递压力的首要部件，其大小会影响金属液的流动速度和充填时间。

直浇道的形式与所选用的压铸机类型有关。下面分别加以介绍：

1）热压室压铸机用直浇道的设计　使用热压室压铸机，模具上开设的直浇道如图 6-19 所示，它由浇口套 2 和分流锥 3 所组成。热压室压铸机用直浇道的设计要点如下：

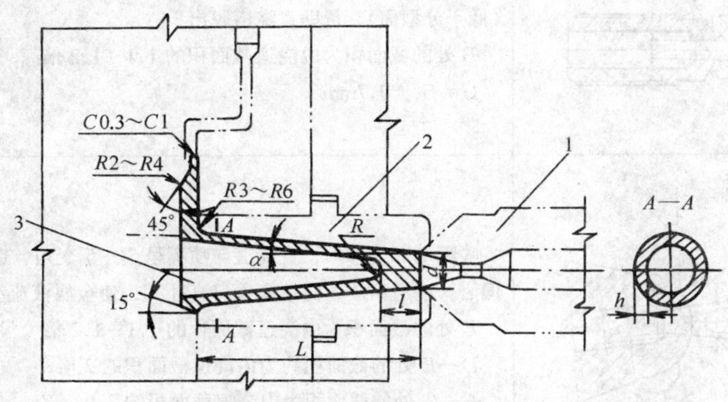

图 6-19　热压室压铸机用直浇道

1—喷嘴　2—浇口套　3—分流锥

①　根据铸件质量和结构等要求确定压铸机压室的尺寸。

②　由内浇口截面积确定喷嘴出口小端直径 d，喷嘴出口小端面积为内浇口截面积的 1.1～1.2 倍，一般取 8～10mm。浇口套与喷嘴连接处的形式按具体使用压铸机喷嘴的结构而定。

③　分流锥较长，用于调整直浇道的截面积，改变金属液的流向及减少金属的消耗量，便于从定模中取出直浇道，分流锥的圆角半径 R 常取 4～5mm。

④　直浇道锥角 α 通常取 4°～5°，直浇道孔应当有较高的表面质量，表面粗糙度值应取 $R_a0.20\mu m$ 以下，而且加工纹路应与出模方向一致。

⑤　金属液通过直浇道的有效截面积应大于内浇道截面积。

⑥　为了适应热压室压铸机高效率生产的需要，通常要求在浇口套及分流锥的内部设置冷却系统。

表 6-8 为直浇道部分的典型结构形式。

2）立式冷压室压铸机用直浇道的设计　在立式冷压室压铸机上，直浇道是指从压铸机的喷嘴起，通过模具上的浇口套到横浇道为止的这一部分流道，如图 6-20 所示。立式冷压铸机用直浇道的设计要点如下：

表 6-8　直浇道部分的典型结构

结构简图	说明
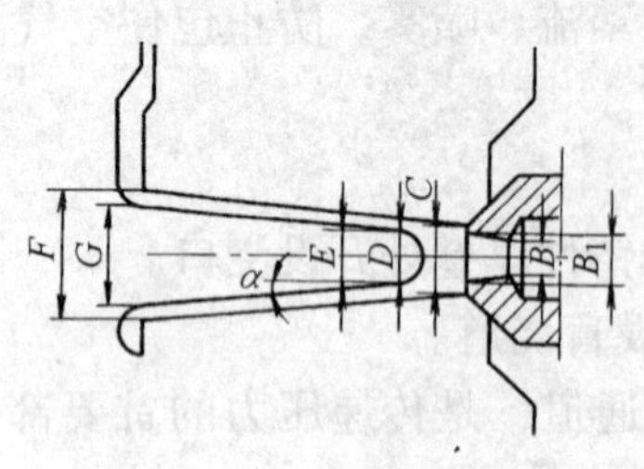	喷嘴与浇口套同轴，分流锥与浇口套斜度相同，直浇道截面积朝底部方向逐渐增大，易卷入气体，设计和制造较简单 B 处的截面积为内浇道截面积的 1.1～1.2 倍 D—E 处的截面积约为内浇道截面积的 2 倍 F—G 处的截面积为内浇道截面积的 3～4 倍 $C=B_1+1\text{mm}$ $\alpha=4°\sim6°$
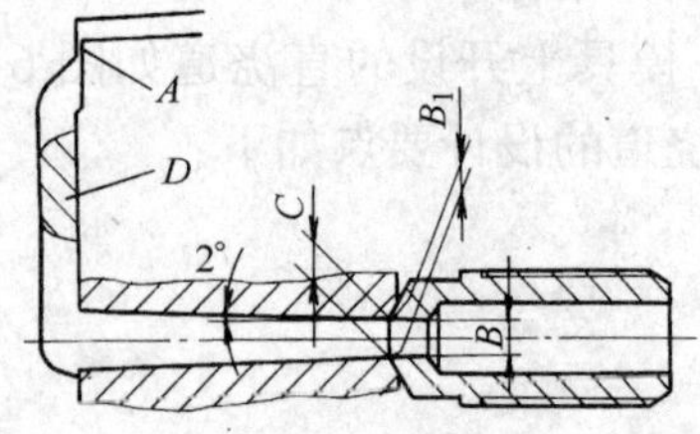	无分流锥式直浇道，结构简单，用于小型模具。为避免直浇道从定模中脱出发生困难，可采用喷嘴分离式压铸工艺，即每次压射后喷嘴与浇口套在开模时分离，使直浇道从喷嘴中脱出；或在直浇道底部设置较短的顶杆(低于分型面)，帮助直浇道脱出 B 处的截面积为内浇道截面积的 1.1～1.2 倍 $C=B_1+0.7\text{mm}$
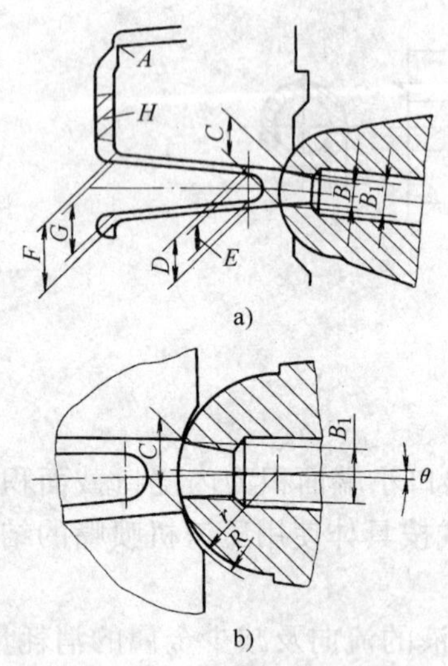a) b)	喷嘴端部为球形，直浇道与喷嘴呈 3°～5°交角，造成喷嘴出口与浇口套偏心，应适当放大浇口套入口直径 C，使金属液流动顺畅 B 处的截面积为内浇道截面积的 1.1～1.2 倍 D—E 处的截面积约为内浇道截面积的 2 倍 F—G 处的截面积为内浇道截面积的 3～4 倍 图 b 为喷嘴端部的局部放大图，浇口套入口处直径 C 可用下式计算： $$C=B_1+0.5\sim1\text{mm}+\frac{2\pi R\theta}{180°}\text{mm}$$ 式中　R——喷嘴头部球面半径（mm） 　　　θ——喷嘴的倾斜角（°） $$R=r+0.4\text{mm}$$ 式中　r——浇口套与喷嘴结合处球面半径（mm）
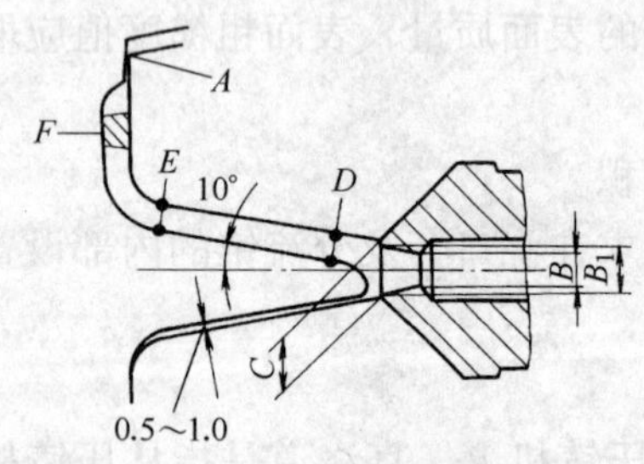	在分流锥上开出 1 个或数个金属液通道，形成通道式直浇道。在合模状态分流锥和直浇道之间留有 0.5～1mm 的间隙，以容纳从喷嘴上掉下的金属液及其它杂物。浇口套的长度较短，而出模斜度较大，一般为 10°以上。在分流锥上开出的通道截面积之和应小于喷嘴口截面积。通道式直浇道金属液流动阻力小，不易卷入气体 B 处的截面积＞内浇口截面积的 1.4 倍 D 处的截面积≤B 处的截面积 E 处的截面积＜D 处的截面积 $C=B_1-1\text{mm}$

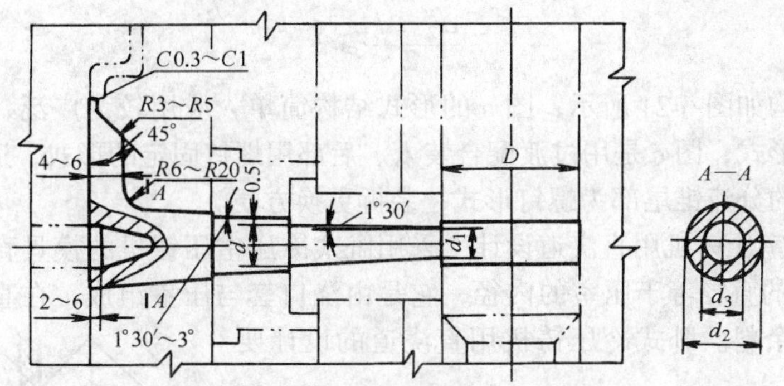

图 6-20 立式冷压室压铸机用直浇道

D—余料直径 d—喷嘴导入口直浇道直径 d_1—喷嘴导入口小端直径

d_2—分流锥与直浇道底部所形成环形截面的外径

d_3—分流锥与直浇道底部所形成环形截面的内径

① 根据内浇道截面积，确定喷嘴导入口直径。喷嘴导入口小端面积为内浇道截面积的 1.2~1.4 倍，喷嘴导入口小端直径可按式（6-1）计算。

$$d_1=\sqrt{\frac{(1.2\sim1.4)\ A_g}{\pi}} \tag{6-1}$$

式中 d_1——喷嘴导入口小端直径（mm）；

A_g——内浇道截面积（mm^2）。

② 位于浇口套部分直浇道的直径，应比喷嘴部分直浇道的直径每边放大 0.5~1mm。

③ 同一压铸机上配有几种规格的喷嘴，喷嘴的结构与规格见有关手册。喷嘴部分的起模斜度为 1°30″，浇口套部分的起模斜度为 1°30″~3°。

④ 为了使金属液流动通畅，减少动能损失，在直浇道与横浇道的连接处，一般要制成圆角过渡，其圆角半径一般为 $R5\sim R20$。

⑤ 分流锥处环形通道的截面积约为喷嘴导入口的 1.2 倍，直浇道底部分流锥的直径 d_3 按式（6-2）计算。

$$d_3=\sqrt{d_2^2-\ (1.1\sim1.3)\ d_1^2} \tag{6-2}$$

式中 d_1——喷嘴导入口直径；

d_2——分流锥与直浇道底部所形成环形截面的外径；

d_3——分流锥与直浇道底部所形成环形截面的内径。

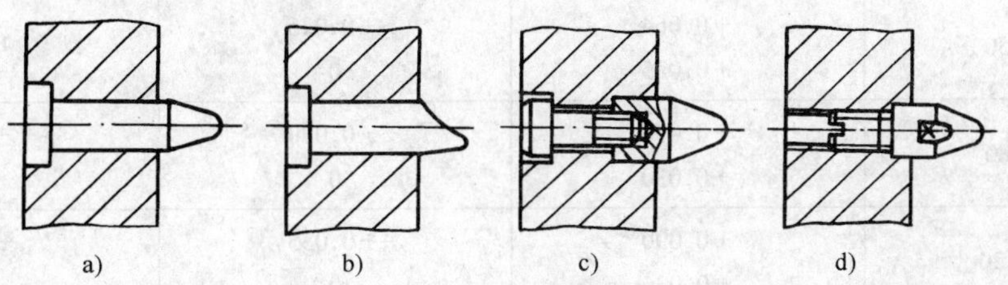

图 6-21 分流锥的结构

a）结构Ⅰ b）结构Ⅱ c）结构Ⅲ d）结构Ⅳ

并要求：

$$\frac{d_2 - d_3}{2} \geqslant 3 \tag{6-3}$$

分流锥的结构如图 6-21 所示，图 a 的形式结构简单，应用较为广泛，图 b 是适合于单型腔侧向分流的形式；图 c 是用过渡配合装入、后部用螺钉固定的形式，适用于动模镶块较厚的场合；图 d 的分流锥尾部为螺钉形式，装拆更换方便。

3）卧式冷压室压铸机用直浇道设计　采用卧式冷压室压铸机的模具直浇道结构如图 6-22 所示。直浇道的直径等于压室的内径，它是由浇口套与压室组成，在直浇道中压射留下的一段金属称为余料。卧式冷压铸机用直浇道的设计要点如下：

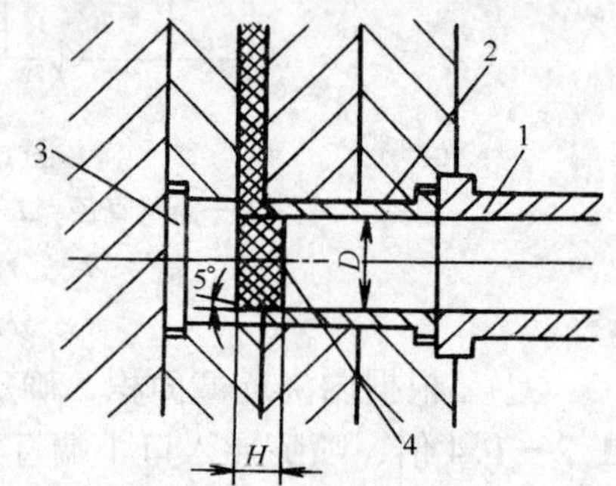

图 6-22　卧式冷压室压铸机用直浇道
1—压室　2—浇口套　3—分流器　4—余料

① 根据所需压铸比压和压室充满度，确定压室和浇口套的内径。

② 为使余料从压室中脱出，浇口套的长度一般应小于压铸机压射冲头的跟踪距离。

③ 为避免金属液在重力作用下流入横浇道而提前开始凝固，横浇道入口应开设在压室上部内径 2/3 以上部位。

④ 分流器上形成余料凹腔的深度等于横浇道的深度，其直径与浇口套相等；沿圆周的起模斜度约为 5°。

⑤ 有时将压室和浇口套制成一体，形成整体式压室。其优点是内孔精度好，压射时阻力小；但加工较复杂，通用性差。

⑥ 当使用深导入式直浇道时，可以减小深型腔压铸模的体积，提高压室的充满度；采用整体式压室，有利于采用标准压室或现有的压室。

⑦ 压室和浇口套的内孔，应在热处理和精磨后，再沿轴线方向进行研磨，其表面粗糙度值小于 $R_a0.2\mu m$。

⑧ 卧式压铸机的压射冲头与压室、浇口套三者之间应保持较高的同轴度，配合间隙要选择恰当。其可按表 6-9 选取。

表 6-9　压室、浇口套与压射冲头的配合　　（单位：mm）

压室公称尺寸	尺寸偏差		
	浇口套内径（F8）	压室内径（H7）	压射冲头内径（e8）
>18～30	+0.050 +0.020	+0.021 0	−0.040 −0.073
>30～50	+0.064 +0.025	+0.025 0	−0.050 −0.089
>50～80	+0.076 +0.030	+0.030 0	−0.060 −0.106
>80～120	+0.090 +0.036	+0.035 0	−0.072 −0.126

压室直径与压射比压的平方根成反比。对于铝合金而言，压射比压范围在 25～100MPa 内，压射比压大时选较小直径的压室；压射比压小时选较大直径的压室。

压室的充满度，即金属液注入压室后充满压室的程度，是指压射冲头尚未工作时，金属液在压室中的体积占压室总容积的百分率。

当充满度高时，压室内的空气少，带入模具型腔内的气体也少。但是压室内径也不能选得太小，否则虽然充满度高，但在压室内会形成较多的冷凝层，使金属液的温度降低，同时也增大了压射时的阻力，压力损耗大。在一般情况下，充满度取60%～80%，常取70%左右。

压室中直浇道的厚度一般取压室直径的1/3～1/2，起模斜度为1.5°～2°。

浇口套的结构形式如图6-23所示，图a直浇道部分分别由浇口套和定模镶块构成，增加了接合面，在接合面处易产生横向飞边，影响直浇道顺利出模；图b与图a的形式类似，但浇口套与喷嘴的同轴度较差；图c与图d是整体式浇口套，金属液流动通畅，直浇道出模容易；图c与图d的区别是图c装拆方便。浇口套的流道也是呈锥形，通常锥度为4°～6°，小端孔径比与之相连接的喷嘴大端孔径大1mm。如果采用图a和图b的形式，在与浇口套接全处的定模镶块上，为了避免由于加工及安装时的偏心误差而造成直浇道错位，流道小端孔径应比浇口套大端孔径大，但这两个孔径差也不宜过大，否则，金属液由于通道截面的突然扩张会引起局部的压力损失，导致涡流和包气现象。

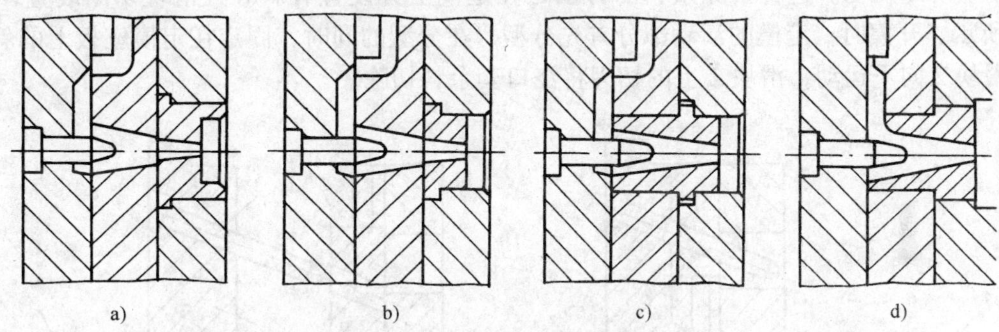

图6-23 浇口套的结构形式

a、b）局部式浇口套 c、d）整体式浇口套

卧式冷压室压铸也可以用中心浇道的形式，如图6-24所示。一般要求直浇道位于浇口套内孔上方，以避免压射冲头还没有工作时金属液流入型腔。图a为一般设计的形式；图b为浇口套的上方有一段横浇道，通过横浇道与中心浇道连接。为了去除浇口套中的余料，这

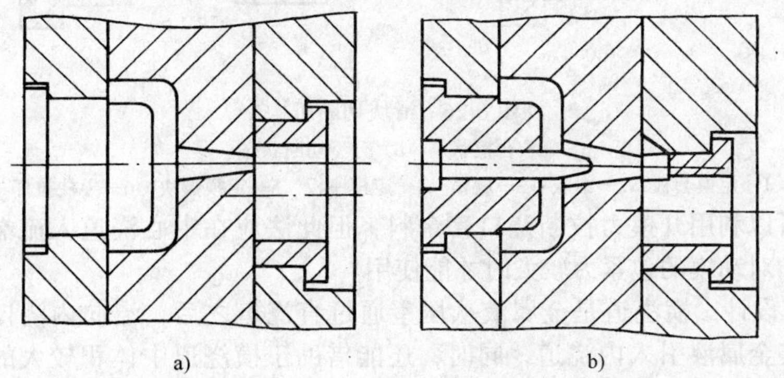

图6-24 卧式冷压室压铸用中心浇道的形式

类浇注系统形式的模具在定模部分必须采用顺序分型以及去除余料的措施。常用的去除余料方法有螺旋槽扭断浇口余料和滑块切断机构等。

螺旋槽扭断浇口余料，在浇口套的内孔内设有1～2条螺旋槽，开模时，利用压射冲头的顶出力，使浇口套余料断顺着螺旋转而被扭断，如图6-25所示。图中浇口套应止转。

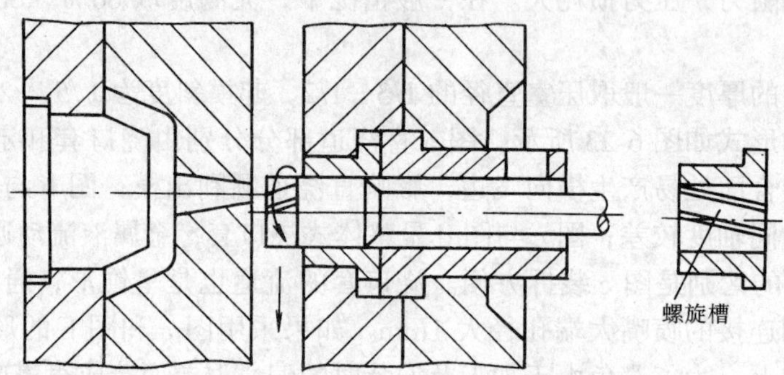

图6-25　螺旋槽扭断浇口余料

滑块切断机构。这种去除余料的方法是在定模上方设置有斜导柱滑块切断装置，如图6-26所示。开模时，定模的活动部分首先分型，在分型的同时，固定在定模座板上的斜销3驱动滑块2向下运动，滑块2上的切刃将浇口套余料切除。

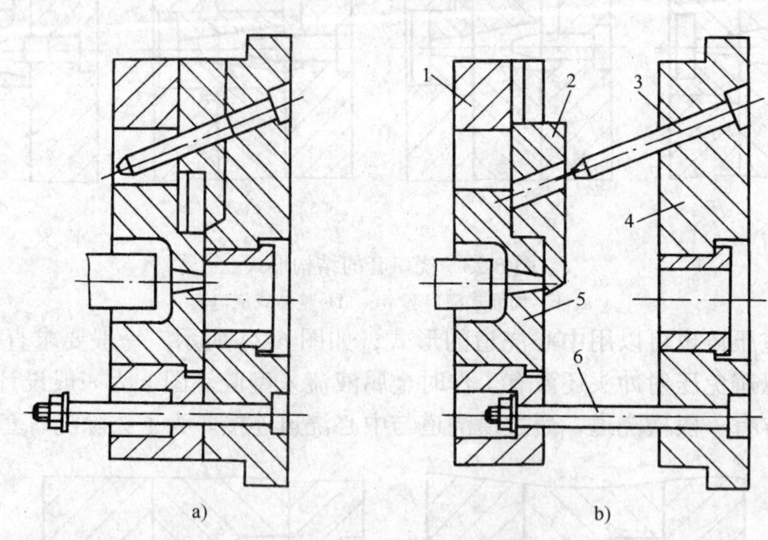

图6-26　滑块切断机构

a）合模状态　b）分型切断状态

1—定模套板　2—滑块　3—斜销　4—定模座板　5—定模镶块　6—导柱拉杆

此外，还可以利用开模力拉断浇口套余料，但此法应在中心浇道入流端直浇道直径较小，而且压铸件对动模的包紧力较大时才能使用。

(4) 横浇道设计　横浇道是金属液从压室通过直浇道之后，流向内浇口之间的一段通道，其作用是将金属液引入内浇道，同时，还能借助于横浇道中体积较大的金属液预热型腔，当压铸件冷却收缩时用来补缩与传递静压力。因此，横浇道的设计对获得合格的压铸件起着重要的作用。

1）横浇道的结构形式　横浇道的结构形式主要取决于压铸件的结构形状和尺寸大小，以及内浇道的位置、方向、流入宽度，内浇道的结构形式以及型腔的分布状况等因素，与压铸机的类型也有关系。

图 6-27 所示是卧式冷压室压铸机采用的横浇道结构形式，其横浇道设置在直浇道上方，以避免在压射冲头尚未工作之前，金属液自动流入型腔，造成冷隔、冷接缝、充不满及氧化夹杂等缺陷。其中图 a 是平直式，图 b 是扇形式（扩张式），图 c 是 T 形式，图 d 是平直分支式，图 e 是 T 形分支式，图 f 是圆弧收缩式，图 g 是分叉式，图 h 是圆周多支式。其中图 d、e、g 和 h 可适用于多型腔模具。设计模具时，可根据压铸件的具体结构、技术要求及生产效率等要求选用其中的某种形式。

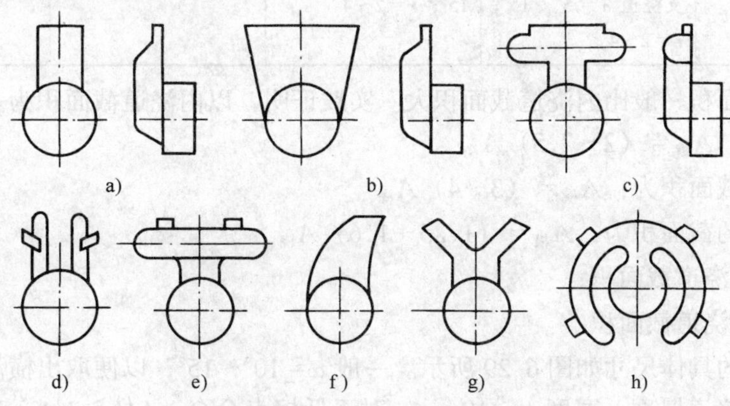

图 6-27　横浇道的结构形式

a）平直式　b）扇形式（扩张式）　c）T 形式　d）平直分支式　e）T 形分支式　f）圆弧收缩式　g）分叉式　h）圆周多支式

其它形式的压铸机或卧式冷压室压铸机采用中心浇注系统时的横浇道，在多型腔的情况下，应对称布置于直浇道的各侧。

当具有两支以上的横浇道时，其连接处应注意不可引起在浇道内产生负压，否则在负压区内会卷入大量气体，使压铸件的气孔率增高，如图 6-28a 所示。若采用图 6-28b 的形式连接，就能基本消除负压区。

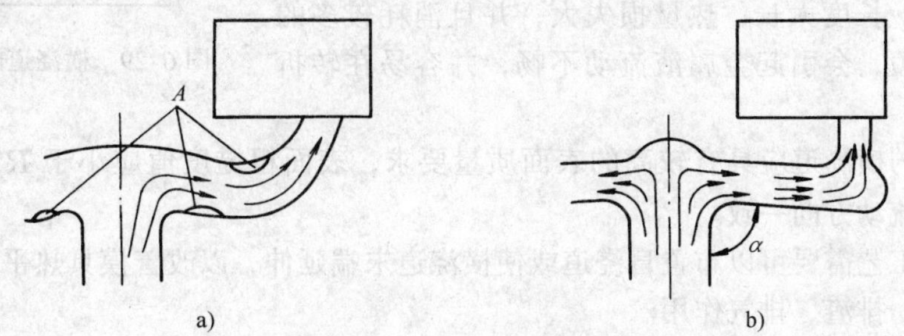

图 6-28　多支横浇道的连接

A—负压区　$\alpha \geqslant 80^\circ \sim 85^\circ$

2）横浇道的截面形状与尺寸　横浇道的截面形状一般为梯形，也有用圆形的（见表 6-10），但圆形加工不方便，金属冷却缓慢，影响生产效率，很少采用。在流程特别的情况下应使用分型面两侧设置梯形截面的横浇道。

表 6-10　横浇道的截面形状

截面形状	α, r, h	α, h, r	h, r, α	3°～5°	10°～15°; 30°～45°
应用及特点	应用广泛，加工方便，热量损失较少；$\alpha=5°\sim10°$；$r=2\sim4$	适用于内浇道进入部位较窄，铸件流程长以及一模多腔的分支浇道 $\alpha=5°\sim15°$；$r=2\sim4$	适用于流程特别长的浇道；金属热量损失更少。$\alpha=10°\sim15°$；$r=2\sim4$	适用于开设环形浇道的铸件	适用于开设缝隙浇道和对狭窄部位开浇道的场合

横浇道的截面积一般比内浇道截面积大。实践证明，以内浇道截面积为基准数时，短横浇道的截面积为：$A_{横}=（2\sim2.5）A_{浇}$

长横浇道的截面积为：$A_{横}=（3\sim4）A_{浇}$

最小横浇道的截面积为：$A_{横}=（1.25\sim1.6）A_{浇}$

式中　$A_{横}$——横浇道截面积；

$A_{浇}$——内浇道截面积。

横浇道截面的具体尺寸如图 6-29 所示。一般 $\alpha=10°\sim15°$，以便取出横浇道，底部圆角 $r=h/2$，h 为横浇道厚度，宽度 $b\geqslant10$mm。对于低熔点合金，$h/b\geqslant1/4$；对于铝合金，$h/b\geqslant1/3$；对于镁合金，$h/b\geqslant1/2$；对铜合金，$h/b\geqslant1/5$。

3）设计要点

① 应尽可能减少金属液的流动阻力，均衡流动，保持等截面积，避免突然收缩或突然扩张，防止涡流裹气。

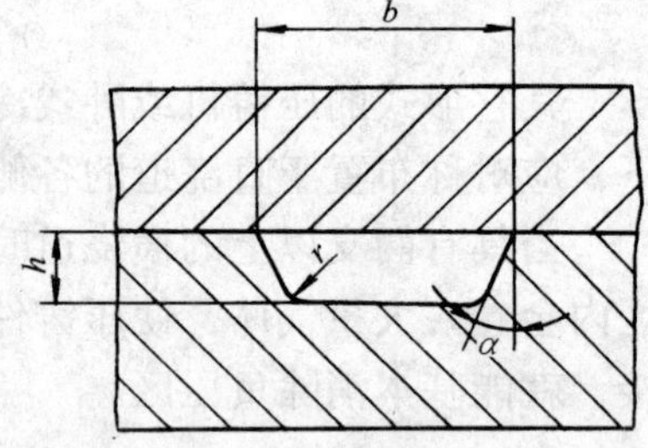

图 6-29　横浇道的截面尺寸

② 应具有一定的厚度和长度。过薄的横浇道，热量损失大，过厚则冷却速度缓慢，影响生产效率，同时也消耗金属材料；保持一定的长度是可以对金属液起到稳定流动和导向作用，长度太长，热量损失大，并且消耗较多的压力，反之过短，会引起金属液流动不畅，并容易在转折处产生飞溅。

③ 模具的横浇道应具有较高的表面质量要求，表面粗糙度值应小于 $R_a0.4\mu$m，加工纹路应与金属流动方向一致。

④ 根据工艺需要可以布置盲浇道或使横浇道末端延伸，以改善模具热平衡条件，也可以起排除冷料、排渣、排气作用。

⑤ 卧式冷压室压铸机的横浇道一般应布置在压室上方，以防止压室中的金属液过早地注入横浇道。

（5）内浇道的设计　内浇道是指横浇道末端至铸件之间的通道与入口，其作用是调整横浇道输送金属液的速度。在整个浇注系统的设计中，内浇道的设计最为重要。

1）内浇道设计要点　内浇道设计主要是确定内浇道的位置、形状和尺寸。内浇道位置的选择是设计浇注系统中首先要考虑的问题。在设计内浇道位置时，要考虑压铸件的结构形状、壁厚情况、收缩变形、压铸材料种类、压铸设备以及压铸件使用性能等方面的因素，分析金属液充填时的流动状态和充填速度及充填过程中可能出的死角和裹气部位，以便布置合适的溢流和排气系统。

① 内浇道位置应使流入型腔的金属液尽量减少迂回和曲折，避免产生过多的涡流及减少包卷气体；应考虑到型腔的排气，避免金属液进入型腔后立即封闭分型面，以免造成排气不良；避免金属液直冲型芯或型壁，特别是细小型芯或螺纹型芯，减少能量损失，防止冲蚀及产生粘模；应考虑模具温度场的分布，以便使远端充填良好。

② 尽量减少金属液在型腔中的分流。金属液分流后再合流，必然会造成汇合处的冷接痕，影响该处的强度和表面质量。必要的分流应在汇合处设置溢流槽，将液流前沿的低温金属液引入溢流槽，避免该处产生冷隔或冷接痕，提高该处强度，同时也可以提高合流处的模温，使模具温度分布均匀。

③ 内浇道一般应设置在压铸件的厚壁处，以有利于金属液充满型腔后压射压力的传递。

④ 在设计内浇道时，应考虑到清除内浇道对压铸件产生的影响。

⑤ 薄壁、复杂的铸件，为获得必要的填充速度，应采用较薄的内浇道。

⑥ 对于复杂的压铸件，内浇道应尽量位于压铸件型腔的中心位置上，这样，金属液充填的情况总是比内浇道设置在侧面有利。

⑦ 带有大肋面的压铸件，设置的内浇道应使金属液沿着肋的方向流动，避免产生流线和肋的不完整。

⑧ 窄而长的压铸件，内浇道应开设在端部，而不是从中间引入金属液，防止造成旋涡，卷入气体。

⑨ 管状及筒状压铸件，最好在端部设置环形内浇道，造成良好的充填状态和排气条件。

⑩ 在压铸件精度高、表面精糙度要求较高且不加工的部位，不宜设置内浇道；压铸件的螺纹部分，不宜直接设置内浇道。

2) 内浇口截面积的计算　内浇道截面积的确定，是浇注系统设计的重要环节，在生产中常常凭经验来定内浇道的截面积。下面介绍确定内浇道面积的计算法和图解法。

① 计算法　内浇道截面积的计算方法较多，往往通过理论计算进行设计，然后在试模过程中加以修正。现介绍其中一种。

内浇道是浇注系统中阻力最大部位（除直接浇道外），它的截面积与该处的金属流速之间的关系见式（6-4）。

$$v_2=\frac{v_c A_1}{A_2}=\frac{\pi D^2 v_c}{4A_2} \tag{6-4}$$

式中　v_c——压射速度（m/s）；

v_2——充填速度（m/s）；

A_1——压室（冲头）的截面积（m^2）；

A_2——内浇口截面积（m^2）；

D——压室（冲头）的直径（m）。

在压室中金属液的流量，等于流经压室的金属液体积与所用时间之比，应等于流经内浇道的金属液体积与型腔充填时间之比，见式（6-5）

$$A_1 v_c = \frac{V}{\tau} \tag{6-5}$$

式中 V——压铸件与溢流槽体积之和（m^2）；

τ——型腔的充填时间（s）。

由式（6-5）和式（6-4）可知：

$$A_2 = \frac{V}{v_2 \tau} \tag{6-6}$$

式（6-6）是建立在内浇道在其全面积内流速均等的前提下的。

理想的充填速度 v_2 按式（6-7）计算。

$$v_2 = k_1 k_2 v_m \tag{6-7}$$

式中 v_m——额定充填速度（m/s），常取 15m/s；

k_1——与压铸件壁厚有关的速度修正系数（见表 6-11）；

k_2——与作用于金属液上比压有关的速度修正系数（见表 6-11）。

最佳的充填时间 t 按下式计算：

$$t = k_3 k_4 t_m \tag{6-8}$$

式中 t_m——额定充填时间，常取 0.06s

k_3——与压铸合物理性能有关的时间修正系数（见表 6-11）

k_4——与压铸件壁厚特征有关的时间修正系数（见表 6-11）

将式（6-7）及式（6-8）代入式（6-6），结合 $V = m/\rho$ 就可得到内浇道截面积的计算公式，见式（6-9）。

$$A_2 = \frac{m}{k_1 k_2 k_3 k_4 \rho v_m \tau_m} \tag{6-9}$$

式中 m——压铸件及溢流系统总质量（kg）；

ρ——液态金属的密度（kg/m^3），其值可查表 6-11。

表 6-11 修正系数 k_1、k_2、k_3、k_4、ρ

铸件壁厚 /mm	k_1	成型比压 /MPa	k_2	压铸材料	k_3	ρ/（$10^3 kg/m^3$）	壁厚特点	k_4
1~4	1.25	~20	3	Pb 合金	1.2	8~10	均匀	1
4~8	1.00	20~40	2	Sn 合金	1.2	6.6~7.3	不均匀	1.5
>8	0.75	40~60	1	Zn 合金	1.0	6.4	—	—
—	—	60~80	0.8	Al 合金	0.9	2.4	—	—
—	—	80~100	0.7	Mg 合金	0.8	1.65	—	—
—	—	>100	0.4	Cu 合金	0.8	7.5	—	—

充填时间和充填速度是决定内浇口截面积的主要因素，其与平均壁厚有直接关系，表 6-12 为推荐的充填时间与充填速度。在确定充填时间和充填速度值时，应注意以下几点：对于薄壁压铸件，要选择较短的充填时间和较高充填速度；对于厚壁压铸件，宜选用平均充

填时间；要求有较好表面质量的压铸件，薄壁件选较短的充填时间，厚壁件选中等的充填时间；如压铸件薄而流程长，一定要采用喷射流充填型腔，所以应选用较高的充填速度。

表 6-12　推荐的充填时间与充填速度

铸件平均壁厚 /mm		1	1.5	2	2.5	3	3.5	4	5	6	7	8	9	10
充填时间/s	从	0.01	0.014	0.018	0.022	0.028	0.034	0.040	0.048	0.056	0.066	0.076	0.088	0.100
	到	0.014	0.02	0.026	0.032	0.040	0.050	0.060	0.072	0.084	0.100	0.116	0.136	0.160
充填速度 /(m/s)		46～55	44～53	42～50	40～48	38～46	36～44	34～42	32～40	30～37	28～34	26～32	24～29	22～27

② 图解法　如图 6-30 所示，使用时，首先由铸件平均壁厚确定充填时间 t，在图中 A 线上确定 t 的位置，然后根据压铸件及浇注系统等的体积在 B 线上确定 V 的位置，连接 t、V 交 E 线即为流量 Q；由铸件平均壁厚确定内浇口速度，并在 G 线上确定相应位置，该位置与 E 线上的 Q 相连交 F 线的点即为内浇口截面积 A_2。若将 C 线上的压室直径点与 E 线上的 Q 相连交 D 线的点即为压射速度 v_c。

3）内浇道的尺寸　点浇道、直接浇道是圆形的，中心浇道、环形浇道是圆环形，其余的浇道是扁平矩形的；在同一截面积下可以有不同的厚度与宽度，而厚度、宽度的选择，影响着型腔的充填效果。

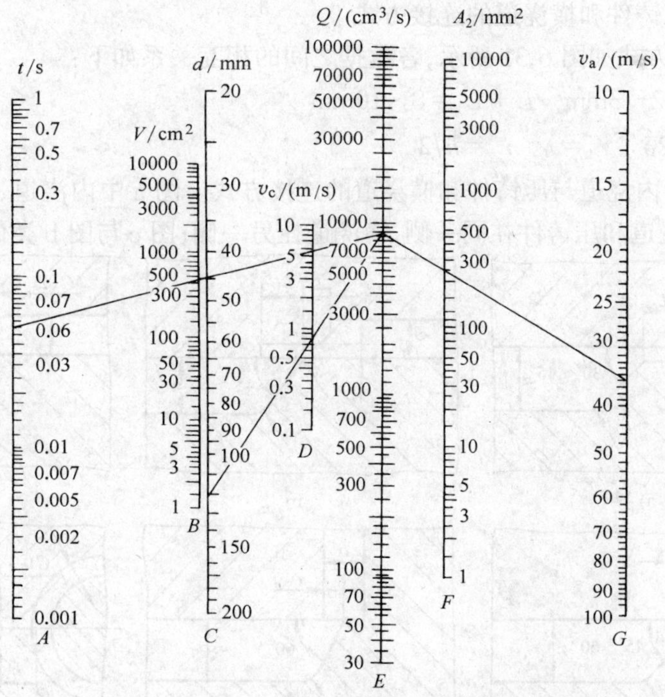

图 6-30　内浇口截面积确定图

内浇道的厚度与相连处的压铸件壁厚有一定的关系，当铸件壁厚大于 2mm 时：

$$\frac{t}{\delta} < \frac{1}{4} \tag{6-10}$$

式中　t——内浇道厚度；

δ——内浇道连接处压铸件的壁厚。

内浇道的厚度必须有一个最小的限度，以保证金属液能够均匀地流过全部内浇道的宽度。如果内浇道厚度过薄，金属液中的夹渣、杂质便有可能堵塞住内浇道，从而减少了内浇道的有效面积；若内浇道厚度过大，在去除浇注系统时可能会破坏压铸件的表面质量。

内浇道厚度的经验数据见表6-13。

表6-13　内浇道厚度的经验数据　（单位：mm）

铸件壁厚	0.6～1.5		>1.5～3		>3～6		>6
合金种类	复杂件	简单件	复杂件	简单件	复杂件	简单件	压铸件壁厚的百分数（%）
Pb、Sn	0.4～0.8	0.4～1.0	0.6～1.2	0.8～1.5	1.0～2.0	1.5～2.0	20～40
Zn	0.4～0.8	0.4～1.0	0.6～1.2	0.8～1.5	1.0～2.0	1.5～2.0	20～40
Al、Mg	0.6～1.0	0.6～1.2	0.8～1.5	1.0～1.8	1.5～2.5	1.8～3.0	40～60
Cu	—	0.8～1.2	1.0～1.8	1.0～2.0	1.8～3.0	2.0～4.0	40～60

当内浇道的厚度确定之后，根据内浇道的面积，可得出其宽度。

由于在浇注系统中，除直浇道外，内浇道处的截面积为最小，在充填型腔时，该处的阻力最大。因此，应尽量缩短内浇道的长度，以减少压力损失，内浇道的长度通常取2～3mm，一般不超过3mm。

4）内浇口与压铸件和横浇道的连接方式

侧浇口的连接方式如图6-31所示，各数据之间的相互关系如下：

$L_1=3L \quad L=2\sim3\text{mm} \quad L+L_1=8\sim10\text{mm}$

$h_1=2L \quad h>2\delta \quad r_1=t \quad r_2=h/2$

图6-31所示为内浇道与压铸件和横浇道的连接方式。图a中内浇道、横浇道和压铸件在同一侧；图b中内浇道和压铸件在同一侧，横浇道在另一侧；图c与图b类似，但横浇道多了一

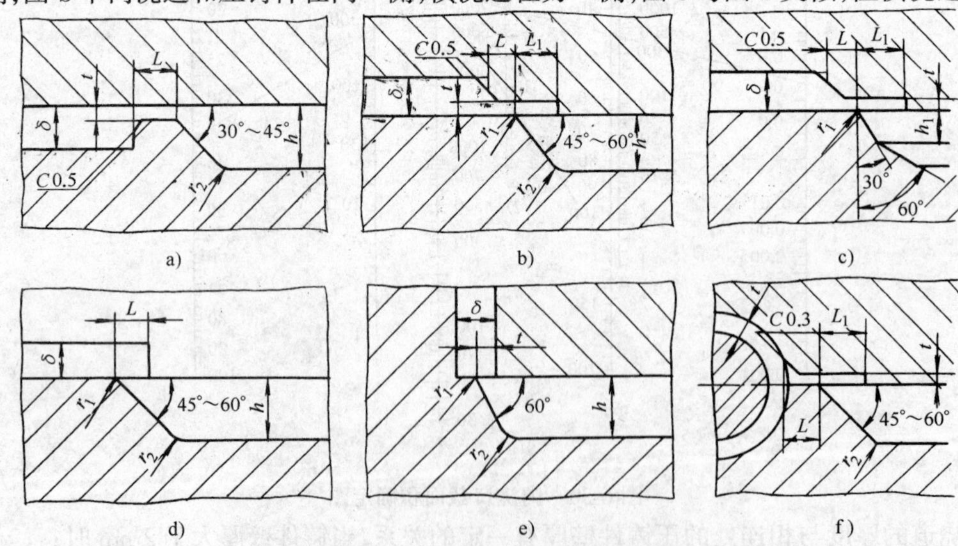

图6-31　内浇口与压铸件和横浇道的连接方式

a）同侧连接方式　b）、c）异侧连接方式　d）～f）搭接式连接方式

个折角；在图 d 为搭接式内浇道，内浇道经在压铸件与横浇道的接合处；图 e 搭接处角度增加至 60°，适于深型腔的压铸件，其形式与图 d 类似；图 f 的形式适于管状压铸件。

图 6-32a 所示是缩颈内浇道的连接形式，它一般适于压铸圆管状压铸件，实际上是环形浇道的一种变形，特点是内浇道不是封闭的圆环形，去除浇注系统就比环形浇道来得容易；进浇的金属液流动不均匀，非圆环形浇道制造困难。

图 6-32b 所示为点浇道的连接形式，金属液在点浇道处的流速约为 60～100m/s，推荐点浇道典型尺寸为：

$\alpha = 60° \sim 90°$ $\beta = 45°$ $L = 2\text{mm}$

$d/t = 1 \sim 1.4$ $d = 3 \sim 4\text{mm}$

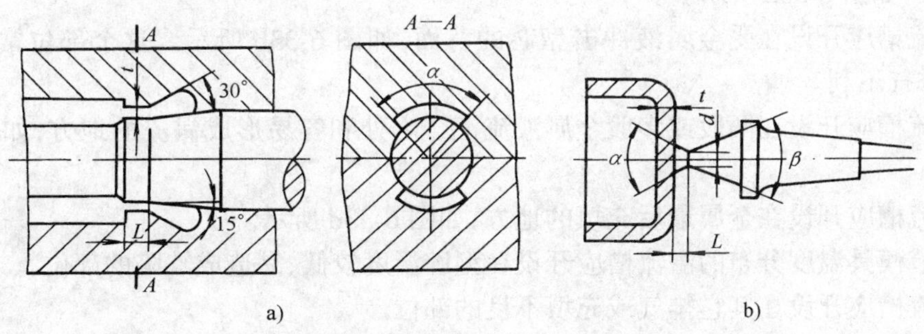

图 6-32 缩颈内浇道的连接形式与点浇道的典型连接形式

a)缩颈内浇道的连接形式 b)点浇道的典型连接形式

6.3.3 排溢系统设计

排溢系统是排气系统和溢流系统的总称，可见，排溢系统设计主要包括溢流槽和排气槽的设计。

1. 溢流槽的设计

溢流槽原称集渣槽或集渣包，最初仅是为了将金属液前锋内的氧化夹杂物及浮渣引入槽内。

(1) 溢流槽的作用

1) 与排气槽配合，迅速排除型腔中的气体，增强排气效果，容纳最先进入型腔的冷金属液和混入其中的气体与氧化夹杂和涂料残渣，防止压铸件产生冷隔、气孔和夹渣，提高压铸件的质量。

2) 与浇注系统一起，共同控制金属液充填流动状态，防止局部产生涡流，造成有利于避免铸造缺陷的充填条件。

3) 转移缩孔、缩松、涡流裹气和产生冷隔的部位。

4) 改善模具各部分的温度场分布，改善模具的热平衡状态。尤其对薄壁或充填距离较长的压铸件，可减少压铸件表面流痕、冷隔和浇不足现象。

5) 作为铸件脱模时推杆推出的位置，防止压铸件变形及避免压铸件表面留有推杆的痕迹。

6) 对型腔分别处于动、定模两侧的压铸件，当铸件在动、定模型腔内的包紧力接近时，此时可在动模上设置溢流槽，增大压铸件对动模的包紧力，避免压铸件在开模时留于定模内，便于推出机构脱模。

7）采用大容量的溢流槽，置换先期进入型腔的冷污金属液，以提高铸件的内部质量。

8）对于真空压铸和定向抽气压铸，溢流槽常常作为引出气体的起始点。

9）在压铸件的存放、运输及加工时，溢流槽可作为支承、吊挂、装夹或定位的附加部分。

（2）溢流槽的位置　在模具设计中，可在准备布置溢流槽的地方留有一定的余地，待试模后，对压铸件流痕及缺陷的状态仔细观察和分析，最后确定溢流槽合理的位置及容量，以便能充分发挥溢流槽的作用，避免材料浪费、增大投影面积和降低充填有效压力。溢流槽位置设计的一般原则如下：

1）溢流槽应开设在内浇口两侧或金属液不能顺利充填的死角区域或开设在金属流最先冲击的部位，如图 6-33a 所示。

2）溢流槽应开设在受金属液冲击型芯的背面，如图 6-33b 所示。这个部位常形成低压，对成形和排气不利。

3）溢流槽应开设在两股或多股金属液流汇合之处和容易形成涡流的地方，如图 6-33c 所示。

4）溢流槽应开设在金属最后充填的地方，如图 6-33d 所示。

5）调节模具温度分布的溢流槽应开设在型腔温度较低、易造成缺陷的部位。

6）溢流槽应开设在其它排气或充填不良的部位。

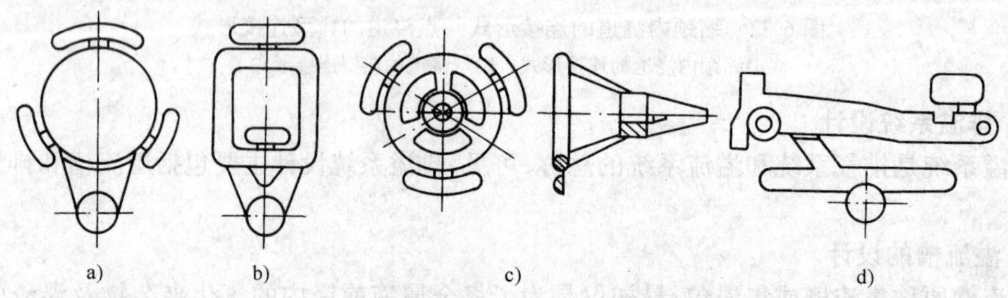

图 6-33　溢流槽位置的确定原则

a)原则一　b) 原则二　c) 原则三　d) 原则四

（3）溢流槽的设计

1）溢流槽的设计要点

①　溢流槽应便于从压铸件上去除，并且去除后尽量不损坏铸件的外观。

②　当溢流槽上开设排气槽时，应避免金属液过早堵塞排气槽。

③　避免在铸件与溢流槽之间形成热节。

④　为防止金属液倒流回型腔，不要在同一溢流槽上开几个溢流口或开一个很宽的溢流口。

⑤　连接溢流槽之后的排气槽截面积，应小于溢流口的截面积，以免排气槽的截面积将被削减。

2）分型面上的溢流槽设计　分型面上的溢流槽应用广泛，其结构形式如图 6-34 所示。溢流槽截面一般呈梯形或半圆形，用球头立铣刀或带锥度的立铣刀加工而成。图 6-35 所示为溢流槽尺寸。溢流口即溢流槽流入口，为避免金属液降温过多，其长度 L 不宜过长，一般

$L=2\sim3$mm；溢流口的宽度 b 取 8～12mm；深度 t 与材料有关，铝、镁合金 t 取(0.5～0.8)mm，锌合金的 t 取 0.4～0.5mm，铜合金 t 取 0.6～1.2mm。半圆形截面的溢流槽的半径 R 为 5～10mm；梯形截面的溢流槽的宽度取 10～20mm，斜度 5°～10°，深度 h 为 5～10mm。

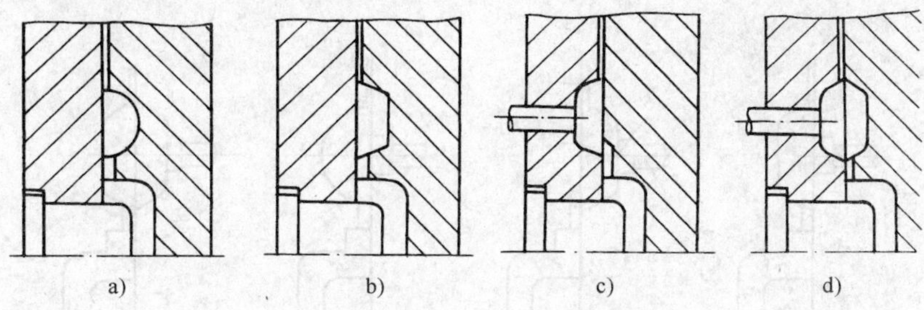

图 6-34　分型面上的溢流槽

a）截面呈半圆形的溢流槽　b）开设在定模部分截面呈梯形的溢流槽　c）开设在动模部分截面均呈梯形的溢流槽　d）开设在分型面两侧的溢流槽

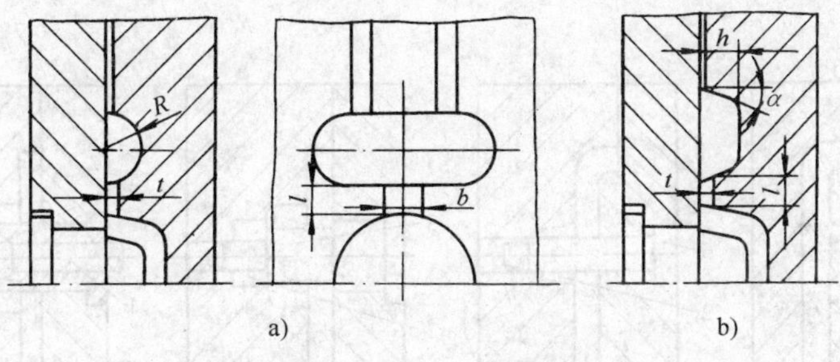

图 6-35　分型面上溢流槽的尺寸

a）半圆形截面溢流槽　b）梯形截面溢流槽

设计分型面上的溢流槽时，应注意以下几点：

①　设置长条形双溢流口的溢流槽，应避免金属液出现倒流现象，以免带用气体和氧化夹杂的污金属液再次流入型腔，如图 6-36a 所示。

②　对于梳子形的一些压铸件，常在齿端部设置溢流槽，以提高齿端部的充填质量，防止形成夹渣或气孔缺陷，此时应设置连接肋，以防止铸件产生较大的变形，如图 6-36b 所示。

③　对梯形截面的溢流槽，常在溢流槽对应的动模上设置一个或数个圆柱形凸台，同时在其底部设置推杆，利用压铸材料收缩时对模具的包紧力，使开模时压铸件和溢流槽同时从动模中推出，如图 6-37 所示。

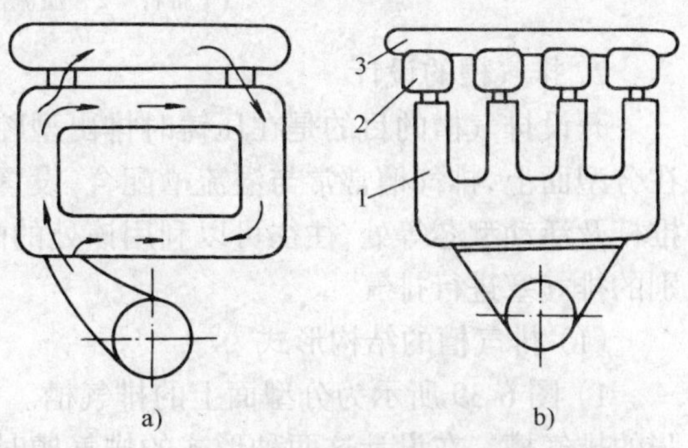

图 6-36　造成倒流的溢流槽和防止变形的溢流槽

a)造成倒流的溢流槽　b)防止变形的溢流槽

1—压铸件　2—溢流槽　3—连接肋

3）型腔内的溢流槽设计　图 6-38 所示为设置在型腔内的溢流槽。图 a 为柱形溢流槽，设置于推杆的端部，其深度一般取 15～30mm；图 b 为管形溢流槽，设置在平面上形成小孔的型芯周围，并利用型腔模板与型芯之间的配合间隙排气；图 c 是环形溢流槽，设置在型腔深处，也是利用型芯型腔模板的配合间隙排气；图 d 所示的柱形溢流槽是为了排除型腔深处的气体和冷污金属而设置在型芯端部，同时增设排气镶块排气，溢流槽的脱模由推杆推出。

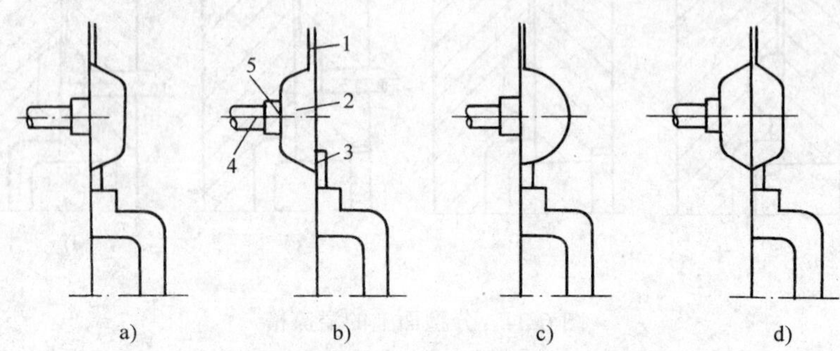

图 6-37　设有凸台的溢流槽

1—排气槽　2—溢流槽　3—溢流口　4—推杆　5—凸台

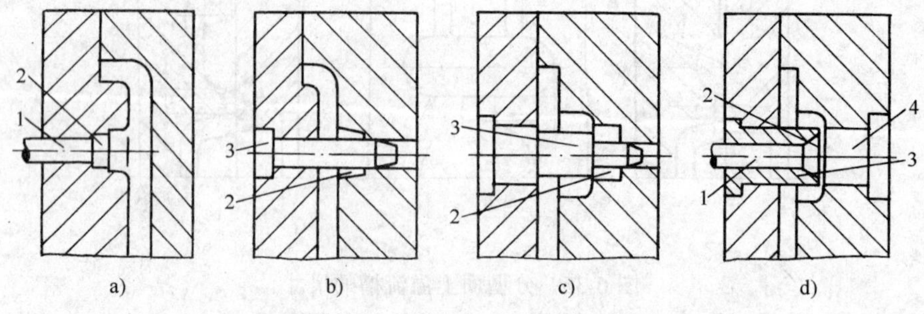

图 6-38　型腔内的溢流槽

a) 设置在推杆端部的柱形溢流槽　b) 管形溢流槽　c) 环形溢流槽

d) 设置在型芯端部的柱形溢流槽

1—推杆　2—溢流槽　3—型芯　4—排气镶块

2. 排气槽的设计

开设排气槽的目的是在压铸时排出型腔的气体，使金属液顺利进入型腔，保证铸件质量。在分型面上，排气槽常常与溢流槽配合，设置在溢流槽的后端，以加强溢流排气的效果；在设置推杆及活动型芯等处，往往可以利用该处的配合间隙排气；在排气不畅的深型腔处，可设置特别的排气塞进行排气。

(1) 排气槽的结构形式

1) 图 6-39 所示为分型面上的排气槽。图 a 是平直式排气槽。图 b 是经过一段距离后扩张的排气槽。在设计这两种形式的排气槽时，一定要控制排气槽的深度，因为其直接从型腔中引出，若压射时金属液万一喷溅出来，会造成人身事故。图 c 是有曲折的排气槽形式，这种结构应用广泛，可防止金属液喷溅。图 d 所示是从溢流槽端部引出的排气槽形式，应用也较多；为了防止金属液喷溅，设计时其应与溢流口错开，且应避免直对操作者。

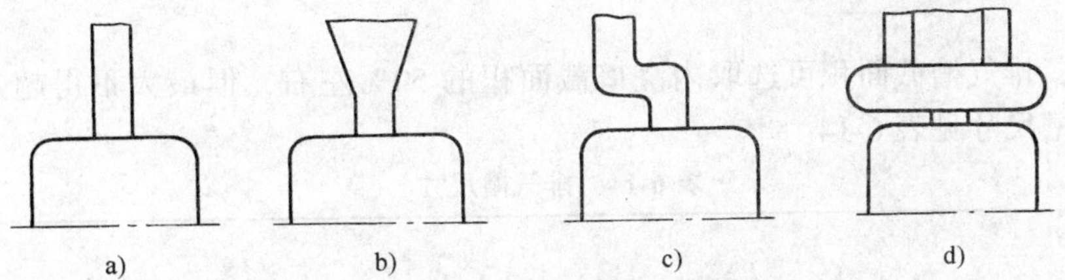

图 6-39　排气槽的结构形式

a）平直式排气槽　b）扩张式排气槽　c）曲折式排气槽　d）从溢流槽端部引出的排气槽形式

2）图 6-40 所示为利用推杆或固定型芯端部的配合间隙排气。图 a 是利用推杆工作端与模板的配合间隙排气，此时的配合应为 H8/e8；图 b 压铸件在型腔处有通孔，可利用固定型芯伸入模板中的配合间隙进行排气。这种情况的单边间隙为 0.05mm，配合长度 8～10mm。

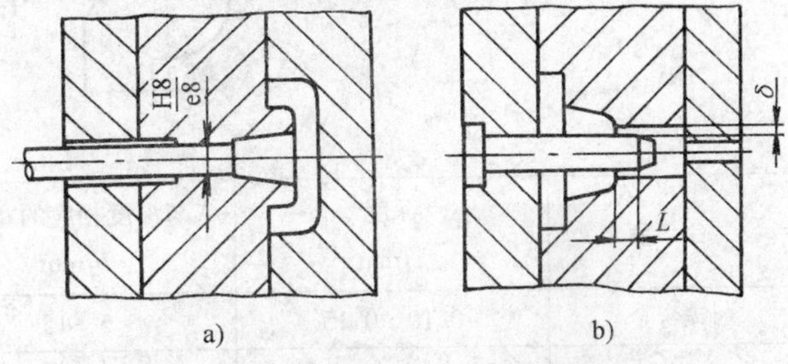

图 6-40　利用推杆或固定型芯端部的配合间隙排气

a）推杆的配合间隙排气　b）型芯的配合间隙排气

3）图 6-41a 所示是在固定型芯上制出排气沟槽进行排气，这利沟槽的角度一般取 60°～90°，深度为 0.05～0.07mm，沟槽的条数因型芯而异，一般为 4～8 条。为了避免金属液堵塞沟槽而使其失去排气作用，因此这种形式的排气槽不能过深。

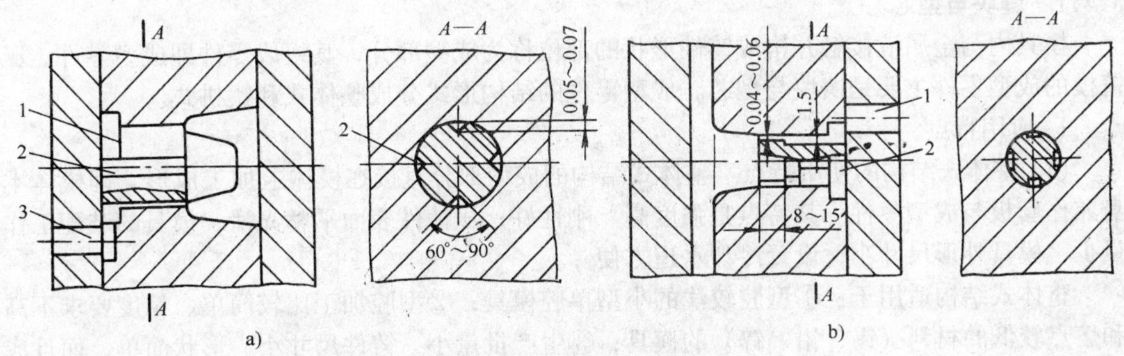

图 6-41　排气沟槽排气和排气塞排气

a）固定型芯上制出排气沟槽排气　　b）排气塞排气

1—固定型芯　2—沟槽　3—通气孔　1—通气孔　2—排气塞

4）图 6-41b 所示是利用排气塞进行排气。其适用于深型腔模具，排气塞的端部是 15mm 长的配合段，配合间隙为单边 0.04～0.06mm，接着是一段单边间隙约 1.5mm 的环槽，并在排气塞四周制出深 1.5mm 的沟槽，沟槽的条数视排气塞的大小而定。

上述固定型芯，也可制成类似排气塞的结构，其排气效果比直接在型芯上制出沟槽要好。

（2）排气槽的尺寸　排气槽的深度应满足气体能最大限度地排出且金属液不能通过的原则。它因压铸材料、压射压力及排气槽的位置而异。在同一副压铸模上，金属液流经较长曲折行程之后达到其端部的排气槽，可比那些温度较高的金属液以较高速度达到的排气槽深一些。

根据经验，排气槽截面积可选取内浇口截面积的 50% 左右，但最大不得超过内浇口的截面积。排气槽尺寸见表 6-14。

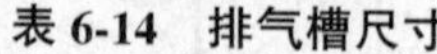

表 6-14 排气槽尺寸

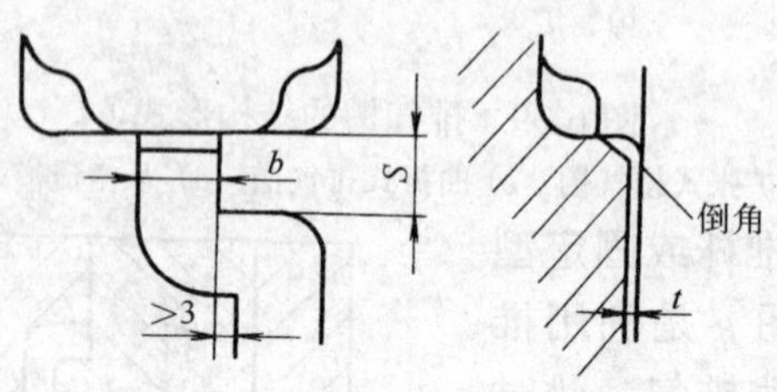

合 金	深度 t/mm	与深度相应的宽度 b/mm	与型腔边距 S/mm	倒角
锌合金	0.10～0.15	5～15	10～15	C0.3mm
铝合金 镁合金	0.10～0.15	8～20	15～20	C0.4mm
铜合金	0.15～0.20	10～25	15～30	C0.5mm

6.4 成型零件与模板

6.4.1 镶块与型芯

模具内与金属液接触并构成铸件形状的部位称为成型部分，其组成零件即成型零件。压铸模的成型零件主要是镶块与型芯。成型零件的结构形式分成整体式和镶拼式。

1. 应用特点

(1) 整体式结构的使用特点 整体式结构的成型部分直接在模体上加工成形，即模体本身兼作套板与成型零件。其特点是强度高、刚性好，压铸件表面平整光滑，模具的装配工作量少，模具外形尺寸小，设置冷却水道方便。

整体式结构适用于：①型腔较浅的小型单腔模具；②型腔加工比较简单、精度要求不高和熔点较低的材料（锡、铅、锌）的模具；③生产批量小，铸件尺寸小、形状简单、而且成型零件不需热处理的模具；④受压铸机拉杆位置的限制，模具外形尺寸不宜过大，不能采用镶拼结构的模具。

(2) 镶拼式结构的使用特点 镶拼式结构的成型部分与模体分开，成型部分的型腔由镶块和型芯构成，将镶块装入模具的套板内加以固定。

1) 对于复杂的成型部分，简化加工工艺，用机械加工代替钳工操作，提高模具制造质量，容易满足组合镶块成型部位的精度要求。

2) 减少热处理时的变形，且便于在热处理后进行修整。

3) 合理使用热作模具钢，节约贵重的耐热合金，降低成本。镶块的坯料比较容易锻造，组织均匀，质量较高。

4) 便于易损件更换和修理，延长模具的总寿命。铸件的局部结构改变时，更换镶块就可压铸新的铸件，达到一模多用，不致使整套模具报废。

5）可按铸件的几何形状在镶块上构成复杂的分型面，而在套板上仍为平直分型。

6）拼合处的适当间隙有利于排出型腔内的气体。

7）其装配较整体结构困难，难以满足较高的组合尺寸精度，且模具的外形尺寸较大。

8）模具的热扩散条件变差。

9）镶拼处的缝隙易产生飞边，既影响模具使用寿命，又会增加铸件去毛刺的工作量。

镶拼式结构模具适用于：深型腔模具或大型模具，多型腔模具和成型表面比较复杂的模具。

由于电加工、冷挤压、陶瓷型精密铸造等新工艺的发展，除了为满足压铸工艺要求排除深腔内的气体或更换易损部分而采用组合镶块之外，在加工条件许可的情况下，成型部分应尽可能采用整体镶块。

2. 镶块与型芯的结构要素

（1）镶块、型芯强度和相对位置的稳定性　细长的型芯和组合镶块本身强度不够，在高压、高速金属液的冲击下，为防止其弯曲变形，应加固其固定部分，以提高其强度和相对稳定性。

镶块的镶拼形式不能只靠螺钉连接，这样定位不可靠，经不住高压、高速熔融合金的冲击而发生位移，如图6-42a所示。用螺钉只起固定紧固作用，将镶件嵌入模体中，这样的定位既牢固又可靠，如图6-42b所示。

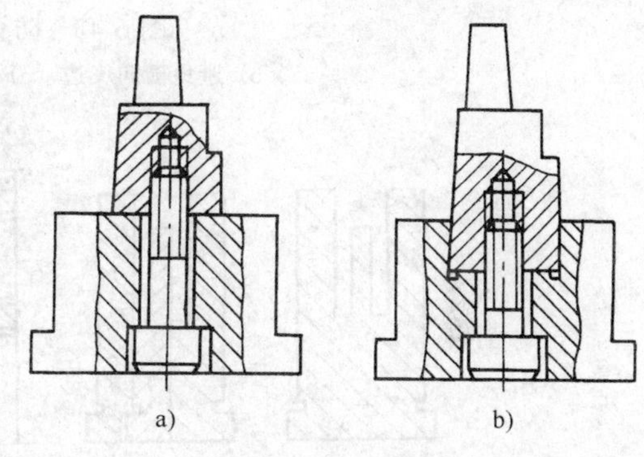

图6-42　镶块的定位
a）错误　b）正确

（2）镶拼间隙方向应与出模方向一致　镶块或型芯的配合面，由于长期受金属液的冲蚀，使组合的边缘产生塌角而形成飞边，并逐渐扩大，若铸件飞边方向与出模方向不一致，产生横向飞边，造成铸件脱模困难，如图6-43a所示（*F*处即是横向飞边）。为了避免产生横向飞边，镶拼间隙方向应采用与脱模方向一致的形式，如图6-43b所示。

（3）避免锐角和薄壁　设计时应尽量避免锐角和薄壁，以免型芯和镶块在压铸生产及热处理时产生变形或裂纹。凸出分型面上的镶块与相对的孔配合时，其插入端部不应产生尖角，以免在合模过程中受到导向零件间隙的影响而损坏，应在型芯的端部做成斜度或圆角。

图6-43c中镶块S，使成型部分的余边上出现了锐角 α_1、α_2，成型时易引起锐角处崩裂、塌角。可改变镶块形式，采用如图6-55d方式就消除了锐角的出现。

如图6-43e所示，两个型腔的间距 b 不应过小，应大于3mm，以免边距处断裂而损坏模具。图6-43f中只镶入一个型芯，保证了零件的强度；图6-43g将两个型芯孔开通，镶入的两个型芯用平面接合，同样避免了孔距过小。

（4）便于热处理　镶块和型芯的结构应考虑热处理过程中尺寸的稳定性，避免截面相差悬殊，产生锐角或锐边，对于要求清角的型腔，其镶块应从清角的分界线上进行分割，以防止热处理时零件变形和损坏。

图6-44a所示的镶块，由于壁厚相差很大，热处理时槽的根部容易变形和损坏。将其改

为图 6-44b 所示的镶件就比较合理了。

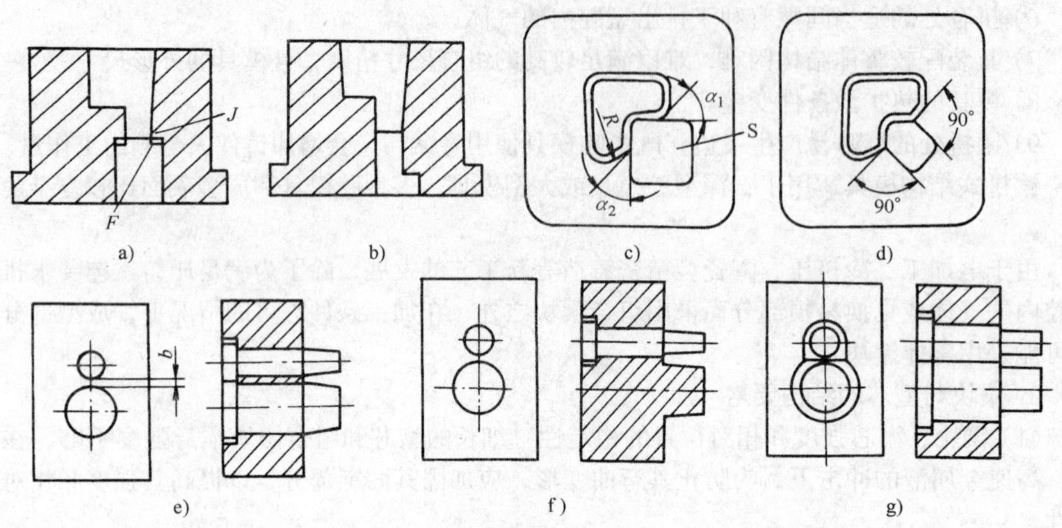

图 6-43 防止横向飞边和锐角薄壁

a)、b) 避免横向飞边 c)、d) 避免锐角 e)、f)、g) 避免薄壁

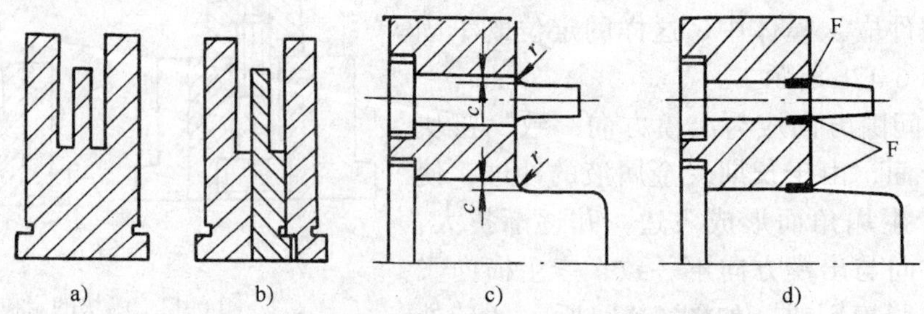

图 6-44 防止热处理变形、便于机械加工和带台阶镶拼

a)、b) 防止热处理变形便于机械加工 c)、d) 带台阶镶拼

(5) 便于机械加工 镶拼结构应便于机械加工，以达到成型部位的尺寸精度或组合部位的配合精度。图 6-44a 所示的结构，镶块的窄槽不易加工；在图 6-44b 中，将整体的镶件改为镶拼的结构，加工时全部成为外轮廓表面，因此便于机械加工。

(6) 镶块或型芯的配合部位与成型零件处应有过渡台肩 在图 6-44c 中镶入镶块与型芯的配合部位的尺寸比成型尺寸大，一般台肩 c 取 1～2mm，成形零件的根部应有倒角或圆角。如在图 6-44d 中，金属液易窜入 F 处，影响铸件脱模。

(7) 便于维修和调换 镶块和型芯的个别凸凹易损部分、圆弧部分和受金属液冲击较大的部位，以及局部尺寸精度要求高的成型零件，在设计时应单独制成镶块，以便在折断、弯曲或磨损超差后能及时更换。

3. 镶块与型芯的固定方法

在固定镶块时应保证其与相关的零件有足够的可靠性与稳定性，便于加工与装卸。镶块一般均安装在套板或卸料板内。

在固定型芯时应保证其与相关构件之间有足够的强度、稳定性，在金属液的冲击下和铸件卸除包紧力时不发生位移、弹性变形和变曲断裂，便于机械加工和装卸。型芯的固定形式常按模具的结构需要进行设计。

镶块与型芯的固定一般采用以下几种方法：

(1) 背台固定　在镶块与型芯的后部设计背台，再用压板压紧。圆形的镶块与型芯周边通常都有背台；对非圆形的镶块与型芯，大的镶块在不相邻的对边设计背台，小的型芯在一边设计背台。如图 6-44c、d 所示。

(2) 螺钉固定　如图 6-45a、b 所示，图 a 为模具套板是不通孔的形式，应注意螺钉与镶块的边缘要有足够的厚度，螺钉与镶块的成型部位也应有足够的距离，螺钉不要在成型部分的凹处，以保证镶块的强度。图 b 中套板是通孔，镶件与座板用螺钉固定，固定用的螺钉多采用内六角螺钉。

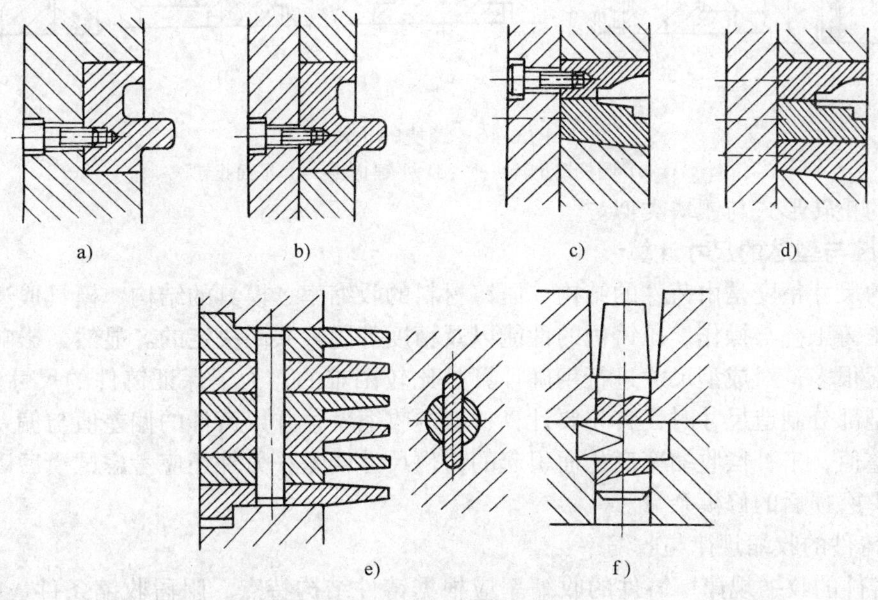

图 6-45　镶块与型芯的固定

a)、b) 螺钉固定　c)、d) 楔块定位，螺钉紧固　e) 销钉固定　f) 键固定

(3) 楔块定位、螺钉紧固　镶块常常分成两块或两块以上，以便于机械加工，为了保证其与套板配合紧密，防止飞边产生，常采用楔块定位、螺钉紧固的方式，如图 6-45c、d 所示。图 d 将图 c 中的镶块中带斜度的镶块再分成两块，使成型部位镶块的底面成平面，便于成型部位加工。

(4) 销钉固定　对数量多尺寸小的镶块与型芯，可在装入套板前先用圆柱销固定，以利于装配和镶拼的稳定性，该结构特别适用于较细较长的镶件，如图 6-45e 所示。

(5) 键固定　如图 6-45f，镶件装在套板内，位置对准后再加工镶槽，并用圆头平键固定，该结构定位可靠，精度较高。

4. 镶块和型芯的止转形式　圆柱形镶块或型芯，若成型部分为非回转体时，为了保持动、定模镶块和其它零件的相关位置，必须采用止转措施。

图 6-46 所示为常用的镶块止转形式。图 a 和图 b 用圆柱销止转，加工简便，应用较广；但销钉接触面小，多次拆卸后会磨损而影响装配精度，尤其对骑缝式圆柱销影响更大。图 c 和图 d 用平键止转，接触面较大，精度较高。图 e 为平面式止转形式，定位稳定可靠，模具装拆方便；但加工比较困难。

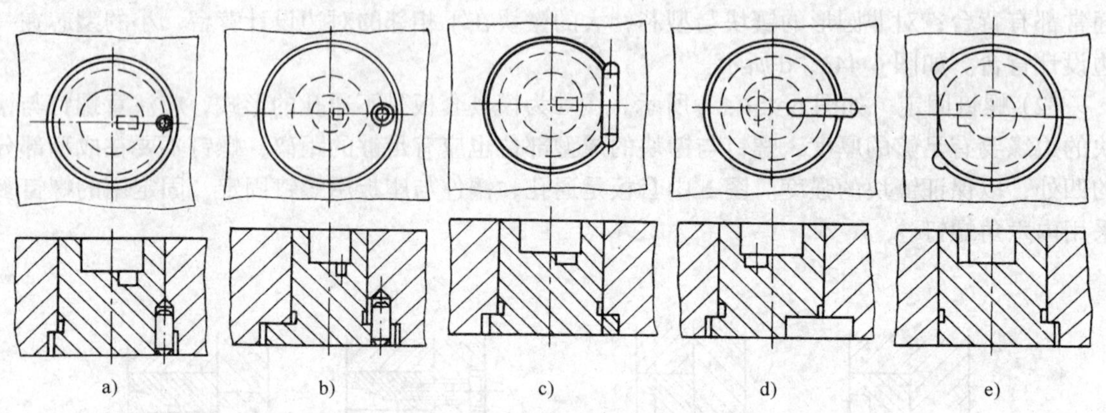

图 6-46 镶块的止转

a)、b）圆柱销止转 c)、d）平键止转 e）平面止转

型芯的止转形式与镶块类似。

6.4.2 型腔与型芯的尺寸计算

铸件的尺寸精度是由铸件的结构、压铸材料的收缩率、模具的结构、模具成型零件的加工精度、压铸工艺与操作、压铸机的性能以及精度等因素共同决定的。显然，影响镶件尺寸精度的因素很多，对成型尺寸进行精确计算是比较困难的。为了保证铸件的尺寸精度要求，在计算成型部分制造尺寸时，首先要计算材料的收缩率，并以铸件的偏差值与偏差方向作为计算的调整值，来补偿收缩率变化而引起的铸件尺寸误差；另外还应考虑试模后以及模具在生产过程中磨损后的修模余量。

1. 压铸件的收缩规律与收缩率

(1) 铸件的收缩规律　铸件的收缩率应根据铸件结构特点、阻碍收缩条件、收缩方向、铸件壁厚、材料成分及有关工艺因素等确定。其一般规律如下：

1）铸件结构复杂，型芯多，阻碍收缩大时则收缩率较小；反之收缩率较大。

2）铸件在模具中冷却凝固时，包紧成型零件，径向尺寸处在受阻碍方向，收缩率较小；与型芯轴线平行方向的尺寸处在自由收缩方向，收缩率较大。

3）薄壁铸件收缩率较小，厚壁铸件收缩率较大；大尺寸的铸件收缩率较小，小尺寸的铸件收缩率较大。

4）铸件出模时温度越高，铸件同室温的温差越大，则收缩率也越大。

5）压铸成型后，留在模具内的时间愈长收缩率愈小。

6）包容嵌件部分的铸件尺寸，在收缩时由于受到嵌件的阻碍，收缩率小。

7）铸件的收缩率也受模具热平衡的影响。同一铸件的不同部位，即使收缩受阻的条件相同，由于温度的不均衡，收缩率也不一致。铸件近浇口端温度高，收缩率大；远浇口端温度低，收缩率较小。对于尺寸较大的铸件尤为显著。

另外，铸件的收缩是在实体上产生的，故在铸件空档部位上，铸件实际收缩可能使该部位尺寸变大。在考虑收缩率对模具型芯、型腔尺寸影响时，尤其应注意这一点。

(2) 压铸件的收缩率

压铸件的实际收缩率 $S_{实}$，是指在室温时的模具成型尺寸同压铸件实际尺寸之差，与模具成型尺寸之比，见式（6-11）。

$$S_{实} = \frac{A_M - A_Z}{A_M} \times 100\% \tag{6-11}$$

式中 A_M——室温下模具成型尺寸（mm）；

A_Z——室温下压铸件实际尺寸（mm）。

压铸件的计算收缩率 S，是在设计模具时计算成型零件采用的收缩率，包括了铸件收缩值及模具成型零件在工作温度时的体积膨胀值。按式（6-12）确定。

$$S = \frac{A' - A}{A} \times 100\% \tag{6-12}$$

式中 A'——计算得到的模具成型零件的尺寸（mm）；

A——铸件的基本尺寸（mm）。

常见材料的计算收缩率见表 6-15。

表 6-15 常见压铸件材料的计算收缩率推荐值 （%）

合金种类	收缩条件：阻碍收缩	收缩条件：混合收缩	收缩条件：自由收缩
	计算收缩率		
铅锡合金	0.2~0.3	0.3~0.4	0.4~0.5
锌合金	0.3~0.4	0.4~0.6	0.6~0.8
铝硅合金	0.3~0.5	0.5~0.7	0.7~0.9
铝硅铜合金 铝镁合金 镁合金	0.4~0.6	0.6~0.8	0.8~1.0
黄铜	0.5~0.7	0.7~0.9	0.9~1.1
铝青铜	0.6~0.8	0.8~1.0	1.0~1.2

注：1. L_1、L_3 为自由收缩；L_2 为阻碍收缩。

2. 表中数据系指模具温度、浇注温度等工艺参数为正常时的收缩率。

3. 在收缩条件特殊的情况下，可按表中推荐值适当增减。

2. 尺寸计算

(1) 模具成型尺寸的基本计算公式 见式（6-13）

$$A_M = (A_Z + A_Z S + n\Delta - \delta)_0^{+\delta} \tag{6-13}$$

式中 A_M——计算后的成型尺寸（mm）；

A_Z——铸件的基本尺寸（mm）；

S——压铸件的计算收缩率（%）；

n——补偿和磨损系数；当铸件精度为IT11～IT13，压铸工艺不易稳定控制或其它因素难以估计时，n 取0.5；当铸件精度为IT14～IT16时，n 取0.45；

Δ——铸件偏差（mm）；

δ——模具成型部分的制造偏差（mm），$\delta=(1/3\sim1/5)\Delta$。

铸件偏差 Δ 和模具成型部分的制造偏差 δ 的正负符号，应根据铸件或模具在机械加工或修理、或磨损过程中的尺寸变化趋势，按“入体原则”来定。尺寸趋向于增大的，偏差符号为“+”，即单向正偏差；尺寸趋向于减小的，偏差符号为“-”即单向负偏差；尺寸变化趋向稳定的如中心距离，位置尺寸的偏差符号为“±”即对称偏差。

（2）成型尺寸的分类及注意事项　成型尺寸主要可分为型腔尺寸（包括型腔深度尺寸）、型芯尺寸（包括型芯高度尺寸）、成型部分的中心距离和位置尺寸、螺纹型环尺寸及螺纹型尺寸等五类。

计算各类成型尺寸时，应注意的事项如下：

1）计算型腔尺寸时，应使铸件外形尺寸接近于最小极限尺寸。

2）计算型芯尺寸时，应使铸件内形尺寸接近于最大极限尺寸。

3）计算两个型芯或型腔之间的中心距离和位置尺寸时，应使铸件尺寸接近于尺寸中值。

4）模具的分型面及抽芯机构等滑动部分影响到的尺寸应另行修正。

5）计算螺纹型环的螺纹内径时，应考虑最小配合间隙 χ（一般取0.02～0.04倍螺距），以保证铸件的外螺纹内径在旋合后与内螺纹最小内径有间隙；若在普通机床上加工型环和型芯的螺纹，一般不考虑螺距的收缩值，而增大螺纹型芯的螺纹中径尺寸和减小螺纹型环的螺纹中径尺寸，来弥补因螺距收缩引起的螺纹旋合误差；成型部分的螺距制造偏差可取±0.02mm；螺纹型芯和型环必须有适当的起模斜度，一般取30′。

6）应保证有起模斜度的成型尺寸，与铸件图上所规定尺寸的大小端部位一致。若铸件图上未明确规定尺寸的大小端部位，应考虑铸件的尺寸是否留有加工余量。对无加工余量的铸件尺寸，应考虑铸件在装配时不受阻碍；对铸件尺寸留有加工余量，应保证切削加工时有足够的余量（铸件单面的加工余量一般取0.3～0.8mm，最大不超过1.2mm）。

7）铸件的尺寸公差一般不包括起模斜度造成的尺寸误差，若铸件图上特别注明起模斜度在铸件公差范围内的尺寸，应进行验证：

$$\Delta_1 \geqslant 2.7H\cdot\tan\alpha$$

式中·Δ_1——铸件公差（mm）；

H——起模斜度处的深度或高度（mm）；

α——压铸工艺所允许的最小起模斜度。

若上式不能满足时，应留有加工余量，以便压铸后用机械加工来保证。

（3）型腔与型芯的尺寸计算　计算前，应按“入体原则”将型腔尺寸 D_Z、型腔深度 H_Z 变换为单向负偏差的标注形式，其公称尺寸即最大极限尺寸；型芯尺寸 d_Z、型芯高度 h_Z 变换为单向正偏差的标注形式，此时，其公称尺寸即最小极限尺寸。

1）型腔的尺寸计算见式（6-14）。

$$D_M=(D_Z+D_ZS-0.7\Delta)_0^{+\delta} \tag{6-14}$$

式中　D_M——模具型腔尺寸（mm）；

D_Z——铸件外形（轴径、长度、宽度）的最大极限尺寸（mm）；

S——材料的计算收缩率（%）；

Δ——铸件该尺寸的偏差（mm）；

δ——模具该尺寸的制造偏差（mm），一般为（1/3～1/5）Δ。

2）型芯的尺寸计算见式（6-15）。

$$d_M = (d_Z + d_Z S + 0.7\Delta)^{0}_{-\delta} \tag{6-15}$$

式中　d_M——型芯尺寸（mm）；

d_Z——铸件孔径（槽、沉孔等的大小尺寸）的最小极限尺寸（mm）；

S——材料的计算收缩率（%）；

Δ——铸件该尺寸的偏差（mm）；

δ——型芯该尺寸的制造偏差（mm），一般为（1/3～1/5）Δ。

3）型腔深度与型芯高度的尺寸计算。

型腔深度的计算见式（6-16）。

$$H_M = (H_Z + H_Z S + 0.7\Delta)^{+\delta}_{0} \tag{6-16}$$

式中　H_M——型腔深度尺寸（mm）；

H_Z——铸件外型高（深）度的最大极限尺寸（mm）；

S——材料的计算收缩率（%）；

Δ——铸件该尺寸的偏差（mm）；

δ——型腔该尺寸的制造偏差（mm），一般为（1/3～1/5）Δ。

型芯高度的尺寸计算见式（6-17）。

$$h_M = (h_Z + h_Z S + 0.7\Delta)^{0}_{-\delta} \tag{6-17}$$

式中　h_M——型芯高度尺寸（mm）；

h_Z——铸件内型深度的最小极限尺寸（mm）；

S——材料的计算收缩率（%）；

Δ——铸件该尺寸的偏差（mm）；

δ——型芯该尺寸的制造偏差（mm），一般为（1/3～1/5）Δ。

4）中心距的尺寸计算见式（6-18）。

$$L_M = (L_Z + L_Z S) \pm \delta \tag{6-18}$$

式中　L_M——型芯的中心距（mm）；

L_Z——铸件孔中心距尺寸（偏差应双向等值）（mm）；

S——材料的计算收缩率（%）；

δ——型芯中心距制造偏差（mm），一般为铸件偏差的（1/3～1/5）Δ；

Δ——铸件该尺寸的偏差，即半公差（mm）。

计算前，必须按 L_Z 变换为对称偏差的标注形式，此时，其公称尺寸即尺寸中值，Δ 即尺寸 L_Z 的半公差。

5）螺纹型环与螺纹型芯的尺寸计算

压铸外螺纹用螺纹型环的尺寸计算见式（6-19）。

$$D_M = \left(D_Z + D_Z S - \frac{3}{4}a\right)_0^{+0.25a} \tag{6-19}$$

$$D_{M2} = \left(D_{Z2} + D_{Z2} S - \frac{3}{4}b\right)_0^{+0.25b}$$

$$D_{M1} = \left[(D_{Z1} - X_{min})(1 + S) - \frac{3}{4}b\right]_0^{+0.25a}$$

式中 D_M——螺纹型环大径尺寸（mm）；

D_Z——铸件螺纹大径尺寸（mm）；

S——材料的计算收缩率（%）；

a——铸件螺纹大偏差（mm）；

D_{M2}——螺纹型芯中径尺寸（mm）；

D_{Z2}——铸件螺纹中径尺寸（mm）；

b——铸件螺纹中径偏差（mm）；

D_{M1}——螺纹型环小径尺寸（mm）；

D_{Z1}——铸件螺纹小径尺寸（mm）；

X_{min}——螺纹小径最小配合间隙（mm），取螺距的 0.02～0.04 倍。

压铸内螺纹用螺纹型芯的尺寸计算见式（6-20）。

$$d_M = \left(d_Z + d_Z S + \frac{3}{4}b\right)_{-0.25b}^{0} \tag{6-20}$$

$$d_{M2} = \left(d_{Z2} + d_{Z2} S + \frac{3}{4}b\right)_{-0.25b}^{0}$$

$$d_{M1} = \left(d_{Z1} + d_{Z1} S + \frac{3}{4}c\right)_{-0.25c}^{0}$$

式中 d_M——螺纹型芯大径尺寸（mm）；

d_Z——铸件螺纹大径尺寸（mm）；

S——材料的计算收缩率（%）；

b——铸件螺纹中径偏差（mm）；

d_{M2}——螺纹型芯中径尺寸（mm）；

d_{Z2}——铸件螺纹中径尺寸（mm）；

c——铸件螺纹小径偏差（mm）；

d_{M1}——螺纹型芯小径尺寸（mm）；

d_{Z1}——铸件螺纹小径尺寸（mm）。

可见，型腔与型芯的尺寸计算，均用型腔、型芯的偏差和铸件的偏差作为模具磨损和修调的补偿，以利于延长模具的使用寿命，保证铸件的精度。

3. 成型部位尺寸计算例题

如图 6-47 所示的铸件的具体尺寸位置和材料以及模具的结构，经分析后由表 6-15 中选定平均计算收缩率 $S=0.6\%$，求成型部位尺寸。

1）铸件的成型尺寸分类　如图 6-47 所示。①、②属于型腔尺寸；③、④、⑤、⑥属于型腔深度尺寸；⑦、⑧、⑨、⑩属于型芯尺寸；⑪、⑫属于型芯高度尺寸；⑬属于中心距离、⑭属于螺纹型环尺寸。

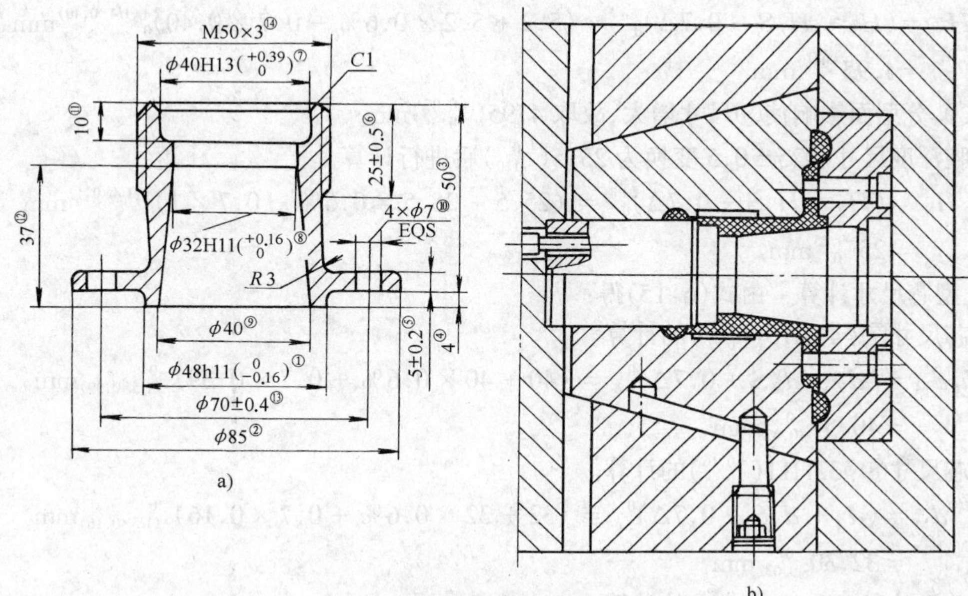

技 术 要 求

1. 未注铸造圆角为 $R2$。

2. 未注公差为 IT14。

3. 材料为铸造铝合金 ZL—102。

图 6-47 铸件成形尺寸计算示例

a) 铸件 b) 模具结构

按图 6-47b 中的模具结构分析，②、③、⑤、⑭属于受分型面影响而增大的尺寸。

2) 型腔尺寸计算 由式(6-14)得：

型腔尺寸①$\phi48\text{h}11(^{0}_{-0.16})$的计算。

$$D_M = (D_Z + D_Z S - 0.7\Delta)_0^{+\delta} = (48 + 48 \times 0.6\% - 0.7 \times 0.16)_0^{+(1/5\times0.16)}\text{mm}$$
$$= 48.18^{+0.032}_{0}\text{mm}$$

型腔尺寸②$\phi85\text{h}11(^{0}_{-0.87})$的计算。

$$D_M = (D_Z + D_Z S - 0.7\Delta)_0^{+\delta} = (85 + 85 \times 0.6\% - 0.7 \times 0.87)_0^{+(1/4\times0.87)}\text{mm}$$
$$= 84.9^{+0.218}_{0}\text{mm}$$

受滑块的附加分型面的影响②尺寸增大，所以将计算或查表所得的基本尺寸再减去 0.05mm，并适当提高模具制造公差的精度，故取 $\phi84.85(^{+0.15}_{0})$。

型腔深度尺寸③$50\text{h}14(^{0}_{-0.62})$的计算。

$$H_M = (H_Z + H_Z S - 0.7\Delta)_0^{+\delta} = (50 + 50 \times 0.6\% - 0.7 \times 0.62)_0^{+(1/4\times0.62)}\text{mm}$$
$$= 49.87^{+0.155}_{0}\text{mm}$$

同②，分型面影响使③尺寸增大，故取 $49.82(^{0.10}_{0})$mm。

型腔深度尺寸④$4\text{h}14(^{0}_{-0.30})$的计算。

$$H_M = (H_Z + H_Z S - 0.7\Delta)_0^{+\delta} = (4 + 4 \times 0.6\% - 0.7 \times 0.30)_0^{+(1/4\times0.30)}\text{mm}$$

$$=3.81^{+0.075}_{\ \ 0}\text{mm}$$

型腔深度尺寸⑤5±0.20 变换为 $5.2(^{\ \ 0}_{-0.40})$后进行计算。

$$H_M=(H_Z+H_ZS-0.7\Delta)^{+\delta}_0=(5.2+5.2\times0.6\%-0.7\times0.40)^{+(1/4\times0.40)}_0\text{mm}$$

$$=4.95^{+0.10}_{\ \ 0}\text{mm}$$

同②,分型面影响使⑤尺寸增大,故取 $4.95(^{+0.05}_{\ \ 0})$mm

型腔深度尺寸⑥25±0.5 变换为 $25.5(^{\ \ 0}_{-1.0})$后进行计算。

$$H_M=(H_Z+H_ZS-0.7\Delta)^{+\delta}_0=(25.5+25.5\times0.6\%-0.7\times1)^{+(1/4\times0.1)}_0\text{mm}$$

$$=25^{+0.25}_{\ \ 0}\text{mm}$$

3) 型芯尺寸计算　由式(6-15)得:

型芯尺寸⑦ϕ40H13$(^{+0.39}_{\ \ 0})$的计算。

$$d_M=(d_Z+d_ZS+0.7\Delta)^0_{-\delta}=(40+40\times0.6\%+0.7\times0.39)^{\ \ 0}_{-(1/5\times0.39)}\text{mm}$$

$$=40.51^{\ \ 0}_{-0.078}\text{mm}$$

型芯尺寸⑧ϕ32H11$(^{+0.16}_{\ \ 0})$的计算。

$$d_M=(d_Z+d_ZS+0.7\Delta)^0_{-\delta}=(32+32\times0.6\%+0.7\times0.16)^{\ \ 0}_{-(1/5\times0.16)}\text{mm}$$

$$=32.30^{\ \ 0}_{-0.032}\text{mm}$$

型芯尺寸⑨ϕ40H14$(^{+0.62}_{\ \ 0})$的计算。

$$d_M=(d_Z+d_ZS+0.7\Delta)^0_{-\delta}=(40+40\times0.6\%+0.7\times0.62)^{\ \ 0}_{-(1/5\times0.62)}\text{mm}$$

$$=40.67^{\ \ 0}_{-0.155}\text{mm}$$

型芯尺寸⑩ϕ7H14$(^{+0.36}_{\ \ 0})$的计算。

$$d_M=(d_Z+d_ZS+0.7\Delta)^0_{-\delta}=(7+7\times0.6\%+0.7\times0.36)^{\ \ 0}_{-(1/5\times0.36)}\text{mm}$$

$$=7.29^{\ \ 0}_{-0.009}\text{mm}$$

型芯高度尺寸⑪10H14$(^{+0.36}_{\ \ 0})$的计算。

$$h_M=(h_Z+h_ZS+0.7\Delta)^0_{-\delta}=(10+10\times0.6\%+0.7\times0.36)^{\ \ 0}_{-(1/5\times0.36)}\text{mm}$$

$$=10.31^{\ \ 0}_{-0.009}\text{mm}$$

型芯高度尺寸⑫37H14$(^{+0.62}_{\ \ 0})$的计算。

$$h_M=(h_Z+h_ZS+0.7\Delta)^0_{-\delta}=(37+37\times0.6\%+0.7\times0.62)^{\ \ 0}_{-(1/5\times0.62)}\text{mm}$$

$$=37.66^{\ \ 0}_{-0.155}\text{mm}$$

4) 中心距离、位置尺寸计算　由式(6-18)得:

中心尺寸⑬70±0.04 的计算。

$$L_M=(L_Z+L_ZS)\pm\delta=(70+70\times0.6\%)\pm(1/5\times0.04)\text{mm}$$

$$=70.42\pm0.08\text{mm}$$

5) 螺纹型环尺寸计算　螺纹型环尺寸⑭M50×3 外螺纹的计算。由 M50×3－8g 查标准得 $D_Z=\phi50(^{-0.048}_{-0.648})$,$D_{Z1}=\phi46.752$;$D_{Z2}=\phi48.051(^{-0.048}_{-0.383})$,变换 D_Z和 D_{Z2}的基本尺寸和偏差为 $D_Z=\phi49.952(^{\ \ 0}_{-0.600})$和 $D_{Z2}=\phi48.003(^{\ \ 0}_{-0.335})$。

由式(6-19)得:

$$D_M=\left(D_Z+D_ZS-\frac{3}{4}a\right)^{+0.25a}_0$$

$$=(49.952+49.952\times0.6\%-0.75\times0.6)^{+(0.25\times0.6)}_{0}\text{mm}$$

$$=49.8^{+0.15}_{0}\text{mm}$$

$$D_{M2}=\left(D_{Z2}+D_{Z2}S-\frac{3}{4}b\right)^{+0.25b}_{0}$$

$$=(48.003+48.003\times0.6\%-0.75\times0.335)^{+(0.25\times0.335)}_{0}\text{mm}$$

$$=48.04^{+0.084}_{0}\text{mm}$$

$$D_{M1}=\left[(D_{Z1}-X_{min})(1+S)-\frac{3}{4}b\right]^{+0.25b}_{0}$$

$$=[(46.752-0.03\times3)\times(1+0.6\%)-3/4\times0.335]^{+(0.25\times0.335)}_{0}\text{mm}$$

$$=46.69^{+0.084}_{0}\text{mm}$$

同②，分型面影响使外螺纹尺寸增大，故取 $D_M=\phi49.75(^{+0.10}_{0})$ 和 $D_{M2}=\phi47.99(^{+0.10}_{0})$，$D_{M1}=\phi46.64(^{+0.05}_{0})$

由螺距要求及其精度要求可得螺距 $t=3\text{mm}\pm0.02\text{mm}$。

6）螺纹型芯尺寸计算　由 M50×3－7H 查标准得 $d_Z=\phi50\text{mm}$，$d_{Z1}=\phi46.752\text{mm}$，$d_{Z2}=\phi48.051\text{mm}$，$b=0.236\text{mm}$，$c=0.30\text{mm}$ 由式(6-20)得：

$$d_M=\left(d_Z+d_ZS+\frac{3}{4}b\right)^{0}_{-0.25b}$$

$$=(50+50\times0.6\%+3/4\times0.236)^{0}_{-(0.25\times0.236)}\text{mm}$$

$$=50.48^{0}_{-0.059}\text{mm}$$

$$d_{M2}=\left(d_{Z2}+d_{Z2}S+\frac{3}{4}b\right)^{0}_{-0.25b}$$

$$=(48.051+48.051\times0.6\%+3/4\times0.236)^{0}_{-(0.25\times0.236)}\text{mm}$$

$$=48.52^{0}_{-0.059}\text{mm}$$

$$d_{M1}=\left(d_{Z1}+d_{Z1}S+\frac{3}{4}c\right)^{0}_{-0.25c}$$

$$=(46.752+46.752\times0.6\%+3/4\times0.30)^{0}_{-(0.25\times0.30)}\text{mm}$$

$$=47.26^{0}_{-0.075}\text{mm}$$

由螺距要求及其精度要求可得螺距 $t=3\text{mm}\pm0.02\text{mm}$。

6.4.3　模板与导准零件

压铸模的模板一般指动定模套板、动定模座板与支承板等，是整套压铸模装配的基础，其形式和尺寸有一定的要求。模具的套板、座板与支承板的外形尺寸应和压铸机模板相适应。导准零件固定在模板上，结合压铸机的导向，保证动模与定模合模时准确地重合在规定的中心或位置上。

1. 定模座板的设计

设计定模座板时应注意以下几点：

1）定模座板的外形尺寸应大于定模套板，以便于有足够的模具安装空间，将模具安装在压铸机的定模安装板上。

2）当在定模座板上设计了与压室（卧式压铸机）或喷嘴（立式压铸机）配合的定位孔

时，应确保浇口套安装孔的位置及尺寸与所用压铸机的压室或喷嘴精确配合。

3）定模座板一般不作强度计算，其厚度可根据模具大小和使用的压铸机的型号确定，可取15～60mm，连接定模套板的固定螺钉的数量可取4～8个，螺钉直径可取M12～M24mm。

4）定模座板上要留出紧固螺钉或安装压板的位置，以便使定模固定在压铸机定模安装板上。当使用紧固螺钉时，应在定模座板上设置U形槽，U形槽的尺寸要视压铸机定模安装板上的T形槽尺寸而定；当定模套板为不通孔时，要在安模套板上设置安装槽，用压板固定模具，安装槽的推荐尺寸见表6-16。

表 6-16　压铸模安装槽的推荐尺寸

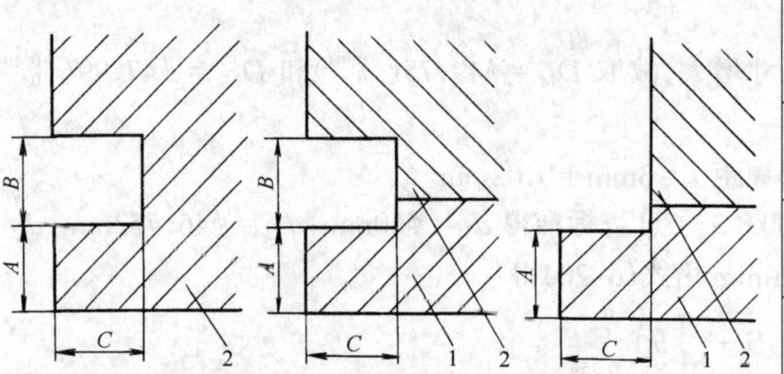

压铸机合模力/kN	≤2000	4000～11000	≥15000
A/mm	20	25	35
B/mm	20	25	35
C/mm	16	25	35

2. 支承板的设计

（1）支承板厚度的选择原则

1）支承板的厚度根据压铸件在分型面上的投影面积、压射比的大小确定。铸件分型面投影面积大，支承板厚度取较大值，反之取较小值；在投影面积相同的情况下，压射比压大时，支承板厚度取较大值，压射比压小时，支承板厚度取较小值。

2）当模座上的垫块设置在支承板长边两端时，则支承板厚度取较大值；反之，若设置在支承板的短边两端，支承板厚度取较小值。

3）当采用不通孔的动模套板时，套板底部厚度可取相应通孔时支承板厚度的0.8倍。

4）有时，为减小支承板厚度，可借助推板导柱或采用支柱，增强对支承板的支撑作用。表6-17为动模支承板厚度推荐值。必要时，应通过计算确定动模支承板厚度。

表 6-17　动模支承板厚度推荐值

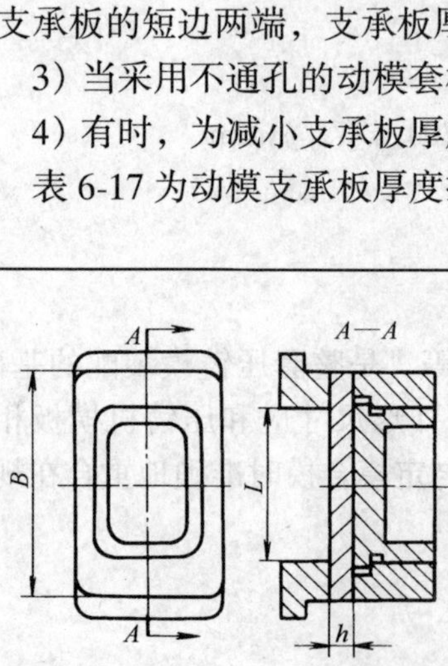

支承板所受总压力 F/kN	支承板厚度 h/mm
160～250	25、30、35
250～630	30、35、40
630～1000	35、40、50
1000～1250	50、55、60
1250～2500	60、65、70
2500～4000	75、85、90
4000～6300	85、90、100

2）动模支承板厚度 h 的计算。

动模支承板厚度可按式（6-21）计算。

$$h = \sqrt{\frac{FL}{2B[\sigma]_{弯}}} \tag{6-21}$$

式中　F——动模支承板所受总压力，$F = pA$ 其中，A 为铸件在分型面上的投影面积（包括浇注系统及溢流槽的面积）（mm^2），p 为压射比压（MPa）；

L——动模支承板长度（mm^2），见表 6-17；

B——垫块间距（mm^2）；

$[\sigma]_{弯}$——钢材的许用弯曲强度（MPa）。

动模支承板材料为 45 钢，回火状态，静载弯曲时可根据支承板结构情况，$[\sigma]_{弯}$分别按 135MPa、100MPa、90MPa 三种情况选取。

计算例题　已知铸件的投影面积 A_1 为 39000mm^2，浇注系统与溢流槽的投影面积分别为 $A_2 = 7000mm^2$ 与 $A_3 = 5600mm^2$，垫块的距离 L 为 430mm，动模支承板长度 $B = 700mm$，压射比压为 88MPa，求动模支承板厚度 h。

解　取$[\sigma]_{弯} = 135MPa$，由式(6-21)可得

$$h = \sqrt{\frac{FL}{2B[\sigma]_{弯}}} = \sqrt{\frac{p(A_1 + A_2 + A_3)L}{2B[\sigma]_{弯}}}$$

$$= \sqrt{\frac{88 \times (39000 + 7000 + 5600) \times 430}{2 \times 700 \times 135}} mm \approx 102mm$$

3）动模支承板的加强形式

当垫块间距较大，支承板厚度过厚造成模具结构庞大，或因条件限制支承板厚度不宜太厚时，为减小支承板厚度，可借助推板导柱或采用支柱，增强对支承板的支撑作用，如图 6-48 所示。

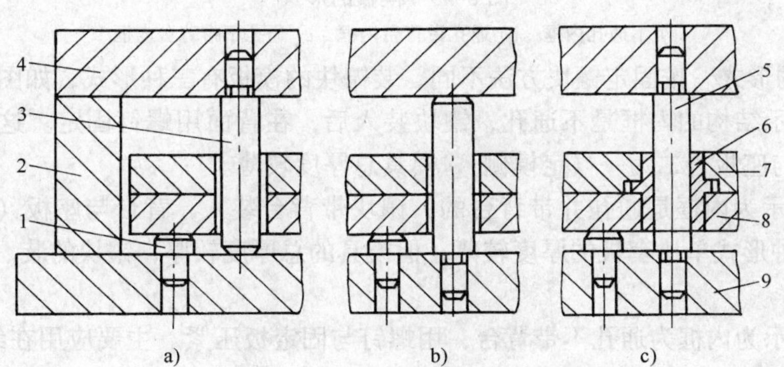

图 6-48　动模支承板的加强形式

1—支承钉　2—垫块　3—支柱　4—动模支承板　5—推板导柱　6—推板导套　7—推杆固定板　8—推板　9—动模座板

3．推板与推杆固定板的设计

推板与推杆固定板的标准尺寸及厚度，可查看压铸模设计手册。必要时，可按式（6-22）进行厚度校核。

$$h \geqslant \sqrt[3]{\frac{FCK}{12.24B} \times 10^{-7}} \tag{6-22}$$

式中　h——推板厚度（mm）；

F——推板负荷（N）；

C——推杆孔在推板上分布的最大跨距（mm）；

B——推板宽度（mm）；

K——系数，$K=L^3-0.5C^2L+0.125C^3$。其中，L 为压铸机推杆跨距（mm）。

例题　已知 $F=8\times10^4$N，$C=20$mm，$B=39$mm，$L=90$mm，$K=712\times10^3$，求推板最小厚度。

解　代入式（6-22），则：

$$h\geqslant\sqrt[3]{\frac{FCK}{12.24B}\times10^{-7}}=\sqrt[3]{\frac{8\times10^4\times20\times712\times10^3}{12.24\times39}\times10^{-7}}\text{mm}=6.2\text{mm}$$

即推板最小厚度应大于6.2mm。

4．动、定模套板设计

动、定模套板一般受拉伸、弯曲、压缩三种应力，其变形后影响型腔的尺寸精度。因此，在设计套板时，应兼顾模具结构与压铸生产中的工艺因素。

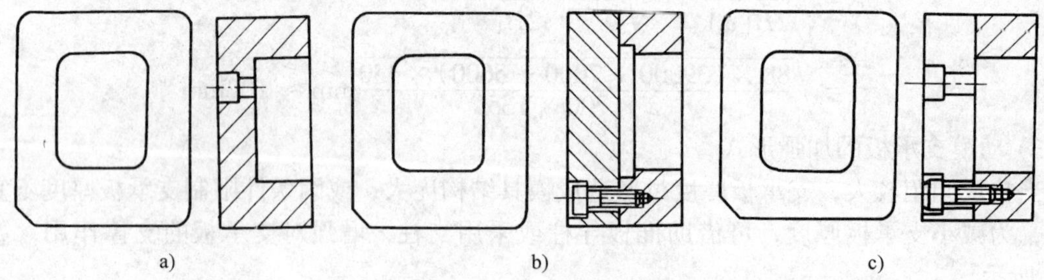

图6-49　模板的形式

a）不通孔内框　b）通孔带背台内框　c）通孔不带背台内框

（1）模板的形式　按固定镶块方法不同，装镶块的模板有三种形式，如图6-49所示。

1）图a所示结构的内框是不通孔，镶块装入后，在背面用螺钉固定。这种形式强度较好，可将套板与座板合二为一（定模侧），模具总厚度较薄。

2）图b所示为内框是通孔并带背台的，镶块带背台装入，背台与座板（或支承板）用螺钉压紧。这种形式单块套板的厚度较薄，但模具的总厚度较厚，镶块的装、拆方便，应用较普遍。

3）图c所示为内框为通孔不带背台，用螺钉与固定板压紧。主要应用在结构（如抽芯、推出等机构）需要的场合，有时设计成锥面以防其轴向窜动。

（2）模板尺寸的确定

1）确定模板尺寸应考虑三个方面：

①　结构上的需要。模板上需要安置导柱和导套的孔、紧固的螺钉孔、销钉孔、抽芯及推出机构等所占有的位置。

②　工艺上的需要。浇注系统、排气及溢流系统，特别是流槽、冷却、加热系统所占有的位置。

③　强度上的需要。模板要承受压铸充填过程中的压力，套板受力后胀开变形，受力

后，支承板以支承零件为支点产生弯曲变形。

对于中小铸件，考虑模具结构上和工艺上的需要后，模板的尺寸往往足以满足强度要求，一般不必进行核算。但对大型铸件用模具的强度是一个突出的问题，常常会产生强度不足问题，铸件尺寸愈大，强度计算愈重要。

2) 模板尺寸的确定　一般先按模具的基本结构来确定模板尺寸，若没有抽芯机构或模板上并没开有大的缺口槽，这时可先估定一些有关的尺寸。通常考虑的步骤如下：

① 模板一套板高度 H 的确定：如图 6-50 所示。图中阴影部分是铸件高度 h。套板高度 $H=h/C$，系数 C 一般取 0.5～0.7，最大不超过 0.75。

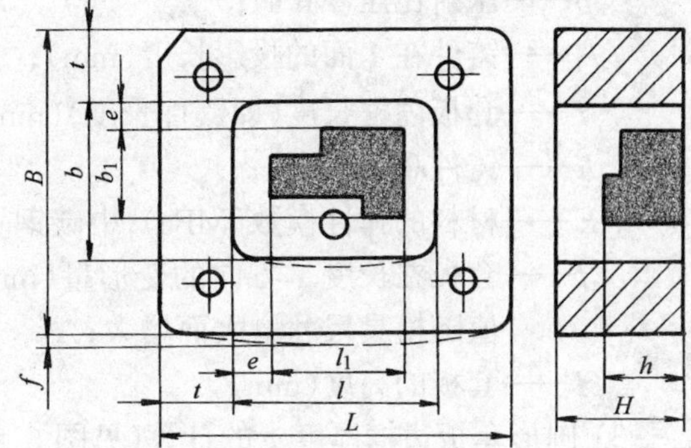

图 6-50　模板尺寸确定示意图

② 套板内框尺寸 l 与 b 的确定，根据铸件的最大外廓尺寸 l_1 与 b_1，每边加上一个 e 的厚度，即得 l 和 b，通常 $e=20$～50mm。该尺寸实际就是动、定模镶块的外型尺寸，一般 e 的尺寸能放置溢流槽即可，当溢流槽大时，e 也应适当加大。

③ 套板外形尺寸 L 与 B 的确定：主要先考虑结构上和工艺上所需要的大小，然后再考虑强度上的需要，必要时应进行强度计算，以便确定套板边框厚度 t 的尺寸。

当采用滑块时，动、定模套板边缘厚应增加到厚度 t'，t' 计算见式（6-23）。

$$t' \geqslant \frac{2}{3}L + S_{抽} \tag{6-23}$$

式中　$S_{抽}$——抽芯距离（mm）；

L——包括端面镶块中 T 形槽成型部分在内的滑块总长度（mm）。

(3) 套板强度的计算　计算套板边框厚度 t 可以用强度计算，也可以根据变形量进行计算。

1) 用强度计算确定 t（见图 6-50），见式（6-24）。

$$t = \frac{F_2 + \sqrt{F_2^2 + 8H[\sigma]F_1 l_1}}{4H[\sigma]} \tag{6-24}$$

式中　t——套板边框厚度(mm)；

H——模板高度(mm)；

$[\sigma]$——材料的许用强度(MPa)；

F_1——套板 1 侧面承受的总压力(N)，$F_1 = pl_1h$

p——压射比压(MPa)；

l_1——铸件在 1 面的投影长度(mm)；

h——铸件高度(mm)；

F_2——套板 b 侧面承受的总压力(N)，$F_2 = pb_1h$；

b_2——铸件在 b 面的投影长度(mm)。

2) 用变形量计算确定套板边框厚度，见式(6-25)

$$t = \sqrt[3]{\frac{pl_1 l^3 h}{32EfH}} \tag{6-25}$$

式中　t——套板边框厚度(mm)；

p——压射比压(MPa)；

l_1——铸件在 1 面的投影长度(mm)；

l——套板内框长度(即镶件长度)(mm)；

h——铸件高度(mm)；

E——材料的弹性模数(MPa),中碳钢一般为 $E=2.058\times10^5$MPa；

f——套板在长度 l 方向的变形量(mm),一般允许的变形量为 0.0005～0.0015mm, f 值随模具尺寸增大而增大；

H——套板的高度(mm)。

3) 圆形套板边框厚度 t 的计算(见图 6-51),见式(6-26)～式(6-28)。

套板为不通孔时：$t \geqslant \dfrac{Dph}{2[\sigma]H}$　(6-26)

套板为通孔时：$t \geqslant \dfrac{Dp}{2[\sigma]}$　(6-27)

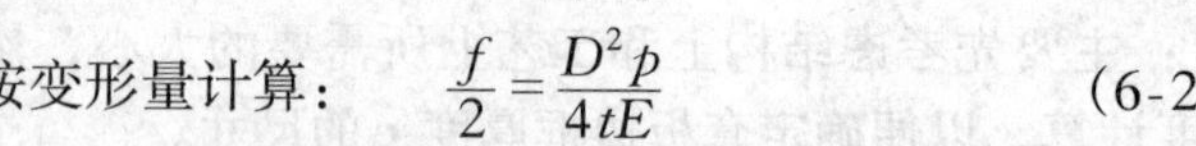

按变形量计算：$\dfrac{f}{2} = \dfrac{D^2 p}{4tE}$　(6-28)

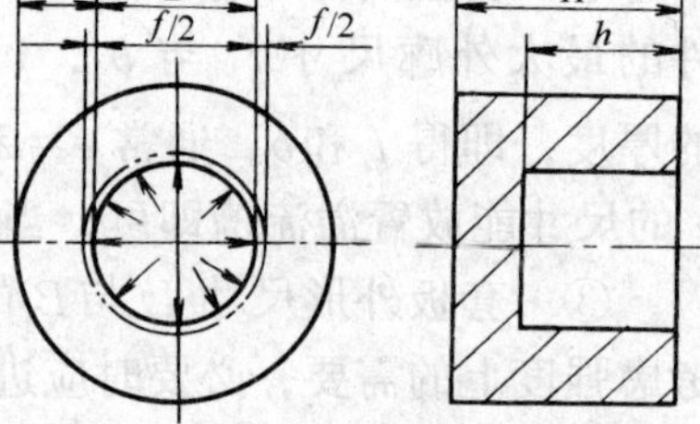

图 6-51　圆形套板厚度计算示意图

式中　t——套板边框厚度(mm)；

D——型腔直径(mm)；

p——压射比压(MPa)；

$[\sigma]$——材料的许用强度(MPa)；

H——套板的高度(mm)；

h——铸件高度(mm)；

f——变形量(mm),一般允许的变形量为 0.0005～0.0015mm；

E——材料的弹性模数(MPa),中碳钢一般为 $E=2.058\times10^5$MPa。

例题

① 欲设计一生产铝合金工件的压铸模，其型腔长 $l_1=250$mm，套板内框 $l=350$mm，型腔宽 $b_1=18$mm，套板内框宽 $b=120$mm，型腔高 $h=20$mm，套板高 $H=60$mm，压射比压 $p=49$MPa，套板 1 方向的变形量 $f=0.0005$mm，套板采用 45 钢，其弹性模量 $E=2.058\times10^5$MPa，材料的许用应力 $[\sigma]=78.4$MPa。求套板厚度尺寸 t。

解　用强度计算，按式 (6-24)。

$$t = \frac{F_2+\sqrt{F_2^2+8H[\sigma]F_1 l_1}}{4H[\sigma]} = \frac{pb_1 h+\sqrt{(pb_1 h)^2+8H[\sigma]pl_1 h l_1}}{4H[\sigma]}$$

$$= \frac{49\times18\times20+\sqrt{(49\times18\times20)^2+8\times60\times78.4\times49\times250\times20\times250}}{4\times60\times78.4}\text{mm}$$

$$=81.6\text{mm}$$

用变形量计算，按式 (6-25)。

$$t=\sqrt[3]{\frac{pl_1l^3h}{32EfH}}=\sqrt[3]{\frac{49\times250\times350^3\times20}{32\times2.058\times10^5\times0.0005\times60}}\text{mm}$$

$$=81.0\text{mm}$$

② 有一圆套板，内径 $D=500$mm，套板为通孔，压射比压 $p=50$MPa，求套板厚度 t。

解 取 $[\sigma]=98$MPa，按式（6-27）计算。

$$t\geqslant\frac{Dp}{2[\sigma]}=\frac{500\times50}{2\times98}\text{mm}=127.6\text{mm}$$

5. 模板的导准

模板的导准是指动、定模的导准，其作用是引导动模按一定的方向移动。通常用圆截面的导柱与导套相配合起导准作用。对大型模具，往往采用方导柱、导块起导准作用。

(1) 导柱与导套的设计要点

1) 为使其在合模过程中首先起定向作用，保证动、定模在安装和合模时的正确位置，防止型腔、型芯错位，应严格保证导柱与导套之间的位置精度和配合精度。

2) 为了便于取出铸件，导柱一般设置在定模上。但当采用采用卸料板卸料时，则导柱应设在动模一侧。在卧式压铸机上采用中心浇口的模具，则导柱必须安装在定模座板上。

3) 导柱与导套应具有足够的刚度，尤其对采用卸料板卸料和两次以上分型的结构更应注意。

4) 导柱应高出型芯高度，以避免模具搬运时型芯受到损坏。

5) 为保证导柱之间有最大开档尺寸，便于取出铸件，导柱、导套一般都设置在模板四个角上。应避免装配时动、定模装错位置而造成模具损坏，常用的方法是导柱和导套的位置取不对称（四导柱模具）和不圆周均分（对圆形模具，一般采用三导柱）的布局，或可将 4 个导柱中的一个导向直径大于其它 3 个，还可以作出明显的合模标志（如在模板外形的一角作大倒角等）。

6) 为在模具闭合时排出导柱、导套之间气体，模板上导套孔的后面，应设置通气槽。

7) 为便于撬开动、定模，应在每对导柱、导套的分离部位设置起模槽。

8) 导柱与导套之间应有较好的润滑条件，一般应在导柱上开设贮油的油槽。

9) 对于大型模具，由于中心距较大，模具的热膨胀会使圆形导柱导套之间配合不良，这时往往采用方导柱、导块导向。

10) 导柱、导套距模板边缘距离，可取导套外径的 1.2～1.5 倍。

(2) 导柱的导滑段直径及导滑长度的确定　导柱、导套需有足够的刚性，当导柱为四根时，选取导柱导滑段直径的经验公式，见式（6-29）。

$$D=K\sqrt{F} \tag{6-29}$$

式中　D——导滑段直径（mm）；

A——模具分型面上的表面积（mm^2）；

K——比例系数，一般为 0.07～0.09，当 A 大时，取小值，反之亦然。

导柱的导滑段长度应大于高出分型面的型芯及镶块长度与导柱的导滑段直径 D 之和。

对于卸料板及卧式中心浇口用的导柱的导滑段长度，要按实际需要确定。

导柱、导套的尺寸与技术要求已有国家标准，设计时可查阅《压铸模设计手册》。根据不同的加工条件，选用不同结构形式的导柱与导套。

(3) 方导柱、导块的主要尺寸与在模板上的位置　对于大型模具，由于导柱、导套的中心距离较大，在动、定模受热条件不同的情况下，其膨胀量有差异，影响正常的配合精度，为此采用方导柱、导块，使其在膨胀差异量大的配合面上有一定的间隙 δ，以适应膨胀量的变化，而靠方导柱、导块侧面的配合来保持导向定位要求。

方导柱、导块的结构形式如图 6-52 所示，应布置在模具的对称轴线上，避免由于动、定模温差造成热膨胀不一致而影响配合精度。

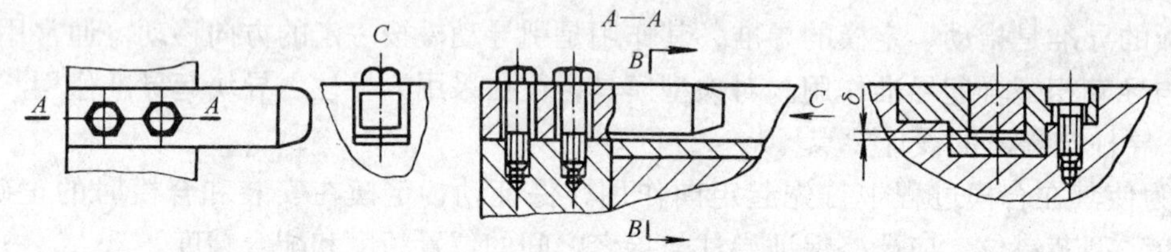

图 6-52　方导柱、导块的结构形式

间隙 δ 根据模板表面积大小和膨胀量取值，一般可取 0.5～1mm。

(4) 推板导柱和导套设计的注意事项　如图 6-53a 所示，推板导柱安装在动模座板上，与动模支承板采用间隙配合或不伸入到支承板内，可以避免或减少因支承板与推板温度差造成热膨胀不一致的影响。推板导柱安装在动模支承板上，不宜用于合模力大于 6000kN 的压铸机，如图 6-53b 所示。

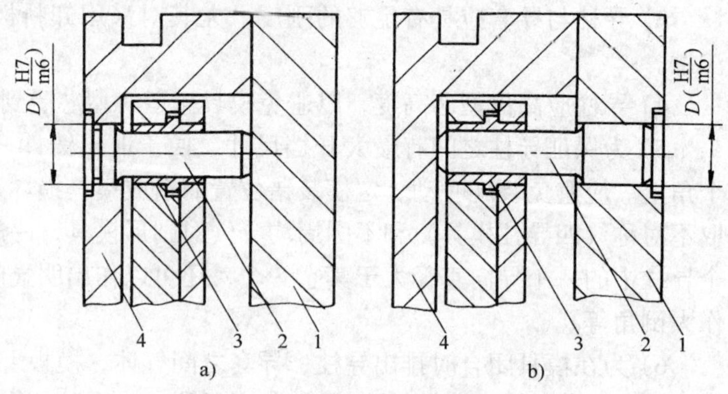

图 6-53　推板导柱与导套的安装
1—动模支承板　2—推板导柱　3—推板导套　4—动模座板

推板导柱之间的距离大于 1500mm 的大型压铸模，为避免热膨胀不同对导向精度的影响，最好采用方导柱和导块，并布置在推板对称轴线上。

6.5　压铸机的选用

在设计压铸模具时，要通过计算选用合适的压铸机，了解压铸机的特性及技术规范，以使其发挥最大的效能。有关压铸机的技术规范，可查阅压铸机的说明书。

6.5.1　锁模力的计算

锁模力的作用主要是为了克服在压铸过程中的反压力，以锁紧模具的分型面，防止金属液飞溅，保证铸件的尺寸精度。根据锁模力选用压铸机是广泛采用的方法，首先要确定锁模力参数。

(1) 锁模力的校核　锁模力必须大于金属液在充填时产生的冲击欲顶开模具的作用力。锁模力的计算见式 (6-30)。

$$F \geqslant K\ (F_Z + F_f) \tag{6-30}$$

式中　F——压铸机的锁模力(N)；

F_Z——主涨型力(N)，$F_Z - Ap$；

p——压射比压(MPa)，表 6-18 为常用压铸材料的压射比压；

K——安全系数，一般取 1.15～1.3，薄壁复杂的铸件取较大值，反之取较小值。

F_f——分涨型力(N)，$F_f = \Sigma[A_x p \tan\alpha]$，对液压抽芯，应减去抽芯器的抽芯力；

A——铸件在分型面上(浇注系统面积与溢流槽面积)的总投影面积(mm^2)；

α——锲紧块的锲紧角(°)；

A_x——侧向活动型芯成形端面的投影面积(mm^2)。

表 6-18　常用压铸材料的压射比压　　（单位：MPa）

零件	锌合金	铝合金	镁合金	铜合金
一般件	13～30	30～50	30～50	40～50
承载件	20～30	50～80	50～80	50～80
耐气密性件、大平面薄板件	25～40	80～120	80～100	60～100
电镀件	20～30			

(2) 模具型腔偏离压铸机的压力中心时锁模力的计算　热压室或立式冷压室压铸机上采用单腔模具，当型腔的总反压力中心偏离压铸机的压力中心时，锁模力计算见式 (6-31)。

$$F = 1.25pSA \tag{6-31}$$

式中　F——压铸机的锁模力 (N)；

p——压射比压 (MPa)；

S——模具边缘至型腔反压力作用中心的距离 (mm)；

A——铸件在分型面上（浇注系统面积与溢流槽面积）的总投影面积 (mm^2)。

在模具设计时，要尽量减小反压力作用中心与压铸机压力中心的距离，使两个压力中心尽量重合。对立式冷压室压铸机，可采用偏心喷嘴压室，当偏离距离过大时，可以加大模具外形尺寸。

6.5.2　压室容量的估算

在压铸机确定后，压射比压与压室的直径尺寸就相应地得到确定。压铸机压室的容量也是定值，为保证铸件成形，要求压铸机压室可容纳的金属液量，必须大于充填模具型腔金属液的总量。见式 (6-32)。

$$G_{压室} > (V_1 + V_2 + V_3)\rho/1000 \tag{6-32}$$

式中　$G_{压室}$——压铸机压室的额定容量(kg)；

V_1——压铸件的体积(cm^3)；

V_2——浇注系统的总体积(cm^3)；

V_3——排溢系统及余料体积(cm^3)；

ρ——压铸材料密度(kg/cm^3)。

当需要另行设计压室时，应根据所需压铸件体积进行计算。卧式压铸机压室（见图 6-54a）的计算见式(6-33)。

$$G = \frac{2}{3} \times \frac{\pi d^2}{4} L\rho \quad d = \sqrt{\frac{6G}{\pi L\rho}} \tag{6-33}$$

式中　G——每次浇注所需金属液的总量(kg)；

d——压室的直径(cm)；

L——压室有效长度(cm)；

ρ——压铸材料密度(kg/cm^3)。

立式压铸机压室(见图 6-54b)的计算见式(6-34)。

$$G=\frac{\pi d^2}{4}\rho(L-30)\quad d=\sqrt{\frac{4G}{\pi\rho(L-30)}} \tag{6-34}$$

式中　G——每次浇注所需金属液的总量(kg)；

d——压室的直径(cm)；

L——反料冲头端面到压室端面距离(cm)；

ρ——压铸材料密度(kg/cm^3)。

6.5.3　模具厚度与动模座板行程的核算

为了使机器合模时能锁紧模具分型面，开模后能方便地从分型面间取出铸件，必须对模具厚度、动模座板行程进行核算。

(1) 模具厚度核算　每台压铸机都具有最小模具厚度与最大模具厚度两个尺寸，所以模具设计时应满足一定的要求。虽然调整合模机构的位置（见图 6-55）可适应所设计的模具厚度，但调整范围不应超过说明书中所给出的最大和最小模具厚度。

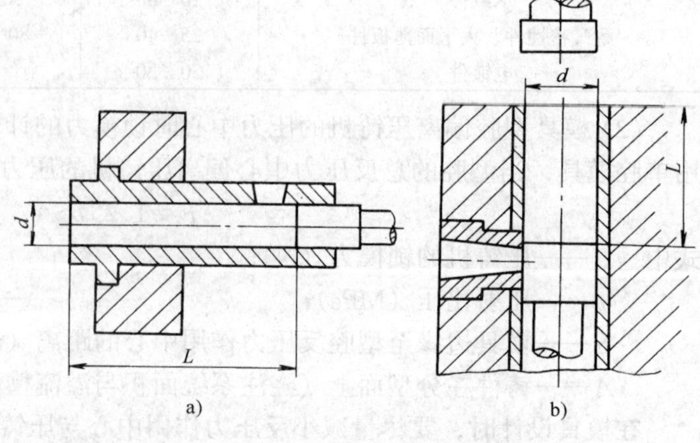

图 6-54　卧式、立式压铸机压室简图

a)卧式压铸机压室简图　b)立式压铸机压室简图

1) 最大模具厚度　为了使压铸机开模后，能够将铸件顺利地取出，所设计的模具厚度，不得大于机器说明书所给定的最大模具厚度。其计算见式 (6-35)。

$$H_m \leqslant H_{max}-K \tag{6-35}$$

式中　H_m——模具的总厚度（含通用模座和附加垫板的厚度）(mm)；

H_{max}——说明书中所给定的最大模具厚度 (mm)；

K——安全值，一般 $K=10\sim20$mm。

2) 最小模具厚度　根据分型面在合模时贴紧的要求，所设计的模具厚度，不得小于机器说明书所给定的最小模具厚度。

最小合模距离，能在压铸机合模后严密地锁紧模具的分型面。因此，模具的总厚度应大于压铸机的最小合模距离。其计算见式 (6-36)。

$$H_m \geqslant H_{min}+K \tag{6-36}$$

式中　H_m——模具的总厚度（含通用模座和附加垫板的厚度）(mm)；

H_{min}——说明书中所给定的模具最小厚度 (mm)；

K——安全值，一般 $K=10\sim20$mm。

当核算时尺寸 H_{min} 大于 H_m 时，应加大模具的厚度；当核算时尺寸 H_{max} 小于 H_m 时，应减小模具厚度，或改变模具的结构，以满足要求。

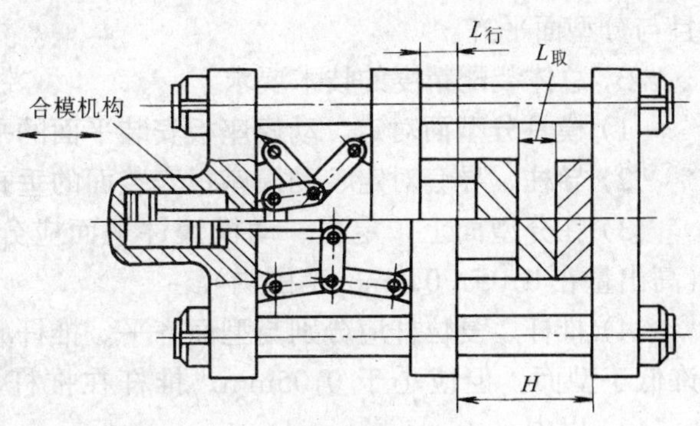

图 6-55　压铸合模机构与模具厚度

(2) 动模座板行程的核算　动模座板行程实际上就是压铸机开模后模具分型面之间的最大距离，在设计模具时，根据铸件形状、浇注系统和模具结构核算其能否满足取出铸件的要求，见式 (6-37)。

$$L_{取}\leqslant L_{行} \tag{6-37}$$

式中　$L_{取}$——开模后从分型面间取出铸件（包括浇注系统）的最小距离（mm）；

$L_{行}$——动模座板行程（mm）。

6.6　压铸模的技术要求与选材

6.6.1　压铸模总装技术要求

1. 压铸模装配图上需标明的技术要求

1) 模具最大外形尺寸（长×宽×高）。为便于复核工作时模具滑动构件与机器构件是否干扰，液压抽芯油缸的尺寸、位置及行程，滑块抽芯机构的尺寸、位置及滑块到终点的位置均应画示意简图。

2) 所选用压铸机型号。

3) 所选用压铸材料。

4) 所选用压室的内径、比压或喷嘴直径。

5) 最小开模行程（若对最大开模行程有限制，应注明）。

6) 推出行程。

7) 标明冷却系统、液压系统进出口。

8) 铸件的冷却系统及其主要尺寸。

9) 模具有关附件的规格、数量和工作程序。

10) 特殊运动机构的动作过程。

2. 压铸模外形和安装部位的技术要求

1) 模板的边缘均应倒角 C2，安装面应光滑平整，无突击的螺钉头、销钉、毛刺和击伤等痕迹。

2) 在模具非工作面上醒目的地方打上明显的标记，包括以下内容：产品代号、模具编号、制造日期及模具制造厂家名称或代号。

3) 在动、定模上分别设有吊装螺钉孔，重量较大的零件（≥25kg）也应设起吊螺孔。螺孔有效螺纹深度不小于螺孔直径的 1.5 倍。

4) 模具安装部位的有关尺寸应符合所选用的压铸机相关对应的尺寸，且装拆方便。对压室安装孔径和深度应严格检查。

5）分型面上除导套孔、斜销孔外，所有模具制造过程中的工艺孔、螺钉孔都应堵塞，且与分型面平齐。

3．总体装配精度的技术要求

1）模具分型面对定、动模座板安装平面的平行度按表 6-19 选取。

2）导柱、导套对定、动模座板安装面的垂直度按表 6-20 选取。

3）在分型面上，定模、动模镶件平面应分别与定模套板、动模套板齐平或允许略高（高出量在 0.05～0.1mm 范围内）。

4）推杆、复位杆应分别与型面齐平。推杆允许凸出型面，但不大于 0.1mm；复位杆允许低于型面，但应小于 0.05mm；推杆在推杆固定板中应能灵活转动，轴向间隙控制在 0.1mm 以内。

5）模具所有活动部位，应保证位置准确，动作可靠，不允许有歪斜和呆滞现象。相对固定的零件之间不得窜动。

6）开模后滑块定位应准确可靠。抽芯动作结束时，所抽出的型芯端面，与铸件上相对应型位或孔的端面距离应大于 2mm。滑动机构应导滑灵活，运动平稳，配合间隙适当。合模后滑块与楔紧块应压紧，接触面积不小于二分之一，且具有一定预应力。

7）浇道表面粗糙度 R_a 值≤0.4μm，转接处应光滑连接，镶拼处应密合，起模斜度不小于 5°。

8）合模时镶块分型面应紧密贴合，如局部有间隙，也应小于 0.05mm（排气槽除外）。

9）冷却水道和温控油道应畅通，不应有渗漏现象，进口和出口处应有明显标记。

10）所有成型表面粗糙度 R_a 值≤0.4μm，所有表面都不允许有击伤，擦伤或微裂纹。

表 6-19　模具分型面对座板安装平面的平行度　（单位：mm）

被测面最大直线长度	≤160	＞160～250	＞250～400	＞400～630	＞630～1000	＞1000～1600
公差值	0.06	0.08	0.10	0.12	0.16	0.20

表 6-20　导柱、导套对座板安装面的垂直度　（单位：mm）

导柱、导套有效导滑长度	≤40	＞40～63	＞63～100	＞100～160	＞160～250
公差值	0.06	0.08	0.10	0.12	0.16

6.6.2　结构零件的公差与配合

压铸模在高温下进行工作，因此在选择结构零件的公差与配合时，不仅要求在室温下达到一定的装配精度，而且在工作温度下也应保证各部分结构零件尺寸稳定，动作可靠。尤其是与金属液直接接触的部位，在充填时受到高压、高速与热交变应力作用，结构零件在位置上可能产生偏移以及配合状况发生变化，所产生的后果，都会影响压铸生产的正常进行。

1．零件技术要求

1）设计压铸模应优先按 GB/T4678.1～15—1984《压铸模零件》选用标准件。

2）模具成形零件和浇注系统的零件，其材料和热处理硬度见表 6-21。

3）压铸锌、镁、铝合金的成型零件经淬火工艺处理后，成型面进行软氮化或氮化处理，氮化层深度为 0.08～0.15mm，硬度＞600HV。

4）模具零件的几何形状、尺寸、表面粗糙度应符合制图要求。

5）模具零件应无裂纹，成型零件表面不得有划痕、压伤、锈蚀等缺陷。

表 6-21　模具成型零件的材料和热处理硬度

零件名称	压铸合金		热处理要求		
	锌合金	铝、镁、铜合金	压铸锌合金	压铸铝、镁合金	压铸铜合金
镶块、型芯等成形零件	3Cr2W8V 5CrNiMo 4Cr2W2Si	3Cr2W8V 4Cr5MoSiV1	46～52HRC	48～52HRC	40～44HRC
浇道镶块、浇口套、分流锥等浇注系统零件，特殊要求的推出零件	3Cr2W8V 5CrNiMo 5CrMnMo		44～48HRC		
导柱导套等导向零件、滑块、楔紧块、斜拉杆、弯拉杆、推杆、复位杆等受力零件	T8A T10A 9Mn2V		50～55HRC		
动模套板、定模套板、支承板等结构零件	45 Q275		回火或调质 220～250HBS		
模座、垫脚、垫块、动、定模座板等零件	30、35、40、45 Q235—A、Q255、Q275		回　火		

注：成形零件热处理，也可先调质 30～35HRC，试模后软氮化 HV≥600。

6）成型部位未注公差尺寸的极限偏差见表 6-22。

7）成型部位转接圆弧未注公差尺寸的极限偏差见表 6-23。

8）成型部位未注角度和锥度公差见表 6-24。锥度公差按锥体母线长度决定，角度公差按角度短边长度决定。

9）当成型部位未注起模斜度时，形成铸件内侧壁（承受铸件收缩力的侧面）的起模斜度按表 6-25 的规定。对构成铸件外侧壁的起模斜度取表 6-25 数值的 1/2。圆形型芯的起模斜度按表 6-26 的规定。

文字符号的起模斜度取 10°～15°。

当图样中未注起模斜度方向时，按减小铸件壁厚方向制造。

10）非成形部位未注公差尺寸的极限偏差按 GB/T1804—1992《公差与配合未注公差尺寸极限偏差》的规定，孔按 H14 级，轴按 h14 级，长度按 Js14 级。

11）螺钉安装孔、推杆孔、复位杆孔等未注孔距公差的极限偏差按 GB/T1804—1992《公差与配合未注公差尺寸极限偏差》Js12 级的规定。

12）模具零件图中螺纹的基本尺寸应符合 GB/T196—1981《普通螺纹基本尺寸》的规定，选用的公差与配合应符合 GB/T196—1981《普通螺纹公差与配合》的规定。

13）模具零件图中未注形位公差按 GB/T1184—1996《形状和位置公差未注公差的规定》，其公差等级按 C 级。

14）模具零件非工作部位棱边均应倒角或倒圆，成型部位未注明的圆角半径按 $R0.5$mm 制造。型面与分型面或与型芯、推杆等相配合的交接边缘不允许倒角或倒圆。

2．结构零件轴与孔的配合与精度

（1）对固定零件的配合要求

表 6-22　成型部位未注公差尺寸的极限偏差　　（单位：mm）

基本尺寸	≤10	>10～50	>50～180	>180～400	>400
极限偏差	±0.03	±0.05	±0.10	±0.15	±0.20

注：摘自 GB/T8844—1988。

表 6-23　成型部位转接圆弧未注公差尺寸的极限偏差　　（单位：mm）

基本尺寸		≤6	>6～18	>18～30	>20～120	>120
极限偏差	凸圆弧	0 −0.15	0 −0.20	0 −0.30	0 −0.45	0 −0.60
	凹圆弧	+0.15 0	+0.20 0	+0.30 0	+0.45 0	+0.60 0

注：摘自 GB/T8844—1988。

表 6-24　成型部位未注角度和锥度偏差

基本尺寸/mm	≤6	>6～18	>18～30	>20～120	>120
极限偏差	±30′	±20′	±15′	±10′	±5′

注：摘自 GB/T8844—1988。

表 6-25　成型部位内侧壁未注起模斜度

拔模高度/mm		≤3	3～6	6～10	10～18	18～30	30～50	50～80	80～120	120～180	180～250
铸件料材	锌合金	3°	2°30′	2°	1°30′	1°15′	1°	0°45′	0°30′	0°30′	0°15′
	镁合金	4°	3°30′	3°	2°15′	1°30′	1°15′	1°	0°45′	0°30′	0°30′
	铝合金	5°30′	4°30′	3°30′	2°30′	1°45′	1°30′	1°15′	1°	0°45′	0°30′
	铜合金	6°30′	5°30′	4°	3°	2°	1°45′	1°30′	1°15′	1°	—

注：摘自 GB/T8844—1988。

表 6-26　圆形型芯未注起模斜度

拔模高度/mm		≤3	3～6	6～10	10～18	18～30	30～50	50～80	80～120	120～180	180～250
铸件料材	锌合金	2°30′	2°	1°30′	1°15′	1°	0°45′	0°30′	0°30′	0°20′	0°15′
	镁合金	3°30′	3°	2°	1°45′	1°30′	1°	0°45′	0°45′	0°30′	0°30′
	铝合金	4°	3°30′	2°30′	2°	1°45′	1°15′	0°	0°45′	0°30′	0°30′
	铜合金	5°	4°	3°	2°30′	2°	1°30′	0°15′	1°	—	—

注：摘自 GB/T8844—1988。

1）在金属液的冲击下，不应产生松动与位置上的偏移。

2）当受热膨胀后，不产生变形，而且不能使配合件损坏。

3）维修时拆装方便。

(2) 固定零件的配合类别和精度等级

1）与金属液接触、受热量较大的零件，如套板与镶块、型芯，套板与浇口套、分流锥等的配合与精度，圆形零件采用 H7/h6，非圆形零件采用 H8/h7。

2）不与金属液接触、受热量较小的零件，如套板与导柱、导套，套板与斜销等的配合与精度采用 H7/m6，推杆固定板与推板导套采用 H7/k6。

(3) 对滑动零件的配合要求

1）在充填过程中，金属液不应窜入配合的间隙中。

2）受热膨胀后，应具有合适的间隙，使滑动平稳。

（4）滑动零件配合要求

1）与金属液接触、受热量较大的零件，推杆与镶块上的孔，型芯、分流锥与推件板上的滑动部位，活动型芯的配合孔等可采用H7/e8；对铜合金，因其熔融温度高，可采用H7/d8。

2）不与金属液接触、受热量较小但精度要求较高的零件，如导柱与导套采用H7/e7。

3）不与金属液接触、受热量较小精度要求不高的零件，推板导柱与导套采用H9/e8。

3．成型零件的尺寸公差与形位公差

（1）尺寸公差　按镶块与型芯一节中的计算方法确定。

（2）形位公差

1）成型零件在精加工前、后为六面体的，其平行度、垂直度选取IT5～IT7。

2）当成型零件为回转体时，其轴线与支承面的垂直度选取IT6～IT7。

4．模板的有关尺寸公差与形位公差

（1）模板的厚度尺寸对于装镶块与型芯的套板应为－0.1～－0.15mm。而且镶块装入后，模板不得高于镶块，允许其低于镶块0.05mm。

（2）模板上、下两平面的平行度按IT5选取。

（3）模板上装导柱、导套、推杆、镶块与型芯等零件背台的沉孔深度允许＋0.05mm。

6.6.3　零件表面粗糙度

（1）与金属液接角零件的表面

1）浇注系统 R_a 值＜0.4μm。

2）成型零件 R_a 值＜0.8μm。

3）排气槽与溢流槽 R_a 值＜1.6μm。

（2）固定配合零件的配合面，R_a 值＜1.6μm。

（3）活动配合零件的配合面，R_a 值＜0.8μm。

（4）模板的接触面与基准面，R_a 值＜3.2μm。

（5）非配合面与非工作面，R_a 值＝20～80μm。

6.6.4　压铸模零件的选材

1．压铸模使用材料的要求

（1）与金属液接触的零件材料要求　压铸模具中与金属液直接相接触的有关零件工作条件最差，同时又有较高的尺寸精度和表面质量要求。因此，这类零件的材料应该具备下述性能要求：

1）具有良好的可锻性和切削加工性能。

2）高温下具有较高的红硬性，有较高的高温强度、高温硬度、抗回火稳定性和冲击韧度。

3）具有良好的导热性和抗热疲劳性能。

4）在高温下不易氧化，能抵抗液态金属的粘附和腐蚀。

5）热膨胀系数小，以保证铸件的尺寸精度和模具的配合精度。

6）具有高的耐磨性、耐腐蚀性和良好的抗蠕变性。

7）具有良好的淬透性和较小的热处理变形率。

8）修复时能够熔焊。

(2) 滑动配合零件使用材料的要求

1）具有良好的耐磨性和适当的强度。

2）适当的淬透性和较小的热处理变形率。

(3) 模套、模架和紧固零件使用材料的要求。

1）具有足够的强度和刚性。

2）易于切削加工。

3）满足压铸模对材料的性能要求。

2. 压铸模零件常用材料及热处理

压铸模主要零件材料选用及热处理要求见表6-21，在选择材料和热处理时还应兼顾市场来源，考虑经济性。

6.6.5 模具验收技术条件

1）模具制造单位部门应逐项填写模具验收卡，并随模具一起将验收卡交付使用。压铸模验收时应做如下工作：外观检查；尺寸检查；试模和压铸件检查；质量稳定性检查；模具材质和热处理要求检查等。

2）对经外观检查和尺寸检查合格的模具进行最终热处理（含氮化或软氮化）后即可试模。试模时应严格遵守压铸工艺规程，试压件所用材质应与要求相符，并符合有关国家标准和专业标准的规定。

3）试模用压铸机应符合技术要求，模具安装后应先空载运行，模具活动部分动作应灵活、稳定、准确、可靠。

4）应在工艺参数稳定后提取试模件进行检验，在最后一次试模时，应连续取5～10件模压铸件交模具制造方和模具使用方检验，双方确认铸件合格后，模具制造方开具合格证并随模具交付使用。

5）模具质量稳定性检查工作的批量生产，应由模具使用方在接到被检模具后一个月内完成，期满未达到稳定性检验批量时，即视为此项工作已经完成。其批量为：锌合金3000模；铝合金、镁合金1500模；铜合金150模。

6）稳定性检验期间由于制造质量引起模具零件损坏，由制造方保修。

7）模具使用方在稳定性检验期间，应按图样和技术条件对模具主要零件的材质、热处理、表面处理情况进行检查或抽查，发现的质量问题由制造方承担。

其它方面的技术要求可参照《压铸模技术条件》和《压铸模零件》。

第 7 章　粉末冶金模结构设计

7.1　粉末冶金工艺与粉末冶金制件

7.1.1　粉末冶金概述

1. 粉末冶金工艺

粉末冶金是一门以金属粉末(或金属粉末与非金属粉末的混合物)为原料,在模具内进行高压成型和烧结以制造金属材料或制件的技术。如图 7-1 所示为粉末冶金制造金属制件的过程。

粉末冶金的基本工序有粉末制造、成型、烧结及烧结后的加工处理。有时要增加熔浸、二次压制和二次烧结等工序。另外,通常还采用挤压成型、等静压制,热压制、火花烧结等特殊方法制造大型和特殊制件;采用粉末轧制生产带材等。

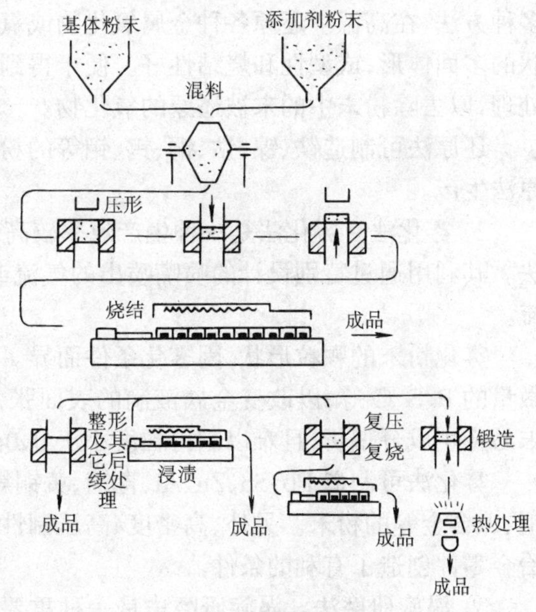

图 7-1　粉末冶金工艺流程

2. 粉末冶金特点

(1) 取代部分铸、锻、切削加工零件　粉末冶金结构零件广泛应用于机械制造业,逐步取代部分铸、锻、切削加工零件。如 X62—W 铣床已使用了 80 种以上粉末冶金零件。

(2) 节约金属和合金材料　用一般金属切削加工法制造零件时,材料利用率平均为 40%～50%,甚至更低,而粉末冶金零件的材料利用率为 95%以上。另外,粉末冶金可节省大量有色金属(通常用铁基粉末冶金轴套代替铜合金轴套)。例如,在 X62W 铣床上使用了 80 种粉末冶金零件,当年产 5000 台时,可节约钢材 120t,铸铁 146t,铜合金 12.2t。

(3) 少无切削加工　粉末冶金大大减少了切削加工量,从而节省材料,减少了加工时间、机床设备及车间厂房面积。例如,在仪器仪表零件(平均重量为 62g)的制造过程中,采用粉末冶金生产的零件的机械加工量较普通机械加工量减少了 94%左右。

(4) 提高劳动生产率　粉末冶金生产过程高度自动化,并可一次成形异形件,其劳动生产率高,粉末冶金的劳动生产率通常为普通机械加工的 2～3 倍。

(5) 生产成本低　当采用粉末冶金法制造机械零件时,劳动生产率高,材料消耗少,所用机床设备少,所需厂房面积小,其生产成本比普通切削加工法生产时可降低 50%以上。例如,485 柴油机的次摆线泵的外转子,改用粉末冶金制造后,单件成本减低了 68.3%,内转子改用粉末冶金制件后,单件成本减低了 89.2%。

(6) 提高了制件物理力学性能　经二次精压、二次烧结及热处理后,粉末冶金结构零件的物理、力学性能大大提高。粉末冶金铁碳合金可进行淬火、渗碳、氮化处理。粉末冶金锻造工艺,可得到高密度的粉末冶金制件。

(7) 粉末冶金工艺的不足之处　与铸、锻、切削加工工艺相比,粉末冶金工艺的金属与合金粉末价格较高;零件的大小和形状受到一些限制;在制件截面尺寸小时,不便施加压力;截面尺寸大时,会受到机床吨位的限制;制件的形状复杂时不易成形;工艺流程较长,制件压制成形后,通常需整形、烧结、二次精压、二次烧结、热处理等工序;零件的韧性较差等。

3. 金属粉末的制造方法及其性能

金属粉末是粉末冶金的原料,其性能与制造过程和粉末冶金制件的性能密切相关。通常要求金属粉末能适合于粉末冶金生产的要求,质量稳定,材质均匀,价格便宜。

(1) 金属粉末的制造方法

1) 还原法。还原法是应用最广的一种金属粉末制造方法,其用气体还原、固体碳还原等多种方法,在高温下还原各种金属氧化物或氧化物矿石,以制造金属粉末。制得的粉末为海绵状的多面体形,成型性和烧结性好。便于得到不同粒度的均质。通常在粉末制造中需经精制处理,以去除粉末中的末被还原的氧化物。

还原法可制造铁、镍、钴、铜、钨、钼等的粉末,生产量最大的是铁粉,目前铁粉大部分用还原法生产。

2) 雾化法。雾化法是一种生产效率较高、成本较低和易于制得高纯度粉末的重要工艺方法。其利用通过特别设计的喷嘴喷出的气流或水流的能量,粉碎经坩埚漏嘴流出之金属熔液流。

雾化粉末的颗粒形状,因雾化条件而异。金属熔液的温度越高,球化的倾向越显著。加入微量的P、S、O等,以改变金属液滴的表面张力,亦可制成球形颗粒粉。雾化法生产的合金粉末易产生成分偏析,且难以制得粒度小于0.045mm的细粉。

雾化法可制造Pb、Sn、Zn、Al、青铜、黄铜等低熔点金属与合金的粉末,以及不锈钢、低合金钢、镍合金等的粉末。另外,高密度、高压制性雾化铁粉的生产,为制造高密度、高强度的粉末冶金零件创造了有利的条件。

3) 涡旋研磨法。涡旋研磨法是一种重要的机械粉碎制粉的方法。其是在水冷的铸铁磨粉室内部,装有相互以反方向旋转,转速约3000r/min的叶片或撞击棒,由它使粉粒相互以高速碰撞而粉化。此粉末颗粒为皿状,成分和密度与原材料相同,成型性和烧结性好。但效率低、动力消耗大、成本高。

4) 电解法。电解制粉的原理与电解精炼金属相同,但电流密度、电解液的组成与浓度、阴极的大小与形状等电解条件必须恰当。

电解粉末纯度高、呈树枝状或针状颗粒、压制性和烧结性好,但生产率低,成本高。

电解法可制造Fe、Cu、Ni、Cr、Zn等粉末。电解铁粉与铜粉是主要的粉末冶金用粉末,其是在金属盐的水溶液中进行的,析出物直接呈粉状或经机械粉碎以制成粉末。纯铜粉大多由电解法制成,电解铁粉价格高,仅用于生产高纯度或高密度制件的场合。

5) 羰基法。羰基法是一种制造高纯度铁粉和镍粉的方法。其使Fe或Ni与CO反应,生成液态的羰基铁[$Fe(CO)_5$]或羰基镍[$Ni(CO)_4$],再将这些液体于250°C或180°C左右的温度下,在分解塔中分解,制得纯铁粉或纯镍粉。羰基铁粉价格昂贵、性能特殊、压制与烧结性好,主要用于制造铁粉芯等特殊制件。其颗粒形状为近似球形、具有层状结构。羰基铁粉中含有少量的碳与氮等杂质,可用特种热处理方法除去。镍粉的工业制造主要用羰基法生产。羰基镍粉烧结性好,粒度细(0.1～5μm),纯度高,工艺性能好。其颗粒大致为带凸出部的等轴晶体状的不规则形状,有时呈纤维状。羰基法还可制造钨粉与铜粉等。

(2) 金属粉末的性能

1) 几何尺寸:颗粒形状、粒度、粒度分布及比表面。

2) 物理性能:颗粒密度、颗粒内空隙、显微镜组织、硬度、加工硬化性、塑性变形能、表面状态及表面张力等。

3) 工艺性能:松装密度、振实密度、流动性、压制性及成型性等。

4) 化学性能:纯度及氢中失重等。

5) 特殊性能:电磁性能、摩擦特性、导热性、耐热性、抗氧化性及耐腐蚀性等。

对粉末冶金来说,主要性能是颗粒形状、粒度、粒度分布、松装密度、压制性、成型性、流动性及化学成分等。

7.1.2 粉末冶金制件

1. 粉末冶金制件的分类

(1) 粉末合金材料　烧结硬质合金、铜钨假合金、磁性材料、多孔性金属材料等粉末合金材料,只能用粉末冶金法制造。

(2) 金属与合金钢粉结构零件　轴承类零件、滑动轴承轴套、齿轮、凸轮、端盖、摇臂、支架及各种异形件等粉末冶金结构零件,广泛地应用于机械行业,逐步取代一部分以铸、锻、切削加工大量生产的零件。

2. 粉末冶金制件的种类

(1) 减摩零件　减摩零件主要是指滑动轴承,其中,铁基和铜基含油轴承(套)使用得最为广泛。粉末冶金的减摩零件主要有自润滑轴承和外界润滑轴承两大类,自润滑轴承有含油轴承、浸塑料(如聚四氟乙烯)轴承、高石墨轴承及其它需添加(或浸渍)固体(或液体)润滑剂的轴承;需要外界润滑的轴承有带钢背的铜铅轴瓦、钢背—铜镍—巴氏合金的三金属轴瓦、纯铁硫化处理的轴承等。

(2) 结构零件　粉末冶金的结构零件,具有少、无切削加工的优点,在生产应用中发展迅速。

1) 铁基的粉末冶金结构零件应用最广泛,可取代中高强度的零件。常用铁基合金有纯铁、铁—铜、铁—碳、铁—碳—铜、铁—碳—铜—镍和铁—碳—渗铜等。

2) 有色金属的结构零件。常用有色金属的结构零件有纯铝及铝合金的制件、黄铜(Al—2Cu、Al—4Cu)、青铜(Al—1Mg—0.25Cu)等。

(3) 耐磨零件　粉末冶金耐磨零件在飞机、汽车、坦克、工程机械和船舶等行业被广泛应用,主要用于生产制动件和离合器片。粉末冶金的耐磨零件有铁基和铜基的两类,铁基的主要用于干摩擦的条件;铜基的主要用于液体摩擦的条件。

(4) 过滤元件　粉末冶金过滤元件的特点是强度较高、耐腐蚀性较好、净化精度高、生产率高、不同的材料适用的温度范围宽、再生后可反复使用等。其用于过滤气体与液体,过滤元件材料通常有铁、青铜、不锈钢、镍、镍铬合金和钛等,其中铁、镍、青铜及不锈钢的过滤元件应用最广。

(5) 磁性零件　粉末冶金制造的磁性零件有硬磁零件、软磁零件和磁介质三类。硬磁零件有铝镍、铝镍钴合金等；软磁件有纯羰基铁、电解铁、铁硅、铁镍、铁钴合金等；环状铝硅铁粉芯—软磁材料与电介质的组合物就是磁介质零件。

(6) 电触头　电触头是开闭电路中的重要零件。通常要求其熔点高、沸点高、高温硬度高，电阻及接触电阻小，表面不得产生氧化物与硫化物，耐腐蚀等。常用电触头材料有：银—镍，银—氧化镉、银—石墨、银—钨、银—钼，铜—石墨和铜—钨合金等。

用粉末冶金工艺将高熔点的钨、钼及其碳化物与电导率高的易熔金属银、铜结合起来，制成兼有高强度、耐电蚀及高电导率的复合烧结合金触头，用于大电流高压电路的开闭设备中。另外，烧结银—氧化镉、银—石墨、银—铁等电触头在低压电器与弱电设备中也应用广泛。

(7) 工具材料　常用粉末冶金工具材料有硬质合金(如钨钴合金、钨钴钛合金等)、合金工具钢(如高速钢等切削工具)和金刚石工具(如用于磨削砂轮、研磨工具、凿岩钻头的碳化钨—镍—金刚石粉、铜合金—金刚石粉组合物等)。

另外，用粉末冶金方法可直接压制成形硅钢片。

3. 粉末冶金制件的制造过程

(1) 粉末的预处理

1) 合批。合批是对相同化学组成的粉末的混合，使用前应将粉末合批，这是由于即使在同一条件下制造的同一种粉末，其纯度和粒度分布也有差别；另外，原料粉末在运输和贮存中会生成大量锈块或凝结成块状，通常要用筛子将这些块状物筛出。当对粒度分布有要求时，应将粉末过筛后，按所要求的粒度分布来进行混合。

2) 还原退火处理。为消除粉末颗粒的加工硬化，去除粉末表面的氧化物和吸附的气体，还必须进行还原退火处理。例如，在300°C左右，铜粉于氢中还原退火；在600～900°C，铁粉于氢中还原退火，这时粉末颗粒表面因还原而呈现活化状态，且细颗粒变粗，改善了粉末的压制性。为提高粉末的纯度，在氢中处理时，还有脱氧、脱碳、脱磷、脱硫等反应。

(2) 粉末的混合　混合是将两种以上的化学组元相混合，为便于压制，并使烧结时状态均匀一致，应将性能不同的化学组元混合成均匀的混合物。

混合时，除基本原料粉末外，需添加的其它组元有：合金组元，如铁基中加入碳、铜、钼、锰、硅、磷、钒、镍、铬及硼等粉末；游离组元，如摩擦材料中加入的 SiO_2、Al_2O_3 及石棉粉等粉末；工艺性组元，如作为润滑剂的硬脂酸锌、石蜡、油酸及润滑油等，作为粘结剂的汽油橡胶溶液、石蜡及树脂等，作为造孔用的氯化铵等。

混合一般是在空气中进行，有时为了防止氧化需在真空或液体中进行。混合时间太长，使粉末产生加工硬化、改变了粒度分布和颗粒形状，不利于压制。混合时间通常根据粉料和设备确定，有的仅需10min，有的几十个小时仍然未混合均匀。铁、铜等软金属粉末，为避免加工硬化，不宜采用强烈的混合。

为除去较大的夹杂和润滑剂的块状凝聚物，通常应对混合好的粉末过筛。混好的粉料应及时使用或密封贮存。为避免混合料发生偏析，运输时应减少振动。

(3) 粉末冶金成型方法　处理过的粉末经过成型工序，得到具有既定形状与强度的压坯。

1) 封闭钢模冷压法。封闭钢模冷压法是在粉末冶金机械零件生产中应用最多最广的成型方法，其在常温下将粉料置于封闭的钢模(刚性模)中，施加规定的压力，将粉料制成压坯的方法。其成型过程通常包括称粉、装粉、压制、保压及脱模等工步。

① 称粉与装粉。称粉即称量成型一个压坯所需的粉料的重量或容量。重量法通常采用工业天平进行称量,称好后装于压模型腔中,并手工刮平,然后压制。重量法多用于非自动压模和小批量生产;另外,在生产贵金属制件时,称量的精度很重要,通常采用重量法。容量法用压模型腔来进行定量,通常用于大批量生产和自动化压制成型。自动压制成型时采取容量法,将相当数量的粉料,贮存于圆锥形或角锥形的料仓中,料仓与送粉器相连通,由送粉器自动地将粉末装入阴模型腔中,然后压制。

装粉方式有落入法、吸入法和多余充填法三种,如图 7-2 所示。落入法是送粉器移送到阴模和芯棒形成的型腔上,粉末自由落入型腔中;吸入法是下模冲位于顶出压坯的位置,送粉器被移送到型腔上,下模冲下降(或阴模和芯棒升起)复位时,粉料被吸入型腔中;多余充填法是芯棒下降到下模冲的,粉末落入阴模型腔内,然后芯棒升起,将多余的粉末顶出,并被送粉器刮回,它适用于较薄壁深腔的压模。

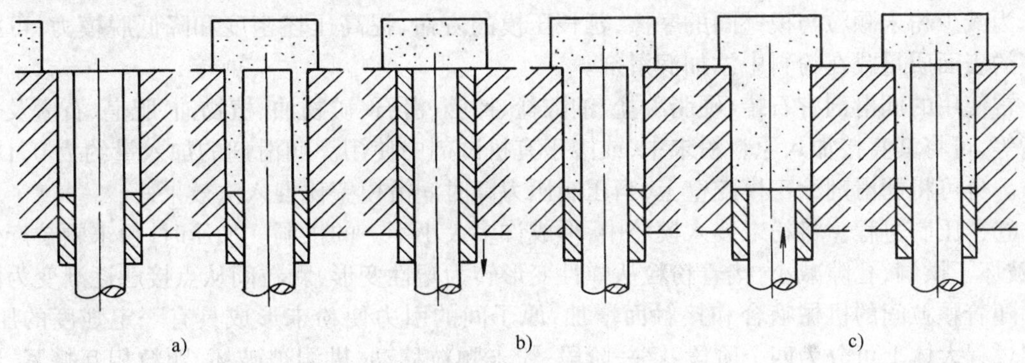

图 7-2 自动装粉方式

a) 落入法 b) 吸入法 c) 多余充填法

② 压制是在一定的压力下,将装在型腔中的粉料,集聚成符合一定密度、形状和尺寸要求的压坯的过程。

在封闭钢模中冷压成型时,最基本的压制方式有如图 7-3 所示的三种。具体压制方式是基本方式的组合,或是用不同结构来实现的。

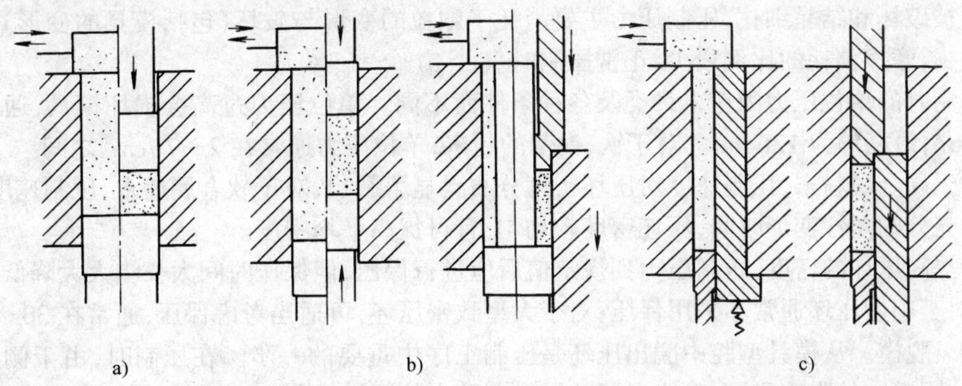

图 7-3 基本的压制方式

当压制成型时,应力求使压坯密度分布均匀。压坯密度的均匀性影响着烧结后制件的强度、硬度及各向同性;另外,若压坯密度分布不均匀,在烧结时,会使制件中产生很大的应力,从而导致收缩的不均匀、翘曲,甚至产生裂纹。

影响压坯密度分布均匀程度的因素有:压坯的形状和大小(即压件的侧、正面积比);压制压力(影响压坯的相对密度);粉末的性能(指侧压系数、摩擦系数及压制方程式的指数);压模模壁的表面粗糙度(影响摩擦系数);润滑条件(影响摩擦系数);压制方式等。其中,压坯的侧、正面积比,以及压制方式和摩擦系数起决定性作用。

由于在压力作用下,被压制的粉末只是沿压制方向移动,而很少作侧向移动。因此,位于压模型腔中粉末松装高度 h_0 应与压坯高度 h_k 成比例(该比例亦等于压坯密度 γ_k 与粉末的粉装密度 γ_0 之比,即压缩比)。可见,对于沿压制方向多台阶的压坯,必须保证阴模各部分有相应的装粉高度。

在设计粉末冶金制件时,应简化其结构,以降低压模生产成本,此外,还应考虑到压制时压坯密度分布的均匀性、压坯的脱模及压模的强度与寿命等因素。

为减少粉末颗粒与模壁间的摩擦,延长压模的寿命,提高压坯密度和降低脱模力,可提高模壁的表面质量或在粉料中添加润滑剂。

常使用的润滑剂有石蜡、硬脂酸盐、油酸盐、樟脑、滑石、矿物油、植物油、肥皂、石墨及合成树脂等,可将其直接加入原料粉末中,或溶于有机试剂中使用。润滑剂的加入量约为0.1%~10%。也可将润滑剂涂于模腔壁上,当压制压力高时润滑模壁比混入法效果好。

③ 压制过程。将粉末装入模腔中,形成许多大小不一的拱洞。加压时,粉末颗粒产生移动,破坏了拱洞,孔隙减小,接着粉粒从弹性变形转为塑性变形,颗粒间从点接触逐渐变为面接触。随着颗粒间的机械啮合和接触面增加,原子间的引力使粉末形成具有一定强度的压坯。压制过程大体上可分为四个阶段:第一阶段,粉末颗粒移动,拱洞被破坏,颗粒相互挤紧,压制压力大部分耗费于颗粒间的摩擦;第二阶段,粉末挤紧,小颗粒填入大颗粒间隙中,颗粒开始有变形,粉粒移动速度减慢,压制压力主要耗费于颗粒与模壁之间的摩擦;第三阶段,粉末颗粒表面的凹凸部分被压紧且啮合成牢固接触状态,压制压力主要耗费于粉末颗粒的变形,其中大部分用于粉粒的塑性变形上,另一部分用于弹性变形(包括压坯与模具),而以压坯和模具的弹性变形应力被贮存起来。由于粉末移动大为减慢,虽然摩擦消耗的绝对值因侧压力增加而剧增,但其所占的比例却减少;第四阶段,粉末颗粒加工硬化到了极限状态,当进一步增高压力时,粉末颗粒被破坏和结晶细化,压制压力主要消耗于颗粒的变形与破坏(包括模具的变形)。粉末移动极少,摩擦消耗的比例很少,正常压制时仅占10%~15%。

压制时的单位压力因粉末种类及各种条件而不同。单位压力过高会损坏模具,通常应大于1t/cm^2,最高约为12t/cm^2。对于铁、铜基的粉末,单位压力通常在2~7t/cm^{2}之间。

对于硬金属粉末,压制速度对压坯密度分布无显著影响;对于软金属粉末,压制速度低时,粉末有充分的塑性变形时间,压坯密度较均匀,且可提高平均密度。

为提高压坯的密度,压制压力到规定值后应进行保压,但保压时间太长将大大降低生产效率,故对于小型压坯通常不采用保压;对于大型致密压坯,可适当考虑保压,通常在30s以内。

④ 脱模。从模具型腔中脱出压坯是压制工序中重要的一步。在压制时,由于侧压力的存在,使阴模向外胀变形,在已胀大了的阴模型腔中使压坯成型。卸压后,侧压力消失,阴模弹性恢复,向内收缩,压迫已成型的压坯,压坯产生抗压应力,迫使阴模收缩不到未压制时的原位。因此,在某一位置达到阴模收缩力与压坯抗压应力之间的平衡,这个卸压后引起的力即剩余侧压强。其使压坯与模壁间产生很大的摩擦阻力,为从型腔中脱出压坯,脱模力应克服该摩

擦阻力。

摩擦阻力取决于剩余侧压强、压坯的侧面积和压坯与模壁间的摩擦系数。其中，剩余侧压强与压制时的侧压强成正比，即正比于压制时的单位压力，同时与阴模的刚性有关(随刚度的增加而减小)。

脱模后，剩余侧压强消失，阴模收缩到原位，压坯弹性膨胀而回弹。回弹程度与压制压力、阴模的刚性、粉末的压制性(压缩性和成型性)及压坯的高度等因素有关。压制压力大，阴模刚性差，粉末压制性差(主要塑性差)，则回弹率大；当压坯高度较小(10～15mm)时，回弹现象随高度减少而减小。

压坯脱模后，不宜放置过久，若不及时烧结，则其在内应力作用下会继续胀大。对一般正常(氧化较少)的铁基或铜基压坯，表现不明显；但对强烈氧化的铁粉压坯，则比较明显。

2) 液静压制。液静压制法是将粉末装于有弹性的橡胶或塑料囊或金属彀体中，在常温下用高压液体进行均匀、全面地压制的一种成型方法，如图 7-4 所示。在压制时，液体压力从零逐渐增大到要求值。

液静压制的特点是压坯密度分布均匀，设备简单，所需压力比封闭钢模冷压法低，用较低的压制压力可获得较高的密度，不需使用昂贵的钢模。但压坯尺寸精度差，其表面需机械加工，且应具有大型高压容器，粉末装入囊彀后需要抽气。

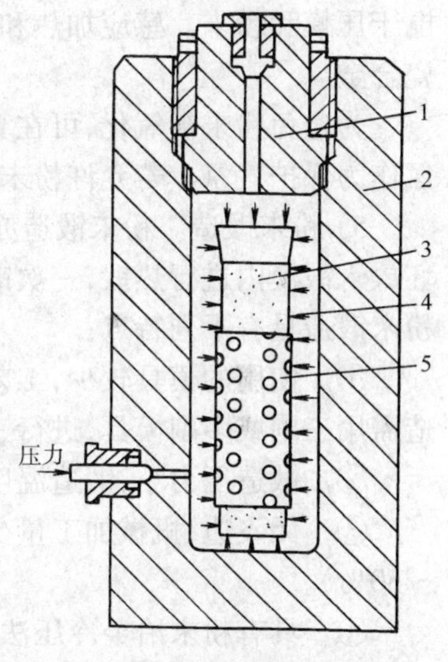

图 7-4　液静压制示意图
1—压力塞　2—钢容器　3—粉末
4—橡胶管　5—多孔支承管

囊袋在压力作用下可以自由变形，不会阻碍粉末的全面压缩。但是，要预防工作液体穿透囊袋。粉末孔隙中的空气也将被压缩到 0.3～0.51MPa。

液静压制法可成型细长的压坯，可制造重达 300kg 的圆柱形钛坯、钛球、钼坯及其它制件，还可制造多层复合压坯和将粉末材料压制于致密金属零件上。如在钢管内表面上，压制一层铜铝粉末。

液静压制的工作液体为水、油、甘油。

另外，干式橡胶模压制法不是以液体作媒介，而是用弹性体(橡胶、塑料等)既作为模腔，又作为传递压力的媒介，把弹性模放在普通钢压模内，在压力机上加压成型。它也是一种等静压制，可以成型诸如球体、圆锥体、多台阶体等各种普通压制方法难以成型的压坯。

3) 热等静压制。热等静压制是将用液静压制等预成型的坯料，装入软钢彀体内，以气体作工作介质，在高温下进行的等静压制。热等静压制的特点：可在低温下进行密实，晶粒细，提高了再结晶温度；对所有粉末，都能达到接近理论值的均一密度；所成型制件的密度高；可成型金属与陶瓷的复合体。热等静压制用于制造粉末高速钢、核燃料和钨制件等。

4) 热压成型。热压成型是一种在压力下同时进行压制与烧结的成型方法。其将粉末或预成型坯或预烧结坯，在高温下(应低于主要组分熔点)进行加压，由于高温下金属粉末的塑性好、易成形，故压制压力相对冷压法小，从而获得接近理论密度的高强度制件。

热压的特点是成型压力低，烧结温度低、时间短，可制作较大尺寸的制件；但生产率较低，每分钟只可热压 10 件左右。热压多应用于硬质合金和金属陶瓷方面，也被用于原子反应堆材料和宇宙航行用的材料。目前,已采用热压法制造了高密度的机械零件。

温度、压力和时间是影响热压制件力学性能的主要因素。当温度高时,压力可低,时间可变短;反之亦然。对于硬质合金和金属陶瓷制件,其热压温度范围为1400～2000°C,压力为150～2500N/cm^2,时间为从小零件的数秒到较大件的几分钟。

热压模的材料,对硬质合金粉末,由于其烧结温度高(1400～1500°C),应使用石墨模。石墨耐高温,且能产生还原性气体;但其力学性能差,寿命很短。对易与石墨起反应的粉末,从耐热性来看,滑石质陶瓷、镁质陶瓷、硅酸盐陶瓷等可用来制作热压模;但其高温强度、耐热冲击性和摩擦等方面尚不能满足要求,故未采用。高于500°C的热压,不宜采用普通钢模。高Ni—Cr钢可在780°C和15kN/cm^{2}压力下反复使用。高速钢压模可在800°C和15kN/cm^{2}压力下反复使用几百次。

热压的加热方式有热传导式加热、高频感应加热和电阻加热三种。热传导式加热是用适当方式从外部加热压模,靠热传导加热装在模中的粉末,难以加热到高温,故只适用于热压铁基、铜基等机械零件;高频感应加热式用高频电流加热压模,同时加热粉末;电阻加热式直接通电于压模和粉末。感应加热和电阻加热都能达到很高的温度,适用于热压硬质合金和金属陶瓷合金。

为避免粉末被氧化,可在真空条件下或用还原性气体及隋性气体作保护进行热压,通常用氢作为保护气氛。若允许粉末少量氧化时,亦可在空气中进行热压。

5) 粉末锻造。粉末锻造亦称粉末冶金热锻或粉末预制坯热锻。其是将预热的粉末预制坯放入锻模内进行热锻,一次锻打成形,同时具有粉末冶金和热锻的优点。与普通锻造相比,粉末锻造具有下列特点:

① 使用的模具较少,工艺过程显著简化。粉末锻造只需一副模具和一次锻打,而普通锻造需用三副或多副模具,进行三次或多次锻打。

② 锻造压力小,锻造温度低。

③ 无飞边,机械加工量少,材料利用率高(粉末锻造约为90%以上,普通锻造只有40%～50%)。

④ 具有粉末冶金冷压法的尺寸精度和锻轧钢材的力学性能,且力学性能的方向性小。

⑤ 可制造形状复杂的制件。

⑥ 制件重量精确一致,尤其对有平衡要求的制件而言。

⑦ 结构复杂,精度要求高的模具,加热时应防氧化。

6) 粉末轧制。粉末轧制是将粉末送入轧辊之间,靠轧辊压缩粉末,制成薄板带的一种方法。粉末轧制方式有连续式、半连续式、热轧等。粉末轧制的特点如下:

① 粉末轧制后的带坯,经过烧结以及冷轧和退火(有时需要多次),可制得高度致密无气孔的细晶粒高强度带材。

② 由于无熔炼时炉衬的污染,适合于轧制镍、坡莫合金,以及其它精密合金等高纯度的带材。

③ 可轧制双金属、三金属、粉末和纤维的复合材料的带材;可生产高硅钢、摩擦材料、硬质合金等难以冷轧的带材;可轧制多孔过滤带材。

④ 由于各晶粒方向无序,轧制的带材的各向同性好,适用于制造核燃料的铀薄板。

⑤ 设备投资少,材料成品率高。

⑥ 粉末轧制轧制速度较慢,生坯带较易受损,带坯两边有低密度带,对加热气氛有较高的要求等。

粉末轧制可轧制铁、铜和铜合金、不锈钢、镍、钛、锆、硬质合金及其它粉末,由于轧制厚的板材要求辊径较大,粉末轧制通常只适于制造薄带材。

其它成型方法还有挤压法,振动成型法,粉浆浇注法、离心力成型法等,可根据所用粉末种类、压坯的形状及生产意图等选择。

(4) 烧结　烧结与制粉、成型一起,构成了粉末冶金最基本的三道工序。金属粉末的压坯,在低于基体金属熔点下进行加热,粉末颗粒之间产生原子扩散、固溶、化合和熔接,使压坯收缩并强化的过程,叫做烧结。

影响烧结质量的因素有加热速度、烧结温度、烧结时间、冷却速度和烧结气氛以及一些活化的因素等。

1) 烧结炉。烧结工序的主要要求包括:使制件具有较高的强度,物理—化学性能优良,精度高,材质均匀;便于组织大批量生产;便于维修管理等。

按照加热方式,烧结炉可分为燃料加热和电加热。电加热的加热方式有用电阻丝热辐加热、直接通电于制件加热、碳管电阻加热、高频或中频感应加热;燃料加热比较经济,但不易调节和控制,其加热分为重油加热、煤气加热和煤加热等。

根据作业的连续性,烧结炉可分为间歇式和连续式两类烧结炉。

间歇式炉有坩埚炉、钟罩炉、箱式炉、高频或中频感应炉和碳管炉等。坩埚炉和箱式炉结构简单,可用煤气或电加热;箱式炉内可通保护气体。当用钼作加热元件时,温度可达 1700 ℃;碳管炉可达 2000℃;高频炉加热石墨坩埚,可达 3000℃左右。它们可用来烧结硬质合金,软、硬磁材料等。

连续式烧结炉是马弗炉的一种,通常是由压坯的预热带、烧结带和冷却带三部分组成的长形管状炉,其可实现连续烧结,适用于大量生产。根据压坯移动的机构,连续式烧结炉分为网带式传送炉、推杆式炉、滚底式炉和动梁式炉等。由于连续式烧结炉结构方面的限制,除推杆式外,其炉温应低于 1150℃。

烧结炉的升温速度、烧结温度与时间、冷却速度以及炉内保护气氛等因素,通常需要调节和控制,以保证制件性能和尺寸精度。为了降低生产成本,应尽可能使用廉价的保护气体,缩短烧结时间,降低烧结温度和提高炉子的热利用率。

对烧结炉要求如下:当烧结温度低于 1000℃时,其精度为 ±3℃;当烧结温度高于 1000℃时,为 ±5℃。为使炉内温度分布均匀,应适当调节压坯移动速度和烧结盒(舟)的数量;炉体构造应密封,以减少保护气体的消耗,并将保护气体与发热体隔开,以保证其纯度;根据炉门在开闭时,保护气体的流量应能自动增减;炉内应避免附有水蒸气等。

在炉温低于 1000℃时,电加热的发热体,可用 Ni—Cr 丝;在 1350℃以下时,可用硅碳棒或 Fe—Cr—Al 合金丝;在 1600℃以下时,可用钼丝,但需在真空下或用氢气保护。高于 1600℃时,可用 W、C、Ta、Nb 等材料。应保证炉管致密,以避免发热体被渗碳气体、Zn、Pb、Cu 蒸气等污损。

2) 烧结气氛。通入炉内的保护气氛是烧结时影响烧结质量的一个重要因素。对气氛的一般要求是,使烧结件不氧化、不脱碳或渗碳,能够还原粉末颗粒表面的氧化物,除去吸附气体等。通常根据烧结件的种类和经济性选择烧结气氛。

烧结气氛有真空、氩、氦、氮、二氧化碳等惰性气体,和氢、分解氨、一氧化碳、改性碳化氢等还原性气体。其中,以真空、氢、分解氨和改性碳化氢四种气体最为重要。

(5) 后处理　后处理是对烧结后的金属粉末压坯进行处理,常见的后处理方法有浸渍、表面冷挤压、切削加工、热处理、表面保护处理等。通常则根据产品要求来选择后处理种类。

1) 浸渍。其是在常压或真空条件下,利用烧结件多孔性的毛细现象,浸入各种液体,以保证制件的性能。例如可通过浸润滑油、聚四氟乙烯熔液、铅熔液等来达到润滑的目的;浸铜熔液可提高制件的强度和防腐能力;为了表面保护可浸树脂或清漆等。

2) 表面冷挤压。通常采用整形来提高制件的尺寸精度和表面质量;采用精压,可改变制件的形状或表面形状;采用复压以提高制件的密度,但复压后的制件往往需要复烧或退火。

3) 切削加工。通常用于加工横槽、横孔,以及高精度的轴向尺寸面。切削刀具最好采用硬质合金刀具,切削速度应选择得高一些,进给量应小一些。对于有自润滑要求的面,为避免表面孔隙堵塞,不得磨削加工。

4) 热处理。可提高铁基制件的强度和硬度。由于孔隙的存在,对于孔隙度大于10%的制件,应避免液体渗碳或盐浴炉加热,以防盐液浸入孔隙而造成内腐蚀;低密度制件在进行气体渗碳时,容易渗透到中心;孔隙度小于10%制件的热处理方法与一般钢相同。常用的热处理有整体淬火、高频表面淬火、渗碳淬火、碳氮共渗淬火等。可采用硫化处理封闭孔隙,以避免堵塞孔隙可能引起的不良影响。淬火液最好采用油;对高密度制件,为了冷却速度的需要,亦可采用水。

5) 表面保护处理。其是仪表、军工及有防腐要求的粉末冶金制件的重要工艺内容。粉末冶金制件的孔隙,会给表面保护处理带来困难。表面保护处理工艺通常有蒸汽发蓝处理,浸油,浸硫并退火,浸清漆,渗锌,浸高软化点石蜡或硬脂酸锌后电镀(铜、镍、铬、锌等)、磷化、阳极化等处理。

7.2　粉末冶金模具结构设计

粉末成形是粉末冶金的主要工序之一,粉末冶金模具设计是粉末成形的重要环节,对制件质量、生产成本、生产率及自动化程度等有作显著影响。

粉末成形方法很多,粉末冶金模具的种类也很多,有压模、精整模、复压模、锻模、挤压模、热压模、等静压模、粉浆浇铸模、松装烧结模等。按模具材料分,有钢模、硬质合金模、石墨模、塑料橡胶模和石膏模等。压制、精整、复压和锻造用的钢模及硬质合金模等,目前得到广泛应用。

7.2.1　设计要点和设计程序

1. 粉末冶金模具设计的基本原则

粉末冶金模具如设计不合理,通常会引起制件开裂、分层、掉边、掉角等缺陷;使制件精度和表面质量不符合要求,密度分布不均匀,脱模困难;提高生产劳动强度,增加模具成本;使模具制造困难,操作不便,易损坏和炸裂,降低模具寿命,甚至发生安全事故等。因此,粉末冶金模具设计应遵循下列基本原则:

1) 充分发挥粉末冶金少、无切削加工的工艺特点,保证制件的精度要求、表面质量、密度及其分布的均匀性要求。

2) 合理设计模具结构,合理选择模具材料,使模具零件具有足够强度、刚度和硬度;具有足够耐磨性和使用寿命;操作方便、安全、可靠,便于调节、制造、装配、维修;便于实现模具自动化和机械化生产;对锻模,还应满足上冲头导向、预成形坯定位和锻件快速脱模等要求。

3) 模具结构的技术经济性分析。根据模具设计要求和模具加工条件,合理地确定模具加工的公差配合、形状位置精度、表面粗糙度和热处理要求等技术条件,既要保证制件质量,又应便于制造;逐步实现模具零、部件的标准化、通用化,实现部分模具零、部件的批量生产,以提高设计效率,提高模具寿命,降低模具成本,进而降低产品的总成本。

2. 粉末冶金模具设计的基本步骤与方法

(1) 了解和掌握相关资料是模具设计的依据

1) 制件生产纲领、生产批量及生产条件,在此基础上确定手动或机动生产方式。

2) 了解压坯几何形状和密度均匀性要求及模具结构的复杂程度等是否便于压制和便于脱模;确定压制方式,如单向压制、双向压制、后压、双向摩擦压制,以及各种浮动压制等。

3) 了解制件的性能要求,如强度、硬度、密度、摩擦磨损(摩擦系数和 pv 值)、防腐和电磁性能等;了解制件的精度要求和表面粗糙度要求,压制工艺性应与制件的性能要求相适应。

4) 了解制件的使用条件,如受力条件(力的大小及静、动、交变、冲击等性质)、摩擦条件(pv 值)、磨损要求、润滑条件、工作温度、工作环境(如潮湿、腐蚀、粉尘),以及电磁等特殊使用条件。

5) 了解压机类型及主要技术参数,如:公称压力、脱模压力、压机行程、每分钟压制次数、工作台面积、压机自动化程度和安全保险装置等;了解模具的压制压力和脱模压力、脱模行程、工作台面积及特殊动作的要求等。

6) 初步拟订制件生产工艺流程及工艺参数,如:粉末混合料成分、松装密度、流动性、压制性、单位压制压力、压坯密度、压缩比、弹性后效、烧结收缩率、精整余量、机加工余量、复压装模间隙、压下率、烧结温度范围、整形和复压及其它的特殊后续加工工序的安排等。

7) 了解企业所具有的模具加工设备及生产能力,了解典型模具结构,了解模具使用过程中曾出现的问题。

8) 从粉重、批量和模具复杂程度等方面对粉末冶金工艺进行经济性分析。

(2) 设计压坯、选择压力机和压制方式及设计模具结构草图

1) 设计压坯。从生产工艺、压制成形和经济性等方面分析制件图及其技术要求,分析其冶金生产的可行性和经济性,并确定压坯的几何形状、密度、加工精度和表面质量。在设计压坯时,通常在保证与制件形状相同或相近的前提下,对制件形状进行修改,以便于压制成形,简化模具结构。另外,设计压坯时应确定压制方向。

2) 压制方式。根据高径比(H/D)或高度与壁厚之比(H/T),结合制件的形状、生产纲领和压力机类型等来选择压制方式及压模结构类型。

当圆柱体制的高径比 $H/D \leqslant 1$(或圆筒形制件的高度壁厚比 $H/T \leqslant 3$)时,通常采用单向压模进行单向压制;当 $H/D > 1$(或 $H/T > 3$)时,一般采用双向压模进行双向压制;当 $H/T > 3$ 时,优先采用芯杆和凹模在压制时能相对移动的压模;当 $H/T > 6 \sim 10$ 时,可采用摩擦芯杆压模,或压制时凹模、芯杆和上模冲能相对于下模冲移动的压模结构。

3) 填充面的选择。综合考虑侧正面积比、密度均匀性、压制压力、制件精度、装粉、脱模、模具制造等因素,确定压制时制件的哪一个面朝上。

4) 补偿填充的设计。当制件沿压制方向变横截面时,应合理地设计组合模冲结构,以达

到补偿填充的目的,使制件在压制后不同截面处的密度均匀,压缩比接近。

5) 脱模方式。脱模方式有顶出式(下模冲将制件顶出凹模)和拉下式(下模冲不动,将凹模拉下,脱出制件)等,对于带台阶件、球面件、多平行孔件等,脱模问题应从模具结构上来解决。

6) 确定结构方案,设计压模结构草图。模具结构方案应根据制件的形状、压制方式、脱模方式、补偿填充的要求和压力机具有的动作等来确定。

压模装配草图上应表示装粉、压制、脱模以及压制过程其它阶段的相对位置。通常将模具设计草图沿中心线分为两部分,以一半表示装粉状态,另一半表示压制或脱模状态,以便全面分析和比较各种压模结构方案及压制效果,发现模具结构中存在的问题,检验各运动件之间的相对位置及干涉情况,并根据行程需要确定模冲长度。

在设计需锻造生产粉末冶金制件的模具时,首先根据制件图样及技术要求,设计粉末冶金锻件的几何形状、精度、表面粗糙度和密度;然后按锻造时多孔预成形坯致密度—变形的规律和断裂极限,设计预成形坯的几何形状、密度和重量;最后根据预成形坯和锻件的要求设计压模和锻模的结构草图。

(3) 选择模具材料　模具材料的选择影响了模具的寿命、生产安全、产品成本、生产率以及制件密度分布、精度、表面粗糙度等。粉末冶金模具在较高压力下工作,模具工作表面有严重的粉末摩擦,这要求模具主要零件应具有高强度、高硬度和高耐磨性,高的刚度,较小的热膨胀系数,优良的热处理性能,适当的韧性,较好的机械加工性能等。

模具材料应根据粉末冶金模具类型、制件形状及密度要求、粉末原料、生产纲领以及经济性等进行选择,以提高模具寿命,节约优质合金钢材,降低模具生产成本。同时,不同的模具零件的工作要求不同,也应选择不同的模具材料及热处理工艺。

凹模和芯杆是主要的模具零件,其工作条件最苛刻,加工制造较困难,要求材料具有高强度、高硬度、高耐磨性和抗疲劳、抗振动性能,通常选用硬质合金、高速钢、高合金工具钢、低合金工具钢和碳素工具钢来制造。另外,芯杆还要求有较好的抗弯强度和适当的韧性;芯杆的热处理硬度稍低于凹模,尤其对细长芯杆,应比粗短芯杆具有较好的韧性。

模冲要求有良好的韧性,同时要求耐磨、抗疲劳和抗振动,硬度可以降低些,通常选用低合金工具钢、碳素工具钢和青铜等;模套、压垫、模座、顶杆、控制杆、导柱、模板等辅助零件,常选用碳素钢(如:45 钢、50 钢)和低合金钢(如 40Cr、GCr15)来制造;锻模材料的选择要求在工作温度下具有高强度、高韧性和高耐磨性,通常选 3Cr2W8V、4Cr5W2VSi、5Cr4W5MoV 等模具钢,其热处理硬度比压模低得多。

(4) 计算装粉高度和凹模壁厚　根据制件高度和选定的压缩比,算出装粉高度。对于有补偿填充的模具,要分别算出各段的装粉高度。凹模的壁厚,对于中小件外径与内径之比取 2～4,对于较大的凹模,应按强度或刚度条件进行计算。

(5) 计算模具主要零件尺寸　制件尺寸主要由模腔尺寸决定,一般先计算凹模内径、芯杆外径、凹模高度等与模腔直接相关尺寸,然后按照装配关系计算其它模具零件的尺寸。模具径向尺寸的计算,根据制件内外径,结合工艺过程中尺寸的变化,先确定凹模内径和芯杆外径,再由装配关系确定其它模具零件的径向尺寸。模具高度方向尺寸的计算,根据制件高度,结合工艺过程尺寸的变化,先确定凹模高度,其它模具零件的高度方向尺寸由模具装配关系确定。模具零件尺寸的计算方法与生产工艺有关。模具的强度和刚度,对制件的精度、生产成本及操作安全等有很大影响,模具强度计算方法与模腔形状和模具类型有关。模具零件尺寸计算的关键是选择弹性后效、烧结收缩率、精整余量、机加工余量、复压装模间隙和压下率等设计参数。

(6) 绘制模具装配图和零件图　在模具零件尺寸设计的基础上，根据制件图和模具结构草图，考虑工作过程中模具零件的运动情况，以及模具的制造工艺性，绘制模具装配图和零件图，确定模具技术要求(包括模具配合要求、尺寸偏差、形位公差、表面粗糙度、热处理硬度及其它要求)。

先画出压坯图形状及尺寸，再画凹模、芯棒和上下模冲，接着画脱模结构，连接方式，导向零件，定位零件，安装方式。同时考虑零件应有的强度和刚度。画出全部零件，并标出件号及填写标题栏、明细栏内容。凹模、芯杆与模冲之间的动配合间隙大小将直接影响制件的精度、生产率和模具寿命，应根据粉末粒度、压模自动化程度、压坯尺寸、制件精度和机加工要求来选择压模的配合间隙。

7.2.2　粉末冶金模具型部尺寸计算

1. 径向尺寸的计算

需要整形的压件，先计算整形模尺寸，后计算成型模尺寸；对于不需整形的压件，可直接计算成型模尺寸。

(1) 整形模　从余量角度可将整形分为正整形和负整形。正整形是留有整形余量的整形，负整形即不留整形余量，而靠压件变形产生挤压作用的整形方法。

1) 凹模孔径 D_z 的计算

正整形　$$D_z = D_{min} - \delta_1 \quad (7\text{-}1)$$

负整形　$$D_z = D_{min} + \delta_1 \quad (7\text{-}2)$$

式中　D_{min}——压件外径最小尺寸(mm)；

δ_1——外径整形回弹量(mm)。

2) 芯棒外径 d_z 的计算

正整形　$$d_z = d_{max} + \delta_2 \quad (7\text{-}3)$$

负整形　$$d_z = d_{max} - \delta_2 \quad (7\text{-}4)$$

式中　d_{max}——压件内孔最大尺寸(mm)；

δ_2——内孔整形回弹量(mm)。

(2) 成型模

1) 凹模孔径 D_c 的计算

正整形时，压坯外径留有整形余量 Δ_1，则：$D_c = D_{min}(1 + C - g) + \Delta_1$　(7-5)

负整形时，压坯外径无整形余量，则：$D_c = D_z(1 + C - g)$　(7-6)

不整形时：　$$D_c = D_{min}(1 + C - g) \quad (7\text{-}7)$$

式中　D_z——整形凹模孔径(mm)；

C——烧结收缩率(%)；

g——压坯加弹率(%)；

Δ_1——外径整形余量(mm)；

D_{min}——压件外径最小尺寸(mm)。

2) 芯棒外径 d_c 的计算

正整形时，压坯内孔留整形余量 Δ_2，则：$d_c = d_{max}(1 + C - g) - \Delta_2$　(7-8)

负整形时，压坯内孔无整形余量，则：$d_c = d_z(1 + C - g)$ (7-9)

不整形时： $d_c = d_{max}(1 + C - g) - \Delta_2$ (7-10)

式中 d_c——整形芯棒外径(mm)；

Δ_2——内孔整形余量(mm)；

C——烧结收缩率(%)；

g——压坯回弹率(%)；

d_{max}——压件内孔最大尺寸(mm)。

(3) 模冲

模冲外径 D_{ch}的计算 $D_{ch} = D_y - e_{bj}$ (7-11)

模冲内径 d_{ch}的计算 $d_{ch} = d_x + e_{bj}$ (7-12)

式中 D_y——凹模孔径的平均尺寸(mm)；

d_x——芯棒外径的平均尺寸(mm)；

e_{bj}——配合间隙的平均值(mm)。

式(7-11)和式(7-12)不论对成型模或整形模均适用。

2. 装粉高度的计算

装粉高度由装粉体积算出，装粉体积取决于压缩比和压坯体积。压缩比是指压坯密度与粉末装粉密度之比，即：

$$\varepsilon = r_k / r_0; V_0 = \varepsilon V_k \quad (7\text{-}13)$$

式中 ε——压缩比

r_k——压坯密度(g/cm^2)；

r_0——粉末粉装密度(g/cm^2)；

V_k——压坯体积(cm)；

V_0——装粉体积(cm)。

压坯密度 r_k 为产品要求或工艺所确定。对压坯体积进行计算后，代入式(7-13)可得装粉体积，从而求出装粉高度。

3. 凹模高度 h 的计算

$$h = h_0 + h_1 + h_2 \quad (7\text{-}14)$$

式中 h_0——装粉高度(见图 7-5)(mm)；

h_1——下模冲定位高度(见图 7-5)(mm)，取 10～15mm；

h_2——手动模装粉锥高度(见图 7-5)(mm)。

不需装粉锥时，$h_2 = 0$；手动模的 h_1 应比机动模大；当机动模的压力机或模架导向较差时，h_1 选大值；压坯高度大时，h_1 选大值。

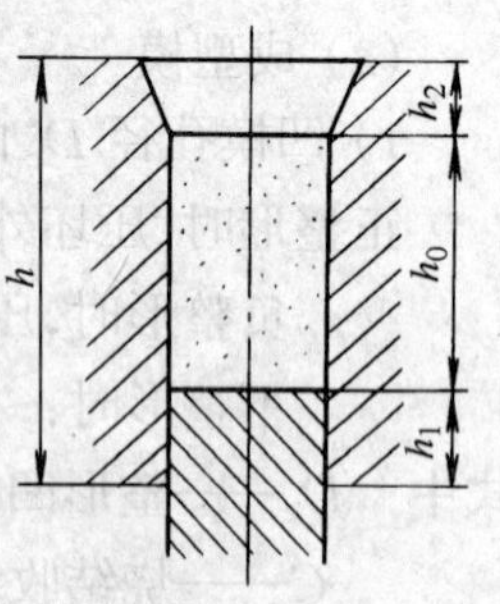

图 7-5 凹模高度 h 计算图

7.2.3 成型模结构设计

1. 成型模结构设计要点

(1) 主要零件的连接方式 应保证凹模、芯棒和上下模冲等主要零件的连接安全可靠、装卸方便、结构简单、节约材料、整齐美观。

(2) 浮动结构 根据不同的压制方式和补偿填充的要求，往往要求凹模、芯棒和上下模冲浮动。浮动力可由弹簧、摩擦、气动和液压等机构产生。

(3) 脱模复位结构　脱模和复位往往由同一结构来完成的，通常根据压坯的形状和压力机来设计脱模复位结构。脱模时应保证压坯的完好，动作准确可靠；复位结构要求位置准确。

(4) 调节填充结构　填充模膛深浅的调节应尽量能连续微调，且操作方便，以适应由于粉末的松装密度变化而产生的一定范围内的变动。

(5) 加工工艺性　不同的加工方法适用于不同的模具结构。例如，整体凹模通常采用电加工，否则应采用拼模结构。

(6) 经济性　模具结构的复杂程度与生产纲领和生产率有关。当模具结构简单时，可减少加工时间，节约模具制造成本；采用镶嵌结构可节省优质模具材料，但会增加零件数量，从而增加机械加工量；采用高速钢、硬质合金等优质材料，可延长模具使用寿命。

2. 填充面的选择原则

选择填充面并确定压坯在压制时哪一个面朝上时，应综合考虑侧正面积比、密度均匀性、压制压力、压坯精度、装粉、脱模、模具制造等因素。填充面选择的原则如下：

1) 自动压制时，为便于补偿装粉应使内台阶面、外台阶面、大平端面在上部，小头朝下，如图 7-6a 所示。

2) 适应仿形装粉的需要，通常使薄壁斜台朝下，当压坯高度过大时，应使薄壁圆弧向下，如图 7-6b 所示。

3) 为避免锥面压制皱纹，应使外锥的大头朝上、内锥的大头朝下，如图 7-6c 所示。为提高压坯局部密度，将外锥的大头朝下、内锥的大端朝上，此时，图 7-6c 所示的位置应旋转 180°。

4) 当自动压制时，应便于推料，如图 7-6d 所示。

5) 为保证设计要求，精度较高的面应设置在侧面。

6) 为减少压制压力，可将截面积较小的面与压制方向垂直。

7) 为减少模具高度，减少脱模压力，缩短压制、脱模行程，应尽量使制件轮廓较小的方向与压制方向相同。

8) 为便于脱模，应避免横孔；避免圆弧面位于侧面。

9) 为使压坯密度均匀，应减少长细比，使凹坑面朝下、凸台面向上。

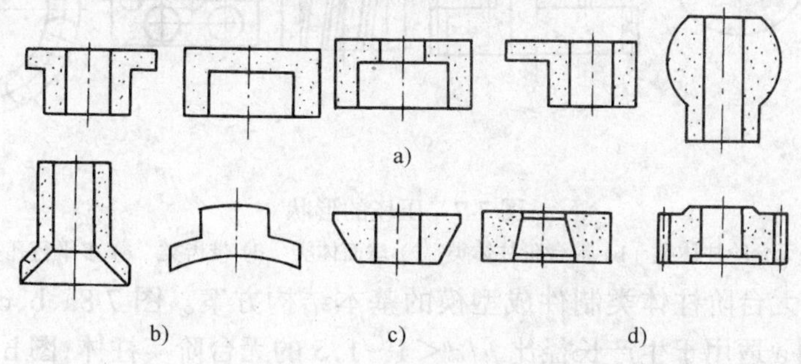

图 7-6　填充面的选择

a) 便于补偿装粉　b) 适应仿型装粉　c) 避免锥面皱纹和提高压坯局部密度(旋转 180°)　d) 便于自动压制时推料

3. 补偿装粉

带台阶件、锥面和球面件等沿压制方向变截面的压坯，在压制时金属粉末侧向流动性差，为避免不同高度下压坯各部分的压缩比的变化，而造成制件各部分密度严重不均，应在密度低的大高度部分多装些粉料，即补偿装粉。通常按压坯不同高度，将模冲设计成若干个相对位置可变的零件，各模冲装粉面的相对位置差要比压制后的大。为使各模冲相对位置可变，在结构上通常使一个模冲在压制过程中不动，其余模冲在压力作用下向下浮动，或者在压力机的下压缸或顶杆带动下向上压制，并在压制快结束时，座落到刚性限位零件。当压坯各部高度差小于压坯最小高度的 1/5 时，可不采用补偿装粉。

补偿装粉的不同高度段，可各自按相同的压缩比来计算装粉高度。然后以压制过程中不动的模冲为基准，来确定其它模冲的位置。在压制时，由于不动模冲段的粉末在浮动部分之前压缩，先压部分的粉末向后压部分有少量的侧向流动，改变了各段的实际压缩比，造成密度不均。因此，浮动模冲的起始位置从结构上应该可以调节。

4. 结构基本方案

通常根据压坯的形状、压制方式、脱模方式补偿装粉要求和压力机具有的动作等来确定成型模结构的基本方案。

根据模具的结构特点，压坯形状有无台阶柱体类、带台阶柱体类、球面体类、带齿类和多平行孔类等五种基本类型，如图 7-7 所示。

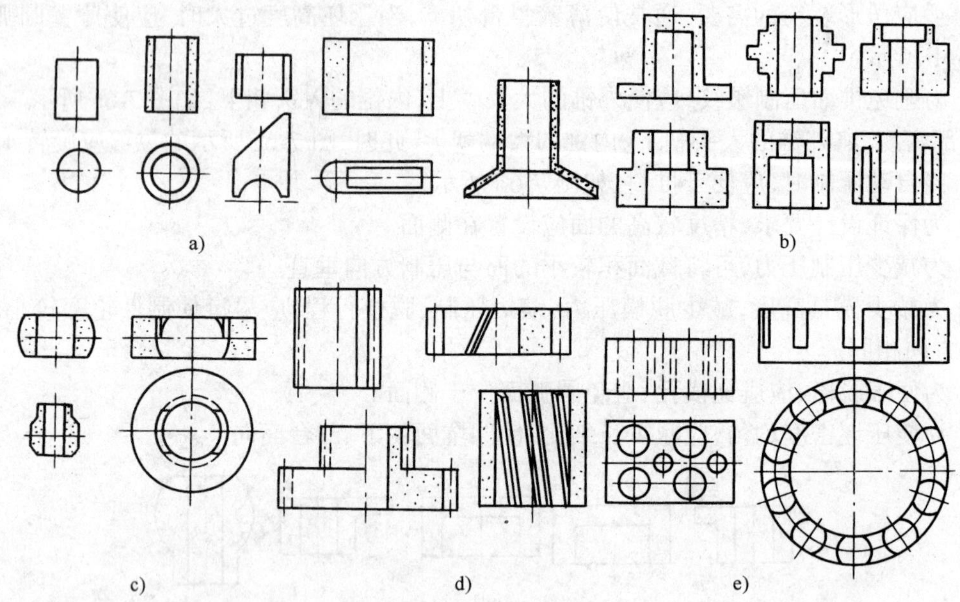

图 7-7 压坯的形状

a) 无台阶柱体类 b) 带台阶柱体类 c) 球面体类 d) 带齿类 e) 多平行孔类

图 7-8 所示为无台阶柱体类制件成型模的基本结构方案。图 7-8a、b、c 的结构为单向压制，顶出式脱模，图 a 适用于生产长径比 $h/d<1\sim1.5$ 的无台阶实柱体；图 b 中芯棒不动，便于装粉，但芯棒受拉力，脱模力大，适用于长壁厚比 $h/T<3$ 且孔径较大的无台阶带孔柱体；图 c 中芯棒与下模冲一体上下，脱模力小，芯棒不受拉力，但要求快速复位，且只能脱下式装粉，适用于长壁厚比 $h/T<3$ 且孔较小的无台阶带孔柱体。图 d、e、f、g 为双向压制，顶出式脱模，图 d、e 由压力机下压缸或顶杆实现压制，图 d 通常用于压制长细比为 $1<h/d<3$ 的无台阶实柱体；图 e 适用于长壁厚比为 $3<h/T<6$ 无台阶带孔柱体；图 f 中凹模浮动由弹簧实现，适用于

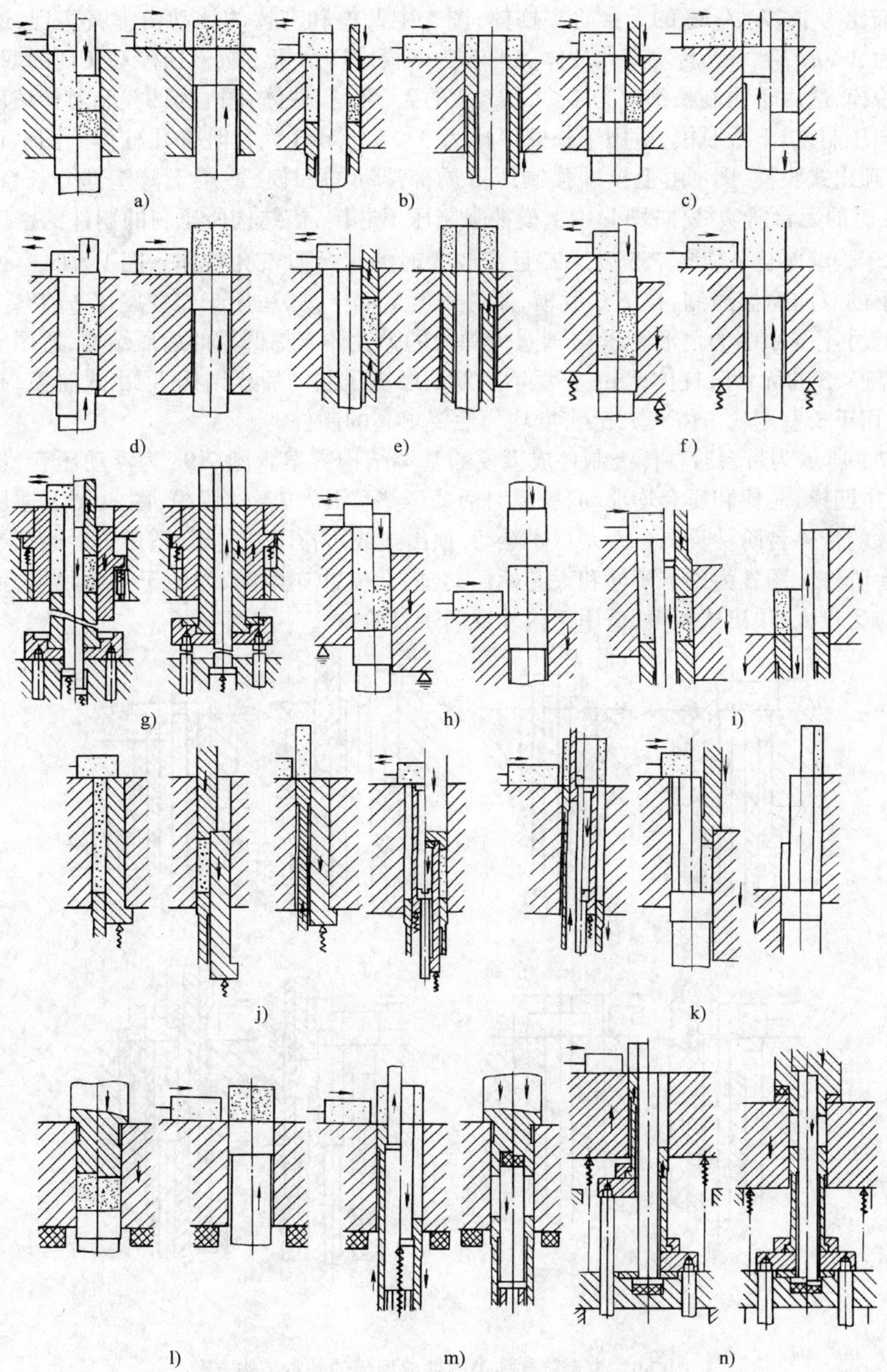

图 7-8 无台阶柱体类制件成型模的基本结构方案

a)、b)、g)单向压制，顶出式脱模 d)、e)、f)、g)双向压制，顶出式脱模
h)、i)双向压制，拉下式脱模 j)、k)双向摩擦压制，顶出式脱模
l)双向摩擦压制，拉下式脱模 m)、n)后压，顶出式脱模

压制长细比为 $1<h/d<3$ 的无台阶实柱体；图 g 中凹模和芯棒的浮动由弹簧实现，适用于长壁厚比为 $3<h/T<6$ 无台阶带孔柱体。图 h 为凹模由压力机下缸液压浮动实现的双向压制，拉下式脱模，适用于压制长细比为 $1<h/d<3$ 的无台阶实柱体；图 i 为凹模和芯棒液压浮动实现的双向压制，拉下式脱模，适用于长壁厚比为 $3<h/T<6$ 无台阶带孔柱体。图 j、k 双向摩擦压制，顶出式脱模，图 j 由上模冲强制压下局部浮动的凹模，适用于薄壁部分长壁厚比 $h/T_{最小}>6$ 时的无台阶实柱体；图 k 中上模冲强制压下芯棒，该结构所压制的制件的密度上高下低，适用于长壁厚比 $h/T\leqslant7.5$、$d>T$ 且 d 较大时的无台阶带孔柱体。图 l 为凹模被上模冲强制压下的双向摩擦压制，拉下式脱模，制件密度上低下高，适用于长壁厚比 $h/T\leqslant7.5$、$d>T$ 且 d 尺寸不受限制的情形。图 m 通过大弹力的弹性体支撑凹模的后压结构，适用于长细比为 $1<h/d<3$ 的无台阶柱体；图 n 正反均为双向摩擦压制的后压结构，顶出式脱模，制件密度均匀，适用于长壁厚比 $h/T\leqslant7.5$、密度均匀性要求高的制件。

图 7-9 所示为带台阶柱体类制件成型模的基本结构方案。图 7-9a 为浮动压套，顶出式脱模；图 b 中凹模、芯棒和压套均浮动，脱模时活动压垫移开，拉下式脱模；图 a、图 b 适用于压制凸缘较大的带外台阶件。图 c 为大芯棒浮动，顶出式或可拉下式脱模，适用于不通孔或小通孔的带内台阶件。图 d 为外下模冲和大芯棒浮动，内上模冲亦浮动，为便于上模脱模，上模冲的弹簧力应比较大，顶出式脱模，适用于内外反向带台阶件。

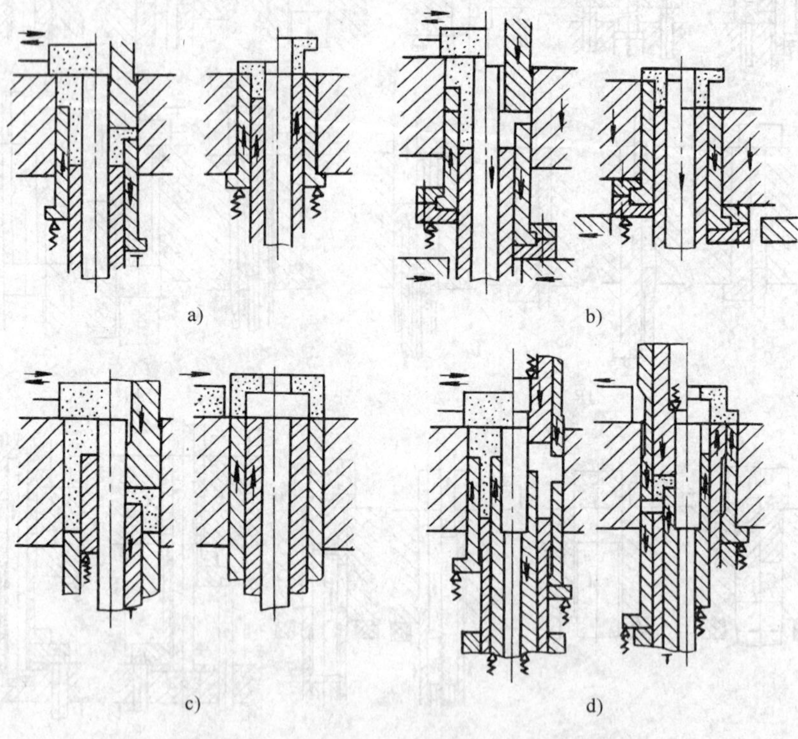

图 7-9　带台阶柱体类制件成型模的基本结构方案

a) 浮动压套，顶出式脱模　b) 凹模、芯棒和压套均浮动，拉下式脱模

c) 大芯棒浮动，顶出式或可拉下式脱模　d) 外下模冲和大芯棒及内上模冲浮动，顶出式脱模

图 7-10 所示为球面体类制件和带齿类制件成型模的基本结构方案。图 7-10a 为双向压

制，为便于脱模，凹模上下对开，适用于带外球面件。图 b 中凹模上下运动，但不转动；下模冲正反转动，但不上下运动，拉下式脱模，适用于压制不宜过高的斜齿轮。图 c 中芯棒上下运动并转动；下模冲允许转动，以减少芯棒转动，顶出式脱模，适用于内孔带螺旋面齿的制件。

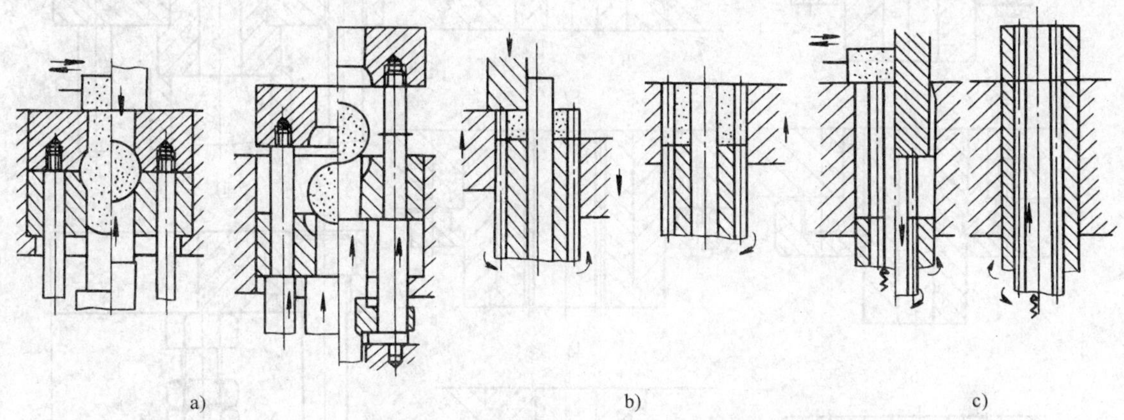

图 7-10　球面体类制件和带齿类制件成型模的基本结构方案

a) 双向压制，凹模上下对开　b) 凹模上下运动，下模冲正反转动，拉下式脱模

c) 芯棒上下运动并转动，下模冲允许转动，顶出式脱模

5. 主要零件的连接方式

(1) 凹模与模板和模座的连接　凹模与模板和模座的连接方式如图 7-11 所示。图 7-11a 为开法兰圈连接，模板上面平整，凹模装拆方便，并可调头使用，寿命长，但凹模过高时模板过厚，适用于凹模高度较小、需经常拆卸和易磨损的场合。图 b 的特点与图 a 相同，另外，可改变接套的内径和高度来满足凹模的外径和高度要求，但其结构复杂，适用于凹模经常拆卸、易磨损和高度较大的场合。图 c 结构简单、紧凑，但模板的强度和刚度较差，凹模用料较大，不便拆卸，适用于凹模外径和高度均小时的场合。图 d 结构较简单，凹模用料相对较少，模板上面平整，但不便拆卸，适用于凹模外径大、高度小、磨损少的场合。图 e 中凹模装拆方便，并可调头使用，但粉末易进入模板上面的凹坑处，连接刚性差（由螺钉承受脱模力），适用于脱模力和制件高度较小的场合。图 f 模板上面平整，可承受较大的脱模力，但不便装拆，适用于脱模力较大以及齿轮等凹模必须带模套的场合。图 g 模板上面平整，凹模装拆方便，但连接刚性差（螺纹承受脱模力），适用于凹模外径小、高度大、脱模力不大的场合。图 h、i 中凹模与凹模座相连，图 h 通常用于凹模不动的冲床上的自动压模；图 i 适用于凹模不动的普通液压机上的半自动压模。图 j 凹模用正反两向的螺钉托起和固定，凹模位置可调节，适用于凹模直径大，高度小并需调节位置的场合。

(2) 模板和垫板与压力机的连接　图 7-12 所示为模板和垫板与压力机的连接。图 7-11a 适用于模板或垫板较大时的情形；图 b 适用于模板或垫板较小时的情形；图 c 的结构在一定高度范围内可调节，适用于模板需垫高时的情形；图 d 适用于模板需垫高时的情形。

(3) 上模冲的连接　图 7-13 所示为上模冲的连接。图 7-13a 中上模冲与由压垫保护的垫板连接，适用于通常的液压机压制。图 b 中上模冲通过套状的压盖与垫板连接，压盖的作用是强制压下凹模，适用于液压机上的双向摩擦压制。图 c 中上模冲通过法兰盘以静配合与垫板连接，适用于异形截面上模冲，其本身不宜带出法兰时的情形。图 d 通过环氧树脂固定上模冲与法兰盘，法兰盘与垫板连接，适用于一模多模膛的多上模冲结构。图 e 中上模冲不宜带出法

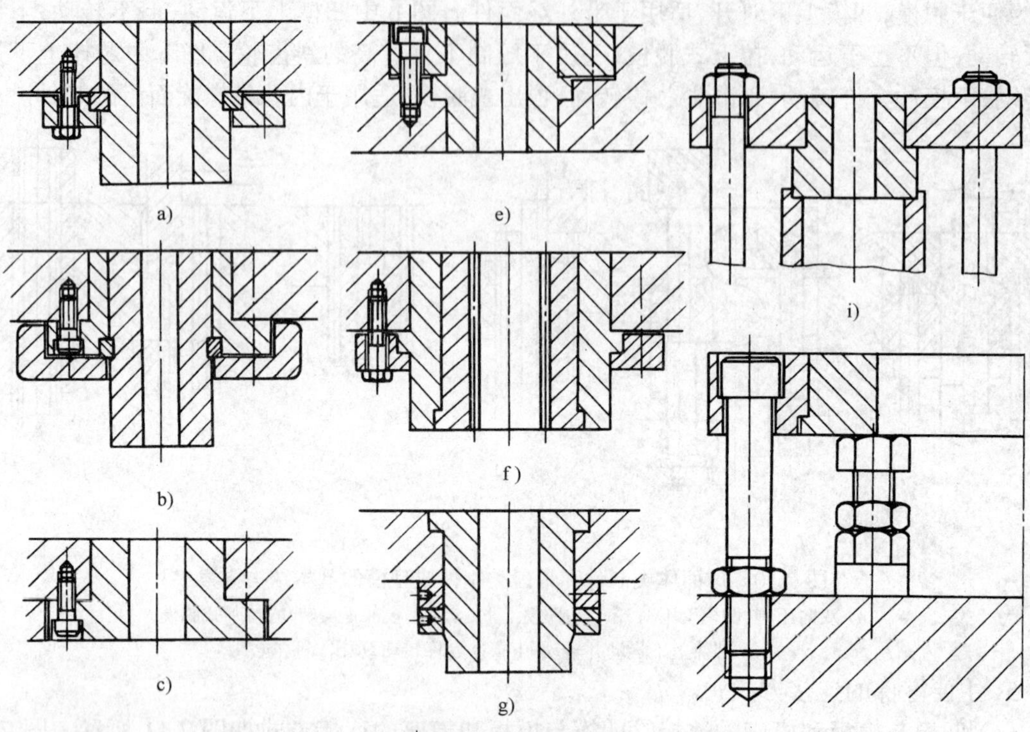

a) e) i)

b) f)

j)

c) g)

d) h)

图 7-11 凹模与模板和模座的连接方式

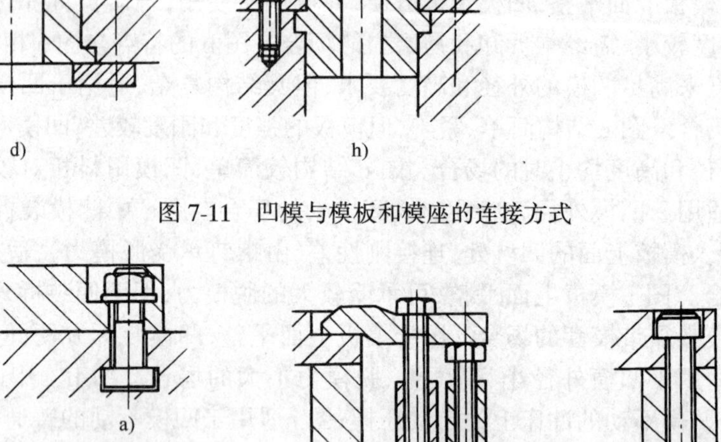

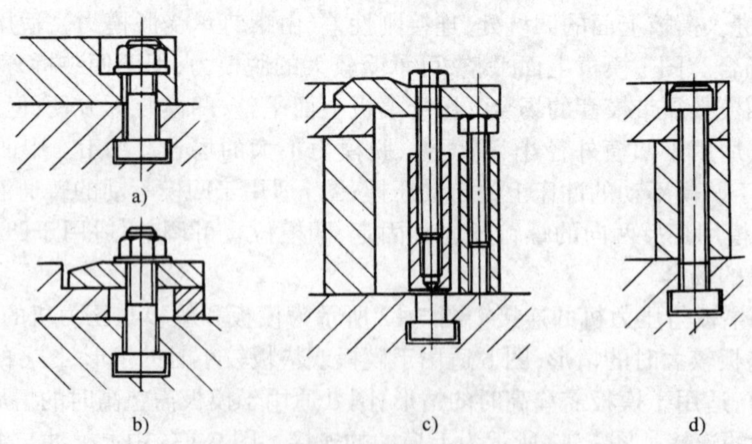

图 7-12 模板和垫板与压机的连接

兰，而通过法兰盘与垫板连接，适用于截面较大的异形上模冲截面制件的压制。图 f 为组合上模冲，外模冲固定不动，内模冲由螺钉连接、限位，并由弹簧浮动，适用于压制上面带凸起的制件。图 g 也是组合上模冲，外模冲固定不动，内模冲由弹簧弹出，由外模冲内台限位，压制时起

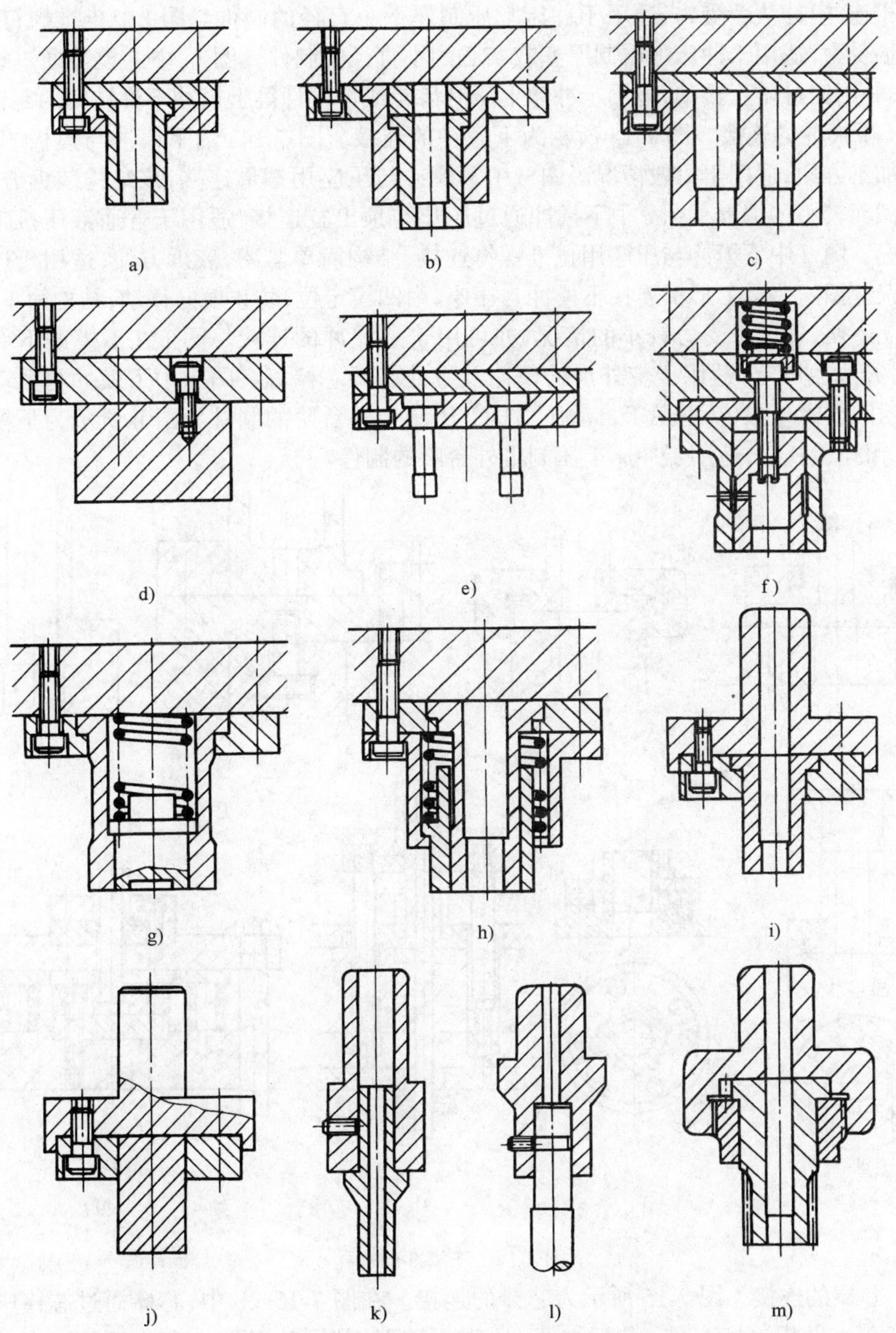

图 7-13 上模冲的连接

压紧拼合芯棒的作用，适用于压制内球面的制件。图 h 所示的组合上模冲，内模冲固定不动，外模冲由弹簧弹出，由接套内台阶限位，压制时起压紧拼合凹模的作用，适用于压制外球面的制件。图 i 为上模冲与模柄的连接，适用于冲床上压制薄壁大直径制件。图 j 中上模冲与法兰圈为静配合，适用于冲床上压制异形截面的制件。图 k 中上模冲插入模柄孔定位，由止推螺钉顶斜面相连，模冲法兰受力，适用于冲床上压制厚壁小直径的制件。图 l 中止推螺钉顶环槽，模冲顶端受力，适用于冲床上压制厚壁或实心的小直径的制件。图 m 中上模冲通过螺帽与模柄连接，并用销钉防止转动，适用于冲床上压制齿轮或带键件等上模冲不许转动的制件。

（4）下模冲的连接　图 7-14 所示为下模冲的连接。图 7-14a 为下模冲与模板的连接，其接触面加工方便，适用于一般情况。图 b 中下模冲与压座用螺母连接，该结构装拆方便，适用于压座截面较小的情形。图 c 中下模冲通过压垫与顶出缸连接，适用于普通液压机带有顶出缸的情况。图 d 中下模冲与压座用止推螺钉连接，结构简单紧凑，装拆方便，适用于连接力不大的情况。图 e 中用 T 形槽连接下模冲与压座，由凹模定位，防止模向移动，结构简单，但受压面精加工不便，适用于受力较小的情况，亦可用于上模冲的连接。图 f 在下模冲下部加工出槽，用对开法兰固定，适用于带外齿的模冲及带外齿的芯棒等。图 g 中下模冲与浮动顶杆连接，弹簧托起，螺母限位，适用于自动压力机上压制带外台阶的制件。图 h 所示为下模冲与横梁连接，由托板托起，适用于冲床上压制带外台阶的制件。

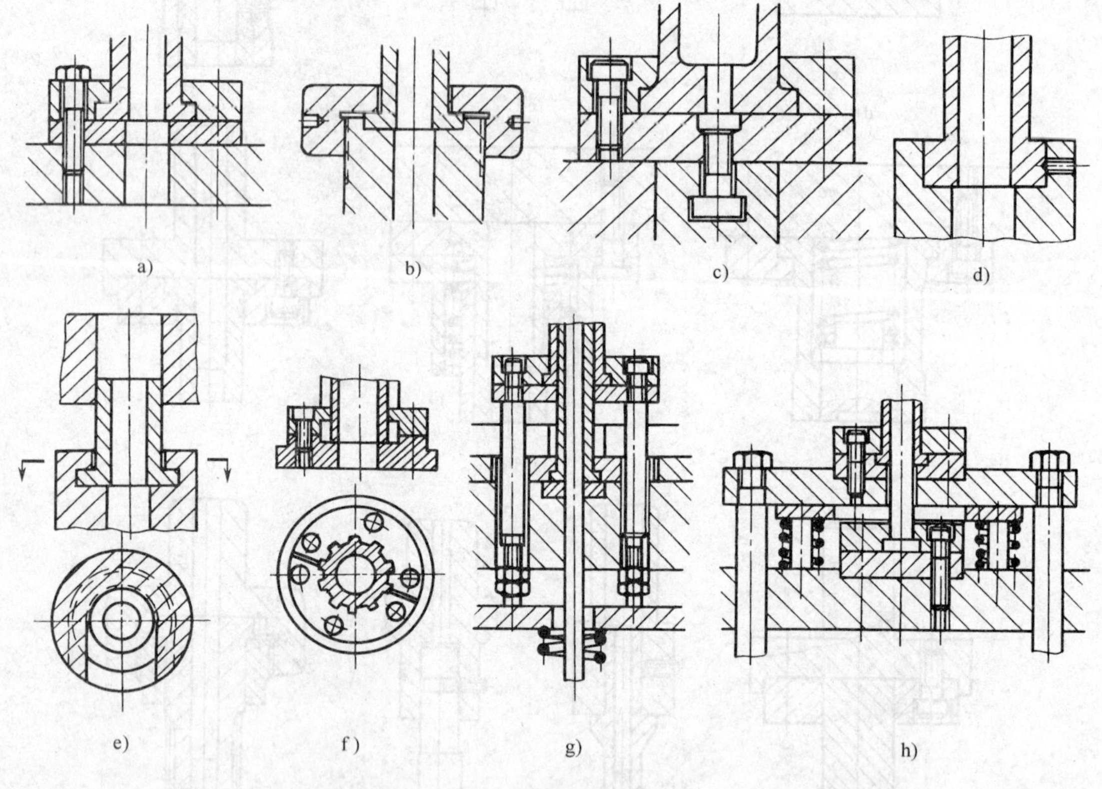

图 7-14　下模冲的连接

（5）芯棒的连接　图 7-15 所示为芯棒的连接。在图 7-15a、b 中，芯棒通过芯棒座的螺纹与压力机下缸并帽连接。图 a 装拆方便，但对芯棒螺纹的同轴度要求较高，适用于自动压力机拉下式压模；图 b 受力条件和安装精度较好，但装拆不便，适用于自动压力机拉下式压模。图 c、d 中芯棒与芯棒座通过螺母连接，图 c 径向尺寸较小，适用半自动拉下式压模；图 d 中芯棒座与下模板静配合，适用于半自动拉下式压模。图 e 中芯棒与下模冲通过接杆连接，起顶出脱模和装粉复位作用的接杆与顶出缸连接，适用于齿轮类顶出式自动压模。图 f 中芯棒与芯棒座或连杆用 T 形槽连接，模冲定位，防止横向移动，适用连接力较小的情况。

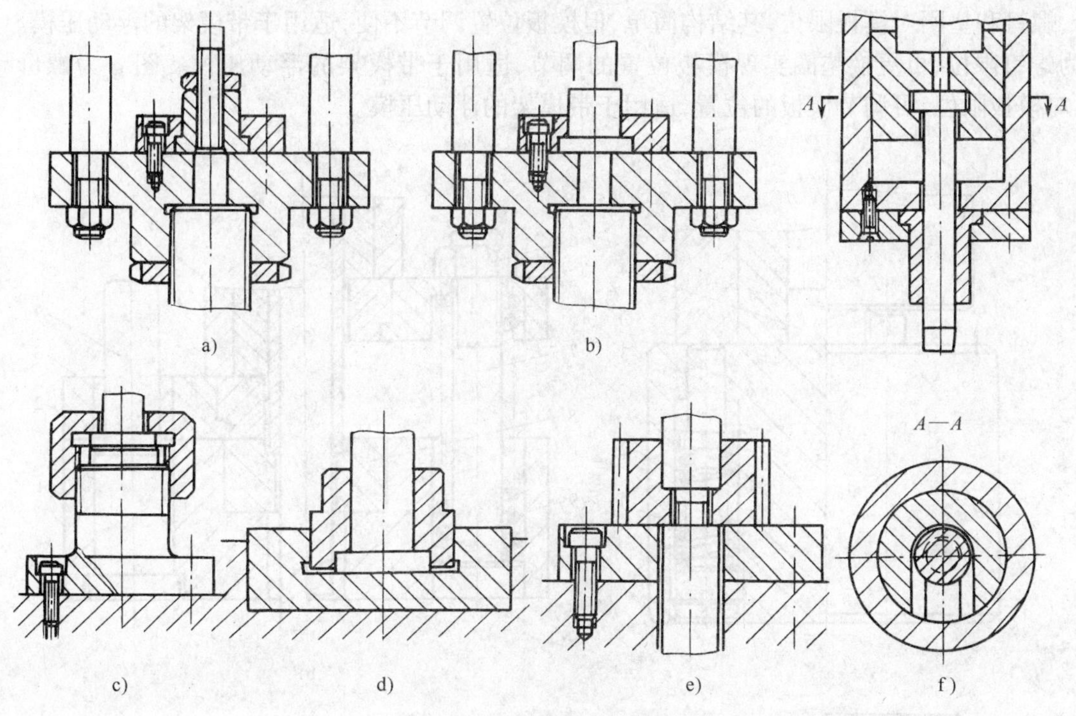

图 7-15　芯棒的连接

（6）导柱与模板的连接和限位　图 7-16 所示为导柱与模板的连接和限位。图 7-16a、b 中导柱亦为拉杆，其与上模板连接，适用于自动压力机拉下式压模。图 c 中导柱与模板通过螺钉限位，起限位和防尘作用的垫圈随模板浮动，适用于带模架的浮动量较小的压模。图 d、e 为螺

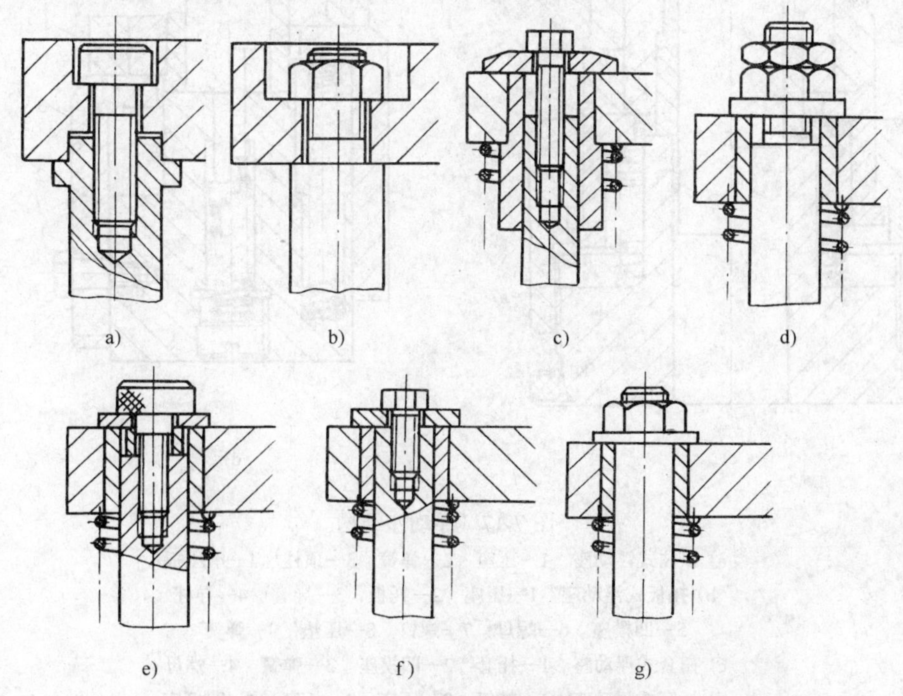

图 7-16　导柱与模板的连接和限位

母、螺钉和垫圈对模板限位，其结构简单，但模板位置调节不便，适用于带模架的浮动压模。图f为螺钉限位，可更换垫圈实现模板位置的调节，适用于带模架的浮动压模。图g为螺母、垫圈对模板限位，可调节模板的位置，适用于带模架的浮动压模。

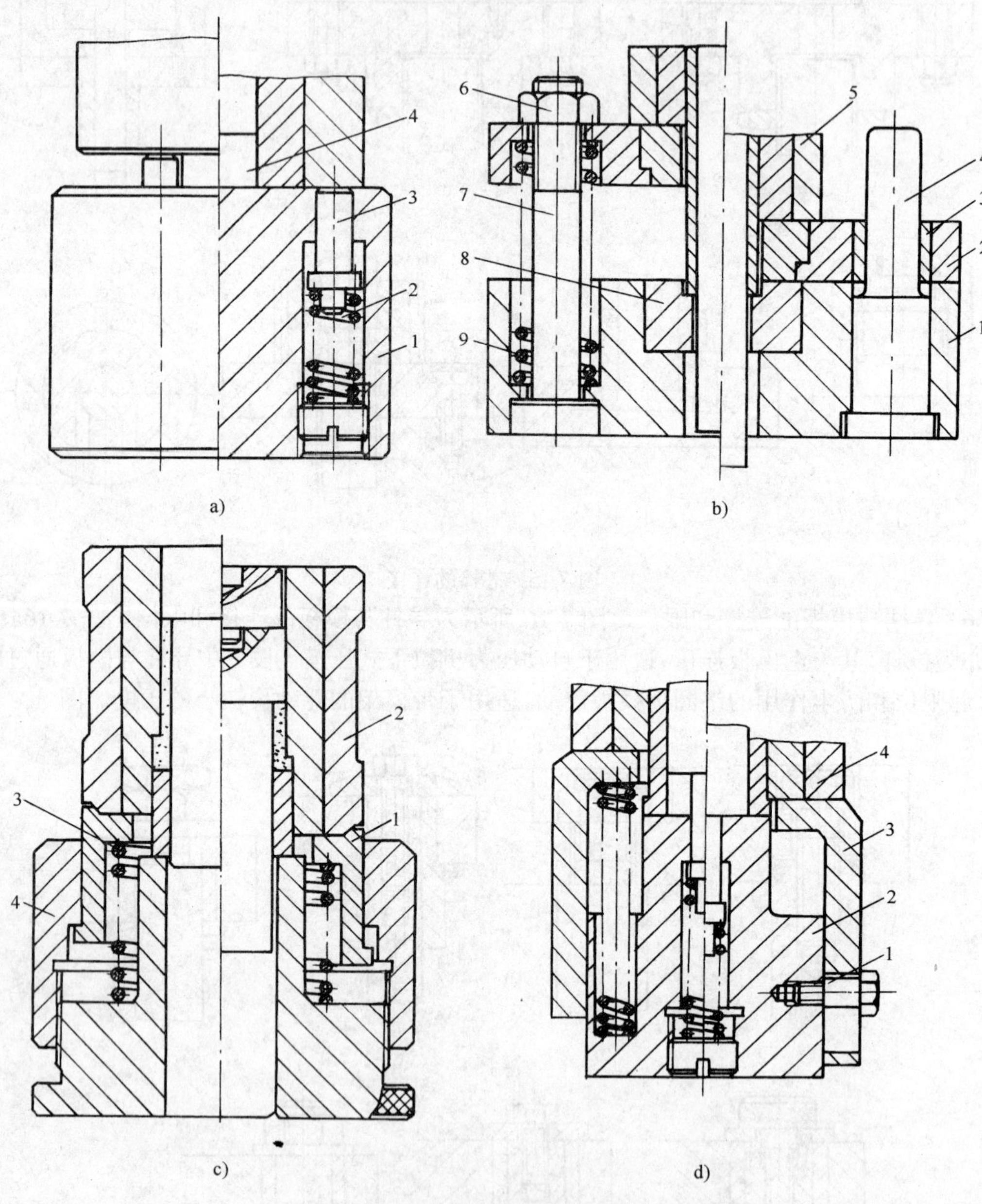

图7-17 浮动座结构

a）顶柱式浮动座 1—压座 2—弹簧 3—顶柱 4—承压板

b）托板式浮动座 1—压座 2—托板 3—导套 4—导柱 5—凹模座 6—螺母 7—螺钉 8—压垫 9—弹簧

c）托套式浮动座 1—托套 2—凹模座 3—弹簧 4—螺母

d）托套式浮动座 1—螺钉 2—压座 3—托套 4—凹模座

6. 浮动结构

模具的凹模、芯棒和上下模冲、压套等主要零件都可浮动。浮动力有:弹簧力;摩擦力;气动力;液体节流阻力等。浮动结构的作用:减小压坯与模壁间的摩擦力,以形成双向压制、双向摩擦压制及后压等,从而降低压制压力,使制件密度均匀;通过浮动量的调节,可调节装粉;由于组合模冲不同部位的粉末受压有先后,浮动结构可改变原始装粉状态,使制件不同部位的密度趋于均匀,获得与补偿装粉相当的效果。

(1) 弹簧浮动

1) 凹模浮动

手动模通过浮动座或浮动模架实现凹模浮动。

图 7-17 所示为浮动座结构。图 7-17a 所示为顶柱式浮动座结构,压座 1 上安装 3～4 个弹簧 2 托起的顶柱,以支承凹模。结构简单,但不便调节浮动量,适用于凹模直径较大时。图 b 为托板式浮动座结构,在压座 1 上安装对称的两个限位螺钉 7 和两个导柱 4,凹模座 5 落在托板 2 上,由弹簧 9 托起。托板所镶的导套 3 可保护螺钉的螺纹,浮动量由螺母调节,镶在压座上的压垫 8 通常不需热处理。图 c、d 为托套式浮动座结构。图 c 中被弹簧 3 托起的凹模座 2 落在托套上 1,通过螺母 4 限位、导向,并调节浮动量,该结构零件少,凹模浮动最下位置不受限制,适用于压制带台阶件的浮动凹模;图 d 中凹模座 4 是由托套 3 托起浮动的,压座 2 导向,螺钉 1 限位,结构简单,但浮动量不能调节。

图 7-18 所示为带模架的浮动结构。在图 7-18a 中,安装在下模板 4 下面的弹簧 1,不仅加大了浮动量,而且下部弹簧可放在冲床工作台的孔中,尤其是对闭合高度较小的冲床,可大大减小模架高度。下模冲 5 对凹模 8 定位导向,弹簧通过托板 7、顶杆 3 将凹模托起,并由螺钉 2

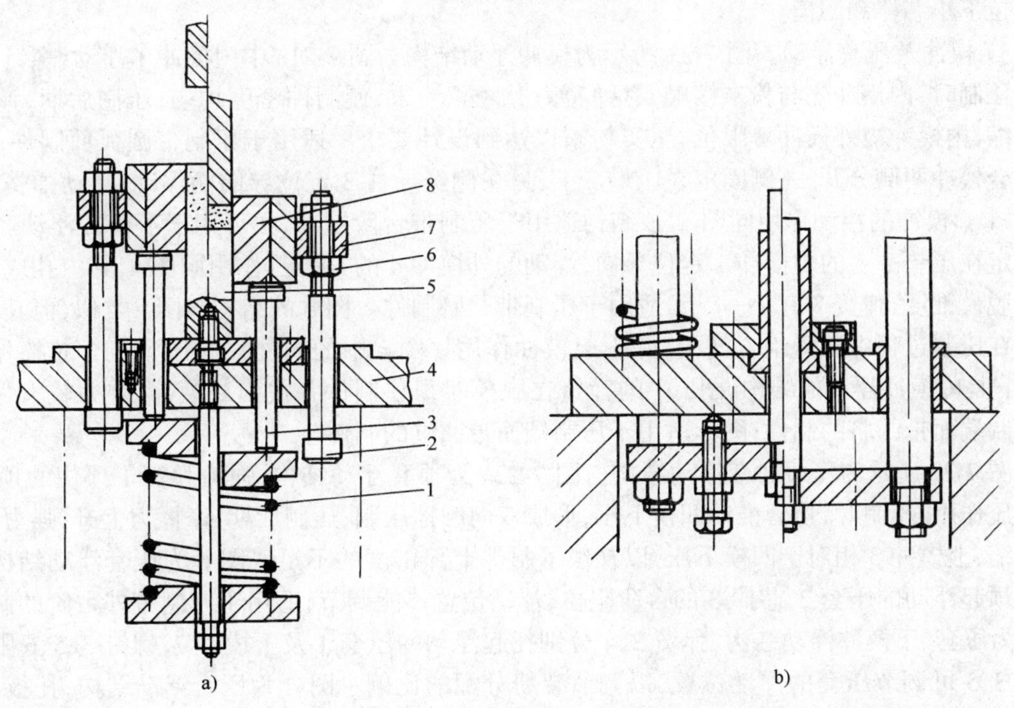

图 7-18 带模架的浮动结构

1—弹簧 2—螺钉 3—顶杆 4—下模板 5—下模冲 6—螺母 7—托板 8—凹模

限位，通过螺母 6 可调节浮动量。该结构自成模架，安装和存放方便，由于凹模靠下模冲定位和导向，故对其它部位无配合要求，适用于压坯横截面较大的情况。图 b 中凹模由两个导柱导套导向，并由弹簧托起，螺钉调节位置，下模冲不起主要定位作用，该结构使芯棒浮动，适用于压制截面较小的带孔制件。

机动模凹模浮动结构如图 7-19 所示，图 7-19a 中下模冲 1 定位导向，弹簧 3 托起，螺钉 2 限位，凹模位置可调，适用于大截面压坯。图 b 中导套导向并限位，调节限位套以改变浮动距离，进而调节压坯的台阶高度，适用于压制带台阶制件。图 c 中弹簧安装在模板下面(利用压力机工作台的大孔)，凹模由导柱导套导向，不能调节浮动量，适用于双向摩擦压制细长制件。图 d 中凹模和压套同时浮动，并在压制终了时发生相对位移，以压实台阶，导柱导套导向凹模，适用于压制带台阶制件。图 e 中凹模 1 由导套 2 导向，其和模套 3 向下浮动，并被模座 5 限位，凹模受的托力较均匀，弹簧 4 所占空间较小，适用于压制带环形制件。

2）芯棒浮动。图 7-20 所示为芯棒浮动结构。图 7-20a 中弹簧 5 通过顶柱 4 托起芯棒 1，并使之浮动，横穿的销钉 3 限位，螺母 2 调节位置。图 b 中螺母托起并限位芯棒，该结构不能调节芯棒向上浮动。图 c 中拉簧 1 拉起托板 2 而使芯棒浮动，固定在模座 3 上的压垫 4 限位，也不能调节浮动位置。图 d 中弹簧 1 托起芯棒 3，螺钉 2 限位并调节向上浮动的位置，压制时，上模冲 4 强制压下芯棒，该结构适用于芯棒较粗时的双向摩擦压制。图 e、f、g 适用于压制带内台阶件，图 e 中的芯棒由大、小直径的两件组合而成，拔出小芯棒，并拧动螺钉 1，可调节芯棒向上的浮动位置；图 f 中用螺纹连接大、小芯棒 3、4，弹簧 2 托起，螺母 1 限位，调节向上浮动的位置比较困难；图 g 中大芯棒 1 浮动，螺母 5 调节其向上浮动的位置，由小芯棒 3 固定在下缸并帽 4 上。压制时，大芯棒座落在下模板 2 上，小芯棒与下缸并帽一起浮动；脱模时，下缸并帽拉下小芯棒和凹模。

3）模冲及压套浮动。图 7-21 所示为模冲浮动结构。图 7-21a 中内模冲 1 浮动，螺钉 4 限位。压制时，内模冲先与粉末接触，靠弹簧力“虚压”粉末，使制件密度均匀；压制后期，弹簧 3 被压缩，内模冲被外模冲 2 限位，压实粉末以达到设计要求。适用于压制带圆弧面制件；图 b 中组合模冲两侧分开，一侧固定在压垫 2 上，另一侧经导柱 3 定位导向而浮动，浮动弹簧 4 有 2～3 个。模冲的浮动作用同图 a，该结构适用于压制带台阶制件，亦可用于下模冲浮动。图 c 中固定在压垫 2 上的内模冲 1 定位导向，浮动的外模冲 4 的“虚压”作用同图 a，其内孔成形段应有脱模锥度，弹簧 3 有 2～4 个，适用于压制带凸脐制件。图 d 的结构与图 c 类似，但其浮动外套在压制过程中压紧组合凹模，并不起模冲作用。图 e 中的内柱只起压紧组合芯棒作用。图 f、g 是内模冲浮动的结构，图 f 中的弹簧在脱模时顶住制件并拔出外模冲，弹力较大，适用于压制端面带凸脐的制件；图 g 适用于压制端面带凹坑的制件。

图 7-22 所示为压(顶)套浮动结构。图 7-22a 为顶套浮动结构，强力弹簧 1 顶住的顶套 2 起后压作用，压制时，顶套推动凹模下压，形成双向摩擦压制；压制后期，摩擦力上升，强力弹簧被压缩，上模冲 3 相对于凹模下压，以补偿了制件上部密度的不足。图 b 为压套浮动结构，弹簧 1 顶起浮动的压套 2，芯棒 3 的台阶限位，浮动位置不能调节，适用于压制带外台阶的制件。图 c 为压套、下模冲浮动结构，弹簧 2、4 分别托起浮动的压套 1 及下模冲 7，螺钉 3、5、6 限位，螺钉 3、5 可调节压套的浮动位置，以调节装粉分配的比例。图 d 为压套浮动结构，托板 2 下面的弹簧 1 顶起压套 6，限位螺母 3 可调节压套的浮动位置，下模冲 5 被固定在下模板 4 上。

图 7-19　凹模浮动结构

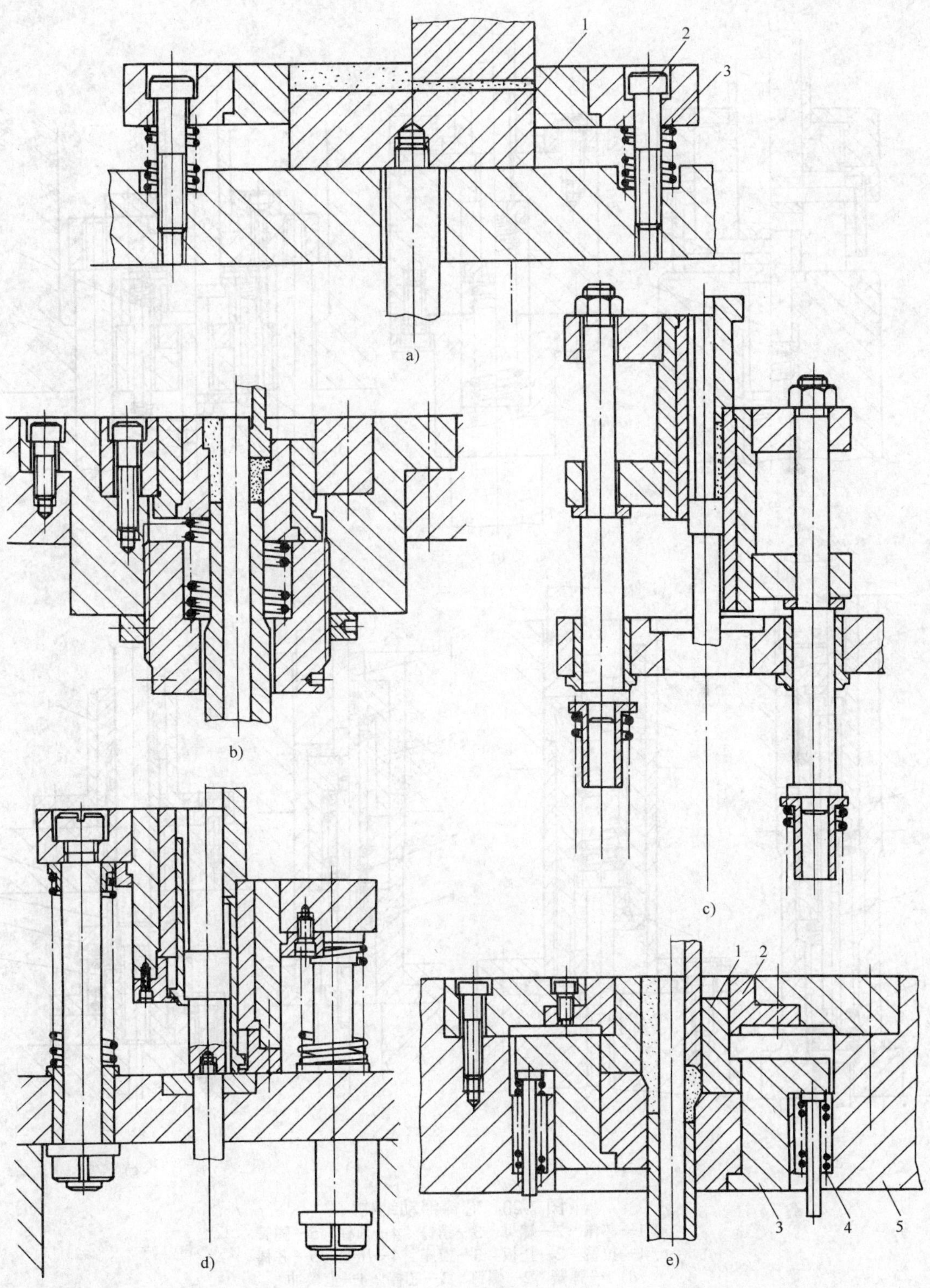

图 7-19　凹模浮动结构
a) 1—下模冲　2—螺钉　3—弹簧
e) 1—凹模　2—导套　3—模套　4—弹簧　5—模座

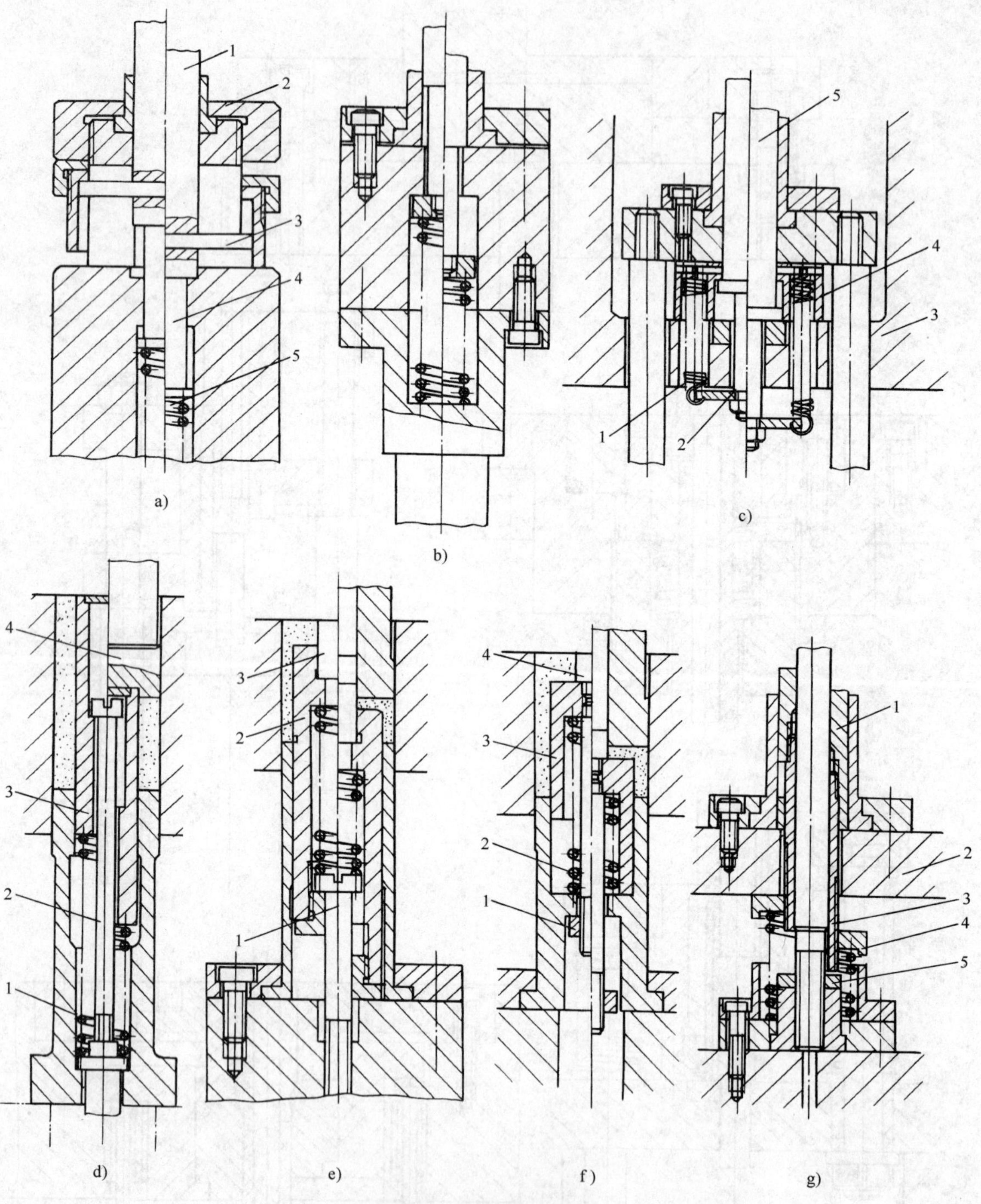

图 7-20　芯棒浮动结构

a) 1—芯棒　2—螺母　3—销钉　4—顶柱　5—弹簧

c) 1—拉簧　2—托板　3—模座　4—压垫　5—芯棒

d) 1—弹簧　2—螺钉　3—芯棒　4—上模冲

e) 1—螺钉　2—大芯棒　3—小芯棒

f) 1—螺母　2—弹簧　3—大芯棒　4—小芯棒

g) 1—大芯棒　2—下模板　3—小芯棒　4—下缸并帽　5—螺母

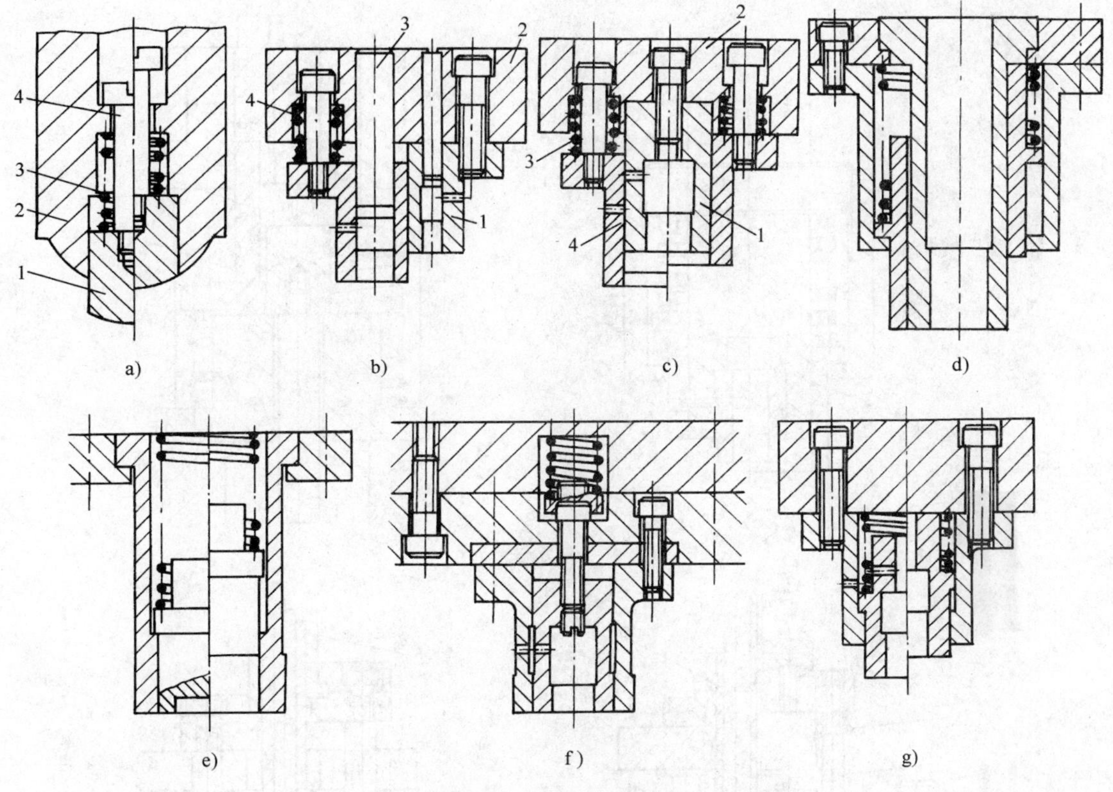

图 7-21 模冲浮动结构

a) 1—内模冲 2—外模冲 3—弹簧 4—螺钉

b) 1—组合模冲 2—压垫 3—导柱 4—弹簧

c) 1—内模冲 2—压垫 3—弹簧 4—外模冲

(2) 摩擦浮动 图 7-23 所示为旁楔式摩擦浮动结构。凹模 2 的上下靠粉末与模壁的摩擦,导套 1 导向并限位,脱模时凹模被制件带到最上位置,并由旁侧弹簧 3 顶紧的销钉 4 楔住,凹模上相应的销钉孔中心应略偏低于销钉的中心,以保证锥面上部接触,托紧凹模,保持不变的最上位置。限位套 5 可调节凹模向下浮动的距离,图 a 调节弹簧力较困难,图 b 较方便,但粉尘易落入模具上部的孔。

(3) 气压浮动

1) 气压浮动结构的特点

① 较液压结构清洁,密封要求简单,但浮动力较小,且不能自润滑。

② 改变气压可调节浮动力,较弹簧力稳定。

③ 压缩空气的作用相当于风动弹簧,轴向空间小,结构紧凑。

④ 设计两个气室,改变气路,可完成较复杂的动作,实现双向动作。

⑤ 气缸、活塞精度要求高,浮动力大小受模具及压力机尺寸的限制。

2) 气压浮动结构 图 7-24a 所示为凹模浮动结构。安装在凹模座 1 中的气缸 2 的活塞 3 顶起凹模 4,导板 5 限位。在压制时,压力克服气动力,强制压下凹模,缸底受压力。为保持活塞的压力均匀,其底部内外均应有倒角和沟槽相通。

图 7-24b 所示为芯棒浮动结构。安装在模板 2 下部的气缸 1 的活塞杆 3,与芯棒 6 通过芯

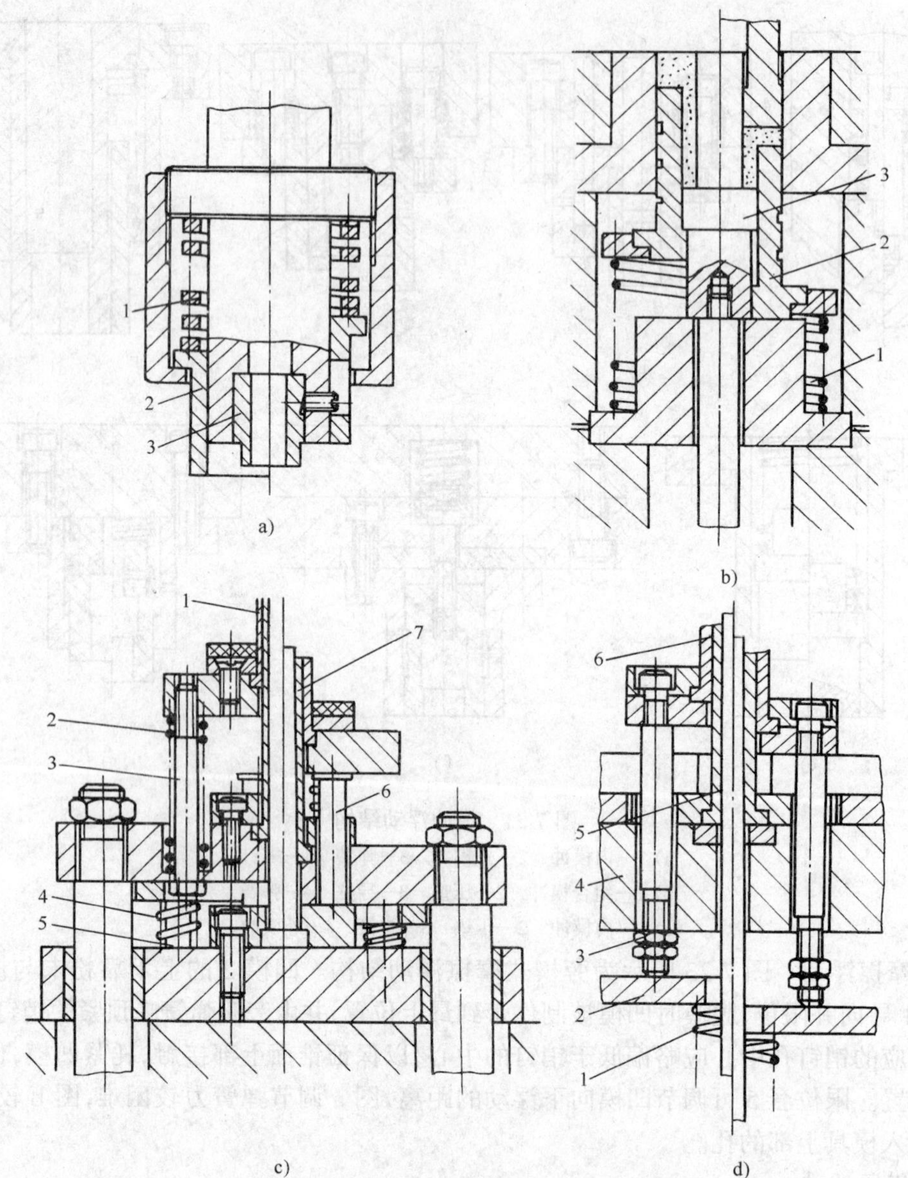

图 7-22 压(顶)套浮动结构

a) 顶套浮动结构 1—强力弹簧 2—顶套 3—上模冲

b) 压套浮动结构 1—弹簧 2—压套 3—芯棒

c) 压套、下模冲浮动结构 1—压套 2、4—弹簧 3、5、6—螺钉 7—下模冲

d) 压套浮动结构 1—弹簧 2—托板 3—限位螺母 4—下模板 5—下模冲 6—压套

棒接杆 5 相连。接杆两头的螺母 4 调节芯棒上、下极限位置。该结构用于多余充填的装粉。

图 7-25 所示为下模冲浮动结构。图 a 中螺钉固定活塞 2 与压垫 1 不动，右下模冲 6 固定在缸盖 4 上，左下模冲 5 与活塞紧配相连。装粉时，在气动力作用下气缸 3 升起，被活塞下部台阶限位，而补偿装粉；压制时，强制压下右下模冲到压垫上，该结构适用于压制非对称带台阶制件。图 b 中外下模冲 6 与气缸盖 4 相连，并随气缸 3 上下浮动。装粉时，外下模冲升起，起补偿装粉作用；压制时，气缸座落到压垫 1 上，内下模冲 5 与活塞 2 相连，活塞被固定在压垫

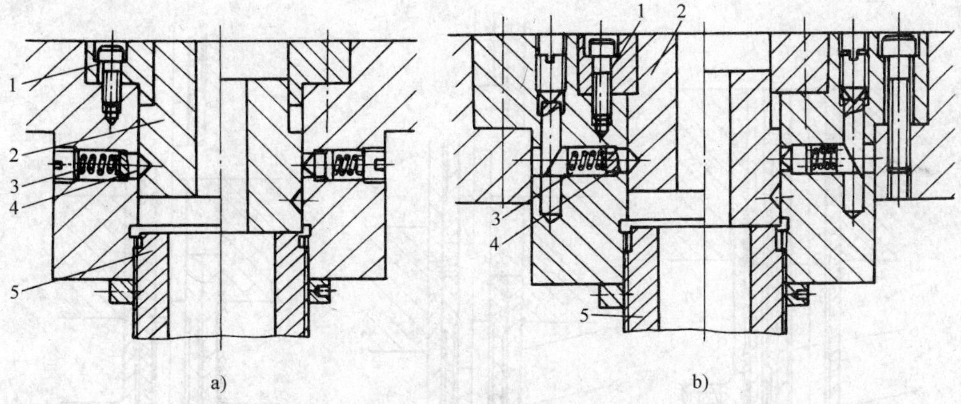

图 7-23 旁楔式摩擦浮动结构

1—导套 2—凹模 3—弹簧 4—销钉 5—限位套

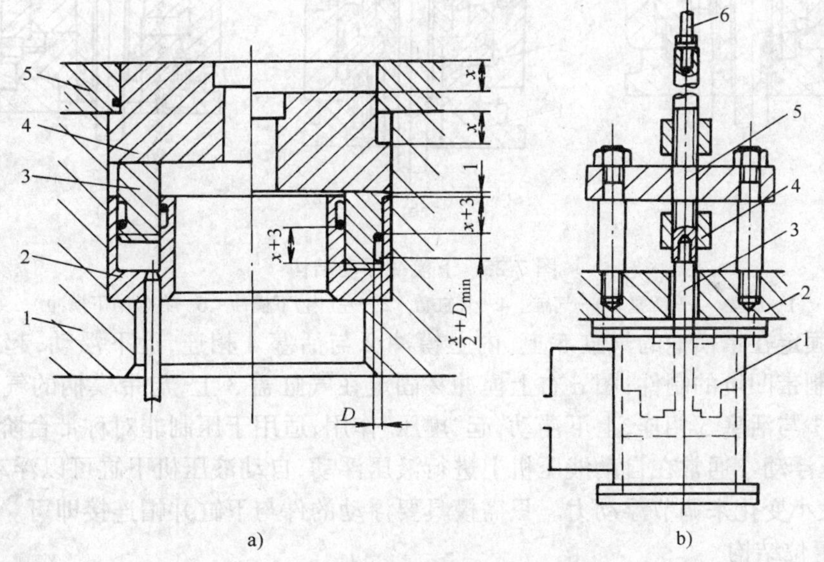

图 7-24 气压浮动结构和芯棒浮动结构

a) 气压浮动结构 1—凹模座 2—气缸 3—活塞 4—凹模 5—导板

b) 芯棒浮动结构 1—气缸压垫 2—模板 3—活塞杆 4—螺母 5—接杆 6—芯棒

上。该结构适用于压制内外有台阶且凸脐在上的制件。图 c 中制件的压制上面与图 b 相反，而制件形状相同，外下模冲与气缸盖相连，通过气缸被固定在压垫上，内下模冲与活塞相连，气室在活塞的下部。装粉时活塞升起以补偿装粉；压制时，活塞压下的压力传到压垫上，活塞上部因形成气室，故设有小孔，以便活塞上下运动时自然进排气。

图 7-26 所示为上模冲浮动结构。图 7-26a 的结构适用于凹模模膛带外台阶制件的压制，气缸 3 与带模柄的缸盖 4 相连，固定在活塞 2 上的上模冲 1 开始接触粉末时，上模冲的浮动力大于凹模浮动力，迫使凹模下降，先压实凹模下部的无台阶部分粉末，随后，摩擦阻力上升，上模冲向上退到底，压实台阶部分的粉末，起到类似双向压制的作用，即“虚压”。图 b、c、d 为组合上模冲浮动结构，图 b 中内上模冲 2 固定在带模柄的活塞 5 上，外上模冲 1 固定在气缸盖 3 上，并随气缸 4 上下浮动，起到“虚压”作用，适用于压制带凸脐的制件；图 c 中外上模冲 1 与气

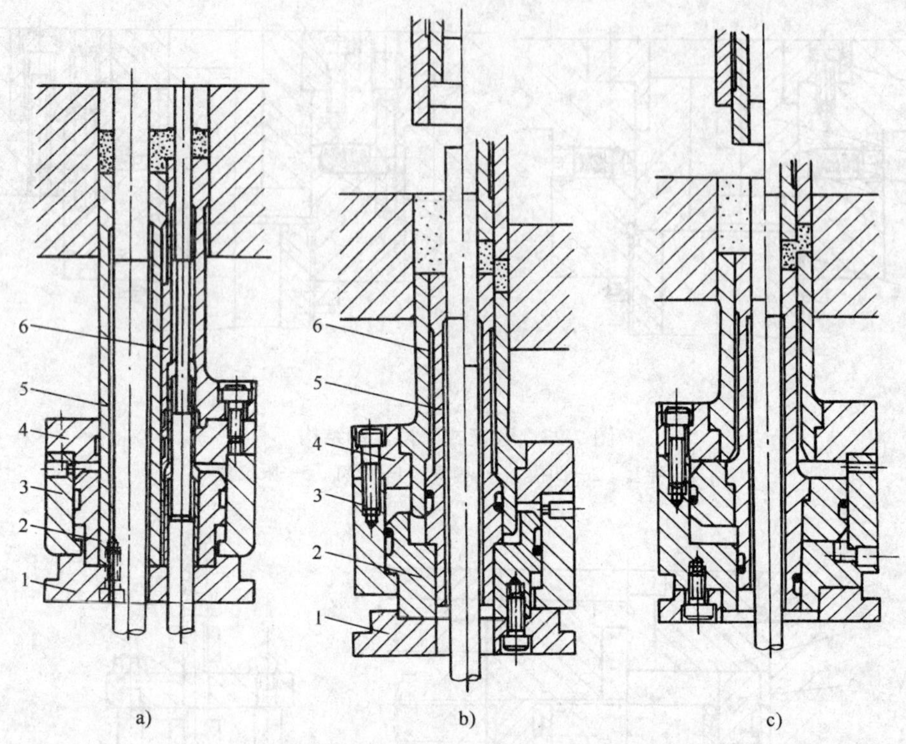

图 7-25　下模冲浮动结构

1—压垫　2—活塞　3—气缸　4—气缸盖　5—左(内)下模冲　6—右(外)下模冲

缸盖 3 相连,固定在带模柄的气缸 5 上,内上模冲 2 与活塞 4 相连,上下浮动,起“虚压”的作用,适用于压制带凹坑的制件;图 d 右上模冲 2 固定在气缸盖 3 上,与带模柄的气缸 4 成为一体,左上模冲 1 与活塞 5 相连,上下浮动,起“虚压”作用,适用于压制非对称带台阶制件。

(4) 液压浮动　通常在自动液压机上进行液压浮动,自动液压机下缸可以浮动,通过液体节流阻力的大小变化来调节浮动力。只需模具要浮动的件与下缸并帽连接即可。

7. 脱模复位结构

脱模结构与制件形状和压力机有关,脱模有顶出和拉下两种主要形式,脱模时的顶出或拉下距离应准确、可调节;顶出式的复位是下模冲下降的复位,拉下式的复位是凹模升起的复位,自动压制时,要求复位迅速、动作快、冲击小、复位的位置应重复性好。液压机通常有带下顶缸或下拉缸装置,下顶或下拉距离大都可调节,极少数不可调节;通用机械压力机往往无下顶缸装置,压力机应经过改装,以便自动压制。

(1) 带下顶缸(或下拉缸)压力机的脱模复位结构　图 7-27 所示为带下顶缸(或下拉缸)压力机的脱模复位结构。图 7-27a 适用于制件直径大、壁厚较厚、高度较小的压模,三根顶杆 3 一端与下模冲 4 相连,托板 1 将另一端连成一体,脱模时,压力机的下顶缸上升,顶托板脱模,复位靠弹簧。图 b 适用于制件截面较小的模具,其结构与图 7-27a 相似,但复位弹簧 3 只有一根,顶杆 2 可不与下模冲 4 相连,脱模时,制件被压力机的下顶缸通过托板 1 顶出凹模,下顶缸退回后,弹簧使下模冲复位,顶杆托板自由落到下顶缸或其它支撑板上。图 c 适用于压坯面积较大,但高度较小的模具,其结构简单,顶杆 2 与压力机的下顶缸 1 可不连接。脱模时下顶缸上升,通过顶杆将制件脱出凹模,下顶缸复位后,下模冲 4 通过弹簧 3 复位。图 d 适用于压力

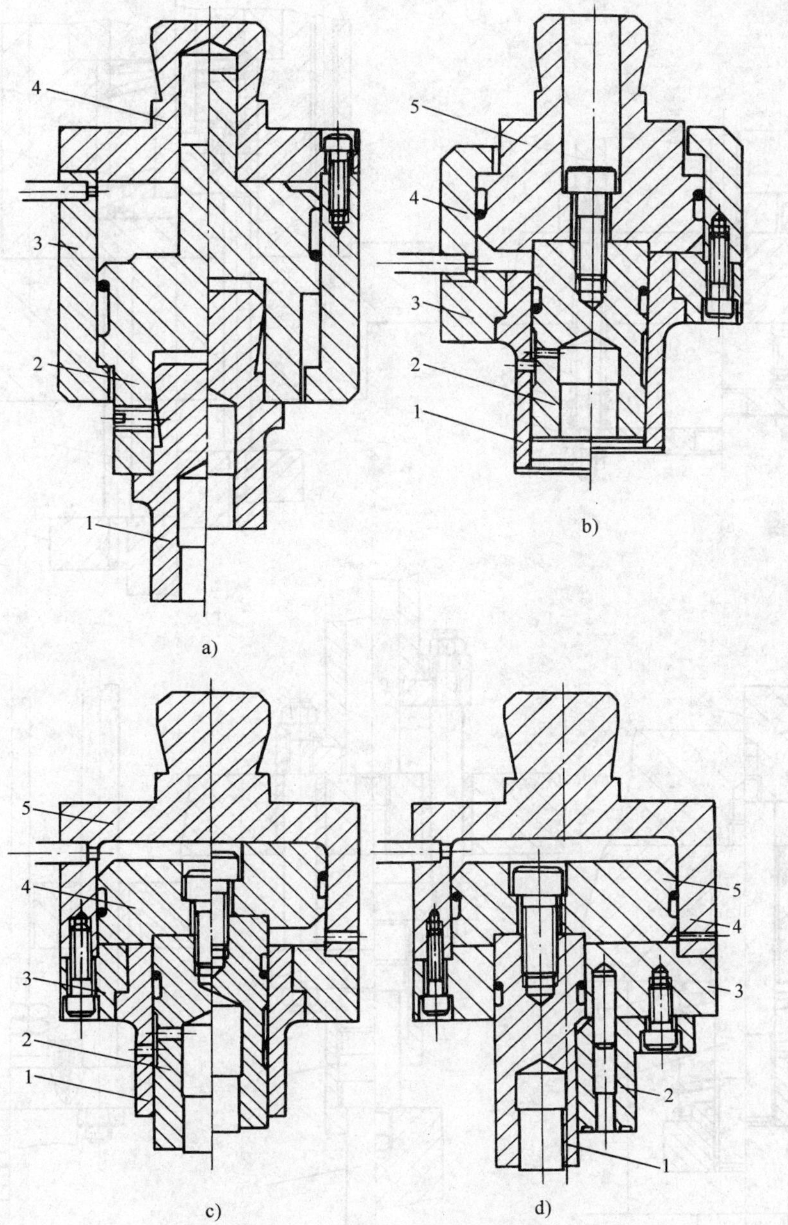

图 7-26　上模冲浮动结构

a) 1—上模冲　2—活塞　3—气缸　4—带模柄的气缸盖

b) 1—外上模冲　2—内上模冲　3—气缸盖　4—气缸　5—带模柄的活塞

c) 1—外上模冲　2—内上模冲　3—气缸盖　4—活塞　5—带模柄的气缸

d) 1—左上模冲　2—右上模冲　3—气缸盖　4—带模柄的气缸　5—活塞

机的下顶缸顶出距离不可调节时，压制高度较大制件，其复位阻力较大，采用弹簧复位不可靠的情形。脱模时，下顶缸 1 通过螺钉 2 先向上走一段空程，碰到托板 4 后才开始脱模；复位时，螺钉先向下走一段空程，碰到接套 3 后才开始复位，旋动接套螺纹可改变空程距离，以适应压坯的不同顶出距离要求，顺利脱模和复位，空程距离 $H_{空}$ 为顶缸行程$H_{脱}$与脱模复位行程

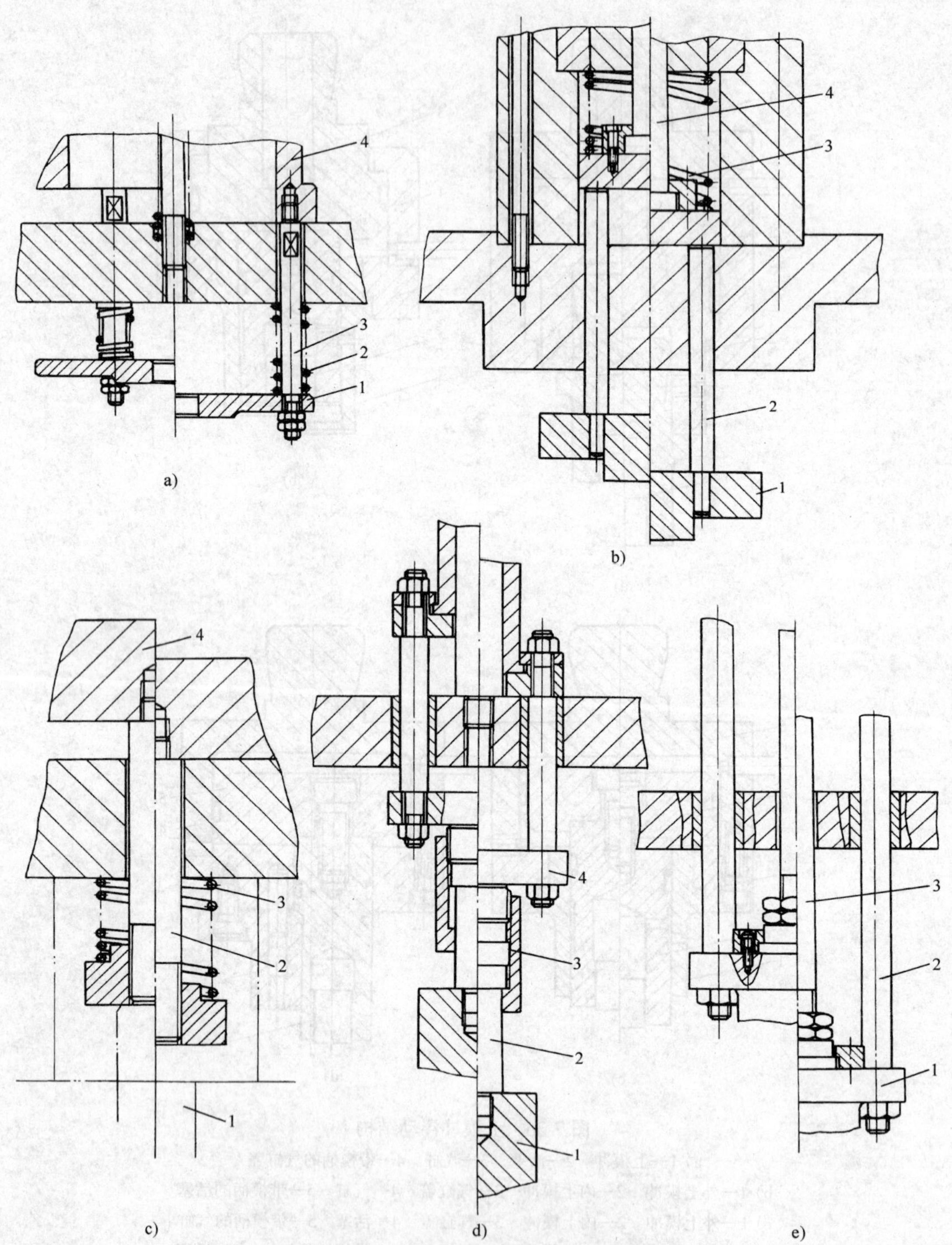

图 7-27　带下顶缸压机的脱模复位结构

a)1—托板　2—弹簧　3—顶杆　4—下模冲

b)1—托板　2—顶杆　3—弹簧　4—下模冲

c)1—下顶缸　2—顶杆　3—弹簧　4—下模冲

d) 1—下顶缸　2—螺钉　3—接套　4—托板

e) 1—下缸并帽　2—拉杆　3—芯棒

$H_{缸}$ 之差。图 e 为自动液压机上的拉下式脱模复位结构，凹模通过拉杆 2 和芯棒 3 都与下缸并帽 1 相连，下缸的上下运动，完成复位与脱模，其上下位置的控制由行程开关实现。

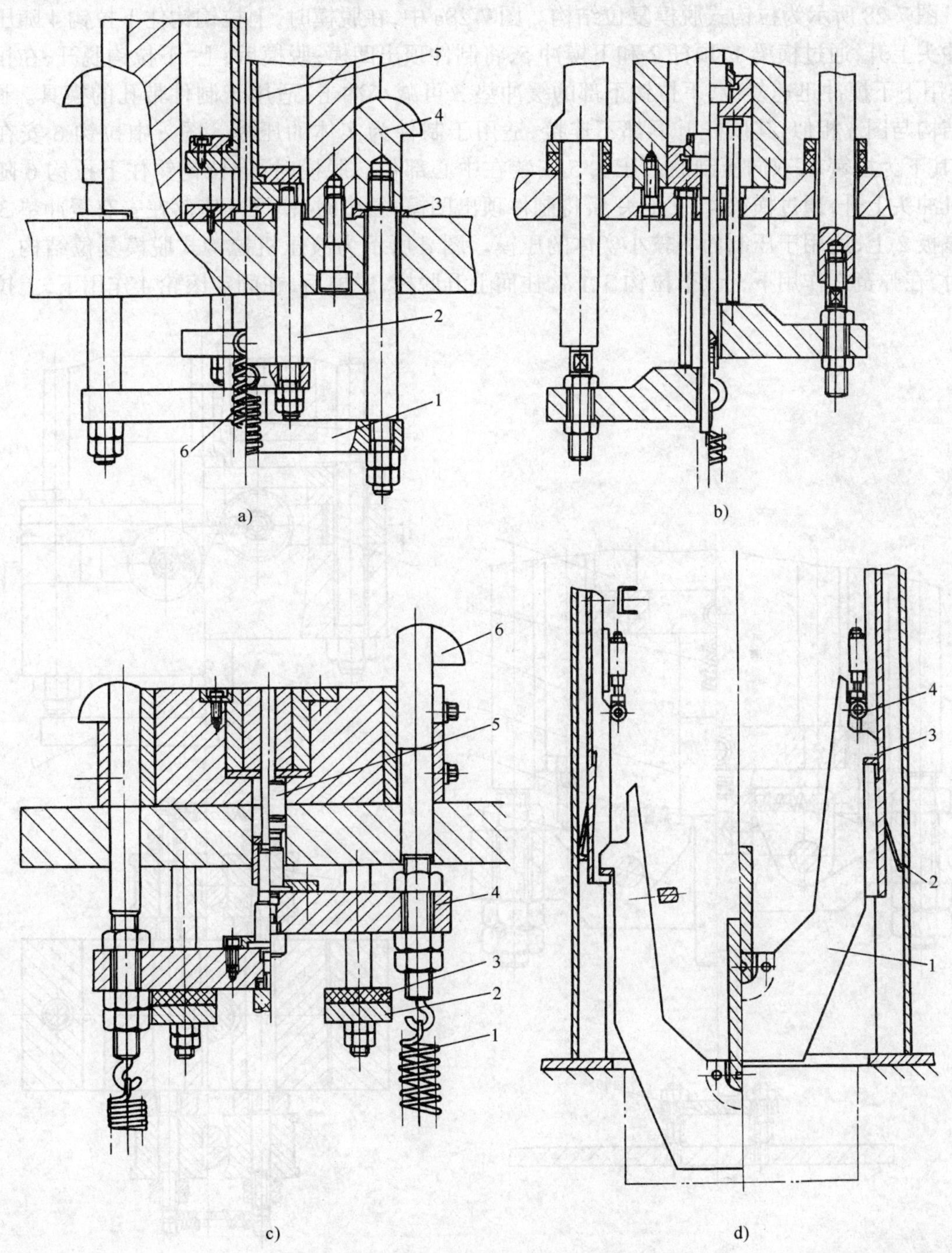

图 7-28　拉钩式脱模复位结构

a)、b)1—横梁　2—顶杆　3—缓冲垫　4—下拉钩　5—下模冲　6—拉簧

c)1—拉簧　2—支撑板　3—缓冲垫　4—横梁　5—下压头　6—拉钩

d)1—下拉钩　2—弹簧　3—上拉钩　4—滚轮

(2) 无下顶缸压力机的脱模复位结构　无下顶缸压力机有拉钩式、拉杆式和凸轮式三种脱模复位结构。

图 7-28 所示为拉钩式脱模复位结构。图 7-28a 中，在脱模时，上拉钩钩住下拉钩 4 随压力机冲头上升，通过横梁 1、顶杆 2 和下模冲 5，将制件顶出凹模；脱模后，上、下拉钩脱开，在拉簧 6 作用下下模冲迅速复位，下拉钩下部的缓冲垫 3 可减小冲击，适用于制件带孔的模具。图 b 的结构与图 a 相似，其顶杆上下都不连接，适用于制件为实体的压模。图 c 中拉钩 6 安在两侧，其下为拉簧 1，双向压制的下压头 5 安装在中心部位。脱模时，上拉钩钩住下拉钩 6 随压力机冲头上升，通过横梁 4、下压头 5，将制件顶出凹模；复位时，横梁 4 座落在安有缓冲垫 3 的支撑板 2 上，适用于压制面积较小实体的压模。图 d 所示为液压机拉钩式脱模复位结构。脱模时，在弹簧 2 作用下，上、下拉钩 3、1 钩住而上升脱模；脱模后，在固定滚轮 4 作用下，上拉钩

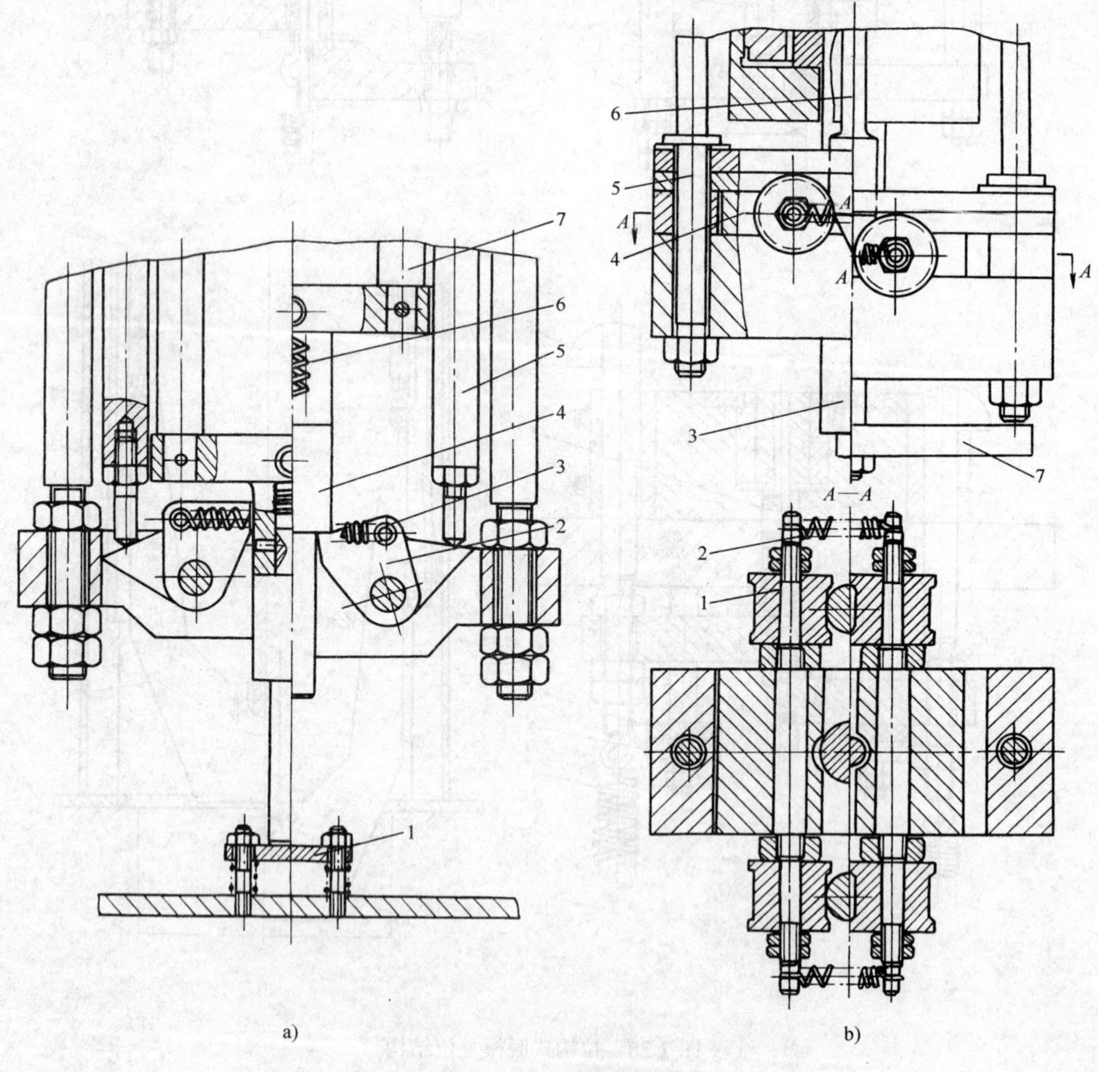

图 7-29　拉杆式脱模复位结构

a) 1—缓冲板　2—脱模钩　3、6—拉簧　4—脱模杆　5—脱模顶杆　7—拉杆

b) 1—滚轮　2—拉簧　3—脱模顶杆　4—分合板　5—拉杆　6—分离杆　7—配重块

向外退而脱钩，下拉钩1靠自重而迅速复位。

图7-29所示为拉杆式的脱模复位结构。图7-29a中，在拉簧3作用下，脱模钩2在脱模时合抱在脱模杆4的下台阶上，固定在压力机冲头上的拉杆7回升时，带动脱模杆将制件脱出凹模；脱模快结束时，在脱钩顶杆5的阻挡下脱模钩产生转动而逐渐脱钩；脱模后，脱模钩全部脱开，下模冲在复位拉簧6作用下迅速复位，整个顶出系统落在起调节装粉作用的缓冲板1上，改变脱钩顶杆的位置可调节脱钩位置。图b中，在脱模时，在拉簧2的作用下，分合板4合抱在脱模顶杆3的下台阶处，固定在压力机冲头上的拉杆5回升，而带动脱模顶杆将制件脱出凹模；脱模快结束时，分离杆6的锥面向外顶滚轮1及分合板；脱模后，脱模顶杆下台阶处的分合板离开，在配重块7的自重下脱模顶杆带动下模冲迅速复位。脱模行程的调节可通过改变分离杆的上下位置实现。

图7-30所示为凸轮式的顶出机构部位的结构。凸轮通过连杆上下而带动杠杆左端。脱模时杠杆1右端升起，通过顶叉2、横梁3和顶杆4将下模冲顶起，使制件脱出凹模；脱模后，在凸轮系统带动下杠杆左端上升、右端下降，下模冲复位。

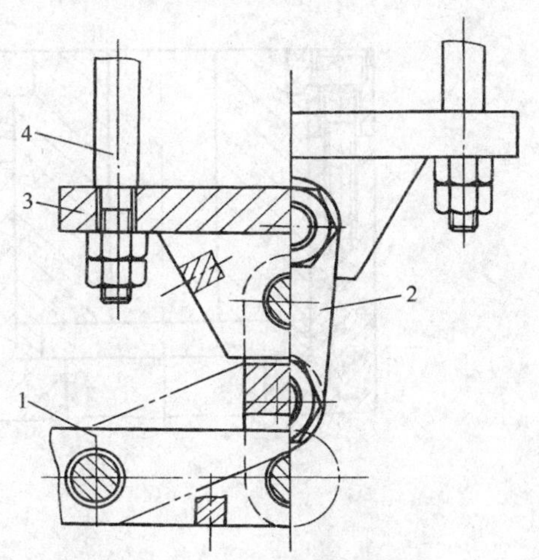

图7-30 凸轮式脱模复位结构

1—杠杆 2—顶叉 3—横梁 4—顶杆

8. 调节装粉结构

在大多数情况下，调节浮动结构中浮动升起的位置，可改变凹模、芯棒与下模冲之间的相对位置，即可实现调节装粉。调节装粉结构如图7-31所示。

图7-31a所示为手动模装粉座，装粉时，压套落在底座1顶端上，带台阶的芯棒及下模冲落在螺钉2上，凹模落在调节套3上；凹模、芯棒与压套之间的相对位置可根据粉料松装密度调节，以使制件密度均匀。该结构适用于压制带外台阶轴套的手动模。图b中改变了垫圈1的高度，可调节凹模2的位置，从而调节装粉容积。图c中下模冲7的浮动位置由螺钉3调节，以调节装粉。上部复位弹簧8的合力应小于下部浮动弹簧2的弹力，顶杆5与盘4紧配合。压制时，下模冲克服浮动弹簧力，而压在下模板6上的芯棒压盖上；脱模时，顶座1克服浮动力，通过上顶杆向上顶下模冲而脱模。

7.2.4 整形模结构设计

整形是在冷态下使制件表面产生塑性变形，以提高制件的尺寸形状精度和表面质量，校正烧结过程中制件的尺寸差及较大的收缩变形。

整形工序包括送料、压制、脱模和复位等工步。手动模的送料和复位均为手动，其结构设计要考虑定位、导向、限位、脱模方式、安全、操作方便和生产效率等与压制和脱模的有关问题；机动模的送料、压制、脱模和复位等工步是自动循环的，送料机构要实现制件自动定向、顺序并位置准确地送进，是自动整形的关键，压制过程应根据整形方式考虑凹模、芯棒和上下模冲的动作及布局、力的传递、模具的定位与导向。脱模和复位往往是由同一机构完成的同一动作。

1. 整形方式的选择

设计整形模时，首先应选择整形方式，然后确定具体的结构方案。

应根据不同的制件形状和尺寸精度确定整形方式。整形方式有单整孔、单整外径、内外径

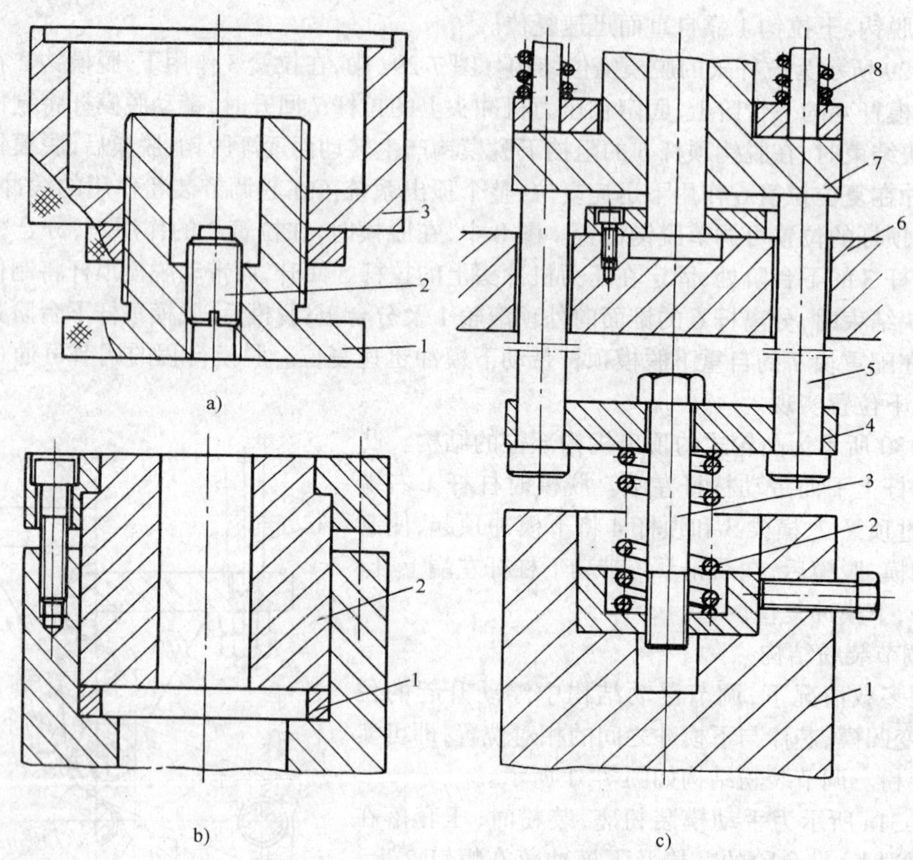

图 7-31 调节装粉结构

a) 1—底座 2—螺钉 3—调节套

b) 1—垫圈 2—凹模

c) 1—顶座 2、8—弹簧 3—螺钉 4—盘 5—顶杆 6—下模板 7—下模冲

同时整、全整形、复压和精压等。其中，内外径同时整用得最多，根据整形余量的不同分配，其可分为外箍内、内胀外和外箍内胀三种情况；全整形时高度压下率较小，制件精度较高；复压时高度压下率大，制件的密度较高；精压时材质有一定程度的金属流动而改变制件形状；另外，还有齿轮齿形的对滚冷挤、薄壁长管串在芯轴上，外壁用小滚轮冷挤、球形表面的冷挤等不涉及模具的整形方式。

图 7-32 所示为整形方式的种类。图 7-32a 所示为单整内孔，制件内孔留整形余量，外径不整形，适用于制件壁厚 $t>3$mm，内孔精度 IT3～IT4，外径要求低，且 $D/d\geqslant1.5$（对非圆形件，d 为外接圆直径，D 指内切圆直径，下同。）时。图 b 为单整外径，制件外径留整形余量，内径不整形，适用于制件壁厚 $t>3$mm，外径尺寸精度 IT3～IT4，内孔精度要求低，且制件 $D/d\geqslant$ 1.5 时。图 c 为外箍内，压件外径留整形余量，内径基本无整形余量，内径表面挤压是靠外径整形时向内箍来实现的，适用于制件壁厚 $t\leqslant3$mm，内、外径尺寸精度 IT2～IT3，$D/d<1.5$ 时。图 d 为内胀外，制件内径留整形余量，外径基本无整形余量，外径表面挤压是靠内径整形时向外胀来实现，适用于制件带外台阶，内外径尺寸精度 IT2～IT3，$D/d<1.5$，壁厚 $T\leqslant5$mm 时。图 e 为外箍内胀，制件内、外径均留整形余量，适用于制件内、外径尺寸精度 IT2～IT3，壁

厚 $T>3$mm 时。图 f 为全整形,压件内外径和高度均留整形余量,高度压下率较小(约 1%～2%),适用于制件高度较小,内外径尺寸精度 IT1～IT2 时。图 g 为复压,制件内外径均留装模间隙,高度压下率较大(约 1%～2%),Δ 为压下量,适用于制件高度较小,密度要求高时。图 h 为精压,制件烧结后,再次压制,以改变形状,适用于瓦形、端面带齿件等不易一次成形的制件。

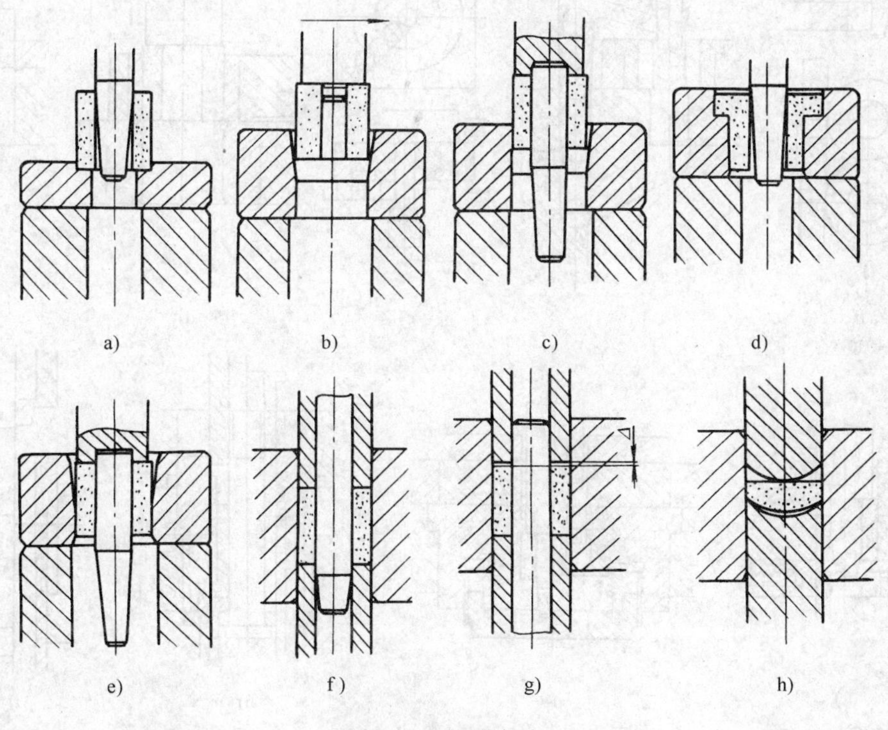

图 7-32 整形方法

2. 整形模结构基本方案

图 7-33 所示为整形模结构基本方案。图 a、b 适用于单整内孔,图 a 直线送料,制件有定位装置,挡板限位,以保证脱模;图 b 旋转送料,旋转送料台有定位装置,用球珠当作芯棒,可自动循环使用,整形和脱模同步。图 c、d 适用于单整外径,图 c 为横向通过式整形,制件靠自重在斜槽中滚动送料,槽底定位;图 d 为纵向通过式整形,旋转送料,旋转送料台有定位装置。图 e 适用于芯棒脱模力较小的外箍内整形,凹模出口端保持棱角,制件靠外径回弹量实现芯棒脱模,定位装置与图 f 类似。图 f、g 为芯棒脱模力较大、内径整形余量亦可较大的外箍内胀整形,制件由弹簧和珠子定位。凹模上有 2～4 个活动滑块,以防止串芯棒时过早进入凹模(芯棒串毕后,滑块向外退让);凹模下有脱芯棒用的 4 个挡爪;图 g 为凹模下脱芯棒用的 4 个活动挡爪带锥面。图 h 适用于高度较小的带外台阶件内胀外整形(高度尺寸可整,亦可不整),凹模浮动,制件外径无整形余量,先进入凹模,并与凹模一起向下,整内孔,实现内胀外整形;脱模时先脱内孔,后脱凹模。图 i 适用于全整形高度较大带外台阶件。芯棒与上模冲有一定距离的相对运动,以实现先串芯棒定位再整形;当制件随芯棒上行时,相对运动实现脱模。当制件留在凹模中时,由下模冲顶出脱模。图 j 为适用于全整形带内台阶的制件。下模冲的作用为顶出脱模和复位接制件;压制时,下模冲向下浮动,座落到刚体上压实;先整外径,然后整内孔,最后整高度。图 k 适用于定位导向良好的全整形。下模冲的作用是顶出脱模和复位接制件;芯棒

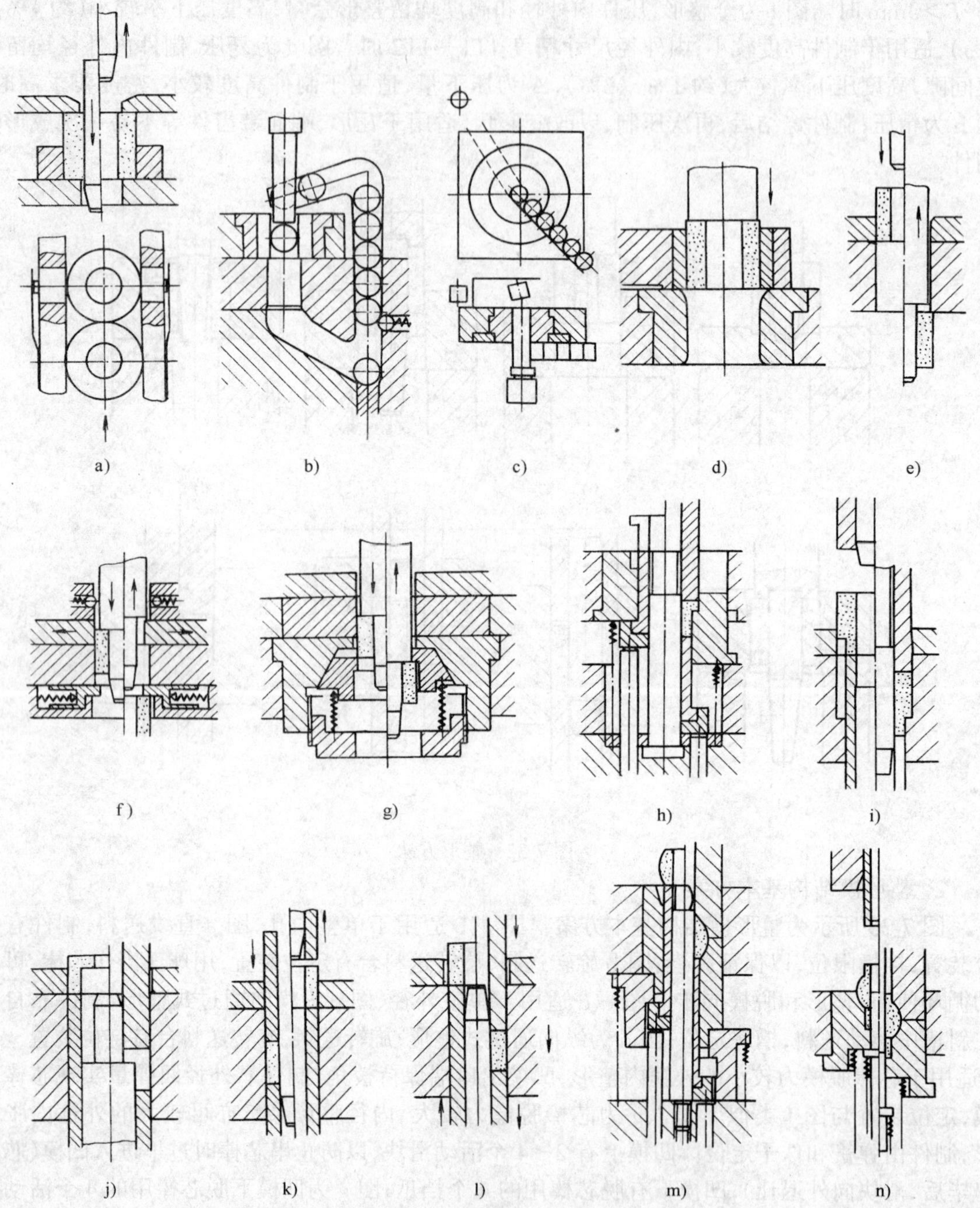

图 7-33　整形模结构基本方案

在上，凹模在下，压制时芯棒先串入制件孔，然后与上模冲一起压下，下模冲向下浮动到刚体上。图 i 适用于结构简单的全整形。下模冲的作用是顶出脱模和复位接制件；芯棒和凹模均固定在下，先整内外径，然后整高度。图 m 为适用于带球面件的全整形。为便于安放制件和脱模，凹模分上下两半；下凹模浮动，以便于送料和上下凹模对中导向。图 n 适用于带直套部分的球面件的全整形。芯棒在上，为便于压制时制件定位和脱模，其与上模冲有相对运动；为便于送料和上下凹模对中导向，凹模分上下两半，下部浮动；浮动定位芯的作用是使制件进入模膛时的定位。

3．送料机构

（1）装料机构（料斗） 装料机构是接受成堆产品，并将其按一定的空间方位一件件地送出的机构。料斗式上料要求产品重量小、尺寸小和形状较简单，主要用于在大批、大量生产中。

装料机构有扇式料斗、滑块式料斗、桨叶滚筒式料斗、管式料斗和振动式料斗等。

扇式料斗和滑块式料斗应用较多，常用于带台阶或轴套类制件；管式料斗结构简单，易于重新调整以适应不同制件，不需要剔除器，即使制件充满料斗，也无碍料斗工作，应用较广；桨叶滚筒式料斗不需要振动器，适用于带台阶制件自动排队送料。

振动式料斗结构简单，成本低，易于维护保养，寿命长，工作平稳，生产率易于调节，但噪声较大，不能运送有油污、水渍的制件，适用于中小制件和表面精度要求较高的制件。

（2）料仓（贮料机构） 由于料斗生产率是可变化的，当料斗生产率增高时，可由料仓贮存制件；当料斗生产率减低时，料仓再把制件送到相应的工作位置。料仓即贮存已在空间定向制件的地方。料仓上料可自重送料或外力送料，其主要形式有管式、槽式和摩擦式等。

（3）供料机构 供料机构的工作循环与整形工序的工作循环相适应，是从料仓中把制件取走，并每隔一定时间向整形模供给制件的机构。常见的供给机构有直线往复供料机构、往复摆动供料机构、旋转运动供料机构和复合运动供料机构。

7.2.5 主要零件的材料及技术要求

1．主要零件的材料选用原则

1）批量大时，用耐磨性好的材料，如合金工具钢、高速钢或硬质合金；试制件或小批量生产时则用廉价的碳素工具钢。

2）形状复杂的产品，用易于加工且热处理变形小的合金工具钢。

3）对于软金属粉末，如铜、青铜、铅、锡等，宜用碳素工具钢或合金工具钢；对于硬金属粉末，如钢、钨、钼、摩擦材料及硬质合金等，宜用硬质合金材料。

4）高密度制件的模具，宜用高强度的耐磨材料。

5）整形模和高精度制件的模具，宜用耐磨性较好的材料，最好是硬质合金。

2．主要零件的材料和技术要求

（1）凹模材料及技术要求 凹模材料有：碳素工具钢 T10A、T12，合金工具钢 GCr15、Cr12MoV、9CrSi、CrWMn，高速钢 W18Cr4V、W9Cr4V、W12Cr4V4Mo，硬质合金 YG15，YG8。

凹模技术要求：凹模是主要的模具零件，其工作条件最苛刻，加工制造较困难，要求材料具有高强度、高硬度、高耐磨性和抗疲劳、抗振动性能。热处理硬度 60～65HRC，工作面表面粗糙度 $R_a0.6 \sim R_a0.16\mu m$，形位公差要求 0.03:100。

（2）芯棒材料及技术要求 芯杆也是主要的模具零件，其工作条件和材料性能与凹模相同，芯棒材料与凹模相同。另外，芯杆还要求有较好的抗弯强度和一定的韧性；芯杆的热处理硬度稍低于凹模，尤其对细长芯杆，应比粗短芯杆具有更好的韧性，通常分段热处理，成形段硬度 56～60HRC，成形段以下硬度 40～45HRC。

（3）模冲材料及技术要求 模冲要求有良好的韧性，同时要求耐磨、抗疲劳和抗振动，硬度可以降低些，模冲材料与凹模相同，通常选用低合金工具钢、碳素工具钢和青铜等。技术要求：热处理硬度 56～60HRC，端面表面粗糙度值 $R_a0.6 \sim R_a0.32\mu m$。

(4) 压套材料及技术要求　压套材料与凹模相同。技术要求：热处理硬度 53～57HRC，端面表面粗糙度值 $R_a1.2$～$R_a0.6\mu m$，配合面表面粗糙度值 $R_a0.32$～$R_a0.16\mu m$。

(5) 辅助零件材料及技术要求　模套、压垫、模座、顶杆、控制杆、导柱、模板等辅助零件，常选用碳素钢 45 钢、50 钢和低合金钢 40Cr、GCr15 来制造，其热处理硬度应比凹模低。

7.3　粉末冶金模具典型结构

7.3.1　无台阶柱体类成型模

1. 手动模　图 7-34 所示为实体单向压制手动模，图 a 为实体单向压制手动模，截面小时，为了便于装粉，可采用装粉斗 2。截面小则压制压力小，不便控制压力，一般用限位块 3 限位。适用于压制截面较小的制件。图 b 为实体浮动压模，弹簧托起固定在浮动的凹模板上的凹模 8，限位螺钉 3 限位，在压制时，凹模壁在摩擦力作用下，克服弹簧力向下浮动。脱模时，放上脱模座 1，压下凹模 8，制件脱出后略胀大，随着凹模复位，限位套 10 防止脱模时弹簧受过分的压缩。

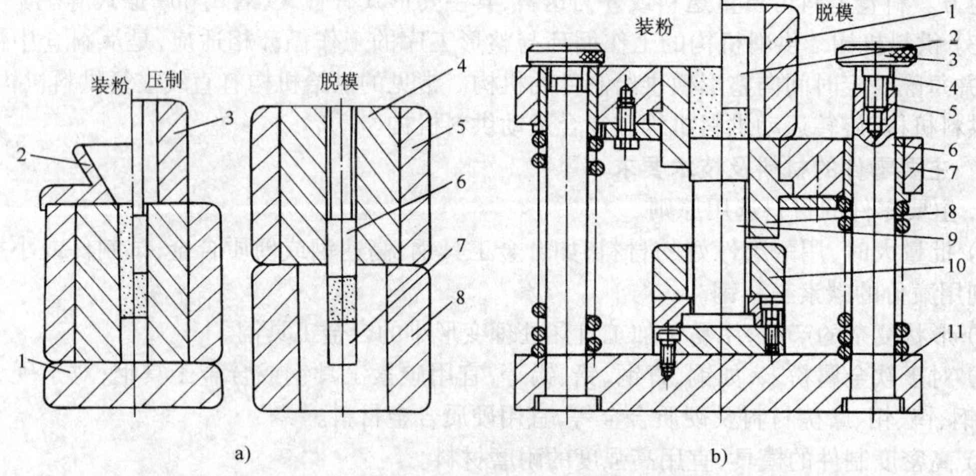

图 7-34　实体单向压制手动模

a) 实体单向压制手动模　1—压垫　2—装粉斗　3—限位块　4—凹模　5—模套　6—上模冲　7—下模冲　8—脱模座

b) 实体浮动压模　1—脱模座　2—上模冲　3—限位螺钉　4—调节垫圈　5—导柱　6—导套　7—凹模板　8—凹模　9—下模冲　10—限位套　11—下模板

2. 机动模

图 7-35 所示为用在冲床的套类单向压模。凹模 3 被固定在压盖 4 及模座 5 内。上模冲 2 固定的模柄 1 内。在压制时，压力由下模冲 6 传给压垫 10 及下模板 11 上。脱模时，拉钩式或凸轮式顶出结构推出顶板 13 而顶出制件。弹簧使下模冲 6 复位。

7.3.2　带台阶柱体类成型模

1. 手动模

图 7-36 所示为压制带外台阶件的有压套反压模。装粉座 8 可调节不同部位的装运粉高度。在压制时，小头是双向摩擦压制，因凹模 5 浮动而使台阶部分为双向压制。脱模时，直接压顶杆 2，压套同步下行，制件先脱出台阶，压套法兰圈挂上凹模后，继续脱出小头部分。

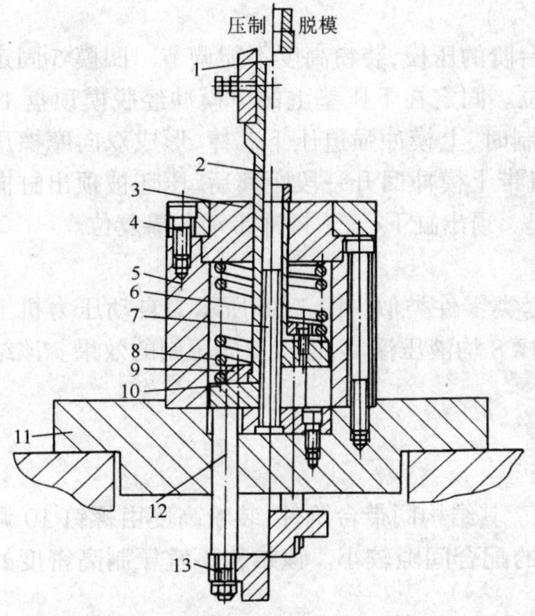

图 7-35　套类单向压模

1—模柄　2—上模冲　3—凹模　4、9—压盖　5—模座　6—下模冲　7—芯棒　8—弹簧　10—压垫　11—下模板　12—顶杆　13—顶板

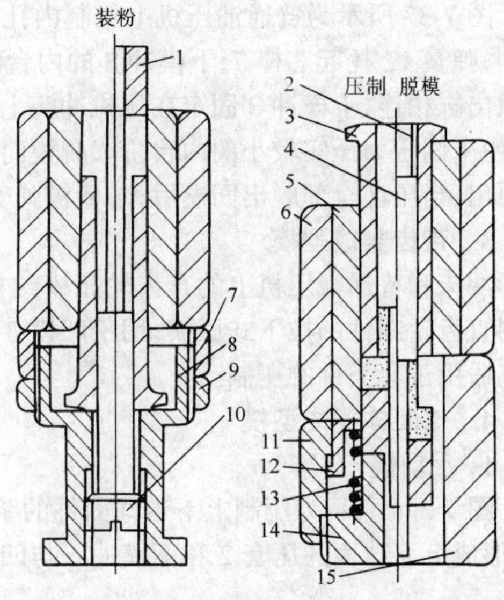

图 7-36　压制带外台阶件的有压套反压模

1—下模冲　2—顶杆　3—压套　4—芯棒　5—凹模　6—模套　7—螺母　8—装粉座　9—锁紧螺母　10—螺钉　11—限位套　12—浮动套　13—弹簧　14—压座　15—脱模座

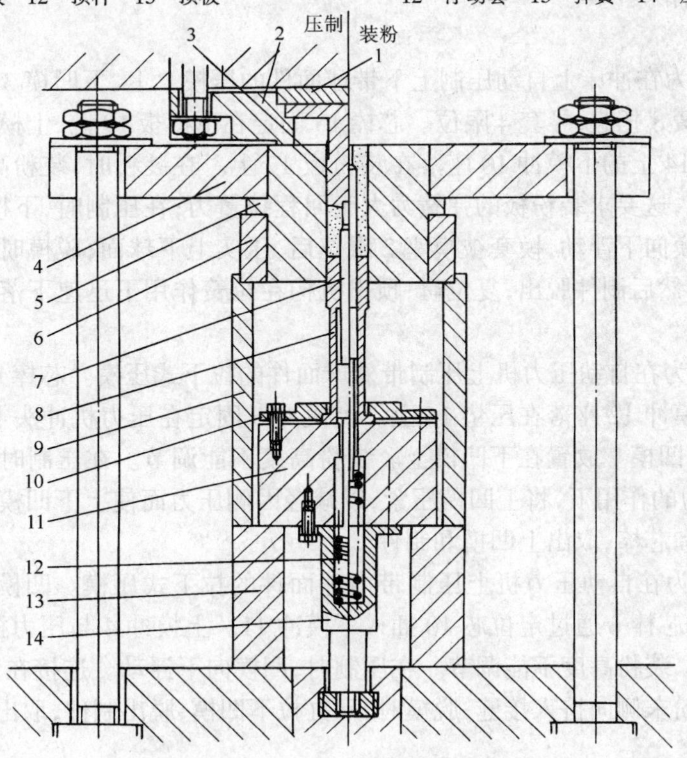

图 7-37　压制内孔带小台阶的压模

1、11—压垫　2、10—压盖　3—上模冲　4—凹模板　5—凹模　6—模套　7—芯棒　8—下模冲　9—隔套　12—弹簧　13—压座　14—顶盘

2. 机动模

图 7-37 所示为普通油压机上压制内孔带小台阶的压模,装粉高度不能调节。凹模 5 固定不动,弹簧 12 托起芯棒 7,下模冲 8 的内台阶限位。固定在下压垫上的下模冲经脱模顶盘 14 与顶出缸相连,上模冲 3 固定在压机冲头上。压制时,上模冲强迫压下芯棒,形成双向摩擦压制,粉末侧压力压实较小的内台阶。脱模时,压机带上模冲回升一段距离后,压坯被顶出缸向上顶出,当压坯全部脱出凹模后,芯棒被弹簧弹起。顶出缸下行,下模冲带动芯棒复位。

7.3.3 带齿类成型模

冲床和普通液压机上的直齿轮压模结构与套类零件类似。图 7-38 所示为自动压力机上压制直齿轮制件的拉下式压模,用于凹模 3 和芯棒 8 均液压浮动,得到双向压制的效果。该结构亦适用于套类件的压制。

7.3.4 球面体类成型模

1. 手动模

图 7-39a 所示为压制上下带球面件的手动模。其结构同带台阶件,装粉高度由螺钉 10 调节,形成上下球面的压套 2 和下模冲 6 与凹模 4 的配合间隙较小。该结构不宜压制高密度的制件。

图 7-39b 所示为压制带外球面件的手动模。其结构简单,为便于外球面的脱模,凹模上下对开。在压制时,侧压力的作用下,上、下凹模 2、6 趋于分开,而易造成接缝处漏粉,漏粉痕迹可在滚压、整形时消除。

2. 机动模

图 7-40a 所示为在冲床上自动压制上下带球面件的压模。上、下凹模 3、6 可便于加工,其由模套 7 紧箍,弹簧 8 托起,导套 4 限位。芯棒 15 固定在下模板 19 上,上模冲 2 固定在模柄 1 上,固定在上横梁 14 上的下模冲 10 座落在装粉板 17 上。在装粉时,装粉高度可通过调节装粉板的升降来实现,这要求装粉板的弹簧力大于回程拉簧力;在压制时,下模冲向下浮动一段距离后被阻挡,凹模向下浮动,模套被模座 2 限位后,压实上下球面;脱模时,顶出机构顶上下模冲,先凹模复位,然后制件脱出;复位时,顶出机构在拉簧作用下迅速下落,上横梁座落在装粉板上。

图 7-40b 所示为在自动压力机上压制带外球面件的拉下式压模。芯棒 6 和模套 8 与下缸并帽 21 相连。下模冲 12 座落在压垫 14 上。上模冲 5 固定在压力机冲头上,下凹模 11 固定在下模板 16 上,上凹模 7 放置在下凹模上。装粉高度不能调节。在压制时,连接在上模冲上的顶套 4,在弹簧力的作用下,将上凹模压紧,以减轻因侧压力而使上下凹模分离的趋势;脱模时,下缸拉下模套和芯棒,取出上凹模和制件。

图 7-40c 所示为在自动压力机上压制带内球面件的拉下式压模。凹模 8 与下缸并帽 18 相连。芯套 5 和球芯棒 6 通过定位芯 10 插入下模冲 11。上模冲 4 与压力机相连。下模冲固定在下模板 14 上。装粉高度不能调节。在压制时,凹模向下浮动。连接在上模冲内的顶柱 3 压紧球芯棒,阻止粉末侧向挤入接缝;脱模时,下缸拉下凹模,脱出制件,取出芯套,从制件中取出旋转球芯棒。

7.3.5 无台阶实体件自动整形模

图 7-41 所示为在冲床上压制无台阶实体件的自动整形模。凹模固定不动,弹簧 9 通过与上模冲 2 过盈配合的法兰将之托起,凹模限位,使下模冲的上端面与凹模上端面平。制件被自

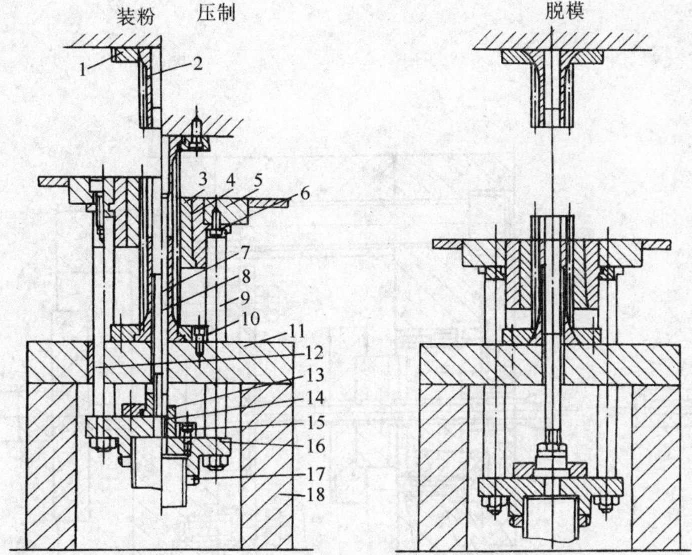

图 7-38 压制直齿轮压坯的拉下式压模

1、6、10、15—压盖 2—上模冲 3—凹模 4—模套 5—凹模板 7—下模冲 8—芯棒 9—拉杆 11—下模板 12—导套 13—锁紧螺母 14、17—螺母 16—下缸锁紧螺母 18—垫块

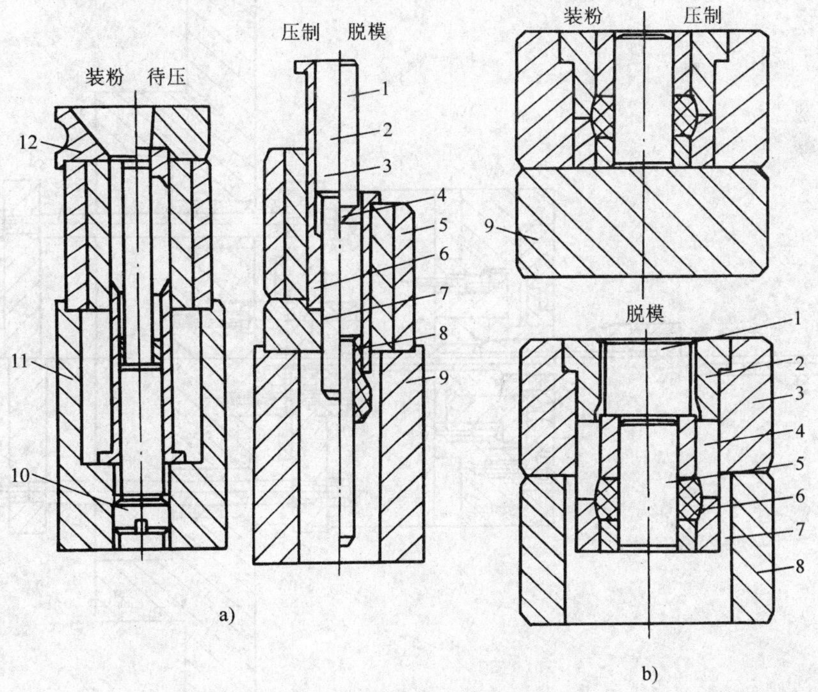

图 7-39 整形模结构基本方案

a)压制上下带球面件的手动模 1—顶杆 2—压套 3—芯棒 4—凹模 5—模套 6—下模冲 7—压垫 8—上模冲 9—脱模座 10—螺钉 11—装粉座 12—装粉斗

b)压制带外球面件的手动模 1—顶柱 2—上凹模 3—模套 4—上模冲 5—芯棒 6—下凹模 7—下模冲 8—脱模座 9—压垫

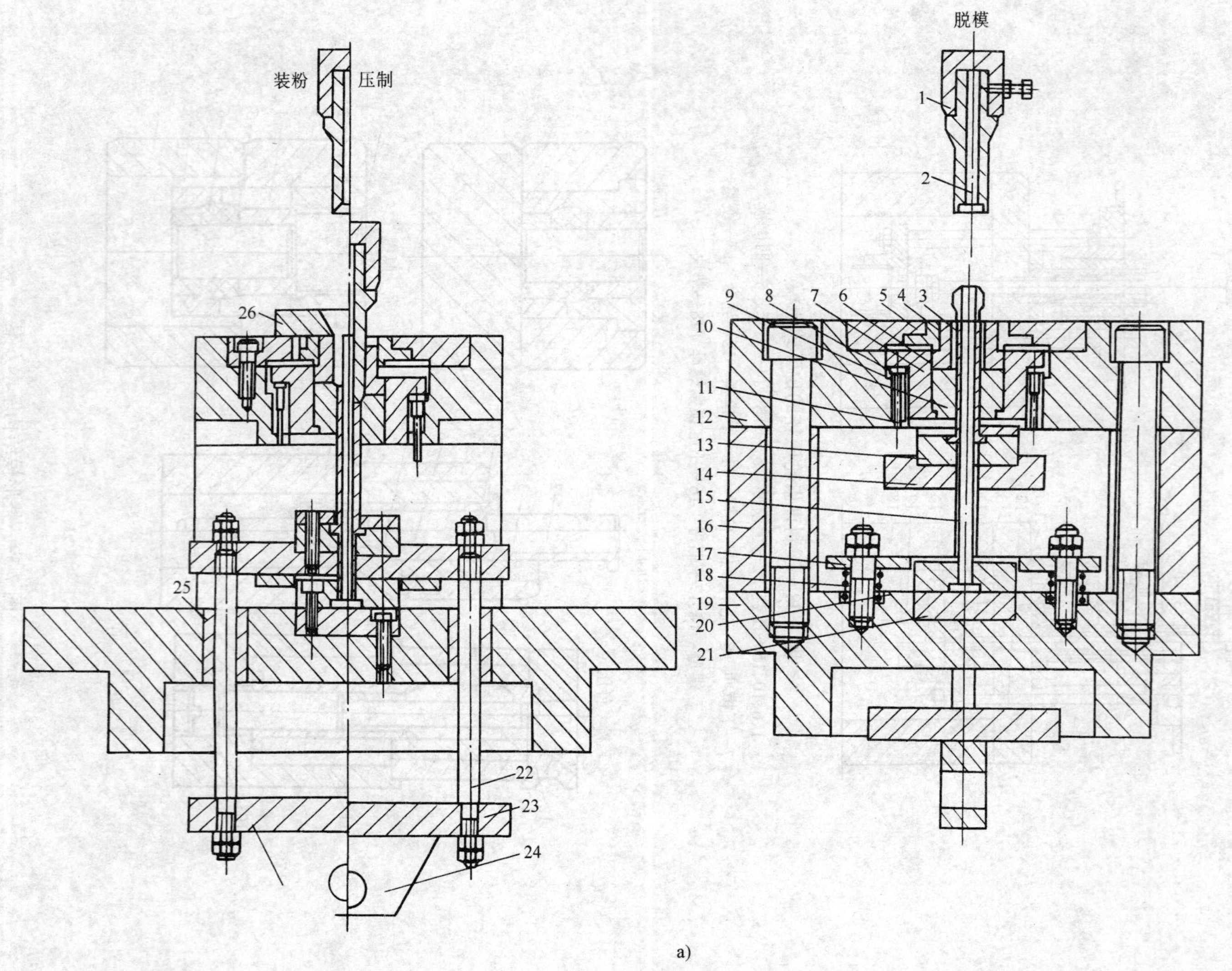

a)

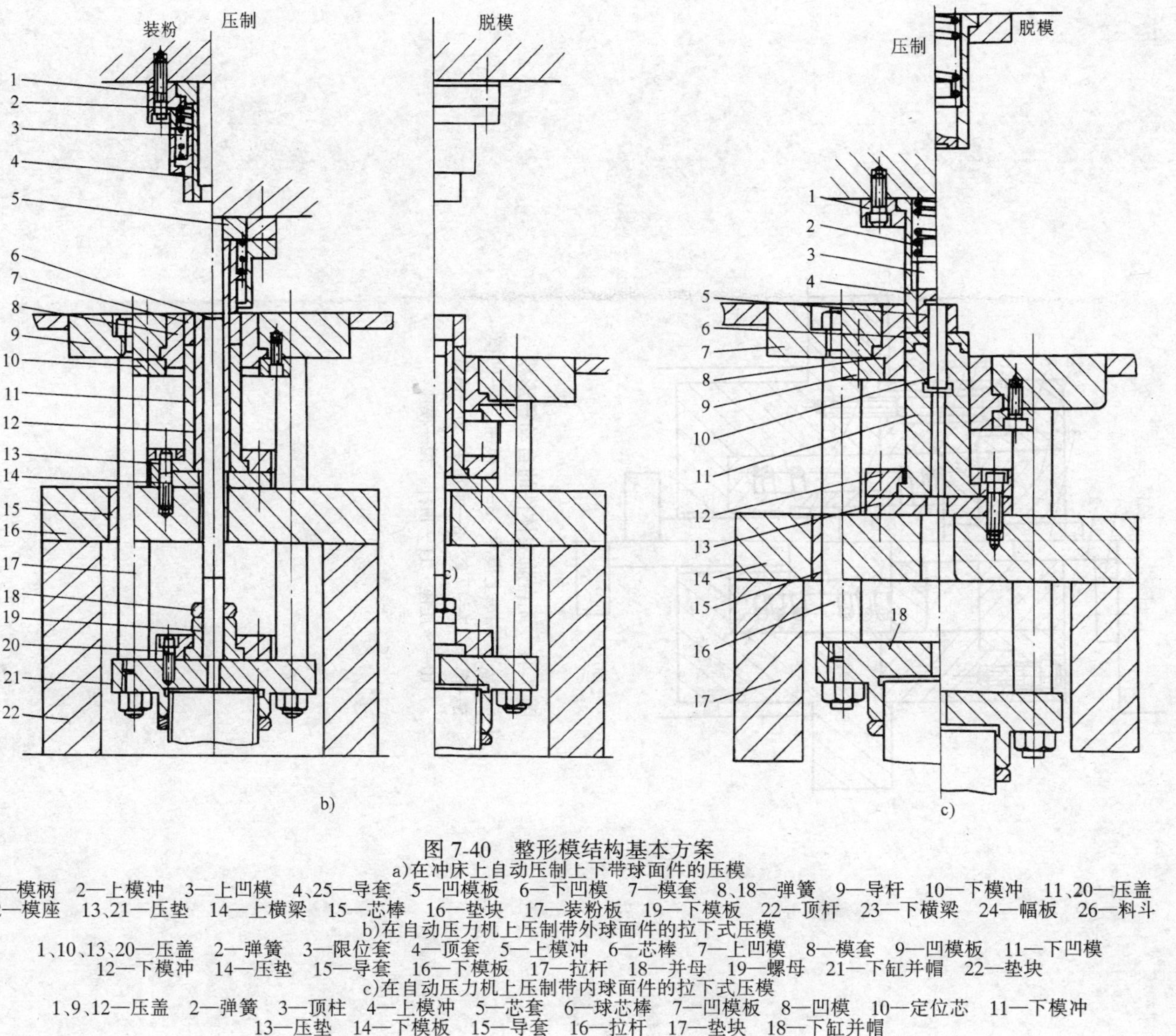

图 7-40　整形模结构基本方案

a)在冲床上自动压制上下带球面件的压模

1—模柄　2—上模冲　3—上凹模　4、25—导套　5—凹模板　6—下凹模　7—模套　8、18—弹簧　9—导杆　10—下模冲　11、20—压盖　12—模座　13、21—压垫　14—上横梁　15—芯棒　16—垫块　17—装粉板　19—下模板　22—顶杆　23—下横梁　24—幅板　26—料斗

b)在自动压力机上压制带外球面件的拉下式压模

1、10、13、20—压盖　2—弹簧　3—限位套　4—顶套　5—上模冲　6—芯棒　7—上凹模　8—模套　9—凹模板　11—下凹模　12—下模冲　14—压垫　15—导套　16—下模板　17—拉杆　18—并母　19—螺母　21—下缸并帽　22—垫块

c)在自动压力机上压制带内球面件的拉下式压模

1、9、12—压盖　2—弹簧　3—顶柱　4—上模冲　5—芯套　6—球芯棒　7—凹模板　8—凹模　10—定位芯　11—下模冲　13—压垫　14—下模板　15—导套　16—拉杆　17—垫块　18—下缸并帽

动准确地送到凹模,由下模冲支承。在整形压制时,下模冲下压到承压块 8 上,压力由承压块和承压座 10 传到模座 12 上,实现全整形。脱模时,顶出结构通过顶杆 11 和支承块将下模冲上顶,当制件下部未完全脱出凹模,但已进入凹模导向锥部时,顶出机构不再向上顶,弹簧将制件弹出凹模,以避免超出对调节顶出机构的顶出距离的严格规定。

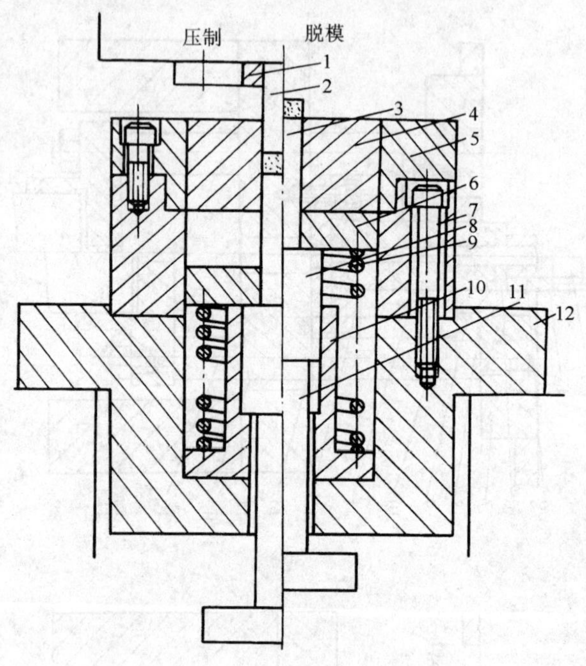

图 7-41 无台阶实体件的自动整形模

1、6—法兰 2—上模冲 3—下模冲 4—凹模 5—模套 7—隔套 8—承压块 9—弹簧 10—承压座 11—顶杆 12—模座

第 8 章　锻模结构设计

8.1　锻模的类型、应用和结构设计要点

8.1.1　锻模的类型、应用和标准

1. 锻模的类型

金属在热态和冷态下进行体积成形时所用的模具统称为锻模。模锻工艺分为模型锻造、自由锻造、胎模锻造三种。

按终锻模膛结构，锻模可分为开式锻模和闭式锻模两种。

开式锻模的分模面与作用压力垂直（见图 8-1a)。在整个锻造过程中其模膛是敞开着的，多余的金属会从动、静模之间的空隙中滑移出来，形成可用切边模切掉的横向飞边。开式模具的飞边槽垂直于压机的作用力，易充满模膛。

闭式锻模的模膛在整个生产过程中呈封闭状态（见图 8-1b)。其结构特点是：在金属开始变形之前，模具动模即进入静模模膛，形成封闭模膛；动、静模之间形成的间隙与作用力平行，且间隙在变形过程中保持不变；当动模运动时，模膛的封闭空间体积减小，此时被锻造的金属逐渐镦粗；在动模行程终了时金属便充满模膛；该结构节省原材料，要求下料尺寸精确，由于料多或尺寸选择不当，在压力的作用下部分金属有可能挤进间隙，形成不易用边切模去除的纵向飞边。

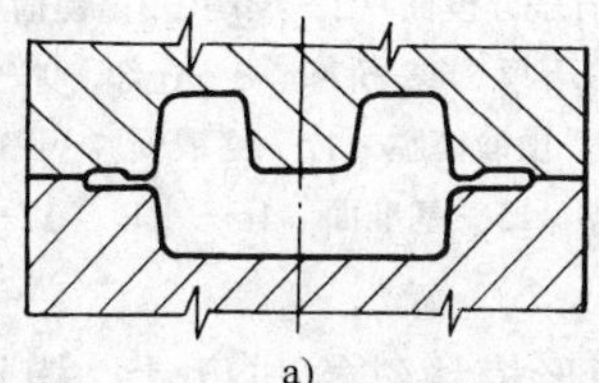
a)

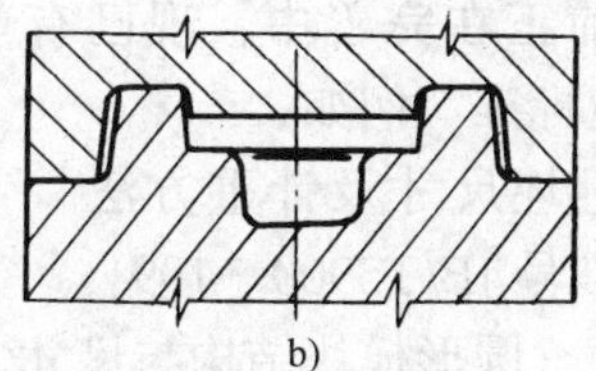
b)

图 8-1　开式与闭式锤锻模

a) 开式　b) 闭式

根据不同的分类方法，锻模还有其他不同的分类。按所使用的模锻设备，锻模可分为锤用锻模、热模锻压力机用锻模、螺旋压力用锻模、平锻机用平锻模、水压机用锻模、辊锻机用辊锻模、电镦机用电镦模、孔型斜轧机和锲横轧机用模具等；按工艺用途（所完成的变形工序种类)，锻模可分为锻造模具、挤压模具、冷镦模具、辊锻模具、校正模具、压印模具、精整模具、精锻模具、切边模具、冲孔模具等；按分模面数量，锻模可分为单分模面和多分模面两类；按锻模结构，锻模可分为整体锻模和镶模；按锻件精度，锻模可分为粗锻模、普通锻模和精锻模；按模膛数量，锻模可分为单模膛锻模和多模膛锻模两种。

随着社会生产力的发展，锻造新工艺、新设备不断地改进和发展，如精密锻模、冷挤压模、温挤压模、粉末锻模、液态锻模等。总之，锻模的种类繁多，本章仅对常用的锤锻模的设计作一简述。模具设计时应根据实际生产的需要并参照相关技术资料。

2. 锻模的应用

图 8-2 所示为多模膛锻模的结构，锻模模膛的数量是根据锻件本身形状的复杂程度、使用设备条件和生产批量来设计的。生产批量小时应采用自由锻造的方法制坯后在胎模中终锻成形；批量大时应设计多模膛锻模，使用相应锻压机床生产锻件。

采用锻模生产的锻件，可减小金属机械加工余量，提高材料的利用率，缩短工件的制造周期，操作容易，成本低，效率高，有较好的经济效益。模锻件可获得良好的纤维组织，较铸造件和金属切削加工的工件有优良的力学性能。因此，在近代工业中，如汽车、拖拉机、飞机、坦克等制造业的批量生产中应用十分普遍。

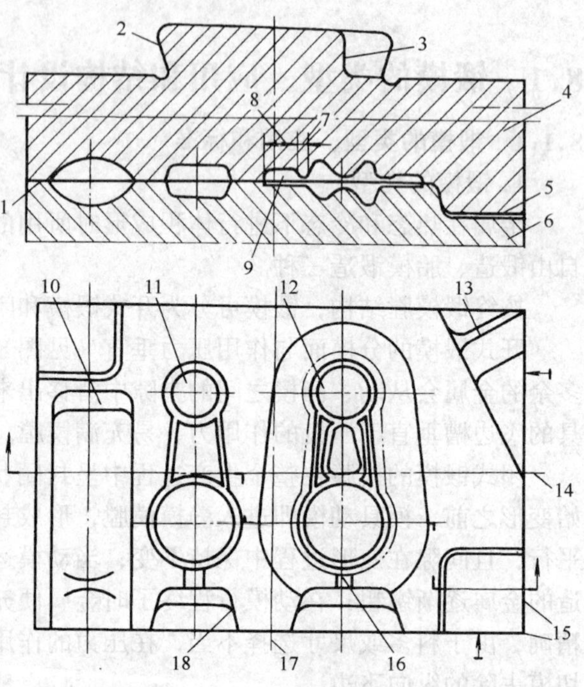

图 8-2　多模膛锻模

1—分模面　2—燕尾　3—锲槽　4—上模　5—锁扣　6—下模　7—桥部　8—仓部　9—飞边槽　10—制坯模膛　11—预锻模膛　12—终锻模膛　13—切断模膛　14—键中心线　15—基准面　16—水口　17—燕尾中心线　18—钳口

随着锻压机床和锻模技术的发展，模锻在某些领域逐渐替代了金属切削加工。经过精压和精密模锻后的锻件即可保证精度。

采用锻模生产有利于实现锻造过程的专业化和生产过程的机械化，改善工人的操作环境和劳动生产条件，有利于文明生产。

3. 锻模的模块标准

锻模标准化工作，20 世纪 90 年代取得了较大的进展，目前正在完善中，现已有模块尺寸等多项专业标准。例如：

通用锻制模块毛坯尺寸及计重方法　1992.7.1 执行　标准号 JB/T5900—1991

螺旋压力机锻模（圆形模块结构与尺寸、矩形模块结构与尺寸、模块技术条件、圆形块用模座、矩形模块用模座、模座技术条件）　1992.7.1 执行　标准号 JB/T5100.1～7—1991；

平锻机锻模块结构尺寸及技术条件（垂直分模平锻机凹模体结构与尺寸、水平分模平锻机凹模体结构与尺寸、平锻机凹模镶块毛坯结构与尺寸、平锻机锻模模块技术条件）　1992.7.1 执行　标准号 JB/T5111.1～4—1991

机械压力机锻模（导柱、组合导套外壳、组合导套衬套、组合导套刮圈、导套盖板、整体导套、导套油封圈、定位销、定位键）　1993.7.1 执行　标准号 JB/T6059.1～9—1992

锤锻模（菱形固定楔、键块、垫片、零件　技术条件）　1993.7.1 执行　标准号 JB/T6060.1～4—1992

模锻件材料消耗工艺定额编制方法　2000.1.1 执行　标准号 JB/T9174—1999

辊锻模通用技术条件、辊锻模结构形式及尺寸　2000.1.1 执行　标准号 JB/T9195—1999、JB/T9194—1999

冷锻模具用钢及热处理技术条件　1996.1.1 执行　标准号 JB/T7715—1995

锻模及其零件术语　标准号 JB/T9453—1988

模块的标准化有利于提高锻模质量、缩短锻模制模周期，同时为模具设计提供了可靠依据。锻模标准化工作的完善，为锻造生产的专业化创造了条件。

8.1.2　设计要点

采用锻模生产的锻件应当组织性能良好，满足尺寸精度和生产率要求；锻模应具有足够的强度和较高的寿命；锻模制造简单，安装、调整、维修方便，还应满足技术经济性的要求。因此，锻模设计时，应综合分析各类锻件塑性成形的规律和工艺特点，研究被加工材料和模具材料的力学和物理、化学特性，以及了解各类锻压设备的工作特点、结构特点和工艺特点等等。

1. 锻造方案的制订

模锻是大批量生产锻件的工艺方法，制订锻造的设计方案应遵循三项原则：良好的使用性能、优异的加工性能和一定的经济性能，即根据锻件生产批量、设备条件、锻件的结构等，同时对锻造方案进行技术经济性分析，以确定最佳方案。

(1) 锻件的批量　小批量生产时用自由锻制坯，由胎模锻成形，对模具材料的要求应适当降低；中批量生产时用预锻模制坯，在锻锤上进行单模膛模锻成形；大批量生产时采用多模膛模锻或用不同设备联合模锻，模具的使用寿命应适当提高。

(2) 锻件的材质　锻件的材料不同，其可锻性能也改变。对可锻性差、难以成形的材料，为确保终锻后锻件的质量，应用多套模膛制坯成形。

(3) 锻件的形状　形状简单的锻件，可稍加制坯或不制坯便可在终锻模膛中成形；对形状复杂的锻件，为避免产生锻造缺陷，应用多模膛分散变形，使坯料在终锻前尽量接近锻件的形状。

(4) 锻造设备　各种锻造设备有其锻件适应范围，使用的锻模结构和特点也不同。模具的轮廓尺寸及结构应与锻造设备规格相适应。

另外，在满足锻件精度要求的前提下，锻模应有足够的强度和寿命，满足生产率的要求，工作稳定可靠，操作、制造方便，安装、调整、维修简便，减少材料消耗等。

锻造方案的确定应以工件的全部制造成本进行分析，以经济技术指标好的为最佳方案。

2. 锻件图及其工艺性审核

锻模设计是依据锻造工艺方案提供的设备条件及成品工件图，制定出合理的锻件图，并对锻件图进行工艺性审核。由零件图产生锻件图是锻造工艺设计的重要环节。

(1) 锻件图制定的工作内容

1) 确定分模面的位置和形状。

2) 确定余量公差。

3) 确定模锻斜度。

4) 确定圆角半径。

5) 确定冲孔连皮的形式和尺寸。

6) 确定辐板和筋的形式和尺寸。

7) 锻件金属流线要求。

(2) 分模面的位置和选择原则如下：

1) 保证能从模膛中取出锻件。

2）能便于检查动、静模膛之间的相对错移。

3）尽量选择水平分模面，以简化模具制造。

4）便于坯料充满模膛。

5）节约材料、便于模具加工。

6）保证锻件外形光滑美观。

一般地，开式锻模采用横向分模；闭式锻模采用纵向分模；有些锻造设备（如螺旋压力机），可采用组合模具实现多向分模。

（3）锻件的余量和公差　模锻件的公差和机械加工余量，可由锻件质量、锻件结构的复杂程度、分模面的形状、零件加工精度、加热条件、锻件精度等级等确定。也可查阅标准，关于锻件的加工余量、公差和技术条件的行业标准和国家标准，目前已比较完备。

（4）模锻斜度　模锻斜度受锻造工艺、锻件的几何形状、模具结构及锻件材料等因素影响。在设计时应注意合理利用锻件的自然斜度，外模锻斜度应小于内模锻斜度，当锻件侧面的高宽比比较大时，可设计成两段式变换模锻斜度，为便于制模及金属的流动，锻件上同一部位（或高宽比比较大的某些部位）的内、外斜度应尽量一致。模锻斜度应按下列数值选用：0°15′、0°30′、1°、1°30′、3°、5°、7°、10°、12°、15°，以便在制模时采用标准刀具。外形斜度一般采用5°～7°，特殊部件可采用10°，外形斜度不得小于3°；内斜度采用7°～10°，特殊部分可采用12°～15°，最小不低于5°；锻件上的非加工表面上的模锻斜度一般为5°。

（5）圆角半径　为了使金属在模膛内易于滑移，防止金属纤维在锻造过程中被切断，避免产生折叠，防止模膛压塌变形，模锻件所有的转接处均需用圆角连接过渡。外圆角是位于锻件凸部的圆角，其作用是避免锻模的相应部分产生应力集中而开裂。内圆角为位于锻件凹部的圆角。凸圆角半径 r 和凹圆角半径 R 如图8-3所示。

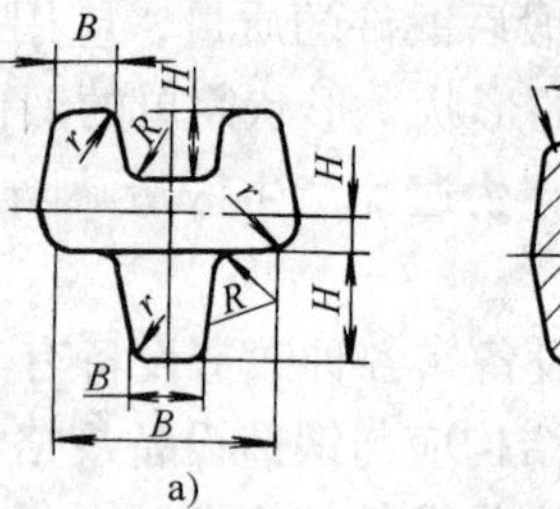

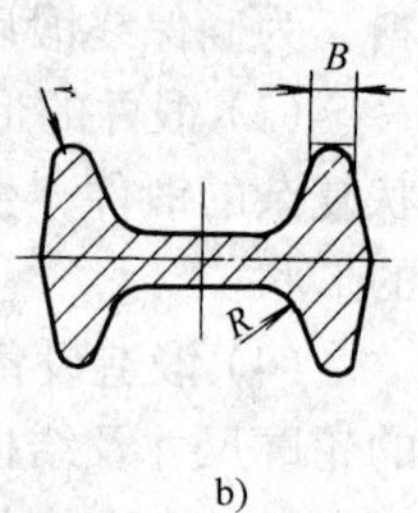

图8-3　模锻件上的外圆角 r 和内圆角 R

模锻件上圆角对金属材料的流动及充填模膛、锻件的质量和模具寿命等均有很大影响。在确定模锻件圆角时应注意以下几点：

1）锻件材料的塑性愈好，内、外圆角半径可取小些，反之应加大。

2）锻件的凸台或筋愈高，圆角半径应取大些，否则，可适当减小。

3）锻件的外圆角应比内圆角取得小些，水平圆角应比垂直圆角小些。

4）模锻斜度较大的锻件侧壁的圆角半径可取小些，反之，应取大些。

5）变形速度低，制坯条件差时，圆角半径应取大些，否则，可小些。

6）为便于制模和检验，圆角半径的尺寸应适应刀具的规格化，按标准系列选取，即：1mm、1.5mm、2mm、3mm、4mm、5mm、6mm、8mm、10mm、12.5mm、15mm、20mm、25mm和30mm。在同一锻件上，尽量选用相同数值的圆角半径。

7）凸圆角半径 r 值的增大，将导致加工余量的减少，因此应满足下列要求：r = 加工余量 + a，其中 a 值为零件的圆角半径，加工余量由手册查得。凹圆角半径 R 一般为凸圆角半径的1.5～2.5倍。

（6）冲孔连皮　工件的通孔在模锻中不能锻造出穿透孔，应留有冲孔连皮并用冲模冲掉。冲孔连皮的形式较多，分为平底冲孔连皮和异形冲孔连皮。

1）图 8-4 所示为平底冲孔连皮，冲孔连皮的厚度 S 值由孔径 d 确定，该图仅适合孔径为 25～60mm 范围。

2）常见的异形冲孔连皮有斜底冲孔连皮（见图 8-5a）、飞边式冲孔连皮（见图 8-5b）和拱式冲孔连皮（见图 8-5c）等。

采用平底冲孔连皮，当孔径大于 60mm 时，在锻造过程中，大量的金属外流，易产生折叠现象，同时易使模具的凸出部分塌陷，模具的使用寿命降低，此时，应设计成斜底冲孔连皮。推荐冲孔连皮尺寸为：$S_{max}=1.35S$；$S_{min}=0.65S$；$d_1=(0.25\sim0.35)S$，式中 S 为平底冲孔连皮时的厚度，由图 8-5 来确定。尺寸 d_1 考虑坯料在模膛中的定位并使冲头边缘的斜度较大，以利于锻造过程中金属的滑移。斜底连皮多用于预锻模膛。

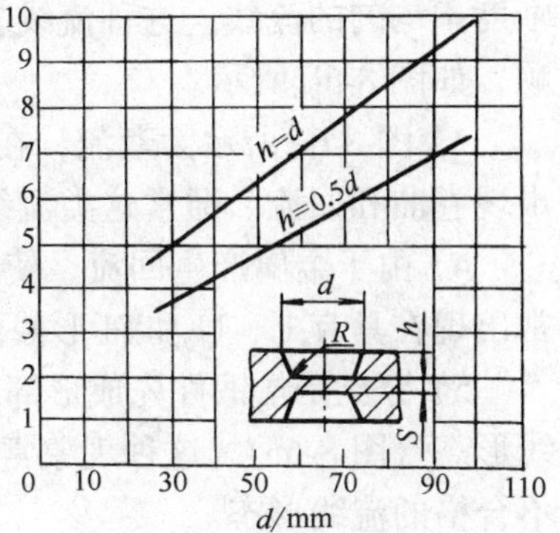

图 8-4　平底冲孔连皮的厚度

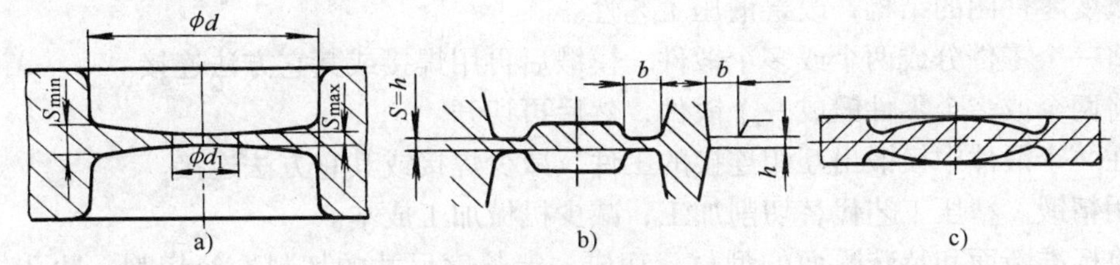

图 8-5　异形冲孔连皮

a）斜底冲孔连皮　b）飞边式冲孔连皮　c）拱式冲孔连皮

飞边式冲孔连皮又叫内飞边。当锻件是用预锻和终锻工艺生产时，在预锻工步采用斜底冲孔连皮，以避免产生折叠现象，而在终锻时应用飞边式冲孔连皮，以防止金属大量外流，保证锻件的填充。飞边式冲孔连皮的厚度 S 和宽度 b 与锻件飞边的厚度 h 和宽度 b 是一致的。

当锻件孔径 d 小于 25mm 时，不设计冲孔连皮，但应设计出与连皮模式相似的凹穴。

拱形冲孔连皮适用于孔径较大、厚度尺寸较薄的锻件。

（7）辐板和筋　辐板是模锻件上用来连接筋、凸台或其它凸起部位并呈薄板状的部分，通常为平板形并与锻造平面一致。按包围封闭程度，辐板分为无限制辐板和有限制辐板两种。无限制辐板中的金属完全或基本不受筋或其它凸起部位的阻碍，而由辐板流向毛边；有限制辐板则是基本或完全受筋或其它凸起部位的阻碍，而不能由辐板流向毛边。辐板的主要参数为厚度、形状、面积和辐板与筋结合的截面形状要素（如圆角、斜度等）。

筋是锻件上向锻压行程方向上面的部分，多为加强结构，大部分不再机械加工。平行筋的间距应大于筋高，环形筋的最小内径应大于筋高的 1.31 倍，正交筋的高度应不大于封闭筋的筋高；整个筋在长度方向上的截面应均匀一致，筋宽、模锻斜度和外圆角也应力求一致。

（8）锻件金属流线要求　锻件形状、模具结构、坯料尺寸以及操作工艺等不同，锻件流线呈不同的形态，分别为理想流线、不顺流线、紊流、涡流、穿流等，如图 8-6 所示。

1）理想的流线形态沿锻件截面外形分布，线纹伸展流畅、平滑，无波纹形和明显的间断区，线条粗细间隔均匀或有序过渡，如图 8-6a 所示。

2）不顺的流线基本上沿锻件截面外形分布，但有波纹状、个别部位线纹弯曲较大、清晰度不均匀的流线。这种流线多出现在自由锻件和变形程度小的模锻件上。通常称为流线不顺，如图 8-6b 所示。

3）图 8-6c 所示为紊流，在锻件的截面的局部，流线有弯曲紊乱等不规则现象，但尚未出现卷曲和回流。通常这类流线是不合格的流线。

4）由于金属产生回流，使流线卷曲而呈漩涡状称为涡流，如图 8-6d 所示。这种现象通常出现在具有 L、U 和 H 形截面的模锻件上，是一种不合格的流线形态。

5）穿流是指锻件先成形部分金属的流线，被后成形的金属从垂直方向穿断而形成的流线形态（图 8-6e）。这种现象常出现在具有 U、H 形或与类似形状截面的锻件上，也是一种不合格的流线形态。

（9）锻件的合理设计规则　在设计或审定锻件图时，应检查其可能性与合理性。检查内容包括：

1）改变零件图的结构，改善锻压工艺性。

2）将一个零件分成两个或多个锻件，模锻后再用焊接或其它方法连接。

3）将两个或多个零件锻成一个锻件，然后再切开。

4）在一个锻件中模锻出互相连接的工件，减少焊接或其它方法连接。

5）用精锻、精压工艺代替切削加工，减少机械加工成本。

6）将标准断面和特殊断面的型材，切成一定长度尺寸的坯料，经切割、冲孔、弯曲等工艺方法后得到零件，取代锻造工艺。

7）合理利用各种锻压设备进行联合锻造以简化模具结构。

8）在两个分模面上进行模锻。第一次模锻切去飞边后。在另一分模面上再次进行模锻，以便更好地成形。

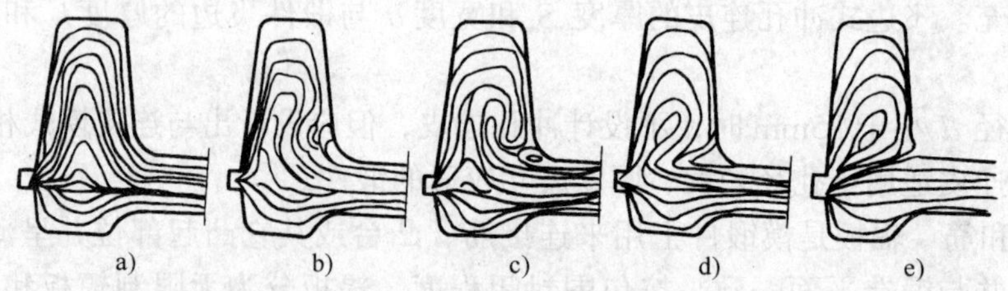

图 8-6　流线形态种类

a）理想流线　b）不顺的流线　c）紊流流线　d）涡流流线　e）穿流流线

3．锻压设备及其吨位的确定

常用锻压设备及其用途和特点见表 8-1。

（1）锻锤吨位的确定　锻模锤的吨位是指锻模锤落下部分的公称质量，目前锻模吨位通常用经验公式或简化理论公式进行估算，并根据生产实际进行修正。

1）经验公式

双作用锤　$G=(3.5\sim6.3)KF$

单作用锤　$G_1=(1.5\sim1.8)G$

无砧座锤　$E=(20\sim6.3)G$

式中　G、G_1——锻锤吨位（kg）；

F——锻件的总变形面积（锻件、冲孔连皮和飞边的投影面积之和）（cm^2）；

K——材料系数（见表 8-2）；

E——无砧座锤的能量。

表 8-1　常用锻压设备的用途和特点

类别		适用范围	特　点
锤锻	空气锤	可用于完成自由锻造的镦粗、拔长、冲孔、弯曲、扭转和错移等工步，也用于胎膜锻造	通用性好，工艺适应性强，设备投资小，但设备噪声大，劳动条件差，对厂房和地基的要求高
	蒸汽-空气自由锤锻		
	蒸汽-空气模锤锻	用于各种锻件模锻，可进行多型槽模锻	
螺旋压力机		用于模锻、精压、校正、冲孔、切断等多种工步，通常使用单型槽模锻	结构简单，造价低，有顶料装置，锻件精度高，可实现机械化生产
热模锻压力机		用于单型槽或多型槽模锻，不易进行拔长和滚压制坯	有顶出装置，锻件精度高，易实现机械化和自动化生产，结构复杂，造价高
平锻机		用于顶镦、成形、挤压、冲孔和切等工步，适用于带头部的杆类和有孔锻件的模锻	生产率较高，通用性差，结构复杂，造价高
辊锻机		用于模锻前的制坯。亦用于杆类锻件的模锻	生产率高，结构简单，通用性差
液压机		用于大锻件机钢锭的自由锻造或大型模锻件的模锻	通用性强，可制成大吨位的压力机，结构复杂，价格高

表 8-2　材料系数 K

材料	碳素结构钢		低合金结构钢		高合金结构钢	合金工具钢
	$w_C<0.25\%$	$w_C>0.25\%$	$w_C<0.25\%$	$w_C>0.25\%$	$w_C>0.25\%$	
K	0.9	1.0	1.0	1.15	1.25	1.55

注：w_C 为碳的质量分数。

2）简化理论公式

水平投影为圆形的锻件（直径小于 60mm）：

$$G_{圆} = (1 - 0.005D)(1.1 + \frac{2}{D})^2(0.75 + 0.001D^2)D\sigma$$

非圆形的锻件：

$$G = G_{圆}(1 + 0.1\sqrt{L/B})$$

式中　$G_{圆}$、G——锻模吨位（kg）；

D——锻件直径（cm）；

L——分模面上锻件的最大长度（cm）；

B——锻件的平均宽度（cm）；

σ——终锻温度时锻件的变形抗力（MPa）。

计算非圆锻件的 $G_{圆}$ 时，D 用当量直径 D_r 代替，即：$D_r=1.13F^{0.5}$。

图 8-7 所示为根据上两式得到的诺模图，可按具体条件在图中查找锻模吨位。

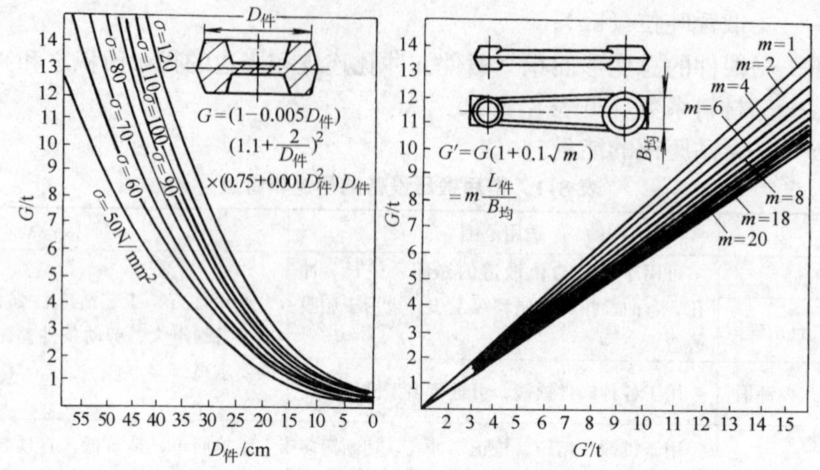

图 8-7　确定锻模吨位的诸模图

(2) 胎模锻设备吨位的确定　胎模锻通常在自由锻锤上进行，确定设备吨位与胎模锻造类型有关。

1) 套模锻造的吨位确定如表 8-3 所示，当锻件结构较扁薄或其材料强度高时，锻件最大直径取小值，当有预锻或终锻前加热时取大值。

表 8-3　套模锻造设备吨位的确定

锻锤吨位/t	0.25	0.4	0.56	0.75	1.0
锻件最大直径/mm	80～100	130～150	155～165	175～185	200～210

2) 同一锻锤上垫模锻造可锻造的最大直径 $D_垫$ 为套模锻造的最大直径 $D_套$ 的 1.1～1.2 倍。

3) 同一锻锤，跳模锻造的最大直径 $D_跳$ 为套模锻造的最大直径 $D_套$ 的 0.5～0.6 倍。

4) 合模锻造的吨位可按锻件的尺寸确定：

$$G = KF$$

式中　G——锻锤吨位（kg）；

F——锻件在分模面上的投影面积（cm^2）；

K——锻件形状系数（见表 8-4）。

表 8-4　锻件形状系数 K

锻件形状	形状简单、制坯良好的锻件	形状复杂、局部有筋的锻件	不需制坯的小型锻件	较薄的锻件
K	5～6	6～7	7～9	8～10

(3) 螺旋压力机吨位的确定　根据生产实践经验，螺旋压力机的吨位可按下式计算：

$$F = KA/q$$

式中　F——螺旋压力机公称压力（kN）；

K——系数，精压或热锻时，取 $80kN/cm^2$；锻件轮廓简单时，取 $50kN/cm^2$；

A——锻件总变形面积（包括锻件、冲孔连皮和飞边）（cm^2）；

q——变形系数，对变形程度小的精锻件取 1.6；变形程度不大的锻件取 1.3；变形程度大的锻件取 0.9～1.1。

其它锻压设备（如锻压机、平锻机、水压机、热模锻压力机等）的吨位确定，也可根据经验公式或图表确定，具体可查阅有关设计手册。

8.2 锻模结构设计

8.2.1 锻模外形设计

锻模的外形包括模块的尺寸，模块基准面和楔紧面及导向和锁扣装置等。

1. 模块尺寸的确定

(1) 基本设计步骤

1) 根据锻模中模膛的数量、尺寸、布排方案、壁厚要求及模膛中心要求等，初步确定模块的最小软轮廓尺寸，并按标准模块中相近的较大值选定。

2) 在模膛布排后，核对是否符合模块的设计原则，若不符合，应调整。

3) 按最终确定的模块尺寸布排模膛位置。

(2) 模块基本设计原则

1) 锻模中心与模块中心的关系　模块中心是指分模面上模块对角线的交点，其与锻模中心的偏移量不能过大，否则对锻件精度和锻锤寿命均有不良影响。一般偏移量应控制在偏移方向模块轮廓尺寸的10%以内。

2) 最小承击面积　承击面是指锻模的上下模的接触面，即分模面上去除模膛和飞边槽的剩余部分。模块要有足够的承击面积，锤锻模所允许的最小承击面积见表 8-5。承击面积按下列经验公式计算（应扣除导向所占的面积）：

$$A_w = (2.5 \sim 3.0) \times 10^4 \times \frac{m_B}{1000(kg)} (mm)^2$$

式中　m_B——包括上模块在内的锤头质量（kg）。

表 8-5　锤锻模所允许的最小承击面积

锻模吨位/t	1	2	3	5	10	16
承击面积/cm^2	300	500	700	900	1600	2500

3) 模块允许的最大长度　当锻件较长，需使锻模伸出模座和锤头外时，所伸出的悬空部分长度应不大于上模块或下模块的高度的 1/3。

4) 模块宽度　上模块任何一侧边缘与锻锤导轨之间的最小间距应大于 20mm，以避免锻模宽度尺寸过大而与锻锤导轨相撞；模块允许的最小宽度至少要超出燕尾 10mm，以确保斜楔紧固锻模的可靠性。

5) 模块高度　根据终模膛的最大深度 h_{max}（见图 8-8）按表 8-6 初定模块允许的最小高度 H_{min}，其值应大于锻锤允许的最小闭合高度，如不满足，对 3 吨以下的锻锤，宜采用过渡垫模；模块最大高度还应考虑可有 3～4 次的修复量，通常每次修复量为 10～25mm。模块的最大高度 H_{max} 与最小高度 H_{min} 与锻锤吨位的关系见表 8-7。

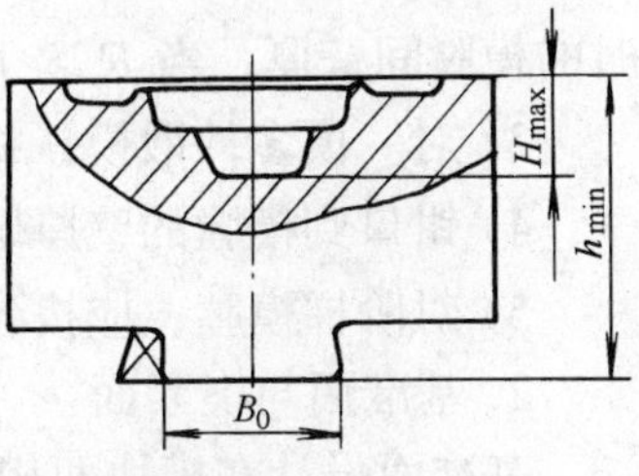

图 8-8　模块最小高度与模膛最大深度

表 8-6 模块最小高度 （单位：mm）

终锻模膛最大深度 h_{max}	<32	32~40	40~50	50~60	60~80	80~100	100~120	120~160	160~200
模块最小高度 H_{min}	170	190	210	230	260	290	320	390	450

表 8-7 模块的高度与质量

锻锤吨位/t	1	2	3	5	10	16
最小高度 H_{min}/cm	170	220	260	290	330	360
最大高度 H_{max}/cm	240	290	330	370	420	460
上模最大质量/kg	350	700	1050	1750	3500	5250

6）上模质量　上模过重会导致锤头升起困难，因此对上模的质量应加以限制（见表 8-7）。或按照小于锻锤吨位 35%（夹板锤为 25%）来估算。

7）模块流线方向　模块材料的流线应避免与打击方向平行而应垂直于打击方向，以提高锻模寿命。生产短轴类锻件的锻模的流线方向与键槽中心线的方向一致；对于长轴类锻件，当锻模以磨损为损坏方式时，模块的流线方向应与锻模的轴线方向一致，当以开裂为主时，其流线方向则应与键槽中心线的方向一致。

8）镶块模　当锻件品种规格较多，生产批量不大时，可采用镶块锻模（如图 8-9 所示）。镶块有圆形和矩形两种，通常用楔铁或热套的方法紧固在模座上，但连接可靠性较差。

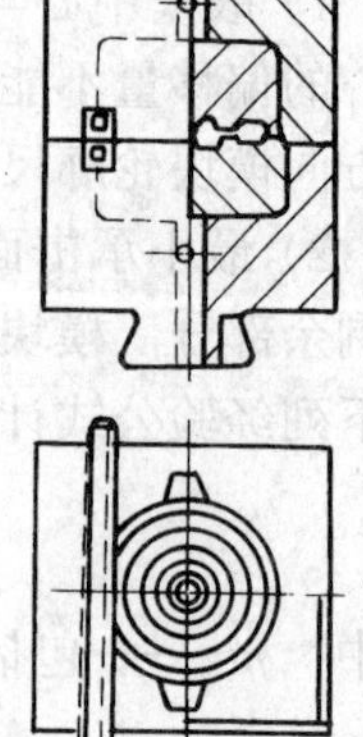

图 8-9　镶块式锻模

(3) 模膛壁厚的确定　模膛壁厚是指模膛到模块或模膛之间的距离。确定模膛壁厚尺寸应遵循保证锻模有足够的强度和减小模块尺寸的原则。

由于终锻与预锻模膛受力较大，其模膛壁厚应有足够的厚度，壁厚与模膛深度 h，槽底圆角半径 R、起模斜度 α 及锻件外形有关（图 8-10）。

1）S_1 线适用于 $R<0.5h$，$\alpha<20°$ 时的外壁厚，若 $R=(0.5\sim1.0)h$ 或 $\alpha\geqslant20°$，外壁厚可适当减小。

2）S_2 线适用于 $R\geqslant h$ 的外壁厚（图 8-10 中 b 和 c 左侧模膛的外壁）及 $R<h$，$\alpha<20°$ 时的模膛间壁厚，当 $R\gg h$ 时，模膛间壁厚 S 取 $(0.8\sim0.9)S_2$。

3）对一模多件锻模，相邻模锻模膛的最小壁厚 S_2 取 $(0.5\sim1)h$。

4）钳口到模膛的壁厚取 $0.7S_2$。

5）对阶梯模膛，应按各个深度分别查取最小壁厚，并取大值。

2. 基准面与楔紧面

基准面设计在模块两相互垂直的侧边，这两侧面所构成 90°的角称为检验角。其位置一般在模块的前面和左面（或右面），起到制模时划线基准的作用，又可作为调整模具的依据。通常两个基准面要凹下模块侧面 2～5mm，宽为 40～100mm（如图 8-11），以防磕伤基准

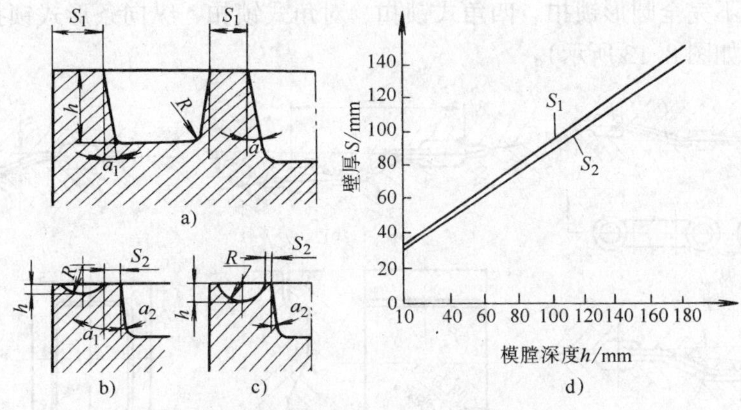

图 8-10 模壁示意图和确定模壁厚度曲线

a）~c）模壁示意图 d）确定模壁厚度曲线

面。

楔紧面（燕尾）平行纵向基准面，上、下模楔入燕尾的楔紧面间，起紧固锻模的作用。

3. 锻模的导向与锁扣

锻模的导向根据锻件的大小和形状及设备的精度确定，在锻造过程中，模具受侧向力影响很小时，可不设计导向定位装置；当受侧向力或设备导向不精确时，应增加导向装置，以防锻模产生偏移。锻模的导向可设置导销或锁扣。导销一般采用圆形销。

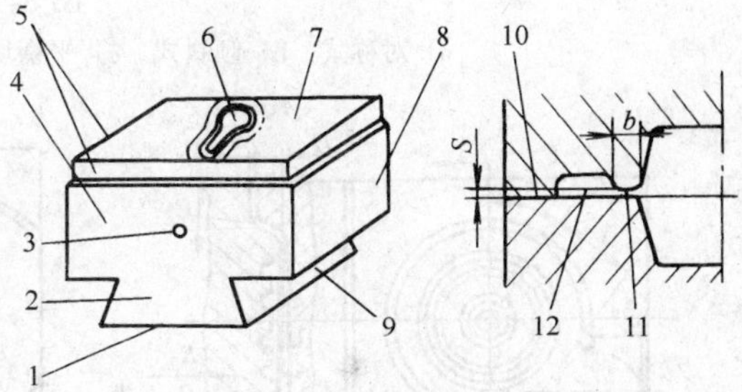

图 8-11 锻模的各部分名称

1—支承面 2—燕尾 3—起重孔 4—模体 5—基准面 6—模膛 7—模膛镜面 8—侧面 9—锲紧面 10—支承面桥部 11—飞边槽桥部 12—飞边槽仓部

(1) 锁扣的作用 锁扣的主要作用是平衡上、下锻模间的错移力。当锻件的分模面为斜面或曲面时，或锻模中心与模膛中心的偏移量较大时，在模锻过程中会产生引起上、下锻模错移的水平方向的力，导致使锻件产生沿分模面的错差，影响了锻锤的寿命和锻件的尺寸精度。为改善这种状况，应在锻模上设置锁扣。

另外，当设备精度较低时，锻模上的锁扣可以补偿锻模导向上的不足。

(2) 锁扣的类型 锁扣可以分成平衡锁扣和一般锁扣两种类型：

1) 平衡锁扣适用于具有落差的非平面分模锻件，为平衡锻模的错移力而设置。平衡锁扣又分为对称式、倾斜式、平衡块式、混合式、多块式和方形闭式六种（如图 8-12 所示）。

对称式锁扣不需另设平衡块，错移力由锻件自身平衡，适用于对称排列的锻件；倾斜式锁扣将锻件倾斜一个角度 γ，为消除模锻力，应使工件两端点位于同一水平面上，此时应改变模锻斜度，以便脱模。倾斜式锁扣适用于 $h \leqslant 15$mm，$\gamma \leqslant 7°$的锻件；平衡块式锁扣采用平衡块来抵消错移力，适用于落差高度 h 在 15~60mm 的锻件；混合式锁扣为倾斜式锁扣和平衡块式锁扣的综合应用，适用于 $\gamma \leqslant 7°$且落差高度 h 大于 50mm 的锻件；多块式锁扣适用于锻件左右具有落差易产生错移或有预锻模膛的情形；对精度要求高或形状复杂的锻件采用方形闭式锁扣。

2）一般锁扣是为保证锻件精度，便于锻模的安装与调整而设置的导向锁扣。一般锁扣分为圆形锁扣、不完全圆形锁扣、四角式锁扣、对角式锁扣、纵向条形式锁扣、侧块式锁扣六种结构形式（如图 8-13 所示）。

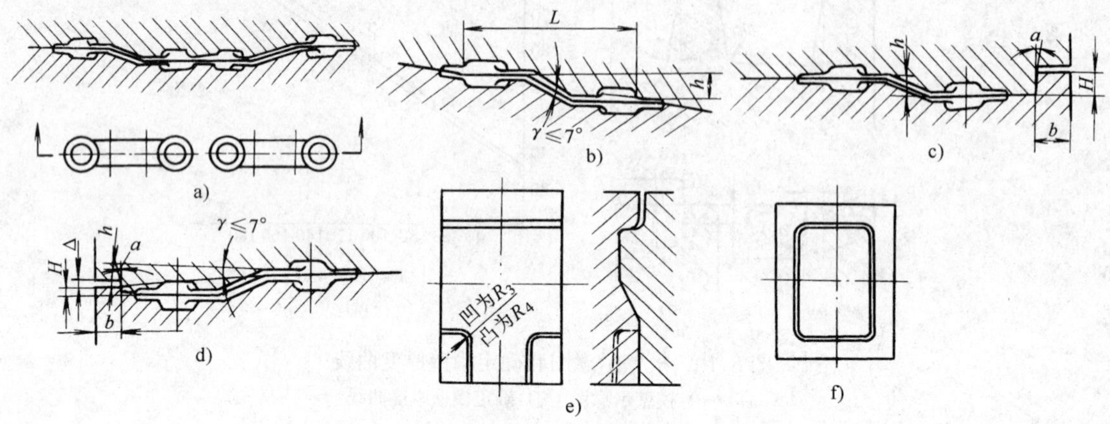

图 8-12　平衡锁扣

a）对称式　b）倾斜式　c）平衡块式　d）混合式　e）多块式　f）方形闭式

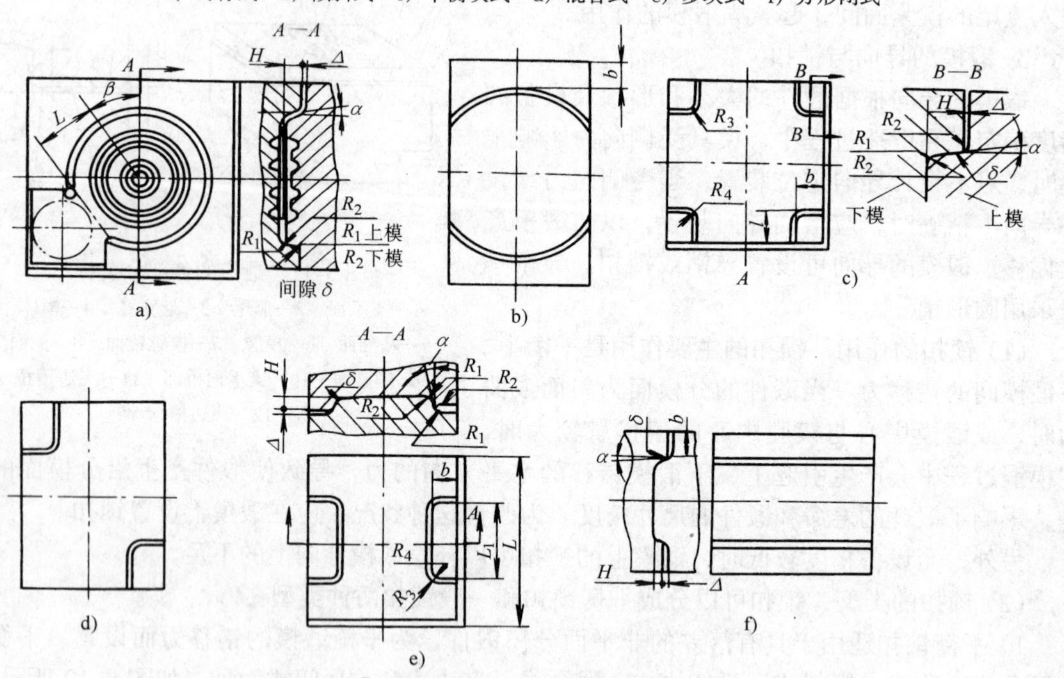

图 8-13　一般锁扣

a）圆形锁扣　b）不完全圆形锁扣　c）四角式锁扣　d）对角式锁扣

e）纵向条形式锁扣　f）侧块式锁扣

圆形锁扣适用于饼类锻件，以便控制锻件错移力；不完全圆形锁扣适用于尺寸较大的锻件，以便制模和减小模块尺寸；四角式锁扣用于形状复杂的锻件，可防止任意方向的错移；对角式锁扣较常用，其特点是制造较简单，占模面积不大；纵向条形式锁扣仅控制锻件宽度方向的错移，适用于条形锻件，有时也用于一模多件的模锻；侧块式锁扣适用于较复杂的锻件，可防止上下模相对转动或纵横向错移。

(3) 锁扣的设置

通常在下列情形下考虑设置锁扣：

1) 锻件的错移量要求小于 0.5mm。

2) 锻件外形易产生错移，如细长轴类锻件、一模多件或锻件形状复杂等。

3) 对盘类锻件，由于毛坯放偏而易错移。

4) 工字形或叉形截面锻件等锻件外形复杂易导致锻模调整较困难。

5) 当锻锤导轨间隙过大时，导向性差。

6) 需冷却切边的锻件。

7) 锻件外形误差不易检查时。

锁扣的设计，根据实际锻件的尺寸、形状，锻压设备的具体条件，确定出合理的工艺方案，具体尺寸可参照相关设计资料。

锁扣的设置减小了锻模的承击面，增大了锻模尺寸，减小了模具修复次数，降低了模具材料的利用率等。因此，应尽可能不用锁扣为好。

4. 燕尾和键槽设计

燕尾及键槽是为锤锻模安装于锻锤上而设置的，因而燕尾、键槽的设计应以安装在模锻锤上锻模的空间尺寸为依据。锻模一般重量较大，为便于在运输和安装过程中穿入吊装棒，应设置起重孔，起重孔在燕尾中心线上位于锻模的前后两端。

8.2.2 模膛设计

锻模模膛分为制坯模膛、预锻模膛、终锻模膛和切边模膛。模膛设计应根据锻件的具体形状划分类别，选取不同的制坯模膛，合理分配毛坯在制坯模膛中的体积，保证终锻模膛的填充，最终得到锻件形状。

1. 模膛布置

(1) 模膛中心与锻模中心

1) 模膛中心即模膛承受金属变形抗力的合力中心。其与锻件的形状和厚度有关。

① 锻件外形和厚度变化较小，变形抗力分布较均匀，模膛中心常取锻件（含飞边槽桥部）在分模面上投影的形心。在实践中常采用吊线法求模膛中心，首先将锻件及飞边槽桥部的水平投影形状复制成厚度均匀的板料，然后在板料上任选两点用线吊起，则模膛中心即为吊线的延长线的交点。

② 当锻件形状复杂、厚度方向的尺寸和形状变化较大，变形抗力不均匀时，模膛中心应偏向变形抗力较大的一侧。应根据实践经验确定模膛中心相对于形心位置的偏移量，通常不超过 35mm。

2) 锻模中心位于锤杆的轴线上，是锻锤打击力的作用中心，即键槽中心线与锻模燕尾中心线的交点。

(2) 单模膛锻模模膛布置　由于单模膛锻模只有一个终锻模膛，为使金属变形阻力与锤击力在同一垂线上，避免错移力，模膛中心应与锻模中心重合。

(3) 多模膛锻模模膛布置　相对于单模膛锻模而言，多模膛锻模模膛的排布复杂得多，应首先确定受力最大的终锻模膛与预锻模膛的位置，然后结合具体情况，布置制坯模膛。

1) 终锻与预锻模膛的布置。具有预锻模膛的多模膛锻模，为保证锻件质量，减小错移量，终锻模膛或预锻模膛均不能与锻模中心重合，应两者兼顾，使两模膛中心安排在锻模燕尾中心线的两侧且尽量靠近锻模中心。另外，应注意：

① 燕尾中心线到终锻模膛中心的距离 a 应为其到预锻模膛距离 b 的一半或略小（见图 8-14），且 a 不超过表 8-8 所示的数值。

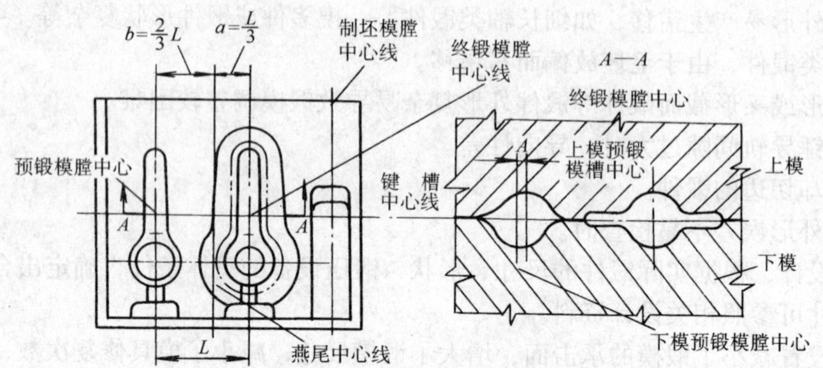

图 8-14 模膛的排列

表 8-8 a 的允许偏移量

锤锻吨位/t	1	2	3	5	10	16
a/mm	25	40	50	60	70	80

② 在锻模前后方向上，通常两模膛中心应与锻模的键槽中心重合。

③ 若因终锻模膛偏移过大而使错移量 a 超差，a 可取（1/5～1/3）L，［即 b 取（2/3～4/5）L］，设计时，应预先考虑预锻模膛上、下模膛的错移量 Δ。Δ 值按锻锤的吨位确定，一般在（1～4）mm 范围内，小吨位锻锤 Δ 取小值，否则取大值。

④ 预锻模膛和终锻模膛的中心线应在锻模燕尾范围内。若锻件外形过于宽大，无法满足上述要求，则应在两副锻模上分别设置两模膛进行联合锻造，以合理使用设备，保证锻件质量，提高模具寿命。

⑤ 在保证模膛间的强度的前提下，采用反向排列、平行排列和前后错开排列等方法，尽量减少锻模中心与预锻模膛和终锻模膛中心的距离。

2）具有锁扣的模块。对于有落差的锻件，常采用平衡块式锁扣平衡锻造时的错移力。此时，模膛中心与键槽中心并不重合，以减轻锁扣的磨损与上下模的错移，偏离量 S 应根据锁扣的形式来确定：

① 如图 8-15a 所示，平衡块的凸出部分位于下模，则型槽中心应向平衡块相反方向偏离键槽中心线 $S_1=$（0.2～0.4）h（h 为平衡锁扣凸出部分高度）。

② 如图 8-15b 所示，平衡块凸出部分位于上模，则模膛中心应向平衡块方向偏离键槽中心线 $S_2=$（0.2～0.4）h。

3）预锻与终锻模膛中锻件的安排方式。若要求操作和取件方便，锻件的大头部分或复杂部分应在钳口一端，但模膛太靠近钳口时不利于充满。若将锻件小头放在钳口一端，大头或难充满部分放在钳口的另一端，则利于金属的充填，节省钳口材料。

4）制坯模膛的布置。确定了终锻与预锻模膛的位置后，应布置制坯模膛，制坯模膛布置的原则：

① 按模锻工艺顺序排列制坯模膛，锻造操作过程中一般只允许改变方向一次，以节省操作时间。

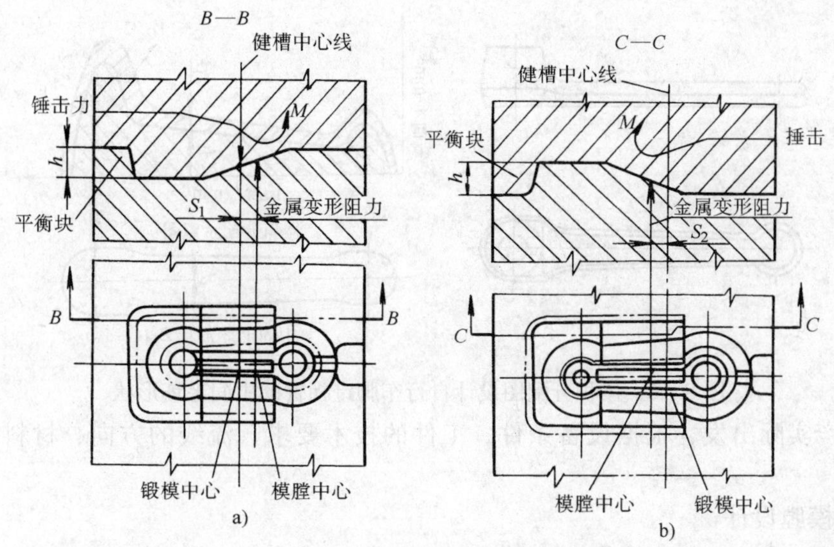

图 8-15　平衡块的凸出部分

a）在下模时的模膛位置　b）在上模时的模膛位置

② 布置弯曲模膛的位置时，应考虑坯料在弯曲后能简便快捷地翻转入预锻或终锻模膛，避免操作时坯料的反向翻转，尤其对大型锻件，更应考虑操作方便。

③ 制坯模膛的布置应与加热炉、切边压力机等的位置向适应。

④ 拔长模膛常直排在锻模右侧，若排在左侧时，为方便操作，应斜排。

⑤ 制坯模膛的设计应尽量减少模块尺寸。

⑥ 为方便操作，前切刀常位于锻模的右前角，后切刀一般位于左前角。

⑦ 拔长模膛、滚压模膛等头道制坯模膛氧化皮最多，应布置到吹风嘴的对侧，以避免氧化皮落入终、预锻模膛。

2．锻件体积分配

锻造毛坯应预先制坯，以适应终锻成形的需要。制坯过程即锻造出截面积与终锻形状相近的中间坯料形状，对坯料进行体积重新分配。锻件按形状可分为饼类和杆类两大类别，饼类件一般形状较简单，在锻造过程中材料向各方向滑移，便于均匀地充满模膛；锻件轮毂较高时，为便于终锻模膛的填充，在压偏或镦粗的基础上只要增加改形模膛；杆类件一般必须对坯料进行体积分配的计算。

设计中的毛坯计算，首先画出毛坯体积分配图，然后再进行计算。下面以图 8-16 为例，介绍画毛坯体积分配图的思路，在最终形状图（弯曲件展开）上，考虑锻件的圆角半径和脱模斜度，以适当的间隔测出垂直于纵轴线的截面 A_E 尺寸，并标在分配图的长度 l 的坐标轴上；将各个测量点连成一条光滑曲线，根据曲线以下的面积可得最终形状的体积，并可计算出锻件重量；接着按图标出必要的飞边截面 A_G，同样连成一条光滑的曲线，至此完成了体积分配图。其总面积代表着中间坯料的体积 A_{EM}，即：

$$A_{EM} = A_E + A_G$$

如图 8-16 所示，中间制坯的形状可根据体积分配图确定。

制坯的工艺分为拔长、滚挤、弯曲镦粗、压肩及各类复合工艺等，体积分配的方法的选

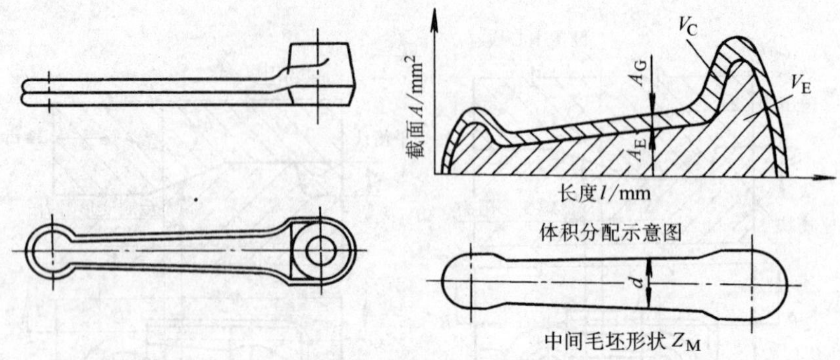

图 8-16　体积分配图设计自行车脚蹬拐臂的中间毛坯形状

择，应从生产实际出发，根据设备条件、工件的技术要求、流线的方向、材料规格等来确定。

3. 制坯模膛设计

制坯模膛的设计是依据体积分配图画出中间坯料形状，选用合理的制坯方案。设计时，根据终锻件的形状，对已计算出的坯料要改形的部位，应注意保证终锻成形的填充，提高终锻模膛的寿命。

(1) 镦粗台与压扁台

1) 镦粗台的作用是增加原始坯料直径，减小其高度，使镦粗后的毛坯在终锻模膛内能够覆盖一定的凸部与凹槽，以适应终锻模镗对中间毛坯尺寸上的要求，避免产生折叠或充不满等缺陷；去除加热后毛坯氧化皮，提高锻件的表面质量，提高终锻模膛的寿命，适用于短轴类或盘类（如齿轮等）锻件。

镦粗台设计要点。如图 8-17a 所示，镦粗台一般设置在锻模模面的左前角，平台边缘均倒角。根据锻件的形状、尺寸和坯料尺寸确定镦粗后的毛坯尺寸 d，再依据 d 确定镦粗尺寸。

镦粗后毛坯直径 d：

$$d \geqslant (D_1 + D_2)/2$$

镦粗台高度 h（见图 8-17b）

$$h = V_{坯} \Big/ \frac{\pi d^2}{4}$$

边缘距离 $C = 10 \sim 15\text{mm}$；
模膛间距 $C' = 5 \sim 10\text{mm}$；
至右侧及后面的距离：$C'' = 15 \sim 20\text{mm}$；
边缘倒角 $R = 10 \sim 8\text{mm}$。

2) 压扁台的作用与镦粗台类似，是用来将坯料压扁以增大其宽度，使压扁后的毛坯在终锻变形前能将终锻型槽覆盖，以防产生折痕和其它缺陷，减少废品，提高模具的寿命。主要适用于直长轴和较为扁宽的锻件。

压扁台设计要点。压扁台一般安排在锻模的左边，毛坯轴线与分模面平行放置。压扁台可占用部分飞边槽仓部，以节省锻模材料，此时，应将飞边槽仓部制成过渡斜面，以防止折叠的产生。设计时，根据锻件的形状与尺寸特点，确定原毛坯的尺寸及压扁后的尺寸，进而

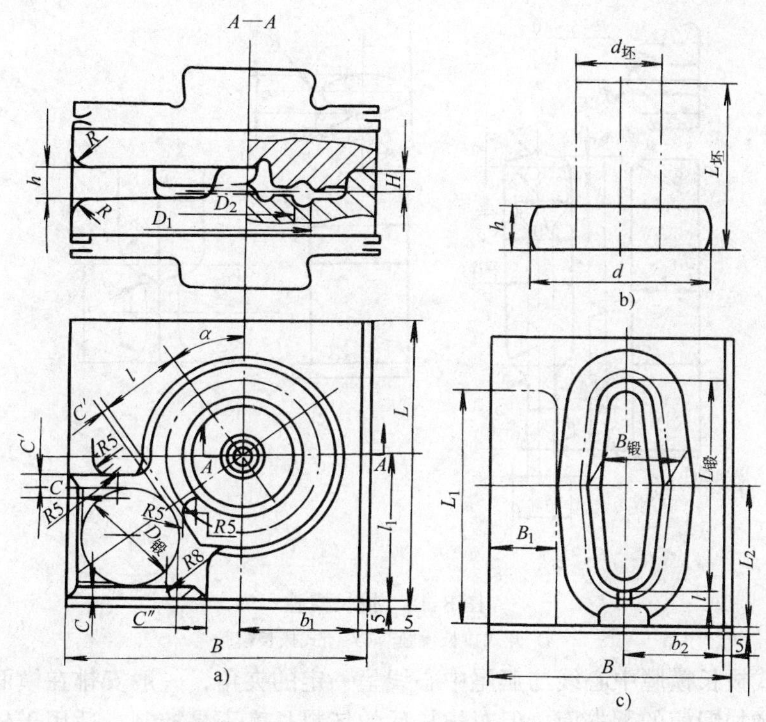

图 8-17 镦粗台及压扁台

a）镦粗台 b）镦粗后的坯料 c）压扁台

确定压扁台的尺寸（见图 8-17c）。

压扁台的长度 L_1：$L_1 = L_{压} + 40\text{mm}$

压扁台的宽度 B_1：$B_1 = B_{压} + 20\text{mm}$

式中 $L_{压}$——压扁后毛坯的长度；

$B_{压}$——压扁后毛坯的宽度。

(2) 拔长模膛 拔长模膛用以减小毛坯的截面积，增加其长度，起分配锻件材料的作用；同时还可去除氧化皮。通常拔长模膛设置在模块的旁边，由钳口、拔长平台和空腔三部分组成。

1) 拔长模膛的形式。根据截面形状的不同，拔长模膛可分为开式和闭式两种，如图 8-18 所示。

① 开式拔长模膛的截面积形状为矩形，（见图 8-18a）一侧边缘开通，这种模膛结构简单，制造方便，应用广泛，但效率较低。

② 闭式拔长模膛的横截面形状呈椭圆形，边缘封闭（见图 8-18b）。这种模膛的拔长效率较高，且毛坯光滑。但对操作要求较高，否则坯料易弯曲。适用于拔长部分的长度 $L_{拔}$ 与拔长部分的原宽度 $a_{杆}$ 之比大于 15，需高效率拔长的细长锻件。

2) 拔长模膛在模块上的排列方式有直排和斜排两种形式。

① 直排式拔长模膛中心线与燕尾中心线平行，其优点是可以控制拔长尺寸和避免坯料弯曲，应用较广。

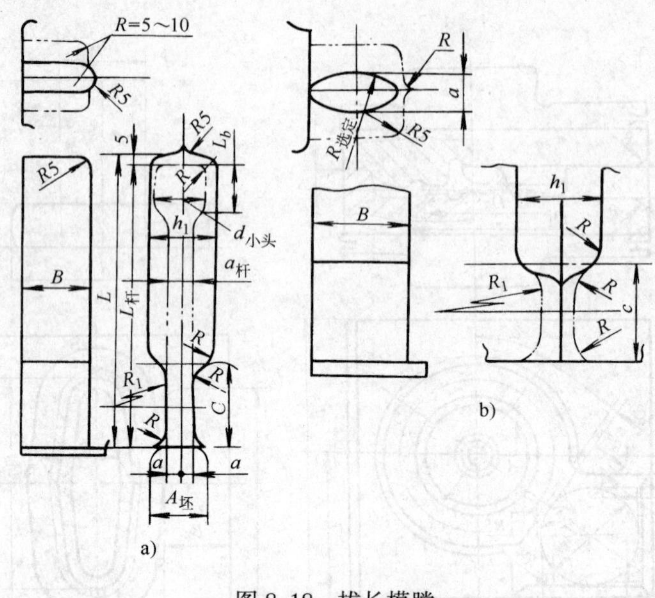

图 8-18　拔长模膛
a）开式拔长模膛　b）闭式拔长模膛

②　斜排式拔长模膛中心线与燕尾中心线呈一定的夹角，一般安排在模面的前左侧，其优点为有利于增加锻模的承击面，但对拔长后的坯料长度不易控制。适用于较长的锻件或模膛数量较多，布排较紧的锻模。

3）拔长模膛设计。根据锻件杆部需要拔长部分的尺寸和坯料尺寸设计拔长模膛。

①　拔长坎高度 a

当拔长后采用滚压时　$a = K_1\sqrt{\dfrac{V_{杆}}{L_{杆}}}$

当拔长后不采用滚压时　$a = K_2\sqrt{F_{最小}}$

式中　a——拔长坎高度（mm）；

$F_{最小}$——锻件杆部最小截面积（包括飞边截面积）（mm^2）；

$V_{杆}$——锻件杆部体积（包括飞边体积）（mm^3）；

$L_{杆}$——锻件杆部长度（mm）；

K_1、K_2——系数，$K_1=0.7$～0.85；$K_2=0.8$～0.9，$L_{杆}$ 小时取大值，反之，取小值。

②　拔长坎长度

$$C = K_3 d_{坯}$$

式中　C——拔长坎长度（mm）；

K_3——系数，根据拔长前坯料长度 $L_{始}$ 与毛坯直径 $d_{坯}$ 比值不同取 0.8～2，比值小时，取小值，反之，取大值；

$d_{坯}$——毛坯直径（mm）。

③　半径 R 取 $0.25C$；半径 R_1 取 $2.5C$，即 $10R$。

④　拔长模膛宽度 $B=K_4 d_{坯}$，B 通常大于 45mm，系数 K_4 取 1.3～2.0，$d_{坯}$ 小时取大值，反之，取小值；直排时取大值，斜排时取小值。

⑤ 拔长模膛长度 $L = L_{杆} +$ （5~10）mm。

⑥ 拔长模膛深度 h_1、h_2，当被拔长杆部无小头时，$h_1 = 2a_{杆}$；当被拔长杆部有小头时，$h_1 = 2d_{小头}$；$h_2 = d_{坯} + 10\text{mm}$。

⑦ 模膛斜度　模膛斜度根据模膛间相互位置确定，以拔长时不碰锻锤机架为前提，通常可取 10°、12°、15°、18°、20°。

⑧ 对于毛坯被拔长部分的原始长度 $L_{始}$ 小于 $1.2d_{坯}$ 或小于拔长坎的长度 C 时，以及拔长阶梯式毛坯时，拔长较困难，采用一般的拔长模膛拔长无法实现时，常采用图 8-19 所示拔长台拔长。拔长台是拔长模膛的特殊形式，拔长台的长度 $L = L_{杆} + 10\text{mm}$，宽度 $B =$ （1.4~1.6）$d_{坯}$。

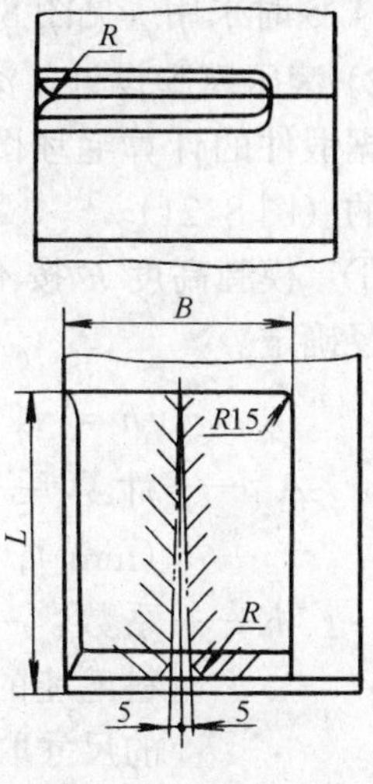

圆角 R 通常取 10mm、15mm、20mm、25mm，$d_{坯}$ 小时取小值，反之，取大值。

图 8-19　拔长台

(3) 滚压模膛　滚压模膛的作用是用来减少毛坯局部截面积，增大另一部分截面积，以使毛坯沿轴向的体积分配尽可能符合锻件计算毛坯的尺寸和形状要求，同时滚光毛坯表面，去除氧化皮。

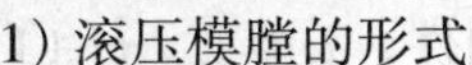

1) 滚压模膛的形式

① 图 8-20a 所示为开式滚压模膛，其横截面呈矩形，一侧面开通。这种模膛制造方便，适用于截面变化不大的轴类锻件。但其聚料效率低，故生产上不常用。

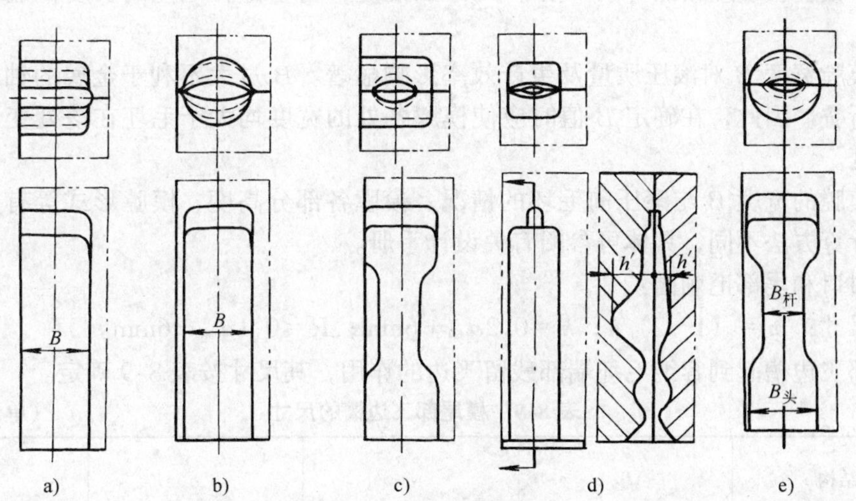

图 8-20　滚压模膛的形式
a) 开式　b) 闭式　c) 混合式
d) 非对称式　e) 不等宽闭式

② 闭式滚压模膛如图 8-20b 所示，模膛截面呈椭圆形，两侧封闭。该滚压模膛的聚料效果好，但制造较复杂。通常在锻件轴向截面变化较大时采用。

③ 混合式滚压模膛的杆部为闭式，头部为开式（见图 8-20c）。滚压效果好，便于成

形时的定位。通常用于头部有孔或叉形锻件。

④ 非对称滚压模膛的上、下模膛深度不等，如图 8-20d 所示，具有滚压模膛和成形模膛的作用，适用于 $h'/h<1.5$ 的非对称轴类锻件。

⑤ 不等宽闭式液压模膛的头部较宽，杆部较窄，以有利于杆部材料的流动。当 $B_{头}/B_{杆}>1.5$ 时采用（见图 8-20e）。

2）滚压模膛设计。滚压模膛的尺寸与形状是根据锻件的计算毛坯图以及截面图的尺寸来确定的（图 8-21）。

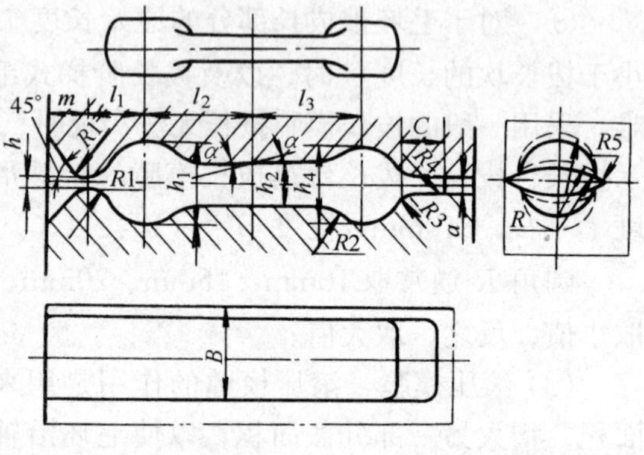

① 模膛高度 h 按不同截面位置的计算毛坯直径确定。

$$h = K\sqrt{A_{计}}$$

式中 $A_{计}$——计算毛坯相应处的截面积（mm^2）；

K——系数，一般根据模膛形式、坯料毛坯的截面位置及选用毛坯的尺寸取 0.7~1.2。

图 8-21 滚压模膛设计

② 模膛长度 L 根据热锻件图中锻件的长度 $L_{锻}$ 确定。对直轴件，$L=L_{锻}+$（1~3）mm；对弯曲轴件，若锻件在弯曲过程中无拉伸现象，按热锻件弯曲轴线内侧宽度 1/3 处的连线展开长度作为模膛长度 L，由于滚压模膛的头部可能压扁故应适当增大；若锻件弯曲时拉伸严重，模膛长度应按锻件水平投影长度 L 确定，由于计算毛坯的长度偏短，L 应适当增加。

③ 模膛宽度 B 对滚压质量及生产效率影响显著。B 过大不利于金属的轴向流动，反之易形成折叠。因此，在确定 B 值时应使模膛各处的宽度均大于毛坯在该处变形时能达到的最大宽度。

滚压模膛的宽度 B 与滚压前毛坯的情况、模膛各部分高度、模膛形式等有关，在不同条件下其计算方法不同，具体可参阅有关设计手册。

④ 钳口和尾部毛刺槽：

钳口尺寸：$m=$（1~2）h；$h=0.2d_{坯}+6mm$；$R=0.1d_{坯}+6mm$。

模尾部飞边槽起到容纳毛坯端部残留飞边的作用，其尺寸按表 8-9 确定。

表 8-9 模尾部飞边槽的尺寸 （单位：mm）

模具结构	$d_{坯}$	a	c	R_3
无切刀	<30	4	20	5
	30~60	6	25	5
	60~100	8	30	10
	>100	10	35	10
有切刀	<30	6	25	5
	>320	8	30	5

⑤ 闭式滚压模膛有弧形横截面和棱形截面两种形式的横截面（见图 8-22），弧形横截面形状应用普遍，滚压后毛坯表面质量好。弧线通过模膛宽度 B 和高度 h 作图得出。毛坯直径小于 80mm 时可采用这种截面；棱形截面通过以直线代替弧线由圆弧简化而来，滚压效果良好。模膛头部应制成圆弧形，通常在毛坯直径大于 80mm 型槽的杆部采用。

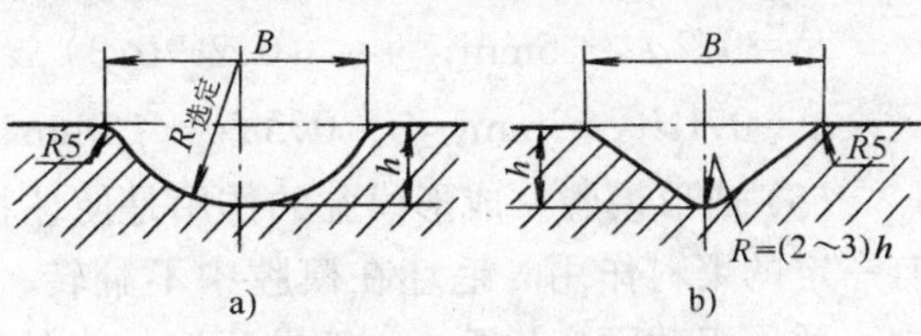

图 8-22 滚压模膛的横截面
a）圆弧形截面 b）棱形截面

⑥ 滚压模膛的基本绘制方法参见图 8-23。

首先，按照计算毛坯的特定截面，计算模膛各处的宽度 B 和高度 h，并将 h 在模膛纵剖面上标注。

其次，以适当圆弧或直线连接各点，画出滚压模膛纵剖面，应加大截面突变处圆弧且保证过渡圆滑。

当计算毛坯的杆部呈水平状时，为便于金属向头部的流动，模膛应制出 2°～5°的斜度。

其余尺寸确定如前述。

(4) 压肩模膛 压肩模膛亦称卡压模膛（见图 8-24），其作用是稍减小毛坯高度而增大宽度，并使锻件头部得到少量聚料。当锻件各截面面积变化不大，但毛坯外形又需要在某些部位增大宽度，可采用压肩模膛来防止成形时折叠的产生；或者需稍增加锻件某些部位毛坯高度，为便于较深模膛的充填，可采用压肩模膛。坯料在压肩模膛中只锤击一次，不翻转。

压肩模膛分为开式和闭式两种形式，为便于制造，通常使用开式模膛。

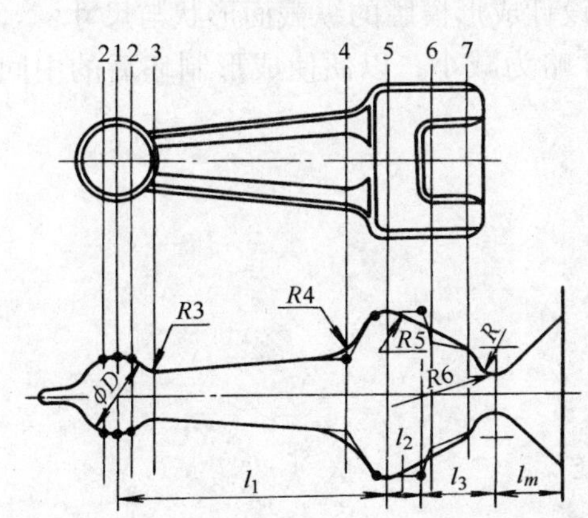

图 8-23 滚压模膛的绘制

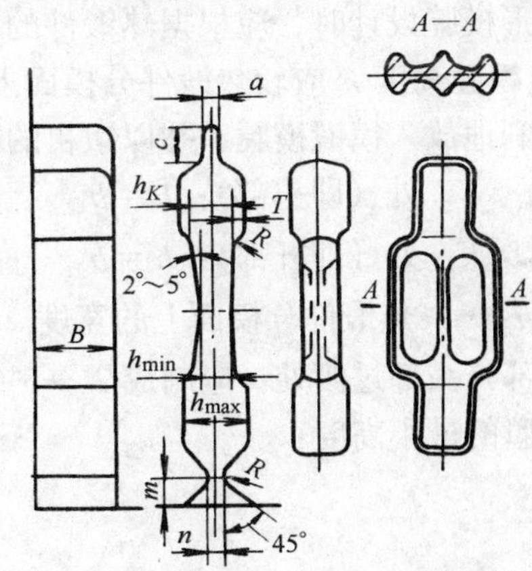

图 8-24 压肩模膛

压肩模膛的设计与滚压型槽相同，即按照计算毛坯的直径图来确定模膛各部分尺寸。

1）模膛高度 h

$$h = K\sqrt{A_{计}}$$

式中 K——经验系数，一般根据毛坯直径、坯料截面面积及计算截面面积等取 0.7～1.2。

2）模膛宽度 B 应小于毛坯直径 $d_{坯}$ 的 1.5 倍，通常用下式计算：

$$B = \frac{A_{坯}}{h_{min}} + 10\text{mm}$$

式中 $A_{坯}$——毛坯截面面积；

h_{min}——模膛的取小高度。

③ 模膛其它尺寸

$R = 0.2d_{坯} + 5mm$；$n =（0.2 \sim 0.3）d_{坯}$；$m =（1 \sim 2）n$

$a = 0.1d_{坯} + 3mm$；$C = 0.3d_{坯} + 15mm$

（5）成形模膛　成形模膛的作用是使坯料获得与锻件分模面上投影近似的形状，同时还有一定的聚料作用。毛坯在模膛中不翻转，坯料经成形制坯后，需翻转 90°放入模锻型槽内。适用于截面变化不大、弯曲程度较小的锻件。

成形模膛通常为开式模膛，有对称式和非对称式两种形式（见图 8-25）。

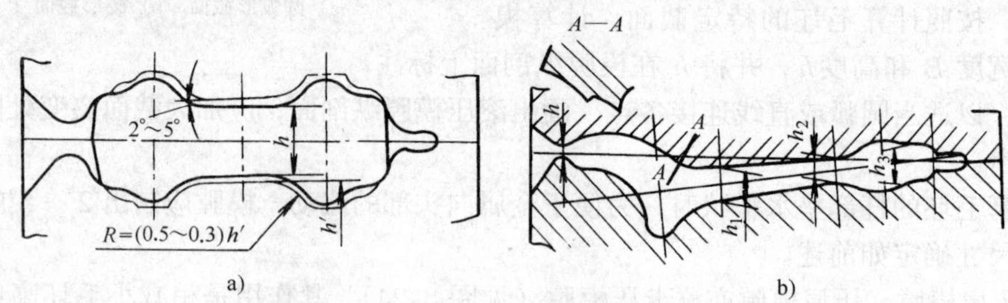

图 8-25　成形模膛

a）对称式　b）不对称式

对称式模膛适于在分模面上下形状对称的锻件；非对称式模膛适于在分模面上下形状不对称的锻件。

成形模膛设计时，应根据热锻件的水平面投影设计成形模膛的纵截面形状与尺寸：

1）模膛高度 h 应较热锻件分模面上的水平尺寸略为减小，以便使成形制坯后的中间毛坯能顺利地放入模锻模膛，并以镦粗的方式成形。

$F_{坯} < F_{计}$ 处（即头部）：$h = b_{锻} -（1 \sim 2）mm$

$F_{坯} > F_{计}$ 处（即杆部）：$h = b_{锻} -（3 \sim 5）mm$

式中　$b_{锻}$——热锻件分模面上的宽度。

杆部与头部过渡处：应制成 2°～5°的斜度。

模膛的最小高度：

$$h_{min} \geqslant \frac{\sqrt{F_{坯}}}{2.8}$$

2）模膛宽度 B

对原始毛坯：$B = \frac{F_{坯}}{h_{min}} +（10 \sim 20）mm$

对经拔长或滚压的毛坯：

$$\frac{F_{min}}{h_{min}} + (10 \sim 20)mm = B \geqslant \frac{F_{max}}{h_{max}} + (10 \sim 20)mm$$

3）钳口与尾部小端尺寸的确定方法与滚压模膛相同。

4）非对称形锻件成形模膛设计注意事项：

① 分模面的选择，应保证放件方便、取件容易。

② 截面剧烈变化处，应简化形状，以大圆弧过渡，并制成月牙形沟槽，以防毛坯成形

时的窜动。

③ 在锻件水平面投影的基础上，以制图方法绘出模膛轮廓线，局部轮廓线允许超出锻件轮廓线。

④ 一模多件模锻时，成形模膛的间距 C 应与终锻膛的间距相等。当 $C>12\text{mm}$ 时应制成细颈，细颈高度 $h_1=(0.5\sim0.7)b$；当 $C<12\text{mm}$ 时，应以较大的圆弧 R 连接。

(6) 弯曲模膛 弯曲模膛的作用与成形模膛类似，即用来使坯料获得与模锻模膛在分模面上形状相似的中间毛坯，如图 8-26a 所示。它的变形程度较成形模膛大得多，但无聚料作用，放入模锻模膛时需翻转 90°。

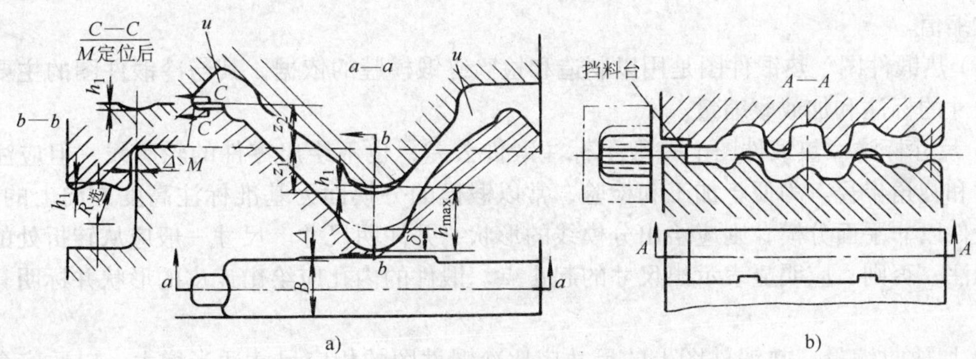

图 8-26 弯曲模膛

a) 弯曲模膛 b) 夹紧弯曲模膛

根据实际弯曲时坯料被拉伸的程度，弯曲模膛的形式有自由弯曲式和夹紧弯曲式。

自由弯曲式弯曲模膛一般只有一个弯角，坯料在弯曲时被拉伸不明显，适用于具有圆浑形弯曲形状的锻件。

夹紧弯曲式弯曲模膛的坯料在弯曲过程中被拉伸现象非常明显，适用于多拐曲轴等具有多个弯曲且为急突弯曲形状的锻件（见图 8 -26b)。

通常根据终锻模膛在分模面上的外表和尺寸设计弯曲模膛：

1) 模膛高度 h 应比终锻件分模面上的尺寸略为减小，以便弯曲后的坯料能便利地放入终锻模膛，并以镦粗形式成形。

$$H = b_{锻} -(2\sim10)\text{mm} \quad 或 \quad h=(0.8\sim0.9)b_{锻}$$

式中 $b_{锻}$——热锻件在分模面上相应位置的宽度。

若模膛较深处因堆积氧化皮多而影响坯料弯曲后的尺寸时，h 可不受上述公式限制而适当增大。

2) 弯曲模膛宽度 B 的确定方法与成形模膛相同。

3) 模膛凸部侧面间隙 Δ 与锻锤吨位有关，通常取 3~9mm，大吨位时，Δ 取大值，反之，取小值。Δ 可防止模具相碰撞。

4) 弯曲模膛设计注意事项

① 为避免终锻时产生折叠，弯曲模膛在急弯处应制成较大的圆角，但应保证模膛的充满，且需有最小飞边值。

② 弯曲模膛下模应有两个支承点来支持压弯前的坯料，这两支持点的高度应使坯料呈

水平位置。

③ 模膛在坯料长度方向上应定位可靠。若弯曲原坯料时，应在弯曲模膛的末端做出定位料台；对已经过滚压的坯料，则可直接利用钳口颈部定位。

④ 为避免坯料放偏或在弯曲时产生窜动，弯曲模膛的凸出部分应做出横向弧形凹槽（见图 8-26b—b 截面），凹槽的深度 h_1 一般为（0.1～0.2）h。

⑤ 为保证弯曲模膛的突出部分的强度，设计时应使上下模突出分模面的高度大致相等（见图 8-26c—c 截面），这样，上下模的加工量基本相同。

4．终锻模膛设计　终锻模膛是最后成形锻件、带有飞边槽的模膛。终锻模膛设计的主要内容是热锻件图的制定和飞边槽尺寸的设计，模膛尺寸要比冷锻件大，其值为锻件金属冷却的收缩值。

（1）热锻件图　热锻件图是用以制造和检验终锻模膛的依据，其与冷锻件图的主要区别在于尺寸的标注和加放收缩量。

1）尺寸标注　热锻件图上一般不标注锻件公差，也不绘出零件的轮廓线，但应注明模锻斜度和圆角半径。为便于加工和检验，常以锻模的分模面为基准标注高度方向上的尺寸。若模锻件以非平面分模，则应绘出分模线的形状，并注明尺寸。尺寸一般应从转折处的交点开始标注，否则，应明显表示出尺寸的起止点。锻件的内孔应绘出连皮的形状并标明具体尺寸。

2）加放收缩量　热锻件图上的尺寸应比冷锻件图的相应尺寸适当增大，以适应金属的冷缩，加放收缩量的一般遵循“见尺寸就收”的原则。

在加放收缩率时的要点：

① 锻件的内径尺寸采用较小的收缩率，外径尺寸采用较大的收缩率；截面尺寸较薄处采用较小的收缩率，较厚处采有较大的收缩率。

② 对无坐标中心的圆角半径不加放收缩率。

③ 薄而宽或细而长的锻件在锻模中冷却较快，收缩率应适当减小。

④ 若终锻模膛对锻件有校正作用，应按校正温度的高低适当减小收缩率。

热锻件图的外形与冷锻件图完全相同。有时为保证锻件的成形质量，允许热锻件图上的个别部位与冷锻件图有所差异：

为提高锻模寿命，对终锻模膛易磨损处，可在锻件负公差范围内增加磨损量。

当锻件的分模线上下形状复杂程度不同时，应在热锻件图上增设定位余块，以防锤击过程中错动而导致报废。

模膛底部应加深 2mm 左右，以免因下模膛底部氧化皮积聚而致使锻件表面产生压坑或缺肉等缺陷。

当锻锤吨位不足或过大时，产生欠压或压陷锻模承击面，从而造成锻件高度方向的尺寸超差。此时，应适当减小或加大热锻件图中高度尺寸，并限制其在尺寸公差范围之内。

收缩率可通过计算和查表等方法确定，具体可参照有关设计资料。

（2）飞边槽

1）飞边槽的作用

① 增加金属流出模膛的阻力，迫使金属充填模膛。

② 容纳多余金属材料。

③ 提高终锻模膛的寿命，缓冲上下模的打击，防止模具开裂或压塌。

2）终锻模膛飞边槽的型式（见图 8-27）

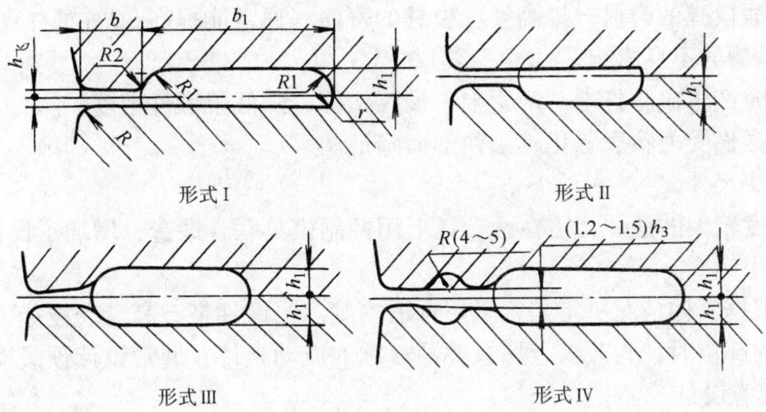

图 8-27 飞边槽形式

① 形式Ⅰ为通常采用的形式，由于桥部在上模，与坯料接触时间短，温度较低，故不易产生过热和磨损。

② 形式Ⅱ适用于锻件上模部分形状复杂、切边需翻转 180°或整个锻件位于下模的情形，可简化切边凸模或锻模的制造。

③ 形式Ⅲ的仓部较大，可容纳较多的金属，常用于形状复杂锻件、大型锻件或坯料尺寸偏大的锻件。

④ 形式Ⅳ设有阻力沟，可明显增加桥部的阻力，迫使金属充填复杂且深的模膛。一般仅适用于锻件的高沟、枝芽与叉口等形状复杂难以充填的局部部位。

3）飞边槽尺寸见表 8-10。

表 8-10 飞边槽尺寸 （单位：mm）

锻锤吨位/t	h	b	b_1	h_1	r	备 注
1	1.0～1.6	8	22～25	4	1	齿轮锁口 $b_1=30$
1.5	1.6～2	8	25～30	4	1	
2	1.8～2.2	10	25～30	4	1.5	齿轮锁口 $b_1=40$
3	2.5～3.0	12	30～40	5	1.5	齿轮锁口 $b_1=45$
5	3.0～4.0	12～14	40～50	6	2	齿轮锁口 $b_1=55$
10	4.0～6.0	14～16	50～60	8	2.5	
16	6.0～9.0	16～18	60～80	10	3	

注：1. 选用的锻锤吨位大于实际吨位要求时，应适当减少 h。

2. 选用的锻锤吨位小于实际吨位要求时，在保证充填的前提下，应适当增加 h，以免锻不足。

5. 预锻模膛设计

(1) 预锻模膛的作用

1）制坯后的中间坯料在终锻前进一步变形，使其更加接近锻件形状，改善金属在终锻模膛中的流动条件，使金属易于充填终锻模膛，避免在锻件上产生折叠、裂纹、充不足等缺陷。

2）减少终锻模膛的磨损，提高整套模具的寿命（通常能提高30%左右）。

（2）预锻型槽的不良影响

1）使终锻时产生偏心打击，产生上下模膛错移，降低了锻件精度。

2）锤杆和锻模受力状态恶化，工作寿命降低。

3）增大模块尺寸。

4）对于宽度较大的锻件，需在两台锤上用两副模具联合锻造，增加了设备数量。

5）降低了生产率。

可见，应根据具体情况决定是否采用预锻模膛。当锻件带有高盘、枝芽、深孔以及宽腹板等难以成形的部位时，为改善金属在终锻模膛的流动条件，通常设计预锻模膛。

（3）预断模膛设计

预锻模膛应以终锻模膛或热锻件图为基础进行设计，锤锻模上预锻模膛的周边一般不设计飞边槽（压锻模必须设计出相应的飞边槽，只是桥部的高度 h 取大一些）。在设计是要注意以下内容：

1）预锻模膛的高度及截面面积　为保证预锻后的毛坯在终锻时以镦粗成形为主，有利于金属的充填，预锻模膛的高度及截面面积应比终锻模膛略大，宽度比终锻模膛稍小。其截面面积：

$$A_{预} = A_{终} + (0.2 \sim 1)A_{边}$$

式中　$A_{预}$——预锻模膛的横截面积；

$A_{终}$——终锻模膛的横截面积；

$A_{边}$——飞边槽截面积。

对于以压入成形的部位，预锻模膛的高度应比终锻模膛的高度略小。

2）模锻斜度　为了便于制模，预锻模膛的模锻斜度应与终锻模膛相同。特殊情况例外，对于较难成形的模膛（见图8-28a）可在保证 $A = A_1$ 的前提下，预锻模膛的相应部位的模锻斜度应较终锻模膛增大2°～3°，有时在其周边增加部分阻力槽；对于预锻模膛中依靠压入成形的部位，斜度应保持不变，而采用降低高度，保持顶部宽度和适当增大圆角的方法来改善终锻模膛的填充条件，即：$h' = (0.8 \sim 0.9)h$；$a' = a$，如图8-28b所示。

3）圆角半径　预锻模膛的圆角半径应比终锻模膛大，以减小金属的流动阻力，改善终锻时的充填条件；但若圆角半径过大，易产生折叠。通常预锻模膛的圆角半径要比终锻模膛相应部位上的圆角半径增加2～5mm，模膛深度大时取大值，反之，取小值。

预锻模膛的周围一般不设置飞槽，而是在模膛沿分模面的转角处用较大的圆弧 R_1 连接（见图8-28a），R_1 比终模膛沿飞边槽转角处相应部位的圆角半径 R 增加2～8mm，模膛深度小时取小值，否则，取大值。

若锻件的截面尺寸突然变化，为使坯料变形逐渐过渡，避免折叠的产生，拐角处的圆角半径应适当放大。

4）有枝芽的锻件。如图8-29a所示，当锻件在平面投影图上有分枝时，若分枝只是高度较小的突出部分，终锻时的成形并不困难，在预锻时可以简化或不锻出（见图8-29b），

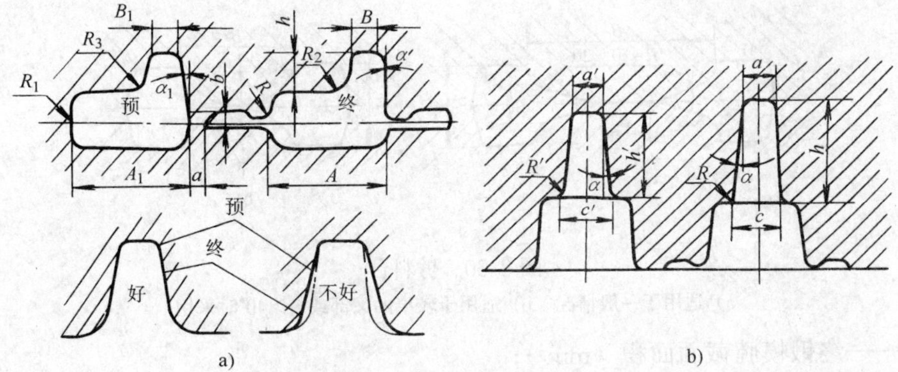

图 8-28　预锻模膛与终锻模膛的形状与尺寸

a）形状　b）尺寸

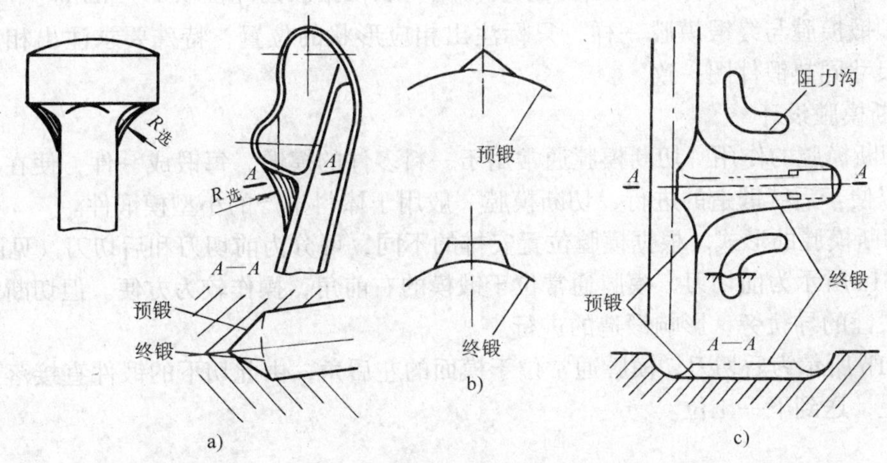

图 8-29　带枝芽锻件的预锻模膛

a）带枝芽的锻件　b）预锻模膛的简化设计　c）带枝芽锻件的预锻模膛

以防折叠产生；如分枝较长，便于金属流向枝芽处，可适当增大圆角半径，简化预锻模膛的枝芽形状，必要时可在分模面上增设阻力沟，增大预锻时金属流向飞边槽的阻力（见图 8-29c）。

5）具有叉形部分的锻件。锻件的叉形部分的成形是通过设置在预锻模膛中的劈料台，把金属劈开挤向两侧，并流向叉部模膛。劈料台如图 8-30 所示。图 8-30a 形式适用于一般情况；图 8-30b 形式适于较窄的叉部或 $\alpha > 45°$ 时采用。相关尺寸如下：

$$A = 0.25B \qquad 8 < A < 30$$

$$h = (0.4 \sim 0.7)H \qquad \alpha = 10° \sim 15°$$

6）带工字形断面的锻件　工字形截面的锻件在预锻模膛设计时应特别注意对型槽截面面积的控制，以避免终锻模膛金属充满后仍需大量外流而在腹板处产生折叠，通常以预锻模膛截面面积与终锻模膛截面面积加上飞边截面面积相等为原则。为此，应按下式确定：

$$A' = A + 2A_{飞} - A_{欠压}$$

式中　A'——预锻模膛截面面积（mm^2）；

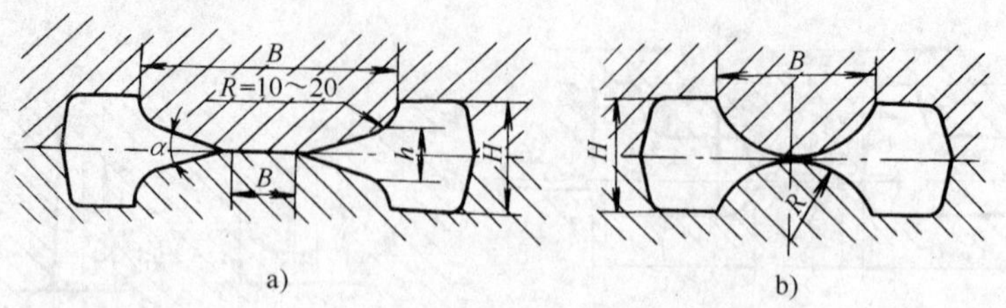

图 8-30　劈料台

a) 适用于一般情况　b) 适用于较窄的叉部或 $\alpha>40°$ 时采用

A——终锻模膛截面面积（mm^2）；

$A_{飞}$——单边飞边截面面积（mm^2）；

$A_{欠压}$——预锻模膛未打靠的截面面积（mm^2）。

即 $A_{飞}=B'h_{欠压}$，其中 B' 为模膛宽度，$h_{欠压}$ 一般根据锻锤吨位取 1～5mm。

设计预锻模膛与终锻模膛一样，只标注出相应形状的位置，特殊要求注出相应尺寸即可，其余尺寸同热锻件图一致。

6．切断模膛设计

(1) 切断模膛的作用　切断模膛通常用于一料多件的模锻，每锻成一件，便在模膛内切下一件，以便于后续锻造的进行，切断模膛一般用于棒料生产的小型模锻件。

(2) 切断模膛的形式　根据模膛位置安排的不同，可分为前切刀和后切刀（见图 8-31）。

图 8-31a 所示为前切刀，模膛通常位于锻模的右前角，操作较为方便。但切断后的锻件易堆积在锻锤的导轨旁，影响锻造的进行。

图 8-31b 所示为后切刀，模膛通常位于模面的左后角，由此切下的锻件直接落到锻锤后的传送带上，送到下一工位。

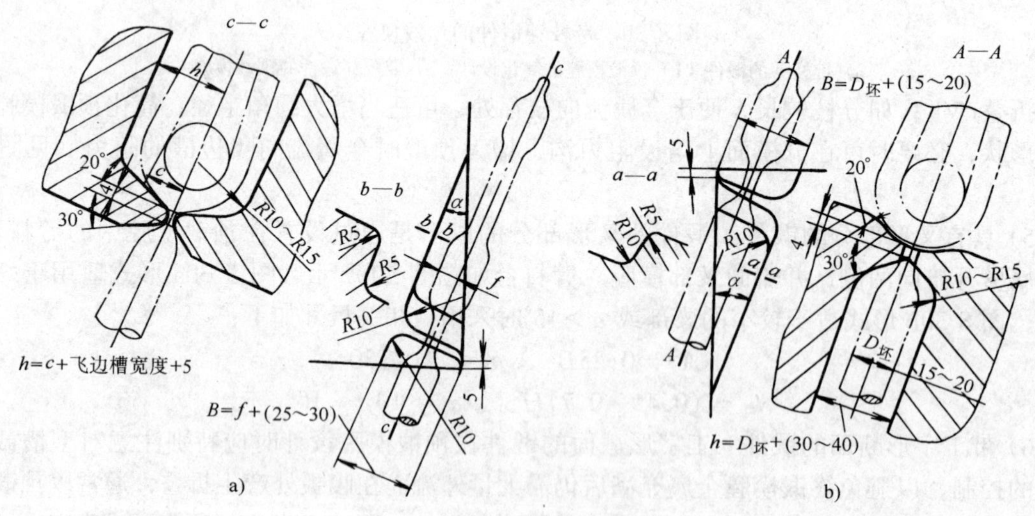

图 8-31　切断模膛

a) 前切刀　b) 后切刀

(3) 模膛设计

1) 前切刀的模膛尺寸是根据带有飞边锻件确定的，其模膛高度 h 应保证锻件飞边不与模膛底部相碰，模膛宽度 B 应保证锻件最大凸出部分在切断时不碰模壁。

2) 后切刀的模膛尺寸根据坯料直径 $d_{坯}$ 确定，以坯料能自由放入模膛并在切断时不碰模壁为准。前、后切刀的尺寸可按表 8-11 选定。

表 8-11 切刀的尺寸 （单位：mm）

锻件尺寸 C 或 f		<10	10～20	20～30	30～40	40～50
切刀尺寸	h	50	60	70	80	90
	B	50	50	50	70	80

3) 起模斜度 α 根据模膛的布置情况确定，通常可取 15°、20°、25°、30°。

第 9 章　橡胶成型模结构设计

橡胶具有高的弹性及耐磨、密封、电绝缘等特性，是一种应用广泛的工程材料。但其在高温下变粘，低温下发脆，溶剂中溶解。

为改善橡胶的性能，以生胶为基，加入增强剂或增补剂（如碳黑、碳酸钙粉末等），并配以填料、硫磺、硫化促进剂、颜料、软化剂和防老剂等其它配合剂，最后用炼胶机混炼成混炼胶。

橡胶有天然橡胶、合成橡胶两大类。由于原料来源和对制品多方面性能要求等两方面原因，合成橡胶应用广泛、不断发展。

合成橡胶是由石油、天然气、煤或其它产品经人工合成的橡胶，有丁苯橡胶、氯丁橡胶、乙丙橡胶、丁基橡胶、顺丁橡胶、硅橡胶、氟橡胶等。根据性能要求而用于不同的制品。橡胶制件多由混炼后的胶片经模压的方法成形。在模压的同时完成了橡胶的硫化过程。

9.1　概述

9.1.1　橡胶模具概述

橡胶模具是生产橡胶模制件必不可少的重要工艺装备。橡胶模具的结构、选材、制造精度、热处理工艺、制造工艺、装配质量等因素，对模具自身的使用寿命和橡胶模制件的质量、生产效率及劳动强度等各个方面都有直接影响。因此，在模具设计中，首先要分析研究橡胶制件的形体结构特点，并以此为据，合理选择模具的结构，满足制件的设计要求和模具的使用操作要求，此外，还要合理选择模具构件材料及热处理工艺，以保证模具的使用寿命，并且经济效益良好。

9.1.2　橡胶模具类型

使用条件和操作方法不同，模具的结构亦有所不同。橡胶模具大致可分为以下几种主要类型。

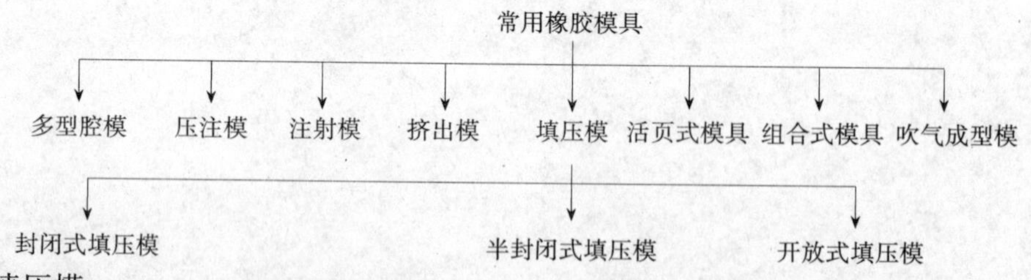

1. 填压模

填压模是填压式压胶模的简称，其将定量胶料或预成形半成品填入模具型腔之中，合模后，经电热式（或汽热式）平板硫化机进行加压、加热、硫化等工艺，在受热、受压下使胶料呈现塑性流动充满型腔，保持一定时间进行硫化，最后脱模并取出制件而得到橡胶制品。填压模有开放式填压模、封闭式填压模和半封闭式填压模三类结构。其结构各有优点和缺点，设计时应根据橡胶模制件的结构特点、精度等级及其技术要求等因素来分析与确定。

(1) 开放式填压模　图 9-1 所示为开放式填压模具。其上、下模板之间通过其它构件来实现相互位置的定位，而没有直接的定位要素。

开放式填压模结构简单、操作方便、易于制造，模具生产周期短、成本低。在模压生产时，空气易于排出模具型腔，可避免气泡缺陷产生；但胶料易于外流、胶料利用率低、制件的致密度较差。另外，图 9-1b 所示结构取件十分困难。这种模具特别适宜于生产形体较为简单的橡胶制件。

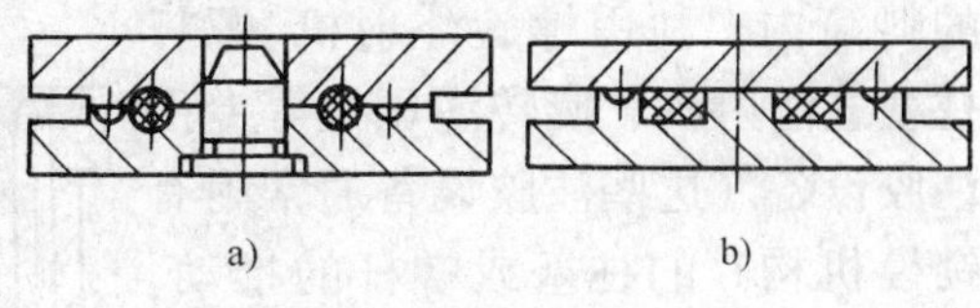

图 9-1　开放式填压模

(2) 封闭式填压模　封闭式填压模的结构如图 9-2 所示。其上、下模板中型腔的延长部位直接进行导向和定位。在模压过程中，胶料承受的单位压力大，容易充满型腔，胶料不易流出模具型腔之外，所生产制品致密度较高；但排气性能较差，要求胶料定量入模。另外，较开放式填压模而言，封闭式填压模具精度加工要求较高。

封闭式填压模适于有织物层的橡胶模制件或较复杂断面制件的生产。但这种结构的模具启模取件较难。例如，图 9-2a 所示结构，启模取件较困难，常设计制造与之配套使用的卸模架来解决取件问题。

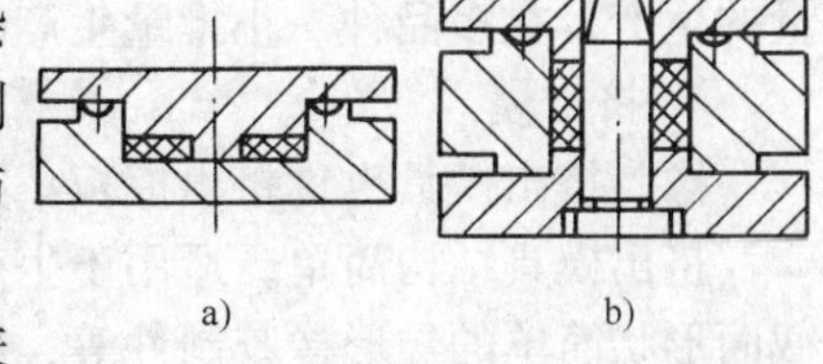

图 9-2　封闭式填压模

(3) 半封闭式填压模　半封闭式填压模的结构方面兼有开放式填压模和封闭式填压模的优点，如图 9-3 所示，在分型面处有溢流槽。

半封闭式压胶模结构的排气性能较好，制件的致密度也较高，胶料流失小，利用率高。其也适用于夹织物橡胶模制件的模压生产。

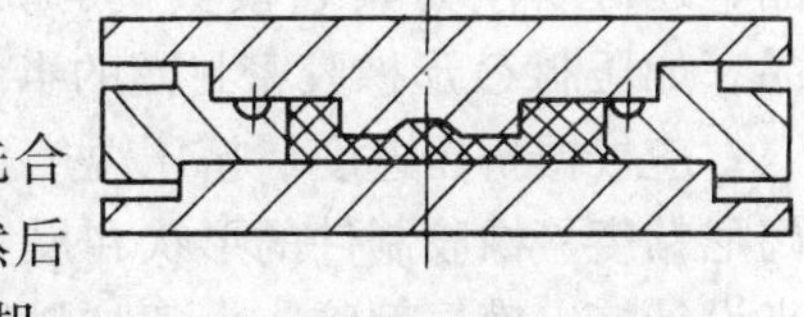

图 9-3　半封闭式填压模

2. 压注模

压注模的结构如图 9-4 所示，在使用压注模时，首先合模（对含有嵌件制品，应先将嵌件安装于模具型腔中），然后将装有胶料的料斗放在模具上面的合适位置，并启动硫化机，此时，硫化机的压力经柱塞传递到胶料，使之产生塑性变形和流动，并经浇注系统而被挤进模具的型腔之中，在胶料充满型腔后，取下料斗部分，再向模具加压加热，最后，在到达硫化时间后，进行启模取件。

压注模多用于形状结构复杂、薄壁、有嵌件或者直接装胶有困难的制件的生产，对较小的制件，为提高生产效率，可设计成一模多腔压注模。其克服了填压式压胶模装料困难的缺点，生产效率较高，制件质量优良，但是模具

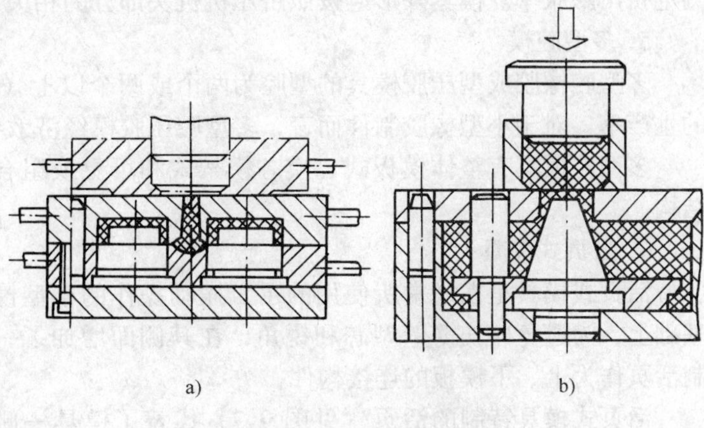

图 9-4　压注模

结构复杂，由于在制造中，浇注系统多是手工制作，因此生产周期较长，对钳工要求较高。

3. 注射模

橡胶注射模亦称注胶模，与塑料注射模基本类同。其通过专用装置将胶条传送到注射机的料筒内，利用螺旋注射机、螺杆柱塞式注射机、旋转注压机等专用注胶设备（这些注胶设备通常附有锁模机构）的柱塞或螺杆的推动，对预热成塑化状态的胶料强行挤压，经喷嘴及模具的浇注系统注入模具型腔，经硫化，最后启模而得到橡胶制件，如图 9-5 所示。

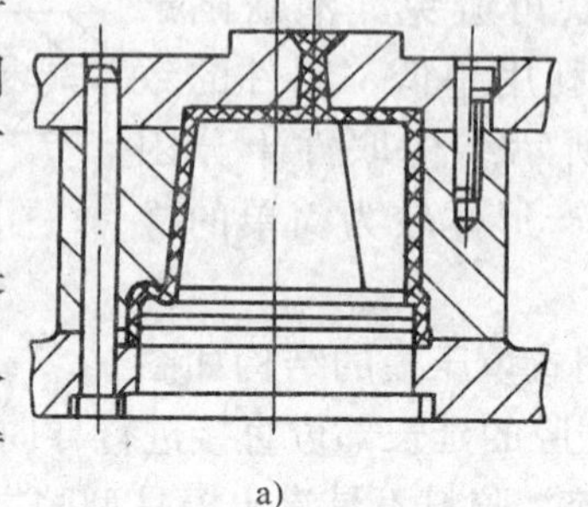

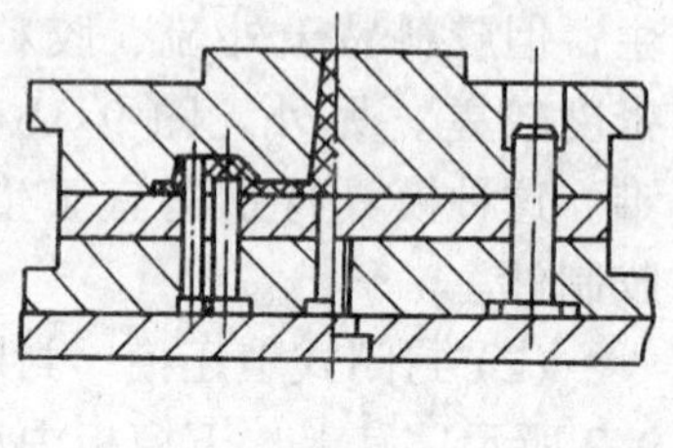

图 9-5　注射模

注射模实现了自动化生产，生产率高，适用于专业制造厂家大批量的生产，在多品种、小批量生产的企业中使用很少。

4. 挤出模

橡胶挤出模具也称挤出模板。其一般与挤压机配套使用。

挤出模具结构简单，适用于生产长度尺寸较大而截面形状不变化的橡胶制件，例如各种截面形状简单的异形橡胶制件等，如图 9-6 所示。

挤出模挤压出来的半成品要在硫化罐中进行硫化。所生产制件的断面尺寸精度不很高，且致密度较低。挤压出来的半成品，还可以作为其它模具的预成型半成品，如压制 O 形橡胶密封圈的半成品等。

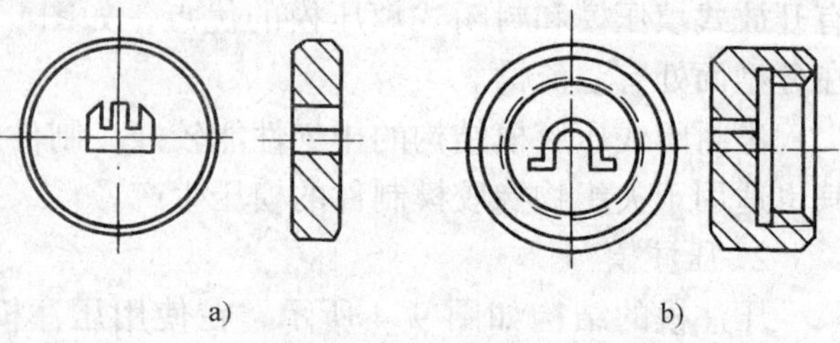

图 9-6　挤出模

应根据挤压速度、挤压温度、胶料的门尼粘度、橡胶制件的形状和尺寸等因素来设计挤出模具型腔。由于胶料的挤出膨胀率较大，一般在 20%～40%之间，为获得比较理想的断面尺寸，有时应进行工艺试验，测定挤出膨胀率。模具外形应按照挤压机机头部分的相关尺寸进行设计。

5. 多型腔模

多型腔橡胶成型压胶模具的型腔为两个或两个以上（有时多达一百多个），其具有较高的生产率。对于小型橡胶制件而言，多型腔压胶模经济效益非常显著。

多型腔模具有整体模板式、模芯模架式和可更换组合式等结构。

6. 活页式模具

活页式模具是在通常所使用的手工搬动操作的小型模具的基础上，为避免碰伤薄壁型芯和锐角，在其侧面增加了一种特制活页作为上、下模板的连接构件。

图 9-7　橡胶模具特制活页

活页式模具特制的活页（见图 9-7）代替了模具一侧的手柄。在操作时，模具象书本一样开合启闭，定位准确，操作方便，不会发生倒装翻转等现象。但活页精度较低，且容易磨损，使用时应与锥销或者锥面等其它定位方法相结合。启模时不必使用撬棒、铜起子等专用工具。有的活页式橡胶模具，还附设有上模顶启弹簧机构，以使启模取件更为方便。

锥形定位销是活页式模具结构中最为合理的定位方法，锥形定位销一般都有相应的锥套，有时无锥套而利用模体来进行定位，另外，也利用上、下模板的面或者锥面（或者是模芯的锥度部分）来直接定位。图 9-8 所示为几种活页式橡胶模具。

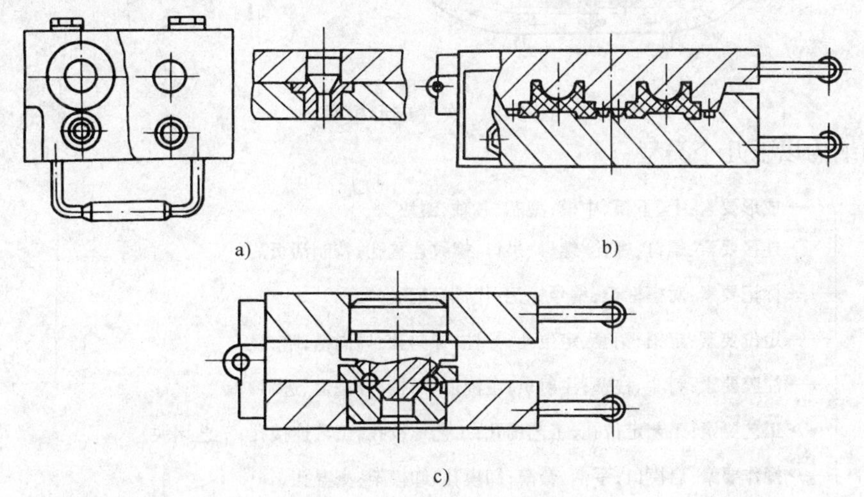

图 9-8　活页式橡胶模具

a）60°锥销定位　b）模体斜面定位　c）模芯锥度定位

7. 组合式模具

组合式模具是在多型腔模具结构的基础上改进而成的。其型腔的数量没有整体模板式结构模具型腔的数量多。

为启模操作方便，组合式模具的标准模体可与硫化机的加热平板连接在一起。但向模具各个型腔装入预成形半成品或胶料则比较困难。

组合式模具的特点：可方便地更换每一对单个型芯；随时可以组合模压量的大小；可根据橡胶制件规格，更换所有的模芯，或者组合不同规格的橡胶制件模芯，协调各种制件生产数量的比例等。

8. 吹气成形模

吹气成形模也叫无芯充气成形模。这种模具工作时可以吹入压缩空气或过热蒸汽。吹入过热蒸汽直接进行硫化会使制件内壁产生麻斑点，因此，仅适用于生产要求不太高的橡胶制件。对于内壁要求高的制件，可使用水胎（胶囊）成形法，以便提高内壁的表面质量。

吹气成形的压胶模具结构如图 9-9 所示，其制件为大尺寸空心气密带，首先将预成形半成品件（中空管材）装入模具型腔之中，用螺钉锁紧上、下模、然后吹入压缩空气并密封之，最后在硫化罐中进行硫化处理。

由于模具结构较大，为减轻模具的重量，模具中间只留十字形加强盘，其余均铣空。

该模具采用复合定位方案，即用大间隙直销进行初定位，精确定位选择锥销锥套定位。

9.1.3　橡胶模具的结构要素

模具的结构要素是指组成模具的各个构件及具有某些功能的结构形式。橡胶模具的结构

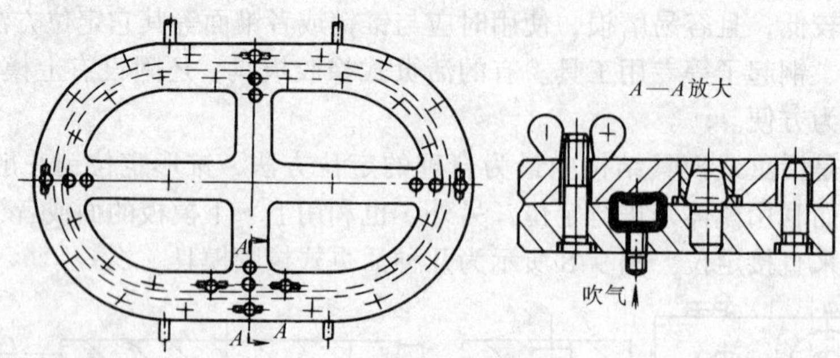

图 9-9　吹气成形模具

要素可以归纳为以下几个类型：

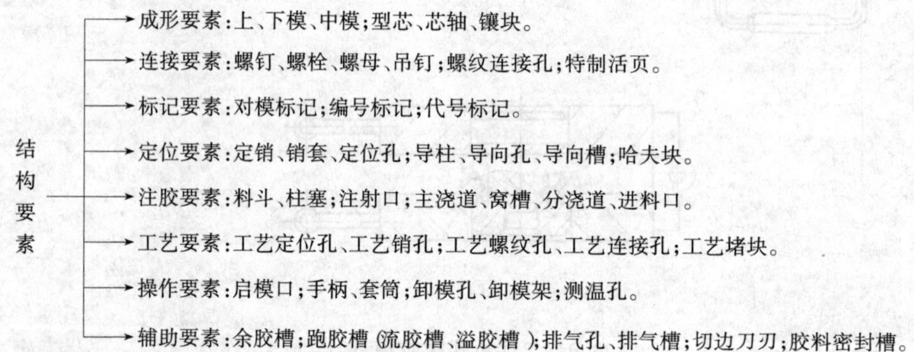

1. 成形要素

形成橡胶制件形状的型腔为成形要素。其包括上、下模体（模板）、中模体（板）、型芯、芯轴、型腔镶块及其它构成模具型腔的结构要素。

2. 连接要素

连接要素是指在模具结构中起连接、紧固作用的结构要素。主要包括螺钉、螺母、螺栓、吊钉、锁紧螺钉、螺纹孔和螺纹过孔、鱼眼孔、沉头螺钉孔、专用特制活页等。

3. 标记要素

标记要素的内容有三个方面：

(1) 对模标记　对模标记是指为了使模具在使用中不发生错位、翻转或倒装等错误，而在模具外形结构或外侧面上制作的对模方向的缺角、缺口、斜槽、层次序号、斜缝等记号。

(2) 编号标记　为了整个生产的工艺性管理和在生产中领取模具方便，按照工艺装备的标准化、系列化编号等要求和工厂的标准化管理制度，而编制并刻印了模具的编码或代号。这些编码和代号就是模具的编号标记。

(3) 产品代号标记　所谓产品代号标记，就是为使橡胶制件的某一部位有其产品代号或型号，而设置在模具型腔的相应部位，用于成型制件上的代号或型号的结构要素。

4. 定位要素

在模具结构中对各有关构件或对嵌件起定位作用的结构要素叫定位要素。其包括定位销、销套、定位孔、锥销销套、模板锥销孔、导向面、导向槽、导柱、导孔和哈夫块等。

5. 注胶要素

注胶要素包括浇注系统的主浇道、分浇道、窝槽、进料口；柱塞、料斗；注射口等。

6. 工艺要素

模具在加工制造中，根据制造加工工艺的要求而在设计图上增设的结构要素，称为工艺要素。其包括工艺销孔、工艺定位孔、工艺螺纹孔、工艺连接孔和工艺堵块等。

7. 操作要素

所谓操作要素就是满足使用要求的各个操作机构。操作要素包括启模口（亦称为启模槽或起子口等）、卸模孔、手柄、套筒、测温孔、通用或专用卸模架等。

8. 辅助要素

辅助要素是指与橡胶制件的成型间接有关的结构要素。其包括有余胶槽、跑胶槽（亦称为流胶槽和溢胶槽）、排气孔、排气槽（即排气沟）、无飞边压胶模的切边刀刃和胶料密封槽等。

9.2 橡胶模具结构设计

橡胶模具结构设计主要考虑橡胶收缩率及模具型腔和型芯的尺寸计算、分型面、浇注系统、定位结构、流胶槽、导向及定位等问题。

9.2.1 橡胶收缩率计算

1. 橡胶收缩率计算

构成橡胶制件的胶料，在硫化条件下，成为合格制件前后体积（或线性尺寸）的收缩量与模具型腔的体积（或线性尺寸）之比的百分比，称为橡胶的硫化收缩率。其是一个综合性的经验数据，前提条件是硫化过程中的温度。其包含有三个方面的因素：

(1) 橡胶模具材料的热胀冷缩，使模具型腔尺寸随温度而变化。

(2) 在工艺流程中，由于硫化反应的作用，橡胶分子由硫化前的线型结构变成硫化后立体网状型结构，内部组织结构发生了变化，体积收缩变小。

(3) 成形硫化后所得到的橡胶制件，从硫化温度冷却到室温，遇冷收缩，其体积（或某一线性尺寸）收缩变小。

构成橡胶制件的胶料体积决定了模具型腔的大小，橡胶的硫化收缩率可由式（9-1）表示：

$$K=\frac{V_1-V_2}{V_1}\times 100\% \tag{9-1}$$

式中　K——橡胶硫化收缩率；

V_1——模具型腔体积；

V_2——橡胶制件体积。

在模具设计中，通常把上述体积变化比率按照线性变化比率进行计算，见式（9-2）。

$$K=\frac{D_1（或 L_1）-D_2（或 L_2）}{D_1（或 L_1）}\times 100\% \tag{9-2}$$

式中　L_1 或 D_1——室温下的模具型腔尺寸；

D_2 或 L_2——室温下的橡胶制件尺寸。

为了便于设计计算，将上式表示如下：

$$K=\frac{D_1-D_2}{D_1}\times 100\% \tag{9-3}$$

由上式可得：
$$D_1=\frac{D_2}{1-K} \tag{9-4}$$

在模具型腔设计时，上式用于计算其主要线性尺寸。另外，工程中常根据式（9-1）来近似计算型腔尺寸，即：

$$D_1=（1-K）D_2 \tag{9-5}$$

2. 影响橡胶硫化收缩率的因素

影响橡胶硫化收缩率的因素很多，大致可以归纳如下：

橡胶硫化收缩率影响因素
- → 原料因素：胶种；硬度；配方；存放条件。
- → 工艺因素：热；时间。
- → 制品结构因素：大小；形状；金属（非金属）嵌件。

（1）原料因素　原料因素包括橡胶制件所使用的胶种及其配方、硬度、存放条件等。胶料种类的不同，硫化收缩率 K 波动范围较大，全胶制件的 K 为1.5%～3%；含夹织物制件 K 为0.5%～1.0%；胶料配方、含胶率及硬度影响着收缩率 K，在一般情况下，填充用量越大，收缩率越小；含胶率大、收缩率大；硬度大，收缩率则小。另外，存放条件对橡胶的硫化收缩率亦有影响，储存时间长，存放条件差的胶料，其硫化收缩率较小。

（2）工艺因素　工艺因素对硫化收缩率的影响较大。硫化程度不同，收缩率不同，过硫和欠硫时的收缩率较大，正硫时的硫化收缩率较小；通常硫化收缩率随硫化温度（130～170℃）的升高而增加，另外，适当提高硫化温度还可以缩短时间，进而提高生产效率；胶料受热时间越长，硫化收缩率越小；胶料的混炼时间长也会使硫化收缩率有所降低。

（3）制件结构因素　制件结构因素对收缩率也有影响，圆环形制件的外径比内径收缩小；矩形制件长边比短边收缩大；大尺寸的制件比小尺寸制件收缩率要小。橡胶制件中的金属（或非金属）嵌件改变了制件某一部分胶质的结构尺寸，并阻碍了胶料的硫化收缩。

9.2.2　型腔尺寸计算

1. 型腔径向尺寸计算［见式（9-6）］

$$D_M=d_Z（1+K）_0^{+\delta} \tag{9-6}$$

式中　D_M——模具型腔径向尺寸（mm）；

d_Z——橡胶制件尺寸（mm）；

K——橡胶收缩率（%）；

δ——型腔径向尺寸的制造公差，$\delta=$（1/3～1/5）Δ（mm）；

Δ——橡胶制件的尺寸公差（mm）。

2. 型芯径向尺寸计算［见式（9-7）］

$$d_M=D_Z（1+K）^0_{-\delta} \tag{9-7}$$

式中　d_M——模具型芯径向尺寸（mm）；

D_Z——橡胶制件相应孔尺寸（mm）；

δ——制造公差（mm）。

3. 型芯高度或型腔深度计算［见式（9-8）］

$$H_M=［H_Z（1+K）-h］_0^{\delta} \tag{9-8}$$

式中　H_M——型芯高度或型腔深度尺寸（mm）；

H_Z——橡胶制件高度或深度尺寸（mm）；

h——橡胶模压方向与高度方向一致时，考虑飞边厚度；

δ——型芯高度（δ 取负）或型腔深度（δ 取正）的尺寸公差。

9.2.3 分型面设计

橡胶模具分型面的选择，关系到橡胶制件的质量及成型工艺性，是确定模具结构时首先要考虑的重要因素之一。

分型面的结构形式是多种多样的，是由橡胶制件的结构形状所决定的。常见的分型面有水平分型面、阶梯分型面、垂直分型面以及复合分型面等。分型面的确定原则主要有以下几点：

1）设计前，应详细分析橡胶制件图，了解其结构特征、主要工作面的分布及其尺寸要求、使用条件以及装配关系等。

2）分型面应力求简单，避开橡胶制件的工作面，以免挤入分型面的胶料形成飞边，影响主要工作面的尺寸精度、表面粗糙度、圆滑度和平整度等。

3）模具分型面的选择应便于模具进行填装胶料、启模取件、飞边的修除和抽出型芯等操作，尤其对胶料流动性差、结构形状复杂和具有深孔、薄壁及狭槽结构的橡胶制件，分型面的设置应同模具的整体结构方案一起考虑。

4）分型面的设计要考虑到模具的整体结构。分型面越多，构成模具型腔的零件越多，则各种定位要素就会增加，使模具结构变得复杂，制造加工困难。可见，在保证橡胶制件质量和操作要求的前提下，分型面数量应尽可能少。

5）在模具的使用过程中，分型面还具有排气溢料的功能。因此，分型面的结构、位置、形状及数量应有利于模具的排气。为了便于排除型腔中的空气，并使胶料充满型腔的各个角落，从而得到致密度高、丰满结实的橡胶制件，分型面常常置于橡胶制件的边角处；复杂制件为便于排气常设计两个以上的分型面。矩形型腔的分型面如图 9-10 所示，图 a 结构简单，便于制造，但取件困难，型腔易于磨损，适用于生产精度要求不高，且截面宽度大于 4mm、厚度不超过 3mm 垫片，以及 6mm 左右厚、截面宽度大于两倍厚度的垫片；图 b 适用于生产截面扁薄的橡胶制件；图 c 适用于生产密封性要求较高，以及高真空密封的扁薄截面橡胶制件。

6）对内含织物的橡胶制件，分型面的设置不当会使模具型腔中的织物或纤维离位、错动，甚至会被胶料带到模具型腔之外，并被模板压伤、切断而裸露在橡胶制件外部，影响其外观质量和使用性能。内含织物的橡胶制件的模具结构，通常与纯橡胶制件的模具结构不同，如图 9-10d 所示。对内含嵌件的模具，应确保嵌件在模具中的位置正确。

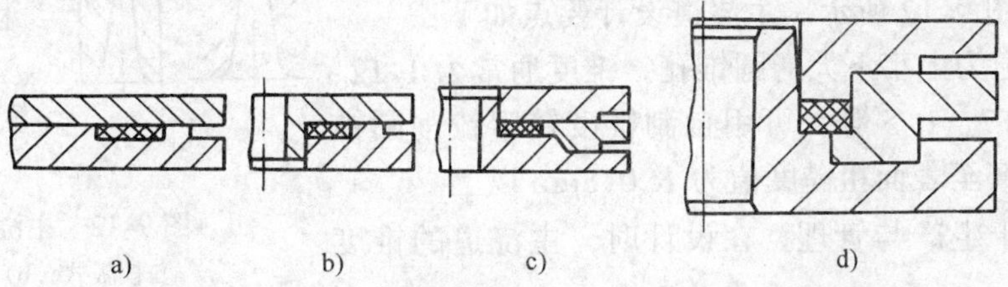

图 9-10　矩形截面橡胶制件模具分型面的选择

a)、b)、c）纯橡胶制件模具　d）含织物橡胶制件模具

7）分型面的设置应避免型腔过深，避免模具高度大幅度增加。否则，会导致胶料填装困难，压制排气不便，启模取件难于进行，进而影响生产效率和制件质量。

8）分型面应尽可能选取平面、组合阶梯面、锥面等易于机械加工的结构形式，且不影响橡胶制件的尺寸精度和外观质量，当对制件精度要求较高时，应使型腔位于同一模板中，或者采用组合模板结构。

9.2.4 浇注系统设计

在橡胶压注模和橡胶注射模的结构中，胶料被挤入模具型腔的通道叫浇道。浇注系统是容料穴、进料口和浇道（分为主浇道和分浇道）等的统称，如图 9-11 所示。

浇注时，在挤压力的作用下，胶料陆续通过浇注系统的各个部分，逐步进入并充满整个型腔，同时将型腔中的气体逐步排出，当空气全部排出型腔之外、胶料充满型腔时，挤压力便传递到了型腔内胶料的各个部位，从而得到组织致密的橡胶制件。浇注系统对橡胶制件的质量有很大的影响，在设计时应全面地分析浇注系统的结构、形状，同时还应对橡胶制件的结构特点进行认真的分析，并充分的估计制件可能出现的缺陷，进而在模具的设计中采取相应的措施，选择合理的设计方案。

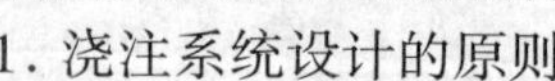

图 9-11　橡胶制品模具的浇注系统
1—主浇道　2—分浇道
3—容料穴　4—进料口

1. 浇注系统设计的原则

(1) 应保证受到挤压的胶料，能通过浇注系统的各个部分，顺利地充满整个型腔。

(2) 应选择浇注系统（尤其是主浇道和分浇道）距离最短的设计方案，以减少胶料在流动中的阻力，顺利地进入和充满型腔。

(3) 当浇道系统较长时，应增设容料穴。

(4) 主浇道的截面面积应大于各分浇道截面面积之和。

(5) 应根据制件的结构形状确定进料口位置，保证浇口废料清除和飞边修除时不影响制件的质量和外观。进料口的尺寸的确定，应从小到大，边试压，边修作。

(6) 浇注系统各部分尺寸应相适应，表面粗糙度值一般为 $R_a0.8 \sim R_a1.6\mu m$。

(7) 为了减少胶料的消耗，应以浇注系统容腔体积最小的方案为最佳。

2. 主浇道的设计

主浇道可以设计成镶套式结构，也可以直接设置在上模板上，如图 9-12 所示。主浇道设计要点如下：

(1) 主浇道为上小下大的圆锥孔，锥度通常为 1:12、1:10、1:8、1:7、1:5 等。可用自制锥度铰刀铰削圆锥孔，然后再研磨至表面粗糙度值为 $R_a0.8\mu m$ 以上。

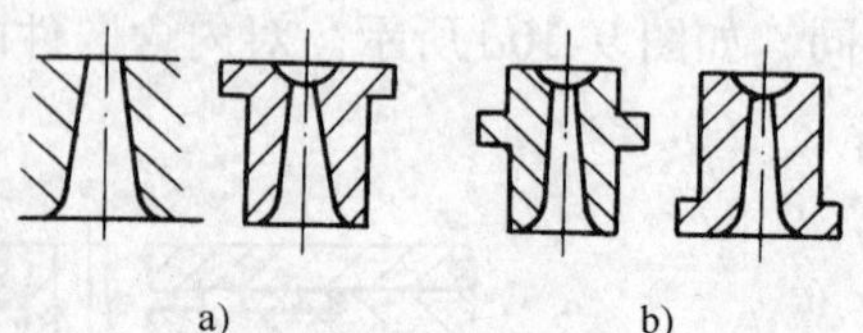

图 9-12　主浇道结构
a）模板式　b）镶块式

(2) 为便于生产与管理，在设计时，主浇道的锥度不宜选择过多。

(3) 图 9-12b 所示的主浇道上端，球形凹面注料口的直径应比喷嘴头部直径大 0.5～1mm。

(4) 主浇道大头出口处应设计成圆角，圆角半径根据其结构的大小取 0.5～2.5mm。

(5) 为了减少压力和热能的损失及降低胶料的消耗，主浇道尺寸应短一些。

(6) 无论是模板式结构，还是镶套式结构，主浇道都应设计成整体形式，避免采用分段组合结构的主浇道。

3. 分浇道的设计

胶料进入主浇道后和进入进料口充满型腔前的路段称为分浇道，分浇道中胶料继续受热塑化，质地变柔软，其流动速度逐渐升高，为胶料顺利通过进料口进入型腔创造了有利条件。

分浇道的截面和投影形状应根据橡胶制件的形状、尺寸、结构特点及模具型腔相互分布的距离等因素确定。分浇道的截面形状如图 9-13a 所示；其深度由进料口向容料穴在 0.8～4mm 之间过渡变化；图 9-13b 所示为分浇道的投影形状，即由进料口向容料穴方向，分浇道的宽度、深度和截面面积都在逐渐变大。

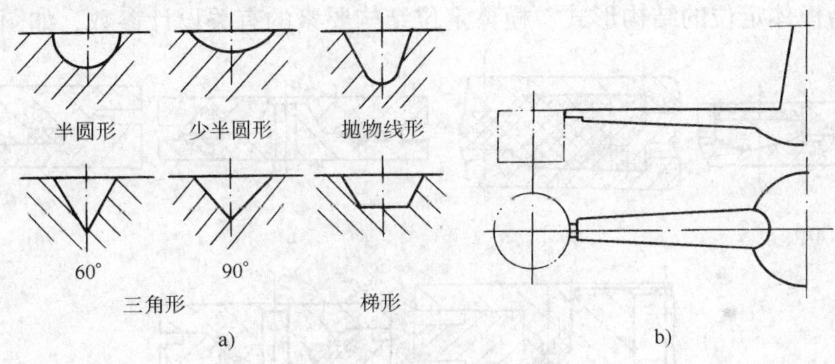

图 9-13　分浇道的截面形状与结构

a）分浇道的截面形状　b）分浇道的结构

4. 进料口的设计

在挤压力的作用下，胶料经过主浇道，分浇道，再由进料口流入模具型腔。可见，在压注式模具结构和注射式模具结构中，进料口是处在浇注系统和型腔之间的咽喉要道，直接影响着胶料进入型腔。

进料口通常应呈扁薄状，以便使进入型腔的胶料变成很薄的柔软塑化体，易于充填型腔，对制件的成形硫化有利。

进料口的结构如图 9-14 所示，其厚度通常为 0.15～0.25mm，对较大的制件，应适当加宽加厚。进料口通常只设计成参考尺寸，或不加标注，而是在模具的制造中，边试摸边修

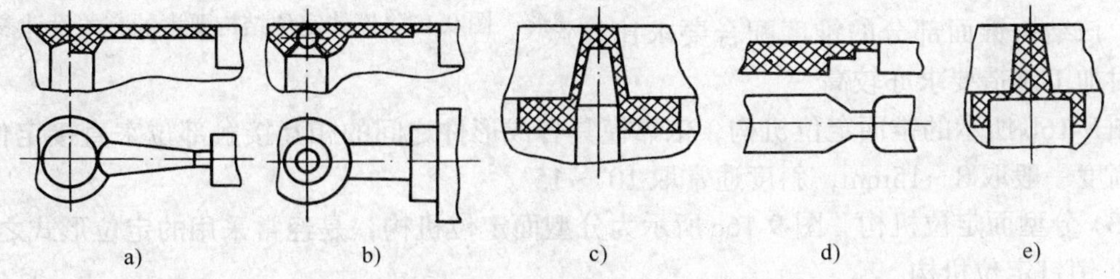

图 9-14　进料口的结构

a）普通型进料口　b）薄片型进料口　c）中心型进料口　d）扇型进料口　e）薄膜型进料口

作，或根据钳工的经验确定。

5. 容料穴的设计

容料穴是连接主浇道和各个分浇道之间的中转小“料库”，其作用是缓冲胶料由主浇道到分浇道的速度的突变；为胶料的继续前进提供预塑化处理；提高流动速度；胶料暂时停留。

容料穴形状结构如图 9-15 所示；容料穴的尺寸应根据型腔中填胶量而定，并与主浇道及各分浇道的形状大小相适应，容料穴过大，会降低胶料的利用率，过小则起不到其作用；另外，容料穴应与模具的压注或注射的结构特点相适应。

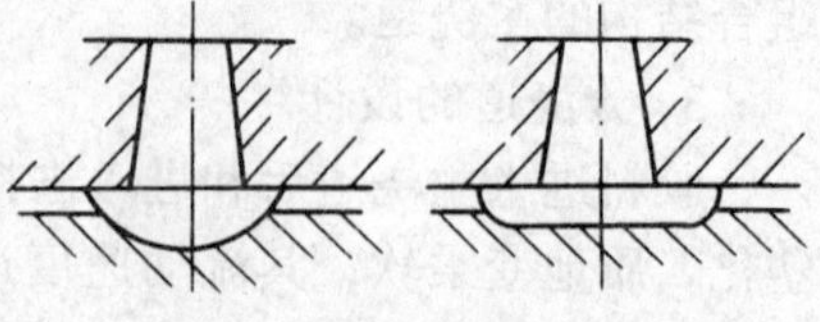

图 9-15　容料穴形状结构

9.2.5　定位机构设计

1. 模体定位

模体定位的特点是结构紧凑简单、模具构件少、便于加工制造，一般多用于单型腔模具。图 9-16 为模体定位的结构形式。模体定位结构要素的有关设计参数，如图 9-17 所示。

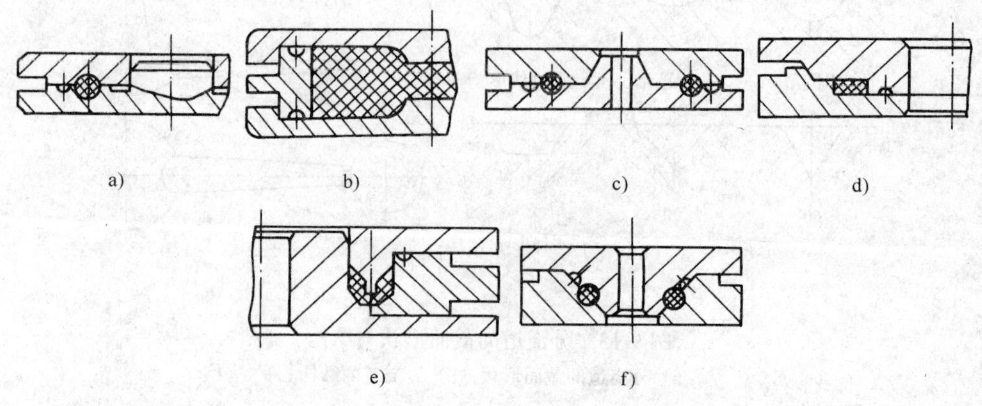

图 9-16　模体定位

a)、b) 圆柱面定位　c)、d) 锥面定位　e)、f) 分型面定位

(1) 圆柱面定位机构　圆柱面定位机构结构简单、制造方便、连接可靠、工作安全，如图 9-16a 所示。

(2) 锥面定位机构　锥面定位机构的特点是：锥面定位模具结构的整体性很强，相关零件的制造精度直接影响了模具型腔部分的精度，在模具工作时能够自动实现导向并定位，便于启模，该结构锥面部分的锥度配合要求比较严格，对加工制造要求亦较高。

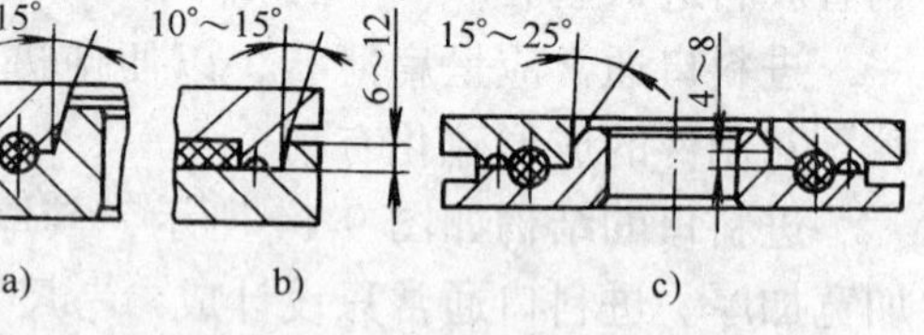

图 9-17　模体定位结构要素的有关设计参数

图 9-16b 所示的锥面定位机构，依靠模具各成形件之间的相互接触部位来直接定位，配合面高度一般取 8～15mm，斜度通常取 10°～15°。

(3) 分型面定位机构　图 9-16c 所示为分型面定位机构，是经常采用的定位形式之一。

2. 销钉定位机构

在橡胶模具上，销钉定位是最为常用的定位方法，销钉定位机构分为直销定位机构和锥销定位机构两大类。

(1) 直销定位机构　在橡胶模具中经常使用直销定位的结构形式，图 9-18 所示为直销定位机构的设计实例。

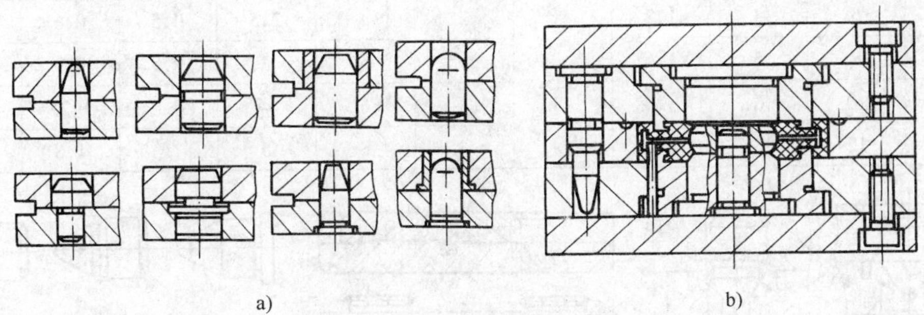

图 9-18　直销定位模具
a) 直销定位机构　b) 直销定位模具

直销定位机构模具制造方便、便于装配，在使用中，利用其动配合部分定位销端部的大倒角、锥体形球面圆角等要素来进行对模导向，操作方便，效果良好。对于一般制件，采用直销定位机构的模具即可以满足其要求，但其启模操作较为困难，为解决这一问题，可采用锥面定位机构或锥销定位机构，必要时可采用专用卸模架。

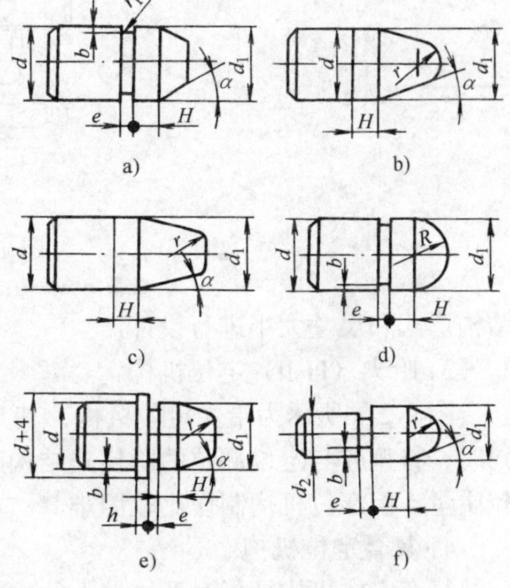

图 9-19　直销定位结构

定位销钉与模板的配合精度，直接影响型腔错位量的大小，从而决定着制件质量的优劣，因此，直销与其配合孔的间隙不宜过大。通常采用钻铰加工定位销孔，因此设计时应尽量选为基孔制（取 H7 或 H8）。当制件精度要求较高时，直销与其销孔的配合通常采用 H8/h7 或 H7/h8；当制件精度要求不太高时，可取 H8/f8 或 H9/d9；对于两点式定位机构，定位销与上模板的配合为 H7/h6，定位销与下模板间的配合为 H7/p6；对于三点式定位机构，定位销与上模板的配合为 H7/g6、H7/h6 或 H8/f7、H8/h7，定位销与下模板（即固定配合部分）间的配合通常选用 H7/p6、H7/s6 等。

直销定位结构如图 9-19 所示。未注倒角均取为 C1～C1.5；表面粗糙度值，定位销及定位销孔一般为 $R_a1.6\mu m$，导向部分为 $R_a3.2 \sim R_a1.6\mu m$，其余部分均为 $R_a12.5\mu m$。表 9-1 为各种直销钉尺寸，其它尺寸应根据模具的具体结构及模具在使用中的特点（填料的方式、导向距离等）确定。

对结构较大的模具，定位销可以设计得粗大一些，各尺寸的关系仍可参照表 9-1。

(2) 锥销定位机构　锥销定位机构在国外橡胶模具的设计与制造中已广泛采用，目前我国在塑料模、橡胶模中也已陆续采用。锥销定位机构（见图 9-20）合模、启模方便，生产效率高。其可分为锥销锥套式和锥销模板式两种结构形式，如图 9-20 所示。

在合模后，锥销和锥套之间应有 0.005～0.010mm 的间隙，锥销和锥套的锥度通常选取 30°、50°、60°等，锥销、锥套其余各部分的结构设计，可参照直销的结构形式，根据模具的

表 9-1　各种直销钉结构尺寸　　（单位：mm）

d、d_1	d_2	H	e	b	h	R	R_1	r	r_1	α/(°)
8	6	4	1.2	0.5	2	4	2.5	0.5	0.6	6～10
10	8	5	1.6		2.5	5	3	0.5	0.9	10～15
12	10	6	2		3	6	4	0.8	1.25	10～15
16	12	8	2.5		4	8	5	1	1.8	15～18

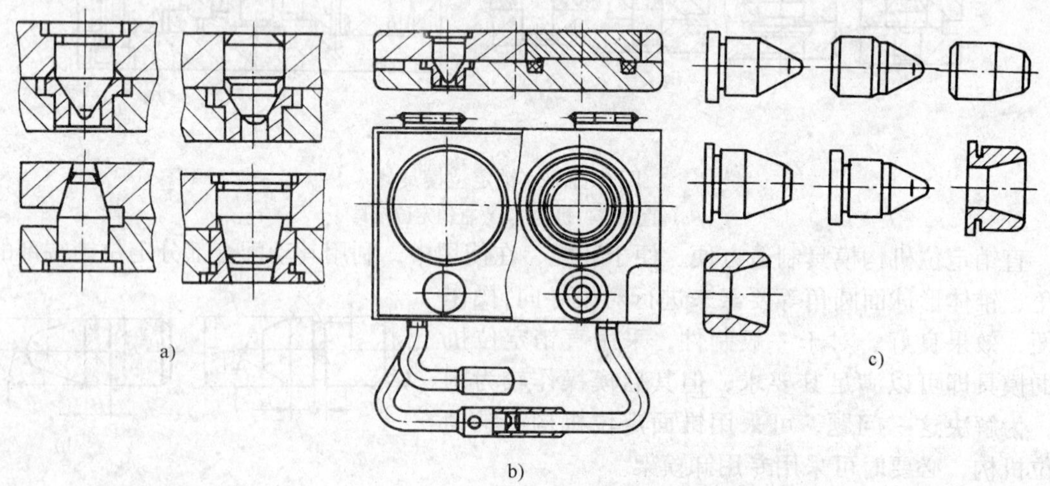

图 9-20　锥销定位机构

a）锥销定位机构　b）锥销定位模具　c）锥销与锥套

结构形式和尺寸大小进行设计。

3．哈夫（Half）定位机构

图 9-21a 所示为哈夫定位机构，其与塑料模具的活动式哈夫机构类似，便于启模取件，同时，将型腔与定位部位的阶梯式结构改变为直通式型腔结构，型腔加工方便，便于提高型腔质量，但定位机构制作比较困难。

4．复合定位机构

复合定位机构是指对形体较大的或者结构比较复杂的橡胶模具，其定位系统是由好几种定位形式组成的。复合定位通常是由最终定位（目的定位）和初始定位（对模导向定位）组成，如图 9-21b 所示。

在设计复合定位机构时，应合理、简单、操作方便，符合橡胶模具的结构特征。

平板型结构模具，在制件要求较高时，通常采用三点式定位机构，有时亦采用四点式定位机构；对于小型模具来说，当制件要求不高时，可采用二点式定位机构，定位销应取一大一小，以防上、下模板的翻转倒装，确保模具本身的安全和制件质量。

开合结构形式模具的芯轴或嵌件都与模具有定位关系，在设计中通常选取两点式定位机构，同样，最好在模具外形制作明显的（对模）方向标记，并将两个定位销设计成一大一小。

9.2.6　辅助要素设计

辅助要素包括排气孔、排气槽；切边刀刃；胶料密封槽；余胶槽；跑胶槽（流胶槽、溢胶槽）等。

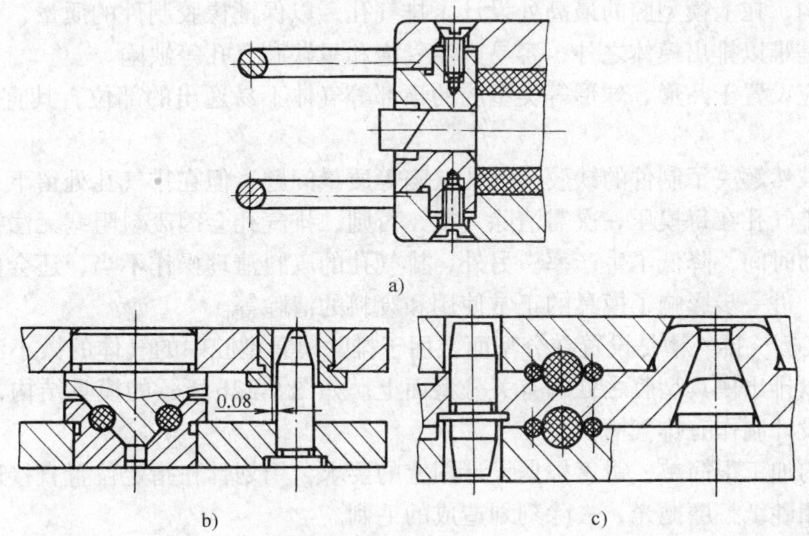

图 9-21 哈夫（Half）定位机构和复合定位机构

a）哈夫定位机构 b）、c）复合定位机构

1. 排气孔和排气槽

在橡胶模制件的生产过程中，空气及橡胶受热后的挥发气体容易被挤到模膛顶端或角落不透气的地方，使硫化后制件形成缺胶或气孔等缺陷。因此排除模具型腔中的空气必不可少。在胶料装入模具型腔之后，与模具一道在硫化机平板上加压，紧接着应进行排气。应根据胶料入模的方式、嵌件的几何形状与安装位置以及模具的具体结构（诸如型腔的形状、分型面的位置、型腔中有无排气孔、分型面上有无排气槽等）等确定排气次数、操作速度、排气时间等。当考虑从分型面处排气时，可选定利于排气的分型面位置，或增加分型面的数目，还可以设计成开放式模具；对尺寸较大、较高、形状较复杂的制件，为了更加有效地进行排气，可在模具的结构上增设专门的排气孔或者排气槽。

（1）排气孔　排气孔是为排除模具型腔中的空气而专门设置的微小孔，如图9-22a所

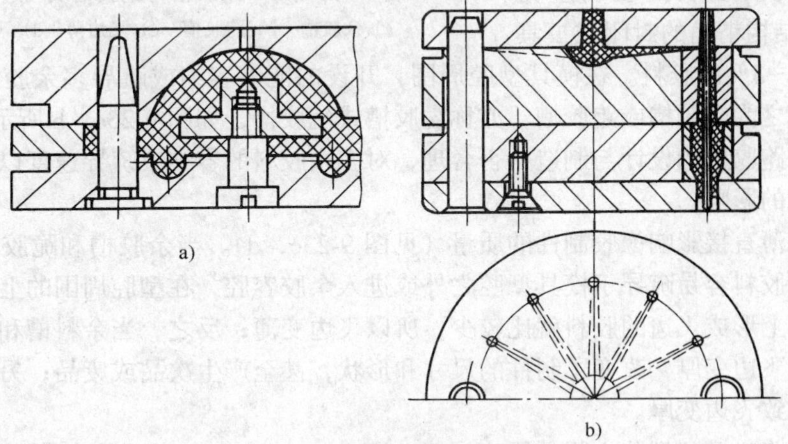

图 9-22 排气孔模具和排气槽模具

a）排气孔模具 b）排气槽模具

示的型腔结构，在上模型腔的最高处设计了排气孔，以保证橡胶制件的质量，否则，上模型腔中的空气是难以排出模体之外，容易产生气泡和呈缺胶气孔等缺陷。

排气孔应设置于凸形、球形等类型腔的顶部等气体不易逸出的部位，其直径通常取0.3～0.8mm。

排气孔虽然解决了制件的缺胶和气孔缺陷等质量问题，但在排气孔处留下了需精修剔除的小胶柱；排气孔在每模压一次需清除一次，否则，排气孔会因废料阻塞无法排气。这增加了生产的辅助时间，降低了生产率。另外，排气孔的废料清理操作不当，还会使排气孔口部变毛和扩大，进一步影响了模具的正常使用和废料的清除等。

(2) 排气槽　排气槽是设置在分型面上用于排除模具型腔中的气体的微小沟槽，通常设置在气体难以排出模具型腔之处的有关分型面上。如图9-22b所示的模具结构，中间的分型面上就应该设计制作有排气槽。

排气槽的加工很简单，钳工根据设计图上的要求，用划针在指定位置直接进行刻划，并用油石和金相砂纸打磨抛光，去除刻划造成的毛刺。

排气槽和模具型腔可以连通，也可以不相通。当制件该分型面部位要求比较高时，排气槽应设计成不相通的形式，其与型腔的距离约为0.8～1.5mm；当排气槽和型腔相通时，在刻划时应不损伤型腔的边角。

排气槽深度不宜过大，通常为0.05～0.15mm，形状为三角形，顶角30°左右。

2. 余胶槽和跑胶槽

在橡胶制件的模压生产中，为保证产品质量，避免发生缺胶现象，并提高其致密度，装入型腔中的胶料应适当大于制件的实际用胶量，通常需多装5%～10%的胶料，型腔结构复杂时所多装的胶料应为9%～12%，结构精确的封闭式模具只需多装1%～3%的胶料。在模具型腔周围，开设的能够容纳或疏导多余胶料于型腔上的专用沟槽，称之为余胶槽或跑胶槽，亦称溢胶槽或流胶槽，如图9-23a，b所示。

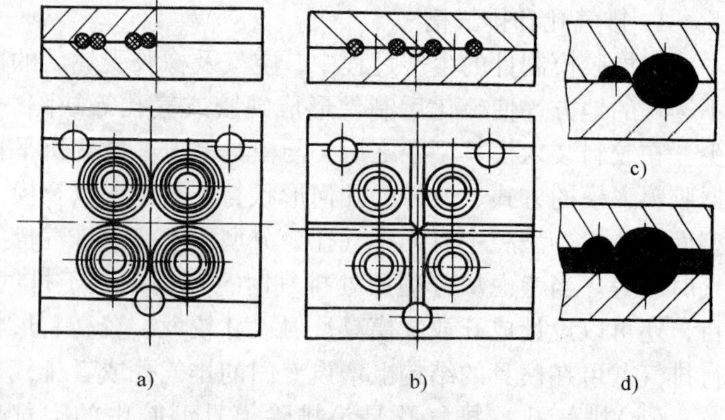

图9-23　余胶槽与跑胶槽及飞边
a) 余胶槽　b) 跑胶槽　c) 飞边薄　d) 飞边厚

余胶槽和跑胶槽的设计与制造是否合理，对多余胶料的容纳或疏导速度以及飞边的厚薄等都有着重要的影响。

飞边的厚薄直接影响橡胶制件的质量（见图9-23c，d）。当余胶槽和跑胶槽距离型腔较近时，多余的胶料容易疏导于模具型腔之外或进入余胶容腔，在型腔周围的上、下模板之间或其它分型面上形成飞边的胶料就比较少，所以飞边变薄；反之，当余料槽和跑料槽距离型腔比较远时，飞边变厚，改变了制件的尺寸和形状，甚至产生次品或废品；另外，若胶料超量入模，会导致飞边变厚。

余料槽或跑料槽到型腔之间的距离通常为0.8～0.05mm，当型腔在分型面上投影复杂及橡胶制件结构较大时，若采用普通结构形式的橡胶模具，其数值常在1.5～3.0mm之间；国外用于模压加工要求较高的各类密封件等中小型回转体结构橡胶制件的无飞边压胶模（亦称撕边模），制件的飞边通常非常小（一般都小于标准规定的1/3～1/6），其数值通常控制在0.02～0.10mm之间，有的公司和制造厂家还将该数值控制在0.02～0.05mm之间。

余胶槽和跑胶槽的结构类型，如图9-24所示。

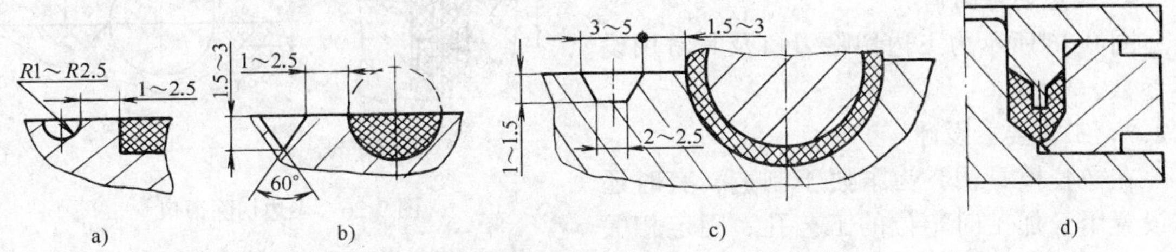

图9-24　余胶槽和跑胶槽的结构类型

a）半圆形　b）三角形　c）梯形　d）倒角式

（1）半圆形　图9-24a所示的余胶槽和跑胶槽的截面为半圆形（也可为圆形，其结构实际与半圆形结构相同），这种结构形式形状简单，制造方便，表面质量较高，疏导多余胶料流畅顺利，清除废料方便，应用广泛。

（2）三角形　三角形余胶槽和跑胶槽，如图9-24b所示，其结构形式形状简单，制造时刀具刃磨方便，车削、刨削易于成形，当制件截面较小时应用比较广泛。由于表面质量较差，使用中三角尖部容易堆积异物和胶料，阻碍了胶料的流动，对模压生产不利。

（3）梯形或矩形　梯形或矩形余胶槽和跑胶槽，如图9-24c所示，用于较大型或大型制件的模具型腔以及其它非圆形型腔，其加工和使用效果与圆形或半圆形类似。

（4）倒角式　图9-24d所示为倒角式余胶槽，其同时具有倒角、导向、积存余胶等多种作用，操作方便，制造简单。

3．胶料密封槽

所谓胶料密封槽就是为防止受挤压的入模胶料而进入有关分型面，减少飞边，减少了飞边修除量，提高制件质量，而设置的进行一次性密封的专用工艺性沟槽。当模具制造装配完成之后，第一次试模时，一部分胶料被挤入胶料密封沟槽中，同时被硫化，并永久性地存留在这个沟槽之中，就象密封圈一样，阻止了其后的胶料不再进入这个分型面，从而消除了制件在这个分型面部位上的飞边。如图9-25所示，图a中小圆所圈定的三角形槽即为胶料密封槽。

胶料密封槽距离型腔很近，截面形状为正三角形，且高度很小（见图9-25b）。

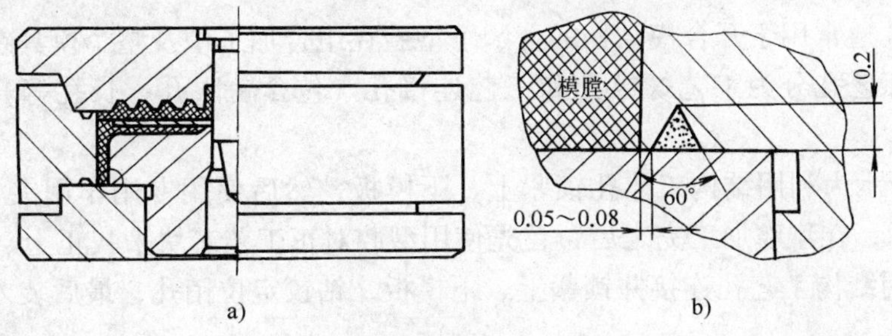

图9-25　胶料密封槽

a）胶料密封槽　b）胶料密封槽结构

胶料密封槽，多用于橡胶模具中相关构件的分型面相互接触，且使用中又不相分离的部位，以防止胶料进入型腔之外的静止性分型面。

4．飞边切除刃口

图 9-26 所示为飞边切除刃口及其常用设计参数。

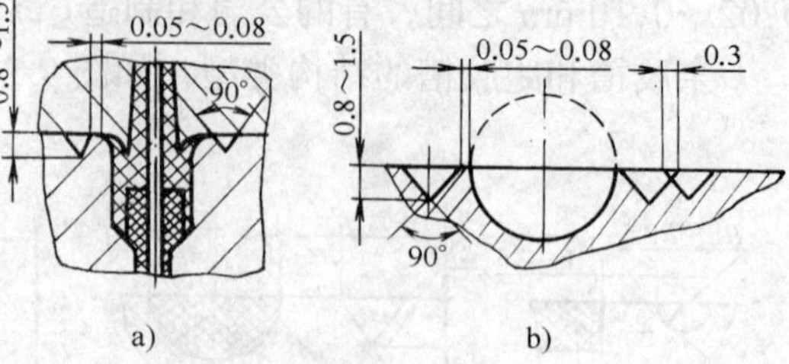

图 9-26 飞边切除刃口

9.2.7 工艺要素设计

在橡胶模具中，为了便于制造，有时还需设置用于加工时定位的工艺孔、固定相关零件所用的工艺螺钉孔，以及堵塞工艺孔所用的工艺堵块等。这些结构要素与制件的成形无直接关系，故称之为工艺要素。

1．精度工艺孔

精度工艺孔是具有一定公差配合要求的，起定位作用的工艺孔，其分为通孔和不通孔两类，如图 9-27 所示。

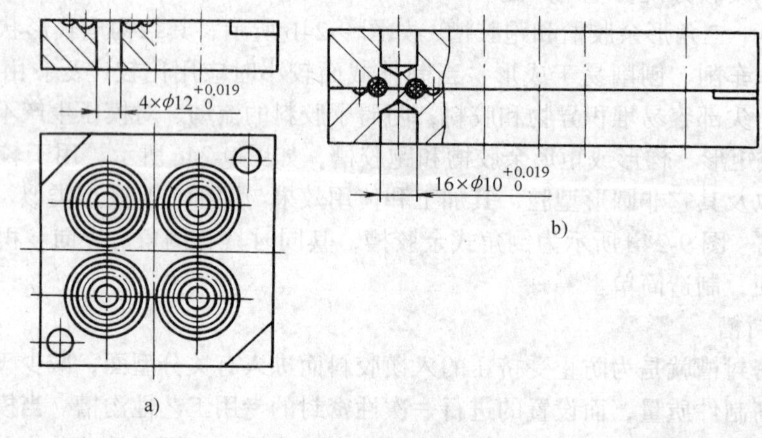

图 9-27 精度工艺孔
a）通孔型 b）不通孔型

在设计精度工艺孔时，应使上、下模板所对应的一对孔的同轴度和孔径尺寸公差具有足够精度，以便保证橡胶制件质量。精度工艺孔的表面粗糙度值不得低于 $R_a 3.2\mu m$。

2．结构工艺孔

结构工艺孔通常用于开合模结构的上、下型腔在组合加工中及整个模具在装配时的紧固与连接。结构工艺孔分为工艺螺纹孔和工艺连接孔（包含鱼眼孔、长孔等），如图 9-28 所示。

图 9-28a 所示为利用结构工艺孔锁紧上、下模板，然后使用专用车用夹具车削其型腔。如图 9-28b 所示，在型腔加工完之后，首先使用型腔对正工艺芯块来找正上、下模板的相互位置，接着利用结构工艺孔连接并锁紧上、下模板，钻铰定位销孔，最后装入定位销，完成模具的组装。

3．工艺堵块

所谓工艺堵块就是当模具型腔加工完毕之后，因结构或操作工艺的需要，对精度工艺孔

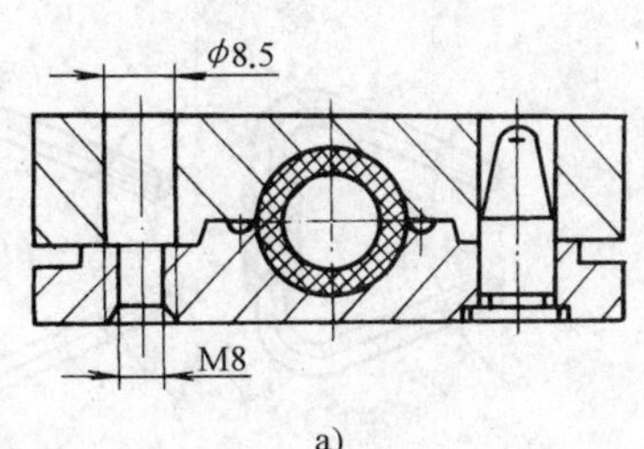

a)

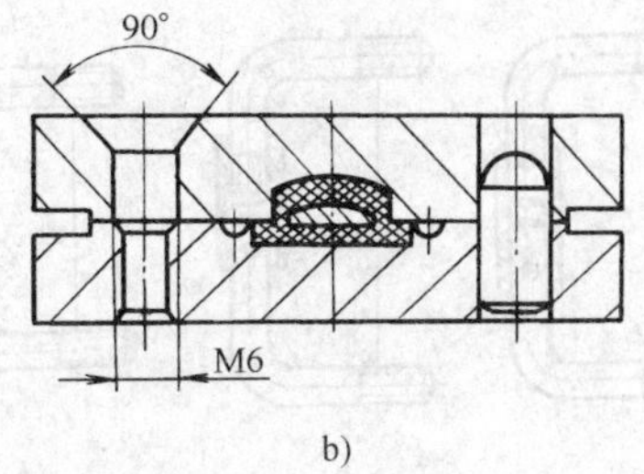

b)

图 9-28 结构工艺孔

进行的堵塞的工艺附件。如图 9-29 所示，对小型 O 形橡胶密封圈、垫片、垫圈等尺寸较小或精度要求不高的制件，用于型腔加工定位的精度工艺孔，最后应进行堵塞。此时，胶料不需要进行预制成形处理，而是直接称取适量的小胶块，或使用具有控制功能的机械式下料装置切取合适的胶块，并放置在型腔中央，进行合模压制和硫化加工。

工艺堵块与相应孔应为过盈配合，其高度与相关模板厚度相等，并与硫化机平板或垫板充分接触，以防其受高压之后背离模具分型面而脱出。

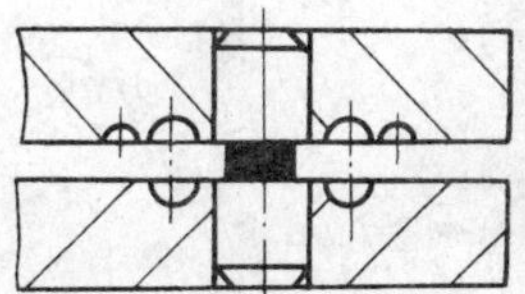

图 9-29 工艺堵块

4. 锁紧机构

有时，在模压成形后，应将模具放置于硫化罐中，对制件进行加热硫化处理，这类模具常需设置锁紧机构。硫化罐在工作时，腔内充满了循环着的热蒸汽，因此，锁紧机构中的螺钉、螺母的选材通常为铜类、不锈钢等具有防锈抗蚀能力的材料，或者选用普通碳素结构钢材料，加工成形之后，对其表面进行镀铬处理来防锈防蚀。

9.2.8 操作要素设计

1. 手柄的设计

对于重量较大的模具和难以持拿的模具，为了便于模具的挪动、移位及在生产模压过程中的启、闭模具操作，通常设置手柄。橡胶模手柄应形状实用，便于操作持拿，美观大方，尺寸适当，连接牢固，使用可靠。

手柄的结构形式及其尺寸，应当按照模具的外形结构特点及尺寸来确定。手柄结构的基本尺寸可查阅有关设计资料。

橡胶模具手柄的结构形式有两大类型，即用于方形、矩形模具结构的手柄和用于圆形模具结构的手柄，如图 9-30 所示。

图 9-30a、g 和图 b、h 是套状式结构，有利于组装加工及修理，但是，制造比较复杂；图 c、i 的结构为两部分组合而成，每个单件的一端都制作有螺纹，首先将两单件分别拧入相应模板的螺孔，然后将它们相互校为平直，并焊接牢靠，最后修锉光滑即可使用；图 d、j 的结构，直接用圆钢制作，并焊于模板之上，安全可靠，结构简单，制造方便，但由于焊接手柄时，会使模板产生变形，从而给模具的精度带来了不良的影响，不宜用于精度要求高，或相应模板比较薄的模具；图 e 的结构简单，制造方便，是用 $\phi6 \sim \phi12$mm 的冷拔圆钢直接制作而成的，并在安装模具的相关模板的对应孔中，再以 $\phi2 \sim \phi3$mm 的小销钉（钢丝或铜丝）销死即可；图 f 的结构也是由钳工直接制作而组装的，结构简单易制，但其外观比较粗糙。

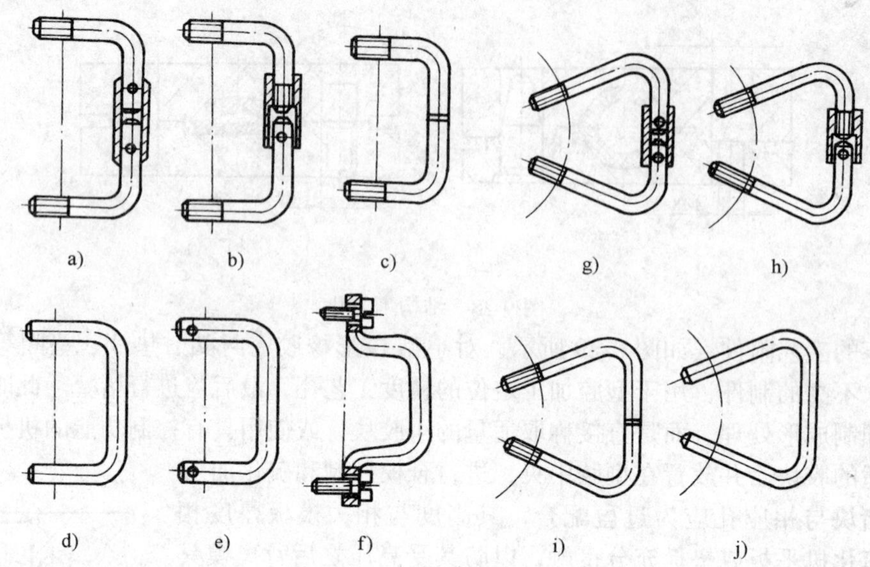

图 9-30　手柄结构形式

a）~f）方形、矩形模具手柄　g）~j）圆形模具手柄

2. 测温孔

当对胶料的硫化温度范围要求比较严格，以及橡胶制件的结构形状比较复杂时，在模具型腔附近适当位置应设置硫化温度测定孔，以便通过此孔，用水银温度计准确地测定和控制硫化温度，以达到胶种的硫化工艺要求，保证制件的质量。硫化温度测定孔，通常就叫做测温孔。图 9-31 所示为带测温孔的电池槽填压模型腔。

测温孔的设计应不影响模具型腔和其它结构要素，同时也不能距型腔太远，测温孔离型腔的距离一般为 5~10mm，测温孔口缘为圆角或倒角结构。

通常测温孔的结构尺寸取 ϕ8mm ×（50 ~ 100）mm 或 ϕ10mm ×（100 ~ 200）mm；表面粗糙度值为 R_a12.5 ~ R_a6.3μm，测温孔的深度根据模具结构的大小确定，通常应大于 50mm。

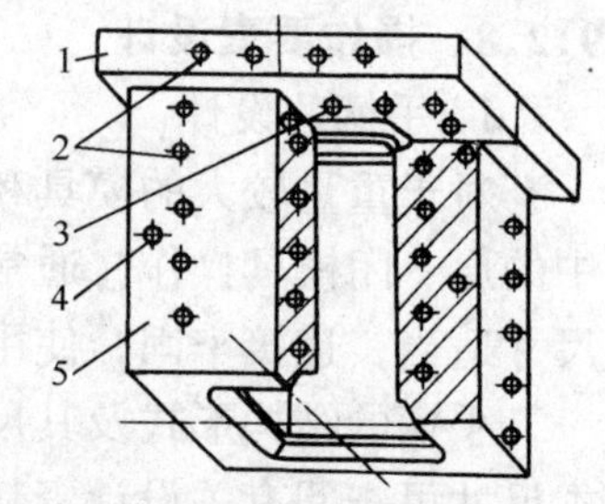

图 9-31　带测温孔的电池槽填压模型腔

1—动模板　2—电热棒孔　3—螺钉孔　4—测温孔　5—模体

3. 启模口、卸模孔和卸模架

启模口和卸模孔及卸模架的设计，虽没有型腔等其它部位那样要求严格，但其对卸模取件的操作具有非常重要的作用。

(1) 启模口　橡胶模具结构中的启模口，应设计布局合理，以保证启模动作平稳顺利。否则，会影响操作速度，生产效率下降，增加操作者的劳动强度，甚至可能擦伤模具的分型面及型腔部分，从而直接影响到了制件质量和模具的使用寿命。启模口的设计布局通常有以下几种情况，如图 9-32 所示。

1）对于两点式结构的启模口应当靠近两个定位点，或者对称地分布在两定位点连线两侧，如图 9-32a 和图 9-27a 所示。

2）图 9-32b、c、d 所示为三点式定位机构启模口的设计布局。

3）四点式定位机构的启模口，突出应设计成如图 9-32e、f 所示。

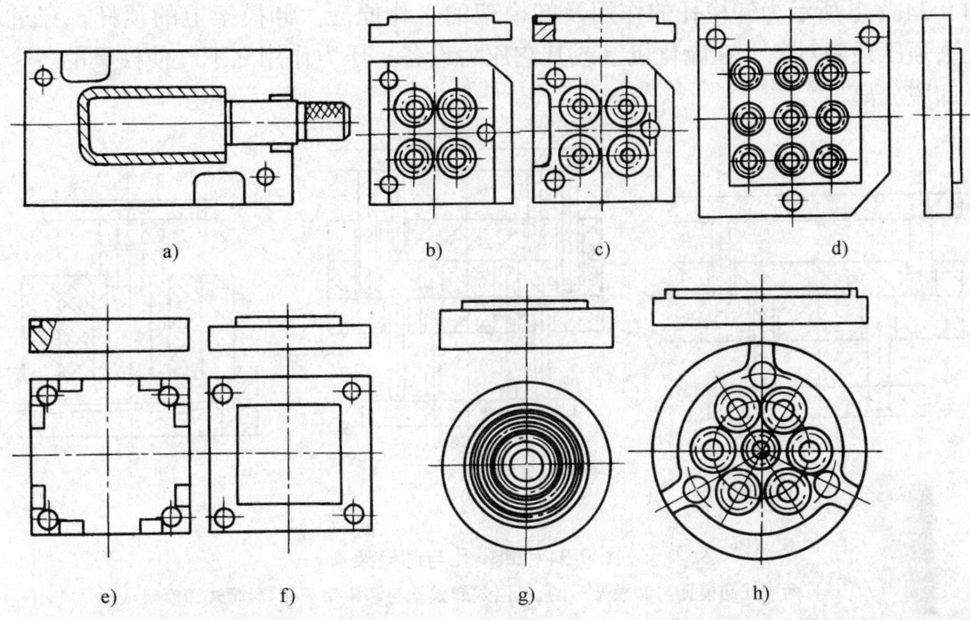

图 9-32　启模口的布置

a）两点式　b）、c）、d）三点式　e）、f）四点式　g）、h）圆形定位机构的启模口

4）圆形定位机构的启模口，其设计布局如图 9-32g、h 所示。

启模口的结构形式如图 9-33 所示，其中图 a、b 为对开式启模口，其余为单边式启模口。图中 a 通常取 3mm 或 4mm；b 一般为 12～15mm。

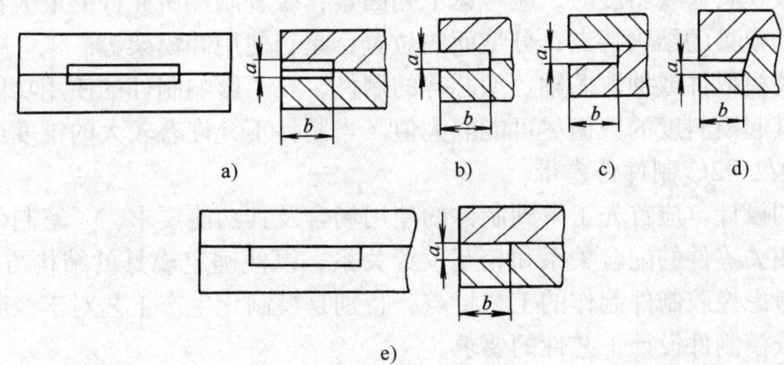

图 9-33　启模口的结构形式

a）、b）对开式启模口　c）～e）单边式启模口

（2）卸模孔与卸模架　所谓卸模孔就是为了能使用专用卸模架或通用卸模架卸模取件，而在模具的相关件上专门开设制作的操作工艺孔。卸模孔的位置应与所使用的卸模架上的顶杆位置对应。

卸模架主要用于生产粘模性较强的橡胶制件的模具，或者模具的结构复杂、形状体积较大以及不便手工启模的模具，以便减轻劳动强度、缩短卸模取件时间、提高生产效率、同时避免卸模时的锤击敲打，保护模具，延长其使用寿命。

卸模孔的设计和布置，应与卸模架一起，根据模具的结构特点进行。同时，在可能的情况下应采用系列化、标准化设计。

图 9-34a、b 所示为卸模孔的作用及卸模架的工作原理。卸模架上的顶杆，穿过对应的卸模孔去顶压顶脱对象，在硫化机（或其它压力设备）压力作用之下，使模具的各个成型构件相互卸脱分离。

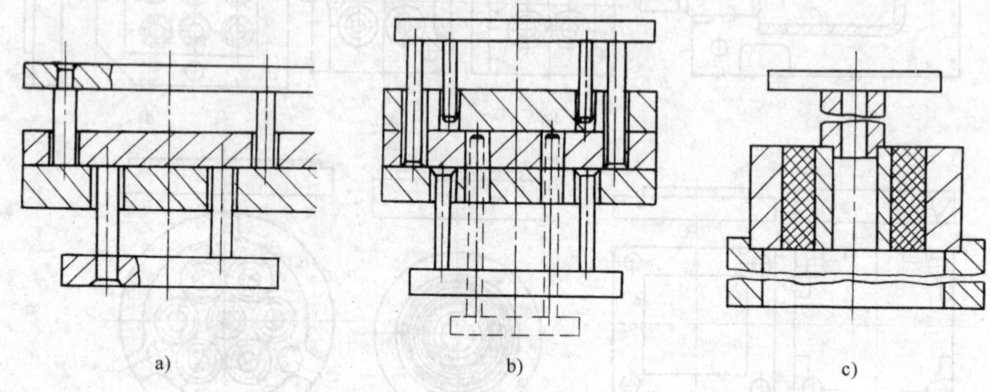

图 9-34　卸模孔与卸模架

a）两层式卸模孔与卸模架　b）三层式卸模孔与卸模架　c）套筒式卸模架

图 9-34c 所示的套筒式卸模架（亦称圆卸模架），结构简单，制造方便，便于操作，适用于生产回转体制件的单腔式模具结构。

9.2.9　起模斜度

起模斜度也叫做拔模斜度。对相关模具构件设计起模斜度的目的是脱模取件时能顺利方便地抽取芯棒、芯轴或型芯拼块。

在设计橡胶模具起模斜度时，应考虑下列因素：橡胶制件所允许的最大锥度或斜度；制件的形体结构；模具的结构特点；分型面的位置；是否使用卸模架等。

对于难以脱模取件或抽取芯轴、型芯等的制件，在不影响制件的使用功能和外形美观等前提条件下，其起模斜度的数值尽可能取大值。当制件不允许有较大的锥度或斜度时，模具的起模斜度取 1/2～2/3 制件公差带。

起模斜度的设计，应首先了解到制件的使用场合及其功能要求，了解制件各个部位的作用及其与其它相关零件的配合关系和相互位置关系，以便确定模具的结构方案和起模斜度；同时，应充分考虑橡胶制件制作的工艺特点，特别是模制化生产工艺对于橡胶制件的形体结构要求，即橡胶模制件设计工艺性的要求。

图 9-35 所示的囊状橡胶制件的尺寸精度要求不是很高，与内装零件有 3mm 的间隙。因此，在设计模具时，可选择与制件的轴线平行的分型面，芯轴的起模斜度取 1.5/135（约为 38′）。该设计方案使模具在工作中卸模取件、抽取芯轴的操作非常方便。

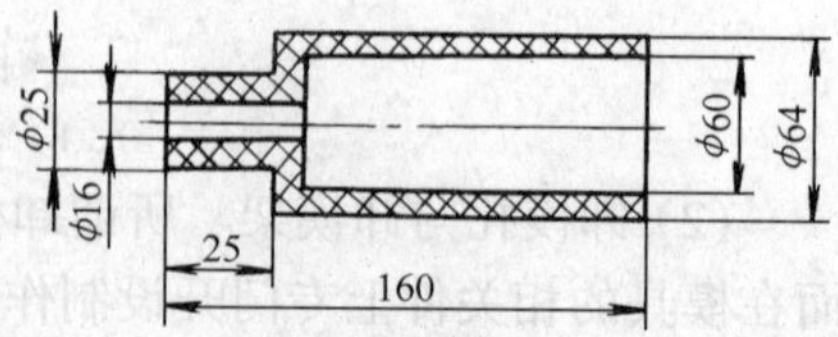

图 9-35　囊状橡胶制件

9.2.10　橡胶模具材料及热处理

模具的使用寿命，除取决于模具结构及其使用与维护保养之外，另外一个根本性的决定因素是模具材料，其基本性能应与模具的使用条件要相适应，其热处理加工之后应能充分满足使用条件要求。可见，根据模具的结构特点及其使用条件要求，合理地选用模具零件的材料及其热处理工艺，具有十分重要的意义。

在模具设计中，首先应分析橡胶制件的形状结构特点、功能要求及尺寸精度，接着进行模具结构的设计（包括浇注系统设计、成型方法、分型面的选择、定位机构的确定等），最后，按照模具零件的功能来选择材料，并确定热处理要求。

1. 橡胶模具对其材料的要求

(1) 橡胶模具的材料应具有良好的机械加工性能及电加工性能，且取材方便，经济性好。

(2) 橡胶模具材料的导热性良好。

(3) 模具材料的抗腐蚀性能良好，以适应橡胶硫化过程中产生的腐蚀性气体。

(4) 橡胶模具材料，应具有足够的机械强度、耐压及耐磨性能。

(5) 抛光加工性能良好，易于涂覆金属镀层，尤其是铬镍镀层。

(6) 橡胶模具材料应组织均匀，无气孔、缩孔、夹渣及其它缺陷。

(7) 橡胶模具材料应具有较小的热膨胀系数，且变形量小，热处理工艺性能良好。

2. 橡胶模具常用材料

(1) 优质碳素钢　优质碳素钢主要有 10、15、20、35、45、50、75、15Mn、65Mn、70Mn 等。其中，45 钢用得最为广泛。

45 钢切削加工性能良好，但热处理变形较大，抗腐蚀能力较差。

使用 45 钢制作橡胶模具，一般在加工成形后，对其型腔及其它有关表面进行硬化处理，然后再进行抛光。

45 钢在橡胶模具中的使用硬度通常为 220～270HBS，因为在这一硬度范围时其抗腐蚀能力最强，且机械加工性能最好。

(2) 碳素工具钢　碳素工具钢有高级优质碳素工具钢和优质碳素工具钢两种。橡胶模具中经常使用的高级优质碳素工具钢有 T8A、T10A、T12A 等；经常使用的优质碳素工具钢有 T8、T10、T12 等。其中 T10、T10A 这两种牌号使用最广。

(3) 合金工具钢　合金工具钢综合力学性能优良，尤其是热处理后的耐磨性和耐热性能强，抗腐蚀性能强。

橡胶模具用合金工具钢通常有锰钒钢（9Mn2V）、铬钨锰钢（CrWMn、9CrWMn）、铬钼钒钢（Cr12MoV）、铬镍钼钢（5CrNiMo）、铬锰钼钢（5CrMnMo）、铬钨钒钢（3Cr2W8V）等。其中 3Cr2W8V、5CrNiMo 及 5CrMnMo 为热模钢，其热处理变形量小、热处理性能颇佳，可用来制作结构复杂的模具，尤其是复杂、纤弱的芯轴、型芯、嵌镶件等模具结构零件。

(4) 合金结构钢　常用的合金结构钢有铬钢（40Cr、45Cr）、锰铬钛钢（18CrMnTi）、铬钼钢（12CrMo）、铬钼铝钢（38CrMoAlA）等。其常用以制作复杂的模具零件，特别是型芯、芯轴及嵌镶拼块等。

(5) 其它材料　对手柄、手柄套筒、卸模架架板等构件，可选用 Q235—A 钢等普通碳素钢；对于临时性使用的急需模具，工程中常采用铸钢或铸铝，以快速解决模具坯料问题，提高切削性能，缩短制造周期；若胶料硫化过程中产生腐蚀性气体较多，可采用可淬火不锈钢材料。

为保护相对结构较为复杂、制造更换较困难的橡胶模具零件，与之配合或接触的结构简单、制造更换方便的零件的硬度应低一些。

9.2.11 公差配合与精度要求

橡胶模具的精度具有综合性的特征，其包括模具主要零件的制造质量、定位精度、型腔零件的形状公差和表面粗糙度、分型面的吻合程度、装配质量等各个方面。通常根据模具的使用性能和所生产的制件质量来直观地衡量橡胶模具质量。

1. 设计要求

(1) 整体模具与硫化机热压平板相接触的上、下两平面，应相互平行（平行度通常小于0.01/100）、表面粗糙度值要求应高于 $R_a1.6\mu m$。

(2) 橡胶模具的外形应避免尖棱和尖角，倒角通常为 $C2\sim C3$。

(3) 手柄的设置应便于使用操作，其大小应合适得体。

(4) 为确保制件的质量要求，定位系统应定位准确、安全可靠。

(5) 模具应有明显的对模结构及对模方向记号。

(6) 当橡胶制件上有代号或商标等要求时，应在模具型腔的相应位置制作标记。

(7) 应在模具的醒目部位打印模具的工艺管理编号、库房管理编号、制件的产品代号等标记，打印编号或代号时，应不影响模具和制件的质量。

(8) 为便于生产管理和技术管理，应使模具的外形结构标准化与系列化，以缩短模具的设计、制造周期，降低生产成本。

2. 公差与配合的选用

(1) 选用原则　应按照国家标准选用橡胶模具的公差与配合。原则如下：

1) 应按照优先配合、常用配合、一般配合的顺序选用优先配合及其公差带，通常国标中的优先配合和常用配合已能够满足橡胶模具的使用要求。

2) 公差配合与表面粗糙度的选用。粗糙表面的配合，应配合得较紧一些，即过盈配合的过盈量选得稍大一些，间隙配合的间隙值选得稍小一些。

3) 模具的生产制造一般为单件、小批生产，通常用试切法加工，操作者往往习惯地按“入体原则”加工，零件的尺寸总是趋向于最大实体尺寸，实际中的配合总是偏紧一些。因此，在设计时，公差与配合的选用应尽量向松的方向选取。

4) 基于模具结构、加工工艺性、装配工艺性及技术要求、经济性等各个方面的考虑，在橡胶模具设计中，通常优先选用基孔制。

5) 考虑到模具制造中的工艺和经济性以及模具精度要求，孔加工比轴加工困难，选择公差等级时，孔的公差等级通常比与其相配合的轴低一级。

6) 模具的未注公差尺寸，应根据国标 GB1804—1979《未注公差尺寸的极限偏差表》，模具设计和制造时取 H12、h12 及 Js12，js12 级精度，其表粗糙度值取 $R_a25\sim R_a12.5\mu m$。

(2) 非成形部位的配合选择

1) 定位销与上、下模板的配合。定位销与销套或与上模板（可动部分）的配合，通常选用 H8/f7 或 H7/g6。两点式定位机构或较高精度要求模具，选取 H7/g6，多点式定位机构或一般精度要求模具，选用 H8/f7。

定位销与下模板（固定部分）的配合一般选为 H7/s6 或 H7/p6，对较高精度要求模具或两点式定位机构选用 H7/s6，H7/p6 适用于三点式定位机构或一般精度模具。

2) 型芯、芯轴与模板的配合。型芯与模板为可动配合时，可选用 H8/h7 或 H8/f7；型芯与模板之间为紧固配合时，其配合选用 H7/n6 或 H7/p6，若过盈量要求较大，应选用 H7/s6。

芯轴与模板（或者模体）之间的配合通常选用 H7/h6 或 H7/g6。

3）锥面定位、斜面定位的配合。锥面定位的结构形式如图 9-8、图 9-17、图 9-21 所示。通常以能够保证相互接触面达到设计接触面的 80％左右为原则确定锥面定位的配合精度，斜面定位的配合的选择亦遵循此原则。锥销定位机构，应保证装配后，锥销和锥套之间的间隙量为 0.005～0.010mm。

4）圆柱面定位的配合。模体圆柱面定位的结构形式如图 9-2～图 9-4、图 9-33 所示。配合精度的选择，应根据制件的精度确定，通常选用 H7/h6、H7/g6 或选用 H8/h7、H8/f7 等配合。

橡胶模具的使用通常没有通用性和互换性（多巢式可更换型芯组合型结构例外），即橡胶模具都是专模专用，因此，其生产类型应为单件或极小量生产。这是橡胶模具设计、制造的特征之一。选择公差与配合时应充分考虑到这一点。

型腔尺寸的计算及其公差前面已讲过，在此不再赘述。

9.3 典型结构实例

9.3.1 橡胶垫圈压模和 45°分型面的“O”形密封圈压模

当类似圆管、圆套等圆形制件的高度在其直径的三倍以内时，均可采用如图 9-36a 所示的简单的直压式结构。

图 9-36b 所示为一模四腔 45 分型面的“O”形密封圈压模。

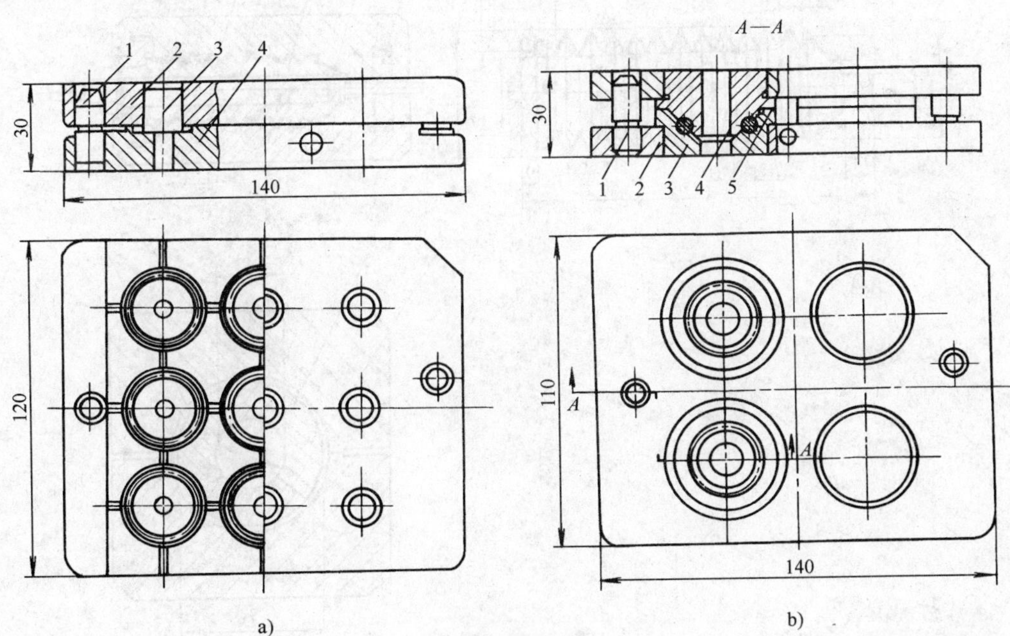

图 9-36 橡胶垫圈压模和“O”形密封圈压模

a）橡胶垫圈压模

1—导柱 2—上模 3—型芯 4—下模

b）“O”形密封圈压模

1—导柱 2—下模板 3—下模 4—上模板 5—上模

9.3.2 带整体型芯的胶套橡胶压模

图 9-37 所示为一模两腔的胶套橡胶压模，出模后胶套从型芯 3 上扒下，型芯靠两端圆柱面定位。

9.3.3 拼合式型芯伸缩式护套橡胶压模

图 9-38a 所示为橡胶伸缩式护套制件图，其波纹较多，波纹的峰谷差较大，不宜用整体式型芯，而采用图 9-38b 所示的组合型芯 8、9、10、11 所构成的四件组合型芯，图中 $S<d$，$d>1/3D$。

9.3.4 带嵌件的橡胶压模

在压模结构上应保持嵌件定位准确，在压制过程中嵌件才不会移动或变形。图 9-39a 所示为一种减振器的压模结构。图 9-39b 为倒角油封制品及其压模结构，图中 A 处为深 0.15mm 流胶槽，使顶部倒角处不致缺料。B 处分型面使油封便于从中模 1 中脱出。C 处需刻印油封规格、型号及商标等。图 9-39c 所示为环形件橡胶压模，由 3 个定位销3将中心嵌件定位。模具为两个水平他型面结

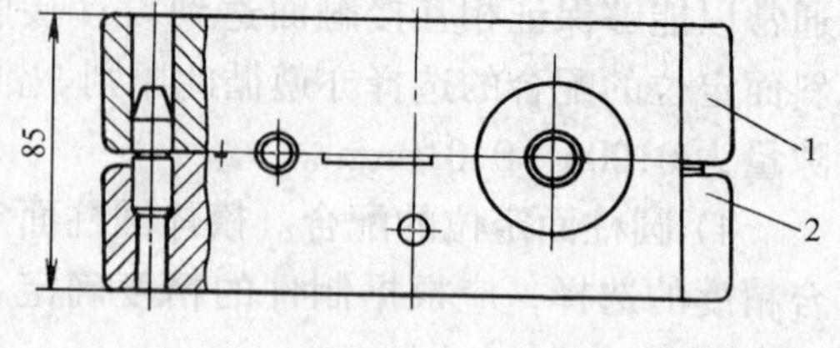

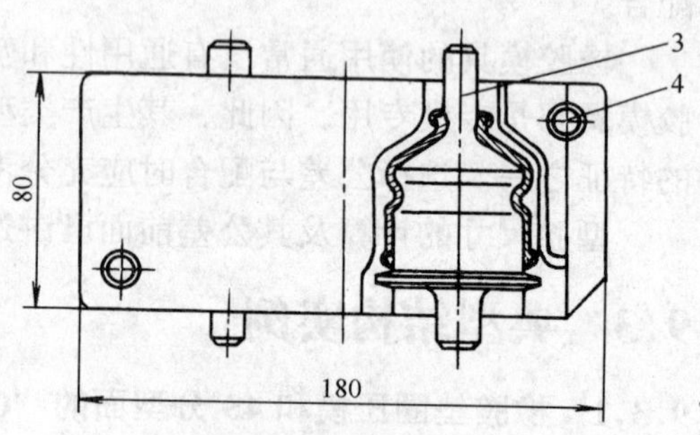

图 9-37 胶套橡胶压模

1—上模 2—下模 3—型芯 4—导柱

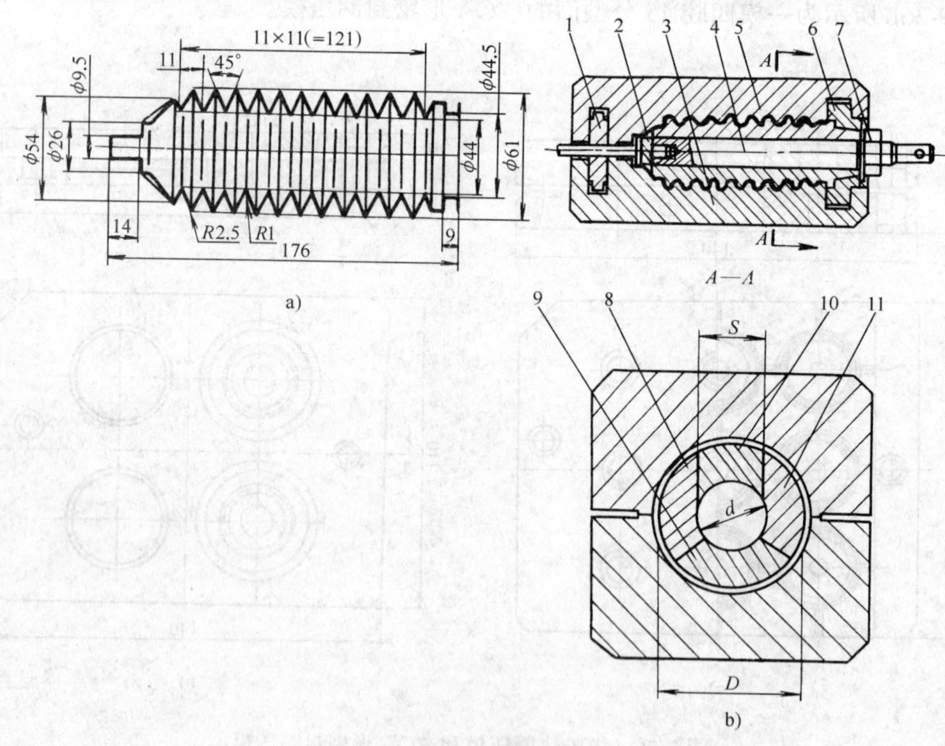

图 9-38 伸缩式护套和护套橡胶压模

a）伸缩式护套 b）护套橡胶压模

1—定位环 2—侧型芯 3—下凹模 4—芯轴 5—上凹模

6—锁环 7—螺母 8、9、10、11—组合型芯

构，便于取出制品及安装嵌件。型腔由组合模芯 9、10、及其 1、2 成形，容易加工制造。

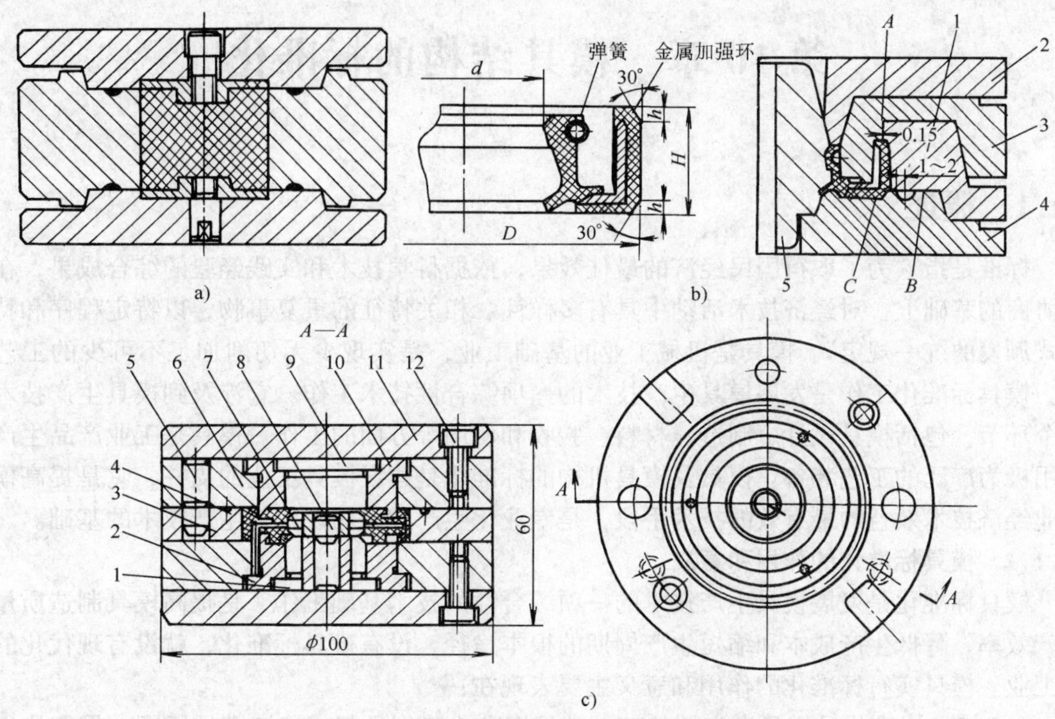

图 9-39　带嵌件的橡胶压模

a）减振器的压模结构　b）倒角油封制品及其压模结构

1—中模　2—上板　3—上模　4—下模　5—模芯

c）环形件构胶压模

1、2、7、9、10—型芯　3—定位销　4—中模　5—导柱　6—座板

8—定位销　11—垫板　12—螺钉

第 10 章　模具结构的标准化

10.1　概述

标准是指“为了取得国民经济的最佳效果，依据科学技术和实践经验的综合成果，在充分协商的基础上，对经济技术活动中具有多样性、相关特征的重复事物，以特定程序和特定形式颁发的统一规定”。模具是机械工业的基础工业，是实现少无切削加工不可少的工艺装备。模具标准化工作是发展模具生产技术的一项综合性技术工作。它涉及到模具生产技术的各个环节，包括模具设计、制造、材料、验收和使用等方面的工作。模具是工业产品生产中应用极为广泛的工艺装备。模具及模具机构的标准化是建设模具工业的支柱，它是提高模具行业经济技术效益的最有效的技术手段，是专业化生产和采用现代化生产技术的基础。

10.1.1　模具标准化的作用和意义

模具标准化是发展模具生产技术的一项综合性的技术基础工作，是提高模具制造质量和生产效率、降低生产成本和缩短生产周期的根本途径，没有模具标准化，就没有现代化的模具工业。模具实行标准化的作用和意义主要表现在：

(1) 模具标准化是模具生产的基础　模具标准化工作是制、修订模具标准，贯彻执行模具标准的过程。制定了模具标准，并得到广泛的贯彻与使用，才能根据标准组织专业化生产，且得到高的经济技术效果。

(2) 模具标准化是提高模具制造质量、降低模具生产成本的根本途径　专业化生产的模具标准件，具有质量可靠，精度高，成本低的优点。在模具制造时广泛地使用模具标准件，可使模具制造质量大幅度提高，生产效率提高，模具制造周期缩短。由于使用标准件可以减少生产准备时间，模具制造周期可以缩短 20%～40%。标准件采用专业化生产，效率高，成本可降低 20%～30%。

(3) 模具标准化是开展模具计算机辅助设计和辅助制造（CAD/CAM）的先决条件　采用 CAD/CAM 生产模具，其经济效益可以提高几倍甚至几十倍，特别是可以保证和提高模具的精度与质量。但这一技术在模具生产上的开发和应用，需要模具标准化工作的密切配合。从模具图样的绘制规则、图形的简易画法、标准模架、典型结构、典型组合、设计参数、零件结构、工艺要求等都应采用相应的标准，才能使模具 CAD/CAM 工作顺利进行，从而制造出高精度、高质量的模具来。

(4) 模具标准化可以促进国际间的交往　模具标准化是国际间技术合作的必须基础，例如模具名词术语有了标准（中、英文对照），在国际交流中就有了共同语言。有了模具标准，在国际贸易中就加强了竞争能力，利于扩大模具出口创汇。

模具标准化水平是一个综合性指标，主要应从标准使用的覆盖率、标准制订率、工时节约率、零部件标准的经济精度、标准零部件的通用型及组合率等指标来衡量。

我们要充分认识到贯彻与实施标准的重要性，标准只有在贯彻与实施之后，它的作用与效果才能体现出来，只有把标准实施到生产实践中才能获得经济效益；才能真正地衡量、评价标准的质量与水平；才能发现与积累标准中存在的问题，并提出修改意见。标准的贯彻与实施是标准化活动中的一个重要环节。只有又抓标准的制定又抓标准的贯彻与实施的整个标准化过程，才能使标准的作用充分发挥出来。

近年来我国在模具标准件的生产方面有了较大的发展，滚珠式导柱、衬套、自润导板、快换凸模、斜楔机构零部件等，都能够批量生产，质量也在提高，逐步替代进口件。新型弹性元件氮气弹簧在模具中正在推广应用。模具标准件在精度、质量等方面亦有提高。一些工厂生产模架和导向件等，其有关指标基本上达到日本双叶（FUTABA）标准。在标准件的选材和热处理等方面，标准件生产厂家能予以重视并采取相应工艺措施，提高使用寿命。

但是，我国模具标准件总体情况还满足不了模具工业发展的要求，我国的模具标准件生产的品种还太少，不能满足用户的需要。模具标准化程度是衡量模具水平的重要指标，国外先进工业国家已达70%～80%，而我国采用的模具标准件在整套模具中的比重还太少，一般在30%以下。应当说这和我们的标准化的水平有关，为此，必须大大加强模具标准化工作。首先，要整顿、修订我国已制定的模具标准，并逐步扩大模具零部件标准的覆盖面，做好宣传贯彻工作。其次，在模具标准件生产上，要实现规模生产，要逐步做到品种规格齐全，销售网点多，供货迅速，服务周到，赶上国际水平。

模具标准件厂家，除少数骨干企业外，大多数是低水平、小规模，未能形成规模生产，不利于降低成本、提高质量，自身效益亦差。生产标准不统一，一些模具零部件，都已制订了国家标准，但严格按国家标准生产的厂家不多。国外标准件品种齐全，规格多，供货迅速，能满足用户各方面的需要，并有利于标准件的推广应用。我国与之相比，差距很大，急需迎头赶上。

10.1.2 标准种类与内容

1. 标准的种类

标准按其性质可分成三大类，即技术标准、生产组织标准和经理管理标准。通常所说的标准，大都是指技术标准。按照标准化对象的特性分类可分成四类，即基础标准、产品标准、方法标准和安全与环境保护标准。

(1) 基础标准　是指在生产技术活动中最基本的、具有广泛指导意义的标准。是进行产品设计、工艺设计和制定各种标准的共同依据。基础标准的主要内容包括：

1) 通用技术语言标准。如名词术语、符号代号和机械制图等。这类标准为了使技术语言达到统一、简化与准确，以利于互相交流和相互理解。模具标准中冲模术语、塑料成形术语和锻模及其零件术语等均属基础标准。

2) 精度与互换性标准。如公差与配合、形位公差和表面粗糙度等标准。这类标准是为了保证零件的配合性与互换性，并能促进专业化生产。

3) 结构要素标准。如T形槽、中心孔与锥度等标准。这类标准是为了促使零部件的形状和尺寸统一和简化，减少夹具规格品种。

4) 实现产品系列化和配套的标准。如优先数列、标准长度和标准直径等。这类标准有利于协调国民经济各环节之间的关系。

(2) 产品标准　是某一类产品（如模具）的形式、尺寸、主要性能参数、质量指标、检验方法以及包装、贮存、运输、使用和维修等方面所制定的标准。主要包括如下内容：

1) 产品分类、型号、品种与规格系列、基本参数、结构形式等。

2）零部件标准。如模具导柱、导套等。

3）技术要求。对产品质量、外观等规定的要求。

4）检验方法。对一组产品的检验与抽样方法。

5）验收规则。对一组产品规定的验收程序和试验方法。

6）标志、包装、运输、贮存与保管规定。

7）使用（操作）说明。

8）供货方的保证。

上面所述第3～8项合起来可以总称为技术条件，如压铸模技术条件就包括以上内容。

(3) 方法标准　属于方法、程序性质的标准都归入方法标准。例如试验方法、分析方法、测量方法、抽样方法、设计规程、工艺规程、操作方法等标准。

(4) 安全与环境保护标准　一切有关人身与设备安全、卫生与环境保护方面的标准都归入这一类。把这类标准独立出来是为了突出它的重要性，也为了便于集中领导与管理。

2. 标准的分级

我国《标准化法》中根据标准的适应领域和有效范围，把标准分为四级：国家标准、行业标准、地方标准和企业标准。

(1) 国家标准　对需要在全国范围内统一的技术要求应当制定国家标准。主要包括以下几个方面：

1）有关相互配合、通用技术语言的标准。

2）有关人身安全健康和环境保护的标准。

3）基本原料、材料与燃料标准。

4）通用零部件、元件、器件、构件、工具量具等标准。

5）通用的试验、检验方法的标准。

6）国家需要控制的其它重要产品的标准。

7）被直接采用的国际标准（ISO、IEC）。

国家标准的代号为“GB”。GB是“国标”二字汉语拼音的字头。国家标准由国家技术监督局批准颁布。

表10-1　部分部（局）标准代号

序号	部门	标准代号	序号	部门	标准代号
1	煤炭	MT	10	核工业	EJ
2	石油	SY	11	航空	HB
3	冶金	YB	12	电子	SJ
4	建筑	JG	13	兵器	WJ
5	化学	HG	14	船舶	CB
6	林业	LY	15	航天	QJ
7	地质	DZ	16	农业机械	NJ
8	建筑材料	JC	17	铁道	TB
9	机械	JB			

注：表中代号为国家工业部门未改变前的名称。

(2) 行业标准　对没有国家标准而又需要在全国某个行业范围内统一的技术要求，可以制定行业标准。行业标准的代号是“ZB”。同样内容的国家标准颁布之后，该项行业标准即行废止。行业标准在标准化法颁布以前均由国务院有关行政主管部门部（局）以专业标准形式颁布，其代号见表10-1。

(3) 地方标准　对没有国家标准和行业标准又需要在省、自治区、直辖市范围内统一的工业产品的安全、卫生要求，可制定地方标准。在同样内容的国家标准或行业标准颁布之后、该项标准即行废止。

(4) 企业标准　企业生产的产品没有国家标准和行业标准的应当制定企业标准，作为组织生产的依据。已有国家标准和行业标准的，国家鼓励企业制定严于国家标准或行业标准的企业标准，在企业内部使用。即通称的“内控标准”。

10.2　冲模常用标准

我国自1981年到1995年以来已发布了《冲模技术条件》（GB/T14662—1993)、《冲模术语》国家标准（GB/T8845—1988）等冲模国家标准。各标准的内容简介如下：

1.《冲模技术条件》国家标准（GB/T14662—1993）

《冲模技术条件》规定了冲压模具零件的技术要求检验规则、标记、包装、运输、贮存等内容。

2.《冲模术语》国家标准（GB/T8845—1988）

《冲模术语》标准规定了各种基本类型冲模、冲模通用零部件、圆凸模与圆凹模的结构要素，以及冲模设计中用到的一些主要术语和定义，共有术语186条。本标准是模具的一项基础标准。

3.模架结构国家标准

《冲模滑动导向模架》（GB/T2851—1990）含对角导柱模架、后侧导柱模架、后侧导柱窄形模架、中间导柱模架、中间导柱圆形模架、四导柱模架等。《冲模滚动导向模架》（GB/T2852—1990）含对角导柱、中间导柱、四导柱、后侧导柱滚动导向模架；另外，《冷冲模导板模模架》（GB2853—1981）由标准（JB/T8049—1995）替代，含中间导柱弹压模架及对角导柱弹压模架。GB/T2855～2856—1990共21条，是以上各类模架用模座的标准。《冲模导向装置》（GB/T2851～2861—1990）中有50条为各型导柱、导套、压圈、压板、垫圈、模座、衬套等模架用零部件的标准，其中有7条仍沿用GB/T2861—1981标准。

4.行业标准

(1) 冲模零部件标准　含《冷冲模零件技术条件》（QJ2522—1993）各类模柄标准（JB/T7646—1994）凹模板（JB/T7643—1994）冲模凸、凹模标准（JB/T8057—1995）废料切刀(JB/T7651—1994)、限位支承装置（JB/T7652—1995）等零件与零部件标准。

(2) 典型组合标准　《冷冲模固定卸料典型组合》（JB/T8065—1995）包含冷冲模固定卸料纵、横向送料典型组合及无导柱纵、横向送料典型组合、《冷冲模弹压卸料典型组合》(JB/T8066—1995）包括纵、横向送料典合型组合、《冷冲模复合模典型组合》（JB/T8068—1995、JB/T8067.3—1995）包含冷冲模复合模纵、横向送料典型组合、弹压纵、横向送料典型组合及圆形、矩形薄厚凹模典型组合。冷冲模固定卸料典型组合（JB/T8065—1995）包含有、无导柱纵、横向送料典型组合、《冷冲模导板模典型组合》（GB/T2874—1981)、《冷冲模典型组合技术条件》(JB/T8069—1995)。

(3)《冲模模架　产品质量分等》(JB/T56077—1999)　1999年发布，2000年6月开始实施，《冲模模架技术条件》(JB/T8050—1999) 2000年1月开始实施，《冷冲模　模架技术条件》(SJ2620—1985) 规定了冲压模具模架的技术要求、检验规则、标记、包装、运输、贮存等内容。

(4)《冲模模架精度检查》(JB/T8071—1995)　1996年4月开始实施，替代标准 (GB/T12447—1990)。本标准规定了冲模滑（滚）动模架及其零件的精度、精度检查方法以及精度检查时必须使用的测量器具。本标准与《冲模模架》国家标准配合使用。

(5)《冲模模架　产品质量分等》(JB/T56077—1999) 专业内部标准　本标准规定了按《冲模模架》国家标准组织专业化生产各等级模架应达到的条件以及抽样、评定方法。用于评定冲模模架的质量和质量等级，以及考核工厂生产各等级冲模模架所必须具备的条件。

另外还有关于精冲模的《精冲模模架》(SJ/T10339—1993)、《精冲模模架技术条件》(SJ/T10338—1993)、《精冲模零件技术条件》(SJ/T10340—1993)、《胶接式冷冲模架零件后导柱 (BB BR) 型下模板》(QJ2183.2—1991) 等专业内部标准。

10.3　塑料注射模常用标准简介

塑料注射模常用标准的内容简介如下：

1.《塑料成型模具术语》国家标准 (GB/T8846—1988)

本标准规定了在塑料成形模具中压缩模、注射模各零部件及模具设计中用到的主要术语和定义，共有术语175条。本标准是模具的一项基础标准。

2.《塑料注射模具零件》国家标准 (GB/T4169—1984)

本标准共有11个通用零件标准，本标准纳标的零件主要以满足注射重量10～4000g注射机的模具为限。标准中包括：模板、导柱、导套、推杆、推板与圆锥定位销等零件。标准中的零件以塑料注射模具为主，其中有些零件也可用于压缩模、压注模等其它塑料成形模具。《塑料注射模具零件技术条件》国家标准 (GB/T4170—1984) 介绍了塑料模具零件的技术要求检验规则、标记、包装、运输、贮存等内容。

3.《塑料注射模具技术条件》国家标准 (GB/T12554—90)

本标准规定了塑料注射模具的零件技术要求、总装配技术要求。验收规则和标识、包装、运输和贮存。适用于热塑性塑料和热固性塑料注射模具的设计、制造和验收。

4. 塑料模模架

(1)《塑料注射模中小型模架及技术条件》国家标准 (GB/T12556.2—1990) 及《塑料模中小形模架》(GB/T12556.1—1990)　本标准规定了采用GB/T4169—1984《塑料注射模具零件》组成模架要素、形式和应用方式。标准包括：模架的组合方式、导柱导套的安装方式、基本型模架的组合尺寸、标记方法和模架的派生型组合（用于点浇口和多分型面）等内容。标准中共有14072种基本型模架的组合尺寸供选用，还有9类派生型的组合形式。适用周界尺寸≤500mm×900mm的塑料注射模具。

(2)《塑料注射模具　大型模架及技术条件》国家标准 (GB/T12555—1990)　本标准包括大型标准模架的组合形式、A型和B型组成的基本型模架的组合尺寸、标记方法、P_1～P_4 组成的派生型组合形式及GB/T4169—1984以外的标准零件等内容。周界尺寸630mm×